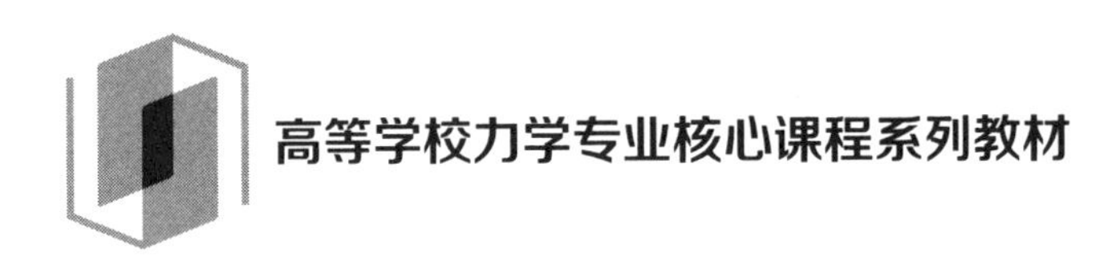

连续介质力学

CONTINUUM MECHANICS

主编　蒋文涛　王清远

副主编　李佩栋　李亚兰　白逃萍

中国教育出版传媒集团
高等教育出版社·北京

内容提要

本书是高等学校力学专业核心课程系列教材之一。本书内容由浅入深，逻辑清晰，难度适中，既解决了本科生熟练掌握张量基本运算的问题，也很好地建立了连续介质力学理论和其他力学专业核心课程理论之间的联系。

全书共 7 章，主要内容包括矢量、矩阵与张量，变形与运动，应力，基本定律，本构关系，弹性固体，Newton 流体。不同学校可以根据专业需求和学时情况选择合适的内容。

本书可以作为高等学校力学、机械、土木、材料等工程类专业的本科生教材。

图书在版编目（CIP）数据

连续介质力学 / 蒋文涛，王清远主编. --北京：高等教育出版社，2023.6

ISBN 978-7-04-060582-2

Ⅰ. ①连… Ⅱ. ①蒋… ②王… Ⅲ. ①连续介质力学-高等学校-教材 Ⅳ. ①O33

中国国家版本馆 CIP 数据核字（2023）第 097759 号

连续介质力学
LIANXU JIEZHI LIXUE

策划编辑 赵向东　责任编辑 赵向东　封面设计 于 婕 姜 磊　版式设计 于 婕
责任绘图 黄云燕　责任校对 刘丽娴　责任印制 高 峰

出版发行 高等教育出版社
社　　址 北京市西城区德外大街 4 号
邮政编码 100120
印　　刷 北京汇林印务有限公司
开　　本 787mm×1092mm 1/16
印　　张 19.5
字　　数 420 千字
购书热线 010-58581118
咨询电话 400-810-0598
网　　址 http://www.hep.edu.cn
　　　　 http://www.hep.com.cn
网上订购 http://www.hepmall.com.cn
　　　　 http://www.hepmall.com
　　　　 http://www.hepmall.cn
版　　次 2023 年 6 月 第 1 版
印　　次 2023 年 6 月 第 1 次印刷
定　　价 40.00 元

物 料 号 60582-00

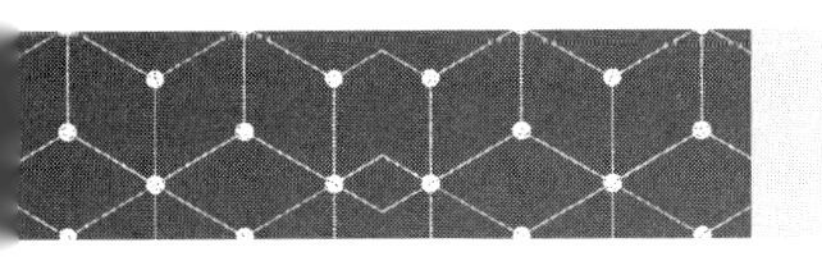

连续介质力学

1 计算机访问https://abooks.hep.com.cn/1266371，或手机扫描二维码，访问新形态教材网小程序。

2 注册并登录，进入"个人中心"，点击"绑定防伪码"。

3 输入教材封底的防伪码（20位密码，刮开涂层可见），或通过新形态教材网小程序扫描封底防伪码，完成课程绑定。

4 点击"我的学习"找到相应课程即可"开始学习"。

连续介质力学

作者　蒋文涛　王清远

出版单位　高等教育出版社

ISBN　978-7-04-060582-2

开始学习　收藏

连续介质力学数字课程与纸质教材一体化设计，紧密配合，数字课程涵盖习题答案等内容，充分运用多种媒体资源，极大地丰富了知识的呈现形式，拓展了教材内容。在提升课程教学效果的同时，为学生学习提供思维与探索空间。

绑定成功后，课程使用有效期为一年。受硬件限制，部分内容无法在手机端显示，请按提示通过计算机访问学习。

如有使用问题，请发邮件至abook@hep.com.cn。

https://abooks.hep.com.cn/1266371

教育部高等学校力学类专业教学指导委员会

（2018—2022）

力学专业核心课程系列教材建设工作组

组　长：韩　旭

副组长：王省哲

成　员（按姓氏拼音排序）：

胡卫兵、霍永忠、冷劲松、刘占芳

马少鹏、原　方、张建辉、赵颖涛

秘　书：侯淑娟

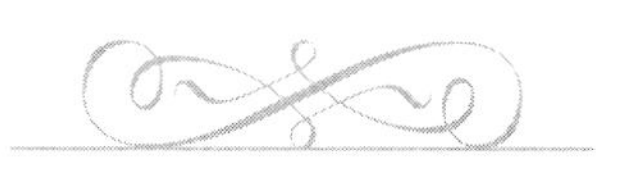

总 序

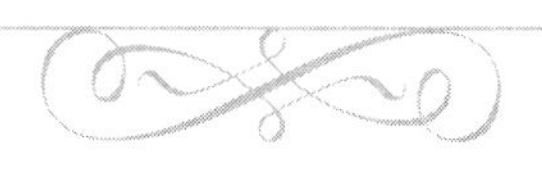

教材是人才培养的核心要素之一，探索和建设适应新时期专业人才培养体系特点及需要的教材已成为当前我国高等院校教学改革和教材建设工作面临的紧迫任务。为贯彻教育部《一流本科课程建设的实施意见》(教高〔2019〕8号)，配合实施一流本科“双万计划”，教育部高等学校力学类专业教学指导委员会围绕新时期我国高等教育的新发展与新要求、面向新工科背景下力学专业的新挑战，启动并开展了力学专业核心课程系列教材建设工作。

本届力学类专业教学指导委员会专门成立了力学专业核心课程系列教材建设工作组，在广泛征集力学界同仁意见的基础上，制定了力学专业核心课程教材建设的指导思想、内容规划及工作方案，遴选了核心课程教材编写组及负责人。本次教材建设力求在内容选材、组织结构、编写风格等方面体现时代特色。第一批建设的力学专业核心课程教材包括《振动力学》《弹性力学》《连续介质力学》《实验力学》《断裂力学》《塑性力学》《计算力学》《流体力学》共八本。由编写组负责人负责组织开展调研、论证、编写和修订等工作。部分教材已完成编写，将陆续出版发行。

衷心感谢各编写组的努力工作与无私奉献，感谢高等教育出版社的鼎力支持。由于能力和水平有限，工作中难免有不足和疏漏，诚请读者批评指正！

教育部高等学校力学类专业教学指导委员会（2018—2022）

力学专业核心课程系列教材建设工作组

2022年12月3日

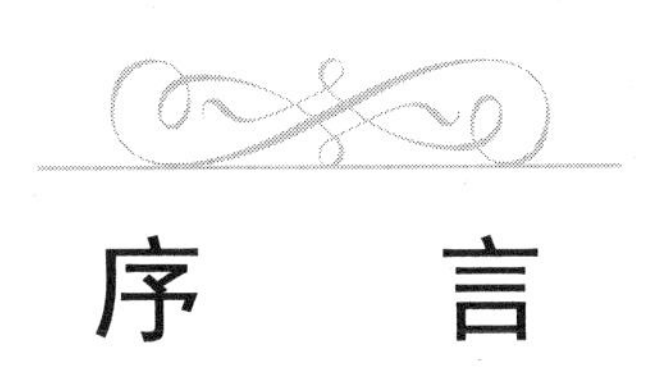

序　言

连续介质力学是力学学科的一个重要分支，它基于连续介质假设，将现实中具有不同物性规律的物体或系统抽象成泛化而统一的具有一般性规律的连续介质，根据基本的物理定律推导连续介质力学行为的控制方程，用统一的观点研究连续介质的宏观力学行为。它是弹性力学、塑性力学、流体力学等多门力学专业课程的理论基础，同时也是有限变形相关问题（例如软物质）的理论基础。连续介质力学所涉及的物理定律涵盖了力学学科所涉及的大部分基本原理，它不是力学分支学科的简单叠加，而是对连续介质宏观力学行为的一般性理论概括，进而形成具有高度概括性的基本理论体系。学习连续介质力学既是对前修力学课程的总结，也可为后续课程的学习打好坚实的理论基础。

现有连续介质力学教材被采用较多的有：(1) 杜珣，连续介质力学引论，清华大学出版社，1985；(2) 冯元桢，连续介质力学初级教程（第三版），清华大学出版社，2009；(3) 赵亚溥，近代连续介质力学，科学出版社，2016；(4) 黄筑平，连续介质力学基础（第二版），高等教育出版社，2012；(5) 李永池，张量初步和近代连续介质力学概论，中国科学技术大学出版社，2012；等等。英文连续介质力学教材主要有：Gurtin M. E., An introduction to continuum mechanics, Academic Press, 1981; Gurtin, M. E., et al., The mechanics and thermodynamics of continua, Cambridge University Press, 2010；等等。此外，还有许多高等院校采用自行整理撰写的讲义资料。这些教材的内容深度、难易程度、侧重点、面向对象各有不同。其中，杜珣版《连续介质力学引论》内容偏基础，学习难度相对较低，比较适合本科生，它针对的对象是已经学过弹性力学和流体力学的理工类专业高年级本科生和研究生，但该书成书较早，书中一些专业术语与目前常用的不一致，已不再出版；冯元桢版《连续介质力学初级教程》内容较为基础、全面，从最基本的力学概念到基本问题的求解均有涉及，但应用部分更侧重于连续介质力学在生物力学中的应用；黄筑平版《连续介质力学基础》，从张量分析到简单流体、弹塑性体的求解，重点突出，难度适中；李永池版《张量初步和近代连续介质力学概论》，从张量基础知识到黏性流体、黏弹塑性体，内容全面，由浅入深；赵亚溥版《近代连续介质力学》从理性连续介质力学概述、公理体系到流变学、熵弹性、广义连续介质力学等，内容非常系统丰富，相关应用案例新颖且前沿，侧重于连续介质力学在微纳米力学领域的应用。Gurtin 的两本著作，第一本年代较早，是许多近代教材的参考文献，内容范畴属于古典连续介质力学；第二本是在第一本的基础上，补充了大量有限变形、热力学、晶体学相关知识，内容由浅入深，系统且丰富，应用部分侧重于固体材料弹塑性变形、有限变形等问题的理论建模。

鉴于连续介质力学课程对学生系统掌握力学基本理论、全面了解力学理论的统一性的重要作用，大部分高等院校和科研院所都将其设定为研究生阶段的必修课程，学时为 48、64、80 不等。也因为这样，现有的连续介质力学教材通常面向的对象是研究生或更高水平的科研工作者。而针对本科阶段，很多高等院校并未开设连续介质力学课程，部分院校将其设定为选修课，只有较少的院校将其设置为必修课。但随着 2018 年发布的“力学类教学质量国家标准”中将连续介质力学设置为工程力学本科专业的核心课程，越来越多的高校在教学计划中开设了这门课程，因此急切需要适用于本科生的连续介质力学教材。

针对这一需求，结合十几年的教学实践，四川大学蒋文涛教授教学团队编写了这本针对本科生的连续介质力学教材。教材内容从最简单的矢量出发，引出张量的概念和运算规则；以连续介质假设为基础，由基本定律导出物质变形和运动的基本控制方程，并分别导出固体的运动（或平衡）方程和流体的 N–S 方程。教材由浅入深，逻辑线条清晰，难度适中，既解决了本科生熟练掌握张量基本运算的问题，也很好地建立了连续介质力学理论和其他力学专业核心课程理论之间的联系。

该书针对连续介质力学课程内容广泛、抽象，系统性理论性逻辑性较强的特点，同时考虑本科生尚未形成系统性力学知识框架的现状，从基础知识出发，循序渐进，着重于基础知识的理解和系统性逻辑性思维的培养，是一本可以较好地适用于本科生的连续介质力学基础教材。

王建祥
北京大学工学院教授
2023 年 2 月

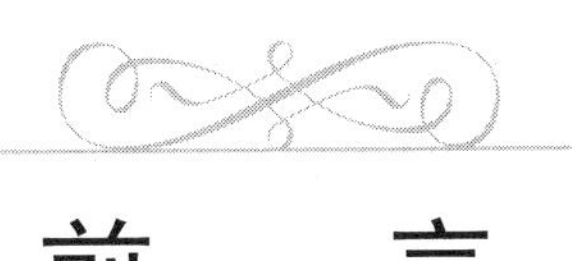

前　言

力是物质间的一种相互作用，机械运动是物质运动最基本的形式。在力的作用下，物体相对于其他物体或物体的某一部位相对于其他部位的位置将随时间发生变化，产生诸如平移、转动、流动、振动、波动、扩散等机械运动行为。力学是关于力、运动及其关系的科学，主要研究介质运动、变形的宏微观行为，揭示力学过程及其与物理、化学、生物学等过程的相互作用规律。它既是基础学科，也是工程学科，是连接科学和工程的桥梁。传统力学的研究对象主要以宏观对象为主，但随着多学科相互交叉、渗透和发展，力学研究的对象和范围已扩展到细观、微观物质的运动及其与物理、化学、生物运动的耦合。力学是物理学、天文学以及众多工程类学科的基础，机械、土木、航空、航天、航海等工程的设计和制造都必须以经典力学的理论为基本依据。基于力学理论的指导，人类在工程技术领域取得的成就俯拾皆是，例如人类登月、跨海大桥、高速列车等。发展到今天，力学的理论大厦已经构建得非常宏伟，在其指导下我们能解决自然界中的诸多问题。

自然界的物质是由分子/原子等微观颗粒组成，如金属晶体是由离散的金属原子有规律堆砌而成的物质，原子则是由质子和中子组成的原子核以及围绕它们旋转的电子组成。在这些微观颗粒之间存在一定的间隙距离，尽管这一距离极其微小，但也正是这一极其微小的距离使得自然界的物质构成实际上是离散不连续的。从数学的角度看，空间中无论离得多近的任意两点之间一定可以找出第三点，因此，当人们称一个宏观物体“占据”某个空间时，准确来讲该物体并没有完全充满该空间。这使得数学上如果严格按这一实际情况进行“真实”的数学建模的话，将会使问题变得极其复杂，尤其是在处理接近分子或原子尺度的微观空间问题时，微观颗粒的布朗运动等运动规律更使得几乎不可能建立一个连续的可进行微分等数学分析的数学理论模型。因此，为了能进行相关数学处理，当忽略物质的具体微观结构，并假设宏观物体连续地无空隙地充满着其所“占据”的空间时，我们可以认为物质是空间连续分布的，该假设即为连续介质假设。当采用连续介质模型时，宏观物体可以被划分为无限小的部分（如此无限小的部分也被称为质点），且每个部分均具有与母体相同的物理性质。基于连续介质假设，我们可以采用场变量（即宏观物理量，如密度、速度、压力、温度等）来描述任意时刻宏观物体任意质点的物理性质，同时可以采用连续函数来表达各个场变量，采用偏微分方程来描述各个物理场，从而可以利用强有力的数学工具来分析具体的力学问题。从工程实际的角度来看，宏观物体的特征尺寸要远远大于分子/原子的间隙距离，而材料力学性质的测定往往是基于宏观试件实验的结果。因此，连续介质模型对于工程实际中物体的力学性质的研究具有非常重要的意义。

连续介质力学基于连续介质假设采用统一的观点来研究物体的宏观力学行为。它的基本内容有：

（1）变形几何学，研究连续介质变形引起的几何性质的变化。

（2）运动学，研究各种物理量的时间率。

（3）基本方程，根据普适的守恒定律建立的方程，例如连续性方程、运动方程、能量方程、熵不等式等，可写成两种等价的形式：第一种是积分形式（也称为全局形式），对应有限体积的物体的全局；第二种是微分形式，对应无限小的微分体积单元。

（4）本构关系，针对一定程度理想化的材料（例如纯弹性体、黏性流体等）建立的本构方程。

（5）特殊理论，例如弹性理论、黏弹性理论、黏性流体理论、塑性理论、热弹性固体理论、热黏性流体理论等。

（6）问题的求解，将具体问题的基本方程与边界条件、初始条件相结合，采用解析或数值方法求解。

连续介质力学所涉及的物理定律涵盖了力学学科的大部分基本原理，包括质量守恒定律、动量守恒定律、牛顿运动定律、热力学定律等，是固体力学（包括弹性力学、黏弹性力学、塑性力学、断裂力学等）、流体力学（包括流体静力学、流体运动学、流体动力学等）以及流变学等多门课程的理论基础。它的应用分支和交叉学科涉及材料力学、结构力学、空气动力学、爆炸力学、磁流体动力学、等离子体动力学等。连续介质力学不是多个力学分支学科的简单叠加，而是对连续介质宏观力学行为的一般性理论概括，进而形成具有高度概括性的基础理论，由此出发可以引出或导出其他力学方向的基本理论和基本方程。

本书的结构组织如下：第 1 章，矢量、矩阵与张量，从最简单的矢量和矩阵出发，引出张量定义及其基本运算规律；第 2 章，变形与运动，变形包括构形、小变形、有限变形，运动包括刚体运动、运动的描述、输运定理等；第 3 章，应力，主要关注 Cauchy 应力张量；第 4 章，基本定律，包括热力学的基本概念，基本定律的微分形式、积分形式和物质描述以及虚功原理；第 5 章，本构关系，包括本构关系的基本概念、一般原理、材料的对称性、内部约束、热力学方法；第 6 章，弹性固体，包括线弹性体的本构关系、静力学、动力学、热弹性体、超弹性体；第 7 章，Newton 流体，包括 Newton 流体的本构关系、场方程、状态方程、理想流体 Euler 方程的积分、黏性流体 N–S 方程的简化。目录中带 $*$ 号部分为选学内容。

需要注意，本书采用下加横线的小写黑体字母表示列矩阵（或列向量，如 $\underline{\boldsymbol{a}}$），用下加横线的大写黑体字母表示行数和列数均大于 1 的矩阵（如 $\underline{\boldsymbol{A}}$）；用小写黑体字母表示矢量（如 $\boldsymbol{a}$），用大写黑体字母表示二阶及以上的张量（如 $\boldsymbol{A}$）。这样的符号表示有别于其他教材，可以使公式表达更加方便、清晰，便于读者准确理解。

本书由四川大学蒋文涛和成都大学 / 四川大学王清远共同规划与统稿，各章节由蒋文涛、王清远、李佩栋、白逃萍、李亚兰共同编写，由李亚兰、李佩栋完成校稿。

本书由北京大学王建祥教授和浙江大学陈伟球教授审阅，特此致谢。本书的编写还得到了四川大学秦世伦教授的大力指导和支持，编者对此表示衷心感谢。限于水平，书中难免存在不足，恳请读者指正。

编者

2023 年 3 月

目　录

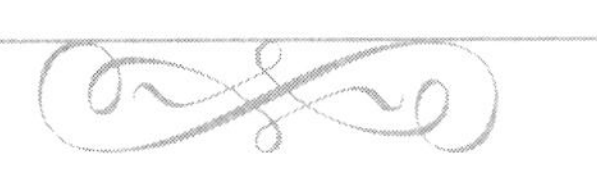

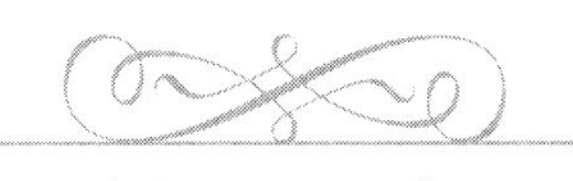

第 1 章 矢量、矩阵与张量

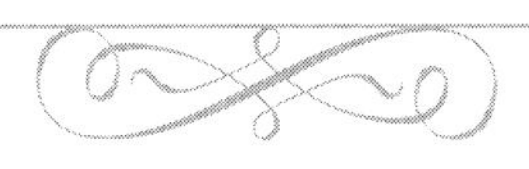

在本章中，将首先回顾矢量和矩阵的定义、性质及运算。这些内容在高等数学和线性代数的教材中都能找到。因此，在许多情况下，本书只写出了结论而略去了这些结论的严格证明或推导。但是，在叙述中我们使用了一些新的符号及约定。这些符号和约定，尤其是求和约定，可以使表述变得更加简洁清晰，可以使人们专注于理解这些式子所具有的物理内涵。这些符号及约定在今后各章节中将会频繁出现，因而是十分重要的。

在矢量和矩阵的基础上，引出了本章的核心内容——张量，介绍了张量的定义、性质及运算。张量是连续介质力学最重要的数学工具，因此这部分内容是学习连续介质力学的基础。

1.1 矢量

1.1.1 矢量及其代数运算

在本书中把空间直角坐标系的三个轴 x、y、z 分别改记为 x_1、x_2、x_3，同时把这三个坐标轴方向上的单位矢量（称为**基矢量**）$\boldsymbol{i}$、$\boldsymbol{j}$、$\boldsymbol{k}$ 分别改记为 $\boldsymbol{e}_1$、$\boldsymbol{e}_2$、$\boldsymbol{e}_3$（图 1.1）。这样，某个矢量 $\boldsymbol{a}$ 就可以表示为（图 1.2）

$$\boldsymbol{a} = a_1\boldsymbol{e}_1 + a_2\boldsymbol{e}_2 + a_3\boldsymbol{e}_3 = \sum_{i=1}^{3} a_i\boldsymbol{e}_i \tag{1.1}$$

式中，a_i 是 $\boldsymbol{a}$ 在 x_i 方向上的分量（$i = 1, 2, 3$）。注意，在本书中，矢量都用小写的黑体字母表示，如上式中的 $\boldsymbol{a}$。

式 (1.1) 中，i 是一个重复出现的脚标，根据求和符号 Σ 的提示，这个重复的脚标要遍取 1、2、3。为了书写的简洁，在本书中，采用一个约定：**在式子中的一项内，若出现了重复**

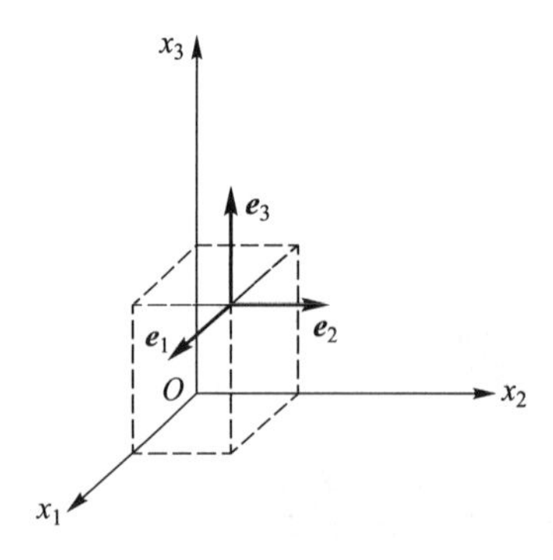

图 1.1　直角坐标系的基矢量

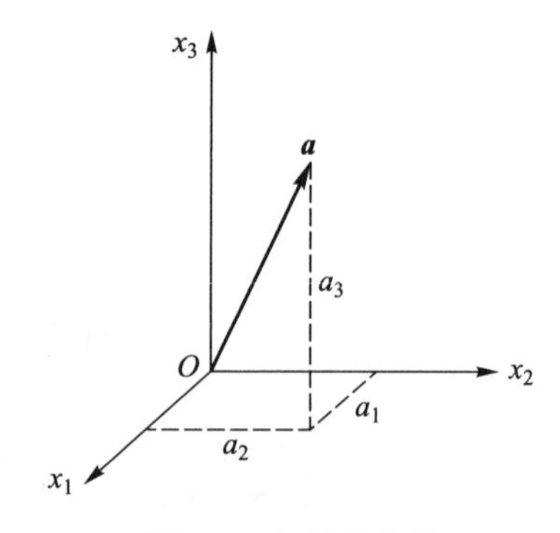

图 1.2　矢量的分量

脚标，则表示该项关于这一脚标对 1、2、3 **求和，而无须再写出求和符号** Σ。例如，式 (1.1) 就可记为

$$\boldsymbol{a} = a_i \boldsymbol{e}_i \tag{1.2}$$

这一约定称为**爱因斯坦**（Einstein）**求和约定**。在二维情况（即平面情况）下，重复脚标则表示对 1、2 求和，这只需联系上下文就很容易区别。如果有时需要使用同一个脚标但不表示求和，则在该脚标下加一横线，如 $a_{\underline{m}}b_{\underline{m}}$，就只表示 $\boldsymbol{a}$ 和 $\boldsymbol{b}$ 的第 m 个分量的乘积。

求和约定中的重复脚标称为**哑标**。由于哑标并未限定用哪些字母，因此，哑标可以用其他的字母代替，只要该字母在本项中没有被使用就行。例如

$$\boldsymbol{a} = a_i \boldsymbol{e}_i = a_j \boldsymbol{e}_j, \quad a_j b_j c_k = a_m b_m c_k$$

在以后的章节中读者会发现，哑标换用其他的字母代替是一种常用的计算技巧。

但应注意，上面第二式不能改写为 $a_k b_k c_k$，因为字母 k 已经被使用了。$a_k b_k c_k$ 可能会同时被理解为 $(a_1b_1 + a_2b_2 + a_3b_3)\, c_k$、$a_k\,(b_1c_1 + b_2c_2 + b_3c_3)$ 或 $a_1b_1c_1 + a_2b_2c_2 + a_3b_3c_3$ 等。这样，为了确保无歧义产生，**哑标在同一项中只能重复一次**。诸如 $a_ib_ic_i$ 之类的项次是不允许出现的。如果要表示 $a_1b_1c_1 + a_2b_2c_2 + a_3b_3c_3$，那么只能用 $\sum\limits_{i=1}^{3} a_ib_ic_i$。

矢量 $\boldsymbol{a}$ 的长度（或称为**模**、**范数**）定义为

$$\|\boldsymbol{a}\| = \sqrt{a_i a_i} = \sqrt{a_1^2 + a_2^2 + a_3^2} \tag{1.3}$$

在此基础之上，下文简述矢量的代数运算。

1. 加法

两个任意的矢量 $\boldsymbol{a}$ 和 $\boldsymbol{b}$ 可以进行加法运算，其结果是一个矢量 $\boldsymbol{c}$，运算规则是

$$\boldsymbol{c} = \boldsymbol{a} + \boldsymbol{b} = a_i \boldsymbol{e}_i + b_i \boldsymbol{e}_i = (a_i + b_i)\, \boldsymbol{e}_i = c_i \boldsymbol{e}_i \tag{1.4}$$

在几何意义上，若 $\boldsymbol{a}$ 和 $\boldsymbol{b}$ 不在同一直线上，则 $\boldsymbol{a}$ 和 $\boldsymbol{b}$ 张成一个平行四边形，$\boldsymbol{c}$ 为该平行四边形的对角线，大小为对角线长度，方向从 $\boldsymbol{a}$ 和 $\boldsymbol{b}$ 的起点角指向另一个对角（图 1.3）。

2. 数乘

一个任意的矢量 $\boldsymbol{b}$ 可以对一个数 α 进行数乘运算，其结果仍是一个矢量 $\boldsymbol{a}$，运算规则是

$$\boldsymbol{a}=\alpha\boldsymbol{b}=\alpha\left(b_j\boldsymbol{e}_j\right)=\left(\alpha b_j\right)\boldsymbol{e}_j \tag{1.5}$$

在几何意义上，$\alpha\boldsymbol{b}$ 表示与 $\boldsymbol{b}$ 同向（当 $\alpha>0$ 时）或反向（当 $\alpha<0$ 时）的矢量，其长度是 $\boldsymbol{b}$ 的 $|\alpha|$ 倍（图 1.4）。

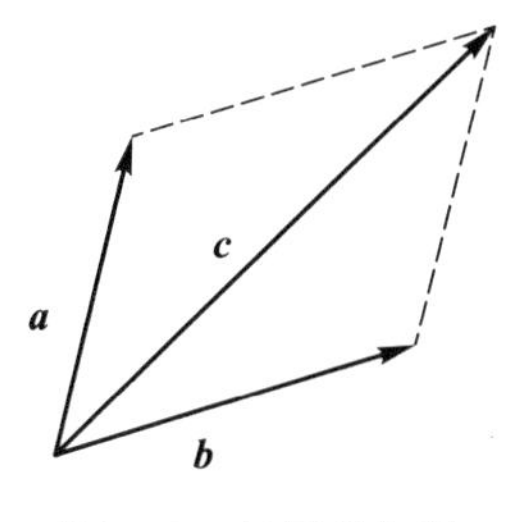

图 1.3 矢量的加法

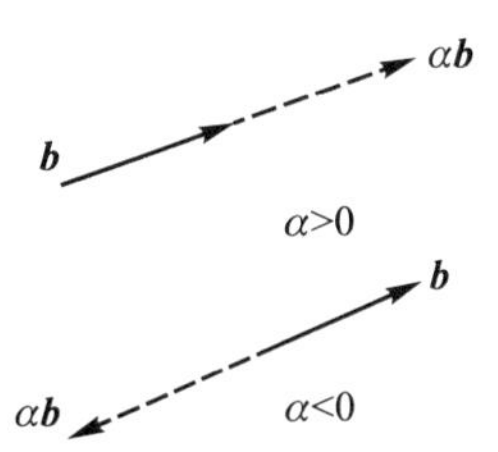

图 1.4 矢量的数乘

3. 数积

两个任意的矢量 $\boldsymbol{a}$、$\boldsymbol{b}$ 间可以进行**数积**（也称点积、内积）运算，其结果是一个数量，也称为标量，运算规则是

$$\boldsymbol{a}\cdot\boldsymbol{b}=\left(a_i\boldsymbol{e}_i\right)\cdot\left(b_j\boldsymbol{e}_j\right)=a_ib_i=a_1b_1+a_2b_2+a_3b_3 \tag{1.6}$$

可以证明，上述结果也可以表达为另一种形式

$$\boldsymbol{a}\cdot\boldsymbol{b}=\|\boldsymbol{a}\|\cdot\|\boldsymbol{b}\|\cdot\cos\theta\quad(0\leqslant\theta\leqslant\pi) \tag{1.7}$$

式中 θ 是 $\boldsymbol{a}$ 和 $\boldsymbol{b}$ 之间的夹角。

根据式 (1.6) 可知，对于两个单位矢量 $\boldsymbol{e}_i$、$\boldsymbol{e}_j$，有

$$\boldsymbol{e}_i\cdot\boldsymbol{e}_j=\begin{cases}1 & (i=j)\\ 0 & (i\neq j)\end{cases} \tag{1.8}$$

这里采用一种数学上的特殊符号即**克罗内克**（Kronecker）**符号** δ_{ij} 来表示上述结果：

$$\delta_{ij}=\begin{cases}1 & (i=j)\\ 0 & (i\neq j)\end{cases} \tag{1.9}$$

即

$$\delta_{11}=\delta_{22}=\delta_{33}=1,\quad \delta_{12}=\delta_{21}=\delta_{23}=\delta_{32}=\delta_{13}=\delta_{31}=0$$

根据 Kronecker 符号的定义，两个矢量的数积可以表示为

$$\boldsymbol{a}\cdot\boldsymbol{b}=\left(a_i\boldsymbol{e}_i\right)\cdot\left(b_j\boldsymbol{e}_j\right)=a_ib_j\left(\boldsymbol{e}_i\cdot\boldsymbol{e}_j\right)=\delta_{ij}a_ib_j=a_ib_i$$

在上式中，i 和 j 都是哑标，因此在第三个等号后的式子表示了双重求和（分别对 i 和 j 求和），即

$$
\begin{aligned}
\delta_{ij}a_ib_j =& \sum_{i=1}^{3}\sum_{j=1}^{3}\delta_{ij}a_ib_j \\
=&\delta_{11}a_1b_1+\delta_{12}a_1b_2+\delta_{13}a_1b_3+\delta_{21}a_2b_1+\delta_{22}a_2b_2+ \\
&\delta_{23}a_2b_3+\delta_{31}a_3b_1+\delta_{32}a_3b_2+\delta_{33}a_3b_3 \\
=&a_1b_1+a_2b_2+a_3b_3
\end{aligned}
$$

它包含了九项，只不过其中有六项为零，仅留下三项。

根据 Kronecker 符号的定义，易得如下演算：

$$\delta_{ij}a_j = a_i \tag{1.10a}$$

$$\delta_{ij}a_i = a_j \tag{1.10b}$$

上面的第一个式子中，j 是哑标而 i 不是；第二个式子中，i 是哑标而 j 不是。这种不重复的脚标称为**自由指标**。一个自由指标，例如第一式中的 i，在式子中的出现往往包含了两层意义：

（1）它是 1、2、3 中的某一个。因此，对于一个包含多项的式子而言，每项的自由指标应该相同，例如 $A_{im}b_m+B_{ik}a_k+a_i$ 就是允许出现的表达式，而 $A_{im}b_m+B_{jk}a_k+a_i$ 就是不正确的表达式。与此同时，对于方程而言，等号两端的自由指标应该相同，例如，$x_i=A_{im}x_m+B_{ik}a_k+a_i$ 就是允许出现的代数方程，而 $x_j=A_{im}x_m+B_{ik}a_k+a_i$ 就是不正确的。

（2）它是 1、2、3 中的每一个。因此，若方程包含了一个自由指标，那么该方程就表示了三个子方程，而不必在方程后再加注 $i=1,2,3$。例如，$x_i=A_{im}x_m+a_i$ 就表示了如下三个子方程：

$$x_1=A_{1m}x_m+a_1,\quad x_2=A_{2m}x_m+a_2,\quad x_3=A_{3m}x_m+a_3$$

例 1.1　求矢量 $\boldsymbol{a}=3\boldsymbol{e}_1+2\boldsymbol{e}_2-4\boldsymbol{e}_3$ 在方向 $(2,-1,3)$ 上的投影 s。

解： 根据矢量数积的定义可知，矢量 $\boldsymbol{a}$ 在指定的方向（其单位矢量为 $\boldsymbol{n}$）上的投影为 $\boldsymbol{a}\cdot\boldsymbol{n}$。显然，方向 $(2,-1,3)$ 上的单位矢量为 $\dfrac{1}{\sqrt{14}}(2\boldsymbol{e}_1-\boldsymbol{e}_2+3\boldsymbol{e}_3)$，因此，所求投影为

$$s=\frac{1}{\sqrt{14}}[3\cdot 2+2\cdot(-1)+(-4)\cdot 3]=-\frac{4}{7}\sqrt{14}$$

此处的负号表明，该投影沿着方向 $(2,-1,3)$ 的反向。

4. 矢积

两个任意的矢量 $\boldsymbol{a}$、$\boldsymbol{b}$ 间可以进行**矢积**（也称叉积、外积）的运算，其结果是一个矢量 $\boldsymbol{c}$，它的方向是由 $\boldsymbol{a}$ 到 $\boldsymbol{b}$ 按右手螺旋法则确定的（图 1.5），其模为

$$\|\boldsymbol{c}\| = \|\boldsymbol{a}\| \cdot \|\boldsymbol{b}\| \cdot \sin\theta \tag{1.11}$$

式中，θ 为 $\boldsymbol{a}$ 和 $\boldsymbol{b}$ 所夹的角，上式表明，$\boldsymbol{c}$ 的模就是 $\boldsymbol{a}$ 和 $\boldsymbol{b}$ 所张成的平行四边形的面积。$\boldsymbol{c}$ 的分量表达式为

$$\begin{aligned}\boldsymbol{c} =& \boldsymbol{a} \times \boldsymbol{b} = \begin{vmatrix} \boldsymbol{e}_1 & \boldsymbol{e}_2 & \boldsymbol{e}_3 \\ a_1 & a_2 & a_3 \\ b_1 & b_2 & b_3 \end{vmatrix} \\ =& a_1 b_2 \boldsymbol{e}_3 + a_2 b_3 \boldsymbol{e}_1 + a_3 b_1 \boldsymbol{e}_2 - a_1 b_3 \boldsymbol{e}_2 - a_2 b_1 \boldsymbol{e}_3 - a_3 b_2 \boldsymbol{e}_1 \end{aligned} \tag{1.12}$$

仔细观察上面的第二排式子的脚标，就会发现如下规律：（1）a、b 和 $\boldsymbol{e}$ 的脚标一定是 1、2、3 的一个排列，也就是说，在同一项内，不会重复出现 1、2、3 中的任何一个数；（2）当 a、b 和 $\boldsymbol{e}$ 的脚标是 123 这个自然顺序的一个偶排列（即 123、231、312）时，该项取正号，奇排列（即 132、213、321）时，该项取负号。

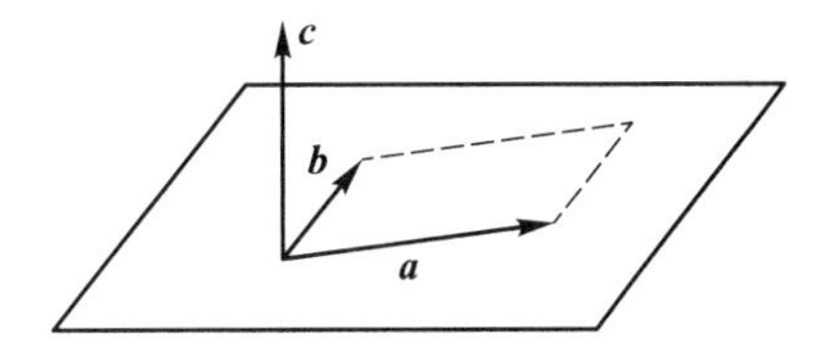

图 1.5　两个矢量的矢积

根据以上规律，可以引入一个特殊符号：

$$\varepsilon_{ijk} = \begin{cases} 1 & （当 ijk 是 123 的偶排列时）\\ -1 & （当 ijk 是 123 的奇排列时）\\ 0 & （当 ijk 有两个值相等时）\end{cases} \tag{1.13}$$

这个符号称为**置换符号**。由于 $i, j, k = 1, 2, 3$，因此，置换符号有 27 个元素。但是，只有 3 个元素（ε_{123}、ε_{231}、ε_{312}）等于 1，另有 3 个元素（ε_{213}、ε_{132}、ε_{321}）等于 -1，其他的元素，如 ε_{112} 等，均为 0。

根据置换符号的定义，显然有

$$\varepsilon_{ijk} = \varepsilon_{jki} = \varepsilon_{kij} \tag{1.14a}$$

$$\varepsilon_{ijk} = -\varepsilon_{jik} = -\varepsilon_{ikj} = -\varepsilon_{kji} \tag{1.14b}$$

借助置换符号，便可以将两个矢量 $\boldsymbol{a}$ 和 $\boldsymbol{b}$ 的矢积表示为

$$\boldsymbol{c} = \boldsymbol{a} \times \boldsymbol{b} = (a_i \boldsymbol{e}_i) \times (b_j \boldsymbol{e}_j) = \varepsilon_{ijk} a_i b_j \boldsymbol{e}_k \tag{1.15}$$

特别地，对于两个单位矢量 $\boldsymbol{e}_i$ 和 $\boldsymbol{e}_j$ 的矢积，有

$$\boldsymbol{e}_i \times \boldsymbol{e}_j = \varepsilon_{ijk} \boldsymbol{e}_k \tag{1.16}$$

可以看出，按右手螺旋法则，四指由 $\boldsymbol{e}_i$ 转向 $\boldsymbol{e}_j$，拇指指向的方向就是 $\boldsymbol{e}_i \times \boldsymbol{e}_j$ 的方向。在坐标系 $Ox_1x_2x_3$ 是右手系的情况下，它或者就是 $\boldsymbol{e}_k$（当 i、j、k 是排列 123、231、312 中的一种时），或者是 $-\boldsymbol{e}_k$（当 i、j、k 是排列 132、213、321 中的一种时）。

根据式 (1.6) 和式 (1.12)，易得

$$\boldsymbol{a} \cdot \boldsymbol{b} = \boldsymbol{b} \cdot \boldsymbol{a}, \quad \boldsymbol{a} \times \boldsymbol{b} = -\boldsymbol{b} \times \boldsymbol{a} \tag{1.17}$$

5. 混合积

在矢量数积和矢积的基础上，可以进一步定义三个矢量 $\boldsymbol{a}$、$\boldsymbol{b}$、$\boldsymbol{c}$ 的混合积：

$$[\boldsymbol{a},\, \boldsymbol{b},\, \boldsymbol{c}] = \boldsymbol{a} \cdot (\boldsymbol{b} \times \boldsymbol{c}) \tag{1.18a}$$

如果 $\boldsymbol{a}$、$\boldsymbol{b}$、$\boldsymbol{c}$ 的空间位置顺序服从右手螺旋法则，那么混合积的几何意义就是由 $\boldsymbol{a}$、$\boldsymbol{b}$、$\boldsymbol{c}$ 所张成的平行六面体的体积（图 1.6）。显然，若 $\boldsymbol{a}$、$\boldsymbol{b}$、$\boldsymbol{c}$ 共面，它们的混合积就等于零。根据混合积的定义，有

$$\begin{aligned}
[\boldsymbol{a},\, \boldsymbol{b},\, \boldsymbol{c}] &= a_i\boldsymbol{e}_i \cdot (b_j\boldsymbol{e}_j \times c_k\boldsymbol{e}_k) \\
&= a_i\boldsymbol{e}_i \cdot \varepsilon_{jkl} b_j c_k \boldsymbol{e}_l = \varepsilon_{jkl}\delta_{il} a_i b_j c_k \\
&= \varepsilon_{jki} a_i b_j c_k = \varepsilon_{ijk} a_i b_j c_k
\end{aligned}$$

由上式可得

$$[\boldsymbol{a},\, \boldsymbol{b},\, \boldsymbol{c}] = [\boldsymbol{b},\, \boldsymbol{c},\, \boldsymbol{a}] = [\boldsymbol{c},\, \boldsymbol{a},\, \boldsymbol{b}] \tag{1.18b}$$

$$[\boldsymbol{a},\, \boldsymbol{b},\, \boldsymbol{c}] = -[\boldsymbol{b},\, \boldsymbol{a},\, \boldsymbol{c}] = -[\boldsymbol{c},\, \boldsymbol{b},\, \boldsymbol{a}] = -[\boldsymbol{a},\, \boldsymbol{c},\, \boldsymbol{b}] \tag{1.18c}$$

例 1.2　矢量 $\boldsymbol{a} = 2\boldsymbol{e}_1 - 3\boldsymbol{e}_2 + \boldsymbol{e}_3$ 和 $\boldsymbol{b} = \boldsymbol{e}_1 - \boldsymbol{e}_3$ 可确定一个平面，求矢量 $\boldsymbol{c} = \boldsymbol{e}_1 + 2\boldsymbol{e}_2 - \boldsymbol{e}_3$ 在这个平面上的投影的长度值 s。

解： 不易直接确定 $\boldsymbol{c}$ 在平面上的投影，但容易确定 $\boldsymbol{c}$ 在平面法线上的投影，而平面的法线可以由 $\boldsymbol{a}$ 和 $\boldsymbol{b}$ 的矢积来确定。如图 1.7 所示，$\boldsymbol{c}$ 在平面上的投影的长度值则可以通过勾股定理来计算。

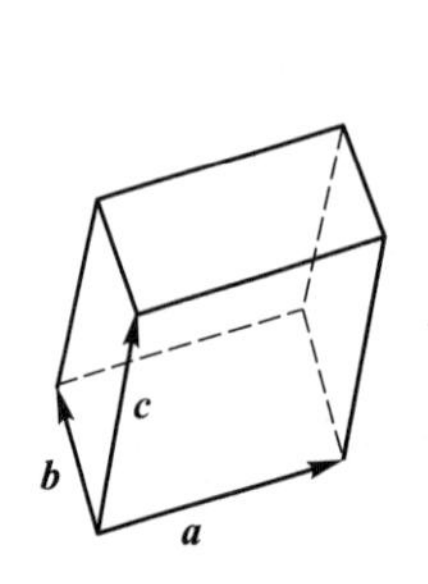

图 1.6　三个矢量的混合积

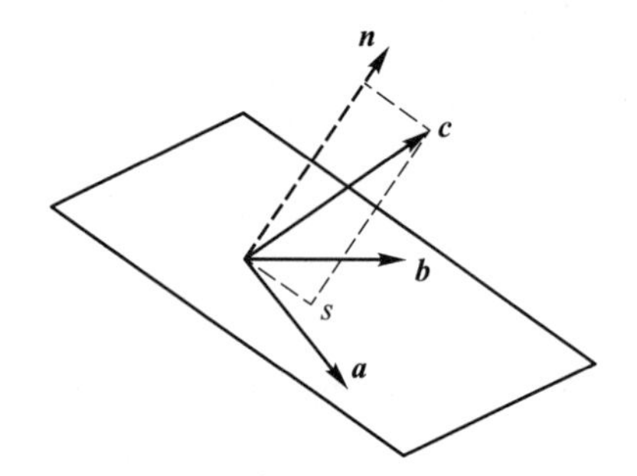

图 1.7　例 1.2 图

平面的法线方向矢量为 $\boldsymbol{d}=\boldsymbol{a}\times\boldsymbol{b}=\begin{vmatrix}\boldsymbol{e}_1 & \boldsymbol{e}_2 & \boldsymbol{e}_3\\ 2 & -3 & 1\\ 1 & 0 & -1\end{vmatrix}=3\boldsymbol{e}_1+3\boldsymbol{e}_2+3\boldsymbol{e}_3$，故该方向的单位矢量为

$$\boldsymbol{n}=\frac{1}{\sqrt{3}}(\boldsymbol{e}_1+\boldsymbol{e}_2+\boldsymbol{e}_3)$$

由此便可得 $\boldsymbol{c}$ 在 $\boldsymbol{n}$ 方向上的投影为

$$\boldsymbol{c}\cdot\boldsymbol{n}=\frac{1}{\sqrt{3}}[1\cdot 1+2\cdot 1+(-1)\cdot 1]=\frac{2}{\sqrt{3}}$$

矢量 $\boldsymbol{c}$ 的模为 $\sqrt{6}$，故 $\boldsymbol{c}$ 在平面上的投影的长度值为

$$s=\sqrt{6-(2/\sqrt{3})^2}=\sqrt{14/3}$$

例 1.3 利用置换符号表示三阶行列式 $\begin{vmatrix}a_1 & a_2 & a_3\\ b_1 & b_2 & b_3\\ c_1 & c_2 & c_3\end{vmatrix}$ 的值。

解: 参照式 (1.12) 和式 (1.15)，易得

$$\begin{vmatrix}a_1 & a_2 & a_3\\ b_1 & b_2 & b_3\\ c_1 & c_2 & c_3\end{vmatrix}=\varepsilon_{ijk}a_ib_jc_k$$

显然，根据上式，有

$$[\boldsymbol{a},\boldsymbol{b},\boldsymbol{c}]=\varepsilon_{ijk}a_ib_jc_k=\begin{vmatrix}a_1 & a_2 & a_3\\ b_1 & b_2 & b_3\\ c_1 & c_2 & c_3\end{vmatrix}\tag{1.19}$$

例 1.4 导出 Kronecker 符号与置换符号间的运算关系。

解: 由于

$$\begin{vmatrix}\delta_{11} & \delta_{12} & \delta_{13}\\ \delta_{21} & \delta_{22} & \delta_{23}\\ \delta_{31} & \delta_{32} & \delta_{33}\end{vmatrix}=1$$

它的列号排列顺序是 1、2、3，是 123 的一个偶排列。将其列交换偶数次，使列号成为 123 的一个新的偶排列，根据行列式的性质，行列式仍为 1；但若交换奇数次，使列号成为 123 的一个奇排列，则行列式为 -1。因此，其列号的排列顺序与 ε_{ijk} 的定义相同，故有

$$\varepsilon_{ijk}=\begin{vmatrix}\delta_{1i} & \delta_{1j} & \delta_{1k}\\ \delta_{2i} & \delta_{2j} & \delta_{2k}\\ \delta_{3i} & \delta_{3j} & \delta_{3k}\end{vmatrix}$$

另一方面，行列式中列所具有的性质，行都具有，故有

$$\varepsilon_{pqr}\varepsilon_{ijk} = \begin{vmatrix} \delta_{pi} & \delta_{pj} & \delta_{pk} \\ \delta_{qi} & \delta_{qj} & \delta_{qk} \\ \delta_{ri} & \delta_{rj} & \delta_{rk} \end{vmatrix} \tag{1.20}$$

上式便是 δ_{ij} 与 ε_{ijk} 之间的最基本的运算关系。

例 1.5　证明

$$\varepsilon_{ijk}\varepsilon_{mnk} = \delta_{im}\delta_{jn} - \delta_{in}\delta_{jm} \tag{1.21}$$

解：　由式 (1.20)，有

$$\varepsilon_{ijk}\varepsilon_{mnk} = \begin{vmatrix} \delta_{im} & \delta_{in} & \delta_{ik} \\ \delta_{jm} & \delta_{jn} & \delta_{jk} \\ \delta_{km} & \delta_{kn} & \delta_{kk} \end{vmatrix}$$

注意到 $\delta_{kk} = 3$，故有

$$\varepsilon_{ijk}\varepsilon_{mnk} = 3\delta_{im}\delta_{jn} + \delta_{jm}\delta_{kn}\delta_{ik} + \delta_{km}\delta_{in}\delta_{jk} - \delta_{im}\delta_{kn}\delta_{jk} - 3\delta_{jm}\delta_{in} - \delta_{km}\delta_{jn}\delta_{ik}$$

注意上式右端第二项中，$\delta_{kn}\delta_{ik}$ 的 k 是哑标，它应遍取 1、2、3，但只有当 k 取得与 n 相等时 δ_{kn} 才等于 1，否则都等于零，故 $\delta_{kn}\delta_{ik} = \delta_{ni}$。上式中第三、四、六项的情况与之类似，故有

$$\varepsilon_{ijk}\varepsilon_{mnk} = 3\delta_{im}\delta_{jn} + \delta_{jm}\delta_{in} + \delta_{jm}\delta_{in} - \delta_{im}\delta_{jn} - 3\delta_{jm}\delta_{in} - \delta_{im}\delta_{jn} = \delta_{im}\delta_{jn} - \delta_{in}\delta_{jm}$$

由上例的结论还可进一步导出（证明留作习题）

$$\varepsilon_{ijk}\varepsilon_{mjk} = 2\delta_{im} \tag{1.22}$$

$$\varepsilon_{ijk}\varepsilon_{ijk} = 6 \tag{1.23}$$

式 (1.21)、(1.22)、(1.23) 分别表明了两个置换符号相乘时，有一个、两个或三个脚标重复时的计算结果。应用这三个公式时应注意，重复的脚标必须在相同位置上。如果不在相同位置，则应将其脚标交换至相同位置，此时要注意可能产生负号。例如

$$\varepsilon_{ijk}\varepsilon_{jmk} = -\varepsilon_{ijk}\varepsilon_{mjk} = -2\delta_{im}, \quad \varepsilon_{ijk}\varepsilon_{kmj} = \varepsilon_{ijk}\varepsilon_{mjk} = 2\delta_{im}$$

1.1.2　场论概要

如果一种物理量在某个空间区域中的每一点都有确定的值，就称这个空间区域上定义着该物理量的**场**。如果该物理量是数量，就称这个场是**数量场**，也称其为**标量场**。例如温度场、电势场等，都是数量场。本书在多数情况下用小写字母来表示数量场，例如 $\varphi(M)$、

$\theta(M)$ 等，这里的 M 表示该空间区域中的任意点。如果该物理量是矢量，就称这个场是**矢量场**。例如速度场、力场等，都是矢量场。矢量场常用小写黑体来表示，例如 $\boldsymbol{u}(M)$、$\boldsymbol{a}(M)$ 等。

1. 梯度

下面先用一个二维的例子来说明梯度的概念。图 1.8 是某地的地势图，这个图形以等高线来表示该处各点的海拔高度。如果以图中部海拔最高处为中心，那么可以看到，沿东南方向的等高线较密集，这表明，在这一方向上，在相当短的距离内，高度变化很大，因而该方向十分陡峭。相反，东北方向等高线较稀疏，因此沿这一方向十分平缓。

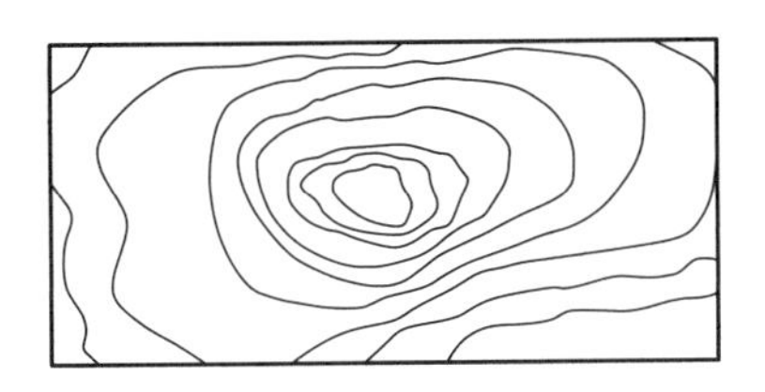

图 1.8 某处地势图

事实上，图中任意一点都存在着高度变化最大的方向，该方向存在着确定的高度变化率。把这一概念在三维情况下一般化，则可以说：若在数量场 $\varphi(M)$ 中的一点 M 处存在着矢量 $\boldsymbol{g}$，其方向为 M 点处函数 φ 变化率最大的方向，其模为这个最大变化率的数值，则称 $\boldsymbol{g}$ 为函数 φ 在 M 点处的**梯度**，记作

$$\boldsymbol{g} = \operatorname{grad}\varphi = \nabla\varphi \tag{1.24}$$

式中，∇ 称为**哈密顿**（Hamilton）**算符**，它是一个矢性微分算符。在直角坐标系中，梯度的计算公式是

$$\boldsymbol{g} = \nabla\varphi = \frac{\partial\varphi}{\partial x_i}\boldsymbol{e}_i = \frac{\partial\varphi}{\partial x_1}\boldsymbol{e}_1 + \frac{\partial\varphi}{\partial x_2}\boldsymbol{e}_2 + \frac{\partial\varphi}{\partial x_3}\boldsymbol{e}_3 \tag{1.25a}$$

注意上式中 i 是哑标。在本书中还采用了如下约定：**若某个函数对坐标 x_i 取偏微分，则简记为 $(\cdot)_{,i}$**。这样，梯度计算公式则为

$$\boldsymbol{g} = \nabla\varphi = \varphi_{,i}\boldsymbol{e}_i \tag{1.25b}$$

容易证明，若 α 和 β 是常数，则有

$$\nabla(\alpha\varphi + \beta\psi) = \alpha\nabla\varphi + \beta\nabla\psi \tag{1.26}$$

利用梯度，可以计算出 M 点处函数沿某个指定方向 $\boldsymbol{n}$ 的**方向导数**。记 $\boldsymbol{n}$ 是该方向的单位矢量，即

$$\boldsymbol{n} = n_i\boldsymbol{e}_i = \cos\alpha_1\boldsymbol{e}_1 + \cos\alpha_2\boldsymbol{e}_2 + \cos\alpha_3\boldsymbol{e}_3$$

式中 n_i 即 $\cos\alpha_i$，是 $\boldsymbol{n}$ 与 x_i 轴夹角的余弦，则 φ 的方向导数为

$$\frac{\partial\varphi}{\partial\boldsymbol{n}}=\nabla\varphi\cdot\boldsymbol{n}=\varphi_{,i}n_i=\frac{\partial\varphi}{\partial x_1}\cos\alpha_1+\frac{\partial\varphi}{\partial x_2}\cos\alpha_2+\frac{\partial\varphi}{\partial x_3}\cos\alpha_3 \tag{1.27}$$

例 1.6　求数量场 $\varphi=3x_1^2+2x_1x_2-2x_2^2+3x_3^2$ 的梯度场，并求在 $(1,1,1)$ 处的梯度大小和方向。

解： 易得

$$\varphi_{,1}=6x_1+2x_2,\quad \varphi_{,2}=2x_1-4x_2,\quad \varphi_{,3}=6x_3$$

故有

$$\nabla\varphi=2\left(3x_1+x_2\right)\boldsymbol{e}_1+2\left(x_1-2x_2\right)\boldsymbol{e}_2+6x_3\boldsymbol{e}_3$$

在 $(1,1,1)$ 处，$\nabla\varphi=8\boldsymbol{e}_1-2\boldsymbol{e}_2+6\boldsymbol{e}_3$，梯度大小为 $\sqrt{8^2+(-2)^2+6^2}=2\sqrt{26}$，其单位方向矢量为 $\dfrac{1}{\sqrt{26}}(4,-1,3)$。

例 1.7　在直角坐标系中，证明 $\nabla\theta(\varphi)=\dfrac{\mathrm{d}\theta}{\mathrm{d}\varphi}\nabla\varphi$。

解： 根据梯度计算公式和复合函数的微分法则，有

$$\nabla\theta(\varphi)=\frac{\partial\theta(\varphi)}{\partial x_i}\boldsymbol{e}_i=\left(\frac{\mathrm{d}\theta}{\mathrm{d}\varphi}\cdot\frac{\partial\varphi}{\partial x_i}\right)\boldsymbol{e}_i=\frac{\mathrm{d}\theta}{\mathrm{d}\varphi}\left(\frac{\partial\varphi}{\partial x_i}\boldsymbol{e}_i\right)=\frac{\mathrm{d}\theta}{\mathrm{d}\varphi}\nabla\varphi$$

2. 散度

考虑某个给定的恒定流动（即区域内各点的速度不随时间变化）形成的速度场 $\boldsymbol{v}(M)$，在该区域内选定一个任意的曲面 S，并确定曲面的法线方向的正向，其单位矢量记为 $\boldsymbol{n}$，在 S 上 $\boldsymbol{n}$ 是连续变化的（图 1.9）。对于 S 上的微元面 $\mathrm{d}S$，单位时间内穿过的流量为 $\boldsymbol{v}\cdot\boldsymbol{n}\,\mathrm{d}S$，故穿过全部 S 的流量即为

$$\int_S\boldsymbol{v}\cdot\boldsymbol{n}\mathrm{d}S=\int_S v_in_i\mathrm{d}S=\int_S\left(v_1\cos\alpha_1+v_2\cos\alpha_2+v_3\cos\alpha_3\right)\mathrm{d}S \tag{1.28}$$

上式也称为矢量 $\boldsymbol{v}$ 在 S 上的**通量**。

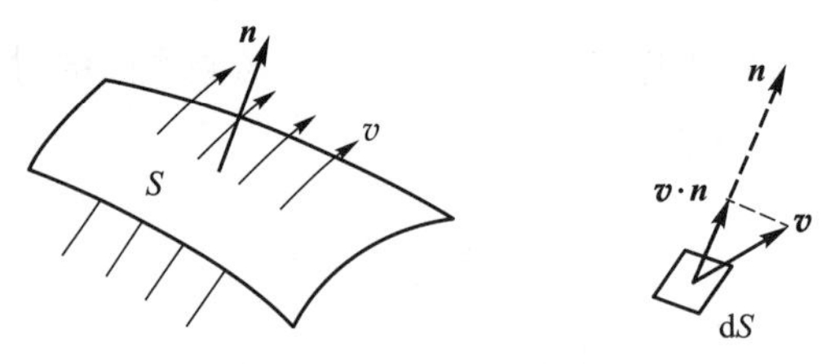

图 1.9　穿过曲面的流量

再在这个流场中考虑任意的一个封闭的曲面 S，它所包围的体积为 V，此时选定的法线方向固定为 S 的外法线方向。那么，由上式可知，单位时间内流进和流出 V 的流量总计为

$$\begin{aligned}\oint_S\boldsymbol{v}\cdot\boldsymbol{n}\mathrm{d}S&=\oint_S\left(v_1\cos\alpha_1+v_2\cos\alpha_2+v_3\cos\alpha_3\right)\mathrm{d}S\\&=\oint_S\left(v_1\mathrm{d}x_2\mathrm{d}x_3+v_2\mathrm{d}x_3\mathrm{d}x_1+v_3\mathrm{d}x_1\mathrm{d}x_2\right)\end{aligned}$$

根据奥斯特洛夫斯基–高斯（Ostrovski-Gauss）公式（也称奥氏公式，或奥–高公式），有

$$\oint_S \boldsymbol{v}\cdot\boldsymbol{n}\mathrm{d}S=\int_V\left(\frac{\partial v_1}{\partial x_1}+\frac{\partial v_2}{\partial x_2}+\frac{\partial v_3}{\partial x_3}\right)\mathrm{d}V=\int_V v_{i,i}\mathrm{d}V \tag{1.29}$$

注意上式中的 S 是任意大小的，因此可以在区域内处处任意小的微元体上使用上述公式。可以设想，如果区域内某点处有一泉眼，那么包围此处的小区域边界上流出量将大于流入量，即 $v_{i,i}$ 将为正值；而且泉眼涌出的水流越大，$v_{i,i}$ 的值将越大。相反，如果区域内某点处有一洞穴，流体可以经由这个洞穴而流失，那么包围此处的小区域边界上流出量将小于流入量，即 $v_{i,i}$ 将为负值。如果该处既无泉眼，又无洞穴，那么包围此处的小区域边界上流出量将等于流入量，即 $v_{i,i}$ 将为零。

为了表述以上概念，可以定义一般的矢量场 $\boldsymbol{u}$ 的散度为

$$\operatorname{div}\boldsymbol{u}=\nabla\cdot\boldsymbol{u}=u_{i,i} \tag{1.30}$$

尽管上式是在直角坐标系定义的，但应注意，散度本身是与坐标无关的。事实上，散度的一般定义是

$$\operatorname{div}\boldsymbol{u}\Big|_M=\nabla\cdot\boldsymbol{u}\Big|_M=\lim_{V\to 0}\left(\oint_S\boldsymbol{u}\cdot\boldsymbol{n}\mathrm{d}S\Big/V\right) \tag{1.31}$$

上式中的极限是在始终包围着 M 点的体积 V 趋于零时取得的。可以证明，由上式定义可导出直角坐标系下散度的计算公式 (1.30)。

矢量 $\boldsymbol{u}$ 散度的物理意义是，表明区域内关于物理量 $\boldsymbol{u}$ 的“源”（产生 $\boldsymbol{u}$）或“汇”（吸纳 $\boldsymbol{u}$）的分布及其强度情况。

容易证明，若 α 和 β 是常数，则有

$$\nabla\cdot(\alpha\boldsymbol{u}+\beta\boldsymbol{v})=\alpha\nabla\cdot\boldsymbol{u}+\beta\nabla\cdot\boldsymbol{v} \tag{1.32}$$

利用散度，可将奥–高公式表述为

$$\int_V\nabla\cdot\boldsymbol{u}\mathrm{d}V=\oint_S\boldsymbol{n}\cdot\boldsymbol{u}\mathrm{d}S \tag{1.33}$$

例 1.8 求矢量场 $\boldsymbol{u}=x_1^3\boldsymbol{e}_1+x_2^3\boldsymbol{e}_2+x_3^3\boldsymbol{e}_3$ 穿过闭曲面 $x_ix_i=a^2$ 的通量。

解: 所求通量

$$Q=\oint_S\boldsymbol{u}\cdot\boldsymbol{n}\mathrm{d}S=\int_V\nabla\cdot\boldsymbol{u}\mathrm{d}V=3\int_V(x_ix_i)\,\mathrm{d}V$$

由于闭曲面 $x_ix_i=a^2$ 表示球心在原点、半径为 a 的球面，故下面换用球坐标，注意到

$$x_1=r\sin\theta\cos\varphi,\quad x_2=r\sin\theta\sin\varphi,\quad x_3=r\cos\theta,\quad x_ix_i=r^2$$

$$\mathrm{d}V=r^2\cos\theta\mathrm{d}r\mathrm{d}\theta\mathrm{d}\varphi$$

故有

$$Q=3\int_0^{2\pi}\int_{-\pi/2}^{\pi/2}\int_0^a r^2\cdot r^2\cos\theta\mathrm{d}r\mathrm{d}\theta\mathrm{d}\varphi=3\int_0^a r^4\mathrm{d}r\cdot\int_{-\pi/2}^{\pi/2}\cos\theta\mathrm{d}\theta\cdot\int_0^{2\pi}\mathrm{d}\varphi=\frac{12}{5}\pi a^5$$

例 1.9　求矢量场 $\boldsymbol{u}=x_1x_2x_3\boldsymbol{x}$ 在 $M(1,3,2)$ 处的散度值。

解:　显然，矢量场的分量为

$$u_i = x_1x_2x_3x_i$$

故有 $\nabla\cdot\boldsymbol{u}=6x_1x_2x_3$。在 M 处，$\nabla\cdot\boldsymbol{u}=36$。

例 1.10　推导刚体中的热传导方程。

解:　根据热传导的傅里叶（Fourier）定律，热流密度

$$\boldsymbol{q}=-\kappa\nabla\theta$$

式中 κ 为热导率，单位为 $\mathrm{W\cdot m^{-1}\cdot K^{-1}}$。在物体中任取一闭合曲面 S，它所包围的体积为 V，在 $\mathrm{d}t$ 的时间内，流入 V 的热量总和为

$$-\mathrm{d}t\oint_S \boldsymbol{q}\cdot\boldsymbol{n}\mathrm{d}S=\mathrm{d}t\oint_S \boldsymbol{n}\cdot\kappa\nabla\theta\mathrm{d}S=\mathrm{d}t\int_V \nabla\cdot(\kappa\nabla\theta)\mathrm{d}V$$

由于此处考虑的是流入的热量，而 $\boldsymbol{n}$ 表示外法线方向单位矢量，故上式开始时含有负号，引用 Fourier 定律后，式中的负号消失了。

与此同时，若物体内有分布的热源，在单位时间单位体积中散发的热量为 $\xi(M)$（热源强度，其单位是 $\mathrm{W\cdot m^{-3}}$），则 V 在 $\mathrm{d}t$ 时间内产生的热量为 $\mathrm{d}t\int_V \xi\mathrm{d}V$。

上述两部分热量使 V 的温度得以升高。若物体的比热容为 c，密度为 ρ，则升高温度 $\mathrm{d}\theta$ 所需的热量为 $\int_V c\rho\dfrac{\partial\theta}{\partial t}\mathrm{d}t\mathrm{d}V$。根据热平衡，有

$$\mathrm{d}t\int_V \nabla\cdot(\kappa\nabla\theta)\mathrm{d}V+\mathrm{d}t\int_V \xi\mathrm{d}V=\int_V c\rho\frac{\partial\theta}{\partial t}\mathrm{d}t\mathrm{d}V$$

上式对任意的 V 都是成立的，故有

$$\nabla\cdot(\kappa\nabla\theta)+\xi=c\rho\frac{\partial\theta}{\partial t} \tag{1.34a}$$

这就是所求的热传导方程。如果区域内 κ、c、ρ 均为常数，且无内热源，则上式可化简为

$$\frac{\partial\theta}{\partial t}=a\nabla\cdot\nabla\theta \tag{1.34b}$$

式中，$a=\dfrac{\kappa}{c\rho}$，称为热扩散率（或热扩散系数），单位是 $\mathrm{m^2\cdot s^{-1}}$。

算符 $\nabla\cdot\nabla(\cdot)$ 称为**拉普拉斯（Laplace）算符**，通常也记为 $\Delta(\cdot)$ 或 $\nabla^2(\cdot)$。在直角坐标系中，有

$$\nabla\cdot\nabla\varphi=\boldsymbol{e}_i\cdot(\boldsymbol{e}_j\varphi_{,j})_{,i}=\delta_{ij}\varphi_{,ij}=\varphi_{,ii} \tag{1.35}$$

Laplace 算符作用在某个函数上，意味着先对这个函数取梯度，然后再取散度。

3. 旋度

考虑某力场 $\boldsymbol{f}$ 中质点 m 的功。若质点沿一有向曲线 L 运动，那么 $\boldsymbol{f}$ 所做的功为 $\int_L \boldsymbol{f}\cdot\boldsymbol{t}\mathrm{d}L$，式中 $\boldsymbol{t}$ 是 L 的切向单位矢量。如果 L 是一封闭曲线，则功为 $\oint_L \boldsymbol{f}\cdot\boldsymbol{t}\mathrm{d}L$。力场 $\boldsymbol{f}$ 在环

路 L 上的功 $\int_L \boldsymbol{f}\cdot\boldsymbol{t}\mathrm{d}L$ 与力场自身的性质有关。例如，当 $\boldsymbol{f}$ 是重力场，那么这个环路积分等于零；但是，若 $\boldsymbol{f}$ 是一个摩擦力场，这个环路积分就不会为零。

一般地，对于矢量场 $\boldsymbol{u}$，称 $\oint_L \boldsymbol{u}\cdot\boldsymbol{t}\mathrm{d}L$ 为沿 L 的**环量**。若 L 为某一曲面 S 的边界，曲面 S 的法线单位矢量为 $\boldsymbol{n}$，而且曲线 L 的走向和 $\boldsymbol{n}$ 服从右手螺旋法则（图 1.10），根据斯托克斯（Stokes）公式，有

$$\oint_L \boldsymbol{u}\cdot\boldsymbol{t}\mathrm{d}L = \iint_S \begin{vmatrix} n_1 & n_2 & n_3 \\ \dfrac{\partial}{\partial x_1} & \dfrac{\partial}{\partial x_2} & \dfrac{\partial}{\partial x_3} \\ u_1 & u_2 & u_3 \end{vmatrix} \mathrm{d}S \tag{1.36}$$

利用置换符号，上式可记为

$$\oint_L \boldsymbol{u}\cdot\boldsymbol{t}\mathrm{d}L = \iint_S \varepsilon_{ijk} n_i u_{k,j}\mathrm{d}S$$

上式右端中的被积分式可以视为矢量 $\varepsilon_{ijk}u_{k,j}\boldsymbol{e}_i$ 与单位方向矢量 $\boldsymbol{n}$ 作数积的结果。由此，便可以定义矢量 $\boldsymbol{u}$ 的旋度为

$$\operatorname{rot}\boldsymbol{u} = \nabla\times\boldsymbol{u} = \varepsilon_{ijk}u_{j,i}\boldsymbol{e}_k \tag{1.37}$$

显然，矢量 $\boldsymbol{u}$ 的旋度仍然是一个矢量。

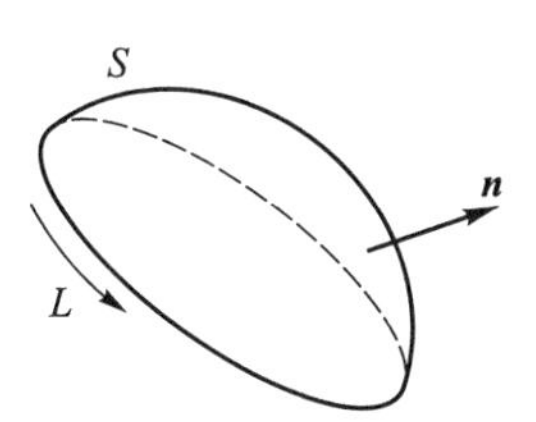

图 1.10 有向曲线和曲面

同样，旋度这一概念是与坐标系无关的，它可以一般地定义为

$$(\operatorname{rot}\boldsymbol{u}\cdot\boldsymbol{n})\Big|_M = \lim\left(\oint_L \boldsymbol{u}\cdot\boldsymbol{t}\mathrm{d}L/A\right) \tag{1.38}$$

式中，A 是微小封闭曲线 L 所包围的微元面积，而极限则是在始终包含着 M 点的微元面积 A 趋于零时取得的。

在理论力学中曾经讨论过保守力场 $\boldsymbol{f}$（或称有势力场）中积分 $\oint_L \boldsymbol{f}\cdot\boldsymbol{t}\mathrm{d}L$ 等于零。因此，保守力场的旋度等于零。

容易证明，若 α 和 β 是常数，则有

$$\nabla\times(\alpha\boldsymbol{u}+\beta\boldsymbol{v}) = \alpha\nabla\times\boldsymbol{u}+\beta\nabla\times\boldsymbol{v} \tag{1.39}$$

例 1.11 设刚体沿着过原点的轴 l 转动（图 1.11），其角速度 $\boldsymbol{\omega}=\omega_i\boldsymbol{e}_i$，求刚体中的线速度场 $\boldsymbol{v}$ 的旋度。

解： 由运动学可知，刚体转动时矢径为 $\boldsymbol{x}$ 处的线速度为

$$\boldsymbol{v}=\boldsymbol{\omega}\times\boldsymbol{x}=(\omega_i\boldsymbol{e}_i)\times(x_j\boldsymbol{e}_j)=\varepsilon_{ijk}\omega_i x_j\boldsymbol{e}_k$$

故有

$$\nabla\times\boldsymbol{v}=\varepsilon_{lmn}v_{m,l}\boldsymbol{e}_n=\varepsilon_{lmn}\left(\varepsilon_{ijm}\omega_i x_j\right)_{,l}\boldsymbol{e}_n$$

在上式中，ε_{ijm} 和 ω_i 都不是坐标的函数，而 $x_{j,l}=\delta_{jl}$，故有

$$\begin{aligned}\nabla\times\boldsymbol{v}&=\varepsilon_{lmn}\varepsilon_{ijm}\delta_{jl}\omega_i\boldsymbol{e}_n=\varepsilon_{jmn}\varepsilon_{ijm}\omega_i\boldsymbol{e}_n\\&=\varepsilon_{jmn}\varepsilon_{jmi}\omega_i\boldsymbol{e}_n=2\delta_{ni}\omega_i\boldsymbol{e}_n=2\omega_i\boldsymbol{e}_i\end{aligned}$$

在上式中，用到了式 (1.22)。由这个例子，可以体会到旋度的含义。

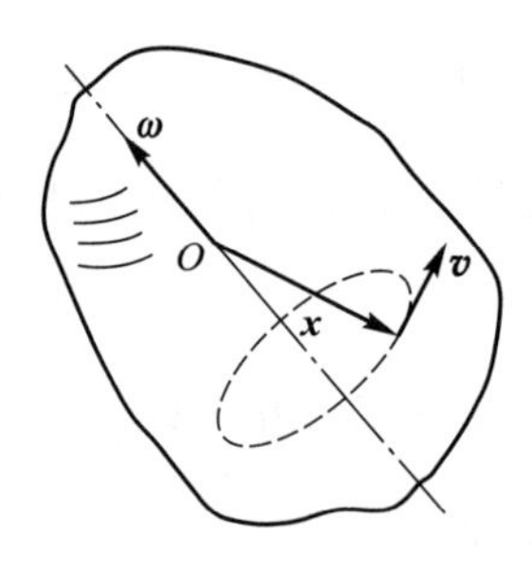

图 1.11　刚体转动

例 1.12　证明 $\nabla\cdot\nabla\times\boldsymbol{u}=0$。

解：

$$\begin{aligned}\nabla\cdot\nabla\times\boldsymbol{u}&=\boldsymbol{e}_i\cdot(\varepsilon_{lmn}u_{m,l}\boldsymbol{e}_n)_{,i}=\boldsymbol{e}_i\cdot(\varepsilon_{lmn}u_{m,li})\boldsymbol{e}_n\\&=\delta_{in}\varepsilon_{lmn}u_{m,li}=\varepsilon_{lmi}u_{m,li}=\varepsilon_{iml}u_{m,il}=-\varepsilon_{lmi}u_{m,il}\end{aligned}$$

但是，$u_{m,il}=u_{m,li}$，故有 $\nabla\cdot\nabla\times\boldsymbol{u}=-\varepsilon_{lmi}u_{m,li}$，故有

$$\nabla\cdot\nabla\times\boldsymbol{u}=0 \tag{1.40}$$

例 1.13　证明 $\nabla\cdot(\boldsymbol{u}\times\boldsymbol{v})=\boldsymbol{v}\cdot(\nabla\times\boldsymbol{u})-\boldsymbol{u}\cdot(\nabla\times\boldsymbol{v})$。

解：

$$\begin{aligned}\nabla\cdot(\boldsymbol{u}\times\boldsymbol{v})&=\nabla\cdot(\varepsilon_{ijk}u_j v_k\boldsymbol{e}_i)=\left(\varepsilon_{ijk}u_j v_k\right)_{,i}\\&=\varepsilon_{ijk}u_{j,i}v_k+\varepsilon_{ijk}u_j v_{k,i}=\varepsilon_{kij}u_{j,i}v_k-\varepsilon_{jik}v_{k,i}u_j\\&=\boldsymbol{v}\cdot(\nabla\times\boldsymbol{u})-\boldsymbol{u}\cdot(\nabla\times\boldsymbol{v})\end{aligned}$$

例 1.14　证明 $\nabla\times\nabla\varphi=0$。

解：

$$\nabla\times\nabla\varphi=\boldsymbol{e}_i\times(\varphi_{,j}\boldsymbol{e}_j)_{,i}=\varepsilon_{ijk}(\varphi_{,j})_{,i}\boldsymbol{e}_k=\varepsilon_{ijk}\varphi_{,ji}\boldsymbol{e}_k \tag{a}$$

上式中，i 和 j 均为哑标，故可用其他字母代替。现用 j 代替 i，而用 i 代替 j，便有

$$\nabla\times\nabla\varphi=\varepsilon_{jik}\varphi_{,ij}\boldsymbol{e}_k=-\varepsilon_{ijk}\varphi_{,ij}\boldsymbol{e}_k$$

显然，$\varphi_{,ji}=\varphi_{,ij}$，故有 $\nabla\times\nabla\varphi=-\varepsilon_{ijk}\varphi_{,ji}\boldsymbol{e}_k$，与式 (a) 相比较，可知

$$\nabla\times\nabla\varphi=0 \tag{1.41}$$

上式说明，任意梯度场的旋度等于零。由于梯度是对 φ 取的，由此而称 φ 是一个势函数。上式通常也解释为**有势场无旋**。

应该注意，并不是所有的矢量都可以表达为某个势函数的梯度。可以证明，矢量场 $\boldsymbol{g}$ 是一个梯度场的充要条件是 $\boldsymbol{g}$ 的旋度为零。

若记数量场 φ 的梯度场为 $\boldsymbol{f}$，则积分 $\oint_L \boldsymbol{f}\cdot\boldsymbol{t}\mathrm{d}L$ 等于零，或者可以等价地说，积分 $\int_A^B \boldsymbol{f}\cdot\boldsymbol{t}\mathrm{d}L$ 与路径无关，而只与它的积分起点 A 和终点 B 有关。这样，φ 一定是一个**状态函数**，有时也简称为**态函数**。

态函数是一个重要的概念，它的性质通常是与线性微分式相联系的。以二元函数为例，考虑线性微分式 $P(x_1,x_2)\mathrm{d}x_1+Q(x_1,x_2)\mathrm{d}x_2$，它的以下四个条件是相互等价的：

（1）在单连通域 D 上，对任意的闭合曲线 C，有

$$\oint_C P(x_1,x_2)\mathrm{d}x_1+Q(x_1,x_2)\mathrm{d}x_2=0$$

（2）在单连通域 D 上，对任意的曲线 L，积分

$$\int_L P(x_1,x_2)\mathrm{d}x_1+Q(x_1,x_2)\mathrm{d}x_2$$

的值只取决于 L 的起点和终点，而与曲线的路径无关。

（3）微分式 $P(x_1,x_2)\mathrm{d}x_1+Q(x_1,x_2)\mathrm{d}x_2$ 是一个态函数 φ 的全微分，即

$$\mathrm{d}\varphi=P(x_1,x_2)\mathrm{d}x_1+Q(x_1,x_2)\mathrm{d}x_2$$

（4）$\dfrac{\partial P}{\partial x_2}=\dfrac{\partial Q}{\partial x_1}$ 在 D 上处处成立。

重力场中的位能（或势能）就是一个态函数。物体从一个位置移到另一个位置，其位能的改变量只取决于物体重心开始的位置 A 和结束时的位置 B，而与物体移动的路径无关。如果不只有重力，那么外力对物体从 A 到 B 所做的功就可能不是态函数。例如，如果有摩擦存在，那么外力做的功显然与路径有关。此外，热量也不是态函数。

1.2 矩阵及其运算

1.2.1 矩阵的定义及其代数运算

$m\times n$ 个数排成 m 行 n 列的阵列称为**矩阵**。若 $m=1$，则称为**行矩阵**（或行向量）。若 $n=1$，则称为**列矩阵**（或列向量）。在本章中，将用加横线的小写黑体字母表示列矩阵，该列矩阵的元素用相应的小写白体字母表示，并带有一个脚标；而用加横线的大写黑体字母表示 $m>1$、$n>1$ 的矩阵，该矩阵的元素用相应的大写白体字母表示，并带有两个脚标，

其中第一个脚标表示该元素所处的行，第二个脚标表示列。例如

$$\underline{\boldsymbol{a}}=\begin{bmatrix}a_1\\a_2\\\vdots\\a_n\end{bmatrix},\quad \underline{\boldsymbol{A}}=\begin{bmatrix}A_{11}&A_{12}&\cdots&A_{1n}\\A_{21}&A_{22}&\cdots&A_{2n}\\\vdots&\vdots&&\vdots\\A_{m1}&A_{m2}&\cdots&A_{mn}\end{bmatrix}$$

若矩阵 $\underline{\boldsymbol{A}}$ 是 $m\times m$ 的，则称 $\underline{\boldsymbol{A}}$ 是 m 阶的**方阵**。

将 $m\times n$ 的矩阵 $\underline{\boldsymbol{A}}$ 的行列互换而得到的 $n\times m$ 的新矩阵，称为 $\underline{\boldsymbol{A}}$ 的**转置**，记为 $\underline{\boldsymbol{A}}^{\mathrm{T}}$。根据这一记法，列矩阵 $\underline{\boldsymbol{a}}$ 的转置 $\underline{\boldsymbol{a}}^{\mathrm{T}}$ 构成一个**行矩阵**。

两个 $m\times n$ 的矩阵 $\underline{\boldsymbol{A}}$ 和 $\underline{\boldsymbol{B}}$ 可以进行加法的运算，其结果 $\underline{\boldsymbol{C}}$ 仍然是 $m\times n$ 的矩阵，且有

$$C_{ij}=A_{ij}+B_{ij} \tag{1.42}$$

对 $m\times n$ 矩阵 $\underline{\boldsymbol{A}}$ 可以进行数量 α 的乘法运算，其结果 $\underline{\boldsymbol{B}}$ 仍然是 $m\times n$ 的矩阵，且有

$$B_{ij}=\alpha A_{ij} \tag{1.43}$$

一个 $m\times n$ 的矩阵 $\underline{\boldsymbol{A}}$ 和一个 $n\times k$ 的矩阵 $\underline{\boldsymbol{B}}$ 可以进行乘法运算，其结果 $\underline{\boldsymbol{C}}$ 是一个 $m\times k$ 的矩阵，记为 $\underline{\boldsymbol{C}}=\underline{\boldsymbol{A}}\,\underline{\boldsymbol{B}}$，矩阵 $\underline{\boldsymbol{C}}$ 的元素为

$$C_{ij}=\sum_{l=1}^{n}A_{il}B_{lj} \tag{1.44}$$

特别地，对于 3×3 的方阵 $\underline{\boldsymbol{A}}$ 和 $\underline{\boldsymbol{B}}$，结果 $\underline{\boldsymbol{C}}$ 仍是 3×3 的方阵，利用求和约定，有

$$C_{ij}=A_{ik}B_{kj}$$

易于导出下列矩阵式和分量式之间的对应关系（$\underline{\boldsymbol{A}}$、$\underline{\boldsymbol{B}}$、$\underline{\boldsymbol{C}}$ 为 3×3 方阵，$\underline{\boldsymbol{b}}$、$\underline{\boldsymbol{c}}$ 为三阶列矩阵）：

$$\begin{gathered}\underline{\boldsymbol{C}}=\underline{\boldsymbol{A}}^{\mathrm{T}}\underline{\boldsymbol{B}}\quad\Rightarrow\quad C_{ij}=A_{ki}B_{kj};\quad \underline{\boldsymbol{C}}=\underline{\boldsymbol{A}}\,\underline{\boldsymbol{B}}^{\mathrm{T}}\quad\Rightarrow\quad C_{ij}=A_{ik}B_{jk}\\ \underline{\boldsymbol{c}}=\underline{\boldsymbol{A}}\,\underline{\boldsymbol{b}}\quad\Rightarrow\quad c_i=A_{ij}b_j;\quad \underline{\boldsymbol{c}}^{\mathrm{T}}=\underline{\boldsymbol{b}}^{\mathrm{T}}\underline{\boldsymbol{A}}\quad\Rightarrow\quad c_i=A_{ji}b_j\end{gathered}$$

利用矩阵乘法，可以将两个矢量 $\boldsymbol{a}$ 和 $\boldsymbol{b}$ 的数积表达为 $\underline{\boldsymbol{a}}^{\mathrm{T}}\underline{\boldsymbol{b}}$，这里的 $\underline{\boldsymbol{a}}$ 和 $\underline{\boldsymbol{b}}$ 分别是 $\boldsymbol{a}$ 和 $\boldsymbol{b}$ 的三个分量排成的列矩阵。

可以证明，对于两个可以相乘的矩阵 $\underline{\boldsymbol{A}}$ 和 $\underline{\boldsymbol{B}}$，有

$$(\underline{\boldsymbol{A}}\,\underline{\boldsymbol{B}})^{\mathrm{T}}=\underline{\boldsymbol{B}}^{\mathrm{T}}\underline{\boldsymbol{A}}^{\mathrm{T}} \tag{1.45}$$

1.2.2 关于方阵的若干运算

1. 对称矩阵与反对称矩阵

若对于方阵 $\underline{\boldsymbol{A}}$，有 $\underline{\boldsymbol{A}}^{\mathrm{T}}=\underline{\boldsymbol{A}}$，则称 $\underline{\boldsymbol{A}}$ 是**对称矩阵**。例如

$$\begin{bmatrix} 1 & -1 \\ -1 & 4 \end{bmatrix}, \quad \begin{bmatrix} -2 & 3 & \frac{1}{2} \\ 3 & 0 & -1 \\ \frac{1}{2} & -1 & 5 \end{bmatrix}, \quad \begin{bmatrix} 1 & -1 & 0 & 3a \\ -1 & 2a & 0 & b \\ 0 & 0 & 7b & -c \\ 3a & b & -c & 4c \end{bmatrix}$$

都是对称矩阵的例子。若有 $\underline{\boldsymbol{A}}^{\mathrm{T}}=-\underline{\boldsymbol{A}}$，则称 $\underline{\boldsymbol{A}}$ 是**反对称矩阵**。例如

$$\begin{bmatrix} 0 & 1 \\ -1 & 0 \end{bmatrix}, \quad \begin{bmatrix} 0 & 3 & 2 \\ -3 & 0 & -1 \\ -2 & 1 & 0 \end{bmatrix}, \quad \begin{bmatrix} 0 & -a_1 & a_2 & -a_3 \\ a_1 & 0 & a_1 & -a_2 \\ -a_2 & -a_1 & 0 & a_3 \\ a_3 & a_2 & -a_3 & 0 \end{bmatrix}$$

都是反对称矩阵的例子。应注意，要满足反对称条件，矩阵主对角线（从左上角元素到右下角元素的连线）上的所有元素都必须是零。

任意的方阵 $\underline{\boldsymbol{A}}$ 都可以分解为一个对称矩阵和一个反对称矩阵的和。由于

$$\underline{\boldsymbol{A}}=\frac{1}{2}\left(\underline{\boldsymbol{A}}+\underline{\boldsymbol{A}}^{\mathrm{T}}\right)+\frac{1}{2}\left(\underline{\boldsymbol{A}}-\underline{\boldsymbol{A}}^{\mathrm{T}}\right)$$

记

$$\underline{\boldsymbol{D}}=\frac{1}{2}\left(\underline{\boldsymbol{A}}+\underline{\boldsymbol{A}}^{\mathrm{T}}\right), \quad \underline{\boldsymbol{W}}=\frac{1}{2}\left(\underline{\boldsymbol{A}}-\underline{\boldsymbol{A}}^{\mathrm{T}}\right)$$

显然有 $\underline{\boldsymbol{D}}=\underline{\boldsymbol{D}}^{\mathrm{T}}$, $\underline{\boldsymbol{W}}=-\underline{\boldsymbol{W}}^{\mathrm{T}}$。不难证明（留作习题），这种分解是唯一的。

若方阵 $\underline{\boldsymbol{A}}$ 除主对角线上有非零元素外，其他元素均为零，则称 $\underline{\boldsymbol{A}}$ 是**对角矩阵**（简称对角阵），并特别地记为

$$\underline{\boldsymbol{A}}=\operatorname{diag}(A_{11}, A_{22}, \cdots, A_{\underline{n}\,\underline{n}}) \tag{1.46}$$

若对角阵的对角线元素全是 1，则称为**单位矩阵**（简称单位阵），n 阶单位阵记为 $\underline{\boldsymbol{I}}_n$。三阶单位阵（有时也包括二阶单位阵）简记为 $\underline{\boldsymbol{I}}$。显然，$\underline{\boldsymbol{I}}$ 的所有元素可记为 δ_{ij}。

易得，$\underline{\boldsymbol{I}}\,\underline{\boldsymbol{A}}=\underline{\boldsymbol{A}}$, $\underline{\boldsymbol{A}}\,\underline{\boldsymbol{I}}=\underline{\boldsymbol{A}}$（若这些乘法可以进行）。因此，单位阵在矩阵乘法中的作用，相当于单位 1 在实数乘法中的作用。

可以证明，方阵 $\underline{\boldsymbol{A}}$ 的行列式（记为 $\det\underline{\boldsymbol{A}}$）与 $\underline{\boldsymbol{A}}^{\mathrm{T}}$ 的行列式相等，即

$$\det\underline{\boldsymbol{A}}=\det\underline{\boldsymbol{A}}^{\mathrm{T}} \tag{1.47}$$

对于两个同阶的方阵 $\underline{\boldsymbol{A}}$ 和 $\underline{\boldsymbol{B}}$，有

$$\det(\underline{\boldsymbol{A}}\,\underline{\boldsymbol{B}})=\det\underline{\boldsymbol{A}}\cdot\det\underline{\boldsymbol{B}} \tag{1.48}$$

2. 逆矩阵

对于方阵 $\underline{\boldsymbol{A}}$，若存在着方阵 $\underline{\boldsymbol{B}}$，使

$$\underline{\boldsymbol{A}}\,\underline{\boldsymbol{B}} = \underline{\boldsymbol{B}}\,\underline{\boldsymbol{A}} = \underline{\boldsymbol{I}} \tag{1.49a}$$

则称 $\underline{\boldsymbol{B}}$ 是 $\underline{\boldsymbol{A}}$ 的**逆矩阵**，并记为

$$\underline{\boldsymbol{B}} = \underline{\boldsymbol{A}}^{-1} \tag{1.49b}$$

方阵 $\underline{\boldsymbol{A}}$ 的逆矩阵存在的充要条件是 $\underline{\boldsymbol{A}}$ 的行列式不为零，即

$$\det \underline{\boldsymbol{A}} \neq 0 \tag{1.50}$$

n 阶方阵 $\underline{\boldsymbol{A}}$ 划去第 i 行和第 j 列后，剩余的元素按原有位置不变，可排成一个 $n-1$ 的方阵，该方阵的行列式定义为元素 A_{ij} 的**余子式**。该余子式乘以 $(-1)^{i+j}$ 后定义为元素 A_{ij} 的**代数余子式** A_{ij}^*。矩阵

$$\underline{\boldsymbol{A}}^* = \begin{bmatrix} A_{11}^* & A_{21}^* & \cdots & A_{n1}^* \\ A_{12}^* & A_{22}^* & \cdots & A_{n2}^* \\ \vdots & \vdots & & \vdots \\ A_{1n}^* & A_{2n}^* & \cdots & A_{nn}^* \end{bmatrix} \tag{1.51}$$

称为 $\underline{\boldsymbol{A}}$ 的**伴随矩阵**。可以证明

$$\underline{\boldsymbol{A}}^{-1} = \underline{\boldsymbol{A}}^* / \det \underline{\boldsymbol{A}} \tag{1.52}$$

可以证明，若 $\underline{\boldsymbol{A}}$ 和 $\underline{\boldsymbol{B}}$ 都是 n 阶可逆矩阵，则有

$$(\underline{\boldsymbol{A}}\,\underline{\boldsymbol{B}})^{-1} = \underline{\boldsymbol{B}}^{-1}\underline{\boldsymbol{A}}^{-1} \tag{1.53}$$

例 1.15　分别求矩阵 $\underline{\boldsymbol{A}} = \begin{bmatrix} 2 & 1 \\ -2 & 3 \end{bmatrix}$ 和 $\underline{\boldsymbol{B}} = \begin{bmatrix} \cos\alpha & \sin\alpha & 0 \\ -\sin\alpha & \cos\alpha & 0 \\ 0 & 0 & 1 \end{bmatrix}$ 的逆矩阵。

解：　易得 $\det \underline{\boldsymbol{A}} = 8$，而且

$$\underline{\boldsymbol{A}}^* = \begin{bmatrix} 3 & -1 \\ 2 & 2 \end{bmatrix}, \quad 故 \quad \underline{\boldsymbol{A}}^{-1} = \frac{1}{8}\begin{bmatrix} 3 & -1 \\ 2 & 2 \end{bmatrix}$$

将 $\underline{\boldsymbol{B}}$ 的行列式按最后一行展开，可得

$$\det \underline{\boldsymbol{B}} = 1 \cdot \begin{vmatrix} \cos\alpha & \sin\alpha \\ -\sin\alpha & \cos\alpha \end{vmatrix} = 1$$

同时有

$$\underline{\boldsymbol{B}}^{*}=\begin{bmatrix}\cos\alpha & -\sin\alpha & 0\\ \sin\alpha & \cos\alpha & 0\\ 0 & 0 & 1\end{bmatrix},\quad 故\quad \underline{\boldsymbol{B}}^{-1}=\begin{bmatrix}\cos\alpha & -\sin\alpha & 0\\ \sin\alpha & \cos\alpha & 0\\ 0 & 0 & 1\end{bmatrix}$$

例 1.16 三阶方阵 $\underline{\boldsymbol{A}}$ 的元素为 A_{ij}，证明

$$\det\underline{\boldsymbol{A}}=\frac{1}{6}\varepsilon_{ijk}\varepsilon_{mnl}A_{im}A_{jn}A_{kl} \tag{1.54}$$

解： 利用例 1.3 的结论，三阶方阵

$$\begin{vmatrix}A_{i1} & A_{i2} & A_{i3}\\ A_{j1} & A_{j2} & A_{j3}\\ A_{k1} & A_{k2} & A_{k3}\end{vmatrix}=\varepsilon_{mnl}A_{im}A_{jn}A_{kl}$$

根据行列式性质，上式中的行号 ijk 是 123 的一个偶排列时，上式左端等于 $\det\underline{\boldsymbol{A}}$；而行号 ijk 是 123 的一个奇排列时，上式左端等于 $-\det\underline{\boldsymbol{A}}$。这一性质说明左端恰好等于 $\varepsilon_{ijk}\det\underline{\boldsymbol{A}}$，故有

$$\varepsilon_{ijk}\det\underline{\boldsymbol{A}}=\varepsilon_{mnl}A_{im}A_{jn}A_{kl} \tag{1.55}$$

上式两端同乘以 ε_{ijk}，利用式 (1.23)，便可得所求的结论式 (1.54)。

3. 正交矩阵

对于方阵 $\underline{\boldsymbol{A}}$，若有

$$\underline{\boldsymbol{A}}^{-1}=\underline{\boldsymbol{A}}^{\mathrm{T}} \tag{1.56}$$

则称 $\underline{\boldsymbol{A}}$ 是**正交矩阵**。易知，例 1.15 中的 $\underline{\boldsymbol{B}}$ 就是正交矩阵。正交矩阵 $\underline{\boldsymbol{A}}$ 的行列式等于 ±1，这是因为，$\underline{\boldsymbol{A}}\,\underline{\boldsymbol{A}}^{-1}=\underline{\boldsymbol{A}}\,\underline{\boldsymbol{A}}^{\mathrm{T}}=\underline{\boldsymbol{I}}_n$，故有 $\det\left(\underline{\boldsymbol{A}}\,\underline{\boldsymbol{A}}^{\mathrm{T}}\right)=1$，但是，

$$\det\left(\underline{\boldsymbol{A}}\,\underline{\boldsymbol{A}}^{\mathrm{T}}\right)=\det\underline{\boldsymbol{A}}\cdot\det\underline{\boldsymbol{A}}^{\mathrm{T}}=(\det\underline{\boldsymbol{A}})^2$$

故有

$$\det\underline{\boldsymbol{A}}=\pm1 \tag{1.57}$$

将组成正交矩阵 $\underline{\boldsymbol{A}}$ 的列向量排列起来，便有

$$\underline{\boldsymbol{A}}=\begin{bmatrix}\underline{\boldsymbol{a}}_1 & \underline{\boldsymbol{a}}_2 & \cdots & \underline{\boldsymbol{a}}_n\end{bmatrix}$$

根据正交矩阵的定义，应有

$$\begin{bmatrix}\underline{\boldsymbol{a}}_1^{\mathrm{T}}\\ \underline{\boldsymbol{a}}_2^{\mathrm{T}}\\ \vdots\\ \underline{\boldsymbol{a}}_n^{\mathrm{T}}\end{bmatrix}\begin{bmatrix}\underline{\boldsymbol{a}}_1 & \underline{\boldsymbol{a}}_2 & \cdots & \underline{\boldsymbol{a}}_n\end{bmatrix}=\underline{\boldsymbol{I}}_n$$

故 $n=3$ 时有

$$\underline{\boldsymbol{a}}_i^{\mathrm{T}}\underline{\boldsymbol{a}}_j=\delta_{ij} \tag{1.58}$$

这就说明，组成正交矩阵的每个列向量的模均为 1，而且这些列向量是两两正交的。这一性质对于组成正交矩阵的行向量也是成立的。

还可证明，上述性质是充分必要的。

例 1.17　如图 1.12 所示，平面直角坐标系 Ox_1x_2 绕原点 O 旋转一角度 α 形成新坐标系 $Ox_1'x_2'$，导出其坐标变换矩阵 $\underline{\boldsymbol{M}}$，并说明 $\underline{\boldsymbol{M}}$ 是正交矩阵。

解：　由图 1.12 易得，新坐标系的单位矢量为

$$\begin{cases}\boldsymbol{e}_1'=\cos\alpha\boldsymbol{e}_1+\sin\alpha\boldsymbol{e}_2\\ \boldsymbol{e}_2'=-\sin\alpha\boldsymbol{e}_1+\cos\alpha\boldsymbol{e}_2\end{cases}\quad \text{即}\quad \begin{bmatrix}\boldsymbol{e}_1'\\ \boldsymbol{e}_2'\end{bmatrix}=\begin{bmatrix}\cos\alpha & \sin\alpha\\ -\sin\alpha & \cos\alpha\end{bmatrix}\begin{bmatrix}\boldsymbol{e}_1\\ \boldsymbol{e}_2\end{bmatrix}$$

上式可简记为

$$\begin{bmatrix}\boldsymbol{e}_1'\\ \boldsymbol{e}_2'\end{bmatrix}=\underline{\boldsymbol{M}}\begin{bmatrix}\boldsymbol{e}_1\\ \boldsymbol{e}_2\end{bmatrix}\quad \text{和}\quad \begin{bmatrix}\boldsymbol{e}_1' & \boldsymbol{e}_2'\end{bmatrix}=\begin{bmatrix}\boldsymbol{e}_1 & \boldsymbol{e}_2\end{bmatrix}\underline{\boldsymbol{M}}^{\mathrm{T}} \tag{1.59}$$

易于看出，$\underline{\boldsymbol{M}}$ 满足条件 $\underline{\boldsymbol{M}}^{-1}=\underline{\boldsymbol{M}}^{\mathrm{T}}$，故 $\underline{\boldsymbol{M}}$ 是正交矩阵。$\underline{\boldsymbol{M}}$ 还可表示为

$$\underline{\boldsymbol{M}}=\begin{bmatrix}\boldsymbol{e}_1'\cdot\boldsymbol{e}_1 & \boldsymbol{e}_1'\cdot\boldsymbol{e}_2\\ \boldsymbol{e}_2'\cdot\boldsymbol{e}_1 & \boldsymbol{e}_2'\cdot\boldsymbol{e}_2\end{bmatrix}=\begin{bmatrix}\cos(\boldsymbol{e}_1',\,\boldsymbol{e}_1) & \cos(\boldsymbol{e}_1',\,\boldsymbol{e}_2)\\ \cos(\boldsymbol{e}_2',\,\boldsymbol{e}_1) & \cos(\boldsymbol{e}_2',\,\boldsymbol{e}_2)\end{bmatrix} \tag{1.60}$$

在三维情况下（图 1.13），坐标变换矩阵的表达式为

$$\begin{bmatrix}\boldsymbol{e}_1'\\ \boldsymbol{e}_2'\\ \boldsymbol{e}_3'\end{bmatrix}=\underline{\boldsymbol{M}}\begin{bmatrix}\boldsymbol{e}_1\\ \boldsymbol{e}_2\\ \boldsymbol{e}_3\end{bmatrix}\quad \text{和}\quad \begin{bmatrix}\boldsymbol{e}_1' & \boldsymbol{e}_2' & \boldsymbol{e}_3'\end{bmatrix}=\begin{bmatrix}\boldsymbol{e}_1 & \boldsymbol{e}_2 & \boldsymbol{e}_3\end{bmatrix}\underline{\boldsymbol{M}}^{\mathrm{T}} \tag{1.61}$$

式中

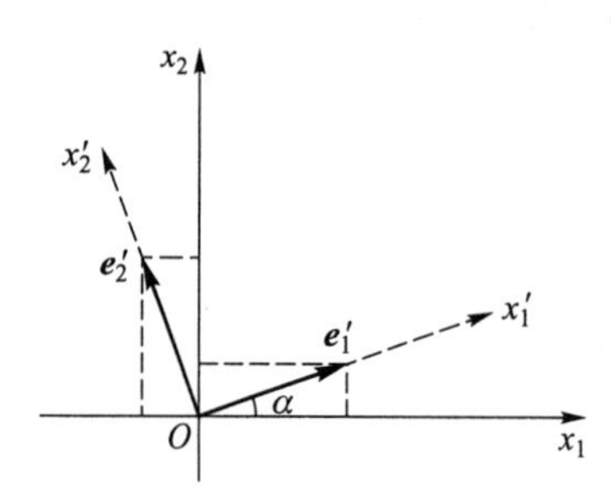

图 1.12　平面直角坐标变换

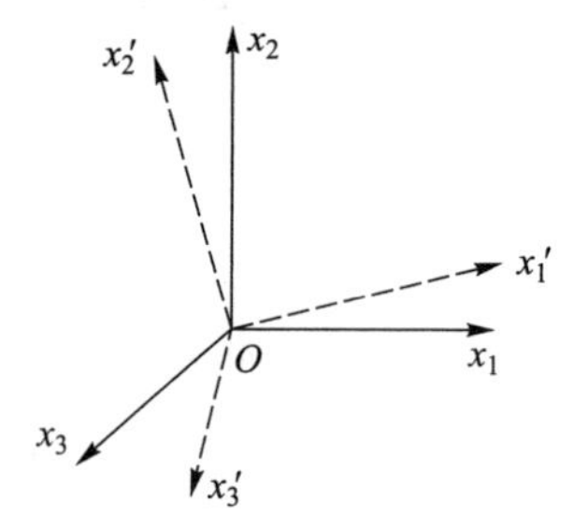

图 1.13　空间直角坐标变换

$$\underline{\boldsymbol{M}}=\begin{bmatrix}\boldsymbol{e}_1'\cdot\boldsymbol{e}_1 & \boldsymbol{e}_1'\cdot\boldsymbol{e}_2 & \boldsymbol{e}_1'\cdot\boldsymbol{e}_3\\ \boldsymbol{e}_2'\cdot\boldsymbol{e}_1 & \boldsymbol{e}_2'\cdot\boldsymbol{e}_2 & \boldsymbol{e}_2'\cdot\boldsymbol{e}_3\\ \boldsymbol{e}_3'\cdot\boldsymbol{e}_1 & \boldsymbol{e}_3'\cdot\boldsymbol{e}_2 & \boldsymbol{e}_3'\cdot\boldsymbol{e}_3\end{bmatrix}=\begin{bmatrix}\cos(\boldsymbol{e}_1',\,\boldsymbol{e}_1) & \cos(\boldsymbol{e}_1',\,\boldsymbol{e}_2) & \cos(\boldsymbol{e}_1',\,\boldsymbol{e}_3)\\ \cos(\boldsymbol{e}_2',\,\boldsymbol{e}_1) & \cos(\boldsymbol{e}_2',\,\boldsymbol{e}_2) & \cos(\boldsymbol{e}_2',\,\boldsymbol{e}_3)\\ \cos(\boldsymbol{e}_3',\,\boldsymbol{e}_1) & \cos(\boldsymbol{e}_3',\,\boldsymbol{e}_2) & \cos(\boldsymbol{e}_3',\,\boldsymbol{e}_3)\end{bmatrix} \tag{1.62}$$

可以证明，上述矩阵也是正交的，因此有

$$\underline{\boldsymbol{M}}^{\mathrm{T}}\underline{\boldsymbol{M}}=\underline{\boldsymbol{I}},\quad \underline{\boldsymbol{M}}\,\underline{\boldsymbol{M}}^{\mathrm{T}}=\underline{\boldsymbol{I}} \tag{1.63a}$$

$$M_{ij}M_{ik}=\delta_{jk},\quad M_{ij}M_{kj}=\delta_{ik} \tag{1.63b}$$

坐标变换矩阵是正交的，同时，一个三阶正交矩阵 $\underline{\boldsymbol{M}}$ 一定对应一个坐标变换。当 $\det\underline{\boldsymbol{M}} > 0$ 时，这一变换是绕过原点某轴的一个旋转；右手系的原坐标系仍然保持为右手系（图 1.14a）。当 $\det\underline{\boldsymbol{M}} < 0$ 时，这一变换除了可能有一个绕过原点某轴的旋转外，还一定包含了对某个轴的反射；右手系的原坐标系改换为左手系（图 1.14b）。

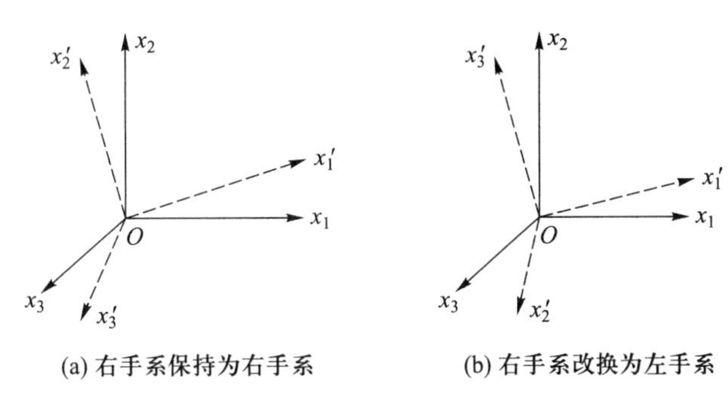

图 1.14　空间直角坐标变换

例 1.18　若 x_1' 轴与 x_1、x_2、x_3 轴的夹角分别是 135°、60°、120°，x_2' 轴与 x_1、x_2、x_3 轴的夹角分别是 90°、45°、45°，$x_1'x_2'x_3'$ 按右手螺旋法则排列，求 x_3' 轴与 x_1、x_2、x_3 轴的夹角分别是多少，并求坐标变换矩阵。

解：　由题设可得

$$\boldsymbol{e}_1'=-\frac{1}{2}\sqrt{2}\boldsymbol{e}_1+\frac{1}{2}\boldsymbol{e}_2-\frac{1}{2}\boldsymbol{e}_3,\quad \boldsymbol{e}_2'=\frac{1}{2}\sqrt{2}\boldsymbol{e}_2+\frac{1}{2}\sqrt{2}\boldsymbol{e}_3$$

由于 $x_1'x_2'x_3'$ 按右手螺旋法则排列，故有

$$\boldsymbol{e}_3'=\boldsymbol{e}_1'\times\boldsymbol{e}_2'=\begin{vmatrix}\boldsymbol{e}_1 & \boldsymbol{e}_2 & \boldsymbol{e}_3\\ -\sqrt{2}/2 & 1/2 & -1/2\\ 0 & \sqrt{2}/2 & \sqrt{2}/2\end{vmatrix}=\frac{1}{2}\sqrt{2}\boldsymbol{e}_1+\frac{1}{2}\boldsymbol{e}_2-\frac{1}{2}\boldsymbol{e}_3$$

故 x_3' 轴与 x_1、x_2、x_3 轴的夹角分别是 45°、60°、120°。坐标变换矩阵为

$$\underline{\boldsymbol{M}}=\begin{bmatrix}-\sqrt{2}/2 & 1/2 & -1/2\\ 0 & \sqrt{2}/2 & \sqrt{2}/2\\ \sqrt{2}/2 & 1/2 & -1/2\end{bmatrix}$$

1.2.3　矩阵的特征值

对于方阵 $\underline{\boldsymbol{A}}$，若存在数 λ 和非零向量 $\underline{\boldsymbol{b}}$，使

$$\underline{\boldsymbol{A}}\,\underline{\boldsymbol{b}} = \lambda \underline{\boldsymbol{b}} \tag{1.64}$$

成立，则称 λ 是 $\underline{\boldsymbol{A}}$ 的**特征值**，称 $\underline{\boldsymbol{b}}$ 是 $\underline{\boldsymbol{A}}$ 的**特征向量**。$\underline{\boldsymbol{A}}$ 的特征值由如下特征方程确定：

$$\det(\underline{\boldsymbol{A}} - \lambda \underline{\boldsymbol{I}}) = 0 \tag{1.65}$$

特别地，对于三阶方阵 $\underline{\boldsymbol{A}}$，其特征方程为

$$\det(\underline{\boldsymbol{A}} - \lambda \underline{\boldsymbol{I}}) = \begin{vmatrix} A_{11} - \lambda & A_{12} & A_{13} \\ A_{21} & A_{22} - \lambda & A_{23} \\ A_{31} & A_{32} & A_{33} - \lambda \end{vmatrix} = 0 \tag{1.66a}$$

上式可整理为

$$\begin{aligned} &\lambda^3 - (A_{11} + A_{22} + A_{33})\,\lambda^2 + \\ &\left(\begin{vmatrix} A_{11} & A_{12} \\ A_{21} & A_{22} \end{vmatrix} + \begin{vmatrix} A_{22} & A_{23} \\ A_{32} & A_{33} \end{vmatrix} + \begin{vmatrix} A_{11} & A_{13} \\ A_{31} & A_{33} \end{vmatrix} \right) \lambda - \begin{vmatrix} A_{11} & A_{12} & A_{13} \\ A_{21} & A_{22} & A_{23} \\ A_{31} & A_{32} & A_{33} \end{vmatrix} = 0 \end{aligned} \tag{1.66b}$$

引用下列记号：

$$\mathrm{I}_A = A_{ii} = A_{11} + A_{22} + A_{33} \tag{1.67}$$

$$\mathrm{II}_A = \begin{vmatrix} A_{11} & A_{12} \\ A_{21} & A_{22} \end{vmatrix} + \begin{vmatrix} A_{22} & A_{23} \\ A_{32} & A_{33} \end{vmatrix} + \begin{vmatrix} A_{11} & A_{13} \\ A_{31} & A_{33} \end{vmatrix} \tag{1.68}$$

$$\mathrm{III}_A = \det \underline{\boldsymbol{A}} \tag{1.69}$$

特征方程 (1.66) 则可记为

$$\lambda^3 - \mathrm{I}_A \lambda^2 + \mathrm{II}_A \lambda - \mathrm{III}_A = 0 \tag{1.70}$$

在 $\underline{\boldsymbol{A}}$ 的特征值 λ 求得后，将 λ 代入式 (1.64)，可得

$$(\underline{\boldsymbol{A}} - \lambda \underline{\boldsymbol{I}})\underline{\boldsymbol{b}} = \underline{\boldsymbol{0}} \tag{1.71a}$$

即

$$\begin{bmatrix} A_{11} - \lambda & A_{12} & A_{13} \\ A_{21} & A_{22} - \lambda & A_{23} \\ A_{31} & A_{32} & A_{33} - \lambda \end{bmatrix} \begin{bmatrix} b_1 \\ b_2 \\ b_3 \end{bmatrix} = \begin{bmatrix} 0 \\ 0 \\ 0 \end{bmatrix} \tag{1.71b}$$

因此，特征向量 $\underline{\boldsymbol{b}}$ 就是上述齐次方程的非零解。

可以证明，当 $\underline{\boldsymbol{A}}$ 是对称矩阵时，有如下定理成立：

（1）$\underline{\boldsymbol{A}}$ 的特征值均为实数；

（2）对应于不同特征值的特征向量相互正交；

（3）若 λ 是特征方程 (1.65) 的 m 重根，则相应的齐次方程 (1.71a) 一定存在着 m 个线性无关的非零解，并可由此而导出 m 个相互正交的特征向量。

例 1.19 求矩阵 $\begin{bmatrix} 3 & -1 \\ -1 & 3 \end{bmatrix}$ 的特征值和单位特征向量。

解： 由特征方程

$$\begin{vmatrix} 3-\lambda & -1 \\ -1 & 3-\lambda \end{vmatrix} = (3-\lambda)^2 - 1 = (2-\lambda)(4-\lambda) = 0$$

可得 $\lambda_1 = 2$, $\lambda_2 = 4$。

对应于 $\lambda_1 = 2$，关于特征向量 $\underline{\boldsymbol{b}}^{(1)}$ 的齐次方程组是

$$\begin{bmatrix} 3-2 & -1 \\ -1 & 3-2 \end{bmatrix}\begin{bmatrix} b_1 \\ b_2 \end{bmatrix} = \begin{bmatrix} 0 \\ 0 \end{bmatrix}, \quad 即 \quad \begin{bmatrix} 1 & -1 \\ -1 & 1 \end{bmatrix}\begin{bmatrix} b_1 \\ b_2 \end{bmatrix} = \begin{bmatrix} 0 \\ 0 \end{bmatrix}$$

其非零解可取为 $\begin{bmatrix} 1 \\ 1 \end{bmatrix}$，故单位特征向量可取为 $\underline{\boldsymbol{b}}^{(1)} = \dfrac{1}{\sqrt{2}}\begin{bmatrix} 1 \\ 1 \end{bmatrix}$。

对应于 $\lambda_2 = 4$，关于特征向量 $\underline{\boldsymbol{b}}^{(2)}$ 的齐次方程组是

$$\begin{bmatrix} 3-4 & -1 \\ -1 & 3-4 \end{bmatrix}\begin{bmatrix} b_1 \\ b_2 \end{bmatrix} = \begin{bmatrix} 0 \\ 0 \end{bmatrix}, \quad 即 \quad \begin{bmatrix} -1 & -1 \\ -1 & -1 \end{bmatrix}\begin{bmatrix} b_1 \\ b_2 \end{bmatrix} = \begin{bmatrix} 0 \\ 0 \end{bmatrix}$$

其非零解可取为 $\begin{bmatrix} 1 \\ -1 \end{bmatrix}$，故单位特征向量可取为 $\underline{\boldsymbol{b}}^{(2)} = \dfrac{1}{\sqrt{2}}\begin{bmatrix} 1 \\ -1 \end{bmatrix}$。

例 1.20 $\underline{\boldsymbol{A}} = \begin{bmatrix} 0 & a & a \\ a & 0 & a \\ a & a & 0 \end{bmatrix}$ $(a \neq 0)$，求 $\underline{\boldsymbol{A}}$ 的特征值和特征方向。

解： 特征方程为

$$\begin{vmatrix} -\lambda & a & a \\ a & -\lambda & a \\ a & a & -\lambda \end{vmatrix} = (2a-\lambda)(\lambda+a)^2 = 0$$

故特征值 $\lambda_1 = 2a$, $\lambda_2 = \lambda_3 = -a$。

将特征值依次代入线性齐次方程组，对应于 $\lambda_1 = 2a$ 的方程为

$$\begin{bmatrix} -2a & a & a \\ a & -2a & a \\ a & a & -2a \end{bmatrix} \begin{bmatrix} b_1 \\ b_2 \\ b_3 \end{bmatrix} = \begin{bmatrix} 0 \\ 0 \\ 0 \end{bmatrix}$$

可取其解为 $\underline{\boldsymbol{b}}^{(1)} = \begin{bmatrix} 1 & 1 & 1 \end{bmatrix}^{\mathrm{T}}$。

对应于 $\lambda_2 = \lambda_3 = -a$，齐次方程组为

$$\begin{bmatrix} a & a & a \\ a & a & a \\ a & a & a \end{bmatrix} \begin{bmatrix} b_1 \\ b_2 \\ b_3 \end{bmatrix} = \begin{bmatrix} 0 \\ 0 \\ 0 \end{bmatrix}, \quad 即 \quad \begin{bmatrix} 1 & 1 & 1 \\ 0 & 0 & 0 \\ 0 & 0 & 0 \end{bmatrix} \begin{bmatrix} b_1 \\ b_2 \\ b_3 \end{bmatrix} = \begin{bmatrix} 0 \\ 0 \\ 0 \end{bmatrix}$$

可求得其基础解系为

$$\underline{\boldsymbol{p}}^{(2)} = \begin{bmatrix} 1 & -1 & 0 \end{bmatrix}^{\mathrm{T}} \quad 和 \quad \underline{\boldsymbol{p}}^{(3)} = \begin{bmatrix} 1 & 0 & -1 \end{bmatrix}^{\mathrm{T}}$$

注意，这样得到的特征方向一定有 $\underline{\boldsymbol{b}}^{(1)}$ 与 $\underline{\boldsymbol{p}}^{(2)}$ 正交，$\underline{\boldsymbol{b}}^{(1)}$ 与 $\underline{\boldsymbol{p}}^{(3)}$ 正交。虽然 $\underline{\boldsymbol{p}}^{(2)}$ 与 $\underline{\boldsymbol{p}}^{(3)}$ 不一定正交，但两者构成基础解系的两个基，因而线性无关。这两个向量的线性组合的全体张成了与 $\underline{\boldsymbol{b}}^{(1)}$ 正交的平面（图 1.15），这个平面上的任意不重合的两个方向都可构成对应于 λ_2 和 λ_3 的主方向。如果要取三个两两正交的方向，那么，可根据 $\underline{\boldsymbol{b}}^{(1)}$ 和 $\underline{\boldsymbol{p}}^{(2)}$ 的方向将 $\underline{\boldsymbol{p}}^{(3)}$ 正交化。具体方法是 [施密特（Schmidt）正交化过程，可参见线性代数教材 [11]]：

$$\underline{\boldsymbol{b}}^{(2)} = \underline{\boldsymbol{p}}^{(2)} \tag{1.72a}$$

$$\underline{\boldsymbol{b}}^{(3)} = \underline{\boldsymbol{p}}^{(3)} - \frac{\underline{\boldsymbol{b}}^{(1)\mathrm{T}} \underline{\boldsymbol{p}}^{(3)}}{\underline{\boldsymbol{b}}^{(1)\mathrm{T}} \underline{\boldsymbol{b}}^{(1)}} \underline{\boldsymbol{b}}^{(1)} - \frac{\underline{\boldsymbol{b}}^{(2)\mathrm{T}} \underline{\boldsymbol{p}}^{(3)}}{\underline{\boldsymbol{b}}^{(2)\mathrm{T}} \underline{\boldsymbol{b}}^{(2)}} \underline{\boldsymbol{b}}^{(2)} \tag{1.72b}$$

如是，正交化的三个特征方向为

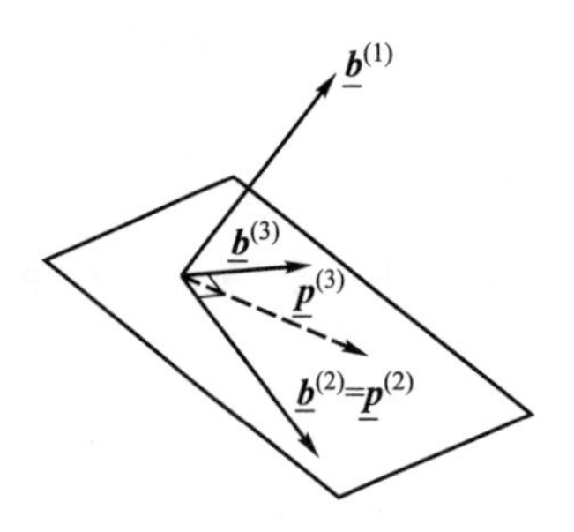

图 1.15　特征向量

$$\underline{\boldsymbol{b}}^{(1)} = \begin{bmatrix} 1 & 1 & 1 \end{bmatrix}^{\mathrm{T}}, \quad \underline{\boldsymbol{b}}^{(2)} = \begin{bmatrix} 1 & -1 & 0 \end{bmatrix}^{\mathrm{T}}, \quad \underline{\boldsymbol{b}}^{(3)} = \begin{bmatrix} 1 & 1 & -2 \end{bmatrix}^{\mathrm{T}}$$

三个单位化了的特征方向为

$$\underline{\boldsymbol{n}}^{(1)} = \frac{1}{\sqrt{3}} \begin{bmatrix} 1 & 1 & 1 \end{bmatrix}^{\mathrm{T}}, \quad \underline{\boldsymbol{n}}^{(2)} = \frac{1}{\sqrt{2}} \begin{bmatrix} 1 & -1 & 0 \end{bmatrix}^{\mathrm{T}}, \quad \underline{\boldsymbol{n}}^{(3)} = \frac{1}{\sqrt{6}} \begin{bmatrix} 1 & 1 & -2 \end{bmatrix}^{\mathrm{T}}$$

对于正交且单位化了的特征向量，有

$$\underline{\boldsymbol{n}}^{(i)\mathrm{T}}\underline{\boldsymbol{n}}^{(j)}=\delta_{ij}$$

故有 $\lambda_j\underline{\boldsymbol{n}}^{(i)\mathrm{T}}\underline{\boldsymbol{n}}^{(j)}=\lambda_{\underline{j}}\delta_{i\underline{j}}$，由式 (1.64) 便可得

$$\underline{\boldsymbol{n}}^{(i)\mathrm{T}}\underline{\boldsymbol{A}}\,\underline{\boldsymbol{n}}^{(j)}=\lambda_{\underline{j}}\delta_{i\underline{j}}$$

由上式即可知，对于 k 阶对称方阵 $\underline{\boldsymbol{A}}$，有

$$\begin{bmatrix}\underline{\boldsymbol{n}}^{(1)} & \underline{\boldsymbol{n}}^{(2)} & \cdots & \underline{\boldsymbol{n}}^{(k)}\end{bmatrix}^{\mathrm{T}}\underline{\boldsymbol{A}}\begin{bmatrix}\underline{\boldsymbol{n}}^{(1)} & \underline{\boldsymbol{n}}^{(2)} & \cdots & \underline{\boldsymbol{n}}^{(k)}\end{bmatrix}=\mathrm{diag}(\lambda_1,\lambda_2,\cdots,\lambda_k) \tag{1.73}$$

特别地，对于三阶对称方阵 $\underline{\boldsymbol{A}}$，有

$$\underline{\boldsymbol{M}}^{\mathrm{T}}\underline{\boldsymbol{A}}\,\underline{\boldsymbol{M}}=\begin{bmatrix}\lambda_1 & & \\ & \lambda_2 & \\ & & \lambda_3\end{bmatrix} \tag{1.74}$$

此处

$$\underline{\boldsymbol{M}}=\begin{bmatrix}\underline{\boldsymbol{n}}^{(1)} & \underline{\boldsymbol{n}}^{(2)} & \underline{\boldsymbol{n}}^{(3)}\end{bmatrix} \tag{1.75}$$

在上面的例 1.20 中，

$$\underline{\boldsymbol{M}}=\begin{bmatrix}1/\sqrt{3} & 1/\sqrt{2} & 1/\sqrt{6}\\ 1/\sqrt{3} & -1/\sqrt{2} & 1/\sqrt{6}\\ 1/\sqrt{3} & 0 & -2/\sqrt{6}\end{bmatrix}$$

即

$$\begin{bmatrix}1/\sqrt{3} & 1/\sqrt{3} & 1/\sqrt{3}\\ 1/\sqrt{2} & -1/\sqrt{2} & 0\\ 1/\sqrt{6} & 1/\sqrt{6} & -2/\sqrt{6}\end{bmatrix}\begin{bmatrix}0 & a & a\\ a & 0 & a\\ a & a & 0\end{bmatrix}\begin{bmatrix}1/\sqrt{3} & 1/\sqrt{2} & 1/\sqrt{6}\\ 1/\sqrt{3} & -1/\sqrt{2} & 1/\sqrt{6}\\ 1/\sqrt{3} & 0 & -2/\sqrt{6}\end{bmatrix}=\begin{bmatrix}2a & & \\ & -a & \\ & & -a\end{bmatrix}$$

由于 $\underline{\boldsymbol{M}}$ 各列向量均为单位向量且两两正交，故 $\underline{\boldsymbol{M}}$ 是一个正交矩阵，它对应于一个坐标变换。因此，对于三阶对称矩阵 $\underline{\boldsymbol{A}}$，一定存在着一个坐标变换，使得 $\underline{\boldsymbol{A}}$ 在变换后的坐标系下成为一个对角阵，其对角线元素就是 $\underline{\boldsymbol{A}}$ 的特征值，新坐标系的坐标方向就是对应的特征方向。

在 $\underline{\boldsymbol{A}}$ 的特征值互不相等的情况下，三个特征方向是完全确定的，并两两正交。

在 $\underline{\boldsymbol{A}}$ 的特征值有一个二重根的情况下，例如 $\lambda_2=\lambda_3\neq\lambda_1$ 时，对应于 λ_1 的特征方向 $\underline{\boldsymbol{n}}^{(1)}$ 是确定的。而在垂直于 $\underline{\boldsymbol{n}}^{(1)}$ 平面内的任意方向都是对应于 λ_2 或 λ_3 的特征方向，且一定能够在这个平面内找到两个方向 $\underline{\boldsymbol{n}}^{(2)}$ 和 $\underline{\boldsymbol{n}}^{(3)}$，使 $\underline{\boldsymbol{n}}^{(1)}$、$\underline{\boldsymbol{n}}^{(2)}$ 和 $\underline{\boldsymbol{n}}^{(3)}$ 两两正交。

当且仅当矩阵 $\underline{\boldsymbol{A}}$ 具有 $\lambda\underline{\boldsymbol{I}}$ 的形式时，$\underline{\boldsymbol{A}}$ 的特征值只有一个，它就是三重根 λ。在这种情况下，对于任意的坐标变换矩阵 $\underline{\boldsymbol{M}}$，有

$$\underline{\boldsymbol{M}}\,\underline{\boldsymbol{A}}\,\underline{\boldsymbol{M}}^{\mathrm{T}}=\lambda\underline{\boldsymbol{M}}\,\underline{\boldsymbol{I}}\,\underline{\boldsymbol{M}}^{\mathrm{T}}=\lambda\underline{\boldsymbol{M}}\,\underline{\boldsymbol{M}}^{\mathrm{T}}=\lambda\underline{\boldsymbol{I}}$$

其结果仍然具有 $\lambda \underline{\boldsymbol{I}}$ 的形式。因此可以说，任何方向都是 $\underline{\boldsymbol{A}}$ 的特征方向，必然也存在着三个两两正交的特征方向。

例 1.21　若 $\underline{\boldsymbol{A}}=\begin{bmatrix} A_{11} & A_{12} & 0 \\ A_{21} & A_{22} & 0 \\ 0 & 0 & A_{33} \end{bmatrix}$，证明 A_{33} 是 $\underline{\boldsymbol{A}}$ 的一个特征值，并求相应的特征方向。

解：

$$\begin{vmatrix} A_{11}-\lambda & A_{12} & 0 \\ A_{21} & A_{22}-\lambda & 0 \\ 0 & 0 & A_{33}-\lambda \end{vmatrix} = (A_{33}-\lambda)\left[\lambda^2-(A_{11}+A_{22})\lambda+A_{11}A_{22}-A_{12}A_{21}\right]=0$$

故 A_{33} 是 $\underline{\boldsymbol{A}}$ 的一个特征值。

相应的特征方向是如下方程的非零解：

$$\begin{bmatrix} A_{11}-A_{33} & A_{12} & 0 \\ A_{21} & A_{22}-A_{33} & 0 \\ 0 & 0 & 0 \end{bmatrix}\begin{bmatrix} b_1 \\ b_2 \\ b_3 \end{bmatrix}=\begin{bmatrix} 0 \\ 0 \\ 0 \end{bmatrix}$$

显然，$\begin{bmatrix} 0 & 0 & 1 \end{bmatrix}^{\mathrm{T}}$ 是上式的非零解，因而是对应于 A_{33} 的特征方向。

若对于任意的非零向量 $\underline{\boldsymbol{b}}$，恒有 $\underline{\boldsymbol{b}}^{\mathrm{T}}\underline{\boldsymbol{A}}\,\underline{\boldsymbol{b}}>0$，则称 $\underline{\boldsymbol{A}}$ 为**正定矩阵**。可以证明，对称矩阵 $\underline{\boldsymbol{A}}$ 为正定矩阵的充要条件是 $\underline{\boldsymbol{A}}$ 的所有特征值均为正数。

例 1.22　设 $\underline{\boldsymbol{A}}$ 为可逆矩阵，$\underline{\boldsymbol{B}}=\underline{\boldsymbol{A}}^{\mathrm{T}}\underline{\boldsymbol{A}}$，证明 $\underline{\boldsymbol{B}}$ 为对称正定矩阵。

解：　$\underline{\boldsymbol{B}}^{\mathrm{T}}=\left(\underline{\boldsymbol{A}}^{\mathrm{T}}\underline{\boldsymbol{A}}\right)^{\mathrm{T}}=\underline{\boldsymbol{A}}^{\mathrm{T}}\underline{\boldsymbol{A}}=\underline{\boldsymbol{B}}$，故 $\underline{\boldsymbol{B}}$ 是对称矩阵。

考虑以 $\underline{\boldsymbol{A}}$ 为系数矩阵的线性方程组 $\underline{\boldsymbol{A}}\,\underline{\boldsymbol{x}}=\underline{\boldsymbol{b}}$，由于 $\underline{\boldsymbol{A}}$ 可逆，故 $\underline{\boldsymbol{x}}$ 有唯一的解 $\underline{\boldsymbol{x}}=\underline{\boldsymbol{A}}^{-1}\underline{\boldsymbol{b}}$，而且只有当 $\underline{\boldsymbol{b}}=\underline{\boldsymbol{0}}$ 时才有 $\underline{\boldsymbol{x}}=\underline{\boldsymbol{0}}$。所以，只要 $\underline{\boldsymbol{x}}$ 是非零的，$\underline{\boldsymbol{A}}\,\underline{\boldsymbol{x}}$ 就是非零的。

对于任意的非零向量 $\underline{\boldsymbol{x}}$，由于 $\underline{\boldsymbol{A}}\,\underline{\boldsymbol{x}}$ 是非零的，故有

$$\underline{\boldsymbol{x}}^{\mathrm{T}}\underline{\boldsymbol{B}}\,\underline{\boldsymbol{x}}=\underline{\boldsymbol{x}}^{\mathrm{T}}\underline{\boldsymbol{A}}^{\mathrm{T}}\underline{\boldsymbol{A}}\,\underline{\boldsymbol{x}}=(\underline{\boldsymbol{A}}\,\underline{\boldsymbol{x}})^{\mathrm{T}}(\underline{\boldsymbol{A}}\,\underline{\boldsymbol{x}})>0$$

因此 $\underline{\boldsymbol{B}}$ 是正定的。

1.3　张量

人们描述客观事物时，最早使用的数量形式是标量，例如用于表达长度、质量、温度时就是这样。但是人们发现，仅用标量是无法表述另一类物理量的。例如，同是 1 kN 的力，沿着不同方向作用于物体上，物体的变形和运动的效果是不一样的。因此引入了矢量，用以表述这类“有方向”的物理量。不断深入的研究和探索表明，有些量用矢量也无法加以

完备地描述。例如物体内部同一点处，不同的截面上可能存在着不同的力矢量。怎样才能恰当地描述一点处的应力状态呢？这样，便引入了张量的概念。

张量最重要的意义在于：利用张量，可以对研究对象作出客观的描述。而这一点对于研究工作乃至科学技术本身都是至关重要的。

1.3.1 矢量的坐标变换式

客观存在的事物是与人们考察它所采用的坐标系无关的。但是人们考察客观物理量往往不得不建立一定的坐标系。这样，在两个给定的坐标系中测量同一个物理量所得到的结果之间必然存在一定的数量关系。这就是研究物理量的坐标变换式的意义。

坐标变换在直角坐标系的范畴内，可归纳为坐标的平移、旋转和对某个坐标轴的反射，如图 1.16 所示。但在坐标平移中，基矢量没有发生变化。因此，坐标变换的影响主要体现在后两种变换上。

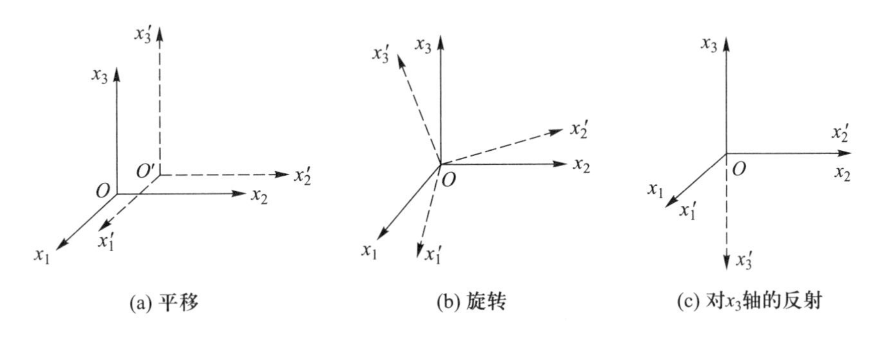

图 1.16 直角坐标的变换

数量只有一个分量。为保持数量的客观性，它在不同的坐标系中的值应是相同的。例如密度、温度等，其值在不同坐标系中应保持一致。

下面考虑矢量分量的坐标变换式。在上节已导出，三维情况下坐标变换的表达式为式 (1.61)，即

$$\begin{bmatrix}\boldsymbol{e}_1' & \boldsymbol{e}_2' & \boldsymbol{e}_3'\end{bmatrix}^{\mathrm{T}} = \underline{\boldsymbol{M}}\begin{bmatrix}\boldsymbol{e}_1 & \boldsymbol{e}_2 & \boldsymbol{e}_3\end{bmatrix}^{\mathrm{T}}$$

和

$$\begin{bmatrix}\boldsymbol{e}_1' & \boldsymbol{e}_2' & \boldsymbol{e}_3'\end{bmatrix} = \begin{bmatrix}\boldsymbol{e}_1 & \boldsymbol{e}_2 & \boldsymbol{e}_3\end{bmatrix}\underline{\boldsymbol{M}}^{\mathrm{T}}$$

式中 $\underline{\boldsymbol{M}}$ 已由式 (1.62) 给出。

对于任意的矢量 $\boldsymbol{b}$，它在新旧两个坐标系的分量列向量分别为 $\underline{\boldsymbol{b}}'$ 和 $\underline{\boldsymbol{b}}$，即

$$\boldsymbol{b} = \begin{bmatrix}\boldsymbol{e}_1' & \boldsymbol{e}_2' & \boldsymbol{e}_3'\end{bmatrix}\underline{\boldsymbol{b}}' = \begin{bmatrix}\boldsymbol{e}_1 & \boldsymbol{e}_2 & \boldsymbol{e}_3\end{bmatrix}\underline{\boldsymbol{b}}$$

将式 (1.61) 代入上式即可得

$$\boldsymbol{b} = \begin{bmatrix}\boldsymbol{e}_1' & \boldsymbol{e}_2' & \boldsymbol{e}_3'\end{bmatrix}\underline{\boldsymbol{b}}' = \begin{bmatrix}\boldsymbol{e}_1 & \boldsymbol{e}_2 & \boldsymbol{e}_3\end{bmatrix}\underline{\boldsymbol{M}}^{\mathrm{T}}\underline{\boldsymbol{b}}' = \begin{bmatrix}\boldsymbol{e}_1 & \boldsymbol{e}_2 & \boldsymbol{e}_3\end{bmatrix}\underline{\boldsymbol{b}}$$

故有

$$\underline{\boldsymbol{b}}=\underline{\boldsymbol{M}}^{\mathrm{T}}\underline{\boldsymbol{b}}',\quad b_i=M_{ji}b_j' \tag{1.76a}$$

在上式两端同时左乘 $\underline{\boldsymbol{M}}$，由于 $\underline{\boldsymbol{M}}$ 是正交矩阵，故有

$$\underline{\boldsymbol{b}}'=\underline{\boldsymbol{M}}\,\underline{\boldsymbol{b}},\quad b_i'=M_{ij}b_j \tag{1.76b}$$

这就是矢量分量的坐标变换式。

例 1.23　沿用例 1.18 的数据，求坐标系 $Ox_1'x_2'x_3'$ 中与三轴成等角的单位矢量在坐标系 $Ox_1x_2x_3$ 中的分量表达式。

解： 易见，与三轴成等角的单位矢量为

$$\boldsymbol{a}=\frac{1}{\sqrt{3}}\left(\boldsymbol{e}_1'+\boldsymbol{e}_2'+\boldsymbol{e}_3'\right)$$

在例 1.18 中，$\underline{\boldsymbol{M}}=\begin{bmatrix}-\sqrt{2}/2 & 1/2 & -1/2\\ 0 & \sqrt{2}/2 & \sqrt{2}/2\\ \sqrt{2}/2 & 1/2 & -1/2\end{bmatrix}$，故有

$$\begin{aligned}\boldsymbol{a}&=\frac{1}{\sqrt{3}}\begin{bmatrix}1 & 1 & 1\end{bmatrix}\begin{bmatrix}\boldsymbol{e}_1'\\ \boldsymbol{e}_2'\\ \boldsymbol{e}_3'\end{bmatrix}=\frac{1}{\sqrt{3}}\begin{bmatrix}1 & 1 & 1\end{bmatrix}\begin{bmatrix}-\sqrt{2}/2 & 1/2 & -1/2\\ 0 & \sqrt{2}/2 & \sqrt{2}/2\\ \sqrt{2}/2 & 1/2 & -1/2\end{bmatrix}\begin{bmatrix}\boldsymbol{e}_1\\ \boldsymbol{e}_2\\ \boldsymbol{e}_3\end{bmatrix}\\ &=\left(\frac{1}{3}\sqrt{3}+\frac{1}{6}\sqrt{6}\right)\boldsymbol{e}_2-\left(\frac{1}{3}-\frac{1}{6}\sqrt{6}\right)\boldsymbol{e}_3\end{aligned}$$

1.3.2　张量的定义

在 1.1.2 中，考虑了算符 ∇ 直接作用（而不是数性地或矢性地，即不是求数积或矢积）在数量场 φ 上的情况，这时形成了一个矢量场 $\nabla\varphi$。如果将算符直接作用在一个矢量场上时，情况又将如何呢？下面以平面速度场

$$\boldsymbol{v}=\left(x_1^2+2x_2^2\right)\boldsymbol{e}_1+\left(x_1x_2+x_2^2\right)\boldsymbol{e}_2$$

为例来说明这一问题。

人们将 ∇ 作用在数量场 φ 上的目的，是为了研究 φ 的空间变化率，从而得到 φ 在空间的变化规律。要研究 $\boldsymbol{v}$ 在空间变化的规律，同样也可以考虑将 ∇ 作用在矢量场 $\boldsymbol{v}$ 上。而讨论 ∇ 作用在 $\boldsymbol{v}$ 上时，首先注意到，$\boldsymbol{v}$ 本身就有两个分量 v_1 和 v_2，而这两个分量各自在两个方向上都有着自己的变化规律：

$$\frac{\partial v_1}{\partial x_1}=2x_1,\quad \frac{\partial v_2}{\partial x_1}=x_2$$

$$\frac{\partial v_1}{\partial x_2}=4x_2,\quad \frac{\partial v_2}{\partial x_2}=x_1+2x_2$$

因此，这四项的含义是各不相同的；另一方面，要全面地分析 $\boldsymbol{v}$ 的空间变化率，又必须包含上述四项，因此这四项又是不可分割的，它们共同反映了 $\boldsymbol{v}$ 的空间变化率。因此，上述四项应视为一个物理量的四个分量。

再考虑基矢量的问题。由于 ∇ 是矢性算符，$\boldsymbol{v}$ 是矢量，它们各自包含了两个基矢量。而在上述运算中，这两对基矢量间既没有像数积那样消解（否则上述四个量要么可以合并，要么应该消失），也没有像矢积那样共融为另一个矢量（否则只剩下一个基矢量）。在 ∇ 作用在 $\boldsymbol{v}$ 上时，两对基矢量仿佛只是简单地并在了一起，并且由此而形成四个独立的分量。

为了刻画上述性质，人们定义基矢量 $\boldsymbol{e}_i$ 和 $\boldsymbol{e}_j$ 可作**并积**，而形成**二阶单位并矢量** $\boldsymbol{e}_i\boldsymbol{e}_j$（有的文献把二阶单位并矢量记为 $\boldsymbol{e}_i\otimes\boldsymbol{e}_j$），并把上面的四个量构成二阶单位并矢量的线性组合：

$$\nabla\boldsymbol{v}=2x_1\boldsymbol{e}_1\boldsymbol{e}_1+x_2\boldsymbol{e}_1\boldsymbol{e}_2+4x_2\boldsymbol{e}_2\boldsymbol{e}_1+(x_1+2x_2)\,\boldsymbol{e}_2\boldsymbol{e}_2$$

上式也可以表示为

$$\nabla\boldsymbol{v}=\begin{bmatrix}\boldsymbol{e}_1 & \boldsymbol{e}_2\end{bmatrix}\begin{bmatrix}2x_1 & x_2\\ 4x_2 & x_1+2x_2\end{bmatrix}\begin{bmatrix}\boldsymbol{e}_1\\ \boldsymbol{e}_2\end{bmatrix}$$

注意，上述并积中 $\boldsymbol{e}_1\boldsymbol{e}_2\neq\boldsymbol{e}_2\boldsymbol{e}_1$。

在三维空间中，二阶单位并矢量有九个。一般地，九个二阶单位并矢量的线性组合 $\boldsymbol{A}$ 可记为

$$\begin{aligned}\boldsymbol{A}=A_{ij}\boldsymbol{e}_i\boldsymbol{e}_j&=\begin{bmatrix}\boldsymbol{e}_1 & \boldsymbol{e}_2 & \boldsymbol{e}_3\end{bmatrix}\begin{bmatrix}A_{11} & A_{12} & A_{13}\\ A_{21} & A_{22} & A_{23}\\ A_{31} & A_{32} & A_{33}\end{bmatrix}\begin{bmatrix}\boldsymbol{e}_1\\ \boldsymbol{e}_2\\ \boldsymbol{e}_3\end{bmatrix}\\ &=\begin{bmatrix}\boldsymbol{e}_1 & \boldsymbol{e}_2 & \boldsymbol{e}_3\end{bmatrix}\underline{\boldsymbol{A}}\begin{bmatrix}\boldsymbol{e}_1 & \boldsymbol{e}_2 & \boldsymbol{e}_3\end{bmatrix}^{\mathrm{T}}\end{aligned}\tag{1.77}$$

式中 $\underline{\boldsymbol{A}}$ 是 $\boldsymbol{A}$ 这一线性组合在坐标系 $Ox_1x_2x_3$ 下的分量矩阵。现考察 $\boldsymbol{A}$ 的坐标变换式。若在坐标系 $O'x_1'x_2'x_3'$ 下 $\boldsymbol{A}$ 也具有式 (1.77) 那样的形式，即

$$\begin{aligned}\boldsymbol{A}=A'_{ij}\boldsymbol{e}'_i\boldsymbol{e}'_j&=\begin{bmatrix}\boldsymbol{e}'_1 & \boldsymbol{e}'_2 & \boldsymbol{e}'_3\end{bmatrix}\begin{bmatrix}A'_{11} & A'_{12} & A'_{13}\\ A'_{21} & A'_{22} & A'_{23}\\ A'_{31} & A'_{32} & A'_{33}\end{bmatrix}\begin{bmatrix}\boldsymbol{e}'_1\\ \boldsymbol{e}'_2\\ \boldsymbol{e}'_3\end{bmatrix}\\ &=\begin{bmatrix}\boldsymbol{e}'_1 & \boldsymbol{e}'_2 & \boldsymbol{e}'_3\end{bmatrix}\underline{\boldsymbol{A}}'\begin{bmatrix}\boldsymbol{e}'_1 & \boldsymbol{e}'_2 & \boldsymbol{e}'_3\end{bmatrix}^{\mathrm{T}}\end{aligned}$$

将 $\begin{bmatrix}\boldsymbol{e}'_1 & \boldsymbol{e}'_2 & \boldsymbol{e}'_3\end{bmatrix}=\begin{bmatrix}\boldsymbol{e}_1 & \boldsymbol{e}_2 & \boldsymbol{e}_3\end{bmatrix}\underline{\boldsymbol{M}}^{\mathrm{T}}$ 和 $\begin{bmatrix}\boldsymbol{e}'_1 & \boldsymbol{e}'_2 & \boldsymbol{e}'_3\end{bmatrix}^{\mathrm{T}}=\underline{\boldsymbol{M}}\begin{bmatrix}\boldsymbol{e}_1 & \boldsymbol{e}_2 & \boldsymbol{e}_3\end{bmatrix}^{\mathrm{T}}$ 代入上式即可得

$$\boldsymbol{A}=\begin{bmatrix}\boldsymbol{e}_1 & \boldsymbol{e}_2 & \boldsymbol{e}_3\end{bmatrix}\underline{\boldsymbol{M}}^{\mathrm{T}}\underline{\boldsymbol{A}}'\underline{\boldsymbol{M}}\begin{bmatrix}\boldsymbol{e}_1 & \boldsymbol{e}_2 & \boldsymbol{e}_3\end{bmatrix}^{\mathrm{T}}\tag{1.78}$$

上式与式 (1.77) 比较即可得

$$\underline{\boldsymbol{A}} = \underline{\boldsymbol{M}}^{\mathrm{T}}\underline{\boldsymbol{A}}'\underline{\boldsymbol{M}} \quad 或 \quad A_{ij} = M_{mi}M_{nj}A'_{mn} \tag{1.79a}$$

在上式两端同时左乘 $\underline{\boldsymbol{M}}$，和同时右乘 $\underline{\boldsymbol{M}}^{\mathrm{T}}$，由于 $\underline{\boldsymbol{M}}$ 是正交矩阵，便可得

$$\underline{\boldsymbol{A}}' = \underline{\boldsymbol{M}}\,\underline{\boldsymbol{A}}\,\underline{\boldsymbol{M}}^{\mathrm{T}} \quad 或 \quad A'_{ij} = M_{im}M_{jn}A_{mn} \tag{1.79b}$$

由此可得到二阶张量的定义：**如果一个量 $\boldsymbol{A}$ 在坐标系 $Ox_1x_2x_3$ 和 $O'x'_1x'_2x'_3$ 中具有不变的形式，即**

$$\boldsymbol{A} = A_{ij}\boldsymbol{e}_i\boldsymbol{e}_j = A'_{ij}\boldsymbol{e}'_i\boldsymbol{e}'_j \tag{1.80}$$

从而在坐标变换 (1.61) 中满足如下关系：

$$A'_{ij} = M_{im}M_{jn}A_{mn} \tag{1.81}$$

则称 $\boldsymbol{A}$ 为二阶张量。

特别地，定义

$$\boldsymbol{I} = \delta_{ij}\boldsymbol{e}_i\boldsymbol{e}_j = \begin{bmatrix}\boldsymbol{e}_1 & \boldsymbol{e}_2 & \boldsymbol{e}_3\end{bmatrix}\begin{bmatrix}1 & 0 & 0\\ 0 & 1 & 0\\ 0 & 0 & 1\end{bmatrix}\begin{bmatrix}\boldsymbol{e}_1\\ \boldsymbol{e}_2\\ \boldsymbol{e}_3\end{bmatrix} \tag{1.82a}$$

为**二阶单位张量**。容易看出，$\boldsymbol{I}$ 的分量在坐标变换 (1.61) 中满足

$$\delta'_{mn} = M_{mi}M_{nj}\delta_{ij} \tag{1.82b}$$

例 1.24　证明：在材料力学中定义的平面图形的惯性矩和惯性积的集合

$$\underline{\boldsymbol{J}} = \begin{bmatrix} I_y & I_{xy}\\ I_{xy} & I_x\end{bmatrix} = \begin{bmatrix}\int_A x^2\mathrm{d}A & \int_A xy\mathrm{d}A\\ \int_A xy\mathrm{d}A & \int_A y^2\mathrm{d}A\end{bmatrix}$$

构成二维情况下的张量分量。

解： 可以看出，矩阵 $\underline{\boldsymbol{J}} = \int_A \begin{bmatrix} x^2 & xy\\ xy & y^2\end{bmatrix}\mathrm{d}A$。记 $\underline{\boldsymbol{x}} = \begin{bmatrix} x\\ y\end{bmatrix}$，则有

$$\underline{\boldsymbol{J}} = \int_A \underline{\boldsymbol{x}}\,\underline{\boldsymbol{x}}^{\mathrm{T}}\mathrm{d}A$$

将坐标系 Oxy 旋转一角度 α 后得到新坐标系 $Ox'y'$ (图 1.17)。易得

$$\underline{\boldsymbol{x}}' = \underline{\boldsymbol{M}}\,\underline{\boldsymbol{x}}, \quad \underline{\boldsymbol{x}}'^{\mathrm{T}} = \underline{\boldsymbol{x}}^{\mathrm{T}}\underline{\boldsymbol{M}}^{\mathrm{T}}$$

式中 $\underline{\boldsymbol{M}}$ 为坐标变换矩阵，

$$\underline{\boldsymbol{M}} = \begin{bmatrix}\cos\alpha & \sin\alpha\\ -\sin\alpha & \cos\alpha\end{bmatrix}$$

在坐标系 $Ox'y'$ 中,

$$\mathrm{d}A' = \|\mathrm{d}\boldsymbol{x}' \times \mathrm{d}\boldsymbol{y}'\| = \|(\cos\alpha\mathrm{d}\boldsymbol{x} + \sin\alpha\mathrm{d}\boldsymbol{y}) \times (-\sin\alpha\mathrm{d}\boldsymbol{x} + \cos\alpha\mathrm{d}\boldsymbol{y})\| = \|\mathrm{d}\boldsymbol{x} \times \mathrm{d}\boldsymbol{y}\| = \mathrm{d}A$$

由于 $\underline{\boldsymbol{M}}$ 不是坐标的函数,故有

$$\underline{\boldsymbol{J}}' = \int_A \underline{\boldsymbol{x}}'\underline{\boldsymbol{x}}'^{\mathrm{T}}\mathrm{d}A' = \int_A \underline{\boldsymbol{M}}\,\underline{\boldsymbol{x}}\,\underline{\boldsymbol{x}}^{\mathrm{T}}\underline{\boldsymbol{M}}^{\mathrm{T}}\mathrm{d}A = \underline{\boldsymbol{M}}\int_A \underline{\boldsymbol{x}}\,\underline{\boldsymbol{x}}^{\mathrm{T}}\mathrm{d}A\underline{\boldsymbol{M}}^{\mathrm{T}} = \underline{\boldsymbol{M}}\,\underline{\boldsymbol{J}}\,\underline{\boldsymbol{M}}^{\mathrm{T}}$$

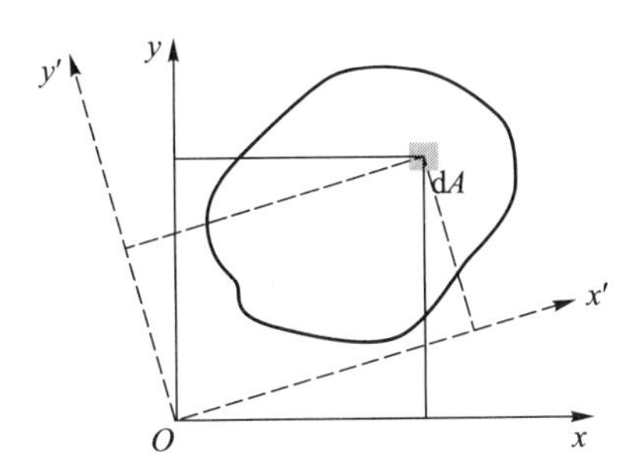

图 1.17 平面图形的转轴公式

即 $\underline{\boldsymbol{J}}' = \underline{\boldsymbol{M}}\,\underline{\boldsymbol{J}}\,\underline{\boldsymbol{M}}^{\mathrm{T}}$。故 $\underline{\boldsymbol{J}}$ 是张量的分量矩阵。上式即

$$\begin{bmatrix} I_{y'} & I_{x'y'} \\ I_{x'y'} & I_{x'} \end{bmatrix} = \begin{bmatrix} \cos\alpha & \sin\alpha \\ -\sin\alpha & \cos\alpha \end{bmatrix} \begin{bmatrix} I_y & I_{xy} \\ I_{xy} & I_x \end{bmatrix} \begin{bmatrix} \cos\alpha & -\sin\alpha \\ \sin\alpha & \cos\alpha \end{bmatrix}$$

展开上式,并利用三角公式,可得

$$\begin{aligned} I_{x'} &= \frac{1}{2}(I_x + I_y) + \frac{1}{2}(I_x - I_y)\cos 2\alpha - I_{xy}\sin 2\alpha \\ I_{y'} &= \frac{1}{2}(I_x + I_y) - \frac{1}{2}(I_x - I_y)\cos 2\alpha + I_{xy}\sin 2\alpha \\ I_{x'y'} &= \frac{1}{2}(I_x - I_y)\sin 2\alpha - I_{xy}\cos 2\alpha \end{aligned}$$

这便是材料力学中导出的转轴公式。

例 1.25 证明按照下式定义的转动惯量是二阶张量:

$$J_{ij} = \int (x_k x_k \delta_{ij} - x_i x_j)\,\mathrm{d}m$$

式中 $\mathrm{d}m$ 是微元质量。

解: 在两个坐标系中,由于质量是数量,故有 $\mathrm{d}m' = \mathrm{d}m$;而同时有

$$x'_m = M_{mi}x_i, \quad x'_n = M_{nj}x_j, \quad \delta'_{mn} = M_{mi}M_{nj}\delta_{ij}$$

则

$$x'_s x'_s = M_{sp}x_p M_{sq}x_q = \delta_{pq}x_p x_q = x_p x_p$$

故有

$$J'_{mn} = \int (x'_s x'_s \delta'_{mn} - x'_m x'_n)\,\mathrm{d}m' = \int (x_k x_k M_{mi} M_{nj} \delta_{ij} - M_{mi} x_i M_{nj} x_j)\,\mathrm{d}m$$
$$= M_{mi} M_{nj} \int (x_k x_k \delta_{ij} - x_i x_j)\,\mathrm{d}m = M_{mi} M_{nj} J_{ij}$$

因此这个惯性积为二阶张量。

例 1.26　证明 $\nabla \boldsymbol{v}$ 是二阶张量。

解： 按式 (1.25) 的规定，有

$$\nabla \boldsymbol{v} = \boldsymbol{e}_i \frac{\partial}{\partial x_i}(v_j \boldsymbol{e}_j) = v_{j,i} \boldsymbol{e}_i \boldsymbol{e}_j$$

由于位置矢量 $\boldsymbol{x}$ 满足 $x_i = M_{mi} x'_m$，故有

$$\frac{\partial x_i}{\partial x'_m} = M_{mi}$$

速度矢量满足 $v'_n = M_{nj} v_j$，故有

$$\frac{\partial v'_n}{\partial x'_m} = \frac{\partial v'_n}{\partial x_i} \frac{\partial x_i}{\partial x'_m} = \frac{\partial (M_{nj} v_j)}{\partial x_i} M_{mi} = M_{mi} M_{nj} \frac{\partial v_j}{\partial x_i}$$

因此，$\nabla \boldsymbol{v}$ 是二阶张量。

通常也把矢量的基 $\boldsymbol{e}_i$ 称为一阶单位并矢量。二阶单位并矢量是两个一阶单位并矢量作并积的结果。在二阶单位并矢量的基础上，还可定义二阶单位并矢量 $\boldsymbol{e}_i \boldsymbol{e}_j$ 与一阶单位并矢量 $\boldsymbol{e}_k$ 作并积，从而得到三阶单位并矢量 $\boldsymbol{e}_i \boldsymbol{e}_j \boldsymbol{e}_k$（有的文献表示为 $\boldsymbol{e}_i \otimes \boldsymbol{e}_j \otimes \boldsymbol{e}_k$）。三阶张量定义为：如果一个量 $\boldsymbol{\varPi}$ 在坐标系 $Ox_1x_2x_3$ 和 $O'x'_1x'_2x'_3$ 中具有不变的形式，即

$$\boldsymbol{\varPi} = \varPi_{ijk} \boldsymbol{e}_i \boldsymbol{e}_j \boldsymbol{e}_k = \varPi'_{ijk} \boldsymbol{e}'_i \boldsymbol{e}'_j \boldsymbol{e}'_k \tag{1.83}$$

且其分量在坐标变换 (1.61) 中满足

$$\varPi'_{mnl} = M_{mi} M_{nj} M_{lk} \varPi_{ijk} \tag{1.84}$$

则称 $\boldsymbol{\varPi}$ 为三阶张量。

可以证明，$\boldsymbol{\varepsilon} = \varepsilon_{ijk} \boldsymbol{e}_i \boldsymbol{e}_j \boldsymbol{e}_k$ 是一个三阶张量，称为**置换张量**。

类似地，还可定义四阶单位并矢量和四阶张量，以至更高阶数的单位并矢量和张量。

如果一个张量的所有分量均为零，那么不难证明，经坐标变换之后，这个张量的所有分量仍然为零。这样的张量称为**零张量**。在本书中，把二阶及二阶以上的零张量均记为 $\mathbf{0}$。

在张量理论中，把数量定义为零阶张量，把分量满足式 (1.76) 的矢量定义为一阶张量。显然，在三维空间中，n 阶张量（$n \geqslant 0$）的分量有 3^n 个。

1.3.3 张量的代数运算

下面定义张量的代数运算。

1. 数乘

一个 n 阶张量（$n \geqslant 0$）$\boldsymbol{\Pi}$ 可以与一个数量 α 进行**数乘**运算，结果仍然是一个 n 阶张量，其每个分量都是 $\boldsymbol{\Pi}$ 的相应分量的 α 倍。例如，对于二阶张量 $\boldsymbol{A}$，有

$$\alpha \boldsymbol{A} = \alpha \left(A_{ij} \boldsymbol{e}_i \boldsymbol{e}_j\right) = \left(\alpha A_{ij}\right) \boldsymbol{e}_i \boldsymbol{e}_j \tag{1.85}$$

就分量而言，上式的数乘相当于数 α 乘以分量矩阵 $\underline{\boldsymbol{A}}$。

2. 加法

两个同阶的张量间可以进行**加法**运算，其结果仍然是同一阶的张量，其分量是参加运算的两个张量的相应分量的和。例如，对于二阶张量 $\boldsymbol{A}$ 和 $\boldsymbol{B}$，有

$$\boldsymbol{A} + \boldsymbol{B} = A_{ij} \boldsymbol{e}_i \boldsymbol{e}_j + B_{ij} \boldsymbol{e}_i \boldsymbol{e}_j = \left(A_{ij} + B_{ij}\right) \boldsymbol{e}_i \boldsymbol{e}_j \tag{1.86}$$

就分量而言，上式的加法相当于分量矩阵 $\underline{\boldsymbol{A}}$ 和 $\underline{\boldsymbol{B}}$ 相加。

3. 张量乘法

可以对两个任意阶的单位并矢量定义数积、矢积和并积的运算。本书把这三种积统一地记为“$\circ$”。其运算规则为：运算符号 $\circ$ 两侧的两个基矢量间进行相应的数积、矢积或并积的运算，运算中可能产生的新的基矢量保留在原有位置上，其余的基矢量保持原有顺序不变。运算中可能产生的 Kronecker 符号和置换符号可以作为数量自然地移到结果的并矢量的前面。下面用例子来加以说明。

$$\left(\boldsymbol{e}_i \boldsymbol{e}_j\right) \cdot \boldsymbol{e}_k = \boldsymbol{e}_i \left(\boldsymbol{e}_j \cdot \boldsymbol{e}_k\right) = \delta_{jk} \boldsymbol{e}_i$$

$$\boldsymbol{e}_i \cdot \left(\boldsymbol{e}_j \boldsymbol{e}_k\right) = \left(\boldsymbol{e}_i \cdot \boldsymbol{e}_j\right) \boldsymbol{e}_k = \delta_{ij} \boldsymbol{e}_k$$

$$\left(\boldsymbol{e}_i \boldsymbol{e}_j\right) \cdot \left(\boldsymbol{e}_m \boldsymbol{e}_n\right) = \boldsymbol{e}_i \left(\boldsymbol{e}_j \cdot \boldsymbol{e}_m\right) \boldsymbol{e}_n = \delta_{jm} \boldsymbol{e}_i \boldsymbol{e}_n$$

$$\left(\boldsymbol{e}_i \boldsymbol{e}_j\right) \times \boldsymbol{e}_k = \boldsymbol{e}_i \left(\boldsymbol{e}_j \times \boldsymbol{e}_k\right) = \varepsilon_{jkm} \boldsymbol{e}_i \boldsymbol{e}_m$$

$$\boldsymbol{e}_k \times \left(\boldsymbol{e}_i \boldsymbol{e}_j\right) = \left(\boldsymbol{e}_k \times \boldsymbol{e}_i\right) \boldsymbol{e}_j = \varepsilon_{kim} \boldsymbol{e}_m \boldsymbol{e}_j$$

$$\left(\boldsymbol{e}_i \boldsymbol{e}_j\right) \times \left(\boldsymbol{e}_m \boldsymbol{e}_n\right) = \boldsymbol{e}_i \left(\boldsymbol{e}_j \times \boldsymbol{e}_m\right) \boldsymbol{e}_n = \varepsilon_{jmk} \boldsymbol{e}_i \boldsymbol{e}_k \boldsymbol{e}_n$$

$$\left(\boldsymbol{e}_i \boldsymbol{e}_j\right) \left(\boldsymbol{e}_m \boldsymbol{e}_n \boldsymbol{e}_l\right) = \boldsymbol{e}_i \boldsymbol{e}_j \boldsymbol{e}_m \boldsymbol{e}_n \boldsymbol{e}_l$$

两个张量间可以进行**数积**、**矢积**、**并积**的运算，只要两者的单位并矢量之间允许进行这样的乘法即可。运算时两个单位并矢量间进行相应的积运算，而分量间则对应地进行简单的数量乘积运算。下面分别加以讨论。

m 阶 $(m > 0)$ 和 n 阶 $(n > 0)$ 张量作数积运算，其结果是 $m + n - 2$ 阶的张量。例如：

$$\boldsymbol{A}\cdot\boldsymbol{b}=(A_{ij}\boldsymbol{e}_i\boldsymbol{e}_j)\cdot(b_k\boldsymbol{e}_k)=A_{ij}b_k(\boldsymbol{e}_i\boldsymbol{e}_j\cdot\boldsymbol{e}_k)=A_{ij}b_k\delta_{jk}\boldsymbol{e}_i=A_{ij}b_j\boldsymbol{e}_i$$
$$=\begin{bmatrix}\boldsymbol{e}_1 & \boldsymbol{e}_2 & \boldsymbol{e}_3\end{bmatrix}\begin{bmatrix}A_{11} & A_{12} & A_{13}\\ A_{21} & A_{22} & A_{23}\\ A_{31} & A_{32} & A_{33}\end{bmatrix}\begin{bmatrix}b_1\\ b_2\\ b_3\end{bmatrix}$$

$$\boldsymbol{b}\cdot\boldsymbol{A}=(b_k\boldsymbol{e}_k)\cdot(A_{ij}\boldsymbol{e}_i\boldsymbol{e}_j)=A_{ij}b_k(\boldsymbol{e}_k\cdot\boldsymbol{e}_i\boldsymbol{e}_j)=A_{ij}b_k\delta_{ki}\boldsymbol{e}_j=A_{ij}b_i\boldsymbol{e}_j$$
$$=\begin{bmatrix}b_1 & b_2 & b_3\end{bmatrix}\begin{bmatrix}A_{11} & A_{12} & A_{13}\\ A_{21} & A_{22} & A_{23}\\ A_{31} & A_{32} & A_{33}\end{bmatrix}\begin{bmatrix}\boldsymbol{e}_1\\ \boldsymbol{e}_2\\ \boldsymbol{e}_3\end{bmatrix}=\begin{bmatrix}\boldsymbol{e}_1 & \boldsymbol{e}_2 & \boldsymbol{e}_3\end{bmatrix}\begin{bmatrix}A_{11} & A_{21} & A_{31}\\ A_{12} & A_{22} & A_{32}\\ A_{13} & A_{23} & A_{33}\end{bmatrix}\begin{bmatrix}b_1\\ b_2\\ b_3\end{bmatrix}$$

$$\boldsymbol{\varepsilon}\cdot\boldsymbol{a}=(\varepsilon_{ijk}\boldsymbol{e}_i\boldsymbol{e}_j\boldsymbol{e}_k)\cdot(a_m\boldsymbol{e}_m)=\varepsilon_{ijk}\delta_{km}a_m\boldsymbol{e}_i\boldsymbol{e}_j=\varepsilon_{ijm}a_m\boldsymbol{e}_i\boldsymbol{e}_j$$
$$=a_1(\boldsymbol{e}_2\boldsymbol{e}_3-\boldsymbol{e}_3\boldsymbol{e}_2)+a_2(\boldsymbol{e}_3\boldsymbol{e}_1-\boldsymbol{e}_1\boldsymbol{e}_3)+a_3(\boldsymbol{e}_1\boldsymbol{e}_2-\boldsymbol{e}_2\boldsymbol{e}_1)$$

$$\boldsymbol{A}\cdot\boldsymbol{B}=(A_{ij}\boldsymbol{e}_i\boldsymbol{e}_j)\cdot(B_{mn}\boldsymbol{e}_m\boldsymbol{e}_n)=A_{ij}B_{mn}\delta_{jm}\boldsymbol{e}_i\boldsymbol{e}_n=A_{ij}B_{jn}\boldsymbol{e}_i\boldsymbol{e}_n$$
$$=\begin{bmatrix}\boldsymbol{e}_1 & \boldsymbol{e}_2 & \boldsymbol{e}_3\end{bmatrix}\begin{bmatrix}A_{11} & A_{12} & A_{13}\\ A_{21} & A_{22} & A_{23}\\ A_{31} & A_{32} & A_{33}\end{bmatrix}\begin{bmatrix}B_{11} & B_{12} & B_{13}\\ B_{21} & B_{22} & B_{23}\\ B_{31} & B_{32} & B_{33}\end{bmatrix}\begin{bmatrix}\boldsymbol{e}_1\\ \boldsymbol{e}_2\\ \boldsymbol{e}_3\end{bmatrix}$$

就分量而言，两个二阶张量的数积 $\boldsymbol{A}\cdot\boldsymbol{B}$ 相当于分量矩阵的乘积 $\underline{\boldsymbol{A}}\,\underline{\boldsymbol{B}}$。

对于二阶张量 $\boldsymbol{A}$，记

$$\boldsymbol{A}\cdot\boldsymbol{A}=\boldsymbol{A}^2,\quad \boldsymbol{A}^{k+1}=\boldsymbol{A}^k\cdot\boldsymbol{A}\tag{1.87}$$

这样，对二阶张量就有了**幂**运算。本书不定义除零阶、二阶以外的各阶张量的幂运算。

m 阶 $(m>0)$ 和 n 阶 $(n>0)$ 张量作矢积运算，其结果是 $m+n-1$ 阶的张量。例如：

$$\boldsymbol{A}\times\boldsymbol{b}=(A_{ij}\boldsymbol{e}_i\boldsymbol{e}_j)\times(b_k\boldsymbol{e}_k)=A_{ij}b_k\varepsilon_{jkm}\boldsymbol{e}_i\boldsymbol{e}_m$$
$$\boldsymbol{A}\times\boldsymbol{B}=(A_{ij}\boldsymbol{e}_i\boldsymbol{e}_j)\times(B_{mn}\boldsymbol{e}_m\boldsymbol{e}_n)=A_{ij}B_{mn}\varepsilon_{jmk}\boldsymbol{e}_i\boldsymbol{e}_k\boldsymbol{e}_n$$

m 阶 $(m\geqslant 0)$ 和 n 阶 $(n\geqslant 0)$ 张量作并积运算，其结果是 $m+n$ 阶的张量。例如，两个一阶张量 $\boldsymbol{a}=a_i\boldsymbol{e}_i$ 和 $\boldsymbol{b}=b_j\boldsymbol{e}_j$ 作并积得一个二阶张量 $\boldsymbol{ab}=a_ib_j\boldsymbol{e}_i\boldsymbol{e}_j$，这种二阶张量称为**并矢张量**。又如，一个二阶张量 $\boldsymbol{A}=A_{ij}\boldsymbol{e}_i\boldsymbol{e}_j$ 和一个一阶张量 $\boldsymbol{b}=b_m\boldsymbol{e}_m$ 作并积得一个三阶张量 $\boldsymbol{\Pi}=A_{ij}b_m\boldsymbol{e}_i\boldsymbol{e}_j\boldsymbol{e}_m$。

但应注意，并非所有的二阶张量都可以表示为两个一阶张量的并积。下例是二阶张量的一般的并积表达形式。

例 1.27　证明：任意二阶张量 $\boldsymbol{A}$ 都可以表示为三个一阶张量（矢量）$\boldsymbol{a}^{(1)}$、$\boldsymbol{a}^{(2)}$、$\boldsymbol{a}^{(3)}$ 分别与 $\boldsymbol{e}_1$、$\boldsymbol{e}_2$、$\boldsymbol{e}_3$ 作并积再求和的形式，即

$$\boldsymbol{A}=\sum_{i=1}^{3}\boldsymbol{a}^{(i)}\boldsymbol{e}_i\tag{1.88}$$

解: 任意二阶张量均可表示为

$$
\begin{aligned}
\boldsymbol{A} = A_{ij}\boldsymbol{e}_i\boldsymbol{e}_j &= \begin{bmatrix} \boldsymbol{e}_1 & \boldsymbol{e}_2 & \boldsymbol{e}_3 \end{bmatrix} \begin{bmatrix} A_{11} & A_{12} & A_{13} \\ A_{21} & A_{22} & A_{23} \\ A_{31} & A_{32} & A_{33} \end{bmatrix} \begin{bmatrix} \boldsymbol{e}_1 \\ \boldsymbol{e}_2 \\ \boldsymbol{e}_3 \end{bmatrix} \\
&= \begin{bmatrix} \boldsymbol{e}_1 & \boldsymbol{e}_2 & \boldsymbol{e}_3 \end{bmatrix} \begin{bmatrix} A_{11}\boldsymbol{e}_1 + A_{12}\boldsymbol{e}_2 + A_{13}\boldsymbol{e}_3 \\ A_{21}\boldsymbol{e}_1 + A_{22}\boldsymbol{e}_2 + A_{23}\boldsymbol{e}_3 \\ A_{31}\boldsymbol{e}_1 + A_{32}\boldsymbol{e}_2 + A_{33}\boldsymbol{e}_3 \end{bmatrix}
\end{aligned}
$$

记 $\boldsymbol{a}^{(i)} = A_{ij}\boldsymbol{e}_j$，便有

$$
\boldsymbol{A} = \begin{bmatrix} \boldsymbol{e}_1 & \boldsymbol{e}_2 & \boldsymbol{e}_3 \end{bmatrix} \begin{bmatrix} \boldsymbol{a}^{(1)} & \boldsymbol{a}^{(2)} & \boldsymbol{a}^{(3)} \end{bmatrix}^{\mathrm{T}} = \sum_{i=1}^{3} \boldsymbol{a}^{(i)}\boldsymbol{e}_i
$$

同时，不难证明，三个矢量 $\boldsymbol{a}^{(1)}$、$\boldsymbol{a}^{(2)}$、$\boldsymbol{a}^{(3)}$ 分别与 $\boldsymbol{e}_1$、$\boldsymbol{e}_2$、$\boldsymbol{e}_3$ 作并积再求和的形式一定构成一个二阶张量。

根据上例可知，式 (1.88) 是某个量成为二阶张量的充要条件。

本书规定，两个二阶或二阶以上的单位并矢量之间可以进行**双重点积**的运算。运算的规则是，双重点积符号“:”两侧的两层基矢量间交叉作数积，其余的基矢量保持原有顺序不变，两个 Kronecker 符号可以作为数量自然地移到结果的并矢量的前面。例如：

$$
\begin{aligned}
(\boldsymbol{e}_i\boldsymbol{e}_j) : (\boldsymbol{e}_m\boldsymbol{e}_n) &= (\boldsymbol{e}_i \cdot \boldsymbol{e}_m)(\boldsymbol{e}_j \cdot \boldsymbol{e}_n) = \delta_{im}\delta_{jn} \\
(\boldsymbol{e}_i\boldsymbol{e}_j\boldsymbol{e}_k) : (\boldsymbol{e}_m\boldsymbol{e}_n) &= \boldsymbol{e}_i(\boldsymbol{e}_j \cdot \boldsymbol{e}_m)(\boldsymbol{e}_k \cdot \boldsymbol{e}_n) = \delta_{jm}\delta_{kn}\boldsymbol{e}_i
\end{aligned}
$$

由此，可以定义 m 阶 $(m \geqslant 2)$ 和 n 阶 $(n \geqslant 2)$ 张量作双重点积运算，其结果是 $m+n-4$ 阶的张量。例如，两个二阶张量 $\boldsymbol{A}$ 和 $\boldsymbol{B}$ 作双重点积得到一个数量：

$$
\begin{aligned}
\boldsymbol{A} : \boldsymbol{B} &= (A_{ij}\boldsymbol{e}_i\boldsymbol{e}_j) : (B_{mn}\boldsymbol{e}_m\boldsymbol{e}_n) = A_{ij}B_{mn}\delta_{im}\delta_{jn} = A_{ij}B_{ij} \\
&= A_{11}B_{11} + A_{12}B_{12} + \cdots + A_{33}B_{33}
\end{aligned}
$$

又如，三阶张量 $\boldsymbol{\varepsilon} = \varepsilon_{ijk}\boldsymbol{e}_i\boldsymbol{e}_j\boldsymbol{e}_k$ 与二阶张量 $A_{mn}\boldsymbol{e}_m\boldsymbol{e}_n$ 的双重点积是一阶张量：

$$
\begin{aligned}
\boldsymbol{\varepsilon} : \boldsymbol{A} &= (\varepsilon_{ijk}\boldsymbol{e}_i\boldsymbol{e}_j\boldsymbol{e}_k) : (A_{mn}\boldsymbol{e}_m\boldsymbol{e}_n) = \varepsilon_{ijk}A_{jk}\boldsymbol{e}_i \\
&= (A_{23} - A_{32})\boldsymbol{e}_1 + (A_{31} - A_{13})\boldsymbol{e}_2 + (A_{12} - A_{21})\boldsymbol{e}_3
\end{aligned}
$$

对于以上的张量代数运算，应该注意到有如下运算规律：

（1）张量的数乘和加法具有交换律和结合律，即

$$
\alpha\boldsymbol{\Pi} = \boldsymbol{\Pi}\alpha \tag{1.89}
$$

$$
\alpha(\beta\boldsymbol{\Pi}) = (\alpha\beta)\boldsymbol{\Pi} = \beta(\alpha\boldsymbol{\Pi}) \tag{1.90}
$$

$$\boldsymbol{A}+\boldsymbol{B}=\boldsymbol{B}+\boldsymbol{A} \tag{1.91}$$

$$(\boldsymbol{A}+\boldsymbol{B})+\boldsymbol{C}=\boldsymbol{A}+(\boldsymbol{B}+\boldsymbol{C}) \tag{1.92}$$

（2）张量的并积、数积、矢积一般不具有交换律和结合律，除了指定的顺序（用括号表示）外，应按从左到右的顺序进行。例如：

$$(\boldsymbol{b}\cdot\boldsymbol{A})\cdot(\boldsymbol{b}\cdot\boldsymbol{A})=(b_iA_{im}\boldsymbol{e}_m)\cdot(b_jA_{jn}\boldsymbol{e}_n)=A_{im}A_{jm}b_ib_j$$

$$\boldsymbol{b}\cdot(\boldsymbol{A}\cdot\boldsymbol{b})\cdot\boldsymbol{A}=(b_m\boldsymbol{e}_m)\cdot(A_{ij}b_j\boldsymbol{e}_i)\cdot(A_{pq}\boldsymbol{e}_p\boldsymbol{e}_q)=A_{ij}A_{pq}b_ib_j\boldsymbol{e}_p\boldsymbol{e}_q$$

前者是一个数量，后者是一个二阶张量，两者根本不可能相等。

但是，对于二阶张量 $\boldsymbol{A}$、$\boldsymbol{B}$、$\boldsymbol{C}$，不难证明，

$$(\boldsymbol{A}\cdot\boldsymbol{B})\cdot\boldsymbol{C}=\boldsymbol{A}\cdot(\boldsymbol{B}\cdot\boldsymbol{C}) \tag{1.93}$$

（3）张量的的并积、数积、矢积和双重点积有着对于加法的分配律，即

$$(\boldsymbol{A}+\boldsymbol{B})\circ\boldsymbol{C}=\boldsymbol{A}\circ\boldsymbol{C}+\boldsymbol{B}\circ\boldsymbol{C} \tag{1.94}$$

$$\boldsymbol{A}\circ(\boldsymbol{B}+\boldsymbol{C})=\boldsymbol{A}\circ\boldsymbol{B}+\boldsymbol{A}\circ\boldsymbol{C} \tag{1.95}$$

式中“$\circ$”表示并积、数积、矢积或双重点积。

1.3.4　二阶张量的若干运算

二阶张量又称仿射量。在连续介质力学中大量使用二阶张量，同时二阶张量也有一些特殊的运算和性质，故在此单独讨论。二阶张量有九个分量，在一个具体的坐标系中，其分量可以排为三阶方阵，因此可以定义若干与方阵类似的运算。

1. 二阶张量的转置

对于二阶张量 $\boldsymbol{A}$，若存在张量 $\boldsymbol{B}$，使

$$\boldsymbol{a}\cdot\boldsymbol{A}\cdot\boldsymbol{b}=\boldsymbol{b}\cdot\boldsymbol{B}\cdot\boldsymbol{a} \tag{1.96a}$$

对于任意的矢量 $\boldsymbol{a}$、$\boldsymbol{b}$ 都成立，则称 $\boldsymbol{B}$ 是 $\boldsymbol{A}$ 的转置，并记为

$$\boldsymbol{B}=\boldsymbol{A}^{\mathrm{T}} \tag{1.96b}$$

易于推出，若

$$\boldsymbol{A}=A_{ij}\boldsymbol{e}_i\boldsymbol{e}_j,\quad \text{则}\quad \boldsymbol{A}^{\mathrm{T}}=A_{ji}\boldsymbol{e}_i\boldsymbol{e}_j \tag{1.97}$$

可以证明，

$$(\alpha\boldsymbol{A})^{\mathrm{T}}=\alpha\boldsymbol{A}^{\mathrm{T}},\quad (\boldsymbol{A}+\boldsymbol{B})^{\mathrm{T}}=\boldsymbol{A}^{\mathrm{T}}+\boldsymbol{B}^{\mathrm{T}},\quad (\boldsymbol{A}\cdot\boldsymbol{B})^{\mathrm{T}}=\boldsymbol{B}^{\mathrm{T}}\cdot\boldsymbol{A}^{\mathrm{T}} \tag{1.98}$$

式中 α 为一个数，$\boldsymbol{A}$、$\boldsymbol{B}$ 为二阶张量。

例 1.28 若 $\boldsymbol{A}$、$\boldsymbol{B}$ 是二阶张量，$\boldsymbol{a}$、$\boldsymbol{b}$ 是一阶张量，证明：

(1) $(\boldsymbol{a}\cdot\boldsymbol{A})\cdot(\boldsymbol{b}\cdot\boldsymbol{B})=\boldsymbol{a}\cdot\boldsymbol{A}\cdot\boldsymbol{B}^{\mathrm{T}}\cdot\boldsymbol{b}$

(2) $(\boldsymbol{A}\cdot\boldsymbol{a})\cdot(\boldsymbol{B}\cdot\boldsymbol{b})=\boldsymbol{a}\cdot\boldsymbol{A}^{\mathrm{T}}\cdot\boldsymbol{B}\cdot\boldsymbol{b}$

解：（1） $(\boldsymbol{a}\cdot\boldsymbol{A})\cdot(\boldsymbol{b}\cdot\boldsymbol{B})=(A_{ij}a_i\boldsymbol{e}_j)\cdot(B_{mn}b_m\boldsymbol{e}_n)=A_{ij}B_{mj}a_ib_m$

$$\boldsymbol{a}\cdot\boldsymbol{A}\cdot\boldsymbol{B}^{\mathrm{T}}\cdot\boldsymbol{b}=(A_{ij}a_i\boldsymbol{e}_j)\cdot(B_{mn}\boldsymbol{e}_n\boldsymbol{e}_m)\cdot\boldsymbol{b}=(A_{ij}B_{mj}a_i\boldsymbol{e}_m)\cdot(b_k\boldsymbol{e}_k)=A_{ij}B_{mj}a_ib_m$$

故有 $(\boldsymbol{a}\cdot\boldsymbol{A})\cdot(\boldsymbol{b}\cdot\boldsymbol{B})=\boldsymbol{a}\cdot\boldsymbol{A}\cdot\boldsymbol{B}^{\mathrm{T}}\cdot\boldsymbol{b}$。

(2) $(\boldsymbol{A}\cdot\boldsymbol{a})\cdot(\boldsymbol{B}\cdot\boldsymbol{b})=(A_{ij}a_j\boldsymbol{e}_i)\cdot(B_{mn}b_n\boldsymbol{e}_m)=A_{ij}B_{in}a_jb_n$

$$\boldsymbol{a}\cdot\boldsymbol{A}^{\mathrm{T}}\cdot\boldsymbol{B}\cdot\boldsymbol{b}=(A_{ij}a_j\boldsymbol{e}_i)\cdot(B_{mn}\boldsymbol{e}_m\boldsymbol{e}_n)\cdot\boldsymbol{b}=(A_{ij}B_{in}a_j\boldsymbol{e}_n)\cdot(b_k\boldsymbol{e}_k)=A_{ij}B_{in}a_jb_n$$

故有 $(\boldsymbol{A}\cdot\boldsymbol{a})\cdot(\boldsymbol{B}\cdot\boldsymbol{b})=\boldsymbol{a}\cdot\boldsymbol{A}^{\mathrm{T}}\cdot\boldsymbol{B}\cdot\boldsymbol{b}$。

若 $\boldsymbol{A}=\boldsymbol{A}^{\mathrm{T}}$，则称 $\boldsymbol{A}$ 为**对称张量**；若 $\boldsymbol{A}=-\boldsymbol{A}^{\mathrm{T}}$，则称 $\boldsymbol{A}$ 为**反对称张量**。任意的二阶张量可以唯一地分解为一个对称张量 $\boldsymbol{D}$ 与一个反对称张量 $\boldsymbol{\varOmega}$ 的和：

$$\boldsymbol{A}=\boldsymbol{D}+\boldsymbol{\varOmega} \tag{1.99a}$$

$$\boldsymbol{D}=\frac{1}{2}\left(\boldsymbol{A}+\boldsymbol{A}^{\mathrm{T}}\right),\quad \boldsymbol{\varOmega}=\frac{1}{2}\left(\boldsymbol{A}-\boldsymbol{A}^{\mathrm{T}}\right) \tag{1.99b}$$

这称为张量的**加法分解**。

易于证明，张量的对称性或反对称性是不会随着坐标系的变换而改变的。

显然，对称张量有六个独立的分量。

可以看出，反对称张量 $\boldsymbol{\varOmega}$ 只有三个独立的分量。因此，一定存在一个矢量，其分量可以表达出这三个独立的分量，这个矢量称为反对称张量的**对偶矢量**，其定义为

$$\boldsymbol{\omega}=-\frac{1}{2}\boldsymbol{\varepsilon}:\boldsymbol{\varOmega}\quad 或\quad \omega_i=-\frac{1}{2}\varepsilon_{ijk}\varOmega_{jk} \tag{1.100a}$$

式中，$\boldsymbol{\varepsilon}=\varepsilon_{ijk}\boldsymbol{e}_i\boldsymbol{e}_j\boldsymbol{e}_k$ 为置换张量。在有的文献中，对偶矢量的定义式中没有上式中的负号，这一点希望读者留意。上式的分量式为

$$\underline{\boldsymbol{\omega}}=\begin{bmatrix}\varOmega_{32} & \varOmega_{13} & \varOmega_{21}\end{bmatrix}^{\mathrm{T}} \tag{1.100b}$$

式 (1.100a) 的逆向式为（证明留作习题）

$$\boldsymbol{\varOmega}=\boldsymbol{I}\times\boldsymbol{\omega}\quad 或\quad \varOmega_{ij}=-\varepsilon_{ijk}\omega_k \tag{1.101}$$

这样，反对称张量 $\boldsymbol{\varOmega}$ 的分量矩阵可表达为

$$\underline{\boldsymbol{\varOmega}}=\begin{bmatrix}0 & -\omega_3 & \omega_2\\ \omega_3 & 0 & -\omega_1\\ -\omega_2 & \omega_1 & 0\end{bmatrix} \tag{1.102}$$

例 1.29　若 $\boldsymbol{A}$ 为对称张量，$\boldsymbol{B}$ 为反对称张量，证明 $\boldsymbol{A}:\boldsymbol{B}=0$。

解：　$\boldsymbol{A}:\boldsymbol{B}=A_{ij}B_{ij}=A_{ji}B_{ji}$

由于 $\boldsymbol{A}$ 为对称张量，故有 $A_{ij}=A_{ji}$，由于 $\boldsymbol{B}$ 为反对称张量，故有 $B_{ij}=-B_{ji}$，故有 $\boldsymbol{A}:\boldsymbol{B}=A_{ij}B_{ij}=-A_{ij}B_{ij}$，即 $\boldsymbol{A}:\boldsymbol{B}=0$。

例 1.30　证明：反对称张量 $\boldsymbol{\Omega}$ 与任意矢量 $\boldsymbol{b}$ 的数积等于其对偶矢量 $\boldsymbol{\omega}$ 与 $\boldsymbol{b}$ 的矢积。

解：　$\boldsymbol{\Omega}\cdot\boldsymbol{b}=\Omega_{ij}b_j\boldsymbol{e}_i=-\varepsilon_{ijk}\omega_k b_j\boldsymbol{e}_i=-\boldsymbol{b}\times\boldsymbol{\omega}$，即 $\boldsymbol{\Omega}\cdot\boldsymbol{b}=\boldsymbol{\omega}\times\boldsymbol{b}$。

这个例子说明，反对称张量 $\boldsymbol{\Omega}$ 数性地作用于 $\boldsymbol{b}$，相当于其对偶矢量 $\boldsymbol{\omega}$ 矢性地作用于 $\boldsymbol{b}$。

例 1.31　证明：若任意二阶张量 $\boldsymbol{P}$ 的反对称部分的对偶矢量为 $\boldsymbol{\omega}$，则对于任意矢量 $\boldsymbol{u}$、$\boldsymbol{v}$，有

$$\boldsymbol{u}\cdot(\boldsymbol{P}\cdot\boldsymbol{v})-\boldsymbol{v}\cdot(\boldsymbol{P}\cdot\boldsymbol{u})=-2\boldsymbol{\omega}\cdot(\boldsymbol{u}\times\boldsymbol{v})$$

解：　记 $\boldsymbol{P}$ 的反对称部分为 $\boldsymbol{\Omega}=\dfrac{1}{2}\left(\boldsymbol{P}-\boldsymbol{P}^{\mathrm{T}}\right)$，则有 $\Omega_{ij}=-\varepsilon_{ijk}\omega_k$，故

$$\begin{aligned}\boldsymbol{u}\cdot(\boldsymbol{P}\cdot\boldsymbol{v})-\boldsymbol{v}\cdot(\boldsymbol{P}\cdot\boldsymbol{u})=&P_{ij}u_iv_j-P_{ij}v_iu_j=(P_{ij}-P_{ji})\,u_iv_j=2\Omega_{ij}u_iv_j\\=&-2\varepsilon_{ijk}\omega_ku_iv_j=-2\boldsymbol{\omega}\cdot(\boldsymbol{u}\times\boldsymbol{v})\end{aligned}$$

2. 二阶张量的逆

二阶张量 $\boldsymbol{A}$ 的全体分量的行列式记为 $\det\boldsymbol{A}$。易得张量行列式有如下性质：

$$\det(\boldsymbol{A}\cdot\boldsymbol{B})=\det\boldsymbol{A}\det\boldsymbol{B}\tag{1.103a}$$

$$\det(\alpha\boldsymbol{A})=\alpha^3\det\boldsymbol{A}\tag{1.103b}$$

$$\det\boldsymbol{A}=\det\boldsymbol{A}^{\mathrm{T}}\tag{1.103c}$$

对于二阶张量 $\boldsymbol{A}$，若存在二阶张量 $\boldsymbol{B}$，使

$$\boldsymbol{A}\cdot\boldsymbol{B}=\boldsymbol{I},\quad \boldsymbol{B}\cdot\boldsymbol{A}=\boldsymbol{I}\tag{1.104a}$$

成立，则称 $\boldsymbol{B}$ 是 $\boldsymbol{A}$ 的逆，并记为

$$\boldsymbol{B}=\boldsymbol{A}^{-1}\tag{1.104b}$$

这样，便有

$$\boldsymbol{A}\cdot\boldsymbol{A}^{-1}=\boldsymbol{I},\quad \boldsymbol{A}^{-1}\cdot\boldsymbol{A}=\boldsymbol{I}\tag{1.105a}$$

用分量形式表示，上面两式可写为

$$A_{im}A^{-1}_{mj}=\delta_{ij},\quad A^{-1}_{im}A_{mj}=\delta_{ij}\tag{1.105b}$$

因此应注意，在分量运算中，与 A_{im} 相乘而得到 δ_{ij} 的元素应为 A^{-1}_{mj}，而不是 A^{-1}_{im}。

二阶张量 $\boldsymbol{A}$ 有逆的充要条件是 $\det\boldsymbol{A}\neq0$。可以证明，张量的逆具有如下性质：

$$(\alpha\boldsymbol{A})^{-1}=\frac{1}{\alpha}\boldsymbol{A}^{-1}\tag{1.106a}$$

$$(\boldsymbol{A}\cdot\boldsymbol{B})^{-1}=\boldsymbol{B}^{-1}\cdot\boldsymbol{A}^{-1} \tag{1.106b}$$

$$\det\boldsymbol{A}^{-1}=(\det\boldsymbol{A})^{-1} \tag{1.106c}$$

式中 α 是非零的数，$\boldsymbol{A}$ 和 $\boldsymbol{B}$ 皆为有逆存在的二阶张量。

对于张量 $\boldsymbol{M}$，若有

$$\boldsymbol{M}^{-1}=\boldsymbol{M}^{\mathrm{T}} \tag{1.107}$$

则称 $\boldsymbol{M}$ 为**正交张量**。可以证明，坐标变换的所有元素的集合就构成一类正交张量。同样，每个正交张量都对应着一种坐标变换。

若 $\boldsymbol{M}$ 为正交张量，那么对于任意的矢量，都有

$$(\boldsymbol{M}\cdot\boldsymbol{a})\cdot(\boldsymbol{M}\cdot\boldsymbol{a})=\boldsymbol{a}\cdot\boldsymbol{M}^{\mathrm{T}}\cdot\boldsymbol{M}\cdot\boldsymbol{a}=\boldsymbol{a}\cdot\boldsymbol{a}$$

故有 $\|\boldsymbol{M}\cdot\boldsymbol{a}\|=\|\boldsymbol{a}\|$。这说明，正交张量与矢量作数积，不会改变矢量的模。事实上，正交张量通常用以表示坐标变换或刚体转动。显然，在这些情况下，矢量长度是不会改变的。

例 1.32 证明：张量 $\boldsymbol{M}$ 是正交张量的充要条件是对任意的矢量 $\boldsymbol{a}$ 和 $\boldsymbol{b}$ 都有 $(\boldsymbol{M}\cdot\boldsymbol{a})\cdot(\boldsymbol{M}\cdot\boldsymbol{b})-\boldsymbol{a}\cdot\boldsymbol{b}=0$。

解： $(\boldsymbol{M}\cdot\boldsymbol{a})\cdot(\boldsymbol{M}\cdot\boldsymbol{b})-\boldsymbol{a}\cdot\boldsymbol{b}=\boldsymbol{a}\cdot\boldsymbol{M}^{\mathrm{T}}\cdot\boldsymbol{M}\cdot\boldsymbol{b}-\boldsymbol{a}\cdot\boldsymbol{b}=\boldsymbol{a}\cdot\left(\boldsymbol{M}^{\mathrm{T}}\cdot\boldsymbol{M}-\boldsymbol{I}\right)\cdot\boldsymbol{b}$

当 $\boldsymbol{M}$ 是正交张量时，$\boldsymbol{M}^{\mathrm{T}}\cdot\boldsymbol{M}=\boldsymbol{I}$，则上式等于零。

另一方面，若该式对任意的矢量 $\boldsymbol{a}$ 和 $\boldsymbol{b}$ 都等于零，则必有 $\boldsymbol{M}^{\mathrm{T}}\cdot\boldsymbol{M}-\boldsymbol{I}=\boldsymbol{0}$，即有 $\boldsymbol{M}^{\mathrm{T}}\cdot\boldsymbol{M}=\boldsymbol{I}$，即 $\boldsymbol{M}$ 是正交张量。

3. 二阶张量的迹

定义

$$\operatorname{tr}\boldsymbol{A}=\boldsymbol{I}:\boldsymbol{A} \tag{1.108}$$

称为二阶张量 $\boldsymbol{A}$ 的**迹**。根据这一定义，有

$$\operatorname{tr}\boldsymbol{A}=\delta_{ij}\boldsymbol{e}_i\boldsymbol{e}_j:A_{mn}\boldsymbol{e}_m\boldsymbol{e}_n=A_{ii} \tag{1.109}$$

这也就是张量的分量矩阵中主对角线元素的和。显然，二阶张量 $\boldsymbol{A}$ 的迹 $\operatorname{tr}\boldsymbol{A}$ 是一个数量，取迹是二阶张量运算中常见的一类运算。易得

$$\operatorname{tr}\boldsymbol{I}=\delta_{ii}=3 \tag{1.110a}$$

$$\operatorname{tr}(\boldsymbol{A}+\boldsymbol{B})=\operatorname{tr}\boldsymbol{A}+\operatorname{tr}\boldsymbol{B} \tag{1.110b}$$

$$\operatorname{tr}(\alpha\boldsymbol{A})=\alpha\operatorname{tr}\boldsymbol{A} \tag{1.110c}$$

例 1.33 证明 $\operatorname{tr}(\boldsymbol{A}\cdot\boldsymbol{B})=\operatorname{tr}(\boldsymbol{B}\cdot\boldsymbol{A})$。

解： $\operatorname{tr}(\boldsymbol{A}\cdot\boldsymbol{B})=A_{ij}B_{ji}=B_{ji}A_{ij}=\operatorname{tr}(\boldsymbol{B}\cdot\boldsymbol{A})$

例 1.34 已知 $\boldsymbol{T}=\lambda\boldsymbol{I}\operatorname{tr}\boldsymbol{E}+2\mu\boldsymbol{E}$，求用 $\boldsymbol{T}$ 表示 $\boldsymbol{E}$ 的式子。

解: 在式子两端取迹得

$$\mathrm{tr}\,\boldsymbol{T} = 3\lambda\ \mathrm{tr}\,\boldsymbol{E} + 2\mu\ \mathrm{tr}\,\boldsymbol{E} = (3\lambda + 2\mu)\,\mathrm{tr}\,\boldsymbol{E}$$

故有 $\mathrm{tr}\,\boldsymbol{E} = \dfrac{1}{3\lambda + 2\mu}\mathrm{tr}\,\boldsymbol{T}$，代入原式即可得

$$\boldsymbol{E} = \frac{1}{2\mu}\left(\boldsymbol{T} - \frac{\lambda}{3\lambda + 2\mu}\boldsymbol{I}\,\mathrm{tr}\,\boldsymbol{T}\right)$$

1.3.5　二阶张量的主值、主轴和不变量

二阶张量 $\boldsymbol{A}$ 的**主值**，就是 $\boldsymbol{A}$ 在某个坐标系下的分量矩阵 $\underline{\boldsymbol{A}}$ 的特征值，对应的特征向量称为**主轴**，特征向量表征的方向称为**主方向**。于是，$\boldsymbol{A}$ 的主值由下式确定：

$$\det(\boldsymbol{A} - \lambda\boldsymbol{I}) = -\left(\lambda^3 - \mathrm{I}_A\lambda^2 + \mathrm{II}_A\lambda - \mathrm{III}_A\right) = 0 \tag{1.111}$$

式中

$$\mathrm{I}_A = A_{ii} = A_{11} + A_{22} + A_{33} = \mathrm{tr}\,\boldsymbol{A} \tag{1.112a}$$

$$\mathrm{II}_A = \begin{vmatrix} A_{11} & A_{12} \\ A_{21} & A_{22} \end{vmatrix} + \begin{vmatrix} A_{22} & A_{23} \\ A_{32} & A_{33} \end{vmatrix} + \begin{vmatrix} A_{11} & A_{13} \\ A_{31} & A_{33} \end{vmatrix} = \frac{1}{2}\left[(\mathrm{tr}\,\boldsymbol{A})^2 - \mathrm{tr}\,\boldsymbol{A}^2\right] \tag{1.112b}$$

$$\mathrm{III}_A = \det\boldsymbol{A} \tag{1.112c}$$

其中式 (1.112b) 的最后一个表达形式的证明留作习题。

主值最重要的性质，是在坐标变换中保持不变。若记 λ' 是张量 $\boldsymbol{A}$ 在坐标系 $O'x_1'x_2'x_3'$ 下的主值，将二阶张量 $\boldsymbol{A}$ 和单位张量 $\boldsymbol{I}$ 分量的变换式 (1.81)、(1.82) 用矩阵形式表达，可得

$$\underline{\boldsymbol{A}}' = \underline{\boldsymbol{M}}\,\underline{\boldsymbol{A}}\,\underline{\boldsymbol{M}}^{\mathrm{T}},\quad \underline{\boldsymbol{I}}' = \underline{\boldsymbol{M}}\,\underline{\boldsymbol{I}}\,\underline{\boldsymbol{M}}^{\mathrm{T}}$$

则有

$$\begin{aligned}\det\left(\underline{\boldsymbol{A}}' - \lambda'\underline{\boldsymbol{I}}'\right) &= \det\left[\underline{\boldsymbol{M}}\left(\underline{\boldsymbol{A}} - \lambda'\underline{\boldsymbol{I}}\right)\underline{\boldsymbol{M}}^{\mathrm{T}}\right] = \det\underline{\boldsymbol{M}}\cdot\det\left(\underline{\boldsymbol{A}} - \lambda'\underline{\boldsymbol{I}}\right)\cdot\det\underline{\boldsymbol{M}} \\ &= \det\left(\underline{\boldsymbol{A}} - \lambda'\underline{\boldsymbol{I}}\right) = 0\end{aligned}$$

由此可知，在坐标系 $O'x_1'x_2'x_3'$ 下关于 λ' 的特征方程与在坐标系 $Ox_1x_2x_3$ 下关于 λ 的特征方程是完全一样的，故有

$$\lambda' = \lambda$$

这就说明，**主值不会因为坐标变换而发生变化**。

记 λ_1、λ_2、λ_3 是 $\boldsymbol{A}$ 的三个主值（包括重根的情况），根据代数方程的根与系数间的关系，由式 (1.111) 可得

$$\mathrm{I}_A = \mathrm{tr}\,\boldsymbol{A} = \lambda_1 + \lambda_2 + \lambda_3 \tag{1.113a}$$

$$\mathrm{II}_A = \frac{1}{2}\left[(\mathrm{tr}\,\boldsymbol{A})^2 - \mathrm{tr}\,\boldsymbol{A}^2\right] = \lambda_1\lambda_2 + \lambda_2\lambda_3 + \lambda_3\lambda_1 \tag{1.113b}$$

$$\mathrm{III}_A = \det \boldsymbol{A} = \lambda_1\lambda_2\lambda_3 \tag{1.113c}$$

由于在坐标变换中，$\boldsymbol{A}$ 的主值不会改变，因此上式的三个量也不会改变。特别地，称以上三个量分别为 $\boldsymbol{A}$ 的**第一、第二、第三不变量**。

与矩阵特征值情况相同，当 $\boldsymbol{A}$ 是对称张量时，有如下定理成立：

（1）$\boldsymbol{A}$ 的主值均为实数；

（2）对应于不同主值的主方向相互正交；

（3）存在着三个两两正交的主方向；

（4）将三个两两正交的主方向单位列向量排为方阵，构成坐标变换矩阵

$$\underline{\boldsymbol{M}} = \begin{bmatrix}\underline{\boldsymbol{n}}^{(1)} & \underline{\boldsymbol{n}}^{(2)} & \underline{\boldsymbol{n}}^{(3)}\end{bmatrix}$$

在这一坐标变换下，$\boldsymbol{A}$ 的分量矩阵成为以主值为对角线元素的对角阵，即

$$\underline{\boldsymbol{M}}^{\mathrm{T}}\underline{\boldsymbol{A}}\,\underline{\boldsymbol{M}} = \mathrm{diag}\,(\lambda_1,\,\lambda_2,\,\lambda_3)$$

例 1.35 张量 $\boldsymbol{A}$ 在某个坐标系下的分量矩阵为 $\underline{\boldsymbol{A}} = \begin{bmatrix} 0 & a & a \\ a & 0 & a \\ a & a & 0 \end{bmatrix}$，求张量 $\boldsymbol{A}$ 的三个不变量。

解： 易知，张量 $\boldsymbol{A}$ 的分量矩阵与例 1.18 是相同的，故 $\boldsymbol{A}$ 的主值为

$$\lambda_1 = 2a, \quad \lambda_2 = \lambda_3 = -a$$

故有

$$\mathrm{I} = \lambda_1 + \lambda_2 + \lambda_3 = 0, \quad \mathrm{II} = \lambda_1\lambda_2 + \lambda_2\lambda_3 + \lambda_3\lambda_1 = -3a^2, \quad \mathrm{III} = \lambda_1\lambda_2\lambda_3 = 2a^3$$

若对于任意的非零矢量 $\boldsymbol{b}$，恒有 $\boldsymbol{b}\cdot\boldsymbol{A}\cdot\boldsymbol{b} > 0$，则称 $\boldsymbol{A}$ 为**正定张量**。与正定矩阵情况相同，对称张量 $\boldsymbol{A}$ 为正定张量的充要条件是 $\boldsymbol{A}$ 的所有主值均为正数。

1.3.6 张量场

在区域 D 上处处定义了张量 $\boldsymbol{H}$，则称在 D 上有一个张量场 $\boldsymbol{H}$。张量场对坐标的微分运算可以借助于 Hamilton 算符 ∇ 进行。

从 1.1.2 的叙述可看出，算符 ∇ 是一个矢性微分算符。一方面，它具有微分算符的特征，另一方面，它具有矢量的特征。当 ∇ 作用在一个矢量上时，∇ 包含的基 $\boldsymbol{e}_i$ 与矢量包含的基 $\boldsymbol{e}_j$ 相遇并发生作用。在进行散度运算时，∇ 数性地作用在矢量上，两者消解为 δ_{ij}；在进行旋度运算时，∇ 矢性地作用在矢量上，两者共融为另一个基 $\boldsymbol{e}_k$。根据二阶单位并矢

量的概念，可以把梯度运算扩展到矢量，此时，可认为 ∇ 包含的基 $\boldsymbol{e}_i$ 与矢量包含的基 $\boldsymbol{e}_j$ 相遇并发生并性的作用，从而产生二阶单位并矢量 $\boldsymbol{e}_i\boldsymbol{e}_j$，并由此而产生二阶张量。

这样，便可以定义出算符 ∇ 对张量的并性、数性和矢性的作用，并衍生出新的张量。

由于矢量的乘法一般不具有可交换性，为了进一步明确并扩展算符 ∇ 的功能，本书中规定，在直角坐标系中，当算符 ∇ 从左边作用于某个物理量 $\boldsymbol{H}$（它可以是标量、矢量和张量）时，其含义是

$$\nabla \circ \boldsymbol{H} = \boldsymbol{e}_i \circ (\boldsymbol{H})_{,i} \tag{1.114}$$

式中，“$\circ$”表示并积、数积、矢积中的任何一种。另一方面，当算符 ∇ 从右边作用于某个量 $\boldsymbol{H}$ 时，其含义是

$$\boldsymbol{H} \circ \nabla = (\boldsymbol{H})_{,i} \circ \boldsymbol{e}_i \tag{1.115}$$

注意：由于算符 ∇ 可能从左右两个方向对物理量起作用，因此，在易于混淆的地方，将采用括号特别地指明算符 ∇ 作用于哪一个量，例如 $(\boldsymbol{u}\nabla)\cdot(\nabla\boldsymbol{u})$。照顾到通常的使用习惯，在本书中约定，若没有特别指明，算符 ∇ 总是作用于其右边的量，例如 $\boldsymbol{u}\nabla\cdot\nabla\boldsymbol{u}$ 表示 $\boldsymbol{u}(\nabla\cdot\nabla\boldsymbol{u})$ 即 $\boldsymbol{u}\left(\nabla^2\boldsymbol{u}\right)$，又如 $\boldsymbol{v}\nabla\cdot\boldsymbol{v}$ 表示 $\boldsymbol{v}(\nabla\cdot\boldsymbol{v})$，等等。

可以证明，Hamilton 算符 ∇ 作用在张量 $\boldsymbol{H}$ 上，构成一个新的张量。在下面的叙述中，以 φ、$\boldsymbol{a}$、$\boldsymbol{A}$ 分别表示零阶、一阶、二阶张量场。

当 ∇ 并性地作用于 $n(n \geqslant 0)$ 阶张量场 $\boldsymbol{H}$ 时，构成 $n+1$ 阶张量场。例如：

$$\nabla\phi = \phi\nabla = \phi_{,i}\boldsymbol{e}_i$$

$$\nabla\boldsymbol{a} = \boldsymbol{e}_i\left(a_j\boldsymbol{e}_j\right)_{,i} = a_{j,i}\boldsymbol{e}_i\boldsymbol{e}_j = \begin{bmatrix}\boldsymbol{e}_1 & \boldsymbol{e}_2 & \boldsymbol{e}_3\end{bmatrix}\begin{bmatrix}\dfrac{\partial a_1}{\partial x_1} & \dfrac{\partial a_2}{\partial x_1} & \dfrac{\partial a_3}{\partial x_1}\\ \dfrac{\partial a_1}{\partial x_2} & \dfrac{\partial a_2}{\partial x_2} & \dfrac{\partial a_3}{\partial x_2}\\ \dfrac{\partial a_1}{\partial x_3} & \dfrac{\partial a_2}{\partial x_3} & \dfrac{\partial a_3}{\partial x_3}\end{bmatrix}\begin{bmatrix}\boldsymbol{e}_1\\ \boldsymbol{e}_2\\ \boldsymbol{e}_3\end{bmatrix}$$

$$\boldsymbol{a}\nabla = (a_j\boldsymbol{e}_j)_{,i}\boldsymbol{e}_i = a_{j,i}\boldsymbol{e}_j\boldsymbol{e}_i = \begin{bmatrix}\boldsymbol{e}_1 & \boldsymbol{e}_2 & \boldsymbol{e}_3\end{bmatrix}\begin{bmatrix}\dfrac{\partial a_1}{\partial x_1} & \dfrac{\partial a_1}{\partial x_2} & \dfrac{\partial a_1}{\partial x_3}\\ \dfrac{\partial a_2}{\partial x_1} & \dfrac{\partial a_2}{\partial x_2} & \dfrac{\partial a_2}{\partial x_3}\\ \dfrac{\partial a_3}{\partial x_1} & \dfrac{\partial a_3}{\partial x_2} & \dfrac{\partial a_3}{\partial x_3}\end{bmatrix}\begin{bmatrix}\boldsymbol{e}_1\\ \boldsymbol{e}_2\\ \boldsymbol{e}_3\end{bmatrix} = (\nabla\boldsymbol{a})^{\mathrm{T}}$$

由上式即可导出

$$\nabla\boldsymbol{x} = \boldsymbol{x}\nabla = \boldsymbol{I} \tag{1.116}$$

$$\nabla\boldsymbol{A} = \boldsymbol{e}_i(A_{mn}\boldsymbol{e}_m\boldsymbol{e}_n)_{,i} = A_{mn,i}\boldsymbol{e}_i\boldsymbol{e}_m\boldsymbol{e}_n$$

$$\boldsymbol{A}\nabla = (A_{mn}\boldsymbol{e}_m\boldsymbol{e}_n)_{,i}\boldsymbol{e}_i = A_{mn,i}\boldsymbol{e}_m\boldsymbol{e}_n\boldsymbol{e}_i$$

$\nabla \boldsymbol{H}$ 和 $\boldsymbol{H}\nabla$ 分别称为张量场 $\boldsymbol{H}$ 的**左梯度**和**右梯度**。

利用梯度概念，矢量 $\boldsymbol{a}(x_1, x_2, x_3)$ 的微分 $\mathrm{d}\boldsymbol{a}$ 就可以表示为

$$\mathrm{d}\boldsymbol{a} = \mathrm{d}\boldsymbol{x} \cdot \nabla \boldsymbol{a} = (\boldsymbol{a}\nabla) \cdot \mathrm{d}\boldsymbol{x} = \frac{\partial \boldsymbol{a}}{\partial \boldsymbol{x}} \cdot \mathrm{d}\boldsymbol{x} \tag{1.117}$$

当 ∇ 数性地作用于 $n(n>0)$ 阶张量场 $\boldsymbol{H}$ 时，构成 $n-1$ 阶张量场。例如：

$$\nabla \cdot \boldsymbol{a} = \boldsymbol{e}_i \cdot (a_j \boldsymbol{e}_j)_{,i} = a_{j,i}\delta_{ij} = a_{i,i} = \mathrm{tr}(\nabla \boldsymbol{a}) = \boldsymbol{a} \cdot \nabla$$

$$\nabla \cdot \boldsymbol{A} = \boldsymbol{e}_i \cdot (A_{mn}\boldsymbol{e}_m\boldsymbol{e}_n)_{,i} = A_{mn,i}\delta_{im}\boldsymbol{e}_n = A_{in,i}\boldsymbol{e}_n \tag{1.118}$$

即

$$\nabla \cdot \boldsymbol{A} = \left(\frac{\partial A_{11}}{\partial x_1} + \frac{\partial A_{21}}{\partial x_2} + \frac{\partial A_{31}}{\partial x_3}\right)\boldsymbol{e}_1 + \left(\frac{\partial A_{12}}{\partial x_1} + \frac{\partial A_{22}}{\partial x_2} + \frac{\partial A_{32}}{\partial x_3}\right)\boldsymbol{e}_2 + \left(\frac{\partial A_{13}}{\partial x_1} + \frac{\partial A_{23}}{\partial x_2} + \frac{\partial A_{33}}{\partial x_3}\right)\boldsymbol{e}_3$$

$$\boldsymbol{A} \cdot \nabla = (A_{mn}\boldsymbol{e}_m\boldsymbol{e}_n)_{,i} \cdot \boldsymbol{e}_i = A_{mn,i}\delta_{in}\boldsymbol{e}_m = A_{mi,i}\boldsymbol{e}_m \tag{1.119}$$

即

$$\boldsymbol{A} \cdot \nabla = \left(\frac{\partial A_{11}}{\partial x_1} + \frac{\partial A_{12}}{\partial x_2} + \frac{\partial A_{13}}{\partial x_3}\right)\boldsymbol{e}_1 + \left(\frac{\partial A_{21}}{\partial x_1} + \frac{\partial A_{22}}{\partial x_2} + \frac{\partial A_{23}}{\partial x_3}\right)\boldsymbol{e}_2 + \left(\frac{\partial A_{31}}{\partial x_1} + \frac{\partial A_{32}}{\partial x_2} + \frac{\partial A_{33}}{\partial x_3}\right)\boldsymbol{e}_3$$

$\nabla \cdot \boldsymbol{H}$ 和 $\boldsymbol{H} \cdot \nabla$ 分别称为张量场 $\boldsymbol{H}$ 的**左散度**和**右散度**。

当 ∇ 矢性地作用于 $n(n>0)$ 阶张量场 $\boldsymbol{H}$ 时，构成 n 阶张量场。例如：

$$\nabla \times \boldsymbol{a} = \boldsymbol{e}_i \times (a_j \boldsymbol{e}_j)_{,i} = a_{j,i}\varepsilon_{ijk}\boldsymbol{e}_k$$

$$\boldsymbol{a} \times \nabla = (a_j \boldsymbol{e}_j)_{,i} \times \boldsymbol{e}_i = a_{j,i}\varepsilon_{jik}\boldsymbol{e}_k = -(\nabla \times \boldsymbol{a})$$

$$\nabla \times \boldsymbol{A} = \boldsymbol{e}_i \times (A_{mn}\boldsymbol{e}_m\boldsymbol{e}_n)_{,i} = A_{mn,i}\varepsilon_{imp}\boldsymbol{e}_p\boldsymbol{e}_n$$

$$\boldsymbol{A} \times \nabla = (A_{mn}\boldsymbol{e}_m\boldsymbol{e}_n)_{,i} \times \boldsymbol{e}_i = A_{mn,i}\varepsilon_{nip}\boldsymbol{e}_m\boldsymbol{e}_p$$

$\nabla \times \boldsymbol{H}$ 和 $\boldsymbol{H} \times \nabla$ 分别称为张量场 $\boldsymbol{H}$ 的**左旋度**和**右旋度**。

下面用一些例子来练习关于算符 ∇ 的运算。

例 1.36 对于一阶张量场 $\boldsymbol{u}$，证明

$$\nabla \cdot (\boldsymbol{u}\nabla) = \nabla(\nabla \cdot \boldsymbol{u}) = \nabla \cdot \nabla \boldsymbol{u} + \nabla \times \nabla \times \boldsymbol{u} \tag{1.120}$$

解:

$$\nabla \cdot (\boldsymbol{u}\nabla) = \boldsymbol{e}_m \cdot (u_{i,j}\boldsymbol{e}_i\boldsymbol{e}_j)_{,m} = u_{i,jm}\delta_{mi}\boldsymbol{e}_j = u_{i,ij}\boldsymbol{e}_j$$

$$\nabla(\nabla \cdot \boldsymbol{u}) = \boldsymbol{e}_j(u_{i,i})_{,j} = u_{i,ij}\boldsymbol{e}_j$$

$$
\begin{aligned}
\nabla\cdot\nabla\boldsymbol{u}+\nabla\times\nabla\times\boldsymbol{u} =&\boldsymbol{e}_m\cdot(u_{j,i}\boldsymbol{e}_i\boldsymbol{e}_j)_{,m}+\boldsymbol{e}_m\times(\varepsilon_{ijk}u_{j,i}\boldsymbol{e}_k)_{,m}\\
=&u_{j,ii}\boldsymbol{e}_j+\varepsilon_{ijk}\varepsilon_{mkp}u_{j,im}\boldsymbol{e}_p=u_{j,ii}\boldsymbol{e}_j-(\delta_{im}\delta_{jp}-\delta_{ip}\delta_{mj})u_{j,im}\boldsymbol{e}_p\\
=&u_{i,jj}\boldsymbol{e}_i-u_{p,mm}\boldsymbol{e}_p+u_{j,ji}\boldsymbol{e}_i=u_{i,ij}\boldsymbol{e}_j
\end{aligned}
$$

故式 (1.120) 成立。

例 1.37　对于一阶张量 $\boldsymbol{u}$、$\boldsymbol{v}$，证明

$$
[\boldsymbol{u}(\boldsymbol{v}\nabla)]\cdot\nabla=(\boldsymbol{u}\nabla)\cdot(\boldsymbol{v}\nabla)^{\mathrm{T}}+\boldsymbol{u}\nabla^2\boldsymbol{v} \tag{1.121}
$$

解:

$$
\begin{aligned}
[\boldsymbol{u}(\boldsymbol{v}\nabla)]\cdot\nabla =&[u_i\boldsymbol{e}_i(v_{m,n}\boldsymbol{e}_m\boldsymbol{e}_n)]_{,p}\cdot\boldsymbol{e}_p=(u_iv_{m,n})_{,p}\delta_{np}\boldsymbol{e}_i\boldsymbol{e}_m=(u_{i,n}v_{m,n}+u_iv_{m,nn})\boldsymbol{e}_i\boldsymbol{e}_m\\
=&(u_{i,n}\boldsymbol{e}_i\boldsymbol{e}_n)\cdot(v_{m,p}\boldsymbol{e}_p\boldsymbol{e}_m)+(u_i\boldsymbol{e}_i)(v_{m,nn}\boldsymbol{e}_m)=(\boldsymbol{u}\nabla)\cdot(\boldsymbol{v}\nabla)^{\mathrm{T}}+\boldsymbol{u}\nabla^2\boldsymbol{v}
\end{aligned}
$$

故式 (1.121) 成立。

例 1.38　对于二阶张量 $\boldsymbol{T}$，证明

$$
(\boldsymbol{x}\times\boldsymbol{T})\cdot\nabla=\boldsymbol{x}\times(\boldsymbol{T}\cdot\nabla)-\boldsymbol{\varepsilon}:\boldsymbol{T} \tag{1.122}
$$

解:

$$
\begin{aligned}
(\boldsymbol{x}\times\boldsymbol{T})\cdot\nabla&=(x_i\boldsymbol{e}_i\times T_{mn}\boldsymbol{e}_m\boldsymbol{e}_n)_{,j}\cdot\boldsymbol{e}_j=(\varepsilon_{imp}T_{mn}x_i\boldsymbol{e}_p\boldsymbol{e}_n)_{,j}\cdot\boldsymbol{e}_j\\
&=\varepsilon_{imp}(T_{mn}x_i)_{,n}\boldsymbol{e}_p=\varepsilon_{imp}(T_{mn,n}x_i+T_{mn}x_{i,n})\boldsymbol{e}_p\\
&=\varepsilon_{imp}T_{mn,n}x_i\boldsymbol{e}_p-\varepsilon_{pmn}T_{mn}\boldsymbol{e}_p
\end{aligned}
$$

在上面的最后一个等号后，用到了 $x_{i,n}=\delta_{in}$，$\varepsilon_{imp}\delta_{in}=\varepsilon_{nmp}=-\varepsilon_{pmn}$，故有

$$
(\boldsymbol{x}\times\boldsymbol{T})\cdot\nabla=\boldsymbol{x}\times(\boldsymbol{T}\cdot\nabla)-\boldsymbol{\varepsilon}:\boldsymbol{T}
$$

在有关张量场的积分中，广泛地应用了奥–高公式。在 1.1 中，这一公式表述为

$$
\int_V\nabla\cdot\boldsymbol{u}\mathrm{d}V=\oint_S\boldsymbol{n}\cdot\boldsymbol{u}\mathrm{d}S
$$

这一公式可以进一步推广为

$$
\int_V\nabla\circ\boldsymbol{H}\mathrm{d}V=\oint_S\boldsymbol{n}\circ\boldsymbol{H}\mathrm{d}S\quad 和\quad\int_V\boldsymbol{H}\circ\nabla\mathrm{d}V=\oint_S\boldsymbol{H}\circ\boldsymbol{n}\mathrm{d}S \tag{1.123}
$$

式中，“∘”表示并积、数积、矢积中的任意一种。这里略去了上述公式的严格证明。例如，$\boldsymbol{H}$ 取一阶张量 $\boldsymbol{a}$，“∘”取矢积，式 (1.123) 的第一式便表示

$$
\int_V\nabla\times\boldsymbol{a}\mathrm{d}V=\oint_S\boldsymbol{n}\times\boldsymbol{a}\mathrm{d}S
$$

即

$$
\begin{aligned}
&\int_V\varepsilon_{ijk}a_{k,j}\boldsymbol{e}_i\mathrm{d}V=\int_V\left[\left(\frac{\partial a_3}{\partial x_2}-\frac{\partial a_2}{\partial x_3}\right)\boldsymbol{e}_1+\left(\frac{\partial a_1}{\partial x_3}-\frac{\partial a_3}{\partial x_1}\right)\boldsymbol{e}_2+\left(\frac{\partial a_2}{\partial x_1}-\frac{\partial a_1}{\partial x_2}\right)\boldsymbol{e}_3\right]\mathrm{d}V\\
=&\oint_S\varepsilon_{ijk}n_ja_k\mathrm{d}S=\oint_S[(n_2a_3-n_3a_2)\boldsymbol{e}_1+(n_3a_1-n_1a_3)\boldsymbol{e}_2+(n_1a_2-n_2a_1)\boldsymbol{e}_3]\mathrm{d}S
\end{aligned}
$$

又如，$\boldsymbol{H}$ 取二阶张量 $\boldsymbol{A}$，“$\circ$” 取数积，式 (1.123) 的第二式便表示

$$\int_V \boldsymbol{A}\cdot\nabla \mathrm{d}V = \oint_S \boldsymbol{A}\cdot\boldsymbol{n}\mathrm{d}S$$

即

$$\int_V \Big[\Big(\frac{\partial A_{11}}{\partial x_1}+\frac{\partial A_{12}}{\partial x_2}+\frac{\partial A_{13}}{\partial x_3}\Big)\boldsymbol{e}_1+\Big(\frac{\partial A_{21}}{\partial x_1}+\frac{\partial A_{22}}{\partial x_2}+\frac{\partial A_{23}}{\partial x_3}\Big)\boldsymbol{e}_2+ \Big(\frac{\partial A_{31}}{\partial x_1}+\frac{\partial A_{32}}{\partial x_2}+\frac{\partial A_{33}}{\partial x_3}\Big)\boldsymbol{e}_3\Big]\mathrm{d}V = \oint_S \big[\big(A_{11}n_1+A_{12}n_2+A_{13}n_3\big)\boldsymbol{e}_1+ \big(A_{21}n_1+A_{22}n_2+A_{23}n_3\big)\boldsymbol{e}_2+\big(A_{31}n_1+A_{32}n_2+A_{33}n_3\big)\boldsymbol{e}_3\big]\mathrm{d}S$$

下列各式便是式 (1.123) 的另一些具体应用：

$$\int_V \nabla\boldsymbol{a}\mathrm{d}V = \oint_S \boldsymbol{n}\boldsymbol{a}\mathrm{d}S,\quad \int_V \nabla\boldsymbol{A}\mathrm{d}V = \oint_S \boldsymbol{n}\boldsymbol{A}\mathrm{d}S$$
$$\int_V \nabla\times\boldsymbol{A}\mathrm{d}V = \oint_S \boldsymbol{n}\times\boldsymbol{A}\mathrm{d}S,\quad \int_V \boldsymbol{a}\nabla\mathrm{d}V = \oint_S \boldsymbol{a}\boldsymbol{n}\mathrm{d}S$$
$$\int_V \boldsymbol{A}\times\nabla\mathrm{d}V = \oint_S \boldsymbol{A}\times\boldsymbol{n}\mathrm{d}S$$

例 1.39 对于一阶张量 $\boldsymbol{u}$、$\boldsymbol{v}$，证明

(1)
$$\int_V \boldsymbol{u}\nabla^2\boldsymbol{v}\mathrm{d}V = \oint_S \boldsymbol{u}\frac{\partial \boldsymbol{v}}{\partial \boldsymbol{n}}\mathrm{d}S - \int_V (\boldsymbol{u}\nabla)\cdot(\boldsymbol{v}\nabla)^{\mathrm{T}}\mathrm{d}V \tag{1.124}$$

(2)
$$\int_V \left[\boldsymbol{u}\nabla^2\boldsymbol{v} - \left(\nabla^2\boldsymbol{u}\right)\boldsymbol{v}\right]\mathrm{d}V = \oint_S \left(\boldsymbol{u}\frac{\partial \boldsymbol{v}}{\partial \boldsymbol{n}} - \boldsymbol{v}\frac{\partial \boldsymbol{u}}{\partial \boldsymbol{n}}\right)\mathrm{d}S \tag{1.125}$$

解： 在式 (1.121) 中已导出

$$[\boldsymbol{u}(\boldsymbol{v}\nabla)]\cdot\nabla = (\boldsymbol{u}\nabla)\cdot(\boldsymbol{v}\nabla)^{\mathrm{T}} + \boldsymbol{u}\nabla^2\boldsymbol{v}$$

故有

$$\int_V [\boldsymbol{u}(\boldsymbol{v}\nabla)]\cdot\nabla\mathrm{d}V = \int_V (\boldsymbol{u}\nabla)\cdot(\boldsymbol{v}\nabla)^{\mathrm{T}}\mathrm{d}V + \int_V \boldsymbol{u}\nabla^2\boldsymbol{v}\mathrm{d}V$$

在上式左端应用奥–高公式，可得

$$\oint_S [\boldsymbol{u}(\boldsymbol{v}\nabla)]\cdot\boldsymbol{n}\mathrm{d}S = \int_V (\boldsymbol{u}\nabla)\cdot(\boldsymbol{v}\nabla)^{\mathrm{T}}\mathrm{d}V + \int_V \boldsymbol{u}\nabla^2\boldsymbol{v}\mathrm{d}V$$

故有

$$\int_V \boldsymbol{u}\nabla^2\boldsymbol{v}\mathrm{d}V = \oint_S \boldsymbol{u}\frac{\partial \boldsymbol{v}}{\partial \boldsymbol{n}}\mathrm{d}S - \int_V (\boldsymbol{u}\nabla)\cdot(\boldsymbol{v}\nabla)^{\mathrm{T}}\mathrm{d}V \tag{a}$$

将上式中的 $\boldsymbol{u}$、$\boldsymbol{v}$ 互换，可得

$$\int_V \boldsymbol{v}\nabla^2\boldsymbol{u}\mathrm{d}V = \oint_S \boldsymbol{v}\frac{\partial \boldsymbol{u}}{\partial \boldsymbol{n}}\mathrm{d}S - \int_V (\boldsymbol{v}\nabla)\cdot(\boldsymbol{u}\nabla)^{\mathrm{T}}\mathrm{d}V$$

上式各项均为二阶张量，取其转置可得

$$\int_V \left(\nabla^2\boldsymbol{u}\right)\boldsymbol{v}\mathrm{d}V = \oint_S \frac{\partial \boldsymbol{u}}{\partial \boldsymbol{n}}\boldsymbol{v}\mathrm{d}S - \int_V (\boldsymbol{u}\nabla)\cdot(\boldsymbol{v}\nabla)^{\mathrm{T}}\mathrm{d}V \tag{b}$$

将 (a)、(b) 两式相减可得

$$\int_V \left[\boldsymbol{u}\nabla^2\boldsymbol{v} - \left(\nabla^2\boldsymbol{u}\right)\boldsymbol{v}\right]\mathrm{d}V = \oint_S \left(\boldsymbol{u}\frac{\partial \boldsymbol{v}}{\partial \boldsymbol{n}} - \boldsymbol{v}\frac{\partial \boldsymbol{u}}{\partial \boldsymbol{n}}\right)\mathrm{d}S$$

1.3.7　张量的表示方法

在近代科技文献和书籍中，张量的表示方法大致分为两类：一类是分量方法，一类是整体方法。

在分量方法中，把张量在坐标系中的任意一个分量用指标形式表示出来。例如在直角坐标系中，一阶张量表示为 a_i、b_i；二阶张量表示为 A_{ij}、B_{mn}；弹性力学平衡方程表示为 $T_{ij,j}+b_i=0$；等等。由于在这种方法中，自由指标表示的是任意一个分量，因而表示的也是每一个分量。这种方法实质上表示的仍然是整个张量。分量方法便于理解，便于计算，目前在相当多的书籍和文献中被采用。

在本书中，主要介绍了直角坐标系下的分量记法。要把分量记法正确地推广到任意的曲线坐标中，必须引入一般张量的概念。在一般张量中，指标将不只限于脚标。直角坐标系下的脚标记法将不能适应曲线坐标的复杂情况。因此，从这个意义上讲，直角坐标系的分量记法具有一定的局限性。

另一类张量表示方法是整体方法。例如把一阶张量写为 $\boldsymbol{a}$、$\boldsymbol{b}$；把二阶张量写为 $\boldsymbol{A}$、$\boldsymbol{B}$；把弹性力学平衡方程写为 $\boldsymbol{T}\cdot\nabla+\boldsymbol{b}=\boldsymbol{0}$；等等。由于张量本身是独立于人们观察它所使用的坐标系的，因此，将张量作为一个整体进行分析和推演，更能体现张量本质上的意义，更能体现物理规律的客观性质。某些用脚标表示的张量方程不能不加改动地推广到曲线坐标系，但整体形式表达的张量方程却适用于各种不同的坐标系。所以，现代的科技文献和书籍中越来越广泛地采用整体方法。在本书中，将主要采用这种方法。只在某些公式的推导中，若采用整体方法较困难，则转而采取分量方法进行演算。本书中，重要的公式首先用整体方法写出，同时也列出了直角坐标系下的分量记法，这样可以使读者尽快熟悉和掌握整体方法。

在连续介质力学的发展过程中，整体方法逐步形成两种表示体例。表 1.1 列出了常见的运算在这两种体例中的表现形式，为便于理解，也列出分量方法的相应表示式。

在整体方法的第一种体例中，强调了二阶张量作为线性变换的特点，若干二阶张量的数积在这种体例中理解为若干线性变换的迭加。同时并积的表示方法醒目，不会引起误解。在第二种体例中，强调了张量作为某种物理量（或几何量）的独立存在，同时把一阶张量、二阶张量，以及 Hamilton 算符的运算进行了统一的记法规定。在这种规定中，Hamilton 算符与其在矢量分析中的用法实现了“兼容”。另一方面，Hamilton 算符在张量左右两个方向上的作用也使这种表示体例具有更强的功能。在本书中，采用了第二种体例，在阅读有关书籍和文献时，请读者注意本书所采用的张量表示方法和体例。

表 1.1 张量表示方法

意义	整体方法		分量方法	
两个矢量的并积	$\boldsymbol{a}\otimes\boldsymbol{b}$	$\boldsymbol{ab}$	a_ib_j	$(\boldsymbol{e}_i\boldsymbol{e}_j)$
二阶张量与矢量的并积	$\boldsymbol{A}\otimes\boldsymbol{b}$	$\boldsymbol{Ab}$	$A_{ij}b_k$	$(\boldsymbol{e}_i\boldsymbol{e}_j\boldsymbol{e}_k)$
两个矢量的数积	$\boldsymbol{a}\cdot\boldsymbol{b}$	$\boldsymbol{a}\cdot\boldsymbol{b}$	a_ib_i	
二阶张量与矢量的数积	$\boldsymbol{Ab}$	$\boldsymbol{A}\cdot\boldsymbol{b}$	$A_{ij}b_j$	$(\boldsymbol{e}_i)$
两个二阶张量的数积	$\boldsymbol{AB}$	$\boldsymbol{A}\cdot\boldsymbol{B}$	$A_{ij}B_{jk}$	$(\boldsymbol{e}_i\boldsymbol{e}_k)$
	$\boldsymbol{AB}^{\mathrm{T}}$	$\boldsymbol{A}\cdot\boldsymbol{B}^{\mathrm{T}}$	$A_{ij}B_{kj}$	$(\boldsymbol{e}_i\boldsymbol{e}_k)$
	$\boldsymbol{A}^{\mathrm{T}}\boldsymbol{B}$	$\boldsymbol{A}^{\mathrm{T}}\cdot\boldsymbol{B}$	$A_{ji}B_{jk}$	$(\boldsymbol{e}_i\boldsymbol{e}_k)$
二阶张量与两个矢量的数积	$\boldsymbol{Ab}\cdot\boldsymbol{a}$	$\boldsymbol{A}\cdot\boldsymbol{b}\cdot\boldsymbol{a}$	$A_{ij}a_ib_j$	
		$\boldsymbol{a}\cdot\boldsymbol{A}\cdot\boldsymbol{b}$		
两个矢量的矢积	$\boldsymbol{a}\times\boldsymbol{b}$	$\boldsymbol{a}\times\boldsymbol{b}$	$\varepsilon_{ijk}a_jb_k$	$(\boldsymbol{e}_i)$
二阶张量与矢量的矢积	$\boldsymbol{A}\times\boldsymbol{b}$	$\boldsymbol{A}\times\boldsymbol{b}$	$\varepsilon_{jkm}A_{ij}b_k$	$(\boldsymbol{e}_i\boldsymbol{e}_m)$
二阶张量的双重数积	$\boldsymbol{A}\cdot\boldsymbol{B}^{\mathrm{T}}$	$\boldsymbol{A}:\boldsymbol{B}$	$A_{ij}B_{ij}$	
	$\mathrm{tr}(\boldsymbol{AB}^{\mathrm{T}})$	$\mathrm{tr}(\boldsymbol{A}\cdot\boldsymbol{B}^{\mathrm{T}})$		
矢量的左梯度	$(\mathrm{grad}\,\boldsymbol{a})^{\mathrm{T}}$	$\nabla\boldsymbol{a}$	$a_{j,i}$	$(\boldsymbol{e}_i\boldsymbol{e}_j)$
矢量的右梯度	$\mathrm{grad}\,\boldsymbol{a}$	$\boldsymbol{a}\nabla$	$a_{i,j}$	$(\boldsymbol{e}_i\boldsymbol{e}_j)$
二阶张量的右梯度	$\mathrm{grad}\,\boldsymbol{A}$	$\boldsymbol{A}\nabla$	$A_{ij,k}$	$(\boldsymbol{e}_i\boldsymbol{e}_j\boldsymbol{e}_k)$
矢量的散度	$\mathrm{div}\,\boldsymbol{a}$	$\nabla\cdot\boldsymbol{a}$, $\boldsymbol{a}\cdot\nabla$	$a_{i,i}$	
二阶张量的左散度	$\mathrm{div}\,\boldsymbol{A}^{\mathrm{T}}$	$\nabla\cdot\boldsymbol{A}$	$A_{ij,i}$	$(\boldsymbol{e}_j)$
二阶张量的右散度	$\mathrm{div}\,\boldsymbol{A}$	$\boldsymbol{A}\cdot\nabla$	$A_{ij,j}$	$(\boldsymbol{e}_i)$
矢量的左旋度	$\mathrm{rot}\,\boldsymbol{a}$	$\nabla\times\boldsymbol{a}$	$\varepsilon_{ijk}a_{k,j}$	$(\boldsymbol{e}_i)$
矢量的右旋度	$-(\mathrm{rot}\,\boldsymbol{a})^{\mathrm{T}}$	$\boldsymbol{a}\times\nabla$	$\varepsilon_{ijk}a_{j,i}$	$(\boldsymbol{e}_i)$
Laplace 算符	$\mathrm{div}(\mathrm{grad}\,\varphi)$	$\nabla\cdot\nabla\varphi$, $\nabla^2\varphi$	$\varphi_{,ii}$	

说明：(1) 小写黑体字母表示一阶张量，大写黑体字母表示二阶张量。(2) 分量方法一栏中括号内表示与分量相应的单位并矢量。这里的单位并矢量是用整体方法中第二栏的体例表示的，若用第一栏的体例，则应表示为 $\boldsymbol{e}_i\otimes\boldsymbol{e}_j$，等等。

思考题

1.1　当两个矢量的模和方向相等时，就称这两个矢量相等。这种不考虑起点的矢量为**自由矢量**。力矢量在刚体和变形体中是自由矢量吗？

1.2　本书中讨论的矢量与线性代数中讨论的向量有什么异同点？以下三个量的集合是本书意义下的矢量吗？是线性代数意义下的向量吗？

(1) 圆心的 x、y 坐标以及它的半径；

(2) 小明的年龄、身高和体重；

(3) 计算机内存从磁盘读入的第 101 个到第 103 个数据。

1.3　矢量在坐标变换中有没有不变量？如果有，是什么？

1.4　下面的叙述正确吗？如果正确，请加以证明；如果不正确，请举出反例。

(1) 若 $a_ib_i = 0$，则 $\boldsymbol{a}$、$\boldsymbol{b}$ 中至少有一个为零；

(2) 若 $a_ib_i = a_ic_i$，则 $\boldsymbol{b} = \boldsymbol{c}$；

(3) 若 $a_ib_i = a_ic_i$ 对任意的 $\boldsymbol{a}$ 成立，则 $\boldsymbol{b} = \boldsymbol{c}$。

1.5　在一点处有没有可能存在着一个方向，它的方向导数的绝对值大于该点处梯度的模？

1.6　如果对于某个矢量场 $\boldsymbol{u}$，在区域 D 内只存在一个散度不为零的子域 R，那么包围 R 的不同曲面上的 $\boldsymbol{u}$ 的通量之间有什么关系？

1.7　请举出若干无旋场的实例。

1.8　某个矩阵有一个特征值为零，这个矩阵可逆吗？有可能是正交矩阵吗？

1.9　在张量的定义中有这样的话："若某个量在不同的坐标系中有相同的形式，……"，如何理解这句话的含义？能否举出不符合这一条件的例子？

1.10　二阶张量有多少个坐标变换的不变量？有多少个独立的不变量？

1.11　3×3 对称矩阵的某个特征值与其他特征值不相等，这个特征值对应着多少个特征向量？对应着多少个单位特征向量？

1.12　二阶对称张量的某个主值与其他两个主值不相等，这个主值对应着多少个主方向？

1.13　二阶对称张量的任意两个主方向都是正交的吗？

1.14　若二阶对称张量的三个主值都相等，这个张量的主方向有什么特点？

1.15　若 M_{mi} 是正交张量 $\boldsymbol{M}$ 的分量，以下的推理及结论是正确的吗？如果不正确，请指出错误出在何处。

(1) 结论：若 $M_{mi}a_i = b_m$，则 $a_i = M_{mi}b_m$。

理由：在 $M_{mi}a_i = b_m$ 两端同乘以 M_{mj}，可得 $\delta_{ij}a_i = M_{mj}b_m$，即可得 $a_j = M_{mj}b_m$，此即 $a_i = M_{mi}b_m$。

(2) 结论：若 $M_{mi}a_i = b_m$，则 $a_i = M_{im}b_m$。

理由：在 $M_{mi}a_i = b_m$ 两端同乘以 M_{mi}^{-1}，由于 $M_{mi}^{-1}M_{mi} = 1$，且 $M_{mi}^{-1} = M_{im}$（$\boldsymbol{M}$ 是正交张量），即可得 $a_i = M_{mi}b_m$。

1.16　有人认为思考题 1.15 中结论（1）显然是错误的，因为在前后两个式子中，似乎 M_{mi} 既可在式子左边，又可原封不动地移到式子右端；在这种情况下，要么 $M_{mi} \equiv 1$，要么 $a_i = b_i \equiv 0$，否则不允许这样左右任意移动。对这一看法，你有何认识？

习　题

1.1　平面由两个矢量 $\boldsymbol{a} = 3\boldsymbol{e}_1 - 2\boldsymbol{e}_2 + \boldsymbol{e}_3$ 和 $\boldsymbol{b} = \boldsymbol{e}_1 - \boldsymbol{e}_3$ 确定，求该平面的单位法线矢量 $\boldsymbol{n}$。

1.2　在习题 1.1 中，取 $\boldsymbol{n}^{(1)} = \boldsymbol{a}/\|\boldsymbol{a}\|$，$\boldsymbol{n}^{(3)} = \boldsymbol{n}$，求 $\boldsymbol{n}^{(2)}$，使 $\boldsymbol{n}^{(1)}$、$\boldsymbol{n}^{(2)}$、$\boldsymbol{n}^{(3)}$ 两两正交，并求 $\boldsymbol{n}^{(2)}$ 与 $\boldsymbol{b}$ 间的夹角。

1.3　证明：

(1) $\|\boldsymbol{a}\| \geqslant 0$，且 $\|\boldsymbol{a}\| = 0 \quad \Leftrightarrow \quad \boldsymbol{a} = \boldsymbol{0}$；

(2) $\|\lambda\boldsymbol{a}\| = |\lambda| \cdot \|\boldsymbol{a}\|$（式中 λ 为常数）；

(3) $\|\boldsymbol{a}\| + \|\boldsymbol{b}\| \geqslant \|\boldsymbol{a} + \boldsymbol{b}\|$，并说明在什么情况下该式取等号。

1.4　用求和约定写出下列表达式或方程组：

(1) $\left(a_x^2b_x^2 + a_xa_yb_xb_y + a_xa_zb_xb_z\right)^3$；

(2) $\left(A_{xx}a_xb_x + A_{yy}a_yb_y + A_{zz}a_zb_z + 2A_{xy}a_xb_y + 2A_{xz}a_xb_z + 2A_{yz}a_yb_z\right)^2$（其中 $A_{xy} = A_{yx}$，$A_{xz} = A_{zx}$，$A_{yz} = A_{zy}$）；

(3) $\sigma_x = -p + 2\mu\varepsilon_x$，$\sigma_y = -p + 2\mu\varepsilon_y$，$\sigma_z = -p + 2\mu\varepsilon_z$，$\sigma_{xy} = 2\mu\varepsilon_{xy}$，$\sigma_{yz} = 2\mu\varepsilon_{yz}$，$\sigma_{zx} = 2\mu\varepsilon_{zx}$，$\sigma_{yx} = 2\mu\varepsilon_{yx}$，$\sigma_{zy} = 2\mu\varepsilon_{zy}$，$\sigma_{xz} = 2\mu\varepsilon_{xz}$。

1.5　用 x、y、z 的形式写出下列表达式或方程组：

(1) $A_{ii}A_{jj}$；(2) $M_{ij}M_{mn}A_{im}$；(3) $C_{\underline{R}\underline{R}}C_{MN}N_MN_N$；(4) $\sigma_{ij} = \lambda\varepsilon_{kk}\delta_{ij} + 2\mu\varepsilon_{ij}$。

1.6　证明：$\varepsilon_{ijk} = \dfrac{1}{2}(i-j)(j-k)(k-i)$。

1.7　证明：(1) $\varepsilon_{ijk}\varepsilon_{mjk} = 2\delta_{im}$；(2) $\varepsilon_{ijk}\varepsilon_{ijk} = 6$。

1.8　给定任意的矢量 $\boldsymbol{a}$ 和单位矢量 $\boldsymbol{n}$，证明：$\boldsymbol{a}$ 可以分解为平行于 $\boldsymbol{n}$ 的分量和垂直于 $\boldsymbol{n}$ 的分量，即 $\boldsymbol{a} = (\boldsymbol{a} \cdot \boldsymbol{n})\boldsymbol{n} + \boldsymbol{n} \times (\boldsymbol{a} \times \boldsymbol{n})$。

1.9　证明：$\|\boldsymbol{a} \times \boldsymbol{b}\|^2 = \|\boldsymbol{a}\|^2\|\boldsymbol{b}\|^2 - (\boldsymbol{a} \cdot \boldsymbol{b})^2$。

1.10　证明：$(\boldsymbol{a} \times \boldsymbol{b}) \times \boldsymbol{c} = (\boldsymbol{a} \cdot \boldsymbol{c})\boldsymbol{b} - (\boldsymbol{b} \cdot \boldsymbol{c})\boldsymbol{a}$。

1.11　证明：矢性函数 $\boldsymbol{a} = \boldsymbol{a}(t)$ 模不变的充要条件是 $\boldsymbol{a} \cdot \dfrac{\mathrm{d}\boldsymbol{a}}{\mathrm{d}t} = 0$。

1.12　求下列数量场的梯度：

(1) $\varphi = x_1^2x_2^2x_3^2$；(2) $\varphi = x_1^2 - 2x_2^2 + 3x_3^2$。

1.13　求椭球面 $\dfrac{x^2}{a^2} + \dfrac{y^2}{b^2} + \dfrac{z^2}{c^2} = 1$ 上任意点 (x, y, z) 处的外法线方向单位矢量。

1.14　求数量场 $\varphi = x_1x_2 + x_2x_3 + x_3x_1$ 在点 $P(1,2,3)$ 处沿其矢径方向上的方向导数。

1.15　求下列矢量场在指定点 P 的散度：

(1) $\boldsymbol{a} = x_1^2\boldsymbol{e}_1 + x_2^2\boldsymbol{e}_2 + x_3^2\boldsymbol{e}_3$，$P(1,0,-1)$；(2) $\boldsymbol{a} = x_1x_2x_3\boldsymbol{x}$，$P(1,3,2)$。

1.16　求下列矢量场的旋度：

(1) $\boldsymbol{a} = x_1^2\boldsymbol{e}_1 + x_2^2\boldsymbol{e}_2 + x_3^2\boldsymbol{e}_3$；(2) $\boldsymbol{a} = x_1x_2\boldsymbol{e}_3 + x_2x_3\boldsymbol{e}_1 + x_3x_1\boldsymbol{e}_2$。

1.17　如果 $\varphi = x_1^n + x_2^n + x_3^n$，证明 $\boldsymbol{x}\cdot\nabla\varphi = n\varphi$。

1.18　证明：只有整数 n 等于 -1 或 0 时，才有 $\nabla^2\|\boldsymbol{x}\|^n = 0$。

1.19　用求和约定写出下列表达式或方程组：

(1) $\left(\dfrac{\partial u}{\partial x} + \dfrac{\partial v}{\partial y} + \dfrac{\partial w}{\partial z}\right)^2$；

(2) $\dfrac{\partial\varphi}{\partial x}\cos\alpha + \dfrac{\partial\varphi}{\partial y}\cos\beta + \dfrac{\partial\varphi}{\partial z}\cos\gamma$（$\alpha$、$\beta$、$\gamma$ 为单位方向矢量 $\boldsymbol{n}$ 与 x、y、z 轴间的夹角)；

(3) $\left(\dfrac{\partial^2}{\partial x^2} + \dfrac{\partial^2}{\partial y^2} + \dfrac{\partial^2}{\partial z^2}\right)\left(\dfrac{\partial^2 w}{\partial x^2} + \dfrac{\partial^2 w}{\partial y^2} + \dfrac{\partial^2 w}{\partial z^2}\right)$。

1.20　用 x、y、z 的形式写出下列表达式或方程组：

(1) $(u_iv_i)_{,j} = u_{i,j}v_i + u_iv_{i,j}$；

(2) $(u_iv_j)_{,j} = u_{i,j}v_j + u_iv_{j,j}$。

1.21　若给出矩阵 $\underline{\boldsymbol{A}}$ 和列向量 $\underline{\boldsymbol{b}}$：

$$\underline{\boldsymbol{A}} = \begin{bmatrix} 1 & 0 & -2 \\ 2 & 0 & 1 \\ 0 & 1 & 3 \end{bmatrix},\quad \underline{\boldsymbol{b}} = \begin{bmatrix} 3 \\ -1 \\ 0 \end{bmatrix}$$

求 (1) b_ib_i；(2) $A_{ij}b_j$；(3) $A_{ji}b_j$；(4) $A_{ij}b_ib_j$；(5) $A_{ij}A_{ij}$；(6) $A_{ij}A_{jk}$；(7) $A_{ij}A_{kj}$。

1.22　若给出矩阵 $\boldsymbol{A}$ 和列向量 $\boldsymbol{a}$、$\boldsymbol{b}$：

$$\boldsymbol{A} = \begin{bmatrix} 1 & 0 & -2 \\ -2 & 1 & 1 \\ 2 & -1 & 3 \end{bmatrix},\quad \boldsymbol{a} = \begin{bmatrix} 2 \\ -1 \\ 0 \end{bmatrix},\quad \boldsymbol{b} = \begin{bmatrix} -3 \\ 1 \\ 1 \end{bmatrix}$$

求 (1) $w_i = \varepsilon_{ijk}A_{jk}$；(2) $B_{ij} = \varepsilon_{ijk}a_k$；(3) $c_i = \varepsilon_{ijk}a_jb_k$。

1.23　解矩阵方程：

(1) $\begin{bmatrix} 2 & 3 \\ 1 & 2 \end{bmatrix}\underline{\boldsymbol{x}} = \begin{bmatrix} 1 & -1 \\ 3 & 0 \end{bmatrix}$；(2) $\underline{\boldsymbol{x}}\begin{bmatrix} 2 & 0 & 0 \\ 0 & 3 & 2 \\ 0 & 2 & 1 \end{bmatrix} = \begin{bmatrix} 3 & 0 & 0 \\ -1 & 0 & 2 \end{bmatrix}$。

1.24　求下列矩阵的特征值及相应的单位特征向量：

(1) $\begin{bmatrix} 1 & -1 \\ -1 & 4 \end{bmatrix}$；(2) $\begin{bmatrix} 1 & 2 & 3 \\ 2 & 1 & 3 \\ 3 & 3 & 6 \end{bmatrix}$。

1.25　设 $\underline{\boldsymbol{x}}$ 是三维单位列向量，证明 $\underline{\boldsymbol{A}} = \underline{\boldsymbol{I}} - 2\underline{\boldsymbol{x}}\,\underline{\boldsymbol{x}}^{\mathrm{T}}$ 是对称正交矩阵。

1.26　写出下列情况下的坐标变换矩阵：

(1) 以 x_3 为转轴，其余两轴旋转 $45°$；

(2) x_1、x_2、x_3 轴分别代替原 x_2、x_3、x_1 轴；

(3) x_1、x_2 轴不动，x_3 轴反向。并求这种情况下坐标变换矩阵的行列式。

1.27　某个坐标变换是这样进行的：先绕 x_1 轴旋转 α 角，再绕 x_2 轴旋转 β 角。写出这个坐标变换的矩阵。

1.28　某个坐标变换是这样进行的：先绕 x_2 轴旋转 β 角，再绕 x_1 轴旋转 α 角。写出这个坐标变换的矩阵。这个坐标变换与习题 1.27 的坐标变换是相同的吗？如果 α 和 β 都是很小的角度时情况怎样？

1.29　在某个坐标变换中，x_1 轴和 x_2 轴不变，x_3 轴则反向。写出这个坐标变换的矩阵。

1.30　在某个坐标变换中，先让 x_1 轴和 x_2 轴不变，x_3 轴则反向，然后绕 x_3 轴旋转 α 角。写出这个坐标变换的矩阵。

1.31　某个坐标变换是绕 x_1 轴旋转 α 角，

(1) 写出坐标变换矩阵 $\underline{\boldsymbol{M}}$；

(2) 计算 $\underline{\boldsymbol{M}}^2$；

(3) 证明 $\underline{\boldsymbol{M}}^2$ 表示的坐标变换是绕 x_1 轴旋转 2α 角；

(4) 对于正整数 n，写出 $\underline{\boldsymbol{M}}^n$ 的表达式。

1.32　补齐坐标变换矩阵的元素：

(1) $\begin{bmatrix} 1/\sqrt{3} & 1/\sqrt{3} & ? \\ 0 & 1/\sqrt{2} & ? \\ -2/\sqrt{6} & 1/\sqrt{6} & ? \end{bmatrix}$；(2) $\begin{bmatrix} 1/\sqrt{2} & ? & -1 \\ ? & ? & 0 \\ -1/\sqrt{2} & 0 & ? \end{bmatrix}$。

1.33　设 $\underline{\boldsymbol{A}}$、$\underline{\boldsymbol{B}}$ 为正交矩阵，证明 $\underline{\boldsymbol{A}}\,\underline{\boldsymbol{B}}$ 也是正交矩阵。

1.34　记 $\boldsymbol{a}$、$\boldsymbol{b}$ 为一阶张量，$\boldsymbol{A}$、$\boldsymbol{B}$ 为二阶张量，写出下列张量表达式的分量式：

(1) $\boldsymbol{a}\cdot(\boldsymbol{a}\boldsymbol{A})$；(2) $\boldsymbol{a}\cdot\boldsymbol{A}^{\mathrm{T}}\cdot\boldsymbol{B}\cdot\boldsymbol{b}$；(3) $\boldsymbol{A}\cdot\boldsymbol{B}^{\mathrm{T}}$；

(4) $\boldsymbol{A}^{\mathrm{T}}\times\boldsymbol{b}$；(5) $(\boldsymbol{a}\cdot\boldsymbol{A})\cdot(\boldsymbol{b}\cdot\boldsymbol{B})$；(6) $(\boldsymbol{a}\cdot\boldsymbol{A}^{\mathrm{T}})\cdot(\boldsymbol{B}^{\mathrm{T}}\cdot\boldsymbol{b})$。

1.35　写出下列分量表达式对应的张量整体表达式，以及矩阵表达式（如果可以的话）：

(1) $A_{ij}a_ib_j$；(2) $A_{ik}B_{ij}$；(3) $M_{mi}M_{nj}A_{ij}$；

(4) $M_{mi}M_{nj}A_{mn}$；(5) $\varepsilon_{ijk}A_{jk}$；(6) $\varepsilon_{ijk}A_{ik}a_j$。

1.36　记 $\underline{\boldsymbol{a}}$、$\underline{\boldsymbol{b}}$ 为 3×1 列阵，$\underline{\boldsymbol{A}}$、$\underline{\boldsymbol{B}}$ 为 3×3 方阵，$\boldsymbol{a}$、$\boldsymbol{b}$、$\boldsymbol{A}$、$\boldsymbol{B}$ 为对应的张量，写出下列矩阵表达式对应的张量整体表达式以及分量表达式：

(1) $\underline{\boldsymbol{a}}^{\mathrm{T}}\underline{\boldsymbol{b}}$; (2) $\underline{\boldsymbol{a}}\,\underline{\boldsymbol{b}}^{\mathrm{T}}$；(3) $\underline{\boldsymbol{a}}^{\mathrm{T}}\underline{\boldsymbol{A}}\,\underline{\boldsymbol{b}}$; (4) $\underline{\boldsymbol{a}}^{\mathrm{T}}\underline{\boldsymbol{b}}\,\underline{\boldsymbol{A}}$;

(5) $\underline{\boldsymbol{a}}^{\mathrm{T}}\underline{\boldsymbol{A}}\,\underline{\boldsymbol{B}}^{\mathrm{T}}\underline{\boldsymbol{b}}$; (6) $\left(\underline{\boldsymbol{a}}^{\mathrm{T}}\underline{\boldsymbol{A}}\right)^{\mathrm{T}}\left(\underline{\boldsymbol{b}}^{\mathrm{T}}\underline{\boldsymbol{B}}\right)$；(7) $\left(\underline{\boldsymbol{a}}^{\mathrm{T}}\underline{\boldsymbol{A}}\right)\left(\underline{\boldsymbol{b}}^{\mathrm{T}}\underline{\boldsymbol{B}}\right)^{\mathrm{T}}$；(8) $\underline{\boldsymbol{a}}^{\mathrm{T}}\underline{\boldsymbol{A}}\,\underline{\boldsymbol{B}}\,\underline{\boldsymbol{A}}^{\mathrm{T}}\underline{\boldsymbol{b}}$。

1.37　在某个坐标变换中，坐标轴绕方向 $\begin{bmatrix}1 & 1 & 1\end{bmatrix}^{\mathrm{T}}$ 旋转 $2\pi/3$，求矢量 $\boldsymbol{e}_1-3\boldsymbol{e}_3$ 和 $\boldsymbol{e}_1+\boldsymbol{e}_2+\boldsymbol{e}_3$ 在新坐标系中的分量。

1.38　若给出二阶张量 $\boldsymbol{A}$ 和一阶张量 $\boldsymbol{a}, \boldsymbol{b}$，其分量矩阵为

$$\underline{\boldsymbol{A}}=\begin{bmatrix}1 & 0 & -2\\ -2 & 1 & 1\\ 2 & -1 & 3\end{bmatrix},\quad \boldsymbol{a}=\begin{bmatrix}2\\ -1\\ 0\end{bmatrix},\quad \boldsymbol{b}=\begin{bmatrix}-3\\ 1\\ 1\end{bmatrix}$$

求 (1) $\boldsymbol{A}\cdot\boldsymbol{a}$; (2) $\boldsymbol{a}\cdot\boldsymbol{A}\cdot\boldsymbol{b}$; (3) $\boldsymbol{a}\cdot\boldsymbol{A}^{\mathrm{T}}\cdot\boldsymbol{b}$; (4) $\boldsymbol{A}\times\boldsymbol{b}$; (5) $\boldsymbol{a}\times\boldsymbol{A}\cdot\boldsymbol{b}$; (6) $\boldsymbol{a}\cdot\boldsymbol{A}\times\boldsymbol{b}$。

1.39　若新坐标系（右手系）的 $\boldsymbol{e}_1'$ 沿老坐标系（右手系）的 $-\boldsymbol{e}_2+2\boldsymbol{e}_3$ 方向，$\boldsymbol{e}_3'$ 沿 $\boldsymbol{e}_1$ 方向，张量 $\boldsymbol{A}$ 在老坐标系中的分量矩阵为 $\underline{\boldsymbol{A}}=\begin{bmatrix}1 & 5 & -5\\ 5 & 0 & 0\\ -5 & 0 & 1\end{bmatrix}$，求 A_{11}'、A_{12}' 和 A_{31}'。

1.40　若坐标变换矩阵为 $\underline{\boldsymbol{M}}=\begin{bmatrix}0 & 0 & 1\\ 1 & 0 & 0\\ 0 & 1 & 0\end{bmatrix}$，求习题 1.39 中的张量在新坐标系中的分量矩阵。

1.41　若对于某个张量 $\boldsymbol{A}$ 有

$$\boldsymbol{A}\cdot\boldsymbol{e}_1=2\boldsymbol{e}_1+\boldsymbol{e}_3,\quad \boldsymbol{A}\cdot\boldsymbol{e}_2=\boldsymbol{e}_2+3\boldsymbol{e}_3,\quad \boldsymbol{A}\cdot\boldsymbol{e}_3=-\boldsymbol{e}_1+3\boldsymbol{e}_2$$

求张量 $\boldsymbol{A}$。

1.42　若 H_{ijk} 是三阶张量的分量，证明 H_{iik} 是一个一阶张量的分量。

1.43　如果 H_{ijk} 是三阶张量分量，证明 $H_{ijk}\varepsilon_{ijk}$ 是坐标变换的不变量。

1.44　若对于任意的一阶张量 $\boldsymbol{a}$，线性变换 $P_{ij}a_j=b_i$ 都构成一阶张量 $\boldsymbol{b}$ 的分量，证明 P_{ij} 是一个二阶张量的分量。

1.45　若对于任意的二阶张量 $\boldsymbol{A}$，线性变换 $\Pi_{ijk}A_{jk}=b_i$ 都构成一阶张量 $\boldsymbol{b}$ 的分量，证明 Π_{ijk} 是一个三阶张量的分量。

1.46　根据习题 1.44 和习题 1.45 的结论，你可以导出一个一般性的定理吗？

1.47　如果 b_i 是矢量分量，A_{ij} 是张量分量，证明 $A_{ij}b_j$ 是矢量分量。

1.48　如果二阶张量 $\boldsymbol{A}$ 对任意的二阶张量 $\boldsymbol{B}$ 都有 $\boldsymbol{A}:\boldsymbol{B}=0$，证明 $\boldsymbol{A}$ 是零张量。

1.49　证明：不存在着矢量 $\boldsymbol{a}$ 和 $\boldsymbol{b}$，使 $\boldsymbol{ab}=\boldsymbol{I}$。

1.50　如果 $\boldsymbol{A}$、$\boldsymbol{B}$、$\boldsymbol{C}$ 为二阶张量，证明 $\boldsymbol{A}:(\boldsymbol{BC})=\left(\boldsymbol{B}^{\mathrm{T}}\boldsymbol{A}\right):\boldsymbol{C}=\left(\boldsymbol{AC}^{\mathrm{T}}\right):\boldsymbol{B}$。

1.51　记 $\boldsymbol{\varepsilon}=\varepsilon_{ijk}\boldsymbol{e}_i\boldsymbol{e}_j\boldsymbol{e}_k$，证明 $\boldsymbol{a}\times\boldsymbol{b}=\boldsymbol{ab}:\boldsymbol{\varepsilon}=\boldsymbol{\varepsilon}:\boldsymbol{ab}=-\boldsymbol{a}\cdot\boldsymbol{\varepsilon}\cdot\boldsymbol{b}=\boldsymbol{b}\cdot\boldsymbol{\varepsilon}\cdot\boldsymbol{a}$。

1.52　证明：$B_{ii}B_{jj}-B_{ij}B_{ji}=\varepsilon_{ijp}\varepsilon_{klp}B_{ki}B_{lj}$。

1.53　证明：$\boldsymbol{a}\cdot\boldsymbol{A}\cdot\boldsymbol{b}=\boldsymbol{A}:(\boldsymbol{ab})$。

1.54　已知 $T_{ij}=2\mu E_{ij}+\lambda E_{kk}\delta_{ij}$，式中 μ、λ 为常数，证明：

(1) $W=\dfrac{1}{2}T_{ij}E_{ij}=\mu E_{ij}E_{ij}+\dfrac{1}{2}\lambda E_{kk}E_{ll}$；

(2) $p=T_{ij}T_{ij}=4\mu^2E_{ij}E_{ij}+\left(4\mu\lambda+3\lambda^2\right)E_{kk}E_{ll}$。

1.55　证明：对于任意的矢量 $\boldsymbol{a}$、$\boldsymbol{b}$ 和正交张量 $\boldsymbol{Q}$，恒有 $(\boldsymbol{Q}\cdot\boldsymbol{a})\cdot(\boldsymbol{Q}\cdot\boldsymbol{b})=\boldsymbol{a}\cdot\boldsymbol{b}$ 和 $(\boldsymbol{a}\cdot\boldsymbol{Q})\cdot(\boldsymbol{b}\cdot\boldsymbol{Q})=\boldsymbol{a}\cdot\boldsymbol{b}$。

1.56　任意的方阵 $\underline{\boldsymbol{A}}$ 都可以分解为一个对称矩阵和一个反对称矩阵的和，证明这种分解是唯一的。

1.57　证明：张量 $\boldsymbol{P}$ 为反对称张量的充要条件是对于任意的矢量 $\boldsymbol{a}$，都有 $\boldsymbol{a}\cdot\boldsymbol{P}\cdot\boldsymbol{a}=0$。

1.58　记 $\boldsymbol{a}$、$\boldsymbol{b}$ 为一阶张量，$\boldsymbol{A}$、$\boldsymbol{B}$ 为二阶张量，证明：

(1) 若 $\boldsymbol{A}$ 对称，则 $\boldsymbol{b}\cdot(\boldsymbol{A}\cdot\boldsymbol{a})-\boldsymbol{a}\cdot(\boldsymbol{A}\cdot\boldsymbol{b})=0$；

(2) 若 $\boldsymbol{A}$ 反对称，则 $\boldsymbol{b}\cdot(\boldsymbol{A}\cdot\boldsymbol{a})+\boldsymbol{a}\cdot(\boldsymbol{A}\cdot\boldsymbol{b})=0$。

1.59　证明：对称张量 $\boldsymbol{A}$ 与张量 $\boldsymbol{B}$ 作双重点积，等于 $\boldsymbol{A}$ 与 $\boldsymbol{B}$ 的对称部分作双重点积。

1.60　若张量 $\boldsymbol{M}$ 的分量矩阵为 $\underline{\boldsymbol{M}}=\begin{bmatrix}\cos\theta & \sin\theta & 0\\ -\sin\theta & \cos\theta & 0\\ 0 & 0 & 1\end{bmatrix}$，求

(1) $\boldsymbol{M}$ 的对称与反对称部分；(2) $\boldsymbol{M}$ 的反对称部分的对偶矢量；(3) $\boldsymbol{M}$ 的三个不变量。

1.61　证明：非零的实数反对称张量的实数主值为零。

1.62　若二阶张量 $\boldsymbol{T}$ 的对称部分记为 $\boldsymbol{T}^{\mathrm{S}}$，反对称部分记为 $\boldsymbol{T}^{\mathrm{A}}$，证明对于任意的矢量 $\boldsymbol{a}$，恒有：

(1) $\boldsymbol{a}\cdot\boldsymbol{T}^{\mathrm{S}}\cdot\boldsymbol{a}=\boldsymbol{a}\cdot\boldsymbol{T}\cdot\boldsymbol{a}$；(2) $\boldsymbol{a}\cdot\boldsymbol{T}^{\mathrm{A}}\cdot\boldsymbol{a}=0$。

1.63　若给出二阶张量 $\boldsymbol{A}$，其分量矩阵为

$$\underline{\boldsymbol{A}}=\begin{bmatrix}1 & 0 & -2\\ -2 & 1 & 1\\ 2 & -1 & 3\end{bmatrix}$$

求 $\boldsymbol{A}$ 的对称部分 $\boldsymbol{D}$、反对称部分 $\boldsymbol{W}$，以及反对称部分的对偶矢量 $\boldsymbol{\omega}$。

1.64　若 $\boldsymbol{\omega}$ 是反对称张量 $\boldsymbol{A}$ 的对偶矢量，证明 $\|\boldsymbol{\omega}\|=\dfrac{1}{\sqrt{2}}\sqrt{\boldsymbol{A}:\boldsymbol{A}}$。

1.65　不利用分量的形式，证明：

(1) $\left(\boldsymbol{A}^{-1}\right)^{\mathrm{T}}=\left(\boldsymbol{A}^{\mathrm{T}}\right)^{-1}$；(2) $(\boldsymbol{A}\cdot\boldsymbol{B})^{-1}=\boldsymbol{B}^{-1}\cdot\boldsymbol{A}^{-1}$。

1.66　证明：若 $\boldsymbol{A}$ 是对称正定张量，则 $\boldsymbol{A}^{-1}$ 也是对称正定张量。

1.67　二阶张量的分量矩阵为 $\underline{\boldsymbol{A}}=\begin{bmatrix}2 & -1 & 0\\ -1 & 3 & -3\\ 0 & -3 & 0\end{bmatrix}$，求它的三个不变量。

1.68　证明：张量 $\boldsymbol{A}$ 的第二不变量

$$\mathrm{II}_A=\begin{vmatrix}A_{11} & A_{12}\\ A_{21} & A_{22}\end{vmatrix}+\begin{vmatrix}A_{22} & A_{23}\\ A_{32} & A_{33}\end{vmatrix}+\begin{vmatrix}A_{11} & A_{13}\\ A_{31} & A_{33}\end{vmatrix}$$

可表示为 $\mathrm{II}_A=\dfrac{1}{2}\left[(\operatorname{tr}\boldsymbol{A})^2-\operatorname{tr}\boldsymbol{A}^2\right]$。

1.69　证明：若 λ 是二阶张量 $\boldsymbol{A}$ 的主值，则 λ^n 是 $\boldsymbol{A}^n$ 的主值。

1.70　证明：

(1) $\mathrm{I}_A=\dfrac{1}{2}\varepsilon_{imn}\varepsilon_{jmn}A_{ij}$；

(2) $\mathrm{II}_A=\dfrac{1}{2}\varepsilon_{ijk}\varepsilon_{mnk}A_{im}A_{jn}$；

(3) $\mathrm{III}_A=\dfrac{1}{6}\varepsilon_{ijk}\varepsilon_{pqr}A_{ip}A_{jq}A_{kr}$。

1.71　证明：对于并矢张量 $\boldsymbol{ab}$，$\boldsymbol{a}\cdot\boldsymbol{b}$ 是它的一个主值，$\boldsymbol{a}$ 是相应的主方向。

1.72　若 $\boldsymbol{A}$ 是对称张量，$\boldsymbol{a}$ 是单位矢量，证明当且仅当 $\boldsymbol{A}\cdot(\boldsymbol{aa})=(\boldsymbol{aa})\cdot\boldsymbol{A}$ 时，$\boldsymbol{a}$ 是 $\boldsymbol{A}$ 的主方向。

1.73　证明：对于任意正交变换，张量 $\boldsymbol{A}$ 的双重点积 $\boldsymbol{A}:\boldsymbol{A}$ 是一个不变量。

1.74　记 $\boldsymbol{A}$ 的对称部分是 $[\boldsymbol{A}]$，证明 $\operatorname{tr}\boldsymbol{A}=\operatorname{tr}[\boldsymbol{A}]$。

1.75　若 $\boldsymbol{A}$ 和 $\boldsymbol{B}$ 是反对称张量，$\boldsymbol{a}$ 和 $\boldsymbol{b}$ 是它们的对偶矢量，证明：

(1) $\boldsymbol{A}\cdot\boldsymbol{B}=\boldsymbol{ba}-(\boldsymbol{a}\cdot\boldsymbol{b})\boldsymbol{I}$；(2) $\operatorname{tr}(\boldsymbol{A}\cdot\boldsymbol{B})=2(\boldsymbol{a}\cdot\boldsymbol{b})$。

1.76　若坐标变换是绕单位方向矢量 $\boldsymbol{n}$ 旋转 θ 角，证明这个坐标变换张量可表示为

$$\boldsymbol{M}=(1-\cos\theta)\boldsymbol{nn}+\sin\theta\boldsymbol{\Omega}$$

式中 $\boldsymbol{\Omega}$ 是与矢量 $\boldsymbol{n}$ 对偶的反对称张量。

1.77　对于对称张量 $\boldsymbol{A}$，定义 $\boldsymbol{A}'=\boldsymbol{A}-\dfrac{1}{3}\boldsymbol{I}\operatorname{tr}\boldsymbol{A}$ 为偏张量，证明：

(1) $\mathrm{II}_{A'}=-\dfrac{1}{2}\operatorname{tr}\left(\boldsymbol{A}'\right)^2$；(2) $\mathrm{III}_{A'}=\dfrac{1}{3}\operatorname{tr}\left(\boldsymbol{A}'\right)^3$。

1.78　如果 $\boldsymbol{a}$ 是张量 $\boldsymbol{A}$ 的一个主值，$\boldsymbol{n}$ 是对应的主方向，证明 $\boldsymbol{a}-\operatorname{tr}\boldsymbol{A}/3$ 是偏张量的主值，$\boldsymbol{n}$ 是对应的主方向。

1.79　证明：若 $\det\boldsymbol{F}=0$，则对于任意的一阶张量 $\boldsymbol{a}$、$\boldsymbol{b}$、$\boldsymbol{c}$，有 $[\boldsymbol{F}\cdot\boldsymbol{a},\ \boldsymbol{F}\cdot\boldsymbol{b},\ \boldsymbol{F}\cdot\boldsymbol{c}]=0$。

1.80　若 $\boldsymbol{a}$、$\boldsymbol{b}$、$\boldsymbol{c}$ 为任意的一阶张量，$\boldsymbol{A}$ 为二阶张量，证明：(提示：利用 $\det(\boldsymbol{A}-\lambda\boldsymbol{I})=0$ 和习题 1.79 结论)

(1) $\mathrm{I}_A[\boldsymbol{a},\ \boldsymbol{b},\ \boldsymbol{c}]=[\boldsymbol{A}\cdot\boldsymbol{a},\ \boldsymbol{b},\ \boldsymbol{c}]+[\boldsymbol{a},\ \boldsymbol{A}\cdot\boldsymbol{b},\ \boldsymbol{c}]+[\boldsymbol{a},\ \boldsymbol{b},\ \boldsymbol{A}\cdot\boldsymbol{c}]$；

(2) $\mathrm{II}_A[\boldsymbol{a},\,\boldsymbol{b},\,\boldsymbol{c}]=[\boldsymbol{A}\cdot\boldsymbol{a},\,\boldsymbol{A}\cdot\boldsymbol{b},\,\boldsymbol{c}]+[\boldsymbol{a},\,\boldsymbol{A}\cdot\boldsymbol{b},\,\boldsymbol{A}\cdot\boldsymbol{c}]+[\boldsymbol{A}\cdot\boldsymbol{a},\,\boldsymbol{b},\,\boldsymbol{A}\cdot\boldsymbol{c}]$；

(3) $\mathrm{III}_A[\boldsymbol{a},\,\boldsymbol{b},\,\boldsymbol{c}]=[\boldsymbol{A}\cdot\boldsymbol{a},\,\boldsymbol{A}\cdot\boldsymbol{b},\,\boldsymbol{A}\cdot\boldsymbol{c}]$。

1.81 对于可逆张量 $\boldsymbol{B}=\boldsymbol{B}(\tau)$，证明：（提示：利用上题结论）

$$\frac{\mathrm{d}}{\mathrm{d}\tau}(\det\boldsymbol{B})=(\det\boldsymbol{B})\operatorname{tr}\left(\frac{\mathrm{d}\boldsymbol{B}}{\mathrm{d}\tau}\cdot\boldsymbol{B}^{-1}\right)$$

1.82 (1) 用 $\boldsymbol{A}$ 的不变量表示 $\operatorname{tr}\left(\boldsymbol{A}^{-1}\right)^2$；(2) 用 $\boldsymbol{A}$ 的主值表示 $\operatorname{tr}\left(\boldsymbol{A}^{-1}\right)^2$。

1.83 证明：$\det\boldsymbol{A}=\dfrac{1}{6}\left[2\operatorname{tr}\boldsymbol{A}^3-3\operatorname{tr}\boldsymbol{A}\cdot\operatorname{tr}\boldsymbol{A}^2+(\operatorname{tr}\boldsymbol{A})^3\right]$。

1.84 用 Hamilton 算符和张量整体记号表达以下分量式：

(1) $a_{i,j}\boldsymbol{e}_i\boldsymbol{e}_j$；(2) $a_{i,j}\boldsymbol{e}_j\boldsymbol{e}_i$；(3) $A_{ij,m}\varepsilon_{jmk}\boldsymbol{e}_i\boldsymbol{e}_k$；(4) $A_{mn}a_{i,j}\varepsilon_{jmk}\boldsymbol{e}_i\boldsymbol{e}_k\boldsymbol{e}_n$；

(5) $(T_{ij}n_i)_{,j}$；(6) $(T_{ij}n_j)_{,i}$；(7) $(K_{ij}\theta_{,j})_{,i}$；(8) $\lambda u_{i,jj}+\mu u_{i,ij}$。

1.85 写出下列表达式在直角坐标下的分量式，式中小写字母表示一阶张量，大写字母表示二阶张量：

(1) $\nabla(\boldsymbol{A}\cdot\boldsymbol{b})$；(2) $\boldsymbol{T}\times(\boldsymbol{u}\nabla)$；(3) $(\boldsymbol{T}\cdot\boldsymbol{u})\cdot\nabla$；(4) $(\boldsymbol{T}\cdot\nabla)\cdot\nabla$；

(5) $(\nabla\times\boldsymbol{T})^{\mathrm{T}}\cdot\nabla$；(6) $\nabla\boldsymbol{u}\nabla$；(7) $\nabla^2(\operatorname{tr}\boldsymbol{A})$；(8) $\nabla^2\nabla\cdot\boldsymbol{A}$。

1.86 已知 $\boldsymbol{a}=x_1^2\boldsymbol{e}_1+x_2^2\boldsymbol{e}_2+x_3^2\boldsymbol{e}_3$，求

(1) $\nabla\boldsymbol{a}$；(2) $(\boldsymbol{a}\nabla)\cdot\boldsymbol{a}$；(3) $\nabla\cdot\boldsymbol{a}$；(4) $\nabla\times\boldsymbol{a}$。

1.87 如果 $\boldsymbol{A}$ 是常数张量，证明 $\nabla(\boldsymbol{x}\cdot\boldsymbol{A}\cdot\boldsymbol{x})=\left(\boldsymbol{A}+\boldsymbol{A}^{\mathrm{T}}\right)\cdot\boldsymbol{x}$。

1.88 如果 $\boldsymbol{u}=\nabla\times\boldsymbol{v}$，$\boldsymbol{v}=\nabla\times\boldsymbol{u}$，证明：

(1) $\nabla\cdot[(\nabla\times\boldsymbol{u})\times(\nabla\times\boldsymbol{v})]=\boldsymbol{u}\cdot\boldsymbol{u}-\boldsymbol{v}\cdot\boldsymbol{v}$；(2) $\nabla^2\boldsymbol{u}=-\boldsymbol{u}$，$\nabla^2\boldsymbol{v}=-\boldsymbol{v}$。

1.89 若 $\boldsymbol{u}=x_1^2\boldsymbol{e}_1+x_2^2\boldsymbol{e}_2+x_3^2\boldsymbol{e}_3$，求 $\nabla\boldsymbol{u}$ 和 $\nabla\boldsymbol{u}\cdot\boldsymbol{u}$。

1.90 φ、$\boldsymbol{a}$、$\boldsymbol{T}$ 分别为零阶、一阶、二阶张量，证明：

(1) $\nabla\times(\nabla\boldsymbol{a})=\boldsymbol{0}$；(2) $\nabla\cdot(\boldsymbol{a}\nabla)=\nabla(\nabla\cdot\boldsymbol{a})$；

(3) $\nabla\cdot(\varphi\boldsymbol{T})=\nabla\varphi\cdot\boldsymbol{T}+\varphi\nabla\cdot\boldsymbol{T}$；(4) $\operatorname{tr}(\nabla\boldsymbol{T}\cdot\nabla)=\nabla\cdot\boldsymbol{T}\cdot\nabla$；

(5) 若 $\boldsymbol{T}=\boldsymbol{T}^{\mathrm{T}}$，则 $\nabla\cdot(\boldsymbol{a}\cdot\boldsymbol{T})=\boldsymbol{a}\cdot(\nabla\cdot\boldsymbol{T})+\boldsymbol{T}:(\nabla\boldsymbol{a})$。

1.91 设 u 是矢量 $\boldsymbol{u}=\boldsymbol{u}(t)$ 的模，证明 $\boldsymbol{u}\cdot\dfrac{\mathrm{d}\boldsymbol{u}}{\mathrm{d}t}=u\dfrac{\mathrm{d}u}{\mathrm{d}t}$。

1.92 如果 $\boldsymbol{u}=\boldsymbol{u}(t)$ 是矢量，证明 $\left\|\boldsymbol{u}\times\dfrac{\mathrm{d}\boldsymbol{u}}{\mathrm{d}t}\right\|=\left\|\dfrac{\mathrm{d}\boldsymbol{u}}{\mathrm{d}t}\right\|$。

1.93 证明：$\nabla\left[\boldsymbol{v}\cdot\nabla\left(\dfrac{1}{r}\right)\right]+\nabla\times\left[\boldsymbol{v}\times\nabla\left(\dfrac{1}{r}\right)\right]=0$，式中 $r=\sqrt{x_ix_i}\neq0$。

1.94 写出直角坐标系下的分量式：

(1) $\int_D\boldsymbol{A}\cdot\nabla\mathrm{d}\sigma=\oint_S\boldsymbol{A}\cdot\boldsymbol{n}\mathrm{d}a$；(2) $\int_D\nabla\times\boldsymbol{A}\mathrm{d}\sigma=\oint_S\boldsymbol{n}\times\boldsymbol{A}\mathrm{d}a$。

1.95 在区域 R 内的任意子区域 D 上，都有 $\int_D\boldsymbol{H}\mathrm{d}V=\boldsymbol{0}$，证明在 R 上有 $\boldsymbol{H}=\boldsymbol{0}$。

1.96 证明：$\oint_S\boldsymbol{x}\boldsymbol{n}\mathrm{d}S=V\boldsymbol{I}$，式中 S 是 V 的边界。

1.97 证明：$\int_D\boldsymbol{u}\cdot(\boldsymbol{T}\cdot\nabla)\mathrm{d}\sigma=\oint_S\boldsymbol{u}\cdot\boldsymbol{T}\cdot\boldsymbol{n}\mathrm{d}a-\int_D\boldsymbol{T}:(\boldsymbol{u}\nabla)\mathrm{d}\sigma$。

1.98　证明：$\oint_S \boldsymbol{n}\times(\boldsymbol{a}\times\boldsymbol{x})\mathrm{d}a = 2\boldsymbol{a}V$，式中 V 为 S 所包围的体积，$\boldsymbol{a}$ 为任意常矢量。

1.99　证明：S 所包围的体积 $V = \dfrac{1}{6}\oint_S \nabla(\boldsymbol{x}\cdot\boldsymbol{x})\cdot\boldsymbol{n}\mathrm{d}a$。

习题答案 A1

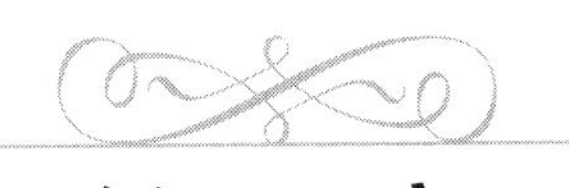

第2章 变形与运动

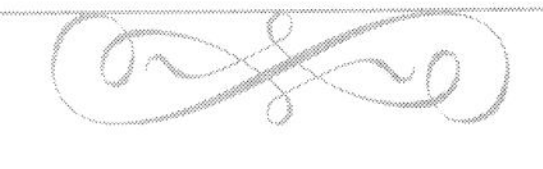

固体力学和流体力学在研究中都广泛采用了一种被称为连续介质的基本假定。所谓**连续介质**，是指在物体所占据的空间中，物质是无间隙地连续地分布的。显然，连续介质是一种理想化的模型。根据这一模型，连续介质中的物理量（如密度、温度等），以及描述物体变形和运动的几何量（如位移、速度等），一般都假定为空间位置的连续函数。这样，便可以使用无穷小、极限等一系列数学概念。

近代物理学关于物质结构的理论指出，世间一切物体都是由基本粒子构成的。从这个意义上来讲，物体构成的模型应该是离散的。但是，如果我们研究的对象不是单个粒子或少数粒子的微观行为，而是大量物质微粒集合的宏观行为，就可以采用连续介质模型。

人们之所以能够把事实上离散的物质微粒的集合简化为连续介质，其原因在于，单个物质微粒的具体运动对物体的宏观行为影响不大；同时，个体性质相差甚远的物质微粒所构成的物体（例如铸铁和陶瓷），其宏观的力学性质却有可能是很相似的。另一方面，若从单个物质微粒的运动规律出发去寻求大量物质微粒集合的宏观运动规律，至少在目前还存在着巨大的数学和物理的困难，因此，从连续介质假定出发直接研究物体宏观的运动规律，在许多情况下仍然是十分必要的。

既然连续介质是一种理想模型，当然也就有其适用范围。只要研究对象的特征尺寸比物质微粒的尺寸大上几个数量级，这一模型就是充分有效的。

目前，随着人们认识的不断深化，对宏观力学行为的研究逐渐与细观甚至微观的研究相结合，连续介质这一模型也在不断地改进与完善，以期能更准确地反映客观规律。

在本章中，先着重讨论小变形的描述，再讨论运动的描述，最后讨论大变形问题。小变形不仅是大多数工程构件的主要变形形式，而且关于小变形讨论的许多观点和方法可以扩展到运动和大变形的讨论中去。

2.1　构形

系统所有质点在给定时刻的位置的集合被称为系统在该时刻的**构形**。人们总是需要把某个时刻系统的构形作为衡量系统运动和变形的基准，这种构形被称为**参考构形**，记为 $\mathfrak{R}_0$。某些情况下，尤其是在固体力学领域中，常把 $t=0$ 时刻的构形选作参考构形。人们所研究的那个时刻系统的构形则被称为**即时构形**，记为 $\mathfrak{R}$。系统从参考构形 $\mathfrak{R}_0$ 到即时构形 $\mathfrak{R}$ 的变换构成了系统的运动（图 2.1）。

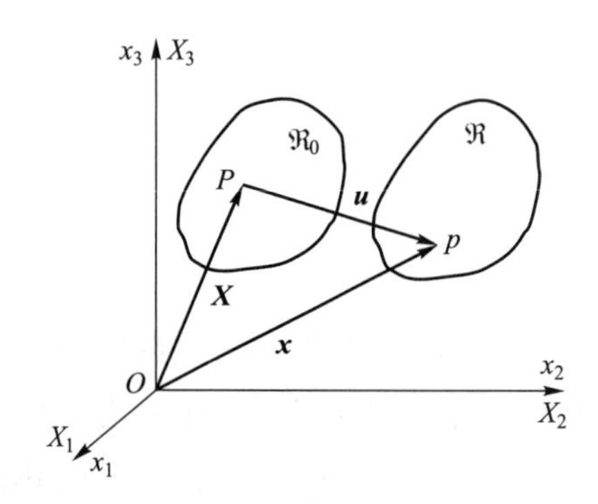

图 2.1　两种构形

原则上，应该在参考构形和即时构形上建立各自的坐标系，然后通过坐标系的变换来研究物体的运动和变形。在本书中，为简单起见，我们让两个坐标系重合。然而，两种构形的坐标系仍有本质的差别。记系统某个质点 P 在参考构形中的坐标为 $\boldsymbol{X}$，那么，就可以通过不同的 $\boldsymbol{X}$ 来鉴别不同的质点，因此称 $\boldsymbol{X}$ 为**物质坐标**。显然，$\boldsymbol{X}$ 是一个矢量。（这里，为了区分不同构形中的变量，用了一个大写字母来表示矢量，希望读者注意。）记 P 在即时构形中的位置为 p，坐标为 $\boldsymbol{x}$，显然，在不同的时刻，$\boldsymbol{x}$ 这一位置可能被不同的质点所占据，它仅仅代表空间中的一个点，因此称 $\boldsymbol{x}$ 为**空间坐标**。这里，$\boldsymbol{x}$ 也是一个矢量。

物体的运动有两种不同的描述方法。如果观察者紧紧地注视着质点的运动，时刻记录着质点的空间位置变化，那么就可以写出物质坐标为 $\boldsymbol{X}$ 的质点 P 的空间坐标变化规律

$$\boldsymbol{x}=\widehat{\boldsymbol{x}}(\boldsymbol{X},t) \tag{2.1}$$

同时，还可能记录下该质点的某物理量 φ 的变化规律，即

$$\varphi=\widehat{\varphi}(\boldsymbol{X},t) \tag{2.2}$$

这样，对系统所有质点的这种描述就构成了对系统的运动和物理量变化的描述。这种描述方法被称为**物质描述**，或**拉格朗日**（Lagrange）**描述**。物质描述的数学特征是以物质坐标为自变量（自变量还可能包含时间）。

如果观察者固定地注视着空间的某一点 $\boldsymbol{x}$，那么，就可以写出在这个空间位置上流过

的质点的规律

$$\boldsymbol{X} = \widehat{\boldsymbol{X}}(\boldsymbol{x}, t) \tag{2.3}$$

以及该空间位置上某个物理量 φ 的变化规律，即

$$\varphi = \widehat{\varphi}(\boldsymbol{x}, t) \tag{2.4}$$

这样，所有空间点的这种描述同样也能反映系统的运动及其物理量的变化。这种描述方法称为**空间描述**，或**欧拉（Euler）描述**。空间描述的数学特征是以空间坐标为自变量。

一般地，上述式 (2.1)~(2.4) 的函数关系都假定为连续的。式 (2.1) 和式 (2.3) 还应该是可逆的。也就是说，参考构形上的某个物质点，一定能在 t 时刻的即时构形中占有一个空间位置；同样，即时构形中的某一空间位置，一定有物质点所占据，这一物质点一定来源于参考构形中的某个点。在数学意义上，这两式的可逆意味着在这两式中 $\boldsymbol{X}$ 和 $\boldsymbol{x}$ 互为隐函数。根据隐函数存在定理，应假定雅可比（Jacobi）行列式不为零，即

$$J = \frac{\partial(x_1, x_2, x_3)}{\partial(X_1, X_2, X_3)} = \begin{vmatrix} \dfrac{\partial x_1}{\partial X_1} & \dfrac{\partial x_1}{\partial X_2} & \dfrac{\partial x_1}{\partial X_3} \\ \dfrac{\partial x_2}{\partial X_1} & \dfrac{\partial x_2}{\partial X_2} & \dfrac{\partial x_2}{\partial X_3} \\ \dfrac{\partial x_3}{\partial X_1} & \dfrac{\partial x_3}{\partial X_2} & \dfrac{\partial x_3}{\partial X_3} \end{vmatrix} \neq 0 \tag{2.5}$$

这个假定的物理实质是，连续介质在变形过程中不会产生空隙或物质重叠的情况，这将在以后加以说明。

利用物质坐标和空间坐标，便可以表述质点的位移。位移的定义是（图 2.1）

$$\boldsymbol{u} = \boldsymbol{x} - \boldsymbol{X} \tag{2.6}$$

在物质描述和空间描述中，上式可分别写为

$$\boldsymbol{u}(\boldsymbol{X}, t) = \boldsymbol{x}(\boldsymbol{X}, t) - \boldsymbol{X}, \quad \boldsymbol{u}(\boldsymbol{x}, t) = \boldsymbol{x} - \boldsymbol{X}(\boldsymbol{x}, t) \tag{2.7}$$

2.2 刚体运动

物体最简单的运动形式是刚体运动。在这种运动中，物体内任意两点的距离在运动过程中不会发生改变。刚体无疑是实际物体在一定条件下的一种简化模型。

刚体运动的数学表达式可以按这样的思路导出：在物体上固结一个直角坐标架，使之随物体一起运动，如图 2.2 所示。在初始时刻，这个坐标架与原坐标系重合。由于物体的运动是刚性的，固结在物体上的坐标架也就始终保持着直角坐标的形态不变。在任一指定的

时刻，从固结在物体上的坐标架中观察，所有物质点的空间坐标保持不变，即

$$\boldsymbol{x} \equiv \boldsymbol{X}'$$

但是，在这一时刻，固结坐标架与原始坐标系间存在着变换

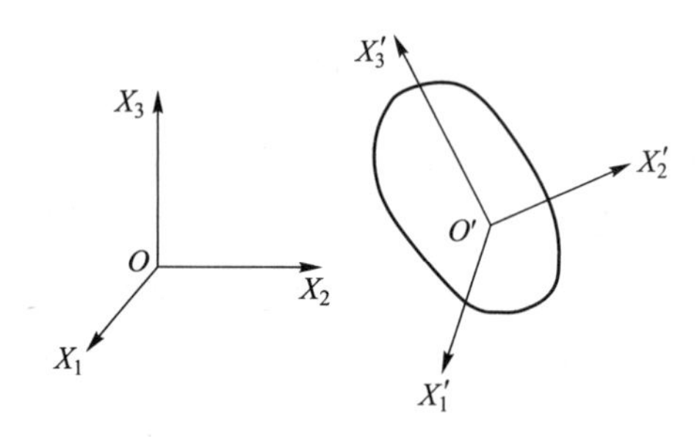

图 2.2　固结在物体上的坐标架

$$\boldsymbol{X}' = \boldsymbol{Q}(t) \cdot \boldsymbol{X} + \boldsymbol{x}_0(t) \tag{a}$$

式中，$\boldsymbol{Q}$ 是一个二阶张量，它代表了刚体的旋转，其分量矩阵为

$$\underline{\boldsymbol{Q}} = \begin{bmatrix} \cos(\boldsymbol{e}_1', \boldsymbol{e}_1) & \cos(\boldsymbol{e}_1', \boldsymbol{e}_2) & \cos(\boldsymbol{e}_1', \boldsymbol{e}_3) \\ \cos(\boldsymbol{e}_2', \boldsymbol{e}_1) & \cos(\boldsymbol{e}_2', \boldsymbol{e}_2) & \cos(\boldsymbol{e}_2', \boldsymbol{e}_3) \\ \cos(\boldsymbol{e}_3', \boldsymbol{e}_1) & \cos(\boldsymbol{e}_3', \boldsymbol{e}_2) & \cos(\boldsymbol{e}_3', \boldsymbol{e}_3) \end{bmatrix} \tag{2.8}$$

上式中 $\boldsymbol{e}_i$ 和 $\boldsymbol{e}_m'$ 分别是两个坐标架的基矢量。显然，$\boldsymbol{Q}$ 是正交张量。在不同的时刻，$\boldsymbol{Q}$ 是不同的，但总是保持着正交性质不变。式 (a) 中的 $\boldsymbol{x}_0$ 表示了原坐标系原点与固结坐标架原点间的距离，因此它代表着刚体的平移。随着时间的改变，$\boldsymbol{x}_0$ 也发生着变化。因此 $\boldsymbol{Q}$ 和 $\boldsymbol{x}_0$ 都是时间的函数。这样便有

$$\boldsymbol{x} = \boldsymbol{Q}(t) \cdot \boldsymbol{X} + \boldsymbol{x}_0(t) \tag{2.9}$$

这就是刚体运动的数学表达式。

2.3　小变形

与刚体不同，变形体内各个质点之间的距离在外荷载作用下将发生改变，因此，孤立地研究单个质点的运动或位移无法揭示出这个质点附近的变形规律。为此，人们常常把质点和它的邻域一起作为研究对象，这就需要对质点上位移的微分，以及微元矢径、微元面、微元体等进行研究。这是物体变形研究的重要方法。

本节只讨论小变形这一特殊情况。所谓小变形，是指 $\left|\dfrac{\partial u_i}{\partial X_M}\right| \ll 1$ 的情况。工程中的构件，大多工作在小变形状态下。弹性力学、结构力学、板壳力学绝大部分内容都涉及小

变形。因此小变形情况有着重要的意义。在这种情况下，有

$$\frac{\partial \boldsymbol{u}}{\partial \boldsymbol{X}} = \frac{\partial \boldsymbol{u}}{\partial \boldsymbol{x}} \cdot \frac{\partial \boldsymbol{x}}{\partial \boldsymbol{X}} = \frac{\partial \boldsymbol{u}}{\partial \boldsymbol{x}} \cdot \left(\boldsymbol{I} + \frac{\partial \boldsymbol{u}}{\partial \boldsymbol{X}} \right) = \frac{\partial \boldsymbol{u}}{\partial \boldsymbol{x}} + \frac{\partial \boldsymbol{u}}{\partial \boldsymbol{x}} \cdot \frac{\partial \boldsymbol{u}}{\partial \boldsymbol{x}} + \cdots$$

因此，若略去 $\partial u_i/\partial x_j$ 的平方量级，可得

$$\frac{\partial \boldsymbol{u}}{\partial \boldsymbol{X}} = \frac{\partial \boldsymbol{u}}{\partial \boldsymbol{x}} \tag{2.10}$$

在小变形情况下，一般不区分两种坐标对位移偏导数的区别。

2.3.1 小变形的分解

在变形过程中，物体中任意点连同它的邻域都可能发生如下几何变化：一是产生了局部的刚体移动，二是产生了局部的刚体转动，三是产生了局部的变形。这里“局部”的含义，是指相邻点的上述变化是有区别的。这样，在整个物体中，描述上述变化的几何量形成了各自的“场”，如位移场、应变场等。下面，就小变形情况进行具体的分析。

1. 位移关于物质坐标的梯度

参考构形中某质点 P 在变形中产生了位移 $\boldsymbol{u}(P)$。考虑 P 点邻域内的另一个质点 A（图 2.3），从 P 到 A 的矢径为 $\mathrm{d}\boldsymbol{X}$，A 点的位移记为 $\boldsymbol{u}(A)$，那么，便可以在 P 附近将 $\boldsymbol{u}(A)$ 展开为泰勒（Taylor）级数，保留关于 $\mathrm{d}\boldsymbol{X}$ 的一阶项，便有

$$\boldsymbol{u}(A) = \boldsymbol{u}(P) + \left(\frac{\partial \boldsymbol{u}}{\partial \boldsymbol{X}}\right)_P \cdot \mathrm{d}\boldsymbol{X} = \boldsymbol{u}(P) + (\boldsymbol{u}\overline{\nabla}) \cdot \mathrm{d}\boldsymbol{X} \tag{2.11}$$

上式中的 $\boldsymbol{u}\overline{\nabla}$ 是 P 点处关于物质坐标的**位移梯度**（以区别于对空间坐标的位移梯度 $\boldsymbol{u}\nabla$）。

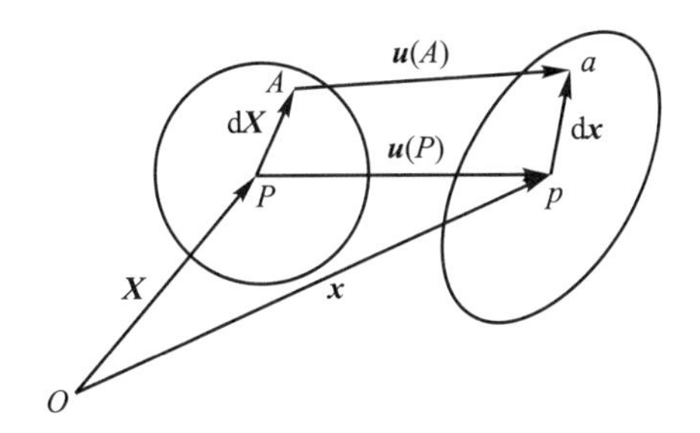

图 2.3　P 点邻域的运动和变形

对于固定的点 P，它是一个具有固定值的二阶张量。将其分解为对称张量 $\boldsymbol{E}$ 和反对称张量 $\boldsymbol{\Omega}$ 之和，便有

$$\boldsymbol{u}(A) = \boldsymbol{u}(P) + (\boldsymbol{E} + \boldsymbol{\Omega}) \cdot \mathrm{d}\boldsymbol{X} \tag{2.12}$$

2. 小应变张量

位移梯度 $\boldsymbol{u}\overline{\nabla}$ 的对称部分 $\boldsymbol{E}$ 称为**小应变张量**，它的定义是

$$\boldsymbol{E}=\frac{1}{2}(\boldsymbol{u}\overline{\nabla}+\overline{\nabla}\boldsymbol{u}),\quad E_{MN}=\frac{1}{2}\left(u_{M,N}+u_{N,M}\right) \tag{2.13}$$

在直角坐标系中，它的分量矩阵为

$$\underline{\boldsymbol{E}}=\begin{bmatrix}\dfrac{\partial u_1}{\partial X_1} & \dfrac{1}{2}\left(\dfrac{\partial u_1}{\partial X_2}+\dfrac{\partial u_2}{\partial X_1}\right) & \dfrac{1}{2}\left(\dfrac{\partial u_1}{\partial X_3}+\dfrac{\partial u_3}{\partial X_1}\right)\\ \dfrac{1}{2}\left(\dfrac{\partial u_1}{\partial X_2}+\dfrac{\partial u_2}{\partial X_1}\right) & \dfrac{\partial u_2}{\partial X_2} & \dfrac{1}{2}\left(\dfrac{\partial u_2}{\partial X_3}+\dfrac{\partial u_3}{\partial X_2}\right)\\ \dfrac{1}{2}\left(\dfrac{\partial u_1}{\partial X_3}+\dfrac{\partial u_3}{\partial X_1}\right) & \dfrac{1}{2}\left(\dfrac{\partial u_2}{\partial X_3}+\dfrac{\partial u_3}{\partial X_2}\right) & \dfrac{\partial u_3}{\partial X_3}\end{bmatrix} \tag{2.14}$$

为了说明小应变张量的几何意义，不妨先考虑一个二维情况（图 2.4）。对于变形体中某质点，它在变形前后的位置分别为 P 和 p，该点在变形中的位移为 $\boldsymbol{u}=\begin{bmatrix}u_1 & u_2\end{bmatrix}^{\mathrm{T}}$。考虑 P 点邻域内的两点 A 和 B，变形前 PA 和 PB 分别平行于 X_1 轴和 X_2 轴，且 $PA=\mathrm{d}X_1$，$PB=\mathrm{d}X_2$。变形后，A、B 两点分别移至 a 和 b，而且 pa 与 x_1 轴间存在夹角 α，pb 与 x_2 轴间有夹角 β。

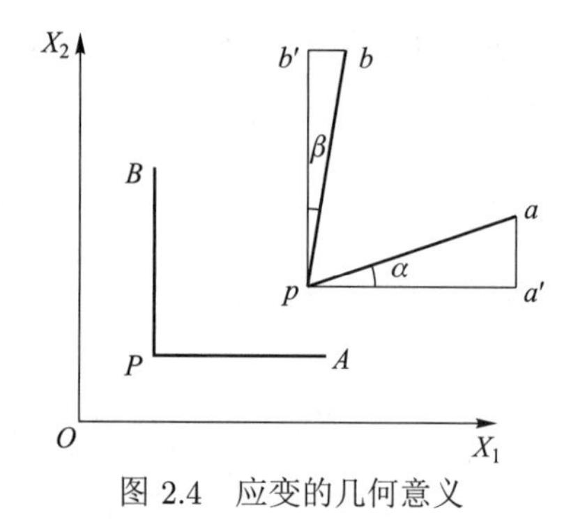

图 2.4　应变的几何意义

只考虑小变形的情况。这样，α、β 均为小量。

$$pa'=pa\cdot\cos\alpha=pa\cdot\left(1-\frac{1}{2!}\alpha^2+\cdots\right)$$

忽略二阶小量，有

$$pa\approx pa'=\mathrm{d}X_1+\frac{\partial u_1}{\partial X_1}\mathrm{d}X_1,\quad pb\approx pb'=\mathrm{d}X_2+\frac{\partial u_2}{\partial X_2}\mathrm{d}X_2$$

在 X_1 和 X_2 方向上的单位长度变化率分别为

$$\frac{pa-PA}{PA}=\frac{\partial u_1}{\partial X_1},\quad \frac{pb-PB}{PB}=\frac{\partial u_2}{\partial X_2} \tag{2.15}$$

上述两项分别为小应变张量的分量 E_{11} 和 E_{22}，反映了 p 点邻域内在 X_1 方向和 X_2 方向上的变形程度，称为这两个方向上的**正应变**或**线应变**。

在变形过程中，直角 APB 也发生了变化，其变化量为 $\alpha+\beta$。其中

$$\alpha \approx \tan\alpha = \frac{a'a}{pa'} = \frac{\partial u_2}{\partial X_1}\mathrm{d}X_1 \bigg/ \left(1+\frac{\partial u_1}{\partial X_1}\right)\mathrm{d}X_1 \approx \frac{\partial u_2}{\partial X_1} \tag{2.16a}$$

在上式分母中，$\dfrac{\partial u_1}{\partial X_1}$ 与 1 相比太小可忽略。同理，

$$\beta \approx \tan\beta = \frac{b'b}{pb'} = \frac{\partial u_1}{\partial X_2}\mathrm{d}X_2 \bigg/ \left(1+\frac{\partial u_2}{\partial X_2}\right)\mathrm{d}X_2 \approx \frac{\partial u_1}{\partial X_2} \tag{2.16b}$$

记直角 APB 的变化量为 γ_{12}，称为**切应变**或**角应变**，并有

$$\gamma_{12} = \frac{\partial u_2}{\partial X_1} + \frac{\partial u_1}{\partial X_2} = 2E_{12} \tag{2.17}$$

这说明，E_{12} 是直角 APB 变化量的一半。

很容易类推出 $\boldsymbol{E}$ 的其他分量的几何意义。一般地，$\underline{\boldsymbol{E}}$ 的对角线元素 $E_{\underline{R}\underline{R}}$ 表示 X_R 方向上的微元线段的相对伸长比。$\underline{\boldsymbol{E}}$ 的非对角线元素 E_{RS} 表示 X_R 和 X_S 两个方向上的微元线段所夹的直角在变形过程中减小量的一半：

$$E_{RS} = \frac{1}{2}\gamma_{RS} \tag{2.18}$$

应该指出，工程中，以及某些弹性力学书籍中，使用的应变为

$$\begin{bmatrix} E_{11} & \gamma_{12} & \gamma_{13} \\ \gamma_{21} & E_{22} & \gamma_{23} \\ \gamma_{31} & \gamma_{32} & E_{33} \end{bmatrix} = \begin{bmatrix} \dfrac{\partial u_1}{\partial X_1} & \dfrac{\partial u_1}{\partial X_2}+\dfrac{\partial u_2}{\partial X_1} & \dfrac{\partial u_1}{\partial X_3}+\dfrac{\partial u_3}{\partial X_1} \\ \dfrac{\partial u_1}{\partial X_2}+\dfrac{\partial u_2}{\partial X_1} & \dfrac{\partial u_2}{\partial X_2} & \dfrac{\partial u_2}{\partial X_3}+\dfrac{\partial u_3}{\partial X_2} \\ \dfrac{\partial u_1}{\partial X_3}+\dfrac{\partial u_3}{\partial X_1} & \dfrac{\partial u_2}{\partial X_3}+\dfrac{\partial u_3}{\partial X_2} & \dfrac{\partial u_3}{\partial X_3} \end{bmatrix} \tag{2.19}$$

上述应变称为**工程应变**。工程应变不是张量。

3. 小旋转张量

位移梯度 $\boldsymbol{u}\overline{\nabla}$ 的反对称部分 $\boldsymbol{\Omega}$ 称为**小旋转张量**，它的定义是

$$\boldsymbol{\Omega} = \frac{1}{2}(\boldsymbol{u}\overline{\nabla} - \overline{\nabla}\boldsymbol{u}), \quad \Omega_{MN} = \frac{1}{2}(u_{M,N} - u_{N,M}) \tag{2.20}$$

在直角坐标系中，它的分量矩阵为

$$\boldsymbol{\Omega} = \begin{bmatrix} 0 & \dfrac{1}{2}\left(\dfrac{\partial u_1}{\partial X_2}-\dfrac{\partial u_2}{\partial X_1}\right) & \dfrac{1}{2}\left(\dfrac{\partial u_1}{\partial X_3}-\dfrac{\partial u_3}{\partial X_1}\right) \\ \dfrac{1}{2}\left(\dfrac{\partial u_2}{\partial X_1}-\dfrac{\partial u_1}{\partial X_2}\right) & 0 & \dfrac{1}{2}\left(\dfrac{\partial u_2}{\partial X_3}-\dfrac{\partial u_3}{\partial X_2}\right) \\ \dfrac{1}{2}\left(\dfrac{\partial u_3}{\partial X_1}-\dfrac{\partial u_1}{\partial X_3}\right) & \dfrac{1}{2}\left(\dfrac{\partial u_3}{\partial X_2}-\dfrac{\partial u_2}{\partial X_3}\right) & 0 \end{bmatrix} \tag{2.21}$$

$\boldsymbol{\Omega}$ 表示的是一个局部的刚体转动的幅度，可以先用一个二维图形来说明。如图 2.5 所示，在变形前，PA 和 PB 分别为平行于 X_1 轴和 X_2 轴的微元线段。$\angle APB$ 的平分线为 PQ。变形后，这两个微元线段分别成为 pa 和 pb，$\angle apb$ 的平分线成为 pq。这样，两个平

分线的夹角便可以表示 P 点邻域内绕 X_3 轴的刚体转动的角度了。作 $pq'//PQ$，那么两条平分线的夹角便等于 $\angle q'pq$。

$$\angle q'pq=\theta+\alpha-\frac{\pi}{4}=\frac{1}{2}\left(\frac{\pi}{2}-\alpha-\beta\right)+\alpha-\frac{\pi}{4}=\frac{1}{2}(\alpha-\beta)=\frac{1}{2}\left(\frac{\partial u_2}{\partial X_1}-\frac{\partial u_1}{\partial X_2}\right)$$

这就说明了 Ω_{21} 是绕 X_3 轴的微小刚体转动的角度。

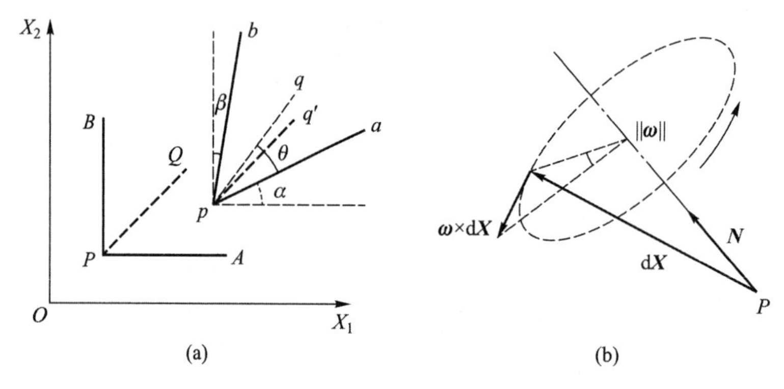

图 2.5　局部的刚体转动

在三维情况下，对 X_1、X_2 和 X_3 轴的微小刚体转动可综合为围绕过 P 点的另一轴的转动。由于 $\boldsymbol{\Omega}$ 是一个反对称张量，故一定有一个矢量与之对偶。根据式 (1.100a)，该矢量可定义为

$$\boldsymbol{\omega}=-\frac{1}{2}\boldsymbol{\varepsilon}:\boldsymbol{\Omega} \tag{2.22a}$$

由上式可知

$$\begin{aligned}\omega_i&=-\frac{1}{2}\varepsilon_{ijk}\Omega_{jk}=-\frac{1}{4}\varepsilon_{ijk}\left(\frac{\partial u_j}{\partial x_k}-\frac{\partial u_k}{\partial x_j}\right)=-\frac{1}{4}\left(\varepsilon_{ijk}\frac{\partial u_j}{\partial x_k}-\varepsilon_{ikj}\frac{\partial u_j}{\partial x_k}\right)\\&=-\frac{1}{2}\varepsilon_{ijk}\frac{\partial u_j}{\partial x_k}=\frac{1}{2}\varepsilon_{ijk}\frac{\partial u_k}{\partial x_j}\end{aligned}$$

故有

$$\boldsymbol{\omega}=\frac{1}{2}\nabla\times\boldsymbol{u} \tag{2.22b}$$

它的分量列矩阵为

$$\underline{\boldsymbol{\omega}}=\frac{1}{2}\left[\frac{\partial u_3}{\partial X_2}-\frac{\partial u_2}{\partial X_3}\quad\frac{\partial u_1}{\partial X_3}-\frac{\partial u_3}{\partial X_1}\quad\frac{\partial u_2}{\partial X_1}-\frac{\partial u_1}{\partial X_2}\right]^{\mathrm{T}} \tag{2.22c}$$

它的模为

$$\|\boldsymbol{\omega}\|=\frac{1}{2}\left[\left(\frac{\partial u_1}{\partial X_2}-\frac{\partial u_2}{\partial X_1}\right)^2+\left(\frac{\partial u_2}{\partial X_3}-\frac{\partial u_3}{\partial X_2}\right)^2+\left(\frac{\partial u_3}{\partial X_1}-\frac{\partial u_1}{\partial X_3}\right)^2\right]^{1/2} \tag{2.22d}$$

该矢量的单位方向向量为

$$\underline{\boldsymbol{N}}=\frac{1}{2\|\boldsymbol{\omega}\|}\left[\frac{\partial u_3}{\partial X_2}-\frac{\partial u_2}{\partial X_3}\quad\frac{\partial u_1}{\partial X_3}-\frac{\partial u_3}{\partial X_1}\quad\frac{\partial u_2}{\partial X_1}-\frac{\partial u_1}{\partial X_2}\right]^{\mathrm{T}} \tag{2.23}$$

因此，局部的刚体转动是围绕着单位矢量为 $\boldsymbol{N}$ 的轴进行的，微小的转角就是 $\|\boldsymbol{\omega}\|$，如图 2.5b 所示。

这样，某点 P 的邻域内的变形可由式 (2.12) 描述为一个局部的刚体平移（由 $\boldsymbol{u}(P)$ 表征），局部的刚体的转动（由 $\boldsymbol{\Omega}$ 表征）和形变（由 $\boldsymbol{E}$ 表征）的合成。

应该指出，上述 $\boldsymbol{E}$ 和 $\boldsymbol{\Omega}$ 只是在小形变和小转动情况下才是足够精确的量度。例如，若物体绕 X_3 轴作 α 角的刚体转动，那么不难导出

$$\underline{\boldsymbol{E}} = \begin{bmatrix} \cos\alpha - 1 & 0 & 0 \\ 0 & \cos\alpha - 1 & 0 \\ 0 & 0 & 0 \end{bmatrix}$$

这种情况下，没有发生任何形变，按理讲 $\boldsymbol{E}$ 应该是一个零张量。然而上式表明，$\boldsymbol{E}$ 与零张量的差别具有 α^2 的量级 $(\cos\alpha = 1 - \dfrac{1}{2!}\alpha^2 + \dfrac{1}{4!}\alpha^4 - \cdots)$。这意味着，只有当 α 足够小时，$\boldsymbol{E}$ 才构成变形的恰当的度量。

例 2.1 如图 2.6 所示，悬臂梁自由端承受集中力，梁长为 l，梁高为 $2h$。若矩形区域 $(0 \leqslant x \leqslant l, -h \leqslant y \leqslant h, l \gg h)$ 中有位移

$$u = \frac{F}{6EI}\left[3x^2 - (2+\nu)y^2 - 3l^2 + 6(1+\nu)h^2\right]y, \quad v = \frac{F}{6EI}\left[3l^2x - 3\nu xy^2 - x^3 - 2l^3\right]$$

式中，$E = 2\times10^5$ MPa 为弹性模量，$I = 10^6\ \mathrm{mm}^4$ 为对 z 轴的惯性矩，$\nu = 0.25$ 为泊松比，$F = 1$ kN 为荷载。$l = 600$ mm，$h = 60$ mm，求 $A\left(\dfrac{4}{5}l, h\right)$，$B\left(\dfrac{1}{5}l, h\right)$ 和 $C\left(\dfrac{1}{2}l, 0\right)$ 处的小应变和小旋转。

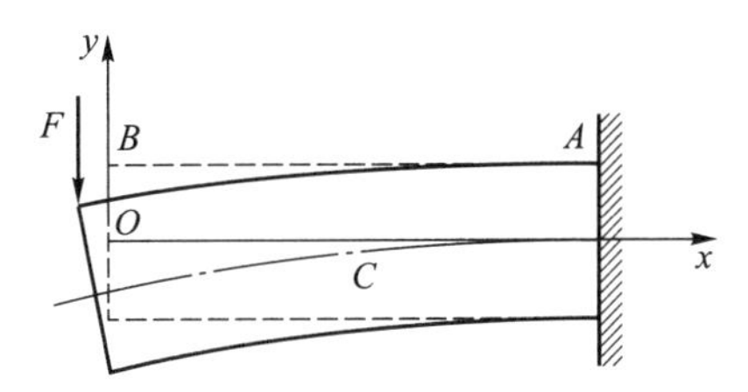

图 2.6 悬臂梁自由端承受集中力

解： 由位移易得

$$\frac{\partial u}{\partial x} = \frac{Fxy}{EI}, \quad \frac{\partial u}{\partial y} = \frac{F}{6EI}\left[3x^2 - 3(2+\nu)y^2 - 3l^2 + 6(1+\nu)h^2\right]$$

$$\frac{\partial v}{\partial x} = \frac{F}{6EI}\left(3l^2 - 3\nu y^2 - 3x^2\right), \quad \frac{\partial v}{\partial y} = -\frac{F\nu xy}{EI}$$

故小应变张量和小旋转张量分别为

$$\underline{\boldsymbol{E}} = \frac{F}{2EI}\begin{bmatrix} 2xy & (1+\nu)\left(h^2 - y^2\right) \\ (1+\nu)\left(h^2 - y^2\right) & -2\nu xy \end{bmatrix}$$

$$\underline{\boldsymbol{\Omega}} = \frac{F}{2EI}\begin{bmatrix} 0 & x^2 - y^2 - l^2 + (1+\nu)h^2 \\ -x^2 + y^2 + l^2 - (1+\nu)h^2 & 0 \end{bmatrix}$$

在 A 点，有

$$\underline{\boldsymbol{E}} = \begin{bmatrix} 1.44 & 0 \\ 0 & -0.36 \end{bmatrix} \times 10^{-4}, \quad \underline{\boldsymbol{\Omega}} = \begin{bmatrix} 0 & -3.22 \\ 3.22 & 0 \end{bmatrix} \times 10^{-4}$$

在 B 点，有

$$\underline{\boldsymbol{E}} = \begin{bmatrix} 0.36 & 0 \\ 0 & -0.09 \end{bmatrix} \times 10^{-4}, \quad \underline{\boldsymbol{\Omega}} = \begin{bmatrix} 0 & -8.62 \\ 8.62 & 0 \end{bmatrix} \times 10^{-4}$$

在 C 点，有

$$\underline{\boldsymbol{E}} = \begin{bmatrix} 0 & 0.11 \\ 0.11 & 0 \end{bmatrix} \times 10^{-4}, \quad \underline{\boldsymbol{\Omega}} = \begin{bmatrix} 0 & -6.64 \\ 6.64 & 0 \end{bmatrix} \times 10^{-4}$$

事实上，本题的位移就是悬臂梁自由端承受集中力所引起的 (图 2.6)。在 B 点，轴向应变比 A 点小，但局部的刚体转动比 A 点大。A, B 两点的切应变均为零，因为这两点均位于上边缘。C 点位于中性层上，因此其轴向应变为零。但存在着切向应变，与此同时，该处还存在着一个局部的刚体转动。

读者可以把上述解与材料力学中的解答相对比，分析其中的异同。

2.3.2　小应变张量

1. 任意方向上的正应变和切应变

2.3.1 节中讨论了小应变张量 $\boldsymbol{E}$ 分量的几何意义。在物体中的 K 点处，小应变张量 $\boldsymbol{E}$ 完全地确定了该点的应变状态。这里“完全地确定”包含了两层意义：第一，利用这些应变张量，可以确定指定点的任意方向上微元线段的相对伸长比率，也就是所谓线应变。第二，可以确定该微元线段由形变而产生的方向变化。在考虑方向变化时应注意到，在变形的过程中，除了形变会导致方向偏转外，还可能存在局部的刚体转动，局部的刚体转动无疑也会使微元线段的方向偏转。因此，孤立地考察一个微元线段的方向偏转不能准确地反映由形变引起的方向变化。为此，可以考虑过同一点的两个微元矢径的夹角在形变中的变化，通过这一变化，便可以了解由形变引起的矢径方向变化情况。特别地，人们常常考虑两个相互垂直的微元线段间夹角的变化，也就是所谓切应变。

下面将说明，只要 $\boldsymbol{E}$ 已知，就可以求出过 K 点沿任意方向的线应变和沿两个相互垂直的方向 $\boldsymbol{n}$ 和 $\boldsymbol{t}$ 的切应变。

由于 $\boldsymbol{E} = E_{RS}\boldsymbol{e}_R\boldsymbol{e}_S$，因此，要知道 $\boldsymbol{E}$ 的分量矩阵 $\underline{\boldsymbol{E}}$ 的 M 行 N 列的元素，可以在 $\boldsymbol{E}$

的左右两端分别点乘 $\boldsymbol{e}_M$ 和 $\boldsymbol{e}_N$：

$$\boldsymbol{e}_M\cdot\boldsymbol{E}\cdot\boldsymbol{e}_N=\boldsymbol{e}_M\cdot(E_{RS}\boldsymbol{e}_R\boldsymbol{e}_S)\cdot\boldsymbol{e}_N=E_{MN} \tag{2.24}$$

根据小应变张量的分量的几何意义，便可知：

（1）要求出沿某个坐标轴方向 X_P 上的线应变，可以通过 $\boldsymbol{e}_P\cdot\boldsymbol{E}\cdot\boldsymbol{e}_P=E_{\underline{P}\,\underline{P}}$ 导出；

（2）要求出沿两个坐标轴方向 X_P 和 X_Q 上的切应变，可以通过 $\boldsymbol{e}_P\cdot\boldsymbol{E}\cdot\boldsymbol{e}_Q=E_{PQ}$ 导出。

如果要求的线应变和切应变不在坐标轴方向上，那么便可以事先考虑坐标变换，使所求方向与新坐标系 $OX_1'X_2'X_3'$ 重合（图 2.7）。在新坐标系下，根据上面的叙述，$\boldsymbol{E}$ 的分量 E_{PQ}' 便必定包含所求的线应变或切应变。

再考虑两个坐标系的变换。由于 $\boldsymbol{E}$ 是二阶张量，因此坐标系 $OX_1'X_2'X_3'$ 下的分量满足

$$\underline{\boldsymbol{E}}'=\underline{\boldsymbol{M}}\,\underline{\boldsymbol{E}}\,\underline{\boldsymbol{M}}^{\mathrm{T}},\quad E_{PQ}'=M_{PM}M_{QN}E_{MN} \tag{2.25}$$

另一方面，将坐标系 $OX_1'X_2'X_3'$ 下的基矢量 $\boldsymbol{e}_P'$ 和 $\boldsymbol{e}_Q'$ 与 $\boldsymbol{E}$ 作数积，由式 (1.61) 可得

$$\boldsymbol{e}_P'\cdot\boldsymbol{E}\cdot\boldsymbol{e}_Q'=(M_{PM}\boldsymbol{e}_M)\cdot(E_{RS}\boldsymbol{e}_R\boldsymbol{e}_S)\cdot(M_{QN}\boldsymbol{e}_N)=M_{PM}M_{QN}E_{MN} \tag{2.26}$$

式 (2.25) 和式 (2.26) 的结果是一致的。由此可以想到，要求某一方向上的正应变和切应变，

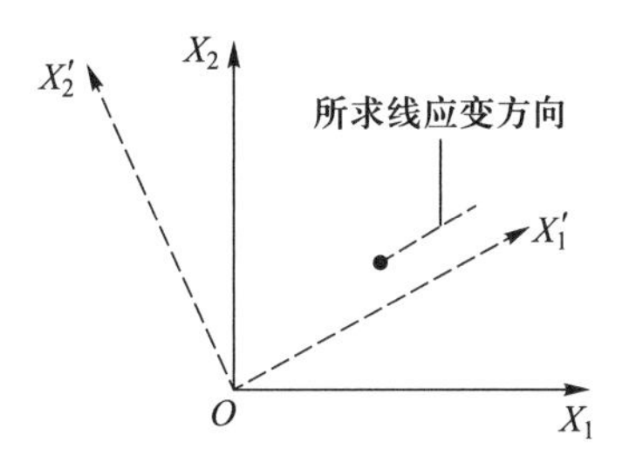

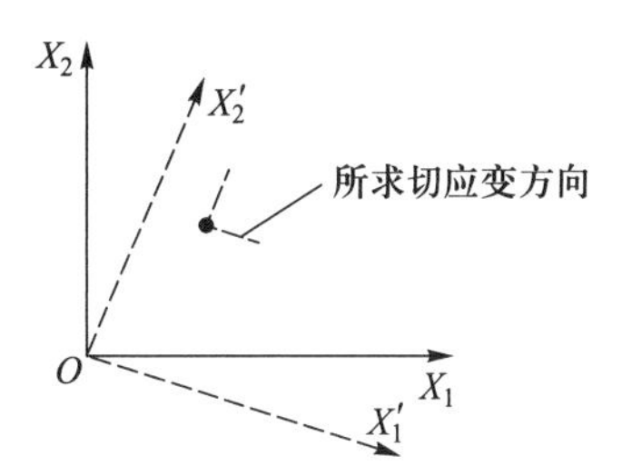

图 2.7　选择新的坐标系

只需将这一方向处理为坐标变换中的新坐标方向，并得到以下结论：

（1）如果要求某点 K 处沿 $\boldsymbol{n}$ 方向[①] 的线应变 E_n，只需将 K 点处的小应变张量 $\boldsymbol{E}$ 的前后分别与单位矢量 $\boldsymbol{n}$ 作数积即可，即

$$E_n=\boldsymbol{n}\cdot\boldsymbol{E}\cdot\boldsymbol{n}=E_{ij}n_in_j=\underline{\boldsymbol{n}}^{\mathrm{T}}\underline{\boldsymbol{E}}\,\underline{\boldsymbol{n}}=\begin{bmatrix}n_1 & n_2 & n_3\end{bmatrix}\begin{bmatrix}E_{11} & E_{12} & E_{13}\\ E_{21} & E_{22} & E_{23}\\ E_{31} & E_{32} & E_{33}\end{bmatrix}\begin{bmatrix}n_1\\ n_2\\ n_3\end{bmatrix} \tag{2.27}$$

（2）如果要求某点 K 处相互垂直的 $\boldsymbol{n}$ 方向和 $\boldsymbol{t}$ 方向间的直角的变化量 γ_{nt}，只需将 K

① 此处暂将参考构形中的方向单位矢量用小写字母 $\boldsymbol{n}$ 或 $\boldsymbol{t}$ 来表示。

点处的小应变张量 $\boldsymbol{E}$ 的前后分别与单位矢量 $\boldsymbol{n}$ 和 $\boldsymbol{t}$ 作数积再乘 2，即

$$\frac{1}{2}\gamma_{nt}=\boldsymbol{n}\cdot\boldsymbol{E}\cdot\boldsymbol{t}=E_{ij}n_it_j=\underline{\boldsymbol{n}}^{\mathrm{T}}\underline{\boldsymbol{E}}\,\underline{\boldsymbol{t}}=\begin{bmatrix}n_1 & n_2 & n_3\end{bmatrix}\begin{bmatrix}E_{11} & E_{12} & E_{13}\\ E_{21} & E_{22} & E_{23}\\ E_{31} & E_{32} & E_{33}\end{bmatrix}\begin{bmatrix}t_1\\ t_2\\ t_3\end{bmatrix} \tag{2.28}$$

2. 主应变和主方向

由式 (2.27) 可求出 K 点处沿任意方向 $\boldsymbol{n}$ 的正应变 E_n。显然，对于实际存在的应变状态，E_n 应是有限的，因而存在极值。由于对确定的点 K，小应变张量 $\boldsymbol{E}$ 是确定的，因此，极值仅是方向分量 n_1、n_2 和 n_3 的函数。但是，n_1、n_2 和 n_3 不是独立的，它们受

$$n_1^2+n_2^2+n_3^2=1$$

的约束。为此，根据 Lagrange 乘子法，可以构造一个新函数：

$$E_n=\boldsymbol{n}\cdot\boldsymbol{E}\cdot\boldsymbol{n}-\lambda(\boldsymbol{n}\cdot\boldsymbol{n}-1)=E_{ij}n_in_j-\lambda\left(n_kn_k-1\right) \tag{2.29}$$

使 E_n 取极值的 $\boldsymbol{n}$ 应满足

$$\frac{\partial E_n}{\partial n_m}=0 \tag{2.30}$$

注意到

$$\frac{\partial}{\partial n_m}\left(E_{ij}n_in_j\right)=E_{ij}\left(\delta_{im}n_j+n_i\delta_{mj}\right)=E_{mj}n_j+E_{im}n_i=2E_{mi}n_i$$

$$\frac{\partial}{\partial n_m}\left(\lambda n_kn_k\right)=\lambda\left(\delta_{mk}n_k+n_k\delta_{mk}\right)=2\lambda n_m$$

故使 E_n 取极值的 $\boldsymbol{n}$ 应满足

$$E_{mi}n_i-\lambda n_m=0,\quad 即\quad \boldsymbol{E}\cdot\boldsymbol{n}=\lambda\boldsymbol{n} \tag{2.31}$$

由此可知，Lagrange 乘子 λ 就是 $\boldsymbol{E}$ 的主值，使 E_n 取极值的 $\boldsymbol{n}$ 就是 $\boldsymbol{E}$ 的主方向。由于 $\boldsymbol{E}$ 是对称张量，因此 $\boldsymbol{E}$ 一定存在三个实数主值 λ_1、λ_2 和 λ_3（包括重根），以及相互垂直的主方向 $\boldsymbol{n}^{(1)}$、$\boldsymbol{n}^{(2)}$ 和 $\boldsymbol{n}^{(3)}$。将 $\boldsymbol{n}^{(1)}$、$\boldsymbol{n}^{(2)}$ 和 $\boldsymbol{n}^{(3)}$ 的分量写为列向量并排在一起，便可以构造出一个坐标变换矩阵

$$\underline{\boldsymbol{M}}=\begin{bmatrix}n_1^{(1)} & n_1^{(2)} & n_1^{(3)}\\ n_2^{(1)} & n_2^{(2)} & n_2^{(3)}\\ n_3^{(1)} & n_3^{(2)} & n_3^{(3)}\end{bmatrix}$$

在这个坐标变换下，$\boldsymbol{E}$ 的分量矩阵转化为以主值为对角线元素的对角阵，即

$$\underline{\boldsymbol{M}}^{\mathrm{T}}\underline{\boldsymbol{E}}\,\underline{\boldsymbol{M}}=\mathrm{diag}\left(\lambda_1,\,\lambda_2,\,\lambda_3\right) \tag{2.32}$$

由上式可得

$$\underline{\boldsymbol{n}}^{(i)\mathrm{T}}\underline{\boldsymbol{E}}\,\underline{\boldsymbol{n}}^{(i)}=\boldsymbol{n}^{(i)}\cdot\boldsymbol{E}\cdot\boldsymbol{n}^{(i)}=\lambda_i\quad(i=1,2,3) \tag{2.33}$$

上式表明，λ_i 就是对应于 $\boldsymbol{n}^{(i)}$ 方向上的正应变，因此就是所求的正应变的极值。由上述讨论可知：

（1）在 K 点处所有方向中正应变的极值（包括极大值、驻值和极小值），就是 K 点的小应变张量 $\boldsymbol{E}$ 的主值，称为**主应变**，并按照代数值的大小依次记为 E_1、E_2 和 E_3；

（2）相应的主方向就是使正应变取极值的方向。

如果在某个坐标系中，坐标轴方向恰与主方向重合，就称该坐标系为**主轴坐标系**。式 (2.32) 表明，主轴坐标系下应变张量分量矩阵中的切应变分量为零。这表明，三个主轴间的直角在变形过程中没有发生角度的变化。当然，这三个方向形成的主轴坐标架在变形过程中可能存在着平移和转动。

例 2.2 若边长为单位 1 的正方形发生了图 2.8 所示的剪切变形，其中剪切角 $\gamma = 10^{-3}$，求对角线 AC 的伸长量及两个对角线的夹角 $\angle CKD$ 的变化量。

解： 这是一个二维变形问题。在图示坐标系中

$$E_{11} = 0, \quad E_{22} = 0, \quad E_{12} = \frac{1}{2}\gamma = \frac{1}{2} \times 10^{-3}$$

对角线 AC 方向上的单位向量 $\underline{\boldsymbol{n}} = \begin{bmatrix}\sqrt{2}/2 & \sqrt{2}/2\end{bmatrix}^{\mathrm{T}}$，故该方向上的线应变

$$E_n = \underline{\boldsymbol{n}}^{\mathrm{T}} \underline{\boldsymbol{E}}\, \underline{\boldsymbol{n}} = \frac{1}{2}\gamma \times \frac{1}{2}\begin{bmatrix}1 & 1\end{bmatrix} \begin{bmatrix} 0 & 1 \\ 1 & 0 \end{bmatrix} \begin{bmatrix} 1 \\ 1 \end{bmatrix} = \frac{1}{2}\gamma = \frac{1}{2} \times 10^{-3}$$

由于 AC 长度为 $\sqrt{2}$，故 AC 的伸长量为 $\dfrac{1}{2}\sqrt{2} \times 10^{-3}$。

对角线 BD 上的单位矢量为 $\underline{\boldsymbol{t}} = \begin{bmatrix}-\sqrt{2}/2 & \sqrt{2}/2\end{bmatrix}^{\mathrm{T}}$，两个对角线的夹角 $\angle CKD$ 的变化量实际上就是 K 处沿 $\boldsymbol{n}$ 方向上的切应变，故

$$\frac{1}{2}\gamma_n = \underline{\boldsymbol{n}}^{\mathrm{T}} \underline{\boldsymbol{E}}\, \underline{\boldsymbol{t}} = \frac{1}{2} \times 10^{-3} \times \frac{1}{2}\begin{bmatrix}1 & 1\end{bmatrix} \begin{bmatrix} 0 & 1 \\ 1 & 0 \end{bmatrix} \begin{bmatrix} -1 \\ 1 \end{bmatrix} = 0$$

可以看出，对角线方向事实上便是应变的主方向。两个主方向之间的直角在变形过程中是不会改变的。

例 2.3 若边长为单位 1 的正方体的变形是均匀的（图 2.9），变形后其长、宽、高分别增加了 2×10^{-3}、4×10^{-3}、-3×10^{-3}，求沿正方体对角线方向上的伸长量。

解： 易于看出，正方体的位移场为

$$u_1 = aX_1, \quad u_2 = bX_2, \quad u_3 = cX_3$$

式中，$a = 2 \times 10^{-3}$，$b = 4 \times 10^{-3}$，$c = -3 \times 10^{-3}$。故小应变张量的分量矩阵为

$$\underline{\boldsymbol{E}} = \mathrm{diag}(a, b, c)$$

在图示对角线上，$\underline{\boldsymbol{n}}^{\mathrm{T}}=\dfrac{1}{\sqrt{3}}\begin{bmatrix}1 & 1 & 1\end{bmatrix}$，故对角线方向上的线应变为

$$\underline{\boldsymbol{n}}^{\mathrm{T}}\underline{\boldsymbol{E}}\,\underline{\boldsymbol{n}}=\frac{1}{3}\begin{bmatrix}1 & 1 & 1\end{bmatrix}\begin{bmatrix}a & & \\ & b & \\ & & c\end{bmatrix}\begin{bmatrix}1\\1\\1\end{bmatrix}=\frac{1}{3}(a+b+c)=10^{-3}$$

由于对角线长度为 $\sqrt{3}$，因此其伸长量为 $\sqrt{3}\times10^{-3}$。

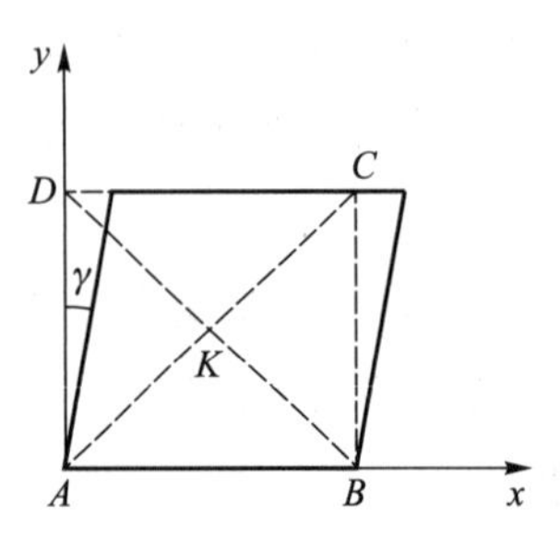

图 2.8　正方形的剪切变形

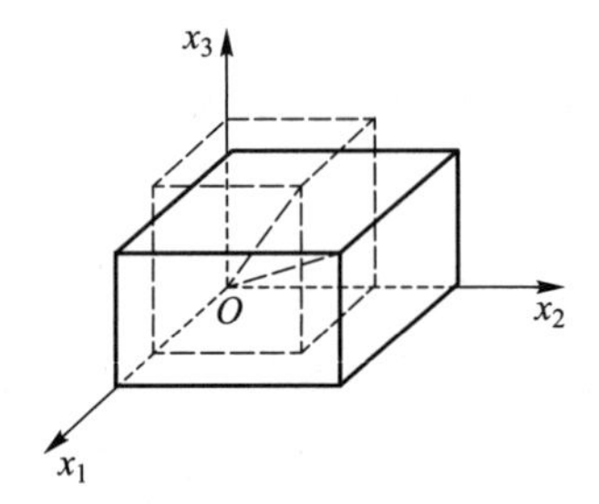

图 2.9　正方体的均匀变形

例 2.4　若位移场为

$$u_1=-aX_2X_3,\quad u_2=aX_1X_3,\quad u_3=0$$

其中 a 是很小的正的常数，求小应变张量和小旋转张量。证明小应变张量有一个主值为零，并求其他两个主值，以及相应的主方向。

解： 易得位移梯度 $\boldsymbol{u}\overline{\nabla}$ 的分量矩阵为 $\begin{bmatrix}0 & -aX_3 & -aX_2\\ aX_3 & 0 & aX_1\\ 0 & 0 & 0\end{bmatrix}$，故小应变张量和小旋转张量的分量矩阵分别为

$$\underline{\boldsymbol{E}}=\begin{bmatrix}0 & 0 & -\frac{1}{2}aX_2\\ 0 & 0 & \frac{1}{2}aX_1\\ -\frac{1}{2}aX_2 & \frac{1}{2}aX_1 & 0\end{bmatrix},\quad \underline{\boldsymbol{\Omega}}=\begin{bmatrix}0 & -aX_3 & -\frac{1}{2}aX_2\\ aX_3 & 0 & \frac{1}{2}aX_1\\ \frac{1}{2}aX_2 & -\frac{1}{2}aX_1 & 0\end{bmatrix}$$

小应变张量的特征方程为

$$\begin{vmatrix}-\lambda & 0 & -\frac{1}{2}aX_2\\ 0 & -\lambda & \frac{1}{2}aX_1\\ -\frac{1}{2}aX_2 & \frac{1}{2}aX_1 & -\lambda\end{vmatrix}=-\lambda^3+\frac{1}{4}a^2X_2^2\lambda^2+\frac{1}{4}a^2X_1^2\lambda=0$$

故有

$$\lambda_1=E_2=0,\quad \lambda_2=E_1=\frac{1}{2}a\sqrt{X_1^2+X_2^2},\quad \lambda_3=E_3=-\frac{1}{2}a\sqrt{X_1^2+X_2^2}$$

λ_1 对应的主方向是齐次方程组

$$\begin{bmatrix} 0 & 0 & -aX_2/2 \\ 0 & 0 & aX_1/2 \\ -aX_2/2 & aX_1/2 & 0 \end{bmatrix} \begin{bmatrix} b_1^{(1)} \\ b_2^{(1)} \\ b_3^{(1)} \end{bmatrix} = \begin{bmatrix} 0 \\ 0 \\ 0 \end{bmatrix}$$

的非零解，即 $\underline{\boldsymbol{b}}^{(1)\mathrm{T}} = \begin{bmatrix} X_1 & X_2 & 0 \end{bmatrix}$。

类似地，还可求出：

对应于 λ_2 的主方向为 $\underline{\boldsymbol{b}}^{(2)\mathrm{T}} = \begin{bmatrix} -X_2 & X_1 & \sqrt{X_1^2 + X_2^2} \end{bmatrix}$。

对应于 λ_3 的主方向为 $\underline{\boldsymbol{b}}^{(3)\mathrm{T}} = \begin{bmatrix} X_2 & -X_1 & \sqrt{X_1^2 + X_2^2} \end{bmatrix}$。

$\boldsymbol{E}$ 的三个主值均为小量，故 $\boldsymbol{E}$ 的三个不变量中，II_E、III_E 均由二阶及二阶以上的小量所确定。故在小变形中，II_E、III_E 应用不多。但第一不变量 I_E 有特殊的几何意义。在主轴坐标系中考察由轴向微元线段 $\mathrm{d}X_1$、$\mathrm{d}X_2$ 和 $\mathrm{d}X_3$ 构成的正方体，变形前它的体积为

$$\mathrm{d}V = \mathrm{d}X_1 \mathrm{d}X_2 \mathrm{d}X_3$$

变形后这三个微元线段分别成为 $(1 + E_1)\,\mathrm{d}X_1$、$(1 + E_2)\,\mathrm{d}X_2$ 和 $(1 + E_3)\,\mathrm{d}X_3$，其体积成为

$$\mathrm{d}v = (1 + E_1)\,(1 + E_2)\,(1 + E_3)\,\mathrm{d}X_1 \mathrm{d}X_2 \mathrm{d}X_3$$

这样，微元体积的相对增长比为

$$\frac{\mathrm{d}v - \mathrm{d}V}{\mathrm{d}V} = E_1 + E_2 + E_3 + \cdots$$

略去高阶小量，有

$$\frac{\mathrm{d}v - \mathrm{d}V}{\mathrm{d}V} = E_1 + E_2 + E_3 = \mathrm{I}_E = E_{\underline{N}\,\underline{N}} \tag{2.34}$$

这说明，**小应变张量 $\boldsymbol{E}$ 的第一不变量就是微元体积的相对增长比**。

3. 平均正应变与偏应变

对于小应变张量 $\boldsymbol{E}$，定义

$$\frac{1}{3}\mathrm{I}_E \underline{\boldsymbol{I}} = \mathrm{diag}\left(\frac{1}{3}\mathrm{I}_E,\ \frac{1}{3}\mathrm{I}_E,\ \frac{1}{3}\mathrm{I}_E\right) \tag{2.35}$$

为**平均正应变**的分量矩阵，定义

$$\boldsymbol{E}' = \boldsymbol{E} - \frac{1}{3}\mathrm{I}_E \boldsymbol{I} \tag{2.36}$$

为**应变偏量**。显然，任何一个小应变张量都可以分解为平均正应变和应变偏量。

平均正应变显然具有 $p\boldsymbol{I}$ 的形式，此处，$p = \dfrac{1}{3}\mathrm{I}_E$。在这种应变状态下，任意方向 $\boldsymbol{n}$ 上的线应变为

$$\boldsymbol{n} \cdot \boldsymbol{E} \cdot \boldsymbol{n} = p\boldsymbol{n} \cdot \boldsymbol{I} \cdot \boldsymbol{n} = p$$

而且任意两个相互垂直的方向 $\boldsymbol{n}$ 和 $\boldsymbol{t}$ 的切应变为

$$\boldsymbol{n}\cdot\boldsymbol{E}\cdot\boldsymbol{t}=p\boldsymbol{n}\cdot\boldsymbol{I}\cdot\boldsymbol{t}=0$$

因此，任何方向都是它的主方向，任何相互垂直的两个方向在变形过程中都保持垂直，平均正应变不反映形状的变化。但是，平均正应变的第一不变量就是 $\boldsymbol{E}$ 的第一不变量，它反映了体积的变化。

对于应变偏量，易知

$$\operatorname{tr}\boldsymbol{E}'=\mathrm{I}_{E'}=0$$

这意味着应变偏量不能反映体积的变化。另一方面，对于任意的两个正交的方向 $\boldsymbol{n}$ 和 $\boldsymbol{t}$，其夹角的变化量为

$$\frac{1}{2}\gamma=\boldsymbol{n}\cdot\boldsymbol{E}\cdot\boldsymbol{t}=\boldsymbol{n}\cdot\left(\frac{1}{3}\mathrm{I}_E\boldsymbol{I}+\boldsymbol{E}'\right)\cdot\boldsymbol{t}=\boldsymbol{n}\cdot\boldsymbol{E}'\cdot\boldsymbol{t}$$

因此，除了在应变的主轴方向外，其他方向上的切应变一般不会为零，也就是说，其他方位上变形前的一个直角变形后不再保持为直角，这就说明它反映了形状的变化。

因此，平均正应变只反映体积的变化而不反映形状的变化，而应变偏量只反映形状的变化而不反映体积的变化。

例 2.5　某点处的小应变张量的分量矩阵为

$$\underline{\boldsymbol{E}}=\begin{bmatrix}3&-1&0\\-1&-2&4\\0&4&0\end{bmatrix}\times10^{-4}$$

求该处的体积的相对增长比、平均正应变和应变偏量。

解:　体积的相对增长比为

$$\operatorname{tr}\boldsymbol{E}=1\times10^{-4}$$

平均正应变为

$$\frac{1}{3}\times10^{-4}\boldsymbol{I}$$

偏应变的分量矩阵为

$$\underline{\boldsymbol{E}'}=\begin{bmatrix}8/3&-1&0\\-1&-7/3&4\\0&4&-1/3\end{bmatrix}\times10^{-4}$$

2.3.3　相容条件

小应变张量具有六个独立的分量，它们可以由独立的三个位移经微分运算导出。反之，若给定了应变张量求位移，则需对六个偏微分方程积分。在这种情况下，如果六个应变分

量间没有相互联系，那么所得到的位移就可能产生非单值非连续的情况。所以，六个应变分量间必须满足一定的约束条件，这就是所谓**相容性条件**，也称协调条件。

位移的单值性意味着位移是坐标的状态函数，或者说，位移的微分形式应构成一个全微分。所以，相容性条件实质上就是全微分条件，或可积性条件。因此，相容性条件可按全微分条件的方式导出。具体做法是：

对于小应变张量 $E_{MN}=\dfrac{1}{2}\left(u_{M,N}+u_{N,M}\right)$，两次取偏导数可得

$$E_{MN,KL}=\frac{1}{2}\left(u_{M,NKL}+u_{N,MKL}\right),\quad E_{KL,MN}=\frac{1}{2}\left(u_{K,LMN}+u_{L,KMN}\right)$$
$$E_{NL,MK}=\frac{1}{2}\left(u_{N,LMK}+u_{L,NMK}\right),\quad E_{MK,NL}=\frac{1}{2}\left(u_{M,KNL}+u_{K,MNL}\right)$$

前两式之和减去后两式之和可得

$$E_{MN,KL}+E_{KL,MN}-E_{NL,MK}-E_{MK,NL}=0 \tag{2.37a}$$

由于 $\boldsymbol{E}$ 的对称性，上式只包含了六个形式上独立的式子，它们是

$$L_{11}=E_{23,11}+E_{11,23}-E_{21,31}-E_{31,21}=0 \tag{2.37b}$$

$$L_{22}=E_{13,22}+E_{22,13}-E_{12,32}-E_{32,12}=0 \tag{2.37c}$$

$$L_{33}=E_{12,33}+E_{33,12}-E_{13,23}-E_{23,13}=0 \tag{2.37d}$$

$$L_{12}=2E_{12,12}-E_{11,22}-E_{22,11}=0 \tag{2.37e}$$

$$L_{13}=2E_{13,13}-E_{11,33}-E_{33,11}=0 \tag{2.37f}$$

$$L_{23}=2E_{23,23}-E_{22,33}-E_{33,22}=0 \tag{2.37g}$$

上述相容性条件可以更一般地表述为

$$\overline{\nabla}\times\boldsymbol{E}\times\overline{\nabla}=\boldsymbol{0} \tag{2.38}$$

对于单连域，式 (2.38) 不仅是必要的，而且是充分的。满足式 (2.38) 的位移积分只相差一个刚体运动。对于多连域，式 (2.38) 是必要的，但并不充分。还必须补充位移单值条件。例如图 2.10 那样的二连域，可设想在 AB 处将区域切断，从而使二连域变成单连域，同时补充如下条件：

$$\boldsymbol{u}_{AB}=\boldsymbol{u}_{A'B'} \tag{2.39}$$

这样，位移便可以如同单连域一样确定下来。

在求解某个具体问题时，如果基本未知量是应变（包括下章要讲的应力），那么相容性条件就是不可缺少的控制条件。然而，如果基本未知量是位移，而且在它所考虑的范围内有足够的光滑程度，如二阶可微，那么相容性条件自然地得到满足。

例 2.6 证明，对连续介质，下述应变场是不可能存在的：

$$E_{11}=k\left(x_1^2+x_2^2\right),\quad E_{22}=k\left(x_2^2+x_3^2\right),\quad E_{12}=k'x_1x_2x_3,\quad E_{13}=E_{23}=E_{33}=0$$

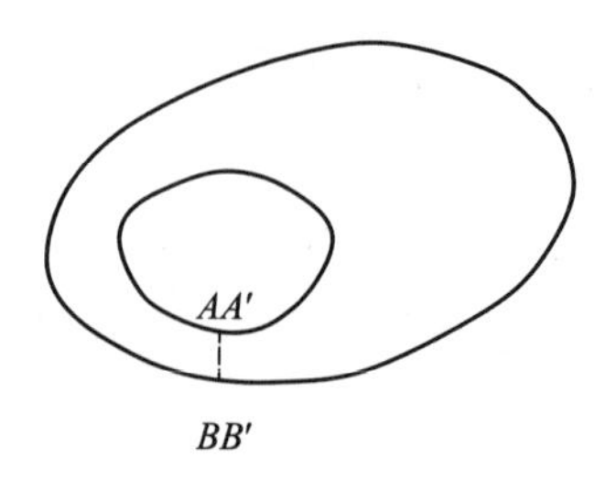

图 2.10　二连域的位移单值条件

式中 k 和 k' 是小的常数。

解： 由于 $2E_{12,12} - E_{11,22} - E_{22,11} = 2k'x_3 - 2k \neq 0$，不满足相容性条件，故应变场是不可能存在的。

例 2.7　证明：$\nabla \times \boldsymbol{E} \times \nabla = \boldsymbol{0}$ 在直角坐标系下的分量式即为

$$E_{ij,kl} + E_{kl,ij} - E_{jl,ik} - E_{ik,jl} = 0$$

解：

$$\begin{aligned}\nabla \times \boldsymbol{E} \times \nabla &= [\boldsymbol{e}_i \times (E_{mn}\boldsymbol{e}_m\boldsymbol{e}_n)_{,i}]_{,k} \times \boldsymbol{e}_k = (E_{mn,i}\varepsilon_{imp}\boldsymbol{e}_p\boldsymbol{e}_n)_{,k} \times \boldsymbol{e}_k \\ &= E_{mn,ik}\varepsilon_{imp}\varepsilon_{nkq}\boldsymbol{e}_p\boldsymbol{e}_q = \boldsymbol{0}\end{aligned}$$

此即 $E_{mn,ik}\varepsilon_{imp}\varepsilon_{nkq} = 0$，在此式两端同乘以 $\varepsilon_{jrp}\varepsilon_{slq}$，便有

$$E_{mn,ik}\left(\delta_{ij}\delta_{mr} - \delta_{ir}\delta_{jm}\right)\left(\delta_{ns}\delta_{kl} - \delta_{nl}\delta_{sk}\right) = 0$$

即

$$E_{mn,ik}\left(\delta_{ij}\delta_{mr}\delta_{ns}\delta_{kl} + \delta_{ir}\delta_{jm}\delta_{nl}\delta_{sk} - \delta_{ij}\delta_{mr}\delta_{nl}\delta_{sk} - \delta_{ir}\delta_{jm}\delta_{ns}\delta_{kl}\right) = 0$$

即

$$E_{rs,jl} + E_{jl,rs} - E_{rl,js} - E_{js,rl} = 0$$

证毕。

2.3.4　工程构件中的计算简化

在工程构件中，常根据构件的特点对变形作一定的假设，从而使构件的应变乃至应力的计算得到简化。这里用到了部分材料力学中的知识，如胡克（Hooke）定律等。

1. 杆件的平截面假设

杆件（梁、柱、轴）的特点是横截面上的特征尺寸（宽、高、直径等）远小于杆件的长度。根据这一特点，人们提出了变形的**平截面假设**，即：变形前垂直于轴线的平面在变形后仍然是一个平面，并保持和轴线垂直。

设杆件轴线延伸方向为 X_1 轴。在轴向拉伸时，当轴力为 N，应变张量的分量矩阵为

$$\underline{\boldsymbol{E}} = \frac{N}{EA}\begin{bmatrix} 1 & 0 & 0 \\ 0 & -\nu & 0 \\ 0 & 0 & -\nu \end{bmatrix} \tag{2.40a}$$

式中，E 为弹性模量，ν 为泊松（Poisson）比，A 为横截面面积。这一应变张量显然满足协调条件。

在圆轴扭转时（图 2.11），设扭矩为 M，则横截面上只有切应力而无正应力，且切应力为

$$\tau = \frac{Mr}{I_{\mathrm{p}}}$$

式中 I_{p} 为横截面上的极惯性矩。应注意，这里的 τ 总是垂直于半径的，它在 X_2 和 X_3 方向上的分量分别为

$$\tau_{12} = -\tau\sin\theta = -\frac{MX_3}{I_{\mathrm{p}}}, \quad \tau_{13} = \tau\cos\theta = \frac{MX_2}{I_{\mathrm{p}}}$$

根据剪切 Hooke 定律，则有

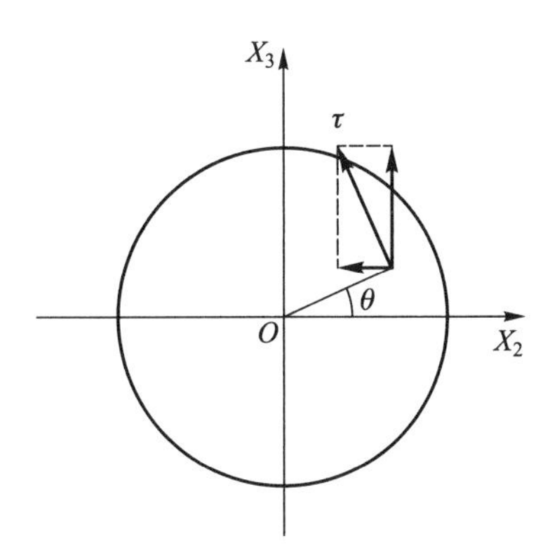

图 2.11　圆轴横截面上的切应力

$$\gamma_{12} = -\frac{MX_3}{GI_{\mathrm{p}}} = -\frac{2MX_3(1+\nu)}{EI_{\mathrm{p}}}, \quad \gamma_{13} = \frac{MX_2}{GI_{\mathrm{p}}} = \frac{2MX_2(1+\nu)}{EI_{\mathrm{p}}}$$

因此应变张量的分量矩阵为

$$\underline{\boldsymbol{E}} = \frac{M(1+\nu)}{EI_{\mathrm{p}}}\begin{bmatrix} 0 & -X_3 & X_2 \\ -X_3 & 0 & 0 \\ X_2 & 0 & 0 \end{bmatrix} \tag{2.40b}$$

可以看出，上述应变满足协调条件。

对于纯弯曲的梁（图 2.12），横截面上只有正应力而无切应力。若弯矩为 M，则正应力为

$$\sigma = \frac{MX_2}{I}$$

式中，I 为横截面对 X_3 轴的惯性矩。此时，有

$$\underline{\boldsymbol{E}} = \frac{MX_2}{EI}\begin{bmatrix} 1 & 0 & 0 \\ 0 & -\nu & 0 \\ 0 & 0 & -\nu \end{bmatrix} \tag{2.40c}$$

易见，上述应变满足相容性条件。

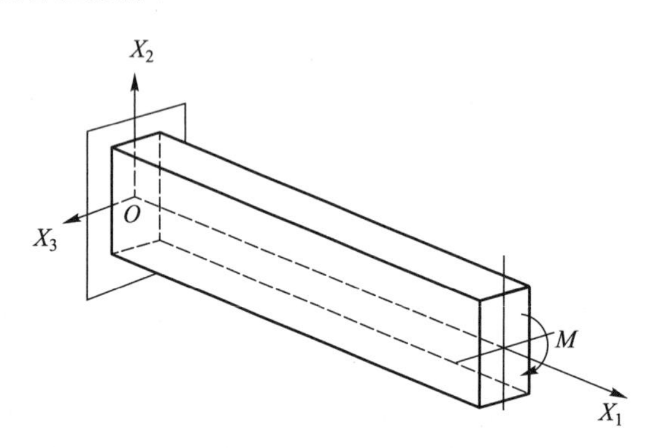

图 2.12　梁的纯弯曲

应该指出，对细长杆件而言，在离两端荷载作用处较远的地方，轴向拉压、圆轴扭转、纯弯曲等情况下的平截面假设是精确的。在有剪力存在的梁弯曲中，平截面假设所带来的误差为工程实用所容许。在非圆截面的自由扭转中，平截面假设是不正确的。

2. 薄板弯曲的直法线假设

所谓薄板，是指由相互平行的两个平面所界定的固体介质空间，且平面间的距离（即厚度）远小于其他两个方向的尺寸。选定介质的中面为 X_1X_2 平面，在受到 X_3 方向上的荷载作用时，薄板会产生弯曲变形（图 2.13）。此变形由中面的 X_3 方向上的位移 u_3 来表示，称为**挠度**。在薄板的小挠度理论中，总假定 u_3 远小于厚度。

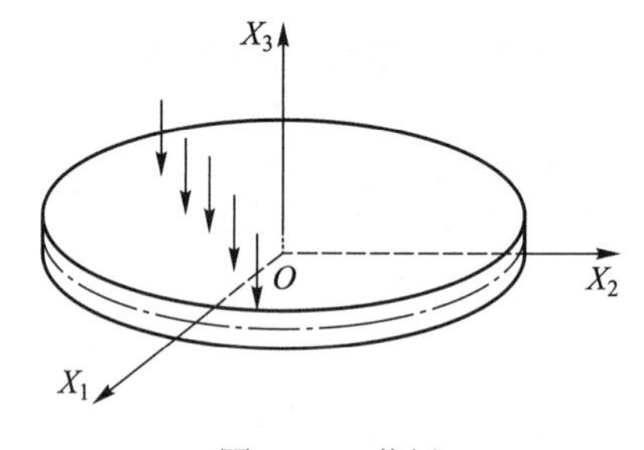

图 2.13　薄板

对薄板的小挠度变形，可以提出以下简化假定：

（1）薄板中面法线上的点都具有相同的位移，即 $E_{33}=0$。这相当于假定平行于板中面的各层纤维之间没有挤压的作用。由 $E_{33}=\dfrac{\partial u_3}{\partial X_3}$，有

$$u_3 = u_3\left(X_1, X_2\right)$$

即挠度 u_3 仅是 X_1 和 X_2 的二元函数。

（2）**直法线假设**，即中面的法线在变形后仍然是中面的法线，且保持为直线（图 2.14）。这意味着法线上不存在切应变，故有 $E_{13}=E_{23}=0$。但是 $\gamma_{13}=2E_{13}=\dfrac{\partial u_3}{\partial X_1}+\dfrac{\partial u_1}{\partial X_3}=0$，故

$$\frac{\partial u_1}{\partial X_3}=-\frac{\partial u_3}{\partial X_1},\quad 便有\quad u_1=-\frac{\partial u_3}{\partial X_1}X_3+f_1\left(X_1,X_2\right) \tag{a}$$

式中 $f_1\left(X_1,X_2\right)$ 为对 u_1 积分时产生的常函数。同理，由 $E_{23}=0$ 可得

$$u_2=-\frac{\partial u_3}{\partial X_2}X_3+f_2\left(X_1,X_2\right) \tag{b}$$

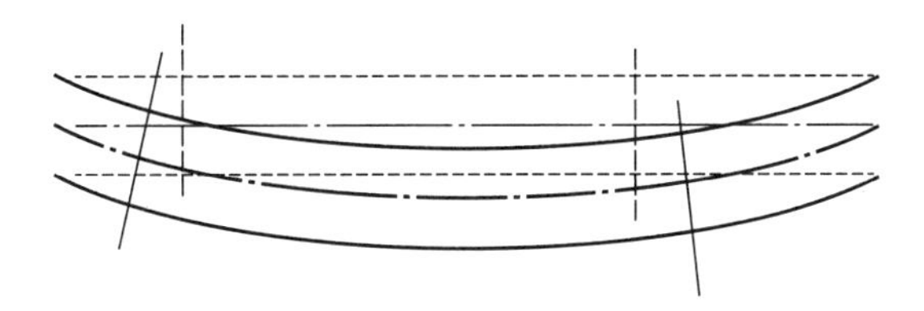

图 2.14　直法线假设

（3）薄板中面上只有 X_3 方向上的位移，即

$$u_1\big|_{x_3=0}=u_2\big|_{x_3=0}=0$$

代入 (a)、(b) 两式可得

$$f_1\left(X_1,X_2\right)=f_2\left(X_1,X_2\right)=0$$

故有

$$u_1=-\frac{\partial u_3}{\partial X_1}X_3,\quad u_2=-\frac{\partial u_3}{\partial X_2}X_3,\quad u_3=u_3\left(X_1,X_2\right)$$

由之可得应变张量的分量矩阵为

$$\underline{\boldsymbol{E}}=-X_3\begin{bmatrix}\dfrac{\partial^2 u_3}{\partial X_1^2} & \dfrac{\partial^2 u_3}{\partial X_1\partial X_2} & 0\\ \dfrac{\partial^2 u_3}{\partial X_1\partial X_2} & \dfrac{\partial^2 u_3}{\partial X_2^2} & 0\\ 0 & 0 & 0\end{bmatrix} \tag{2.41}$$

可看出，薄板的应变，乃至应力，都由挠度 u_3 来确定。经过这些简化假定，薄板弯曲问题归结为只求解一个方向的位移即挠度的问题。

2.4　运动的描述

上一节中，静态地描述了物体的小变形。在本节中，将对物体的运动进行一般性的描述。这种描述没有小变形那样的限制，因此不但适用于小变形，也适用于大变形，包括流体的流动。

2.4.1　物质导数

由于对物体运动和变形的描述存在两种不同的方法，因此，物理量或几何量关于时间的变化率也存在两种不同的情况。当人们观察从热机中流出的冷却水的温度变化情况时，如果紧密地注视着某个空间点，例如，始终观察冷却水出口处，那么，在热机稳定运行时，该处的温度几乎是不随时间变化的。显然，这种规律只是这个空间点的温度变化规律。在不同的时刻，流过该点的物质微粒是不同的。另一方面，如果人们紧密地注视着流体中的某个物质点，不断地测量这个物质点的温度，那么，由于物质点逐渐远离热机，它的温度则随时间逐渐降低。

一般地，在对物理量或几何量 $\boldsymbol{\Pi}$ 求时间变化率，即关于时间求导时，若空间坐标保持不变，那么这种导数反映了空间某固定点的张量 $\boldsymbol{\Pi}$ 对时间的变化率，称为**局部导数**。记为

$$\frac{\partial \boldsymbol{\Pi}}{\partial t} = \frac{\partial}{\partial t}\boldsymbol{\Pi}(\boldsymbol{x}, t)\Big|_{x} \tag{2.42}$$

若对时间求导时，物质坐标保持不变，那么这种导数反映的是某个质点的函数 $\boldsymbol{\Pi}$ 的时间变化率，称为**物质导数**，特别地记为

$$\frac{\mathrm{D}\boldsymbol{\Pi}}{\mathrm{D}t} = \dot{\boldsymbol{\Pi}} = \frac{\partial}{\partial t}\boldsymbol{\Pi}(\boldsymbol{X}, t)\Big|_{\boldsymbol{X}} \tag{2.43}$$

对于用空间描述的函数 $\boldsymbol{\Pi}$，根据复合函数求导的法则，有

$$\frac{\mathrm{D}\boldsymbol{\Pi}}{\mathrm{D}t} = \frac{\partial \boldsymbol{\Pi}(\boldsymbol{x}(\boldsymbol{X}, t), t)}{\partial t}\Big|_{\boldsymbol{X}} = \frac{\partial \boldsymbol{\Pi}}{\partial t}\Big|_{\boldsymbol{x}} + \frac{\partial \boldsymbol{\Pi}}{\partial \boldsymbol{x}} \cdot \frac{\partial \boldsymbol{x}}{\partial t}\Big|_{\boldsymbol{X}} \tag{2.44}$$

显然，上式右端第一项就是局部导数。容易看出，在数学意义上，物质导数实际就是时间的全导数。

根据物质导数定义可知，物质坐标 $\boldsymbol{X}$ 与时间 t 是两个独立的变量，因此它们对某个函数的求导次序可以交换，即

$$\frac{\mathrm{D}}{\mathrm{D}t}\left(\frac{\partial \boldsymbol{\Pi}}{\partial \boldsymbol{X}}\right) = \frac{\partial}{\partial \boldsymbol{X}}\left(\frac{\mathrm{D}\boldsymbol{\Pi}}{\mathrm{D}t}\right) \tag{2.45}$$

但是，一般地，有

$$\frac{\mathrm{D}}{\mathrm{D}t}\left(\frac{\partial \boldsymbol{\Pi}}{\partial \boldsymbol{x}}\right) \neq \frac{\partial}{\partial \boldsymbol{x}}\left(\frac{\mathrm{D}\boldsymbol{\Pi}}{\mathrm{D}t}\right)$$

易于证明下列关于物质导数的公式:

$$\frac{\mathrm{D}}{\mathrm{D}t}(\boldsymbol{A} + \boldsymbol{B}) = \frac{\mathrm{D}\boldsymbol{A}}{\mathrm{D}t} + \frac{\mathrm{D}\boldsymbol{B}}{\mathrm{D}t} \tag{2.46}$$

$$\frac{\mathrm{D}}{\mathrm{D}t}(\boldsymbol{A} \circ \boldsymbol{B}) = \frac{\mathrm{D}\boldsymbol{A}}{\mathrm{D}t} \circ \boldsymbol{B} + \boldsymbol{A} \circ \frac{\mathrm{D}\boldsymbol{B}}{\mathrm{D}t} \tag{2.47}$$

式中“$\circ$”表示张量间的并积、数积、矢积或双重点积。

利用物质导数的概念，可以定义一系列关于时间变化率的物理量。质点的位移**速度**定

义为

$$\boldsymbol{v}=\frac{\mathrm{D}\boldsymbol{x}}{\mathrm{D}t} \tag{2.48}$$

加速度定义为

$$\dot{\boldsymbol{v}}=\frac{\mathrm{D}\boldsymbol{v}}{\mathrm{D}t} \tag{2.49}$$

显然，利用速度定义，由式 (2.44)，物质导数可表示为

$$\frac{\mathrm{D}\boldsymbol{\Pi}}{\mathrm{D}t}=\frac{\partial\boldsymbol{\Pi}}{\partial t}+\boldsymbol{v}\cdot(\nabla\boldsymbol{\Pi})=\frac{\partial\boldsymbol{\Pi}}{\partial t}+(\boldsymbol{\Pi}\nabla)\cdot\boldsymbol{v} \tag{2.50}$$

例如，加速度就可表示为

$$\dot{\boldsymbol{v}}=\frac{\partial\boldsymbol{v}}{\partial t}+\boldsymbol{v}\cdot(\nabla\boldsymbol{v}) \tag{2.51a}$$

其分量形式为

$$\dot{v}_i=\frac{\partial v_i}{\partial t}+v_jv_{i,j}=\frac{\partial v_i}{\partial t}+v_1\frac{\partial v_i}{\partial x_1}+v_2\frac{\partial v_i}{\partial x_2}+v_3\frac{\partial v_i}{\partial x_3} \tag{2.51b}$$

例 2.8 物体进行着如下运动：

$$x_1=X_1\left(1+at^2\right),\quad x_2=X_2,\quad x_3=X_3$$

其中 a 为常数。求用两种描述表达的位移、速度和加速度。

解： 运动表达式是物质描述的，因此所求各量的物质描述形式为

位移： $u_1=x_1-X_1=at^2X_1,\quad u_2=x_2-X_2=0,\quad u_3=x_3-X_3=0$

速度： $v_1=\dfrac{\partial u_1}{\partial t}=2atX_1,\quad v_2=0,\quad v_3=0$

加速度： $\dot{v}_1=2aX_1,\quad \dot{v}_2=0,\quad \dot{v}_3=0$

上述表达式可以换为空间描述，由运动表达式可得 $X_1=\dfrac{x_1}{1+at^2}$，故有

位移： $u_1=\dfrac{at^2x_1}{1+at^2},\quad u_2=0,\quad u_3=0$

速度： $v_1=\dfrac{2atx_1}{1+at^2},\quad v_2=0,\quad v_3=0$

加速度： $\dot{v}_1=\dfrac{2ax_1}{1+at^2},\quad \dot{v}_2=0,\quad \dot{v}_3=0$

此例中加速度的空间描述表达式若采用式 (2.51) 计算，将得到同样的结果，但计算较繁。

例 2.9 证明：刚体运动速度 $\boldsymbol{v}=\boldsymbol{v}_0+\dfrac{1}{2}(\nabla\times\boldsymbol{v})\times(\boldsymbol{x}-\boldsymbol{x}_0)$，$\boldsymbol{v}_0$ 和 $\boldsymbol{x}_0$ 是某点的平移速度和平移位移。

解： 由于是刚体运动，故有 $\boldsymbol{x}=\boldsymbol{Q}(t)\cdot\boldsymbol{X}+\boldsymbol{x}_0(t)$，取物质导数得速度：

$$\boldsymbol{v}=\dot{\boldsymbol{Q}}\cdot\boldsymbol{X}+\boldsymbol{v}_0\quad(\text{式中}\boldsymbol{v}_0=\dot{\boldsymbol{x}}_0)$$

由于 $\boldsymbol{Q}$ 是正交张量，即 $\boldsymbol{Q}\cdot\boldsymbol{Q}^{\mathrm{T}}=\boldsymbol{I}$，故有 $\dot{\boldsymbol{Q}}\cdot\boldsymbol{Q}^{\mathrm{T}}+\boldsymbol{Q}\cdot\dot{\boldsymbol{Q}}^{\mathrm{T}}=\boldsymbol{0}$，即

$$\left(\boldsymbol{Q}\cdot\dot{\boldsymbol{Q}}^{\mathrm{T}}\right)^{\mathrm{T}}=-\boldsymbol{Q}\cdot\dot{\boldsymbol{Q}}^{\mathrm{T}}$$

即 $-\boldsymbol{Q}\cdot\dot{\boldsymbol{Q}}^{\mathrm{T}}$ 是一个反对称张量，记为 $\boldsymbol{A}$。同时，$\dot{\boldsymbol{Q}}=-\boldsymbol{Q}\cdot\dot{\boldsymbol{Q}}^{\mathrm{T}}\cdot\boldsymbol{Q}=\boldsymbol{A}\cdot\boldsymbol{Q}$，故有

$$\boldsymbol{v}=\boldsymbol{A}\cdot\boldsymbol{Q}\cdot\boldsymbol{X}+\boldsymbol{v}_0 \quad\Rightarrow\quad \boldsymbol{v}=\boldsymbol{A}\cdot(\boldsymbol{x}-\boldsymbol{x}_0)+\boldsymbol{v}_0$$

由于 $\boldsymbol{A}$ 是反对称张量，因此一定存在一个对偶矢量 $\boldsymbol{\omega}$，使

$$\boldsymbol{v}=\boldsymbol{\omega}\times(\boldsymbol{x}-\boldsymbol{x}_0)+\boldsymbol{v}_0$$

注意到上式中，$\boldsymbol{\omega}$、$\boldsymbol{v}_0$、$\boldsymbol{x}_0$ 均不是坐标的函数，因此，在上式两端取旋度可得

$$\begin{aligned}\nabla\times\boldsymbol{v}&=\nabla\times(\boldsymbol{\omega}\times\boldsymbol{x})=\nabla\times(\varepsilon_{ijk}\omega_i x_j\boldsymbol{e}_k)=\varepsilon_{mkp}\varepsilon_{ijk}(\omega_i x_j)_{,m}\boldsymbol{e}_p\\&=\varepsilon_{pmk}\varepsilon_{ijk}\omega_i\delta_{jm}\boldsymbol{e}_p=\varepsilon_{pjk}\varepsilon_{ijk}\omega_i\boldsymbol{e}_p=2\delta_{ip}\omega_i\boldsymbol{e}_p=2\omega_i\boldsymbol{e}_i=2\boldsymbol{\omega}\end{aligned}$$

故有 $\boldsymbol{v}=\boldsymbol{v}_0+\dfrac{1}{2}(\nabla\times\boldsymbol{v})\times(\boldsymbol{x}-\boldsymbol{x}_0)$。

根据例 1.11 容易看出，$\boldsymbol{\omega}$ 其实就是刚体定轴转动的角速度矢量。本例表明，刚体的运动速度可分解为刚体的平移速度（牵连速度）和绕定轴转动速度（相对速度）。

2.4.2　速度场及速度梯度张量

1. 速度场及速度梯度张量的定义

物体所有质点的速度在空间构成一个速度场。速度场本身体现了物体各质点的速率及其方向。

利用图像来描述速度场是一类常见的形象化方法，它有助于对速度场做出定性的了解。可以用两种方法来建立速度场的图像。一类是物质描述的方法。如果人们紧紧地注视着某个质点，观察它在一系列时刻的空间位置，那么就可以把相应的一系列空间位置用曲线连接起来，从而得到这个质点的运动轨迹，称为**迹线**。若干个质点的迹线便可以构成一个曲线族。这个曲线族便可以把流体运动的走向反映出来，如图 2.15 所示。利用实验可以很方便地观察到迹线。例如在流动的液体中撒上带颜色的粉末，或者注入带颜色的液体，都可以很清晰地观察到迹线。

另一类则是空间描述方法。在同一时刻观察流场中的许多空间点，便可以得到这一瞬时流经这些空间点的质点的速度。由于速度分布是连续的，因此可以得到这样的曲线：曲线上每一点的切线方向就是该空间点处质点的速度方向。这样的曲线称为**流线**，如图 2.16 所示。

显然流线与迹线是两类意义完全不同的曲线。但是，如果速度场的空间分布不随时间的推移而发生变化，即**定常流动**，那么两种曲线是重合的。

在近代关于流场的计算方法中，例如差分法、有限元法、有限体积法等，常常把空间区域划分为计算网格。经计算后，可获得网格结点处（或其他指定点处）在一定时刻的速度矢量。许多计算软件可将这些点处的速度矢量用箭头表示出来。箭头的方向即该处速度

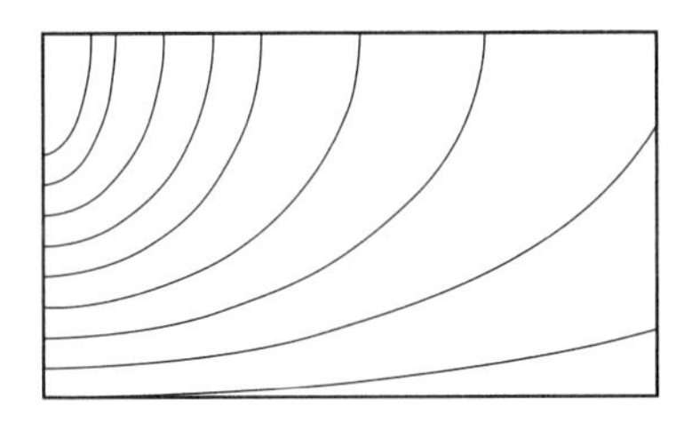

图 2.15 某个流场的迹线

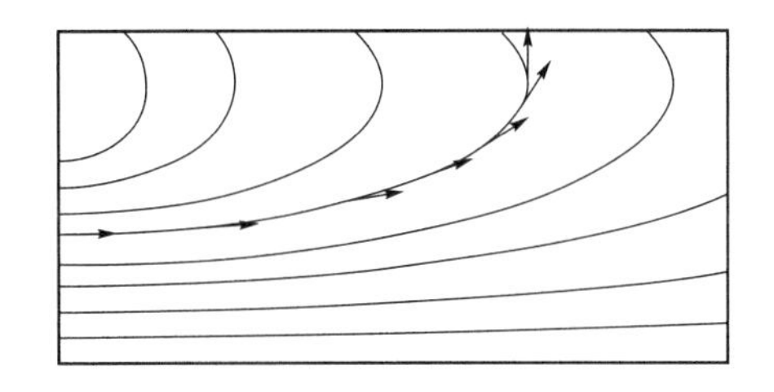

图 2.16 某个流场的流线

的方向，箭头的长短即该处速度的模（图 2.17）。这样，对于任一指定的时刻，便可形成一类新的流场显示方法。这类方法类似于流线，但可以比流线更直接地了解流速的大小，这是这种图像的优点。

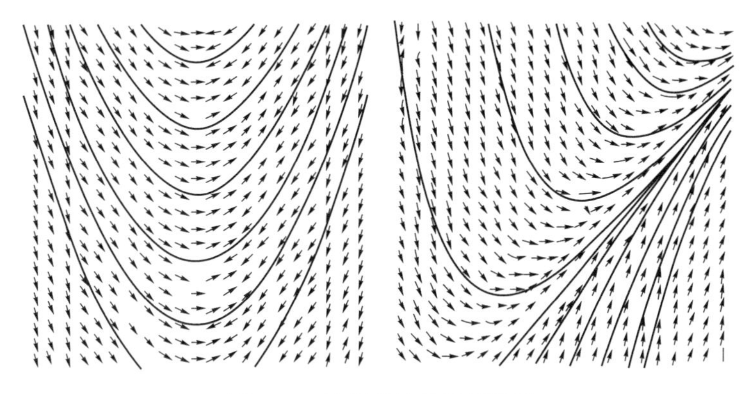

图 2.17 流场的计算结果显示

如果还需进一步定量地了解速度场对于空间位置的变化规律，则应引入速度的空间梯度的概念。可以定义

$$\boldsymbol{L} = \boldsymbol{v}\nabla = \frac{\partial \boldsymbol{v}}{\partial \boldsymbol{x}}, \quad L_{ij} = v_{i,j} \tag{2.52}$$

为**速度梯度张量**。它刻画了速度随空间位置变化的剧烈程度。由上式可得

$$\mathrm{d}\boldsymbol{v} = \boldsymbol{L} \cdot \mathrm{d}\boldsymbol{x} \tag{2.53}$$

$\boldsymbol{x}$ 点邻域的 $\mathrm{d}\boldsymbol{v}$ 是 $\boldsymbol{x} + \mathrm{d}\boldsymbol{x}$ 处的速度对 $\boldsymbol{x}$ 点处的速度的偏离。易知，$\boldsymbol{L}$ 是二阶张量。在直角坐标系中，$\boldsymbol{L}$ 的分量矩阵为

$$\underline{\boldsymbol{L}} = \begin{bmatrix} \dfrac{\partial v_1}{\partial x_1} & \dfrac{\partial v_1}{\partial x_2} & \dfrac{\partial v_1}{\partial x_3} \\ \dfrac{\partial v_2}{\partial x_1} & \dfrac{\partial v_2}{\partial x_2} & \dfrac{\partial v_2}{\partial x_3} \\ \dfrac{\partial v_3}{\partial x_1} & \dfrac{\partial v_3}{\partial x_2} & \dfrac{\partial v_3}{\partial x_3} \end{bmatrix} \tag{2.54}$$

2. 形变率张量

作为二阶张量，$\boldsymbol{L}$ 可以作加法分解，即 $\boldsymbol{L}$ 等于其对称部分 $\boldsymbol{D}$ 和反对称部分 $\boldsymbol{W}$ 的和：

$$\boldsymbol{L}=\boldsymbol{D}+\boldsymbol{W} \tag{2.55}$$

式中 $\boldsymbol{D}$ 称为**形变率张量**，可表示为

$$\boldsymbol{D}=\frac{1}{2}(\boldsymbol{v}\nabla+\nabla\boldsymbol{v}),\quad D_{ij}=\frac{1}{2}\left(v_{i,j}+v_{j,i}\right) \tag{2.56}$$

在直角坐标系中，它的分量矩阵为

$$\underline{\boldsymbol{D}}=\begin{bmatrix}\dfrac{\partial v_1}{\partial x_1} & \dfrac{1}{2}\left(\dfrac{\partial v_1}{\partial x_2}+\dfrac{\partial v_2}{\partial x_1}\right) & \dfrac{1}{2}\left(\dfrac{\partial v_1}{\partial x_3}+\dfrac{\partial v_3}{\partial x_1}\right)\\ \dfrac{1}{2}\left(\dfrac{\partial v_1}{\partial x_2}+\dfrac{\partial v_2}{\partial x_1}\right) & \dfrac{\partial v_2}{\partial x_2} & \dfrac{1}{2}\left(\dfrac{\partial v_2}{\partial x_3}+\dfrac{\partial v_3}{\partial x_2}\right)\\ \dfrac{1}{2}\left(\dfrac{\partial v_1}{\partial x_3}+\dfrac{\partial v_3}{\partial x_1}\right) & \dfrac{1}{2}\left(\dfrac{\partial v_2}{\partial x_3}+\dfrac{\partial v_3}{\partial x_2}\right) & \dfrac{\partial v_3}{\partial x_3}\end{bmatrix} \tag{2.57}$$

下面考察 $\boldsymbol{D}$ 的各分量的意义。

为了考察 $\underline{\boldsymbol{D}}$ 的对角线元素的意义，不妨先考察即时构形中任意方向 $\boldsymbol{n}$ 上的微元线段 $\mathrm{d}\boldsymbol{x}$ 的时间变化率。首先，利用速度梯度张量，可以导出微元线段 $\mathrm{d}\boldsymbol{x}$ 的物质导数：

$$\begin{aligned}\frac{\mathrm{D}}{\mathrm{D}t}(\mathrm{d}\boldsymbol{x})=&\frac{\mathrm{D}}{\mathrm{D}t}\left(\frac{\partial\boldsymbol{x}}{\partial\boldsymbol{X}}\cdot\mathrm{d}\boldsymbol{X}\right)=\frac{\partial}{\partial\boldsymbol{X}}\left(\frac{\mathrm{D}\boldsymbol{x}}{\mathrm{D}t}\right)\cdot\mathrm{d}\boldsymbol{X}\\ =&\frac{\partial\boldsymbol{v}}{\partial\boldsymbol{X}}\cdot\mathrm{d}\boldsymbol{X}=\frac{\partial\boldsymbol{v}}{\partial\boldsymbol{x}}\cdot\frac{\partial\boldsymbol{x}}{\partial\boldsymbol{X}}\cdot\mathrm{d}\boldsymbol{X}=\boldsymbol{L}\cdot\mathrm{d}\boldsymbol{x}\end{aligned}$$

即

$$\frac{\mathrm{D}}{\mathrm{D}t}(\mathrm{d}\boldsymbol{x})=\boldsymbol{L}\cdot\mathrm{d}\boldsymbol{x} \tag{2.58}$$

在上面的推导中，注意到了这样的事实：在求物质导数时，物质坐标 $\boldsymbol{X}$ 与时间 t 同是独立的变量，而空间坐标 $\boldsymbol{x}$ 却是与时间有关的。

记 $\mathrm{d}s$ 是微元线段 $\mathrm{d}\boldsymbol{x}$ 的长度（即 $\mathrm{d}\boldsymbol{x}=\boldsymbol{n}\mathrm{d}s$），便有

$$\begin{aligned}\frac{\mathrm{D}}{\mathrm{D}t}(\mathrm{d}s)=&\frac{1}{2\mathrm{d}s}\frac{\mathrm{D}}{\mathrm{D}t}(\mathrm{d}s)^2=\frac{1}{2\mathrm{d}s}\frac{\mathrm{D}}{\mathrm{D}t}(\mathrm{d}\boldsymbol{x}\cdot\mathrm{d}\boldsymbol{x})\\ =&\frac{1}{2\mathrm{d}s}(\boldsymbol{L}\cdot\mathrm{d}\boldsymbol{x}\cdot\mathrm{d}\boldsymbol{x}+\mathrm{d}\boldsymbol{x}\cdot\boldsymbol{L}\cdot\mathrm{d}\boldsymbol{x})=\frac{1}{2\mathrm{d}s}\left(\mathrm{d}\boldsymbol{x}\cdot\boldsymbol{L}^{\mathrm{T}}\cdot\mathrm{d}\boldsymbol{x}+\mathrm{d}\boldsymbol{x}\cdot\boldsymbol{L}\cdot\mathrm{d}\boldsymbol{x}\right)\\ =&\frac{1}{\mathrm{d}s}\mathrm{d}\boldsymbol{x}\cdot\boldsymbol{D}\cdot\mathrm{d}\boldsymbol{x}=(\boldsymbol{n}\cdot\boldsymbol{D}\cdot\boldsymbol{n})\mathrm{d}s\end{aligned}$$

故有

$$\frac{1}{\mathrm{d}s}\frac{\mathrm{D}(\mathrm{d}s)}{\mathrm{D}t}=\boldsymbol{n}\cdot\boldsymbol{D}\cdot\boldsymbol{n} \tag{2.59}$$

特别地，在上式中取 $\boldsymbol{n}$ 为 x_i 方向上的单位矢量 $\boldsymbol{e}_i$，便有

$$\boldsymbol{e}_{\underline{i}}\cdot\boldsymbol{D}\cdot\boldsymbol{e}_{\underline{i}}=D_{\underline{i}\,\underline{i}}$$

因此，形变率张量的分量矩阵 $\underline{\boldsymbol{D}}$ 中，对角线元素 $D_{\underline{m}\,\underline{m}}$ 表示的是即时构形上沿坐标轴 x_m 方向上的单位长度的伸长速率。

由式 (2.58) 可看出

$$
\begin{aligned}
\boldsymbol{L}\cdot\mathrm{d}\boldsymbol{x}=\boldsymbol{L}\cdot\boldsymbol{n}\mathrm{d}s=&\frac{\mathrm{D}}{\mathrm{D}t}(\boldsymbol{n}\mathrm{d}s)=\boldsymbol{n}\frac{\mathrm{D}}{\mathrm{D}t}(\mathrm{d}s)+\frac{\mathrm{D}\boldsymbol{n}}{\mathrm{D}t}\mathrm{d}s\\
=&\boldsymbol{n}(\boldsymbol{n}\cdot\boldsymbol{D}\cdot\boldsymbol{n})\mathrm{d}s+\frac{\mathrm{D}\boldsymbol{n}}{\mathrm{D}t}\mathrm{d}s
\end{aligned}
$$

故有

$$
\frac{\mathrm{D}\boldsymbol{n}}{\mathrm{D}t}=\boldsymbol{L}\cdot\boldsymbol{n}-(\boldsymbol{n}\cdot\boldsymbol{D}\cdot\boldsymbol{n})\boldsymbol{n} \tag{2.60}
$$

现考虑即时构形中过同一点的两个不同的单位方向矢量 $\boldsymbol{n}^{(1)}$ 和 $\boldsymbol{n}^{(2)}$，它们间的夹角为 φ，则有

$$
\cos\varphi=\boldsymbol{n}^{(1)}\cdot\boldsymbol{n}^{(2)}
$$

上式取物质导数可得

$$
-\dot{\varphi}\sin\varphi=\frac{\mathrm{D}\boldsymbol{n}^{(1)}}{\mathrm{D}t}\cdot\boldsymbol{n}^{(2)}+\boldsymbol{n}^{(1)}\cdot\frac{\mathrm{D}\boldsymbol{n}^{(2)}}{\mathrm{D}t}
$$

若取 $\boldsymbol{n}^{(1)}$ 和 $\boldsymbol{n}^{(2)}$ 是两个相互垂直的方向，此时 $\varphi=\pi/2$，且有 $\boldsymbol{n}^{(1)}\cdot\boldsymbol{n}^{(2)}=0$，因此，这个直角的时间变化率为

$$
\begin{aligned}
-\dot{\varphi}=&\left[\boldsymbol{L}\cdot\boldsymbol{n}^{(1)}-\left(\boldsymbol{n}^{(1)}\cdot\boldsymbol{D}\cdot\boldsymbol{n}^{(1)}\right)\boldsymbol{n}^{(1)}\right]\cdot\boldsymbol{n}^{(2)}+\boldsymbol{n}^{(1)}\cdot\left[\boldsymbol{L}\cdot\boldsymbol{n}^{(2)}-\left(\boldsymbol{n}^{(2)}\cdot\boldsymbol{D}\cdot\boldsymbol{n}^{(2)}\right)\boldsymbol{n}^{(2)}\right]\\
=&\boldsymbol{n}^{(1)}\cdot\boldsymbol{L}^{\mathrm{T}}\cdot\boldsymbol{n}^{(2)}+\boldsymbol{n}^{(1)}\cdot\boldsymbol{L}\cdot\boldsymbol{n}^{(2)}=2\boldsymbol{n}^{(1)}\cdot\boldsymbol{D}\cdot\boldsymbol{n}^{(2)}
\end{aligned}
$$

即

$$
-\dot{\varphi}=2\boldsymbol{n}^{(1)}\cdot\boldsymbol{D}\cdot\boldsymbol{n}^{(2)} \tag{2.61}
$$

特别地，取 $\boldsymbol{n}^{(1)}$ 沿 $\boldsymbol{e}_i$ 方向，$\boldsymbol{n}^{(2)}$ 沿 $\boldsymbol{e}_j$ 方向，因此，这个直角的时间变化率满足

$$
D_{ij}=-\frac{1}{2}\dot{\varphi} \tag{2.62}
$$

这说明，$\underline{\boldsymbol{D}}$ 的非对角线元素 D_{ij} 表示的是沿坐标轴 x_i 和 x_j 方向的两个微元线段的夹角减小速率的一半。

形变率张量 $\boldsymbol{D}$ 作为对称张量，同样具有下列性质：

（1）在即时构形中任意指定的点上，过该点的各个方向上微元线段的时间变化率的极值就是形变率张量的主值，极值所在的方向就是形变率张量的主方向；

（2）存在着三个两两正交的主方向；

（3）两个主方向间的夹角的瞬时变化率为零。

例 2.10 速度场 $\boldsymbol{v}=3x_1^2x_2\boldsymbol{e}_1+2x_2^2x_3\boldsymbol{e}_2+x_1x_2x_3^2\boldsymbol{e}_3$，试求点 $P(1,1,1)$ 处沿方向 $\boldsymbol{n}=\dfrac{1}{5}(3\boldsymbol{e}_1-4\boldsymbol{e}_2)$ 的伸长率，以及该方向与方向 $\boldsymbol{m}=\dfrac{1}{5}(4\boldsymbol{e}_1+3\boldsymbol{e}_2)$ 夹角的变化率。

解: 由速度场可得速度梯度张量 $\boldsymbol{L}$ 和形变率张量 $\boldsymbol{D}$ 的分量矩阵为

$$\underline{\boldsymbol{L}} = \begin{bmatrix} 6x_1x_2 & 3x_1^2 & 0 \\ 0 & 4x_2x_3 & 2x_2^2 \\ x_2x_3^2 & x_1x_3^2 & 2x_1x_2x_3 \end{bmatrix}, \quad \underline{\boldsymbol{D}} = \begin{bmatrix} 6x_1x_2 & 3x_1^2/2 & x_2x_3^2/2 \\ 3x_1^2/2 & 4x_2x_3 & x_2^2 + x_1x_3^2/2 \\ x_2x_3^2/2 & x_2^2 + x_1x_3^2/2 & 2x_1x_2x_3 \end{bmatrix}$$

在 P 点，$\underline{\boldsymbol{D}} = \begin{bmatrix} 6 & 3/2 & 1/2 \\ 3/2 & 4 & 3/2 \\ 1/2 & 3/2 & 2 \end{bmatrix}$，故该处沿 $\boldsymbol{n}$ 的伸长速率为

$$\frac{1}{\mathrm{d}s}\frac{\mathrm{D}(\mathrm{d}s)}{\mathrm{D}t} = \boldsymbol{n}\cdot\boldsymbol{D}\cdot\boldsymbol{n} = \frac{1}{25}\begin{bmatrix} 3 & -4 & 0 \end{bmatrix}\begin{bmatrix} 6 & 3/2 & 1/2 \\ 3/2 & 4 & 3/2 \\ 1/2 & 3/2 & 2 \end{bmatrix}\begin{bmatrix} 3 \\ -4 \\ 0 \end{bmatrix} = \frac{82}{25}$$

该处 $\boldsymbol{m}$ 和 $\boldsymbol{n}$ 相互垂直，故夹角变化率

$$\dot{\varphi} = -2\times\frac{1}{25}\begin{bmatrix} 3 & -4 & 0 \end{bmatrix}\begin{bmatrix} 6 & 3/2 & 1/2 \\ 3/2 & 4 & 3/2 \\ 1/2 & 3/2 & 2 \end{bmatrix}\begin{bmatrix} 4 \\ 3 \\ 0 \end{bmatrix} = -\frac{27}{25}$$

这里的负号表明该处的角度倾向于增加。

例 2.11　求速度场 $\boldsymbol{v} = 2x_3\boldsymbol{e}_1 + 2x_3\boldsymbol{e}_2$ 中形变率张量的主值、主方向。

解: 易得

$$\underline{\boldsymbol{L}} = \begin{bmatrix} 0 & 0 & 2 \\ 0 & 0 & 2 \\ 0 & 0 & 0 \end{bmatrix}, \quad \underline{\boldsymbol{D}} = \begin{bmatrix} 0 & 0 & 1 \\ 0 & 0 & 1 \\ 1 & 1 & 0 \end{bmatrix}$$

特征方程

$$\begin{vmatrix} -\lambda & 0 & 1 \\ 0 & -\lambda & 1 \\ 1 & 1 & -\lambda \end{vmatrix} = -\lambda^3 + 2\lambda = 0$$

故主值及其对应的主方向分别为

$$\lambda_1 = \sqrt{2}, \quad \underline{\boldsymbol{n}}^{(1)} = \frac{1}{4}\begin{bmatrix} 1 & 1 & \sqrt{2} \end{bmatrix}^{\mathrm{T}}$$

$$\lambda_2 = 0, \quad \underline{\boldsymbol{n}}^{(2)} = \frac{1}{2}\begin{bmatrix} \sqrt{2} & -\sqrt{2} & 0 \end{bmatrix}^{\mathrm{T}}$$

$$\lambda_3 = -\sqrt{2}, \quad \underline{\boldsymbol{n}}^{(3)} = \frac{1}{4}\begin{bmatrix} 1 & 1 & -\sqrt{2} \end{bmatrix}^{\mathrm{T}}$$

3. 涡旋张量

$\boldsymbol{L}$ 的反对称部分 $\boldsymbol{W}$ 称为**涡旋张量**，其定义为

$$\boldsymbol{W}=\frac{1}{2}(\boldsymbol{v}\nabla-\nabla\boldsymbol{v}),\quad W_{ij}=\frac{1}{2}\left(v_{i,j}-v_{j,i}\right) \tag{2.63}$$

在直角坐标系中，它的分量矩阵为

$$\underline{\boldsymbol{W}}=\begin{bmatrix} 0 & \frac{1}{2}\left(\frac{\partial v_1}{\partial x_2}-\frac{\partial v_2}{\partial x_1}\right) & \frac{1}{2}\left(\frac{\partial v_1}{\partial x_3}-\frac{\partial v_3}{\partial x_1}\right) \\ \frac{1}{2}\left(\frac{\partial v_2}{\partial x_1}-\frac{\partial v_1}{\partial x_2}\right) & 0 & \frac{1}{2}\left(\frac{\partial v_2}{\partial x_3}-\frac{\partial v_3}{\partial x_2}\right) \\ \frac{1}{2}\left(\frac{\partial v_3}{\partial x_1}-\frac{\partial v_1}{\partial x_3}\right) & \frac{1}{2}\left(\frac{\partial v_3}{\partial x_2}-\frac{\partial v_2}{\partial x_3}\right) & 0 \end{bmatrix} \tag{2.64}$$

涡旋张量 $\boldsymbol{W}$ 反映的是局部的刚体转动速率。

可以这样来理解 $\boldsymbol{W}$：当物体在空间坐标为 $\boldsymbol{x}$ 的 P 点的邻域内有一绕着单位方向矢量为 $\boldsymbol{n}$ 的轴作局部的相对转动时，P 点邻域内点相对于 P 点的速度增量应为（图 2.18）

$$\mathrm{d}\boldsymbol{v}=\omega_0\boldsymbol{n}\times\mathrm{d}\boldsymbol{x},\quad \mathrm{d}v_i=\varepsilon_{ijk}\omega_0 n_j\mathrm{d}x_k$$

式中 ω_0 是转动的角速度，那么，相应于这一局部相对转动的速度梯度张量为

$$L_{ik}=\frac{\partial v_i}{\partial x_k}=\varepsilon_{ijk}\omega_0 n_j$$

它的对称部分 $D_{ik}=0$，反对称部分 $W_{ik}=\varepsilon_{ijk}\omega_0 n_j$。由此可看出，$\boldsymbol{W}$ 的确反映了这一局部相对转动的全部要素：转动速率 ω_0 和转轴方向 $\boldsymbol{n}$。

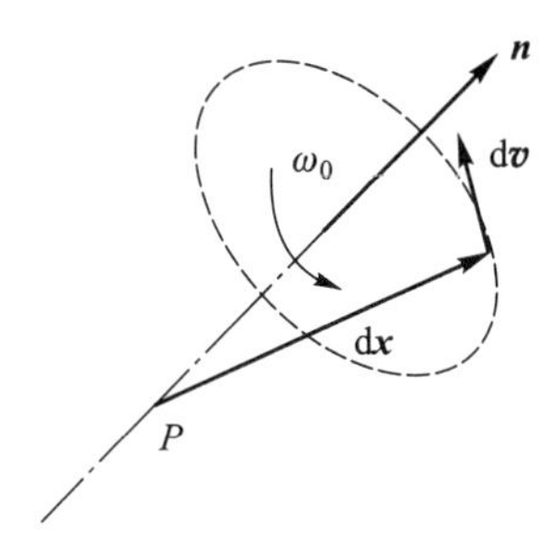

图 2.18 局部的刚体转动

由于 $\boldsymbol{W}$ 是反对称张量，故存在对偶矢量 $\boldsymbol{\omega}$，即

$$\boldsymbol{\omega}=-\frac{1}{2}\boldsymbol{\varepsilon}:\boldsymbol{W},\quad \omega_i=-\frac{1}{2}\varepsilon_{ijk}W_{jk} \tag{2.65}$$

称这个对偶矢量 $\boldsymbol{\omega}$ 为**涡旋矢量**。对于局部的刚体转动，将 $W_{jk}=\varepsilon_{jpk}\omega_0 n_p$ 代入上式可得

$$\omega_i=-\frac{1}{2}\varepsilon_{ijk}\varepsilon_{jpk}\omega_0 n_p=\omega_0 n_i$$

因此涡旋矢量 $\boldsymbol{\omega}$ 的方向就是局部刚体转动的转轴方向（即角速度的方向），$\boldsymbol{\omega}$ 的模 ω_0 就是角速度的大小。

与小变形中的小旋转张量类似 [参见式 (2.22b)]，有

$$\boldsymbol{\omega}=\frac{1}{2}\nabla\times\boldsymbol{v} \tag{2.66}$$

由上式可知，局部的刚体转动的角速度为

$$\omega_0 = \frac{1}{2}\left[\left(\frac{\partial v_1}{\partial x_2} - \frac{\partial v_2}{\partial x_1}\right)^2 + \left(\frac{\partial v_2}{\partial x_3} - \frac{\partial v_3}{\partial x_2}\right)^2 + \left(\frac{\partial v_3}{\partial x_1} - \frac{\partial v_1}{\partial x_3}\right)^2\right]^{\frac{1}{2}} \tag{2.67}$$

局部转动的转轴方向的单位向量为

$$\underline{\boldsymbol{N}} = \frac{1}{2\omega_0}\left[\frac{\partial v_3}{\partial x_2} - \frac{\partial v_2}{\partial x_3} \quad \frac{\partial v_1}{\partial x_3} - \frac{\partial v_3}{\partial x_1} \quad \frac{\partial v_2}{\partial x_1} - \frac{\partial v_1}{\partial x_2}\right]^{\mathrm{T}} \tag{2.68}$$

4. 小变形的时间变化率

下面考虑小应变张量的时间变化率。由于有

$$\frac{\mathrm{D}\boldsymbol{E}}{\mathrm{D}t} = \frac{1}{2}\frac{\mathrm{D}}{\mathrm{D}t}(\boldsymbol{u}\overline{\nabla} + \overline{\nabla}\boldsymbol{u}) = \frac{1}{2}\left[\left(\frac{\mathrm{D}\boldsymbol{u}}{\mathrm{D}t}\right)\overline{\nabla} + \overline{\nabla}\left(\frac{\mathrm{D}\boldsymbol{u}}{\mathrm{D}t}\right)\right] = \frac{1}{2}(\boldsymbol{v}\overline{\nabla} + \overline{\nabla}\boldsymbol{v})$$

而小变形中，不区分关于物质坐标的微分或空间坐标的微分，因而有

$$\frac{\mathrm{D}\boldsymbol{E}}{\mathrm{D}t} = \boldsymbol{D} \tag{2.69}$$

同理可证明

$$\frac{\mathrm{D}\boldsymbol{\Omega}}{\mathrm{D}t} = \boldsymbol{W} \tag{2.70}$$

上述两个式子可从 $\boldsymbol{E}$ 和 $\boldsymbol{D}$、$\boldsymbol{\Omega}$ 和 $\boldsymbol{W}$ 各自分量的意义得到印证。

但是，应该注意，$\boldsymbol{E}$ 和 $\boldsymbol{\Omega}$ 这组量与 $\boldsymbol{D}$ 和 $\boldsymbol{W}$ 这组量之间存在着重要的区别。前者取物质导数可得到后者，但后者的内涵则并不只限于前者。前者以参考构形作为计算的基准，在它们的定义中，微分是对物质坐标进行的；后者以即时构形作为计算的基准，微分则是对空间坐标进行的。同时，前者只有在小变形情况下才是足够精确的，导出它们的几何意义时，屡屡用到小变形假定；而导出后者的物理意义时，却没有引入任何小变形假定。因此，它们不仅适合于小变形，也适合于大变形。正因为如此，人们才可以将后者用以描述流体的运动。

5. 流体的流动

对于流体的流动而言，速度场的描述是了解流动的重要方法。流动可分为层流和湍流两大类。所谓层流，是指黏性流的层状流动。在这种流动中，流体各质点的轨迹没有太大的不规则脉动。轴承润滑膜中的流动，微小固体颗粒在黏性流体中平移所引起的流动，流体在固体表面附近的薄层内的流动，流体在管道内的定常流动等，都是层流的例子。在湍流中，局部的速度、压力等在时间和空间中发生着不规则的脉动。流体各质点的运动在湍流中是随机的，伴随这种随机运动产生的动量、热量和质量的传递速率比层流高出好几个数量级。湍流属于一种复杂流动，人们对湍流产生机理的了解在现阶段还远不够透彻。

有两类层流是人们了解得比较深入的。一类是定常流动。在这种流动中，各空间点的速度不是时间的函数，即 $\dfrac{\partial \boldsymbol{v}}{\partial t} = \boldsymbol{0}$。根据式 (2.51)，这种流动的速度场满足

$$\frac{\mathrm{D}\boldsymbol{v}}{\mathrm{D}t} = \boldsymbol{v}\cdot\nabla\boldsymbol{v} \tag{2.71}$$

另一类是均匀流动。在这种流动中，各空间点的速度是相同的，即 $\nabla \boldsymbol{v} = \boldsymbol{0}$，故有

$$\frac{\mathrm{D}\boldsymbol{v}}{\mathrm{D}t} = \frac{\partial \boldsymbol{v}}{\partial t} \tag{2.72}$$

下面分析几种简单的流场，考察这些流场的速度梯度张量及其求和分解。

（1）**简单剪切流**

$$v_1 = kx_2, \quad v_2 = 0, \quad v_3 = 0$$

图 2.19 表示了某时刻 x_2 轴线上各质点的速度分布。介于两个无穷大平行平板间的黏性流体，当一板固定，另一板沿板面方向匀速平移时，则可能产生这种流动。

$$\underline{\boldsymbol{L}} = \begin{bmatrix} 0 & k & 0 \\ 0 & 0 & 0 \\ 0 & 0 & 0 \end{bmatrix}, \quad \underline{\boldsymbol{D}} = \begin{bmatrix} 0 & k/2 & 0 \\ k/2 & 0 & 0 \\ 0 & 0 & 0 \end{bmatrix}, \quad \underline{\boldsymbol{W}} = \begin{bmatrix} 0 & k/2 & 0 \\ -k/2 & 0 & 0 \\ 0 & 0 & 0 \end{bmatrix}$$

（2）**直线流动**

$$v_1 = f(x_1, x_2, x_3), \quad v_2 = 0, \quad v_3 = 0$$

在这种流动中，所有的质点都向同一方向流动。在横截面恒定的长管道中，流体就可能发生这种流动（图 2.20）。显然，简单剪切流是直线流动的一种情况。

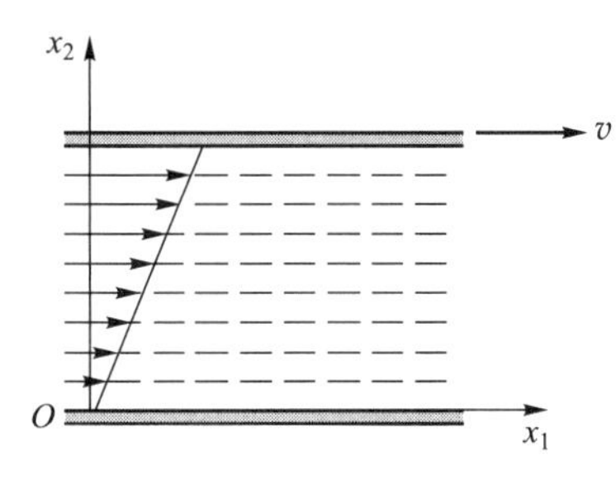

图 2.19 简单剪切流

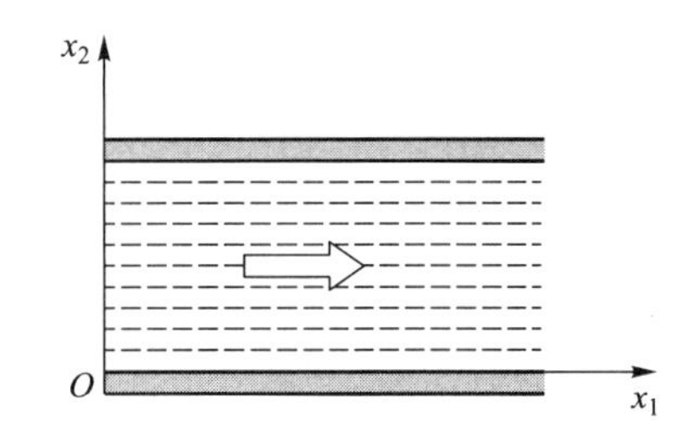

图 2.20 圆管中的直线流动

$$\underline{\boldsymbol{L}} = \begin{bmatrix} \partial f/\partial x_1 & \partial f/\partial x_2 & \partial f/\partial x_3 \\ 0 & 0 & 0 \\ 0 & 0 & 0 \end{bmatrix}, \quad \underline{\boldsymbol{D}} = \begin{bmatrix} \partial f/\partial x_1 & \partial f/2\partial x_2 & \partial f/2\partial x_3 \\ \partial f/2\partial x_2 & 0 & 0 \\ \partial f/2\partial x_3 & 0 & 0 \end{bmatrix}$$

$$\underline{\boldsymbol{W}} = \begin{bmatrix} 0 & \partial f/2\partial x_2 & \partial f/2\partial x_3 \\ -\partial f/2\partial x_2 & 0 & 0 \\ -\partial f/2\partial x_3 & 0 & 0 \end{bmatrix}$$

（3）**涡旋流动**

$$v_1 = -\frac{kx_2}{x_1^2 + x_2^2}, \quad v_2 = \frac{kx_1}{x_1^2 + x_2^2}, \quad v_3 = 0 \quad \left(x_1^2 + x_2^2 \neq 0\right)$$

式中 k 是常数。这是在 x_1x_2 平面内绕 x_3 轴的涡旋流动（图 2.21），其转速按与轴的距离成

反比地减小。这种流动可以认为是对湍急江河中旋涡的一种模拟。

$$\underline{\boldsymbol{L}}=\begin{bmatrix}2kx_1x_2r^{-4} & k\left(x_2^2-x_1^2\right)r^{-4} & 0\\ k\left(x_2^2-x_1^2\right)r^{-4} & -2kx_1x_2r^{-4} & 0\\ 0 & 0 & 0\end{bmatrix},\quad \underline{\boldsymbol{D}}=\underline{\boldsymbol{L}},\quad \underline{\boldsymbol{W}}=\underline{\boldsymbol{0}}$$

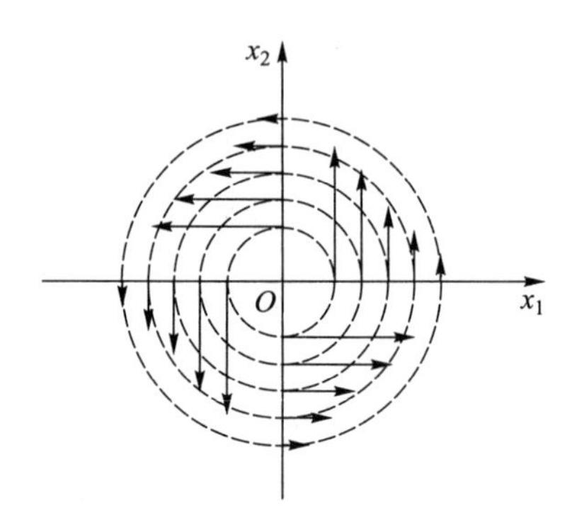

图 2.21　涡旋流动

（4）**平面流动**

在这种流动中，液体只在垂直于轴的平面内流动。涡旋流动是平面流动的一种情况。

$$v_1=v_1\left(x_1,x_2,t\right),\quad v_2=v_2\left(x_1,x_2,t\right),\quad v_3=0$$

$$\underline{\boldsymbol{L}}=\begin{bmatrix}\dfrac{\partial v_1}{\partial x_1} & \dfrac{\partial v_1}{\partial x_2} & 0\\ \dfrac{\partial v_2}{\partial x_1} & \dfrac{\partial v_2}{\partial x_2} & 0\\ 0 & 0 & 0\end{bmatrix},\quad \underline{\boldsymbol{D}}=\begin{bmatrix}\dfrac{\partial v_1}{\partial x_1} & \dfrac{1}{2}\left(\dfrac{\partial v_1}{\partial x_2}+\dfrac{\partial v_2}{\partial x_1}\right) & 0\\ \dfrac{1}{2}\left(\dfrac{\partial v_1}{\partial x_2}+\dfrac{\partial v_2}{\partial x_1}\right) & \dfrac{\partial v_2}{\partial x_2} & 0\\ 0 & 0 & 0\end{bmatrix}$$

$$\underline{\boldsymbol{W}}=\begin{bmatrix}0 & \dfrac{1}{2}\left(\dfrac{\partial v_1}{\partial x_2}-\dfrac{\partial v_2}{\partial x_1}\right) & 0\\ -\dfrac{1}{2}\left(\dfrac{\partial v_1}{\partial x_2}-\dfrac{\partial v_2}{\partial x_1}\right) & 0 & 0\\ 0 & 0 & 0\end{bmatrix}$$

2.5　有限变形

在本小节中，将一般地讨论大变形的问题，人们称这种变形为**有限变形**。有限变形的基本观点是：

第一，由于变形较大，更高阶的几何量和力学量需要考虑。究竟是用变形前的构形作为基准去考察，还是用变形后的构形去考察，这就导致了对同一个变形的两种描述方法：物质描述和空间描述。而在小变形情况中，忽略了这一差别，统统都在变形前的构形中考察各种几何量和物理量，因而小变形采用的是物质描述。

第二，位移的一阶导数与 1 相比可能不再是小量，因此有限变形中其平方量级就不能忽略；而在小变形情况下其平方及以上量级都是可忽略的。

2.5.1 应变张量的定义

如果变形不再是很小的，那么小应变张量就不再适用了。为了描述变形情况，人们采用了**形变梯度张量**，其定义是

$$\boldsymbol{F}=\frac{\partial \boldsymbol{x}}{\partial \boldsymbol{X}}=\boldsymbol{x}\overline{\nabla} \tag{2.73}$$

式中，$\overline{\nabla}$ 是关于物质坐标 $\boldsymbol{X}$ 的 Hamilton 算符。在直角坐标系中，$\boldsymbol{F}$ 的分量矩阵为

$$\underline{\boldsymbol{F}}=\begin{bmatrix}\dfrac{\partial x_1}{\partial X_1} & \dfrac{\partial x_1}{\partial X_2} & \dfrac{\partial x_1}{\partial X_3}\\ \dfrac{\partial x_2}{\partial X_1} & \dfrac{\partial x_2}{\partial X_2} & \dfrac{\partial x_2}{\partial X_3}\\ \dfrac{\partial x_3}{\partial X_1} & \dfrac{\partial x_3}{\partial X_2} & \dfrac{\partial x_3}{\partial X_3}\end{bmatrix} \tag{2.74}$$

根据式 (2.5) 的假定，可知

$$\det \boldsymbol{F}=J\neq 0 \tag{2.75}$$

由形变梯度张量的定义，可得

$$\mathrm{d}\boldsymbol{x}=\boldsymbol{F}\cdot\mathrm{d}\boldsymbol{X} \tag{2.76}$$

下面，从一个微元线段的伸长比计算入手，讨论如何引入有限变形的度量。

记参考构形中的微元线段 $\mathrm{d}\boldsymbol{X}$ 的长度为 $\mathrm{d}S$，方向单位矢量为 $\boldsymbol{N}$，即 $\mathrm{d}\boldsymbol{X}=\boldsymbol{N}\mathrm{d}S$，这个微元线段在即时构形上为 $\mathrm{d}\boldsymbol{x}$，记其长度和方向单位矢量分别为 $\mathrm{d}s$ 和 $\boldsymbol{n}$，即 $\mathrm{d}\boldsymbol{x}=\boldsymbol{n}\mathrm{d}s$。根据 $\mathrm{d}\boldsymbol{x}=\boldsymbol{F}\cdot\mathrm{d}\boldsymbol{X}$ 便有

$$\boldsymbol{n}\mathrm{d}s=\boldsymbol{F}\cdot\boldsymbol{N}\mathrm{d}S \tag{2.77}$$

记该微元线段上的伸长比为

$$\varLambda=\frac{\mathrm{d}s}{\mathrm{d}S} \tag{2.78}$$

便有

$$\boldsymbol{F}\cdot\boldsymbol{N}=\varLambda\boldsymbol{n},\quad F_{iR}N_R=\varLambda n_i \tag{2.79}$$

注意到 $\boldsymbol{n}\cdot\boldsymbol{n}=1$，有

$$\varLambda^2=(\boldsymbol{F}\cdot\boldsymbol{N})\cdot(\boldsymbol{F}\cdot\boldsymbol{N})=\boldsymbol{N}\cdot\boldsymbol{F}^{\mathrm{T}}\cdot\boldsymbol{F}\cdot\boldsymbol{N}$$

定义

$$\boldsymbol{C}=\boldsymbol{F}^{\mathrm{T}}\cdot\boldsymbol{F} \tag{2.80}$$

称为**右柯西－格林（Cauchy-Green）形变张量**。这样，伸长比就可以表达为

$$\varLambda=\sqrt{\boldsymbol{N}\cdot\boldsymbol{C}\cdot\boldsymbol{N}}=\sqrt{C_{MN}N_MN_N} \tag{2.81}$$

显然，$\boldsymbol{C}$ 是对称的，而且，由于 $\det\boldsymbol{F}=J\neq 0$，根据 1.2 节中例 1.22 可知，$\boldsymbol{C}$ 是正定的。

从上述推导可看出，这里，对于伸长比的大小并没有什么限制，这是与小变形的重要区别。由此看来，$\boldsymbol{C}$ 可以作为有限变形的一种度量。但是应当指出，对于刚体运动式 (2.9)，易于得到，$\boldsymbol{F}=\boldsymbol{Q}(t)$，故有 $\boldsymbol{C}=\boldsymbol{I}$。人们总是希望，在刚体运动中，恰当的应变度量应为零。根据这一要求，可以引入**格林（Green）应变张量**

$$\boldsymbol{G}=\frac{1}{2}(\boldsymbol{C}-\boldsymbol{I}) \tag{2.82}$$

易于看出，$\boldsymbol{G}$ 是对称张量。当物体产生刚体运动时，$\boldsymbol{G}=\boldsymbol{0}$。在应用中，通常把 Green 应变张量用位移表达出来，于是有

$$\begin{aligned}\boldsymbol{G}=&\frac{1}{2}\left(\boldsymbol{F}^{\mathrm{T}}\cdot\boldsymbol{F}-\boldsymbol{I}\right)=\frac{1}{2}\left[(\boldsymbol{I}+\boldsymbol{u}\overline{\nabla})^{\mathrm{T}}\cdot(\boldsymbol{I}+\boldsymbol{u}\overline{\nabla})-\boldsymbol{I}\right]\\=&\frac{1}{2}[(\boldsymbol{I}+\overline{\nabla}\boldsymbol{u})\cdot(\boldsymbol{I}+\boldsymbol{u}\overline{\nabla})-\boldsymbol{I}]=\frac{1}{2}[\overline{\nabla}\boldsymbol{u}+\boldsymbol{u}\overline{\nabla}+(\overline{\nabla}\boldsymbol{u})\cdot(\boldsymbol{u}\overline{\nabla})]\end{aligned}$$

即

$$\boldsymbol{G}=\frac{1}{2}[\overline{\nabla}\boldsymbol{u}+\boldsymbol{u}\overline{\nabla}+(\overline{\nabla}\boldsymbol{u})\cdot(\boldsymbol{u}\overline{\nabla})] \tag{2.83a}$$

上式的分量式为

$$\begin{aligned}G_{MN}=&\frac{1}{2}\left(\frac{\partial u_M}{\partial X_N}+\frac{\partial u_N}{\partial X_M}+\frac{\partial u_P}{\partial X_M}\frac{\partial u_P}{\partial X_N}\right)\\=&\frac{1}{2}\left(\frac{\partial u_M}{\partial X_N}+\frac{\partial u_N}{\partial X_M}+\frac{\partial u_1}{\partial X_M}\frac{\partial u_1}{\partial X_N}+\frac{\partial u_2}{\partial X_M}\frac{\partial u_2}{\partial X_N}+\frac{\partial u_3}{\partial X_M}\frac{\partial u_3}{\partial X_N}\right)\end{aligned} \tag{2.83b}$$

利用 Green 应变张量，可将伸长比表达为

$$\varLambda=\sqrt{\boldsymbol{N}\cdot(2\boldsymbol{G}+\boldsymbol{I})\cdot\boldsymbol{N}}=\sqrt{2\boldsymbol{N}\cdot\boldsymbol{G}\cdot\boldsymbol{N}+1} \tag{2.84}$$

记 $\boldsymbol{N}$ 方向上微元线段的线应变为

$$E_N=\frac{\mathrm{d}s-\mathrm{d}S}{\mathrm{d}S}=\varLambda-1 \tag{2.85}$$

则有

$$E_N=\sqrt{2\boldsymbol{N}\cdot\boldsymbol{G}\cdot\boldsymbol{N}+1}-1=\sqrt{2G_{MN}N_MN_N+1}-1 \tag{2.86}$$

由此，我们便建立了物质描述型的张量 $\boldsymbol{C}$ 和 $\boldsymbol{G}$，它们都是有限变形的度量。

下面考虑张量 $\boldsymbol{C}$ 的分量矩阵的各元素的几何意义。

由式 (2.81) 可知，若参考构形上的微元线段恰好与坐标轴平行，例如与 X_1 轴平行，则

此时

$$\underline{\boldsymbol{N}}^{(1)}=\begin{bmatrix}1 & 0 & 0\end{bmatrix}^{\mathrm{T}}, \quad \Lambda=\sqrt{C_{11}}$$

这表明，在参考构形中 X_R 方向上的微元线段的伸长比 Λ 的平方等于右 Cauchy-Green 张量 $\boldsymbol{C}$ 的相应对角线元素 $C_{\underline{R}\,\underline{R}}$。

为了考察 $\boldsymbol{C}$ 的非对角线元素的意义，先一般地考察两个微元线段的夹角在变形过程中的变化。如果参考构形上同一点处的两微元线段分别为 $\mathrm{d}\boldsymbol{X}^{(1)}=\boldsymbol{N}^{(1)}\mathrm{d}S$ 和 $\mathrm{d}\boldsymbol{X}^{(2)}=\boldsymbol{N}^{(2)}\mathrm{d}S$，在即时构形上它们分别成为 $\mathrm{d}\boldsymbol{x}^{(1)}=\boldsymbol{n}^{(1)}\mathrm{d}s^{(1)}$ 和 $\mathrm{d}\boldsymbol{x}^{(2)}=\boldsymbol{n}^{(2)}\mathrm{d}s^{(2)}$。在两种构形上它们的夹角分别记为 Φ 和 φ，那么便有（图 2.22）

$$\cos\Phi=\boldsymbol{N}^{(1)}\cdot\boldsymbol{N}^{(2)}, \quad \cos\varphi=\boldsymbol{n}^{(1)}\cdot\boldsymbol{n}^{(2)} \tag{2.87}$$

由式 (2.79) 可得

$$\cos\varphi=\boldsymbol{n}^{(1)}\cdot\boldsymbol{n}^{(2)}=\frac{1}{\Lambda^{(1)}}\left(\boldsymbol{F}\cdot\boldsymbol{N}^{(1)}\right)\cdot\frac{1}{\Lambda^{(2)}}\left(\boldsymbol{F}\cdot\boldsymbol{N}^{(2)}\right)$$

故有

$$\cos\varphi=\frac{1}{\Lambda^{(1)}\Lambda^{(2)}}\left(\boldsymbol{N}^{(1)}\cdot\boldsymbol{C}\cdot\boldsymbol{N}^{(2)}\right)=\frac{1}{\Lambda^{(1)}\Lambda^{(2)}}\left(C_{MN}N_M^{(1)}N_N^{(2)}\right) \tag{2.88}$$

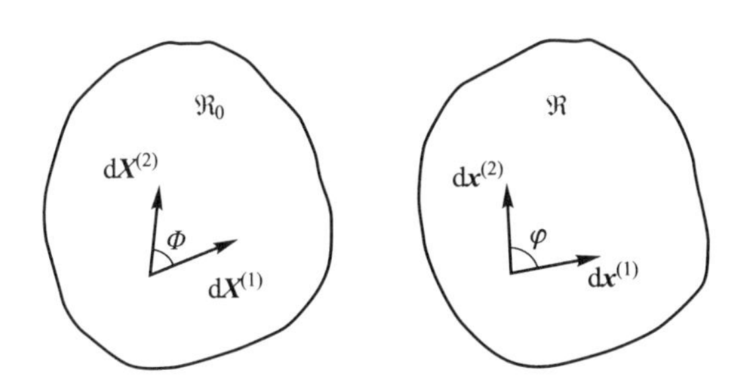

图 2.22 两个微元线段的夹角

特别地，若参考构形上两微元线段 $\mathrm{d}\boldsymbol{X}^{(1)}$ 和 $\mathrm{d}\boldsymbol{X}^{(2)}$ 的方向恰好与坐标轴平行，例如分别与 X_1 和 X_2 平行，那么有

$$\underline{\boldsymbol{N}}^{(1)}=\begin{bmatrix}1 & 0 & 0\end{bmatrix}^{\mathrm{T}}, \quad \underline{\boldsymbol{N}}^{(2)}=\begin{bmatrix}0 & 1 & 0\end{bmatrix}^{\mathrm{T}}, \quad \cos\varphi=\frac{C_{12}}{\sqrt{C_{11}C_{22}}}$$

一般地，若 $\mathrm{d}\boldsymbol{X}^{(1)}$ 和 $\mathrm{d}\boldsymbol{X}^{(2)}$ 的方向恰好与坐标轴 X_P 和 X_Q 平行，则有

$$\cos\varphi=\frac{C_{PQ}}{\sqrt{C_{\underline{P}\,\underline{P}}C_{\underline{Q}\,\underline{Q}}}} \tag{2.89}$$

这说明，$\boldsymbol{C}$ 的非角线元素 C_{PQ} 以余弦的形式描述了参考构形上该点处沿坐标轴 X_P 和 X_Q 两个方向上的夹角的变化。但应注意，影响这个角度变化的不仅有 C_{PQ}，还有这两个方向上的微元线段的伸长比 $\sqrt{C_{\underline{P}\,\underline{P}}}$ 和 $\sqrt{C_{\underline{Q}\,\underline{Q}}}$。这一点与小变形情况不同。

不难将上述诸式中的右 Cauchy-Green 张量换为 Green 应变张量：

$$\cos\varphi = \frac{1}{\varLambda^{(1)}\varLambda^{(2)}}\left(2\boldsymbol{N}^{(1)}\cdot\boldsymbol{G}\cdot\boldsymbol{N}^{(2)}+\boldsymbol{N}^{(1)}\cdot\boldsymbol{N}^{(2)}\right)$$

$$\cos\varphi = \frac{1}{\varLambda^{(1)}\varLambda^{(2)}}\left(2\boldsymbol{N}^{(1)}\cdot\boldsymbol{G}\cdot\boldsymbol{N}^{(2)}+\cos\varPhi\right) \tag{2.90a}$$

或

$$\cos\varphi = \frac{1}{\varLambda^{(1)}\varLambda^{(2)}}\left(2G_{PQ}N_P^{(1)}N_Q^{(2)}+\cos\varPhi\right) \tag{2.90b}$$

若 $\mathrm{d}\boldsymbol{X}^{(1)}$ 和 $\mathrm{d}\boldsymbol{X}^{(2)}$ 的方向恰好与坐标轴 X_P 和 X_Q 平行，则有

$$\cos\varphi = \frac{2G_{PQ}}{\sqrt{\left(1+2G_{\underline{P}\,\underline{P}}\right)\left(1+2G_{\underline{Q}\,\underline{Q}}\right)}} \tag{2.91}$$

从上面可看出应变张量 $\boldsymbol{G}$ 的各元素的几何意义。从某种程度上讲，这一意义不如小应变张量 $\boldsymbol{E}$ 那么简单明确，但是，利用 $\boldsymbol{C}$ 和 $\boldsymbol{G}$，可以成功地描述有限变形情况下变形最基本的要素：微元线段的伸长缩短和由形变引起的方向偏移，其中后者是以两个微元线段的夹角来表述的。

由上可知，形变张量 $\boldsymbol{C}$ 和应变张量 $\boldsymbol{G}$ 是物质描述型的。下面考虑建立空间描述型的形变张量。首先考虑形变梯度张量。在上面考虑的形变梯度张量是物质描述的，为了得到空间描述，可定义

$$\boldsymbol{F}^{-1} = \frac{\partial\boldsymbol{X}}{\partial\boldsymbol{x}} = \boldsymbol{X}\nabla \tag{2.92}$$

在直角坐标系中，$\boldsymbol{F}^{-1}$ 的分量矩阵为

$$\underline{\boldsymbol{F}}^{-1} = \begin{bmatrix} \dfrac{\partial X_1}{\partial x_1} & \dfrac{\partial X_1}{\partial x_2} & \dfrac{\partial X_1}{\partial x_3} \\ \dfrac{\partial X_2}{\partial x_1} & \dfrac{\partial X_2}{\partial x_2} & \dfrac{\partial X_2}{\partial x_3} \\ \dfrac{\partial X_3}{\partial x_1} & \dfrac{\partial X_3}{\partial x_2} & \dfrac{\partial X_3}{\partial x_3} \end{bmatrix} \tag{2.93}$$

特别地，记其行列式为

$$j = \det\boldsymbol{F}^{-1} \tag{2.94}$$

可定义空间描述的伸长比为

$$\lambda = \frac{\mathrm{d}S}{\mathrm{d}s} \tag{2.95}$$

由式 (2.79) 可得

$$\lambda\boldsymbol{N} = \boldsymbol{F}^{-1}\cdot\boldsymbol{n}$$

利用 $\boldsymbol{N}\cdot\boldsymbol{N}=1$，可得

$$\lambda^2=\boldsymbol{n}\cdot\left(\boldsymbol{F}^{-1}\right)^{\mathrm{T}}\cdot\boldsymbol{F}^{-1}\cdot\boldsymbol{n}$$

由此，可定义

$$\boldsymbol{B}=\boldsymbol{F}\cdot\boldsymbol{F}^{\mathrm{T}} \tag{2.96}$$

为**左柯西－格林**（Cauchy-Green）**形变张量**，这样便有

$$\boldsymbol{B}^{-1}=\left(\boldsymbol{F}^{-1}\right)^{\mathrm{T}}\cdot\boldsymbol{F}^{-1} \tag{2.97a}$$

其分量形式为

$$B_{ij}^{-1}=\frac{\partial X_R}{\partial x_i}\frac{\partial X_R}{\partial x_j}=\frac{\partial X_1}{\partial x_i}\frac{\partial X_1}{\partial x_j}+\frac{\partial X_2}{\partial x_i}\frac{\partial X_2}{\partial x_j}+\frac{\partial X_3}{\partial x_i}\frac{\partial X_3}{\partial x_j} \tag{2.97b}$$

注意，这里的 B_{ij}^{-1} 是 $\boldsymbol{B}^{-1}$ 的分量，不是指元素 B_{ij} 单独取逆。于是便有

$$\lambda=\frac{\mathrm{d}S}{\mathrm{d}s}=\sqrt{\boldsymbol{n}\cdot\boldsymbol{B}^{-1}\cdot\boldsymbol{n}}=\sqrt{B_{ij}^{-1}n_in_j} \tag{2.98}$$

在刚体运动中，$\boldsymbol{B}=\boldsymbol{B}^{-1}=\boldsymbol{I}$，与物质描述类似，可以定义

$$\boldsymbol{A}=\frac{1}{2}\left(\boldsymbol{I}-\boldsymbol{B}^{-1}\right) \tag{2.99}$$

称为**阿尔曼西**（Almansi）**应变张量**。式中，$\boldsymbol{B}^{-1}=\left(\boldsymbol{F}^{-1}\right)^{\mathrm{T}}\cdot\boldsymbol{F}^{-1}$，而 $\boldsymbol{F}^{-1}=\dfrac{\partial\boldsymbol{X}}{\partial\boldsymbol{x}}=(\boldsymbol{x}-\boldsymbol{u})\nabla$，故有

$$\begin{aligned}\boldsymbol{A}=&\frac{1}{2}\left\{\boldsymbol{I}-[(\boldsymbol{x}-\boldsymbol{u})\nabla]^{\mathrm{T}}\cdot[(\boldsymbol{x}-\boldsymbol{u})\nabla]\right\}=\frac{1}{2}\left\{\boldsymbol{I}-\left[\boldsymbol{I}-(\boldsymbol{u}\nabla)^{\mathrm{T}}\right]\cdot[\boldsymbol{I}-\boldsymbol{u}\nabla]\right\}\\=&\frac{1}{2}[\boldsymbol{u}\nabla+\nabla\boldsymbol{u}-(\nabla\boldsymbol{u})\cdot(\boldsymbol{u}\nabla)]\end{aligned}$$

即

$$\boldsymbol{A}=\frac{1}{2}[\boldsymbol{u}\nabla+\nabla\boldsymbol{u}-(\nabla\boldsymbol{u})\cdot(\boldsymbol{u}\nabla)] \tag{2.100a}$$

Almansi 应变张量的分量为

$$\begin{aligned}A_{ij}=&\frac{1}{2}\left(\frac{\partial u_j}{\partial x_i}+\frac{\partial u_i}{\partial x_j}-\frac{\partial u_m}{\partial x_i}\frac{\partial u_m}{\partial x_j}\right)\\=&\frac{1}{2}\left(\frac{\partial u_i}{\partial x_j}+\frac{\partial u_j}{\partial x_i}-\frac{\partial u_1}{\partial x_i}\frac{\partial u_1}{\partial x_j}-\frac{\partial u_2}{\partial x_i}\frac{\partial u_2}{\partial x_j}-\frac{\partial u_3}{\partial x_i}\frac{\partial u_3}{\partial x_j}\right)\end{aligned} \tag{2.100b}$$

上式中，位移应表达为空间坐标 $\boldsymbol{x}$ 的函数，因此，Almansi 应变张量是空间描述型的。

利用 Almansi 应变张量可将伸长比 λ 表示为

$$\lambda=\sqrt{1-2\boldsymbol{n}\cdot\boldsymbol{A}\cdot\boldsymbol{n}} \tag{2.101}$$

记即时构形上沿方向 $\boldsymbol{n}$ 的线应变为

$$e_n=\frac{\mathrm{d}S-\mathrm{d}s}{\mathrm{d}s}=\lambda-1 \tag{2.102}$$

有

$$e_n = \sqrt{1 - 2\boldsymbol{n} \cdot \boldsymbol{A} \cdot \boldsymbol{n}} - 1 = \sqrt{1 - 2A_{ij}n_i n_j} - 1 \tag{2.103}$$

对于两个微元线段夹角变化的空间描述，则可以通过式 (2.87) 和式 (2.79) 得到

$$\cos\Phi = \frac{1}{\lambda^{(1)}\lambda^{(2)}}\left(\boldsymbol{n}^{(1)} \cdot \boldsymbol{B}^{-1} \cdot \boldsymbol{n}^{(2)}\right) \tag{2.104}$$

或

$$\cos\Phi = \frac{1}{\lambda^{(1)}\lambda^{(2)}}\left(\boldsymbol{n}^{(1)} \cdot \boldsymbol{n}^{(2)} - 2\boldsymbol{n}^{(1)} \cdot \boldsymbol{A} \cdot \boldsymbol{n}^{(2)}\right)$$

即

$$\cos\Phi = \frac{1}{\lambda^{(1)}\lambda^{(2)}}\left(\cos\varphi - 2\boldsymbol{n}^{(1)} \cdot \boldsymbol{A} \cdot \boldsymbol{n}^{(2)}\right) \tag{2.105a}$$

$$\cos\Phi = \frac{1}{\lambda^{(1)}\lambda^{(2)}}\left(\cos\varphi - 2A_{ij}n_i^{(1)}n_j^{(2)}\right) \tag{2.105b}$$

从式 (2.98) 可以看出，如果微元线段在即时构形上恰好平行于 x_m 轴，那么它的伸长比 λ 的平方等于 $B^{-1}_{\underline{m}\,\underline{m}}$。

同时，若 $\mathrm{d}\boldsymbol{x}^{(1)}$ 和 $\mathrm{d}\boldsymbol{x}^{(2)}$ 的方向恰好与坐标轴 x_i 和 x_j 平行，则有

$$\cos\Phi = \frac{B^{-1}_{ij}}{\sqrt{B^{-1}_{\underline{i}\,\underline{i}}B^{-1}_{\underline{j}\,\underline{j}}}} \tag{2.106}$$

由此可看出 $\boldsymbol{B}^{-1}$ 各元素所包含的几何意义。

易于看出，小应变张量 $\boldsymbol{E}$ 实质上就是 Green 应变张量 $\boldsymbol{G}$ 忽略 $\dfrac{\partial u_P}{\partial X_Q}$ 的二阶量，或 Almansi 应变张量 $\boldsymbol{A}$ 忽略 $\dfrac{\partial u_m}{\partial x_n}$ 的二阶量的结果。

在小应变情况下，张量 $\boldsymbol{G}$ 趋近于小应变张量。首先考虑式 (2.86)，小变形时，$2\boldsymbol{N}\cdot\boldsymbol{G}\cdot\boldsymbol{N}$ 仍是小量，因此可利用级数展开公式

$$\sqrt{1+x} = 1 + \frac{1}{2}x - \frac{1}{8}x^2 + \cdots$$

把 $2\boldsymbol{N}\cdot\boldsymbol{G}\cdot\boldsymbol{N}$ 视为 x，忽略二阶小量，可得

$$E_N = (1 + \boldsymbol{N}\cdot\boldsymbol{G}\cdot\boldsymbol{N} - \cdots) - 1 = \boldsymbol{N}\cdot\boldsymbol{G}\cdot\boldsymbol{N} \Rightarrow \boldsymbol{n}\cdot\boldsymbol{E}\cdot\boldsymbol{n}$$

这也就是式 (2.27) 的结论。当 $\boldsymbol{N}$ 或 $\boldsymbol{n}$ 取坐标轴方向时，便可得到坐标轴方向的线应变。

在小变形情况下，平行于坐标轴 X_P 和 X_Q 的微元线段夹角的变化量 γ 与 φ 互余，即 $\gamma + \varphi = \dfrac{\pi}{2}$，故有 $\sin\gamma = \cos\varphi$。当 γ 是小量时，$\sin\gamma$ 与 γ 同阶。此时，在式 (2.91) 中

$$\left[\left(1 + 2G_{\underline{P}\,\underline{P}}\right)\left(1 + 2G_{\underline{Q}\,\underline{Q}}\right)\right]^{-\frac{1}{2}} = 1 - \left(G_{\underline{P}\,\underline{P}} + G_{\underline{Q}\,\underline{Q}} + 2G_{\underline{P}\,\underline{P}}G_{\underline{Q}\,\underline{Q}}\right) + \cdots$$

故有

$$\gamma = \cos\varphi = 2G_{PQ}\left[1 - \left(G_{\underline{P}\,\underline{P}} + G_{\underline{Q}\,\underline{Q}} + 2G_{\underline{P}\,\underline{P}}G_{\underline{Q}\,\underline{Q}}\right) + \cdots\right]$$

略去二阶小量，可得

$$\frac{1}{2}\gamma = G_{PQ} \Rightarrow E_{PQ}$$

这就是小变形中的式 (2.18)。

类似地，可以考虑小变形情况下 Almansi 应变张量 $\boldsymbol{A}$ 向小应变张量 $\boldsymbol{E}$ 的趋近，并得到类似的结果。

例 2.12 求均匀拉伸的两种应变张量。

解： 当变形可用如下形式描述时，称为均匀拉伸 (图 2.23)：

$$x_1 = a_1 X_1, \quad x_2 = a_2 X_2, \quad x_3 = a_3 X_3$$

式中，a_1、a_2、a_3 是正的常数。$a_i > 1$ 标志着该方向上的伸长，$a_i < 1$ 标志着该方向上的压缩。具有不变横截面的长杆在轴向上拉伸时，其中间部分就可能发生这种形变。在发生自由热膨胀的物体中也可能发生这种形变。易得

$$\underline{\boldsymbol{F}} = \begin{bmatrix} a_1 & 0 & 0 \\ 0 & a_2 & 0 \\ 0 & 0 & a_3 \end{bmatrix}, \quad \underline{\boldsymbol{C}} = \underline{\boldsymbol{B}} = \begin{bmatrix} a_1^2 & 0 & 0 \\ 0 & a_2^2 & 0 \\ 0 & 0 & a_3^2 \end{bmatrix}$$

$$\underline{\boldsymbol{G}} = \frac{1}{2}\begin{bmatrix} a_1^2 - 1 & 0 & 0 \\ 0 & a_2^2 - 1 & 0 \\ 0 & 0 & a_3^2 - 1 \end{bmatrix}, \quad \underline{\boldsymbol{A}} = \frac{1}{2}\begin{bmatrix} 1 - 1/a_1^2 & 0 & 0 \\ 0 & 1 - 1/a_2^2 & 0 \\ 0 & 0 & 1 - 1/a_3^2 \end{bmatrix}$$

可以证明，当变形很小，即 $a_i = 1 + \varepsilon_i$ 时 (ε_i 为小量)，$\boldsymbol{G}$ 和 $\boldsymbol{A}$ 都趋于小应变张量 $\boldsymbol{E}$。

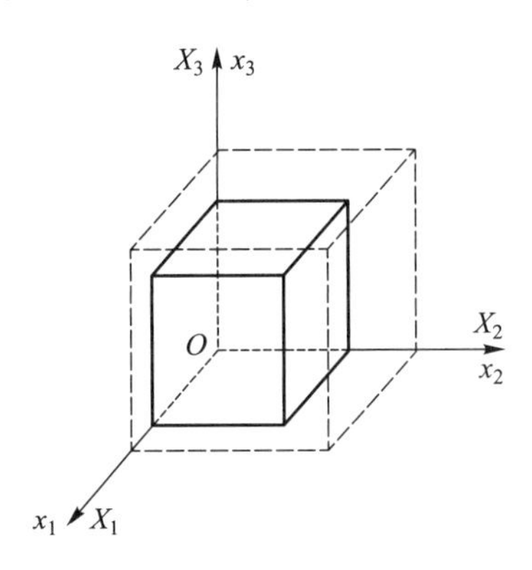

图 2.23 均匀拉伸

均匀拉伸的一种特殊状态

$$a_1 = \lambda, \quad a_2 = \lambda^{-1}, \quad a_3 = 1$$

称为**纯剪变形**。

例 2.13 求简单剪切的两种应变张量。

解： 当变形用下述形式描述时，称为简单剪切 (图 2.24)：

$$x_1 = X_1 + kX_2, \quad x_2 = X_2, \quad x_3 = X_3$$

式中 k 即剪切角 γ 的正切。当图中物体上下两个平面受着相反方向的剪切力作用时，就可能发生这种形变。易得

$$\underline{\boldsymbol{F}} = \begin{bmatrix} 1 & k & 0 \\ 0 & 1 & 0 \\ 0 & 0 & 1 \end{bmatrix}, \quad \underline{\boldsymbol{C}} = \begin{bmatrix} 1 & k & 0 \\ k & 1+k^2 & 0 \\ 0 & 0 & 1 \end{bmatrix}$$

$$\underline{\boldsymbol{G}} = \frac{1}{2}\begin{bmatrix} 0 & k & 0 \\ k & k^2 & 0 \\ 0 & 0 & 0 \end{bmatrix}, \quad \underline{\boldsymbol{B}} = \begin{bmatrix} 1+k^2 & k & 0 \\ k & 1 & 0 \\ 0 & 0 & 1 \end{bmatrix}$$

$$\underline{\boldsymbol{B}}^{-1} = \begin{bmatrix} 1 & -k & 0 \\ -k & 1+k^2 & 0 \\ 0 & 0 & 1 \end{bmatrix}, \quad \underline{\boldsymbol{A}} = \frac{1}{2}\begin{bmatrix} 0 & k & 0 \\ k & -k^2 & 0 \\ 0 & 0 & 0 \end{bmatrix}$$

可以看出，当 k 是一个小量而 k^2 可以忽略时，$\boldsymbol{G}$ 和 $\boldsymbol{A}$ 都趋于小应变张量 $\boldsymbol{E}$。

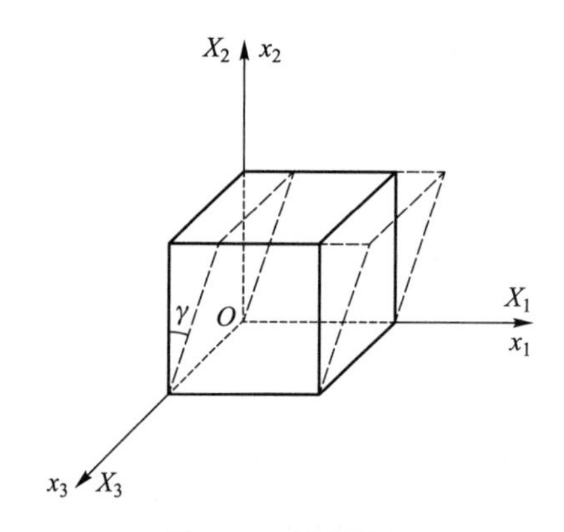

图 2.24　简单剪切

可以把本例的结果用于例 2.2 的平面变形中。易得在参考构形的对角线 AC 的方向上，根据式 (2.81)，由于

$$\boldsymbol{N}\cdot\boldsymbol{G}\cdot\boldsymbol{N} = \frac{1}{2}\cdot\frac{1}{2}\begin{bmatrix} 1 & 1 \end{bmatrix}\begin{bmatrix} 0 & k \\ k & k^2 \end{bmatrix}\begin{bmatrix} 1 \\ 1 \end{bmatrix} = \frac{1}{4}\left(2k+k^2\right)$$

故有

$$E_N = \varLambda - 1 = \sqrt{2\boldsymbol{N}\cdot\boldsymbol{G}\cdot\boldsymbol{N}+1} - 1 = \sqrt{1+k+k^2/2} - 1$$

易见，当 k 很小时，可将上式中的 k^2 项略去，再将 $\sqrt{1+k}$ 展开为级数，再次将 k^2 及其更高的项略去，便可得 $E_N = k/2 = \gamma/2$，这与例 2.2 的结论是相同的。

若 γ 不是小量时，根据图 2.8 可知，本例的方法是精确的。但例 2.2 的结论将会带来很大的误差。例如，取 $\gamma=\pi/6$，按例 2.2 的方法将得到 $E_N=0.2618$，按本例的方法则得 $E_N=0.3206$，相对误差达 18%。

例 2.14 变形体某点处沿 X_1 方向和 X_2 方向的微元线段的长度在加载过程中分别增加了 50% 和 20%，其夹角由直角变成了 60°。在 X_3 方向上的微元线段没有伸缩，X_1 和 X_3 方向的夹角，X_2 和 X_3 方向的夹角保持直角不变。求该点处的 Green 应变张量。

解： 先求右 Cauchy-Green 形变张量。由 $\boldsymbol{C}$ 的分量几何意义可知

$$C_{11}=(1+0.5)^2=2.25,\quad C_{22}=(1+0.2)^2=1.44,\quad C_{33}=1$$

由式 (2.89) 可知，$\cos 60^\circ=\dfrac{C_{12}}{\sqrt{C_{11}C_{22}}}$，可得 $C_{12}=0.9$。

由题设可知

$$C_{13}=C_{23}=0$$

故右 Cauchy-Green 形变张量的分量矩阵为

$$\underline{\boldsymbol{C}}=\begin{bmatrix}2.25 & 0.9 & 0\\ 0.9 & 1.44 & 0\\ 0 & 0 & 1\end{bmatrix}$$

故该点处的 Green 应变张量的分量矩阵为

$$\underline{\boldsymbol{G}}=\frac{1}{2}(\underline{\boldsymbol{C}}-\underline{\boldsymbol{I}})=\begin{bmatrix}0.625 & 0.45 & 0\\ 0.45 & 0.22 & 0\\ 0 & 0 & 0\end{bmatrix}$$

例 2.15 物体经历如下变形：

$$x_1=\sqrt{2}X_1+\frac{3}{4}\sqrt{2}X_2,\quad x_2=-X_1+\frac{3}{4}X_2+\frac{1}{2}\sqrt{2}X_3,\quad x_3=X_1-\frac{3}{4}X_2+\frac{1}{2}\sqrt{2}X_3$$

求：(1) 在参考构形中具有方向比 1 : 1 : 1 的线元素的伸长比；(2) 这个线元素在变形后的方向。

解： 由变形可知

$$\underline{\boldsymbol{F}}=\begin{bmatrix}\sqrt{2} & 3\sqrt{2}/4 & 0\\ -1 & 3/4 & \sqrt{2}/2\\ 1 & -3/4 & \sqrt{2}/2\end{bmatrix},\quad \text{故}\quad \underline{\boldsymbol{C}}=\begin{bmatrix}4 & 0 & 0\\ 0 & 9/4 & 0\\ 0 & 0 & 1\end{bmatrix}$$

显然，线元素的单位方向矢量为 $\underline{\boldsymbol{N}}=\dfrac{1}{\sqrt{3}}\begin{bmatrix}1 & 1 & 1\end{bmatrix}^{\mathrm{T}}$，故伸长比的平方为

$$\varLambda^2=\frac{1}{3}\begin{bmatrix}1 & 1 & 1\end{bmatrix}\begin{bmatrix}4 & 0 & 0\\ 0 & 9/4 & 0\\ 0 & 0 & 1\end{bmatrix}\begin{bmatrix}1\\ 1\\ 1\end{bmatrix}=\frac{29}{12},\quad \varLambda=\sqrt{\frac{29}{12}}$$

由式 (2.79) 可得 $\boldsymbol{n}=\dfrac{1}{\Lambda}\boldsymbol{F}\cdot\boldsymbol{N}$，将各项值代入可得

$$\underline{\boldsymbol{n}}=\sqrt{\frac{4}{29}}\begin{bmatrix}\frac{7}{4}\sqrt{2} & \frac{1}{2}\sqrt{2}-\frac{1}{4} & \frac{1}{2}\sqrt{2}+\frac{1}{4}\end{bmatrix}^{\mathrm{T}}$$

或者说，变形后的方向比为

$$7\sqrt{2}:(2\sqrt{2}-1):(2\sqrt{2}+1)$$

例 2.16　证明：$(\mathrm{d}s)^2-(\mathrm{d}S)^2=2\mathrm{d}\boldsymbol{X}\cdot\boldsymbol{G}\cdot\mathrm{d}\boldsymbol{X}=2\mathrm{d}\boldsymbol{x}\cdot\boldsymbol{A}\cdot\mathrm{d}\boldsymbol{x}$。

解：　由式 (2.84) 可知

$$\Lambda^2-1=2\boldsymbol{N}\cdot\boldsymbol{G}\cdot\boldsymbol{N}$$

式中，$\Lambda=\dfrac{\mathrm{d}s}{\mathrm{d}S}$，故有

$$(\mathrm{d}s)^2-(\mathrm{d}S)^2=2(\boldsymbol{N}\mathrm{d}S)\cdot\boldsymbol{G}\cdot(\boldsymbol{N}\mathrm{d}S)=2\mathrm{d}\boldsymbol{X}\cdot\boldsymbol{G}\cdot\mathrm{d}\boldsymbol{X}$$

同样，由式 (2.101) 可知

$$1-\lambda^2=2\boldsymbol{n}\cdot\boldsymbol{A}\cdot\boldsymbol{n}$$

式中，$\lambda=\dfrac{\mathrm{d}S}{\mathrm{d}s}$，故有

$$(\mathrm{d}s)^2-(\mathrm{d}S)^2=2(\boldsymbol{n}\mathrm{d}s)\cdot\boldsymbol{A}\cdot(\boldsymbol{n}\mathrm{d}s)=2\mathrm{d}\boldsymbol{x}\cdot\boldsymbol{A}\cdot\mathrm{d}\boldsymbol{x}$$

例 2.17　利用有限变形的公式推导小变形情况下用小应变张量 $\boldsymbol{E}$ 表示的两个微元线段夹角的变化量。

解：　在公式 $\cos\varphi=\dfrac{1}{\Lambda^{(1)}\Lambda^{(2)}}\left(2\boldsymbol{N}^{(1)}\cdot\boldsymbol{G}\cdot\boldsymbol{N}^{(2)}+\cos\varPhi\right)$ 中，有

$$\frac{1}{\Lambda^{(1)}\Lambda^{(2)}}=\left[\left(1+2\boldsymbol{N}^{(1)}\cdot\boldsymbol{G}\cdot\boldsymbol{N}^{(1)}\right)\left(1+2\boldsymbol{N}^{(2)}\cdot\boldsymbol{G}\cdot\boldsymbol{N}^{(2)}\right)\right]^{-\frac{1}{2}}$$

在小变形中，上式成为

$$\frac{1}{\Lambda^{(1)}\Lambda^{(2)}}=\left[\left(1+2\boldsymbol{N}^{(1)}\cdot\boldsymbol{E}\cdot\boldsymbol{N}^{(1)}\right)\left(1+2\boldsymbol{N}^{(2)}\cdot\boldsymbol{E}\cdot\boldsymbol{N}^{(2)}\right)\right]^{-\frac{1}{2}}$$

而且 $2\boldsymbol{N}^{(1)}\cdot\boldsymbol{E}\cdot\boldsymbol{N}^{(1)}$ 和 $2\boldsymbol{N}^{(2)}\cdot\boldsymbol{E}\cdot\boldsymbol{N}^{(2)}$ 均为小量。利用公式

$$(1+x)^{-\frac{1}{2}}=1-\frac{1}{2}x+\frac{3}{8}x^2-\cdots$$

将该式作级数展开时，注意到包含小量的项与 1 相比都很小，在与 1 作加减法时均可略去。这样，便有

$$\cos\varphi=2\boldsymbol{N}^{(1)}\cdot\boldsymbol{G}\cdot\boldsymbol{N}^{(2)}+\cos\varPhi$$

小变形情况下，有

$$\cos\varphi-\cos\varPhi=2\boldsymbol{N}^{(1)}\cdot\boldsymbol{E}\cdot\boldsymbol{N}^{(2)}\tag{2.107}$$

此式反映了两个微元线段夹角的变化量。

2.5.2 应变张量的性质及应用

微元线段、微元线段的夹角、微元面、微元体在变形中的变化是变形的基本要素。利用有限变形的形变张量 $\boldsymbol{C}$ 和 $\boldsymbol{B}^{-1}$、应变张量 $\boldsymbol{G}$ 和 $\boldsymbol{A}$ 可以描述这些基本要素。其中微元线段、微元线段的夹角已在 2.5.1 节中进行了讨论，在本节中，将进一步介绍 $\boldsymbol{C}$, $\boldsymbol{G}$, $\boldsymbol{B}^{-1}$, $\boldsymbol{A}$ 等张量在描述微元面、体元素变形中的应用。在此之后，再介绍 $\boldsymbol{C}$ 的主值。

1. 微元面积

在考察微元面积的变形时必须考虑微元面积的方向，因为在变形体中同一点上沿不同方向的微元面的变形可能不同。微元面积的方向由它的法线方向所定义。图 2.25 表示了参考构形中微元面积 $\mathrm{d}A$ 到即时构形上 $\mathrm{d}a$ 的变换。参考构形上，$\mathrm{d}A$ 由微元线段 $\mathrm{d}\boldsymbol{X}^{(1)}$ 和 $\mathrm{d}\boldsymbol{X}^{(2)}$ 所张成。若记 $\mathrm{d}A$ 的法线方向单位矢量为 $\boldsymbol{N}$，则有

$$\boldsymbol{N}\mathrm{d}A = \mathrm{d}\boldsymbol{X}^{(1)} \times \mathrm{d}\boldsymbol{X}^{(2)}, \quad N_R\mathrm{d}A = \varepsilon_{PQR}N_P^{(1)}N_Q^{(2)}\mathrm{d}S^{(1)}\mathrm{d}S^{(2)} \tag{2.108}$$

上两式带有上标的 $\boldsymbol{N}$ 分别指两个微元线段的方向单位矢量。同理，在即时构形上相应地有

$$\boldsymbol{n}\mathrm{d}a = \mathrm{d}\boldsymbol{x}^{(1)} \times \mathrm{d}\boldsymbol{x}^{(2)}, \quad n_k\mathrm{d}a = \varepsilon_{ijk}n_i^{(1)}n_j^{(2)}\mathrm{d}s^{(1)}\mathrm{d}s^{(2)} \tag{2.109}$$

上两式中的各元素应满足

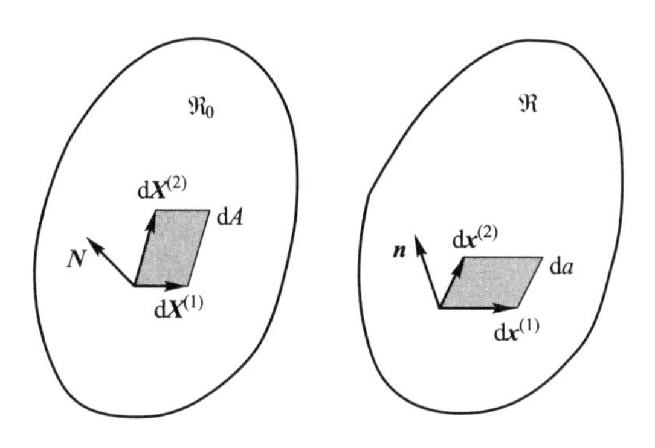

图 2.25 微元面积的变化

$$\boldsymbol{n}^{(1)}\mathrm{d}s^{(1)} = \boldsymbol{F}\cdot\boldsymbol{N}^{(1)}\mathrm{d}S^{(1)}, \quad \boldsymbol{n}^{(2)}\mathrm{d}s^{(2)} = \boldsymbol{F}\cdot\boldsymbol{N}^{(2)}\mathrm{d}S^{(2)}$$

或

$$n_i^{(1)}\mathrm{d}s^{(1)} = F_{iP}N_P^{(1)}\mathrm{d}S^{(1)}, \quad n_j^{(2)}\mathrm{d}s^{(2)} = F_{jQ}N_Q^{(2)}\mathrm{d}S^{(2)}$$

这样便有

$$n_k\mathrm{d}a = \varepsilon_{ijk}n_i^{(1)}n_j^{(2)}\mathrm{d}s^{(1)}\mathrm{d}s^{(2)} = \varepsilon_{ijk}F_{iP}N_P^{(1)}F_{jQ}N_Q^{(2)}\mathrm{d}S^{(1)}\mathrm{d}S^{(2)}$$

在上式两端同乘以 F_{kR}，可得

$$F_{kR}n_k\mathrm{d}a = \varepsilon_{ijk}F_{iP}F_{jQ}F_{kR}N_P^{(1)}N_Q^{(2)}\mathrm{d}S^{(1)}\mathrm{d}S^{(2)}$$

根据式 (1.55)，上式中的 $\varepsilon_{ijk}F_{iP}F_{jQ}F_{kR} = \varepsilon_{PQR}\det\boldsymbol{F} = \varepsilon_{PQR}J$，故有

$$F_{kR}n_k\mathrm{d}a = J\varepsilon_{PQR}N_P^{(1)}N_Q^{(2)}\mathrm{d}S^{(1)}\mathrm{d}S^{(2)} = JN_R\mathrm{d}A$$

这个分量式对应的整体表达式为

$$\boldsymbol{n}\cdot\boldsymbol{F}\mathrm{d}a = J\boldsymbol{N}\mathrm{d}A \tag{2.110}$$

由于 $\boldsymbol{n}\cdot\boldsymbol{n} = 1$，由上式可得

$$\frac{\mathrm{d}a}{\mathrm{d}A} = J\sqrt{\boldsymbol{N}\cdot\boldsymbol{C}^{-1}\cdot\boldsymbol{N}} = J\sqrt{C_{PQ}^{-1}N_PN_Q} \tag{2.111}$$

或者，由 $\boldsymbol{N}\cdot\boldsymbol{N} = 1$，可得

$$\frac{\mathrm{d}A}{\mathrm{d}a} = j\sqrt{\boldsymbol{n}\cdot\boldsymbol{B}\cdot\boldsymbol{n}} = j\sqrt{B_{ij}n_in_j} \tag{2.112}$$

例 2.18　求例 2.15 的变形中参考构形上法线方向具有方向比 1 : 1 : 1 的微元面积的增长比。

解:　由例 2.15 的计算可以很方便地得到

$$\det\boldsymbol{C} = 9,\quad 故\quad J = \det\boldsymbol{F} = 3$$

$$\underline{\boldsymbol{C}}^{-1} = \begin{bmatrix} 1/4 & 0 & 0 \\ 0 & 4/9 & 0 \\ 0 & 0 & 1 \end{bmatrix},\quad \underline{\boldsymbol{N}}^{\mathrm{T}}\underline{\boldsymbol{C}}^{-1}\underline{\boldsymbol{N}} = \frac{1}{3}\begin{bmatrix} 1 & 1 & 1 \end{bmatrix}\begin{bmatrix} 1/4 & 0 & 0 \\ 0 & 4/9 & 0 \\ 0 & 0 & 1 \end{bmatrix}\begin{bmatrix} 1 \\ 1 \\ 1 \end{bmatrix} = \frac{61}{108}$$

故有 $\dfrac{\mathrm{d}a}{\mathrm{d}A} = \sqrt{\dfrac{61}{12}}$。

2. 微元体积

令参考构形上的微元体 $\mathrm{d}\Sigma$ 由微元线段 $\mathrm{d}\boldsymbol{X}^{(1)}$、$\mathrm{d}\boldsymbol{X}^{(2)}$、$\mathrm{d}\boldsymbol{X}^{(3)}$ 张成，相应地，这个微元体在即时构形上为 $\mathrm{d}\sigma$，由 $\mathrm{d}\boldsymbol{x}^{(1)}$、$\mathrm{d}\boldsymbol{x}^{(2)}$、$\mathrm{d}\boldsymbol{x}^{(3)}$ 张成（图 2.26）。故有

$$\mathrm{d}\Sigma = \left[\mathrm{d}\boldsymbol{X}^{(1)},\, \mathrm{d}\boldsymbol{X}^{(2)},\, \mathrm{d}\boldsymbol{X}^{(3)}\right] = \varepsilon_{PQR}\mathrm{d}X_P^{(1)}\mathrm{d}X_Q^{(2)}\mathrm{d}X_R^{(3)} \tag{2.113}$$

$$\mathrm{d}\sigma = \left[\mathrm{d}\boldsymbol{x}^{(1)},\, \mathrm{d}\boldsymbol{x}^{(2)},\, \mathrm{d}\boldsymbol{x}^{(3)}\right] = \varepsilon_{ijk}\mathrm{d}x_i^{(1)}\mathrm{d}x_j^{(2)}\mathrm{d}x_k^{(3)} \tag{2.114}$$

但有 $\mathrm{d}x_m^{(i)} = F_{mR}\mathrm{d}X_R^{(i)}$ $(i = 1, 2, 3)$，故

$$\mathrm{d}\sigma = \varepsilon_{ijk}F_{iP}F_{jQ}F_{kR}\mathrm{d}X_P^{(1)}\mathrm{d}X_Q^{(2)}\mathrm{d}X_R^{(3)} = J\varepsilon_{PQR}\mathrm{d}X_P^{(1)}\mathrm{d}X_Q^{(2)}\mathrm{d}X_R^{(3)} = J\mathrm{d}\Sigma$$

即

$$\frac{\mathrm{d}\sigma}{\mathrm{d}\Sigma} = J \tag{2.115}$$

从上式可看出，J 即 Jacobi 行列式，表示了体积增长比。由于在连续介质中，微元体积不可能膨胀至无限大，也不可能缩小至消失，因此必定有

$$0 < J < +\infty \tag{2.116}$$

$J=0$ 的情况是不可能发生的。$J<0$ 只可能在这样的情况下产生：参考构形和即时构形采用不同的坐标系，而且两个坐标系中一个是右手系，另一个是左手系。

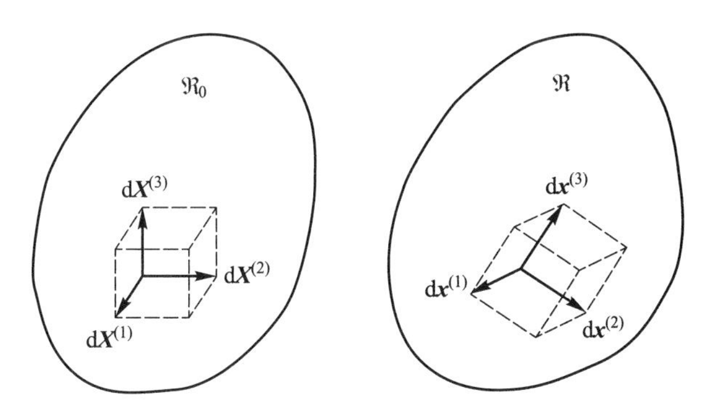

图 2.26 微元体积的变化

关于式 (2.5) 的假定就是以这一物理事实为依据的。今后，我们将认定 $J\neq 0$ 始终能够得到满足。

若变形中有 $J=j\equiv 1$，则变形称为**等容变形**。显然，在等容变形中，有

$$\det \boldsymbol{C}=\det \boldsymbol{C}^{-1}=\det \boldsymbol{B}=\det \boldsymbol{B}^{-1}=1 \tag{2.117}$$

例 2.19 橡胶材料在变形中，其体积变化很小，因此橡胶的变形可简化为等容变形。如图 2.27a 所示，橡胶块在 X_1 和 X_2 方向被均匀拉伸，两个方向上的伸长比均为 λ。X_3 方向上则是自由的。求橡胶块中伸长比为 1 的微元线段在参考构形中的方向和即时构形中的方向。

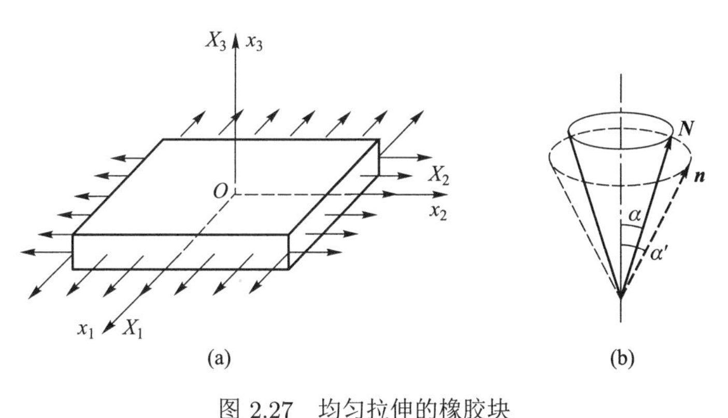

图 2.27 均匀拉伸的橡胶块

解： 按图示坐标方向，形变梯度张量的分量

$$\underline{\boldsymbol{F}}=\operatorname{diag}(\lambda,\,\lambda,\,\lambda')$$

式中 λ' 是 X_3 方向上的伸长比。由于变形是等容的，$\det \boldsymbol{C}=1$，故有 $\lambda'=\lambda^{-2}$，故有

$$\underline{\boldsymbol{C}}=\operatorname{diag}\left(\lambda^2,\,\lambda^2,\,\lambda^{-4}\right)$$

在参考构形上过某点 P 的指定方向 $\boldsymbol{N}$ 上微元线段伸长比的平方为

$$\lambda_N^2 = \boldsymbol{N} \cdot \boldsymbol{C} \cdot \boldsymbol{N} = N_1^2\lambda^2 + N_2^2\lambda^2 + N_3^2\lambda^{-4}$$

这样，在伸长比 $\lambda_N = 1$ 的方向上，应有

$$N_1^2\lambda^2 + N_2^2\lambda^2 + N_3^2\lambda^{-4} = 1, \quad N_1^2 + N_2^2 + N_3^2 = 1$$

两式相减得

$$N_1^2\left(\lambda^2 - 1\right) + N_2^2\left(\lambda^2 - 1\right) + N_3^2\left(\lambda^{-4} - 1\right) = 0$$

即

$$N_1^2 + N_2^2 - \frac{\left(1 + \lambda^2\right)}{\lambda^4} N_3^2 = 0 \tag{a}$$

这是一个圆锥方程，它是由 X_1X_3 平面上的直线 $X_1 - \dfrac{\sqrt{1+\lambda^2}}{\lambda^2}X_3 = 0$ 绕轴 X_3 旋转而成的。圆锥母线与轴的夹角满足（图 2.27b）$\tan\alpha = \dfrac{\sqrt{1+\lambda^2}}{\lambda^2}$。

由于变形是均匀的，因此，与 X_3 轴成 α 角的各个走向上的纤维的伸长比均为 1。

在即时构形上，伸长比为 1 的方向 $\boldsymbol{n}$ 满足 $\boldsymbol{n} = \boldsymbol{F} \cdot \boldsymbol{N}$，$\boldsymbol{N} = \boldsymbol{F}^{-1} \cdot \boldsymbol{n}$，即

$$\underline{\boldsymbol{N}} = \begin{bmatrix} \lambda^{-1}n_1 & \lambda^{-1}n_2 & \lambda^2 n_3 \end{bmatrix}^{\mathrm{T}}$$

将上式代入式 (a) 可得

$$n_1^2 + n_2^2 - \left(1 + \lambda^2\right)\lambda^2 n_3^2 = 0$$

这个方程说明，即时构形上伸长比为 1 的方向与 x_3 轴的夹角 α' 满足 $\tan\alpha' = \lambda\sqrt{1+\lambda^2}$。

例 2.20　物体实现如下运动：

$$x_1 = \lambda(t)X_1 + k(t)X_2, \quad x_2 = \lambda^{-1}(t)X_2, \quad x_3 = X_3$$

式中 λ 和 k 为时间的函数，且有 $\lambda(0) = 1$, $k(0) = 0$。

(1) 证明运动是等容的，并计算右 Cauchy-Green 形变张量；

(2) 一种不可压缩材料实现着上述运动。这种材料内部有加劲纤维，在 $t = 0$ 的未变形状态时，加筋纤维是沿着方向 $(\cos\Phi, \sin\Phi, 0)$ 平行铺设的，且 $0 \leqslant |\Phi| \leqslant \pi/2$。加筋纤维的弹性模量足够大，以至于可以认为是不可伸缩的，但方向则在运动中可能发生变化。证明运动中 λ 和 k 满足如下方程：

$$\lambda^2\cos^2\Phi + \left(\lambda^{-2} + k^2\right)\sin^2\Phi + 2k\lambda\sin\Phi\cos\Phi = 1$$

并由此求解 k；

(3) 证明纤维在变形过程中保持相互平行，并求变形后纤维的方向。

解：　(1) 由已知易得

$$\underline{\boldsymbol{F}}=\begin{bmatrix}\lambda & k & 0\\ 0 & \lambda^{-1} & 0\\ 0 & 0 & 1\end{bmatrix},\quad \det\boldsymbol{F}=1$$

故运动是等容的。

右 Cauchy-Green 形变张量为

$$\underline{\boldsymbol{C}}=\underline{\boldsymbol{F}}^{\mathrm{T}}\underline{\boldsymbol{F}}=\begin{bmatrix}\lambda^2 & \lambda k & 0\\ \lambda k & \lambda^{-2}+k^2 & 0\\ 0 & 0 & 1\end{bmatrix}$$

(2) 沿纤维铺设方向上的单位矢量和微元线段长度在即时构形和参考构形上分别记为 $\boldsymbol{n}$, $\mathrm{d}s$ 和 $\boldsymbol{N}$, $\mathrm{d}S$，则有

$$\begin{aligned}\mathrm{d}s^2=&\boldsymbol{n}\mathrm{d}s\cdot\boldsymbol{n}\mathrm{d}s=(\boldsymbol{F}\cdot\boldsymbol{N}\mathrm{d}S)\cdot(\boldsymbol{F}\cdot\boldsymbol{N}\mathrm{d}S)=\boldsymbol{N}\cdot\boldsymbol{C}\cdot\boldsymbol{N}\mathrm{d}S^2\\ =&\begin{bmatrix}\cos\varPhi & \sin\varPhi & 0\end{bmatrix}\begin{bmatrix}\lambda^2 & \lambda k & 0\\ \lambda k & \lambda^{-2}+k^2 & 0\\ 0 & 0 & 1\end{bmatrix}\begin{bmatrix}\cos\varPhi\\ \sin\varPhi\\ 0\end{bmatrix}\mathrm{d}S^2\\ =&\left[\lambda^2\cos^2\varPhi+2\lambda k\sin\varPhi\cos\varPhi+\left(\lambda^{-2}+k^2\right)\sin^2\varPhi\right]\mathrm{d}S^2\end{aligned}$$

但由于沿纤维方向长度不变，故有

$$\lambda^2\cos^2\varPhi+2\lambda k\sin\varPhi\cos\varPhi+\left(\lambda^{-2}+k^2\right)\sin^2\varPhi=1$$

这是一个关于 k 的二次方程

$$k^2\sin^2\varPhi+k\cdot 2\lambda\sin\varPhi\cos\varPhi+\lambda^2\cos^2\varPhi+\lambda^{-2}\sin^2\varPhi-1=0$$

求解可得

$$k=\frac{1}{\sin\varPhi}\left(-\lambda\cos\varPhi\pm\sqrt{1-\lambda^{-2}\sin^2\varPhi}\right)$$

当 $t=0$ 时，$\lambda=1$，$k=0$，故上式括号中第二项取正号，即

$$k=\frac{1}{\sin\varPhi}\left(\sqrt{1-\lambda^{-2}\sin^2\varPhi}-\lambda\cos\varPhi\right)$$

(3) 即时构形中纤维的方向 $\boldsymbol{n}=\boldsymbol{F}\cdot\boldsymbol{N}\dfrac{\mathrm{d}S}{\mathrm{d}s}=\boldsymbol{F}\cdot\boldsymbol{N}$，故有

$$\underline{\boldsymbol{n}}=\begin{bmatrix}\lambda & k & 0\\ 0 & \lambda^{-1} & 0\\ 0 & 0 & 1\end{bmatrix}\begin{bmatrix}\cos\varPhi\\ \sin\varPhi\\ 0\end{bmatrix}=\begin{bmatrix}\lambda\cos\varPhi+k\sin\varPhi\\ \lambda^{-1}\sin\varPhi\\ 0\end{bmatrix}=\begin{bmatrix}\sqrt{1-\lambda^{-2}\sin^2\varPhi}\\ \lambda^{-1}\sin\varPhi\\ 0\end{bmatrix}$$

由于 $\boldsymbol{n}$ 不是坐标的函数，即 $\boldsymbol{n}$ 在材料中处处相等，因此在变形过程中纤维保持相互平行。

3. 形变张量的主值和主方向

很容易看出，张量 $\boldsymbol{C}$ 是对称正定的。与其他二阶对称张量类似，关于 $\boldsymbol{C}$ 的主值和主

方向有以下结论：

（1）$\boldsymbol{C}$ 的主值均为实数，不仅如此，由于 $\boldsymbol{C}$ 的正定性，它的主值是正数 Λ_1^2、Λ_2^2 和 Λ_3^2（包括重根）；

（2）对应于不同主值的主轴相互正交；

（3）存在着三个两两正交的主轴；

（4）三个两两正交的主轴方向上的单位矢量列向量组合起来，构成坐标变换矩阵 $\boldsymbol{M}$，这一坐标变换可将 $\boldsymbol{C}$ 的分量矩阵变换为对角阵，其对角线元素即为 $\boldsymbol{C}$ 的主值，即

$$\underline{\boldsymbol{M}}^{\mathrm{T}}\underline{\boldsymbol{C}}\,\underline{\boldsymbol{M}} = \operatorname{diag}\left(\Lambda_1^2, \Lambda_2^2, \Lambda_3^2\right)$$

由于 $\boldsymbol{C}$ 的对角线元素的几何意义是沿坐标轴方向上微元线段的伸长比 Λ 的平方，因此，$\boldsymbol{C}$ 的主值便是主方向上的伸长比的平方。可以用与小应变张量 $\boldsymbol{E}$ 相同的方法证明，$\boldsymbol{C}$ 的主值就是过该点的所有方向伸长比（平方）的极值。

不难导出其他形变张量和应变张量的主值性质。

显然，右 Cauchy-Green 形变张量 $\boldsymbol{C}$ 与 Green 应变张量 $\boldsymbol{G}$ 有相同的主方向；而左 Cauchy-Green 形变张量 $\boldsymbol{B}$ 及其逆 $\boldsymbol{B}^{-1}$ 与 Almansi 应变张量 $\boldsymbol{A}$ 有相同的主方向。

例 2.21　不可压缩材料制成的薄片中面所在平面为 X_1X_2 平面，某点处在 X_1 方向上的微元线段被拉长了 30%，在 X_2 方向上的微元线段被压短了 20%，而且这两个方向上微元线段的夹角由直角变为 60°。如果材料的伸长比超过 1.4 就进入危险状态，试判断该点处是否安全。

解： 由于材料呈薄片状,可以认为在 X_3 方向上发生的变形是均匀的。由此可知该点处

$$C_{11} = (1+0.3)^2 = 1.69, \quad C_{22} = (1-0.2)^2 = 0.64$$

$$\cos 60^\circ = \frac{C_{12}}{\sqrt{C_{11}C_{22}}}, \quad 故 \quad C_{12} = 0.52$$

又 $C_{13} = C_{23} = 0$。由不可压缩条件可得

$$\det \boldsymbol{C} = \begin{vmatrix} 1.69 & 0.52 & 0 \\ 0.52 & 0.64 & 0 \\ 0 & 0 & C_{33} \end{vmatrix} = 1, \quad 故 \quad C_{33} = 1.233$$

由此可导出特征方程

$$\begin{vmatrix} 1.69-\Lambda^2 & 0.52 & 0 \\ 0.52 & 0.64-\Lambda^2 & 0 \\ 0 & 0 & 1.233-\Lambda^2 \end{vmatrix} = 0$$

其解为 $\Lambda_1^2 = 1.904$, $\Lambda_2^2 = 1.233$, $\Lambda_3^2 = 0.426$。

该点处最大伸长比 $\Lambda_1 = 1.38 < 1.4$，故该点安全。

 2.5.3 变形的时间变化率

1. 形变张量的物质导数

利用速度梯度张量，便可以表示出形变梯度张量的物质导数

$$\frac{\mathrm{D}\boldsymbol{F}}{\mathrm{D}t}=\frac{\mathrm{D}}{\mathrm{D}t}\left(\frac{\partial \boldsymbol{x}}{\partial \boldsymbol{X}}\right)=\frac{\partial}{\partial \boldsymbol{X}}\left(\frac{\mathrm{D}\boldsymbol{x}}{\mathrm{D}t}\right)=\frac{\partial \boldsymbol{v}}{\partial \boldsymbol{X}}=\frac{\partial \boldsymbol{v}}{\partial \boldsymbol{x}}\cdot\frac{\partial \boldsymbol{x}}{\partial \boldsymbol{X}}=\boldsymbol{L}\cdot\boldsymbol{F}$$

即

$$\frac{\mathrm{D}\boldsymbol{F}}{\mathrm{D}t}=\boldsymbol{L}\cdot\boldsymbol{F} \tag{2.118}$$

利用上式，可进一步导出有限变形中形变张量的物质导数。

由 $\boldsymbol{C}=\boldsymbol{F}^{\mathrm{T}}\cdot\boldsymbol{F}$ 可得

$$\frac{\mathrm{D}\boldsymbol{C}}{\mathrm{D}t}=\frac{\mathrm{D}\boldsymbol{F}^{\mathrm{T}}}{\mathrm{D}t}\cdot\boldsymbol{F}+\boldsymbol{F}^{\mathrm{T}}\cdot\frac{\mathrm{D}\boldsymbol{F}}{\mathrm{D}t}=\boldsymbol{F}^{\mathrm{T}}\cdot\boldsymbol{L}^{\mathrm{T}}\cdot\boldsymbol{F}+\boldsymbol{F}^{\mathrm{T}}\cdot\boldsymbol{L}\cdot\boldsymbol{F}=2\boldsymbol{F}^{\mathrm{T}}\cdot\boldsymbol{D}\cdot\boldsymbol{F}$$

即

$$\frac{\mathrm{D}\boldsymbol{C}}{\mathrm{D}t}=2\boldsymbol{F}^{\mathrm{T}}\cdot\boldsymbol{D}\cdot\boldsymbol{F} \tag{2.119}$$

由于 $\boldsymbol{G}=\dfrac{1}{2}(\boldsymbol{C}-\boldsymbol{I})$，故 $\dfrac{\mathrm{D}\boldsymbol{G}}{\mathrm{D}t}=\dfrac{1}{2}\dfrac{\mathrm{D}\boldsymbol{C}}{\mathrm{D}t}$，即

$$\frac{\mathrm{D}\boldsymbol{G}}{\mathrm{D}t}=\boldsymbol{F}^{\mathrm{T}}\cdot\boldsymbol{D}\cdot\boldsymbol{F} \tag{2.120}$$

由 $\dfrac{\mathrm{D}}{\mathrm{D}t}\left(\boldsymbol{F}^{-1}\cdot\boldsymbol{F}\right)=\dfrac{\mathrm{D}\boldsymbol{I}}{\mathrm{D}t}=\boldsymbol{0}$，可得

$$\frac{\mathrm{D}\boldsymbol{F}^{-1}}{\mathrm{D}t}\cdot\boldsymbol{F}+\boldsymbol{F}^{-1}\cdot\frac{\mathrm{D}\boldsymbol{F}}{\mathrm{D}t}=\frac{\mathrm{D}\boldsymbol{F}^{-1}}{\mathrm{D}t}\cdot\boldsymbol{F}+\boldsymbol{F}^{-1}\cdot\boldsymbol{L}\cdot\boldsymbol{F}=\boldsymbol{0}$$

即

$$\frac{\mathrm{D}\boldsymbol{F}^{-1}}{\mathrm{D}t}=-\boldsymbol{F}^{-1}\cdot\boldsymbol{L} \tag{2.121}$$

这样，由 $\boldsymbol{B}^{-1}=\left(\boldsymbol{F}^{-1}\right)^{\mathrm{T}}\cdot\boldsymbol{F}^{-1}$ 可得

$$\begin{aligned}\frac{\mathrm{D}\boldsymbol{B}^{-1}}{\mathrm{D}t}&=\left(\frac{\mathrm{D}\boldsymbol{F}^{-1}}{\mathrm{D}t}\right)^{\mathrm{T}}\cdot\boldsymbol{F}^{-1}+\left(\boldsymbol{F}^{-1}\right)^{\mathrm{T}}\cdot\frac{\mathrm{D}\boldsymbol{F}^{-1}}{\mathrm{D}t}=\left(-\boldsymbol{F}^{-1}\cdot\boldsymbol{L}\right)^{\mathrm{T}}\cdot\boldsymbol{F}^{-1}-\left(\boldsymbol{F}^{-1}\right)^{\mathrm{T}}\cdot\boldsymbol{F}^{-1}\cdot\boldsymbol{L}\\&=-\left[\boldsymbol{L}^{\mathrm{T}}\cdot\left(\boldsymbol{F}^{-1}\right)^{\mathrm{T}}\cdot\boldsymbol{F}^{-1}+\left(\boldsymbol{F}^{-1}\right)^{\mathrm{T}}\cdot\boldsymbol{F}^{-1}\cdot\boldsymbol{L}\right]\end{aligned}$$

即

$$\frac{\mathrm{D}\boldsymbol{B}^{-1}}{\mathrm{D}t}=-\left(\boldsymbol{L}^{\mathrm{T}}\cdot\boldsymbol{B}^{-1}+\boldsymbol{B}^{-1}\cdot\boldsymbol{L}\right) \tag{2.122}$$

由 $\boldsymbol{A}=\dfrac{1}{2}\left(\boldsymbol{I}-\boldsymbol{B}^{-1}\right)$ 可得

$$\frac{\mathrm{D}\boldsymbol{A}}{\mathrm{D}t}=\frac{1}{2}\left(\boldsymbol{L}^{\mathrm{T}}\cdot\boldsymbol{B}^{-1}+\boldsymbol{B}^{-1}\cdot\boldsymbol{L}\right) \tag{2.123}$$

例 2.22 证明：$\dot{\boldsymbol{A}}=\boldsymbol{D}-\boldsymbol{L}^{\mathrm{T}}\cdot\boldsymbol{A}-\boldsymbol{A}\cdot\boldsymbol{L}$。

解:　由 $\boldsymbol{A}=\dfrac{1}{2}\left(\boldsymbol{I}-\boldsymbol{B}^{-1}\right)$ 可得 $\boldsymbol{B}^{-1}=\boldsymbol{I}-2\boldsymbol{A}$，代入式 (2.123) 可得

$$\begin{aligned}\dot{\boldsymbol{A}}=&\frac{1}{2}\left[\boldsymbol{L}^{\mathrm{T}}\cdot(\boldsymbol{I}-2\boldsymbol{A})+(\boldsymbol{I}-2\boldsymbol{A})\cdot\boldsymbol{L}\right]=\frac{1}{2}\left(\boldsymbol{L}^{\mathrm{T}}+\boldsymbol{L}-2\boldsymbol{L}^{\mathrm{T}}\cdot\boldsymbol{A}-2\boldsymbol{A}\cdot\boldsymbol{L}\right)\\=&\boldsymbol{D}-\boldsymbol{L}^{\mathrm{T}}\cdot\boldsymbol{A}-\boldsymbol{A}\cdot\boldsymbol{L}\end{aligned}$$

证毕。

2. 微元的物质导数

利用上述结论，便可以计算出即时构形中的微元线段、两微元线段的夹角、微元面积和微元体积的时间变化率。

微元线段 $\mathrm{d}s$ 的时间变化率已由式 (2.59) 给出，即

$$\frac{1}{\mathrm{d}s}\frac{\mathrm{D}(\mathrm{d}s)}{\mathrm{D}t}=\boldsymbol{n}\cdot\boldsymbol{D}\cdot\boldsymbol{n}$$

由上式可得

$$\dot{\varLambda}=\varLambda\boldsymbol{n}\cdot\boldsymbol{D}\cdot\boldsymbol{n}\tag{2.124}$$

两个单位长度的微元矢量 $\boldsymbol{a}$ 和 $\boldsymbol{b}$ 的夹角 θ 关于时间的变化率满足以下公式:

$$\dot{\theta}\sin\theta=(\boldsymbol{a}\cdot\boldsymbol{D}\cdot\boldsymbol{a}+\boldsymbol{b}\cdot\boldsymbol{D}\cdot\boldsymbol{b})\cos\theta-2\boldsymbol{a}\cdot\boldsymbol{D}\cdot\boldsymbol{b}\tag{2.125}$$

上式可按如下方法证明:

由 $\cos\theta=\dfrac{1}{\varLambda_a\varLambda_b}\boldsymbol{N}^a\cdot\boldsymbol{C}\cdot\boldsymbol{N}^b$[式 (2.88)] 可得

$$\varLambda_a\varLambda_b\cos\theta=\boldsymbol{N}^a\cdot\boldsymbol{F}^{\mathrm{T}}\cdot\boldsymbol{F}\cdot\boldsymbol{N}^b$$

两端取物质导数得

$$\begin{aligned}\dot{\varLambda}_a\varLambda_b\cos\theta+\varLambda_a\dot{\varLambda}_b\cos\theta-\varLambda_a\varLambda_b\dot{\theta}\sin\theta=&\boldsymbol{N}^a\cdot\left[(\boldsymbol{L}\cdot\boldsymbol{F})^{\mathrm{T}}\cdot\boldsymbol{F}+\boldsymbol{F}^{\mathrm{T}}\cdot(\boldsymbol{L}\cdot\boldsymbol{F})\right]\cdot\boldsymbol{N}^b\\=&2\boldsymbol{N}^a\cdot\boldsymbol{F}^{\mathrm{T}}\cdot\boldsymbol{D}\cdot\boldsymbol{F}\cdot\boldsymbol{N}^b\end{aligned}$$

根据式 (2.124)，有

$$\dot{\varLambda}_a=\varLambda_a\boldsymbol{a}\cdot\boldsymbol{D}\cdot\boldsymbol{a},\quad\dot{\varLambda}_b=\varLambda_b\boldsymbol{b}\cdot\boldsymbol{D}\cdot\boldsymbol{b}$$

故有

$$\begin{aligned}\dot{\theta}\sin\theta&=-\frac{1}{\varLambda_a\varLambda_b}\left[2\boldsymbol{N}^a\cdot\boldsymbol{F}^{\mathrm{T}}\cdot\boldsymbol{D}\cdot\boldsymbol{F}\cdot\boldsymbol{N}^b-\varLambda_a\varLambda_b(\boldsymbol{a}\cdot\boldsymbol{D}\cdot\boldsymbol{a})\cos\theta-\varLambda_a\varLambda_b(\boldsymbol{b}\cdot\boldsymbol{D}\cdot\boldsymbol{b})\cos\theta\right]\\&=(\boldsymbol{a}\cdot\boldsymbol{D}\cdot\boldsymbol{a}+\boldsymbol{b}\cdot\boldsymbol{D}\cdot\boldsymbol{b})\cos\theta-2\left(\frac{\boldsymbol{F}\cdot\boldsymbol{N}^a}{\varLambda_a}\right)\cdot\boldsymbol{D}\cdot\left(\frac{\boldsymbol{F}\cdot\boldsymbol{N}^b}{\varLambda_b}\right)\\&=(\boldsymbol{a}\cdot\boldsymbol{D}\cdot\boldsymbol{a}+\boldsymbol{b}\cdot\boldsymbol{D}\cdot\boldsymbol{b})\cos\theta-2\boldsymbol{a}\cdot\boldsymbol{D}\cdot\boldsymbol{b}\end{aligned}$$

这就是式 (2.125)。

在小变形张量 $\boldsymbol{E}$ 中，第一不变量 I_E 表示微元体积的相对增长比。由此，可以得到，微

元体积的时间变化率应该是形变率张量 $\boldsymbol{D}$ 的第一不变量 I_D，即

$$\frac{1}{\mathrm{d}\sigma}\frac{\mathrm{D}}{\mathrm{D}t}(\mathrm{d}\sigma)=\mathrm{I}_D \tag{2.126}$$

上式在有限变形情况下的严格证明可利用习题 1.80 第（1）小题的结论，即

$$\mathrm{I}_A\left[\boldsymbol{a},\boldsymbol{b},\boldsymbol{c}\right]=\left[\boldsymbol{A}\cdot\boldsymbol{a},\boldsymbol{b},\boldsymbol{c}\right]+\left[\boldsymbol{a},\boldsymbol{A}\cdot\boldsymbol{b},\boldsymbol{c}\right]+\left[\boldsymbol{a},\boldsymbol{b},\boldsymbol{A}\cdot\boldsymbol{c}\right] \tag{a}$$

由于微元体积可表示为张成它的三个微元矢量 $\mathrm{d}\boldsymbol{x}^{(1)}$、$\mathrm{d}\boldsymbol{x}^{(2)}$ 和 $\mathrm{d}\boldsymbol{x}^{(3)}$ 的混合积，即

$$\mathrm{d}\sigma=\left[\mathrm{d}\boldsymbol{x}^{(1)},\mathrm{d}\boldsymbol{x}^{(2)},\mathrm{d}\boldsymbol{x}^{(3)}\right]$$

上式取物质导数，注意到 $\dfrac{\mathrm{D}}{\mathrm{D}t}(\mathrm{d}\boldsymbol{x})=\boldsymbol{L}\cdot\mathrm{d}\boldsymbol{x}$，可得

$$\frac{\mathrm{D}}{\mathrm{D}t}(\mathrm{d}\sigma)=\left[\boldsymbol{L}\cdot\mathrm{d}\boldsymbol{x}^{(1)},\mathrm{d}\boldsymbol{x}^{(2)},\mathrm{d}\boldsymbol{x}^{(3)}\right]+\left[\mathrm{d}\boldsymbol{x}^{(1)},\boldsymbol{L}\cdot\mathrm{d}\boldsymbol{x}^{(2)},\mathrm{d}\boldsymbol{x}^{(3)}\right]+\left[\mathrm{d}\boldsymbol{x}^{(1)},\mathrm{d}\boldsymbol{x}^{(2)},\boldsymbol{L}\cdot\mathrm{d}\boldsymbol{x}^{(3)}\right]$$

根据式 (a) 便有

$$\frac{\mathrm{D}}{\mathrm{D}t}(\mathrm{d}\sigma)=\mathrm{I}_L\left[\mathrm{d}\boldsymbol{x}^{(1)},\mathrm{d}\boldsymbol{x}^{(2)},\mathrm{d}\boldsymbol{x}^{(3)}\right]=\mathrm{I}_D\mathrm{d}\sigma$$

即可得式 (2.126)。

由式 (2.126) 还可导出

$$\frac{\mathrm{D}J}{\mathrm{D}t}=\mathrm{I}_DJ \tag{2.127}$$

微元面积的物质导数满足

$$\frac{1}{\mathrm{d}a}\frac{\mathrm{D}}{\mathrm{D}\boldsymbol{t}}(\mathrm{d}a)=\mathrm{I}_D-\boldsymbol{n}\cdot\boldsymbol{D}\cdot\boldsymbol{n} \tag{2.128}$$

式中 $\boldsymbol{n}$ 是微元面积 $\mathrm{d}a$ 的法线单位矢量。上式可证明如下：

由 $\boldsymbol{n}\cdot\boldsymbol{F}\mathrm{d}a=J\boldsymbol{N}\mathrm{d}A$ 可知

$$\frac{\mathrm{D}}{\mathrm{D}t}(\boldsymbol{n}\mathrm{d}a)=\frac{\mathrm{D}}{\mathrm{D}t}\left(J\boldsymbol{N}\cdot\boldsymbol{F}^{-1}\mathrm{d}A\right)=\boldsymbol{N}\cdot\left(\frac{\mathrm{D}J}{\mathrm{D}t}\boldsymbol{F}^{-1}+J\frac{\mathrm{D}\boldsymbol{F}^{-1}}{\mathrm{D}t}\right)\mathrm{d}A$$

式中 $\dfrac{\mathrm{D}J}{\mathrm{D}t}=\mathrm{I}_DJ$，$\dfrac{\mathrm{D}\boldsymbol{F}^{-1}}{\mathrm{D}t}=-\boldsymbol{F}^{-1}\cdot\boldsymbol{L}$，故有

$$\begin{aligned}\frac{\mathrm{D}}{\mathrm{D}t}(\boldsymbol{n}\mathrm{d}a)&=\left(\mathrm{I}_DJ\boldsymbol{N}\cdot\boldsymbol{F}^{-1}-J\boldsymbol{N}\cdot\boldsymbol{F}^{-1}\cdot\boldsymbol{L}\right)\mathrm{d}A\\&=\left(\mathrm{I}_D\boldsymbol{n}-\boldsymbol{n}\cdot\boldsymbol{L}\right)\mathrm{d}a=\left(\mathrm{I}_D\boldsymbol{I}-\boldsymbol{L}^{\mathrm{T}}\right)\cdot\boldsymbol{n}\mathrm{d}a\end{aligned}$$

故

$$
\begin{aligned}
\frac{\mathrm{D}}{\mathrm{D}t}(\mathrm{d}a) &= \frac{1}{2\mathrm{d}a}\frac{\mathrm{D}}{\mathrm{D}t}(\mathrm{d}a)^2 = \frac{1}{2\mathrm{d}a}\frac{\mathrm{D}}{\mathrm{D}t}(\boldsymbol{n}\mathrm{d}a\cdot\boldsymbol{n}\mathrm{d}a) \\
&= \frac{1}{2\mathrm{d}a}\left[\left(\mathrm{I}_D\boldsymbol{I}-\boldsymbol{L}^{\mathrm{T}}\right)\cdot\boldsymbol{n}\cdot\boldsymbol{n}+\boldsymbol{n}\cdot\left(\mathrm{I}_D\boldsymbol{I}-\boldsymbol{L}^{\mathrm{T}}\right)\cdot\boldsymbol{n}\right]\mathrm{d}a^2 \\
&= \frac{1}{2}\left[\boldsymbol{n}\cdot(\mathrm{I}_D\boldsymbol{I}-\boldsymbol{L})\cdot\boldsymbol{n}+\boldsymbol{n}\cdot\left(\mathrm{I}_D\boldsymbol{I}-\boldsymbol{L}^{\mathrm{T}}\right)\cdot\boldsymbol{n}\right]\mathrm{d}a \\
&= \frac{1}{2}\left[\boldsymbol{n}\cdot\left(2\mathrm{I}_D\boldsymbol{I}-\boldsymbol{L}-\boldsymbol{L}^{\mathrm{T}}\right)\cdot\boldsymbol{n}\right]\mathrm{d}a \\
&= (\mathrm{I}_D-\boldsymbol{n}\cdot\boldsymbol{D}\cdot\boldsymbol{n})\,\mathrm{d}a
\end{aligned}
$$

这就可导出式 (2.128)。

2.6 输运定理

迄今为止，我们所讨论的几何量或物理量的物质导数都是局部形式的，或者说，是从场的观点去考察的。但在许多情况下，需要对一个物体的总体量，例如质量、内能等的时间变化率进行研究。这就涉及一个**物质区域**上某个物理量、几何量或者它们的函数的体积分的物质导数。所谓物质区域，是指始终由相同的物质质点所构成的区域。记物质区域为 D，在不同的时刻，D 的空间形状可能是不同的。但是，所有时刻的物质区域 D 在参考构形上却都对应于同一个区域 D_0。物质区域 D 上的积分称为**物质积分**，即 $\boldsymbol{\Psi}=\int_D \boldsymbol{\Pi}\mathrm{d}\sigma$，其物质导数

$$
\frac{\mathrm{D}\boldsymbol{\Psi}}{\mathrm{D}t}=\frac{\mathrm{D}}{\mathrm{D}t}\int_D \boldsymbol{\Pi}\mathrm{d}\sigma \tag{2.129}
$$

由于 D 随时间变化，上式中 $\dfrac{\mathrm{D}}{\mathrm{D}t}$ 不可简单地进入积分号内。为此，可以采用变元积分的方法，将关于空间坐标的积分变换为参考构形上关于物质坐标的积分，由于 $\mathrm{d}\sigma=J\mathrm{d}\Sigma$，相应积分域由 D 变换为 D_0，即

$$
\frac{\mathrm{D}\boldsymbol{\Psi}}{\mathrm{D}t}=\frac{\mathrm{D}}{\mathrm{D}t}\int_{D_0}\boldsymbol{\Pi}J\mathrm{d}\Sigma
$$

由于 D_0 与 t 无关，$\dfrac{\mathrm{D}}{\mathrm{D}t}$ 可进入积分号：

$$
\frac{\mathrm{D}\boldsymbol{\Psi}}{\mathrm{D}t}=\int_{D_0}\left(\frac{\mathrm{D}\boldsymbol{\Pi}}{\mathrm{D}t}J+\boldsymbol{\Pi}\frac{\mathrm{D}J}{\mathrm{D}t}\right)\mathrm{d}\Sigma=\int_{D_0}\left(\frac{\mathrm{D}\boldsymbol{\Pi}}{\mathrm{D}t}+\boldsymbol{\Pi}\mathrm{I}_D\right)J\mathrm{d}\Sigma
$$

上式引用了式 (2.127)。将以上结果转换到即时构形，同时注意 $\mathrm{I}_D=\nabla\cdot\boldsymbol{v}$，便有

$$
\frac{\mathrm{D}\boldsymbol{\Psi}}{\mathrm{D}t}=\frac{\mathrm{D}}{\mathrm{D}t}\int_D\boldsymbol{\Pi}\mathrm{d}\sigma=\int_D\left[\frac{\mathrm{D}\boldsymbol{\Pi}}{\mathrm{D}t}+\boldsymbol{\Pi}(\nabla\cdot\boldsymbol{v})\right]\mathrm{d}\sigma \tag{2.130}
$$

上式称为**输运定理**。这个定理在研究基本定律的局部形式时起着重要作用。

注意，上式中 $\boldsymbol{\Pi}$ 可以是任意阶的张量。

例 2.23 在输运定理中，分别选 $\boldsymbol{\Pi}$ 为 (1) ρ, (2) $\rho\boldsymbol{v}$, (3) $\rho\boldsymbol{x}\times\boldsymbol{v}$，求相应的表达式。

解： 在式 (2.130) 中，

(1) 取 $\boldsymbol{\Pi}$ 为 ρ，得

$$\frac{\mathrm{D}}{\mathrm{D}t}\int_D \rho \mathrm{d}\sigma = \int_D \left[\frac{\mathrm{D}\rho}{\mathrm{D}t} + \rho(\nabla\cdot\boldsymbol{v})\right]\mathrm{d}\sigma$$

(2) 取 $\boldsymbol{\Pi}$ 为 $\rho\boldsymbol{v}$，得

$$\begin{aligned}\frac{\mathrm{D}}{\mathrm{D}t}\int_D \rho\boldsymbol{v}\mathrm{d}\sigma &= \int_D \left[\frac{\mathrm{D}(\rho\boldsymbol{v})}{\mathrm{D}t} + \rho\boldsymbol{v}(\nabla\cdot\boldsymbol{v})\right]\mathrm{d}\sigma = \int_D \left[\frac{\mathrm{D}\rho}{\mathrm{D}t}\boldsymbol{v} + \rho\dot{\boldsymbol{v}} + \rho\boldsymbol{v}(\nabla\cdot\boldsymbol{v})\right]\mathrm{d}\sigma \\ &= \int_D \left\{\boldsymbol{v}\left[\frac{\mathrm{D}\rho}{\mathrm{D}t} + \rho(\nabla\cdot\boldsymbol{v})\right] + \rho\dot{\boldsymbol{v}}\right\}\mathrm{d}\sigma\end{aligned}$$

(3) 取 $\boldsymbol{\Pi}$ 为 $\rho\boldsymbol{x}\times\boldsymbol{V}$，得

$$\frac{\mathrm{D}}{\mathrm{D}t}\int_D \rho\boldsymbol{x}\times\boldsymbol{v}\mathrm{d}\sigma = \int_D \left[\frac{\mathrm{D}(\rho\boldsymbol{x}\times\boldsymbol{v})}{\mathrm{D}t} + (\rho\boldsymbol{x}\times\boldsymbol{v})(\nabla\cdot\boldsymbol{v})\right]\mathrm{d}\sigma$$

上式右端第一项为 $\dot{\rho}\boldsymbol{x}\times\boldsymbol{v} + \rho\boldsymbol{v}\times\boldsymbol{v} + \rho\boldsymbol{x}\times\dot{\boldsymbol{v}} = \dot{\rho}\boldsymbol{x}\times\boldsymbol{v} + \rho\boldsymbol{x}\times\dot{\boldsymbol{v}}$，故有

$$\frac{\mathrm{D}}{\mathrm{D}t}\int_D \rho\boldsymbol{x}\times\boldsymbol{v}\mathrm{d}\sigma = \int_D \boldsymbol{x}\times\left[\boldsymbol{v}\left(\frac{\mathrm{D}\rho}{\mathrm{D}t} + \rho(\nabla\cdot\boldsymbol{v})\right) + \rho\dot{\boldsymbol{v}}\right]\mathrm{d}\sigma$$

思考题

2.1 站在江边观察流水的情况，发现离岸边约 3 m 处有一固定的旋涡，如果估计离旋涡 1 m, 0.5 m 或 0.25 m 处水的流速，实际上采用的是物质描述还是空间描述？如果发现一片树叶从上游远处漂来，观察它的位置及速度的变化，直至它被卷入旋涡沉入水底，此时实际上采用的是什么描述？

2.2 物质描述只能描述一个质点吗？空间描述只能锁定一个空间点吗？

2.3 有人认为，物质描述只能描述参考构形，空间描述只能描述即时构形，这种看法对吗？

2.4 在材料力学中计算图示结构时，把斜杆视为未受力的零杆。但事实上结构的平衡位置应如虚线所示，斜杆并非为零杆。材料力学中为什么可以这么做？当两根杆件由易于变形的材料（例如橡胶）制成时，还可以这么做吗？

2.5 在思考题 2.4 图中，哪个做参考构形比较好？如果两根杆件是事先加工好再安装上去的，那么采用什么描述比较好？

2.6 有人认为，因为切应力互等，所以图示两个角 α 和 β 就应该相等。你对此有何看法？

2.7 构件中小变形与小转动总是相伴产生的吗？你能举出小变形而转动不很小的实例来吗？

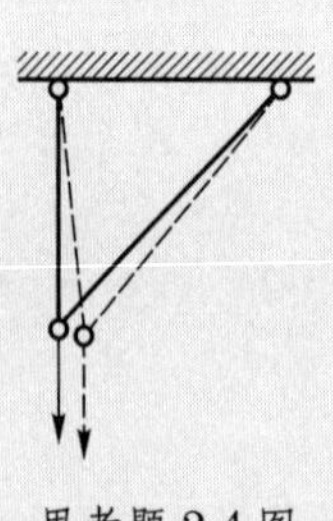

思考题 2.4 图

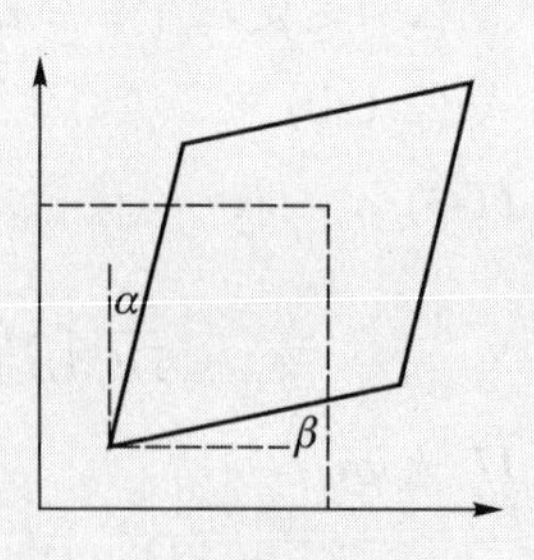

思考题 2.6 图

2.8　材料力学中讨论梁的弯曲时，曾用到了图示转角的概念，$\theta = \mathrm{d}v/\mathrm{d}x$，这种转角对应于本章中的什么概念？

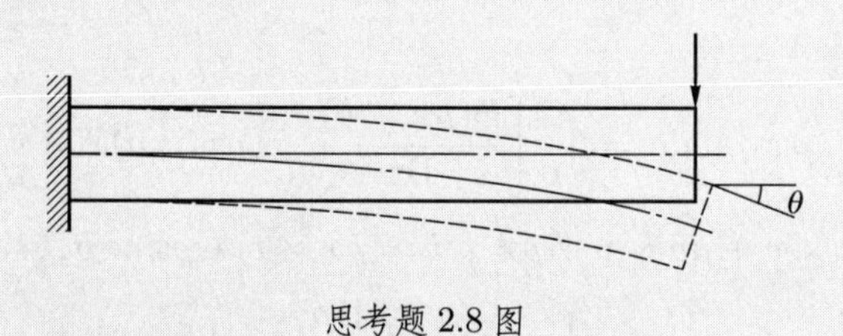

思考题 2.8 图

2.9　如何理解“局部的刚体转动”这一概念？相距十分近的两点处的局部刚体转动必须是相等的吗？

2.10　从数学的角度理解，物质导数是时间的什么导数？

2.11　形变率张量 $\boldsymbol{D}$ 只是小应变张量 $\boldsymbol{E}$ 的物质导数吗？

2.12　形变率张量 $\boldsymbol{D}$ 和涡旋张量 $\boldsymbol{W}$ 是运动在小变形情况下的近似描述吗？

2.13　Almansi 应变张量采用的是空间描述，而且描述的是即时构形上发生的事实。有人据此认为 Almansi 应变张量与参考构形无关，这种看法对吗？

2.14　在描述平行于坐标轴的微元线段的线应变时，小变形与有限变形有什么区别？

2.15　在描述平行于坐标轴的微元线段的夹角的变化时，小变形与有限变形有什么区别？

2.16　左 Cauchy-Green 形变张量 $\boldsymbol{B}$ 是空间描述型的张量吗？

2.17　为什么在小变形时，Green 应变张量和 Almansi 应变张量都趋近于小应变张量？

2.18　为什么讨论微元面积的变形时，总是要把微元面和它的法线方向一起讨论？

2.19　小变形情况下，如果 $\boldsymbol{n}$ 和 $\boldsymbol{t}$ 不垂直，能否用式 (2.28) 来计算两个方向间夹角的变化？

2.20　对于介电弹性体（软材料），当材料两侧施加电势差时，由于两侧异性电荷的吸引，材料会发生较大的变形。研究此问题时，除了需要考虑力荷载引起的变形外，还需要考虑材料所受电场的影响，尝试用公式描述该材料的变形。

2.21　有一个现象：相同材料、相同形状、几何尺寸不同的物体，体积越大越容易被破坏，体积越小反而越难被破坏。请思考：这一现象的研究能否适用连续介质力学的理论和方法。

2.22 连续介质假设忽略了物质微粒（电子、原子、分子等）之间的空隙，这与物质的真实情况是不一致的，如果要研究物质微观环境下微粒之间的相互运动和作用规律，我们应该怎么办？连续介质力学的理论和方法还能否适用？

习 题

2.1 如图所示的四面体 $OABC$，$OA=OB=OC$，D 是 AB 中点，设 D 点处的小应变张量的分量矩阵为

$$\underline{\boldsymbol{E}}=\begin{bmatrix}10 & -5 & 0\\ -5 & 20 & 10\\ 0 & 10 & -30\end{bmatrix}\times 10^{-4}$$

求 D 点处沿 $\boldsymbol{n}$ 和 $\boldsymbol{t}$ 方向的正应变，以及 $\boldsymbol{n}$ 和 $\boldsymbol{t}$ 之间的切应变。

2.2 在材料力学中，曾给出图示悬臂梁中性层的挠度函数为 $v=-\dfrac{qx^2}{24EI}(x^2-4lx+6l^2)$，试根据梁的简化假定（平截面假设等）写出梁中的位移、小应变张量和小旋转张量。

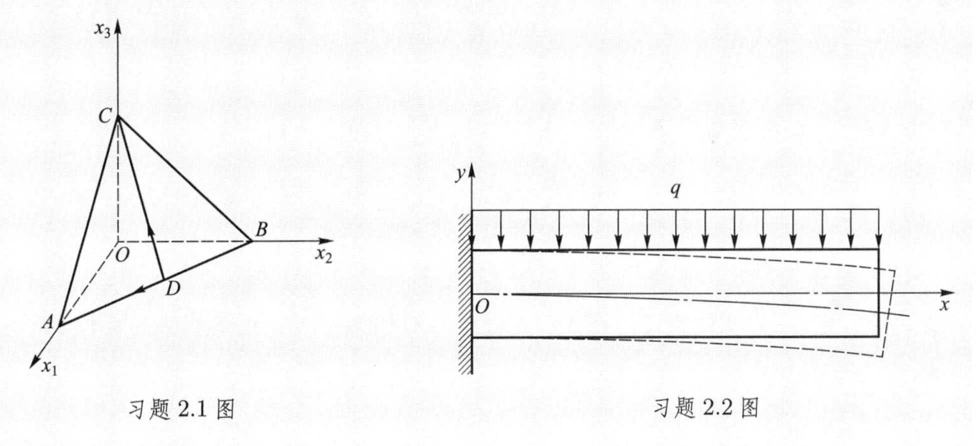

习题 2.1 图　　习题 2.2 图

2.3 给定如下位移：

$$u_1=ax_1\left(x_2+x_3\right)^2,\quad u_2=ax_2\left(x_1+x_3\right)^2,\quad u_3=ax_3\left(x_1+x_2\right)^2$$

式中 a 是一个很小的数，求小应变张量 $\boldsymbol{E}$ 和小旋转张量 $\boldsymbol{W}$ 的分量。

2.4 给定如下变形：

$$x_1=aX_2,\quad x_2=bX_3,\quad x_3=cX_1$$

式中 a、b、c 均为很小的数，求小应变张量 $\boldsymbol{E}$ 和小旋转张量 $\boldsymbol{W}$ 的分量，并求在 $P(1,1,1)$ 处沿矢径方向上的正应变。

2.5 给定位移 $u_1=a\left(x_1-x_3\right)^2$，$u_2=a\left(x_2+x_3\right)^2$，$u_3=-ax_1x_2$，式中 a 是很小的数，求小应变张量 $\boldsymbol{E}$ 和小旋转张量 $\boldsymbol{W}$ 的分量，并求在 $P(2,0,-1)$ 点处沿方向 $\underline{\boldsymbol{b}}^{(1)}=\begin{bmatrix}2 & 1 & -3\end{bmatrix}^{\mathrm{T}}$ 的正应变，并求方向 $\underline{\boldsymbol{b}}^{(1)}$ 和 $\underline{\boldsymbol{b}}^{(2)}=\begin{bmatrix}0 & 3 & 1\end{bmatrix}^{\mathrm{T}}$ 间的切应变。

2.6　求习题 2.5 中的位移场在 $Q(0,-1,1)$ 处的主应变、主方向及体积相对变化率。

2.7　若给定运动 $\boldsymbol{x}=(\boldsymbol{I}+\boldsymbol{K})\cdot\boldsymbol{X}$，其中，$|K_{ij}|\ll 1$，计算位移和小应变张量。

2.8　若给定运动 $\boldsymbol{x}=(kX_3+X_1)\,\boldsymbol{e}_1+(1+k)X_2\boldsymbol{e}_2+X_3\boldsymbol{e}_3$，其中 $k=10^{-3}$。试:(1) 计算小应变张量；(2) 计算初始时沿 $\boldsymbol{e}_1+\boldsymbol{e}_2$ 方向的单位伸长比。

2.9　已知某点处的小应变张量的分量矩阵为 $\underline{\boldsymbol{E}}=\begin{bmatrix}5 & 3 & 0\\ 3 & 4 & -1\\ 0 & -1 & 2\end{bmatrix}\times 10^{-4}$。试:

(1) 求该点处沿 $2\boldsymbol{e}_1+2\boldsymbol{e}_2+\boldsymbol{e}_3$ 方向上的单位伸长量；

(2) 求过该点的两个方向 $2\boldsymbol{e}_1+2\boldsymbol{e}_2+\boldsymbol{e}_3$ 和 $3\boldsymbol{e}_1-6\boldsymbol{e}_3$ 夹角的变化量。

2.10　计算习题 2.9 中的应变张量的第一不变量；该应变与应变 $\underline{\boldsymbol{E}}=\begin{bmatrix}3 & 0 & 0\\ 0 & 6 & 0\\ 0 & 0 & 2\end{bmatrix}\times 10^{-4}$ 可能是同一个应变状态吗？

2.11　对于位移场 $\boldsymbol{u}=kX_1^2\boldsymbol{e}_1+kX_2X_3\boldsymbol{e}_2+k\left(2X_1X_3+X_1^2\right)\boldsymbol{e}_3$，式中 $k=10^{-6}$，求初始时位于点 $(1,0,0)$ 处的单位伸长量的最大值。

2.12　已知应变场为 $\underline{\boldsymbol{E}}=\begin{bmatrix}k_1X_2 & 0 & 0\\ 0 & -k_2X_2 & 0\\ 0 & 0 & -k_2X_2\end{bmatrix}$。

(1) 确定变形过程中微元体积不改变的物质点的位置；

(2) 要各处微元体积均不改变，k_1 和 k_2 应该具有什么关系？

2.13　记 ρ_0 为初始构形的密度，ρ 为即时构形的密度，证明在小应变情况下

$$\rho\,(1+E_{kk})=\rho_0,\quad \rho_0\,(1-E_{kk})=\rho$$

2.14　若某物体的应变分量 $E_{11}=E_{12}=E_{22}=k$，$E_{33}=3k$，$E_{13}=E_{23}=0$，$(k>0)$，这个物体中存在着长度会缩短的微小纤维吗？为什么？

2.15　图示直角应变花所测得的应变值依次为 a、b、c，求应变分量 E_{11}、E_{12}、E_{22}。

2.16　图示等角应变花所测得的应变值依次为 a、b、c，求应变分量 E_{11}、E_{12}、E_{22}。

2.17　某点应变张量分量为 $\underline{\boldsymbol{E}}=\begin{bmatrix}10 & 2 & -1\\ 2 & 5 & -3\\ -1 & -3 & -1\end{bmatrix}\times 10^{-4}$，求该点主应变、主方向及体积相对变化率。

2.18　在小变形时，如果物体中任意一点的任意方向的伸长比相同，试写出其位移的一般表达式。

2.19　下述应变状态成立吗？(a, b 为很小的常数。)

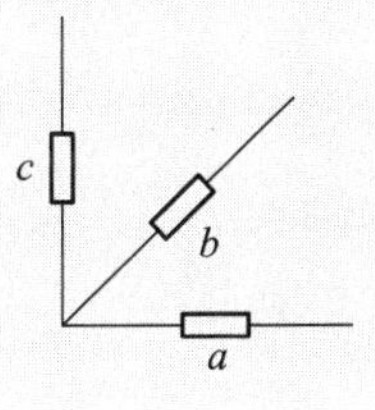

习题 2.15 图

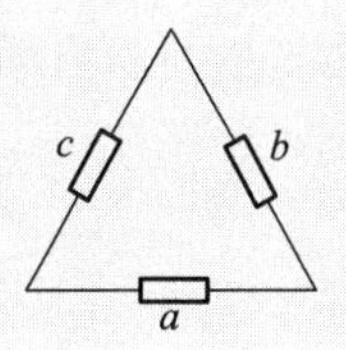

习题 2.16 图

(1) $\underline{\boldsymbol{E}}=\begin{bmatrix} a\left(x_1^2+x_2^2\right)x_3 & ax_1x_2x_3 & 0 \\ ax_1x_2x_3 & ax_2^2x_3 & 0 \\ 0 & 0 & 0 \end{bmatrix}$；

(2) $\underline{\boldsymbol{E}}=\begin{bmatrix} ax_1x_2^2 & 0 & ax_1^2+bx_2^2 \\ 0 & ax_1^2x_2 & ax_2^2+bx_2 \\ ax_1^2+bx_2^2 & ax_2^2+bx_2 & ax_1x_2 \end{bmatrix}$

2.20 要使应变

$$\underline{\boldsymbol{E}}=\begin{bmatrix} a+b\left(x_1^2+x_2^2\right)+\left(x_1^4+x_2^4\right) & c+dx_1x_2\left(x_1^2+x_2^2+e\right) & 0 \\ c+dx_1x_2\left(x_1^2+x_2^2+e\right) & f+g\left(x_1^2+x_2^2\right)+\left(x_1^4+x_2^4\right) & 0 \\ 0 & 0 & 0 \end{bmatrix}$$

成为可能，其中的常数 a、b、c、d、e、f、g 应满足什么关系？

2.21 应变张量 $\underline{\boldsymbol{E}}=\begin{bmatrix} X_1+X_2 & X_1 & X_2 \\ X_1 & X_2+X_3 & X_3 \\ X_2 & X_3 & X_1+X_3 \end{bmatrix}$ 满足协调条件吗？

2.22 如果 E_{13} 和 E_{23} 是仅有的非零应变分量，且它们都与 x_3 无关，证明在这种情况下的相容条件可写为 $E_{13,2}-E_{23,1}=\text{const}$（常量）。

2.23 如果 E_{13} 和 E_{23} 是仅有的非零应变分量，且 $E_{13}=\varphi_{,2}$，$E_{23}=\varphi_{,1}$，证明 $\nabla^2\varphi=\text{const}$ 。

2.24 设某点处沿三个指定方向的线应变为已知，求这点的应变张量。这样确定应变张量对三个方向有何限制？

2.25 运动由下式确定：

$$x_1=X_1\mathrm{e}^t+X_3\left(\mathrm{e}^t-1\right),\quad x_2=X_2+X_3\left(\mathrm{e}^t-\mathrm{e}^{-t}\right),\quad x_3=X_3$$

写出由空间坐标描述的运动表达式，以及两种描述下的位移、速度和加速度。

2.26 若运动可表示为 $\boldsymbol{x}=(kt+X_1)\boldsymbol{e}_1+X_2\boldsymbol{e}_2+X_3\boldsymbol{e}_3$，且物体中存在空间描述的温度场 $\theta=ax_1$，求温度的物质导数。

2.27 运动可表示为 $\boldsymbol{x}=X_1\boldsymbol{e}_1+\left(kX_1^2t^2+X_2\right)\boldsymbol{e}_2+X_3\boldsymbol{e}_3$，

(1) 若 $t=0$ 时刻有四个质点分别位于 $(0,0,0)$、$(0,1,0)$、$(1,1,0)$ 和 $(1,0,0)$ 这四个

位置上，求 $t=1$ 时刻这四个质点的位置；

(2) 求出物质描述和空间描述的速度场和加速度场。

2.28　运动可表示为

$$\boldsymbol{x}=\left(X_1-2X_2^2t^2\right)\boldsymbol{e}_1+\left(X_2-X_3\right)\boldsymbol{e}_2+X_3\boldsymbol{e}_3$$

(1) 若 $t=0$ 时刻有一条物质直线连接 $(0,0,0)$ 和 $(0,1,0)$ 两点，画出 $t=1$ 时刻这条物质线的形状；

(2) 若 $t=0$ 时刻有一物质点位于 $(1,3,1)$ 处，确定该质点在 $t=2$ 时刻的位置；

(3) 确定 $t=2$ 时刻位于 $(1,3,1)$ 处质点的速度。

2.29　若二维速度场为 $\boldsymbol{v}=\left(x_1^2-x_2^2\right)\boldsymbol{e}_1-2x_1x_2\boldsymbol{e}_2$，求加速度场。

2.30　若 $\boldsymbol{v}^{(1)}$ 和 $\boldsymbol{v}^{(2)}$ 分别表示两个速度场，$\boldsymbol{v}^{(1)+(2)}$ 表示这两个速度场的合成，证明：

$$\dot{\boldsymbol{v}}^{(1)+(2)}\neq\dot{\boldsymbol{v}}^{(1)}+\dot{\boldsymbol{v}}^{(2)}$$

2.31　若二维速度场和温度场分别为 $\boldsymbol{v}=\dfrac{x_1\boldsymbol{e}_1+x_2\boldsymbol{e}_2}{x_1^2+x_2^2}$，　$\theta=k\left(x_1^2+x_2^2\right)$，试：

(1) 确定若干个位置的速度，并概括速度分布的规律，说明等温线的形状；

(2) 确定点处的加速度及温度的物质导数。

2.32　速度场为 $v_i=x_i(1+t)^{-1}$，试求加速度场。若有 $x_i(0)=X_i$，求运动表达式 $\boldsymbol{x}=\boldsymbol{x}(\boldsymbol{X},t)$。

2.33　速度场为 $v_1=x_1^2t$，$v_2=x_2t^2$，$v_3=x_1x_3t$，求 $t=1$ 时在 $P(1,3,2)$ 处的速度和加速度。

2.34　速度场为 $v_1=Ax_3-Bx_2$，$v_2=Bx_1-Cx_3$，$v_3=Cx_2-Ax_1$，证明该运动是一个刚体转动。

2.35　若速度场为 $\boldsymbol{v}=\left(kx_2^2\right)\boldsymbol{e}_1$，试：

(1) 求形变率张量和涡旋张量；

(2) 求在点 $\boldsymbol{x}=5\boldsymbol{e}_1+3\boldsymbol{e}_2$ 处沿 $\boldsymbol{n}=(\boldsymbol{e}_1+\boldsymbol{e}_2)/\sqrt{2}$ 方向的单位长度的伸长速率。

2.36　给定速度场 $\boldsymbol{v}=(t+k)\boldsymbol{e}_1/(1+x_1)$，求在 $t=1$ 时刻微元矢量 $\mathrm{d}\boldsymbol{x}^{(1)}=\mathrm{d}s^{(1)}\boldsymbol{e}_1$ 及 $\mathrm{d}\boldsymbol{x}^{(2)}=(\boldsymbol{e}_1+\boldsymbol{e}_2)\,\mathrm{d}s^{(2)}/\sqrt{2}$ 的伸长速率。

2.37　定常速度场为 $v_1=2x_3$，$v_2=2x_3$，$v_3=0$，求最大和最小伸长率及其方向。

2.38　证明：$\dfrac{\mathrm{D}}{\mathrm{D}t}(\ln J)=\mathrm{tr}\,\boldsymbol{L}$。

2.39　证明：在平面运动 $v_1=v_1\left(x_1,x_2;t\right)$，$v_2=v_2\left(x_1,x_2;t\right)$，$v_3=0$ 中有 $\boldsymbol{W}\cdot\boldsymbol{D}+\boldsymbol{D}\cdot\boldsymbol{W}=(\nabla\cdot\boldsymbol{v})\boldsymbol{W}$。

2.40　证明：$\boldsymbol{F}$ 的二阶物质导数为 $\ddot{\boldsymbol{F}}=(\dot{\boldsymbol{v}}\nabla)\cdot\boldsymbol{F}$。

2.41　证明：单位方向矢量 $\boldsymbol{n}$ 的物质导数 $\dot{\boldsymbol{n}}=[\boldsymbol{L}-(\boldsymbol{n}\cdot\boldsymbol{D}\cdot\boldsymbol{n})\boldsymbol{I}]\cdot\boldsymbol{n}$。

2.42　证明：加速度可以表示为 $\dot{\boldsymbol{v}}=\dfrac{\partial\boldsymbol{v}}{\partial t}+2\boldsymbol{\omega}\times\boldsymbol{v}+\dfrac{1}{2}\nabla(\boldsymbol{v}\cdot\boldsymbol{v})$。

2.43 证明：对于任意的矢量 $\boldsymbol{p}$，有 $\dfrac{\mathrm{D}\boldsymbol{p}}{\mathrm{D}t}=\boldsymbol{D}\cdot\boldsymbol{p}+\boldsymbol{W}\cdot\boldsymbol{p}-(\boldsymbol{p}\cdot\boldsymbol{D}\cdot\boldsymbol{p})\boldsymbol{p}$。

2.44 利用习题 2.43 结论，证明：若 $\boldsymbol{p}$ 是 $\boldsymbol{D}$ 的单位特征向量，则有 $\dfrac{\mathrm{D}\boldsymbol{p}}{\mathrm{D}t}=\dfrac{1}{2}\boldsymbol{w}\times\boldsymbol{p}$。

2.45 记 $\boldsymbol{S}$ 为加速度的梯度张量的反对称部分，证明：

(1) $\boldsymbol{S}=\dfrac{\mathrm{D}\boldsymbol{W}}{\mathrm{D}t}+\boldsymbol{D}\cdot\boldsymbol{W}+\boldsymbol{W}\cdot\boldsymbol{D}$；(2) $\boldsymbol{F}^{\mathrm{T}}\cdot\boldsymbol{S}\cdot\boldsymbol{F}=\dfrac{\mathrm{D}}{\mathrm{D}t}\left(\boldsymbol{F}^{\mathrm{T}}\cdot\boldsymbol{W}\cdot\boldsymbol{F}\right)$

2.46 证明：当且仅当 $\boldsymbol{D}$ 与 $\boldsymbol{x}$ 无关且 $\mathrm{I}_D=\mathrm{III}_D=0$ 时，形变梯度张量 $\boldsymbol{D}$ 对应于剪切运动。

2.47 确定 $\boldsymbol{D}$ 只反映平面运动的充分必要条件。

2.48 证明：$(\nabla\times\nabla\boldsymbol{v})\cdot\boldsymbol{v}=\nabla\boldsymbol{v}\cdot\boldsymbol{\omega}-\nabla\boldsymbol{\omega}\cdot\boldsymbol{v}-\nabla\cdot\boldsymbol{v}\boldsymbol{\omega}$。

2.49 证明：$\boldsymbol{D}:\boldsymbol{D}=(\mathrm{tr}\,\boldsymbol{D})^2-2\mathrm{II}_D=\boldsymbol{L}^{\mathrm{T}}:\boldsymbol{L}+\dfrac{1}{2}\boldsymbol{\omega}\boldsymbol{\omega}$。

2.50 证明：$\nabla\cdot\left(\dfrac{\mathrm{D}\boldsymbol{v}}{\mathrm{D}t}\right)=\dfrac{\mathrm{D}}{\mathrm{D}t}(\mathrm{tr}\,\boldsymbol{D})+(\mathrm{tr}\,\boldsymbol{D})^2-2\mathrm{II}_D-\dfrac{1}{2}\|\boldsymbol{\omega}\|^2$。

2.51 如果 $\dot{\boldsymbol{v}}=\nabla\varphi$，证明 φ 满足：

(1) $\nabla^2\varphi=\dfrac{\mathrm{D}}{\mathrm{D}t}(\nabla\cdot\boldsymbol{v})-\dfrac{1}{2}\|\boldsymbol{\omega}\|^2+\boldsymbol{D}:\boldsymbol{D}$；

(2) $\nabla^2\left(\varphi+\dfrac{1}{2}\boldsymbol{v}\cdot\boldsymbol{v}\right)=\dfrac{\partial}{\partial t}(\nabla\cdot\boldsymbol{v})-\nabla\cdot(\boldsymbol{v}\times\boldsymbol{\omega})$

2.52 定义 $\widetilde{\boldsymbol{D}}=\dfrac{\mathrm{D}\boldsymbol{D}}{\mathrm{D}t}+\boldsymbol{D}\cdot\boldsymbol{L}^{\mathrm{T}}+\boldsymbol{L}\cdot\boldsymbol{D}$，证明：$\dfrac{\mathrm{D}^2}{\mathrm{D}t^2}(\mathrm{d}\boldsymbol{x}\cdot\mathrm{d}\boldsymbol{x})=2\mathrm{d}\boldsymbol{x}\cdot\widetilde{\boldsymbol{D}}\cdot\mathrm{d}\boldsymbol{x}$。

2.53 对于形变 $x_1=a(X_1+kX_2)$，$x_2=bX_2$，$x_3=cX_3$，求 Green 应变张量和 Almansi 应变张量。

2.54 证明：$\dot{\Lambda}=\Lambda\boldsymbol{n}\cdot\boldsymbol{D}\cdot\boldsymbol{n}$。

2.55 证明：$\dot{J}=\mathrm{I}_D J$。

2.56 证明：若 $\boldsymbol{n}$ 是 $\boldsymbol{D}$ 的主方向单位矢量，则 $\dot{\boldsymbol{n}}=\boldsymbol{W}\cdot\boldsymbol{n}$。

2.57 给定运动 $\boldsymbol{x}=\boldsymbol{X}+kX_1\boldsymbol{e}_1$，参考构形中的两个微元矢量分别为

$$\mathrm{d}\boldsymbol{X}^{(1)}=(\boldsymbol{e}_1+\boldsymbol{e}_2)\,\mathrm{d}S^{(1)}/\sqrt{2},\quad \mathrm{d}\boldsymbol{X}^{(2)}=(-\boldsymbol{e}_1+\boldsymbol{e}_2)\,\mathrm{d}S^{(2)}/\sqrt{2}$$

(1) 求即时构形中的这两个微元矢量 $\mathrm{d}\boldsymbol{x}^{(1)}$ 和 $\mathrm{d}\boldsymbol{x}^{(2)}$；

(2) 求这两个微元线段的伸长比 $\Lambda^{(1)}$ 和 $\Lambda^{(2)}$，以及这两个线段夹角的变化量；

(3) 取 $k=1$ 和 $k=10^{-3}$，计算 (2) 中的各个量；

(4) 对于 $k=10^{-3}$，用小应变张量进行计算，并与 (2) 中的结果加以比较。

2.58 已知物体的变形为 $x_1=f_1(X_1,X_2)$，$x_2=f_2(X_1,X_2)$，$x_3=f_3(X_3)$，证明 X_3 必定是右 Cauchy-Green 形变张量的主方向之一。

2.59 求简单剪切 $x_1=X_1+kX_2$，$x_2=X_2$，$x_3=X_3$ 的右 Cauchy-Green 形变张量的主值。

2.60 若有 $\underline{\boldsymbol{C}}=\mathrm{diag}(9,4,0.36)$，求：

(1) X_1、X_2 和 X_3 方向上的伸长比；(2) 参考构形上沿 $\boldsymbol{e}_1+\boldsymbol{e}_2$ 方向上的伸长比。

2.61　证明：Green 应变张量 $\boldsymbol{G}$ 和 Almansi 应变张量 $\boldsymbol{A}$ 间有 $\boldsymbol{G}=\boldsymbol{F}^{\mathrm{T}}\cdot\boldsymbol{A}\cdot\boldsymbol{F}$。

2.62　推导微元线段在变形中不改变方向的条件。

2.63　证明右 Cauchy-Green 形变张量 $\boldsymbol{C}$ 和 Green 应变张量 $\boldsymbol{G}$ 主值间有如下关系：

(1) $\mathrm{I}_C=3+2\mathrm{I}_G$；(2) $\mathrm{II}_C=3+4\mathrm{I}_G+4\mathrm{II}_G$；(3) $\mathrm{III}_C=1+2\mathrm{I}_G+4\mathrm{II}_G+8\mathrm{III}_G$

2.64　物体经历均匀变形 $x_1=X_1+kX_2$，$x_2=X_2$，$x_3=X_3$，求参考构形中 X_1X_2 平面上线应变为零的方向。

2.65　物体经历均匀变形 $x_1=X_1+kX_2$，$x_2=X_2$，$x_3=X_3$，求参考构形中 X_1X_2 平面上的圆 $X_1^2+X_2^2=1$ 在即时构形中的方程。

2.66　在均匀形变中，$x_1=\sqrt{3}X_1, x_2=2X_2, x_3=\sqrt{3}X_3-X_2$，球面 $X_1^2+X_2^2+X_3^2=1$ 变为椭球，试求该椭球的方程。

2.67　物体经历均匀变形 $u_1=aX_1$，$u_2=bX_2$，$u_3=cX_3$，求参考构形中的一个图示单位正方体的对角线的伸长量。将计算结果与例 2.3 相比较，并说明在怎样的情况下两者的差别可以忽略不计。

2.68　在习题 2.67 中，求图示两条对角线的夹角在形变中的变化量。

2.69　物体经历变形 $\boldsymbol{x}=\boldsymbol{X}+kX_1\boldsymbol{e}_1$，参考构形上有两个微元线段 $\mathrm{d}\boldsymbol{X}^{(1)}=(\boldsymbol{e}_1+\boldsymbol{e}_2)\mathrm{d}S^{(1)}/\sqrt{2}$ 和 $\mathrm{d}\boldsymbol{X}^{(2)}=(-\boldsymbol{e}_1+\boldsymbol{e}_2)\mathrm{d}S^{(2)}/\sqrt{2}$，计算这两个微元线段的伸长比，以及它们夹角的变化。

2.70　在习题 2.69 中，取 $k=1$ 和 $k=10^{-3}$ 进行数值计算，并把计算结果与采用小应变张量所得的计算结果加以比较。

2.71　证明，在小应变中有：

(1) $\dfrac{1}{J}=1-\mathrm{tr}\,\boldsymbol{E}$；(2) $\mathrm{I}_C=3+2\,\mathrm{tr}\,\boldsymbol{E}$

(3) $\mathrm{II}_C=3+4\,\mathrm{tr}\,\boldsymbol{E}$；(4) $\mathrm{III}_C=1+2\,\mathrm{tr}\,\boldsymbol{E}$

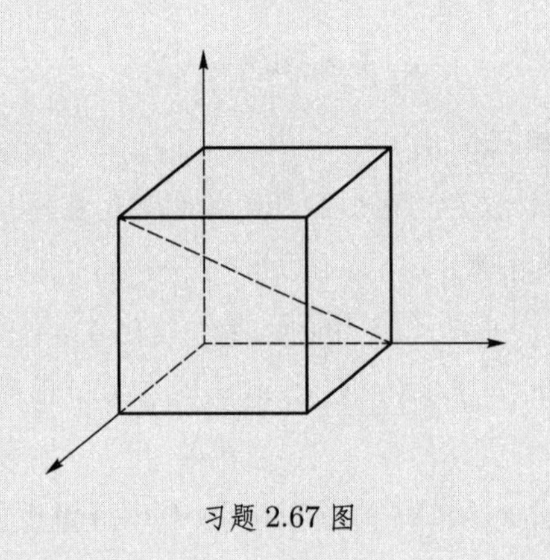

习题 2.67 图

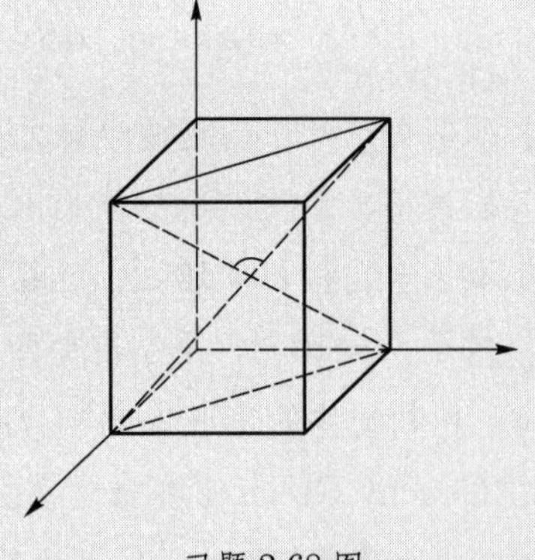

习题 2.68 图

2.72　一个不可压缩物体用嵌在它里面的两簇不可伸长的直纤维加强，直纤维在参考构形中的方向是 $N_1=\cos\beta$，$N_2=\pm\sin\beta$，$N_3=0$，β 为常数。该物体经历形变

$$x_1 = aX_1/\sqrt{\mu}, \quad x_2 = X_2/a\sqrt{\mu}, \quad x_3 = \mu X_3$$

式中 a, μ 均为常数。证明:

(1) 纤维方向上不可伸长的条件为 $a^2\cos^2\beta + a^{-2}\sin^2\beta = \mu$;

(2) 物体沿 x_3 方向上可以收缩的范围是 $1 \geqslant \mu \geqslant \sin 2\beta$;

(3) 达到这种最大收缩时，两族纤维在即时构形中正交。

2.73 参考构形中圆柱半径为 a，轴线沿 X_3 方向，它经历变形

$$x_1 = \mu\left[X_1\cos(\psi X_3) + X_2\sin(\psi X_3)\right]$$

$$x_2 = \mu\left[-X_1\sin(\psi X_3) + X_2\cos(\psi X_3)\right], \quad x_3 = \lambda X_3$$

(1) 说明变形后该物体仍然是一个圆柱;

(2) 如果圆柱材料是不可压缩的，求常数 λ、μ、ψ 之间应满足的关系;

(3) 求在参考构形中圆柱侧面平行于轴线方向上的单位长度在变形后的长度;

(4) 求变形后在圆柱侧面平行于轴线方向上的单位长度在参考构形中的长度。

2.74 由相同质点构成的曲线称为**物质曲线** $\boldsymbol{C}$，证明对于张量 $\boldsymbol{H}$，有

$$\frac{\mathrm{D}}{\mathrm{D}t}\int_C \boldsymbol{H}\cdot\boldsymbol{n}\mathrm{d}s = \int_C\left(\frac{\mathrm{D}\boldsymbol{H}}{\mathrm{D}t} + \boldsymbol{H}\cdot\boldsymbol{L}\right)\cdot\boldsymbol{n}\mathrm{d}s$$

2.75 由相同质点构成的曲面称为**物质曲面** A，证明对于张量 $\boldsymbol{H}$，有

$$\frac{\mathrm{D}}{\mathrm{D}t}\int_A \boldsymbol{H}\cdot\boldsymbol{n}\mathrm{d}a = \int_C\left(\frac{\mathrm{D}\boldsymbol{H}}{\mathrm{D}t} + \boldsymbol{H}(\nabla\cdot\boldsymbol{v}) - \boldsymbol{H}\cdot\boldsymbol{L}^{\mathrm{T}}\right)\cdot\boldsymbol{n}\mathrm{d}a$$

2.76 证明: $\dfrac{\partial}{\partial t}\displaystyle\int_D \boldsymbol{\omega}\mathrm{d}\sigma = \oint_S \boldsymbol{n}\times(\boldsymbol{v}\times\boldsymbol{\omega})\mathrm{d}a + \oint_S\left(\boldsymbol{n}\times\frac{\mathrm{D}\boldsymbol{v}}{\mathrm{D}t}\right)\mathrm{d}a$。

2.77 利用习题 2.76 的结论，证明: $\dfrac{\mathrm{D}}{\mathrm{D}t}\displaystyle\int_D \boldsymbol{\omega}\mathrm{d}\sigma = \oint_S\left[\boldsymbol{n}\times\frac{\mathrm{D}\boldsymbol{v}}{\mathrm{D}t} + (\boldsymbol{\omega}\cdot\boldsymbol{n})\boldsymbol{v}\right]\mathrm{d}a$。

习题答案 A2

第3章 应　力

物体在外荷载作用下，内部必定存在力的作用。在本章中，将讨论如何描述这种力的作用。本章着重讨论定义在即时构形中的应力张量，并讨论了它的构成、性质及应用。最后讨论了其他形式的应力张量。

3.1 Cauchy 应力张量

应力是对受外界作用的物体内部相互力学作用的一种描述。根据读者已建立的应力概念，某点的应力总是与过这个点的某个微元面相联系的。这就是说，研究某点的应力时，不仅要注意所研究点的位置，还应注意过这个点微元面的方位。通过下面的讨论可看出，某点处在某个微元面上的应力构成一个矢量；而要全面地讨论这一点的应力状态，则要用到应力张量的概念。

3.1.1 应力矢量

当物体在外力作用下产生运动和变形时，物体内部一定也存在着某种形式的力的作用。想象用一个面将即时构形中的连续介质分为两部分，根据力平衡定理，可以合理地认为，该面所剖分的两个部分间存在着相互的作用力。这两部分间的相互作用是以什么样的形式存在的呢？**Cauchy 应力原理**假定：

（1）曲面所剖分的两部分之间的作用力，表现为作用在该曲面上的牵引力，记为 $\boldsymbol{p}$。

（2）对于曲面上的任意点，保持该点处微元面的法线方向不变，而令该处的微元面积 $\Delta a \to 0$，该微元面上的牵引力记为 $\Delta\boldsymbol{p}$，那么下述极限存在，并称为 **Cauchy 应力矢量**（图 3.1）：

$$
\boldsymbol{t}^{(\boldsymbol{n})} = \lim_{\Delta a \to 0} \frac{\Delta \boldsymbol{p}}{\Delta a} = \frac{\mathrm{d}\boldsymbol{p}}{\mathrm{d}a} \tag{3.1}
$$

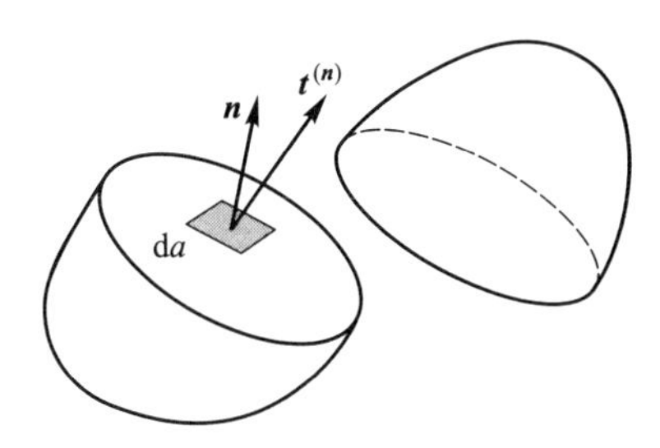

图 3.1　Cauchy 应力矢量

Cauchy 应力矢量与力矢量一样具有空间的方向性。这一方向一般并不与微元面上的法线方向重合，那么自然地，可以将它进行分解。通常采用的分解方式有两种。一种是沿坐标轴方向的分解，其分量是 t_1、t_2 和 t_3。另一种是沿微元面的法向和切向的分解，其分量为 σ 和 τ（图 3.2）。这两种方法有着很大的差别。在前一种方法中，三种分量对微元面的作用效应的性质一般没有原则性的区别，而且随着坐标系选择的不同，分量值也是不同的。后一种分解方法中，沿着法线方向的分量有着使微元面沿法线方向平移的趋势。该处的微元体可能因为这个分量的作用而拉长（或压短）。这种应力分量称为**法向应力，或正应力**。沿着切平面方向的分量有着使微元面沿切平面方向滑移的趋势。该处的微元体可能因为这个分量的作用而产生畸变（图 3.3）。这种应力分量称为**切向应力**，目前有许多书籍和文献也将它称为**剪应力**，或称为**切应力**。σ 和 τ 的值取决于微元面的方位，而与坐标系的选择无关。对于切向分量 τ，还可以在切平面内按照事先指定的两个相互垂直的方向分解。这样，Cauchy 应力矢量在这种分解方式中仍然可以形成沿三个相互垂直的方向上的分量。

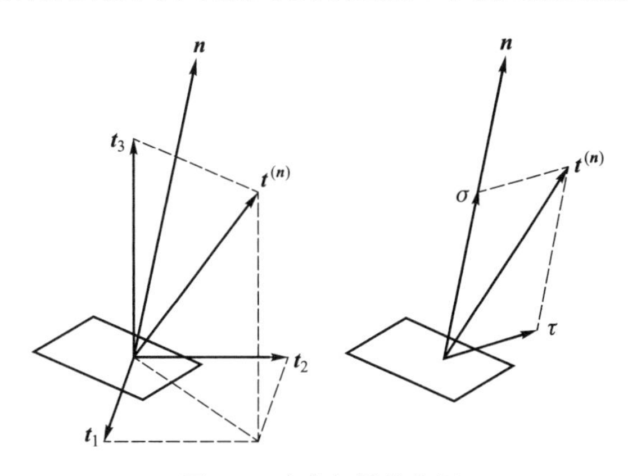

图 3.2　应力矢量的分解

在国际单位制中，应力的单位是帕（$1\ \mathrm{Pa} = 1\ \mathrm{N/m^2}$），也常用兆帕（$1\ \mathrm{MPa} = 10^6\ \mathrm{Pa} = 1\ \mathrm{N/mm^2}$）。

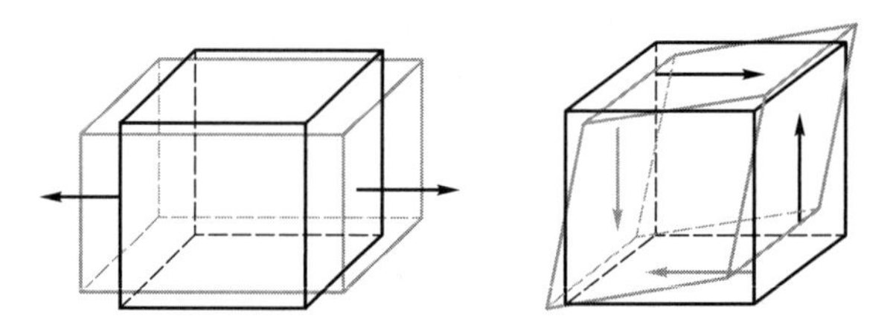

图 3.3　应力的法向分量和切向分量的作用效应

3.1.2　应力张量

根据 Cauchy 应力原理，在物体中，应力矢量不仅取决于所考虑的点的位置，还跟过这一点的微元面的方位有关，即

$$\boldsymbol{t}^{(\boldsymbol{n})} = \boldsymbol{t}^{(\boldsymbol{n})}(\boldsymbol{x}, \boldsymbol{n}; t) \tag{a}$$

这里 $\boldsymbol{x}$ 是点的位置；$\boldsymbol{n}$ 是微元面法线方向；t 是时间。例如，在轴线方向上承受拉力的等截面直杆中，法线方向与轴线平行的微元面上（即微元面在横截面上）有法向应力。但是，在同一点处，法线方向与轴线垂直的微元面上（即微元面在纵截面上），应力矢量则为零。

在式 (a) 中，$\boldsymbol{t}^{(\boldsymbol{n})}$ 与 $\boldsymbol{n}$ 呈线性关系。这个结论可由 Cauchy 定理给出，**Cauchy 定理**可表述为：如果在空间某点 $\boldsymbol{x}$ 处的张量 $\boldsymbol{\varphi}$ 是通过 $\boldsymbol{x}$ 的微元面 $\mathrm{d}a$ 的法线方向 $\boldsymbol{n}$ 的连续函数，则存在比 $\boldsymbol{\varphi}$ 高一阶的张量 $\boldsymbol{s}(\boldsymbol{x}; t)$，使

$$\boldsymbol{\varphi}(\boldsymbol{x}, \boldsymbol{n}; t) = \boldsymbol{s}(\boldsymbol{x}; t) \cdot \boldsymbol{n}$$

成立。将 Cauchy 定理应用于式 (a) 可知，一定存在一个二阶张量 $\boldsymbol{T}$，使

$$\boldsymbol{t}^{(\boldsymbol{n})}(\boldsymbol{x}, \boldsymbol{n}; t) = \boldsymbol{T}(\boldsymbol{x}; t) \cdot \boldsymbol{n}$$

成立。我们把二阶张量 $\boldsymbol{T}$ 称为 **Cauchy 应力张量**。

当 $\boldsymbol{n} = -\boldsymbol{e}_i$ 时，有

$$\boldsymbol{t}^{(-\boldsymbol{e}_i)} = \boldsymbol{T} \cdot (-\boldsymbol{e}_i) \quad 即 \quad \boldsymbol{T} \cdot \boldsymbol{e}_i = -\boldsymbol{t}^{(-\boldsymbol{e}_i)}$$

但同时又有 $\boldsymbol{t}^{(\boldsymbol{e}_i)} = \boldsymbol{T} \cdot \boldsymbol{e}_i$，故 $\boldsymbol{t}^{(\boldsymbol{e}_i)} = -\boldsymbol{t}^{(-\boldsymbol{e}_i)}$。因此，我们可以这样构造 Cauchy 应力张量 $\boldsymbol{T}$：

$$\boldsymbol{T} = \sum_{j=1}^{3} \boldsymbol{t}^{(\boldsymbol{e}_j)} \boldsymbol{e}_j \tag{3.2}$$

式中 $\boldsymbol{t}^{(\boldsymbol{e}_j)}$ 是法线方向为 $\boldsymbol{e}_j$ 的微元面上的 Cauchy 应力矢量。注意，这个应力矢量的方向不一定与 $\boldsymbol{e}_j$ 重合，因此它可以沿坐标轴的三个方向分解，记 $\boldsymbol{t}^{(\boldsymbol{e}_j)}$ 在方向 $\boldsymbol{e}_j$ 上的分量为 T_{ij}，即

$$\boldsymbol{t}^{(\boldsymbol{e}_j)} = T_{ij} \boldsymbol{e}_i$$

这样便有

$$\boldsymbol{T}=T_{ij}\boldsymbol{e}_i\boldsymbol{e}_j=\begin{bmatrix}\boldsymbol{e}_1 & \boldsymbol{e}_2 & \boldsymbol{e}_3\end{bmatrix}\begin{bmatrix}T_{11} & T_{12} & T_{13}\\ T_{21} & T_{22} & T_{23}\\ T_{31} & T_{32} & T_{33}\end{bmatrix}\begin{bmatrix}\boldsymbol{e}_1\\ \boldsymbol{e}_2\\ \boldsymbol{e}_3\end{bmatrix} \tag{3.3}$$

这样，三个微元面上的应力矢量的分量便构成了 Cauchy 应力张量的分量（图 3.4）：

$$\underline{\boldsymbol{T}}=\begin{bmatrix}T_{11} & T_{12} & T_{13}\\ T_{21} & T_{22} & T_{23}\\ T_{31} & T_{32} & T_{33}\end{bmatrix} \tag{3.4a}$$

易于看出，**上式中的对角线元素均为法向应力分量**，而**非对角线元素均为切向应力分量**。如果固定地用字母 σ 表示法向应力，用 τ 表示切向应力，那么上式中的矩阵可表示为

$$\underline{\boldsymbol{T}}=\begin{bmatrix}\sigma_x & \tau_{xy} & \tau_{xz}\\ \tau_{yx} & \sigma_y & \tau_{yz}\\ \tau_{zx} & \tau_{zy} & \sigma_z\end{bmatrix} \tag{3.4b}$$

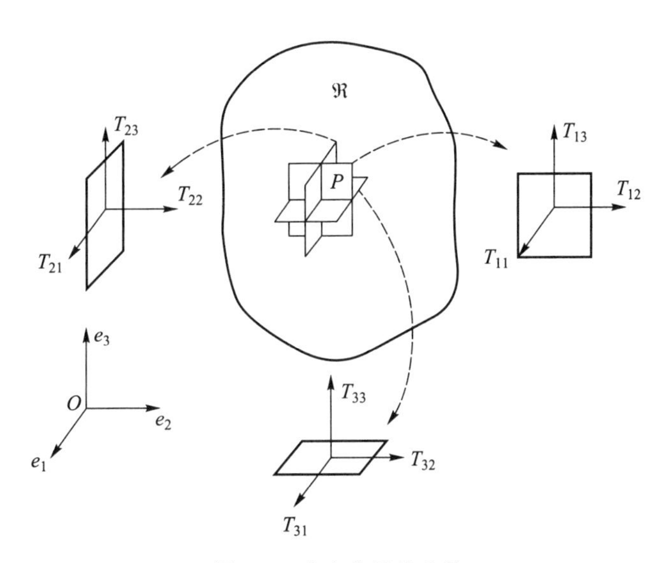

图 3.4　应力张量的分量

由材料力学中的切应力互等定理(本书将在第 4 章中给予进一步的说明)可知，式 (3.4a) 中

$$T_{12}=T_{21},\quad T_{13}=T_{31},\quad T_{23}=T_{32} \tag{3.5}$$

因此，应力张量是对称张量。

对于应力状态，人们常采用**单元体**的表示方法，即：将这一点“放大”为一个微元六面体，并取其六个面分别平行于坐标面，这样的微元六面体就称为单元体（图 3.5）。单元体的六个面上的应力表示过该点的法线方向与坐标轴正向重合或相反的六个微元面上的应

力。根据作用力与反作用力相等的原理，单元体中相对表面的应力矢量总是大小相等而方向相反。

对于应力张量的每个分量，我们作如下符号规定：**在单元体中外法线方向沿坐标轴正向的表面上，沿坐标轴正向的应力分量为正，沿坐标轴反向的应力分量为负；在外法线方向沿坐标轴反向的表面上，沿坐标轴反向的应力分量为正，沿坐标轴正向的应力分量为负。** 图 3.5 中，所有应力分量都按正向标出。按这种规定，易于看出，对于法向应力而言，拉应力为正，压应力为负。

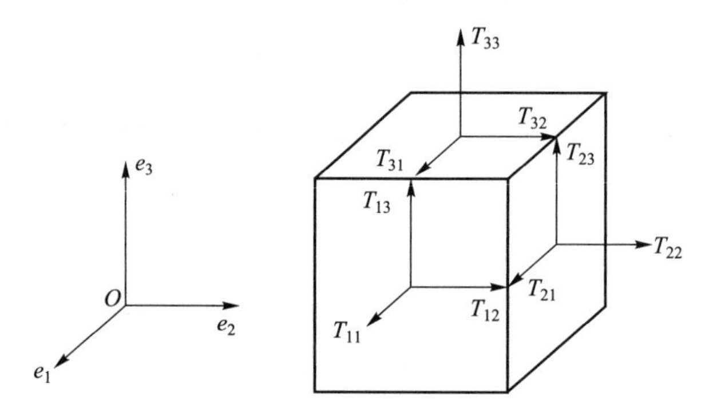

图 3.5　单元体上的应力分量

某点处的应力张量 $\boldsymbol{T}$ 一旦确定，那么就可以确定过该点处任意截面上的应力矢量，包括法向应力分量和切向应力分量。

由于小应变张量 $\boldsymbol{E}$ 和应力张量 $\boldsymbol{T}$ 都是对称的二阶张量，因此可以采用与小应变张量相类似的方法来处理这一问题。首先，根据应力张量的分量的物理意义，可知：

（1）要求出法线方向沿某个坐标轴方向 x_i 的微元面上的正应力，可以通过 $\boldsymbol{e}_{\underline{i}}\cdot\boldsymbol{T}\cdot\boldsymbol{e}_{\underline{i}}=T_{\underline{i}\underline{i}}$ 导出；

（2）要求出法线方向沿坐标轴 x_i 方向的微元面上沿 x_j 方向的切应力，可以通过式子 $\boldsymbol{e}_i\cdot\boldsymbol{T}\cdot\boldsymbol{e}_j=T_{ij}$ 导出。

如果事先指定的斜截面的法线方向不与坐标轴方向相同，那么就可以考虑采用坐标变换，使新坐标系 $Ox'_1x'_2x'_3$ 的坐标轴方向与所求微元面的法线方向相同（参考图 2.7）。在新的坐标系下，与上面在原坐标系下的作法相同，$\boldsymbol{T}$ 在新坐标系下的分量 T'_{pq} 便包含了所需的应力分量。

在坐标变换中，$\boldsymbol{T}$ 的分量矩阵满足

$$\underline{\boldsymbol{T}}'=\underline{\boldsymbol{M}}\,\underline{\boldsymbol{T}}\,\underline{\boldsymbol{M}}^{\mathrm{T}},\quad T'_{pq}=M_{pi}M_{qj}T_{ij} \tag{3.6}$$

另一方面，把坐标系 $Ox'_1x'_2x'_3$ 下的基矢量 $\boldsymbol{e}'_p$ 和 $\boldsymbol{e}'_q$ 与 $\boldsymbol{T}$ 作数积得

$$\boldsymbol{e}'_p\cdot\boldsymbol{T}\cdot\boldsymbol{e}'_q=(M_{pi}\boldsymbol{e}_i)\cdot(T_{mn}\boldsymbol{e}_m\boldsymbol{e}_n)\cdot(M_{qj}\boldsymbol{e}_j)=M_{pi}M_{qj}T_{ij} \tag{3.7}$$

上两式的结果是一致的，即有

$$\boldsymbol{e}_p' \cdot \boldsymbol{T} \cdot \boldsymbol{e}_q' = T_{pq}' \tag{3.8}$$

这样，便有了下述结论：

（1）如果要求 K 点处法线方向为 $\boldsymbol{n}$ 的斜截面上的法向应力 σ，只需在该点处的应力张量 $\boldsymbol{T}$ 的前后分别点乘单位矢量 $\boldsymbol{n}$ 即可，即

$$\sigma = \boldsymbol{n} \cdot \boldsymbol{T} \cdot \boldsymbol{n} = \underline{\boldsymbol{n}}^{\mathrm{T}} \underline{\boldsymbol{T}}\, \underline{\boldsymbol{n}} = \begin{bmatrix} n_1 & n_2 & n_3 \end{bmatrix} \begin{bmatrix} T_{11} & T_{12} & T_{13} \\ T_{21} & T_{22} & T_{23} \\ T_{31} & T_{32} & T_{33} \end{bmatrix} \begin{bmatrix} n_1 \\ n_2 \\ n_3 \end{bmatrix} \tag{3.9}$$

（2）要求出法线方向为 $\boldsymbol{n}$ 的微元面内方向指向 $\boldsymbol{m}$ 的切应力分量 τ，只需在 $\boldsymbol{T}$ 的前后分别点乘单位矢量 $\boldsymbol{n}$ 和 $\boldsymbol{m}$ 即可，即

$$\tau = \boldsymbol{n} \cdot \boldsymbol{T} \cdot \boldsymbol{m} = \underline{\boldsymbol{n}}^{\mathrm{T}} \underline{\boldsymbol{T}}\, \underline{\boldsymbol{m}} = \begin{bmatrix} n_1 & n_2 & n_3 \end{bmatrix} \begin{bmatrix} T_{11} & T_{12} & T_{13} \\ T_{21} & T_{22} & T_{23} \\ T_{31} & T_{32} & T_{33} \end{bmatrix} \begin{bmatrix} m_1 \\ m_2 \\ m_3 \end{bmatrix} \tag{3.10}$$

或者，仅就数值而言，在微元面上的总切应力大小为

$$\tau = \sqrt{\left\| \boldsymbol{t}^{(\boldsymbol{n})} \right\|^2 - \sigma^2} = \sqrt{\boldsymbol{t}^{(\boldsymbol{n})} \cdot \boldsymbol{t}^{(\boldsymbol{n})} - \sigma^2} \tag{3.11}$$

图 3.6 表现了二维应力分量坐标变换的情况。从图中可看出，T_{11}' 实际上就是材料力学中的“斜截面上的正应力”。二维情况下的应力张量分量矩阵为 $\begin{bmatrix} T_{11} & T_{12} \\ T_{21} & T_{22} \end{bmatrix}$，如果斜截面上的法线方向与 x_1 轴正向的夹角为 α，则坐标变换矩阵为 $\begin{bmatrix} \cos\alpha & \sin\alpha \\ -\sin\alpha & \cos\alpha \end{bmatrix}$，那么斜截面上的正应力为

$$T_{11}' = \begin{bmatrix} \cos\alpha & \sin\alpha \end{bmatrix} \begin{bmatrix} T_{11} & T_{12} \\ T_{21} & T_{22} \end{bmatrix} \begin{bmatrix} \cos\alpha \\ \sin\alpha \end{bmatrix}$$

将上式展开，利用三角公式，并将 T_{11}、T_{22}、T_{12} 分别换为符号 σ_x、σ_y、τ_{xy}，便可得材料力学中的公式

$$\sigma_\alpha = \frac{1}{2}\left(\sigma_x + \sigma_y\right) + \frac{1}{2}\left(\sigma_x - \sigma_y\right)\cos 2\alpha + \tau_{xy} \sin 2\alpha$$

在一些材料力学教材中，由于切应力符号规定与本书不同，因此上式最后一项的符号为负。由此可知，斜截面上的应力计算实际上就是应力分量坐标变换的特例。

同时，由式 (3.9) 和式 (3.10) 可知，法线方向为 $\boldsymbol{n}^{(1)}$ 的截面上的三个应力分量为

$$T_{11}' = \boldsymbol{n}^{(1)} \cdot \boldsymbol{T} \cdot \boldsymbol{n}^{(1)}, \quad T_{12}' = \boldsymbol{n}^{(1)} \cdot \boldsymbol{T} \cdot \boldsymbol{n}^{(2)}, \quad T_{13}' = \boldsymbol{n}^{(1)} \cdot \boldsymbol{T} \cdot \boldsymbol{n}^{(3)}$$

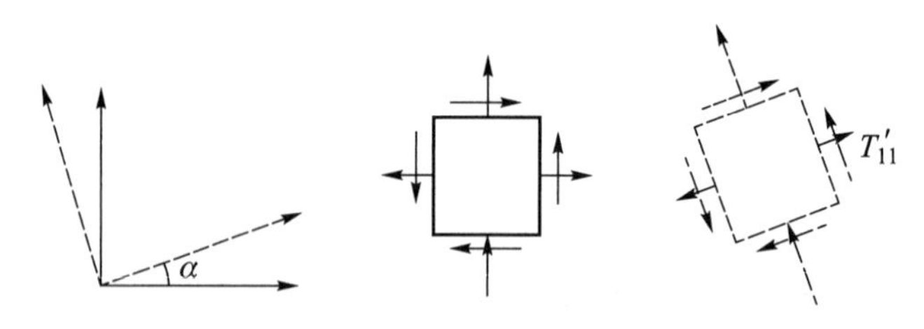

图 3.6　二维应力分量坐标变换

由这三个式子可看出，$\boldsymbol{n}^{(1)} \cdot \boldsymbol{T}$ 构成一个矢量。这个矢量在 $\boldsymbol{n}^{(1)}$、$\boldsymbol{n}^{(2)}$、$\boldsymbol{n}^{(3)}$ 方向上的投影分别构成了这些方向上的应力分量。因此，$\boldsymbol{n}^{(1)} \cdot \boldsymbol{T}$ 就是法线方向为 $\boldsymbol{n}^{(1)}$ 的微元面上的应力矢量。一般地，法线方向为 $\boldsymbol{n}$ 的微元面上的应力矢量为

$$\boldsymbol{t}^{(\boldsymbol{n})} = \boldsymbol{n} \cdot \boldsymbol{T} \tag{3.12a}$$

由于 $\boldsymbol{T}$ 的对称性，上式也可写为

$$\boldsymbol{t}^{(\boldsymbol{n})} = \boldsymbol{T} \cdot \boldsymbol{n} \tag{3.12b}$$

上面两式不仅可用于物体内部，也可用于物体的边界和两种介质的界面。例如，当物体表面承受法向压力 q 时，应有

$$\boldsymbol{T} \cdot \boldsymbol{n}\big|_S = -q\boldsymbol{n} \tag{3.13a}$$

上式的法向分量可通过对上式点乘 $\boldsymbol{n}$ 得到

$$\sigma\big|_S = \boldsymbol{n} \cdot \boldsymbol{T} \cdot \boldsymbol{n}\big|_S = -q \tag{3.13b}$$

而切向分量则可在式 (3.13a) 两端点乘 $\boldsymbol{m}$ 得到，注意 $\boldsymbol{m}$ 和 $\boldsymbol{n}$ 正交，便有

$$\tau\big|_S = \boldsymbol{m} \cdot \boldsymbol{T} \cdot \boldsymbol{n}\big|_S = 0 \tag{3.13c}$$

例 3.1　圆柱半径为 a，轴向沿 x_1 方向，端面 $x_1 = 0$ 处为固定端，$x_1 = l$ 处有沿 x_1 方向作用的集中力 F_{N}，沿 x_3 方向的集中力 F 和集中力偶矩 M_n (图 3.7)。根据材料力学知识，分别写出三种荷载单独作用下不很靠近两端的地方的应力张量分量。

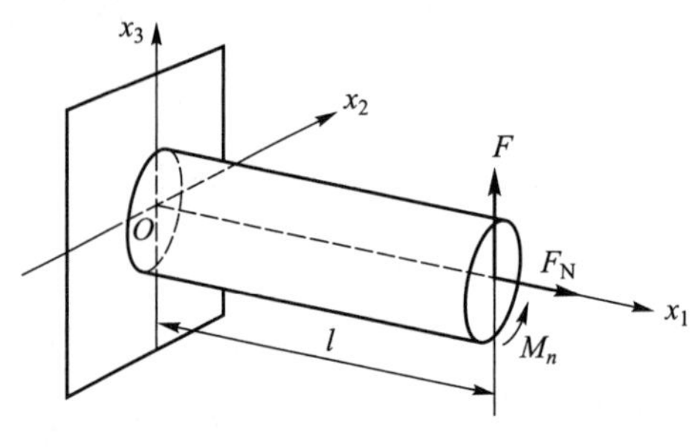

图 3.7　悬臂梁

解:　在轴向力 F_{N} 的作用下，梁中只有沿 x_1 轴方向的拉应力 σ，且 $\sigma = F_{\mathrm{N}}/\left(\pi a^2\right)$。

因此应力张量分量为

$$\underline{\boldsymbol{T}}=\frac{F_{\mathrm{N}}}{\pi a^{2}}\begin{bmatrix}1&0&0\\0&0&0\\0&0&0\end{bmatrix}$$

在力偶矩 M_n 的作用下，圆柱产生扭转变形，在 $x_1=\mathrm{const}$ 的横截面上只有剪应力 τ，且 $\tau=2M_nr/\left(\pi a^4\right)$。$\tau$ 的方向始终垂直于半径，按图示 M_n 的方向，可得

$$\underline{\boldsymbol{T}}=\begin{bmatrix}0&-\dfrac{2M_nx_3}{\pi a^4}&\dfrac{2M_nx_2}{\pi a^4}\\-\dfrac{2M_nx_3}{\pi a^4}&0&0\\\dfrac{2M_nx_2}{\pi a^4}&0&0\end{bmatrix}$$

在集中力 F 的作用下，$x_1=\mathrm{const}$ 的横截面上有弯矩 $F\left(l-x_1\right)$，由此而引起的横截面上的正应力为

$$\sigma=-\frac{4F\left(l-x_1\right)x_3}{\pi a^4}$$

同时，该截面上有剪力 F，由此而引起的剪应力在 x_2 方向上的分量为 $-\dfrac{4Fx_2x_3}{3\pi a^4}$，在 x_3 方向上的分量为

$$\frac{4F\left(a^2-x_3^2\right)}{3\pi a^4}$$

因此，应力分量为

$$\underline{\boldsymbol{T}}=\frac{4F}{3\pi a^4}\begin{bmatrix}-3\left(l-x_1\right)x_3&-x_2x_3&a^2-x_3^2\\-x_2x_3&0&0\\a^2-x_3^2&0&0\end{bmatrix}$$

材料力学的上述结论，在长圆柱的情况下有令人满意的精确度。在这个例子中，忽略了即时构形与参考构形的差别。这一差别在下一节中讨论。

例 3.2 某点处应力张量的分量矩阵为 $\begin{bmatrix}6&0&-3\\0&5&0\\-3&0&4\end{bmatrix}$，求过该点的法线方向为 $(2,-2,1)$ 的微元面上的应力矢量、应力矢量的模、法向应力、切向应力、应力矢量与法线方向间的夹角。

解： 易得微元面法线方向单位矢量为 $\underline{\boldsymbol{n}}=\begin{bmatrix}\dfrac{2}{3}&-\dfrac{2}{3}&\dfrac{1}{3}\end{bmatrix}^{\mathrm{T}}$，故微元面上的应力矢量为

$$\underline{\boldsymbol{t}}^{(n)}=\frac{1}{3}\begin{bmatrix}6&0&-3\\0&5&0\\-3&0&4\end{bmatrix}\begin{bmatrix}2\\-2\\1\end{bmatrix}=\frac{1}{3}\begin{bmatrix}9\\-10\\-2\end{bmatrix}$$

它的模为

$$\left\|\boldsymbol{t}^{(\boldsymbol{n})}\right\|=\sqrt{\boldsymbol{t}^{(\boldsymbol{n})}\cdot\boldsymbol{t}^{(\boldsymbol{n})}}=\left(\frac{1}{9}\begin{bmatrix}9 & -10 & -2\end{bmatrix}\begin{bmatrix}9 & -10 & -2\end{bmatrix}^{\mathrm{T}}\right)^{\frac{1}{2}}=\frac{1}{3}\sqrt{185}=4.533\,8$$

法向应力为

$$\sigma=\underline{\boldsymbol{n}}^{\mathrm{T}}\underline{\boldsymbol{t}}^{(\boldsymbol{n})}=\frac{1}{9}\begin{bmatrix}2 & -2 & 1\end{bmatrix}\begin{bmatrix}9 & -10 & -2\end{bmatrix}^{\mathrm{T}}=4$$

切向应力为

$$\tau=\sqrt{\boldsymbol{t}^{(\boldsymbol{n})}\cdot\boldsymbol{t}^{(\boldsymbol{n})}-\sigma^2}=\left(\frac{185}{9}-4^2\right)^{\frac{1}{2}}=\frac{\sqrt{41}}{3}=2.13$$

应力矢量与法线方向间的夹角 φ 应满足

$$\cos\varphi=\frac{\boldsymbol{t}^{(\boldsymbol{n})}}{\left\|\boldsymbol{t}^{(\boldsymbol{n})}\right\|}\cdot\boldsymbol{n}=\frac{\sigma}{\sqrt{\boldsymbol{t}^{(\boldsymbol{n})}\cdot\boldsymbol{t}^{(\boldsymbol{n})}}}=\frac{4}{4.533\,8}=0.882\,3$$

故 $\varphi=28°5'$。

例 3.3　物体中的应力为 $\boldsymbol{T}=x_1x_3\boldsymbol{e}_1\boldsymbol{e}_1+x_3^2(\boldsymbol{e}_1\boldsymbol{e}_2+\boldsymbol{e}_2\boldsymbol{e}_1)-x_2(\boldsymbol{e}_2\boldsymbol{e}_3+\boldsymbol{e}_3\boldsymbol{e}_2)$，求曲面 $x_1=x_2^2+x_3^2$ 上点 $P(1,0,-1)$ 处的应力矢量。

解:　曲面 $f(x_1,x_2,x_3)=x_1-x_2^2-x_3^2=0$ 的法线方向由 ∇f 所确定，而

$$\nabla f=\boldsymbol{e}_1-2x_2\boldsymbol{e}_2-2x_3\boldsymbol{e}_3$$

在点 $P(1,0,-1)$ 处，单位法向矢量为 $\boldsymbol{n}=\dfrac{1}{\sqrt{5}}(\boldsymbol{e}_1+2\boldsymbol{e}_3)$，应力张量为 $\underline{\boldsymbol{T}}=\begin{bmatrix}-1 & 1 & 0\\ 1 & 0 & 0\\ 0 & 0 & 0\end{bmatrix}$，

故所求应力矢量为

$$\underline{\boldsymbol{t}}^{(n)}=\underline{\boldsymbol{T}}\,\underline{\boldsymbol{n}}=\frac{1}{\sqrt{5}}\begin{bmatrix}-1 & 1 & 0\\ 1 & 0 & 0\\ 0 & 0 & 0\end{bmatrix}\begin{bmatrix}1\\ 0\\ 2\end{bmatrix}=\frac{1}{\sqrt{5}}\begin{bmatrix}-1\\ 1\\ 0\end{bmatrix}$$

例 3.4　某点的应力张量的分量矩阵为

$$\underline{\boldsymbol{T}}=\begin{bmatrix}0 & 1 & 2\\ 1 & T_{22} & 1\\ 2 & 1 & 0\end{bmatrix}$$

求 T_{22} 之值，使该点处存在应力矢量为零的微元面，并求出这一微元面的单位法向矢量。

解:　根据式 (3.12)，若该微元面法线单位矢量为 $\boldsymbol{n}$，则有 $\boldsymbol{T}\cdot\boldsymbol{n}=\boldsymbol{0}$，即

$$\begin{bmatrix}0 & 1 & 2\\ 1 & T_{22} & 1\\ 2 & 1 & 0\end{bmatrix}\begin{bmatrix}n_1\\ n_2\\ n_3\end{bmatrix}=\begin{bmatrix}0\\ 0\\ 0\end{bmatrix}$$

这是一个求齐次线性方程组的非零解的问题。而要使上式有非零解，必定有

$$\det \boldsymbol{T} = \begin{vmatrix} 0 & 1 & 2 \\ 1 & T_{22} & 1 \\ 2 & 1 & 0 \end{vmatrix} = 0, \quad \text{由此可得} T_{22} = 1$$

再求解方程组

$$\begin{bmatrix} 0 & 1 & 2 \\ 1 & 1 & 1 \\ 2 & 1 & 0 \end{bmatrix} \begin{bmatrix} n_1 \\ n_2 \\ n_3 \end{bmatrix} = \begin{bmatrix} 0 \\ 0 \\ 0 \end{bmatrix}, \quad \text{可得} \quad \begin{cases} n_1 = n_3 \\ n_2 = -2n_1 \end{cases}, \quad \text{取} \quad \underline{\boldsymbol{n}} = \frac{\sqrt{6}}{6} \begin{bmatrix} 1 \\ -2 \\ 1 \end{bmatrix}$$

例 3.5 水的密度记为 ρ，求静水中深度为 h 处的应力张量。

解： 在水中某点处沿任意方向均有等值的静水压力 p 作用，且 $p = \rho g h$。取水平面为 x_1x_2 平面，x_3 轴正向指向水平面上方，可知

$$\boldsymbol{T} = \rho g h \boldsymbol{I} \quad (h \leqslant 0)$$

在水中任意指定点处法线方向沿任意方向 $\boldsymbol{n}$ 的微元面上，都有

$$\boldsymbol{t}^{(\boldsymbol{n})} = \boldsymbol{T} \cdot \boldsymbol{n} = \rho g h \boldsymbol{n}$$

其方向总是沿 $\boldsymbol{n}$ 的反向 $(h \leqslant 0)$，故法向应力分量总是压力，其大小为 $\rho g|h|$；而切向应力为零。

如上例那样，如果应力张量可表示为

$$\boldsymbol{T} = p\boldsymbol{I}$$

的形式，则称为**球应力**状态，也称为**静水压力状态**。

例 3.6 利用例 3.5 的结论，证明：浸在密度为 ρ 的均匀静止液体中的物体所受的浮力，等于该物体的体积 V 与液体体积重量 $\gamma(= \rho g)$ 的乘积。

解： 仍然取水平面为 x_1x_2 平面，x_3 轴正向指向水平面上方，根据上例可知，物体表面上法线方向为 $\boldsymbol{n}$ 的任意微元面上所受的液体的作用力为 $\rho g x_3 \boldsymbol{n} \mathrm{d}a$，则物体所受的液体作用的总合力应为

$$\boldsymbol{F} = \oint_S \rho g x_3 \boldsymbol{n} \mathrm{d}a$$

根据 Gauss 定理，上式可化为

$$\boldsymbol{F} = \int_D (\rho g x_3) \nabla \mathrm{d}\sigma = \rho g \int_D \nabla x_3 \mathrm{d}\sigma = \rho g \boldsymbol{e}_3 \int_D \mathrm{d}\sigma = \rho g V \boldsymbol{e}_3$$

此即所求的结论。

例 3.7 证明：$\mathrm{tr}\left(\boldsymbol{T}^{\mathrm{T}} \cdot \boldsymbol{T} \cdot \boldsymbol{T}\right)$ 是坐标变换的不变量。

解： 易得 $\mathrm{tr}\left(\boldsymbol{T}^{\mathrm{T}} \cdot \boldsymbol{T} \cdot \boldsymbol{T}\right) = T_{ij}T_{ik}T_{kj}$，在坐标系 $Ox_1^*x_2^*x_3^*$ 中，$\mathrm{tr}\left(\boldsymbol{T}^{\mathrm{T}} \cdot \boldsymbol{T} \cdot \boldsymbol{T}\right) = T_{mn}^* \cdot$

$T^*_{ml}T^*_{ln}$。同时有

$$T^*_{mn} = M_{mi}M_{nj}T_{ij}, \quad T^*_{ml} = M_{mp}M_{lq}T_{pq}, \quad T^*_{ln} = M_{lr}M_{ns}T_{rs}$$

故有

$$T^*_{mn}T^*_{ml}T^*_{ln} = M_{mi}M_{nj}M_{mp}M_{lq}M_{lr}M_{ns}T_{ij}T_{pq}T_{rs} = \delta_{ip}\delta_{qr}\delta_{js}T_{ij}T_{pq}T_{rs} = T_{ij}T_{ir}T_{rj}$$

这就证明了 $\mathrm{tr}\left(\boldsymbol{T}^{\mathrm{T}}\cdot\boldsymbol{T}\cdot\boldsymbol{T}\right)$ 是坐标变换的不变量。

3.1.3　应力张量的主值

由式 (3.9) 可知，在物体中指定点，沿法线方向为 $\boldsymbol{n}$ 的微元面上的 Cauchy 应力矢量的法向分量为

$$\sigma = \boldsymbol{n}\cdot\boldsymbol{T}\cdot\boldsymbol{n} \tag{a}$$

显然，在连续介质中，该法向应力分量应为有限值。下面，考虑该点处沿什么方位的微元面上的法向应力分量取极值，以及极值的大小。易知，作为单位方向矢量，应满足

$$\boldsymbol{n}\cdot\boldsymbol{n} = 1 \tag{b}$$

这样，由式 (a)、(b) 又一次构成了带约束条件的极值问题。这个问题与 2.3.2 节中所叙述的应变的主值问题是相似的。因此可以沿用同样的方法解决，并得出类似的结论：

（1）由于对称性，应力张量 $\boldsymbol{T}$ 存在三个实数的主值，称为**主应力**。主应力一般按代数值大小顺序排列为

$$\sigma_1 \geqslant \sigma_2 \geqslant \sigma_3 \tag{3.14}$$

（2）物体某点处的主应力就是过该点的所有微元面上法向应力分量的极值或驻值。

（3）使法向应力分量取极值或驻值的方向就是对应于主应力的主方向。对应于三个主应力，存在三个两两正交的主方向 $\boldsymbol{n}^{(1)}$、$\boldsymbol{n}^{(2)}$ 和 $\boldsymbol{n}^{(3)}$。以主方向为法线方向的微元面称为应力的**主平面**。

将三个主方向单位列向量依次排列，便构成一个正交矩阵

$$\underline{\boldsymbol{M}} = \begin{bmatrix}\underline{\boldsymbol{n}}^{(1)} & \underline{\boldsymbol{n}}^{(2)} & \underline{\boldsymbol{n}}^{(3)}\end{bmatrix} \tag{3.15}$$

并有

$$\underline{\boldsymbol{M}}^{\mathrm{T}}\underline{\boldsymbol{T}}\,\underline{\boldsymbol{M}} = \mathrm{diag}\left(\sigma_1,\, \sigma_2,\, \sigma_3\right) \tag{3.16}$$

这意味着，在主轴坐标系下，$\boldsymbol{T}$ 的剪应力分量为零；或者说，**在主平面上，剪应力为零**（图 3.8）。

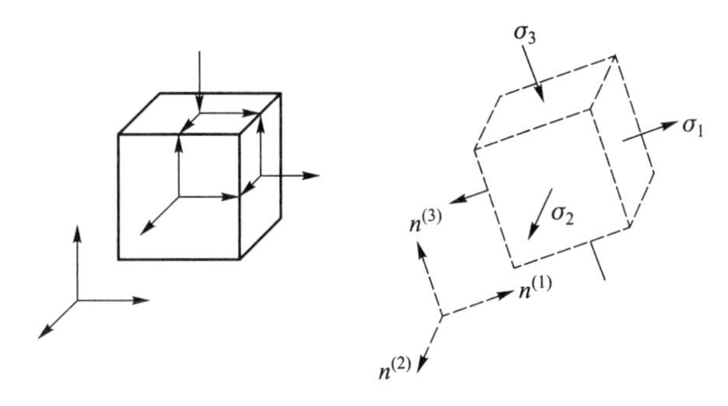

图 3.8 主应力和主平面

如果在某个微元面上只有正应力而无切应力，不失一般性，可以取这个微元面的法线方向为 x_3' 轴，那么该点处的应力张量的分量矩阵就可以写为

$$\begin{bmatrix} T_{11}' & T_{12}' & 0 \\ T_{21}' & T_{22}' & 0 \\ 0 & 0 & T_{33}' \end{bmatrix} \tag{3.17}$$

根据 1.2.3 节中例 1.21 的讨论，我们所确定的 x_3' 轴方向就是一个主方向，而 T_{33}' 就是对应的主值。这说明，**如果单元体的某个表面无切应力作用，那么这个表面必定构成一个主平面，该表面上的法向应力就是一个主应力**。

变形体内部在外荷载作用下形成了一个应力场。这个应力场中每一点都存在一个应力张量，因而每一点都存在三个主应力和对应的主方向。由于连续介质应力分布是连续的，因此每个主应力在物体中都是连续分布的，对应的主方向也是连续变化的。这样，在连续介质中存在这样的三组相互正交的曲面族，可将它们称为主应力曲面。某点处三个主应力曲面的交线的切线方向，便是该点主应力的方向。

在二维情况下，这三组正交曲面族退化为两组正交曲线族，称为主应力迹线，主应力迹线上某点的切线方向，便是过该点的主应力方向。例如图 3.9 便是自由端承受集中力的悬臂梁的主应力迹线的示意图。

主应力迹线在工程中有重要应用。例如混凝土是一种抗拉能力较弱的材料，人们常在混凝土中加配钢筋，用以提高其抗拉能力。在理论上，沿混凝土构件中第一主应力迹线加配钢筋对于提高构件的抗拉能力是最为有效的。

应力张量 $\boldsymbol{T}$ 的三个不变量可由主应力表示为

$$\mathrm{I}_T = \sigma_1 + \sigma_2 + \sigma_3 \tag{3.18}$$

$$\mathrm{II}_T = \sigma_1\sigma_2 + \sigma_2\sigma_3 + \sigma_3\sigma_1 \tag{3.19}$$

$$\mathrm{III}_T = \sigma_1\sigma_2\sigma_3 \tag{3.20}$$

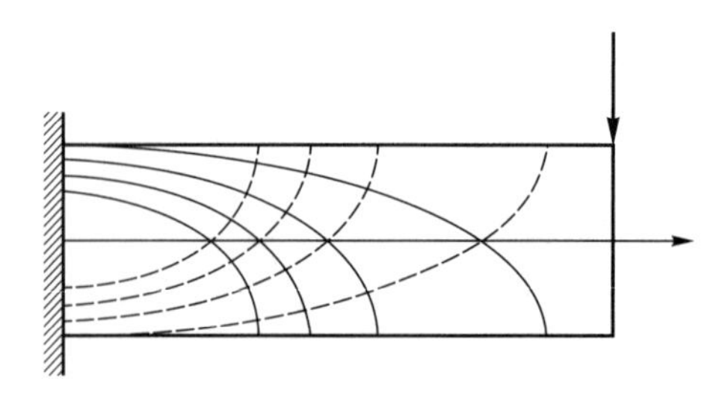

图 3.9　悬臂梁的一种主应力迹线

引用第一不变量，可把应力 $\boldsymbol{T}$ 表示为

$$\boldsymbol{T} = \frac{1}{3}\mathrm{I}_T\boldsymbol{I} + \boldsymbol{T}' \tag{3.21}$$

式中，$\frac{1}{3}\mathrm{I}_T\boldsymbol{I}$ 称为**平均正应力**，$\boldsymbol{T}'$ 称为**应力偏量**。平均正应力是一种球应力状态，该点处各个方向所受的法向应力都是相等的，而且各个方位上的微元面上均无剪应力。如果材料是各向同性的，那么球应力作用的效应是该点处微元体体积的变化，而没有形状的变化。相反，应力偏量作用的效应是微元体形状的变化，而没有体积的变化。这一点还将在线弹性体一章中加以说明。

例 3.8　物体某点处的应力张量分量矩阵为

$$\underline{\boldsymbol{T}} = \begin{bmatrix} 3 & -2 & 0 \\ -2 & -1 & 0 \\ 0 & 0 & 5 \end{bmatrix}$$

求 $\boldsymbol{T}$ 的三个不变量数值。

解:　根据式 (1.112)，有

$$\mathrm{I} = 3-1+5 = 7,\ \mathrm{II} = \begin{vmatrix} 3 & -2 \\ -2 & -1 \end{vmatrix} + \begin{vmatrix} -1 & 0 \\ 0 & 5 \end{vmatrix} + \begin{vmatrix} 3 & 0 \\ 0 & 5 \end{vmatrix} = 3,\ \mathrm{III} = \begin{vmatrix} 3 & -2 & 0 \\ -2 & -1 & 0 \\ 0 & 0 & 5 \end{vmatrix} = -35$$

本题也可以先求出主应力，再按式 (3.18)～(3.20) 计算。

例 3.9　物体 P 点处的 Cauchy 应力 $\boldsymbol{T}$ 在某个坐标系下的分量为 $\begin{bmatrix} 2 & 1 & 0 \\ 1 & 3 & -1 \\ 0 & -1 & 2 \end{bmatrix}$，求：

(1) $\boldsymbol{T}$ 的主值及不变量；(2) 偏应力的主值及不变量。

解:　(1) $\boldsymbol{T}$ 的主值满足特征方程

$$\det(\boldsymbol{T} - \sigma\boldsymbol{I}) = \begin{vmatrix} 2-\sigma & 1 & 0 \\ 1 & 3-\sigma & -1 \\ 0 & -1 & 2-\sigma \end{vmatrix} = 0$$

由上式可解得

$$\sigma_1 = 4, \quad \sigma_2 = 2, \quad \sigma_3 = 1$$

由此有

$$\mathrm{I}_T = \sigma_1 + \sigma_2 + \sigma_3 = 7$$

$$\mathrm{II}_T = \sigma_1\sigma_2 + \sigma_2\sigma_3 + \sigma_3\sigma_1 = 14$$

$$\mathrm{III}_T = \sigma_1\sigma_2\sigma_3 = 8$$

（2）由偏应力定义可得

$$\boldsymbol{T}' = \boldsymbol{T} - \frac{1}{3}\boldsymbol{I}\,\mathrm{tr}\,\boldsymbol{T}$$

在 $\boldsymbol{T}$ 的主轴坐标系下，$\boldsymbol{T}$ 的分量矩阵为对角阵，而球应力分量矩阵也为对角阵，因此 $\boldsymbol{T}'$ 的分量矩阵也为对角阵。这就说明，**偏应力 $\boldsymbol{T}'$ 与 $\boldsymbol{T}$ 有相同的主方向**，记 $\boldsymbol{T}'$ 的主值为 σ'，在主轴坐标系下，有

$$\sigma_i' = \sigma_i - \frac{1}{3}(\sigma_1 + \sigma_2 + \sigma_3) \quad (i = 1, 2, 3)$$

故有

$$\sigma_1' = \frac{5}{3}, \quad \sigma_2' = -\frac{1}{3}, \quad \sigma_3' = -\frac{4}{3}$$

不变量为

$$\mathrm{I}_{T'} = 0, \quad \mathrm{II}_{T'} = -\frac{7}{3}, \quad \mathrm{III}_{T'} = \frac{20}{27}$$

例 3.10 图 3.10 所示的直角曲拐两段的长度均为 $l = 500$ mm，直径均为 $d = 60$ mm，在自由端处有竖直向下的集中力 $F = 3$ kN，求固定端上顶点 A 处的主应力和图示坐标下的主方向。

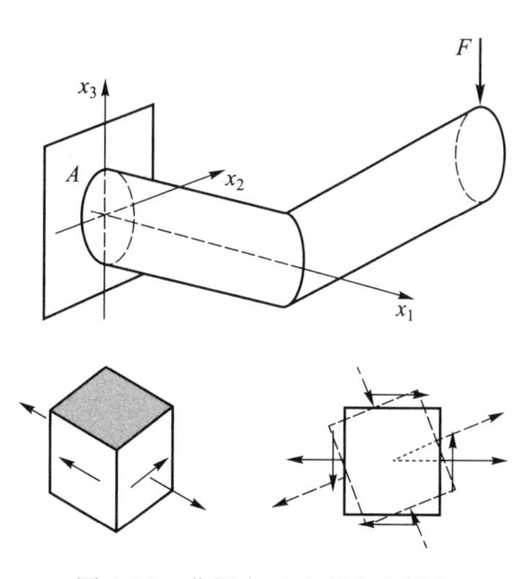

图 3.10 曲拐中 A 点的应力状态

解： 在图示荷载下，固定端发生弯曲和扭转两种变形效应。弯曲效应使 A 点处横截面上存在拉应力，其大小为 $\dfrac{32Fl}{\pi d^3} = 70.7\ \text{MPa}$。扭转效应使 A 点处横截面上存在切应力，其大小为 $\dfrac{16Fl}{\pi d^3} = 35.4\ \text{MPa}$。

在 A 点处取一单元体如图所示，这是一个双向应力问题。灰色面处于圆柱表面，其上无应力，因而构成一个主平面，这个主平面上的主应力为零。显然，相应的主方向为 $\begin{bmatrix}0 & 0 & 1\end{bmatrix}^{\text{T}}$。

在平行于 x_1x_2 平面的微元面上，两个主应力应满足

$$\begin{vmatrix} 70.7\ \text{MPa} - \sigma & 35.4\ \text{MPa} \\ 35.4\ \text{MPa} & 70.7\ \text{MPa} - \sigma \end{vmatrix} = 0$$

其解为 85.4 MPa 和 −14.7 MPa。其中 85.4 MPa 对应的主方向与 x_1 轴正向的夹角为 22.5°（如二维应力图中虚线所示）。另一个主方向与 x_1 轴正向的夹角应为 112.5°。这样便有：

$$\begin{aligned} &\sigma_1 = 85.4\ \text{MPa}, && \boldsymbol{n}^{(1)} = \begin{bmatrix}0.924 & 0.383 & 0\end{bmatrix}^{\text{T}} \\ &\sigma_2 = 0, && \boldsymbol{n}^{(2)} = \begin{bmatrix}0 & 0 & 1\end{bmatrix}^{\text{T}} \\ &\sigma_3 = -14.7\ \text{MPa}, && \boldsymbol{n}^{(3)} = \begin{bmatrix}-0.383 & 0.924 & 0\end{bmatrix}^{\text{T}} \end{aligned}$$

3.1.4　最大切应力

下面考察最大切应力问题。由式 (3.9)、(3.12) 可知，在法线方向单位矢量为 $\boldsymbol{n}$ 的微元面上，应力矢量为 $\boldsymbol{t} = \boldsymbol{T} \cdot \boldsymbol{n}$，法向应力分量为 $\sigma = \boldsymbol{n} \cdot \boldsymbol{T} \cdot \boldsymbol{n}$，故切应力 τ 满足

$$\tau^2 = \boldsymbol{t} \cdot \boldsymbol{t} - \sigma^2 = \boldsymbol{n} \cdot \boldsymbol{T} \cdot \boldsymbol{T} \cdot \boldsymbol{n} - (\boldsymbol{n} \cdot \boldsymbol{T} \cdot \boldsymbol{n})^2 \tag{3.22}$$

在主轴坐标系下考虑这一问题，记 $\boldsymbol{T}$ 的主应力为 σ_1, σ_2 和 σ_3，便有

$$\tau^2 = \sigma_i^2 n_i^2 - \left(\sigma_i n_i^2\right)^2 \tag{3.23}$$

在一点处，应力张量不变，故上式中的切应力仅为 $\boldsymbol{n}$ 的函数。但 $\boldsymbol{n}$ 的三个分量不是独立的，必须满足条件

$$n_i n_i = 1 \tag{3.24}$$

这样，可以引用 Lagrange 乘子 λ，构造一个新函数

$$\begin{aligned} F =& \sigma_i^2 n_i^2 - \left(\sigma_i n_i^2\right)^2 - \lambda\left(n_i n_i - 1\right) \\ =& \left(\sigma_1^2 n_1^2 + \sigma_2^2 n_2^2 + \sigma_3^2 n_3^2\right) - \left(\sigma_1 n_1^2 + \sigma_2 n_2^2 + \sigma_3 n_3^2\right)^2 - \lambda\left(n_1^2 + n_2^2 + n_3^2 - 1\right) \end{aligned} \tag{3.25}$$

使 τ 取极值的 $\boldsymbol{n}$ 必定满足

$$\frac{\partial F}{\partial n_m} = 0$$

即

$$n_1\left[\sigma_1^2-2\sigma_1\left(\sigma_1n_1^2+\sigma_2n_2^2+\sigma_3n_3^2\right)-\lambda\right]=0$$
$$n_2\left[\sigma_2^2-2\sigma_2\left(\sigma_1n_1^2+\sigma_2n_2^2+\sigma_3n_3^2\right)-\lambda\right]=0$$
$$n_3\left[\sigma_3^2-2\sigma_3\left(\sigma_1n_1^2+\sigma_2n_2^2+\sigma_3n_3^2\right)-\lambda\right]=0$$

消去乘子 λ，可得

$$n_1n_2\left(\sigma_1-\sigma_2\right)\left[\sigma_1+\sigma_2-2\left(\sigma_1n_1^2+\sigma_2n_2^2+\sigma_3n_3^2\right)\right]=0 \tag{3.26a}$$
$$n_2n_3\left(\sigma_2-\sigma_3\right)\left[\sigma_2+\sigma_3-2\left(\sigma_1n_1^2+\sigma_2n_2^2+\sigma_3n_3^2\right)\right]=0 \tag{3.26b}$$
$$n_3n_1\left(\sigma_3-\sigma_1\right)\left[\sigma_3+\sigma_1-2\left(\sigma_1n_1^2+\sigma_2n_2^2+\sigma_3n_3^2\right)\right]=0 \tag{3.26c}$$

这是一个关于 n_1、n_2 和 n_3 的非线性方程组，它不只有一组解。将它的解代入式 (3.22) 可得 τ 对应的极值如下：

$$n_1=\pm1,\quad n_2=0,\quad n_3=0,\quad \tau=0$$
$$n_1=0,\quad n_2=\pm1,\quad n_3=0,\quad \tau=0$$
$$n_1=0,\quad n_2=0,\quad n_3=\pm1,\quad \tau=0$$
$$n_1=\pm\frac{1}{2}\sqrt{2},\quad n_2=\pm\frac{1}{2}\sqrt{2},\quad n_3=0,\quad \tau=\frac{1}{2}\left(\sigma_1-\sigma_2\right)$$
$$n_1=0,\quad n_2=\pm\frac{1}{2}\sqrt{2},\quad n_3=\pm\frac{1}{2}\sqrt{2},\quad \tau=\frac{1}{2}\left(\sigma_2-\sigma_3\right)$$
$$n_1=\pm\frac{1}{2}\sqrt{2},\quad n_2=0,\quad n_3=\pm\frac{1}{2}\sqrt{2},\quad \tau=\frac{1}{2}\left(\sigma_1-\sigma_3\right)$$

在上列式中，注意到 $\sigma_1\geqslant\sigma_2\geqslant\sigma_3$ 的约定，从而在 τ 的开方运算中取非负值。显然，上面的各种值中只有最后一行是切应力的极大值，即

$$\tau_{\max}=\frac{1}{2}\left(\sigma_1-\sigma_3\right) \tag{3.27}$$

且切应力取极大值的微元面的法线方向与第一主轴和第三主轴成 45° 的夹角（图 3.11 中的虚线单元体）。不难证明，在这个微元面上，有

$$\sigma=\frac{1}{2}\left(\sigma_1+\sigma_3\right) \tag{3.28}$$

3.1.5 八面体应力

另一个重要的应力标度是**八面体应力**。若微元面的法线方向与应力主轴成等角，那么在一点的邻域内，这样的微元面有八个，它们可以构成一个等八面体（图 3.12）。下面用主应力 σ_1、σ_2 和 σ_3 表示该正八面体表面上的法向应力和切向应力。

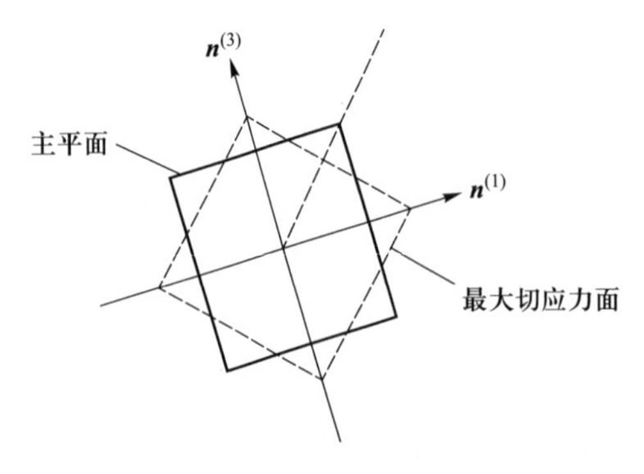

图 3.11　最大切应力面与主平面的位置关系

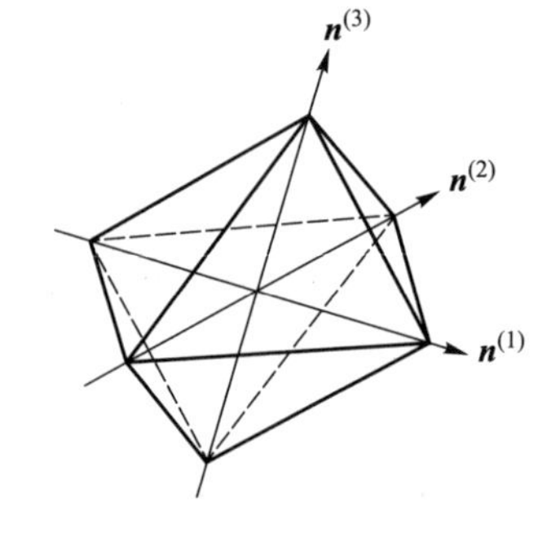

图 3.12　一点邻域的正八面体

在主轴坐标系下，与三个主轴成等角的单位方向矢量 $\boldsymbol{n}$ 的分量满足

$$n_1^2 = n_2^2 = n_3^2 = \frac{1}{3}$$

n_1、n_2 和 n_3 的正负的不同组合构成八面体上的八个外法线方向。在这些微元面上，Cauchy 应力矢量为

$$\underline{\boldsymbol{t}}^{(n)} = \begin{bmatrix} \sigma_1 & & \\ & \sigma_2 & \\ & & \sigma_3 \end{bmatrix} \begin{bmatrix} n_1 \\ n_2 \\ n_3 \end{bmatrix} = \begin{bmatrix} n_1\sigma_1 \\ n_2\sigma_2 \\ n_3\sigma_3 \end{bmatrix}$$

其法向分量为

$$\sigma_{\text{oct}} = \boldsymbol{n} \cdot \boldsymbol{t}^{(\boldsymbol{n})} = n_1^2\sigma_1 + n_2^2\sigma_2 + n_3^2\sigma_3 = \frac{1}{3}(\sigma_1 + \sigma_2 + \sigma_3) \tag{3.29}$$

其切向分量为

$$\begin{aligned} \tau_{\text{oct}} =& \sqrt{\boldsymbol{t}^{(\boldsymbol{n})} \cdot \boldsymbol{t}^{(\boldsymbol{n})} - \sigma^2} = \left[\frac{1}{3}\left(\sigma_1^2 + \sigma_2^2 + \sigma_3^2\right) - \frac{1}{9}(\sigma_1 + \sigma_2 + \sigma_3)^2\right]^{\frac{1}{2}} \\ =& \frac{1}{3}\sqrt{(\sigma_1 - \sigma_2)^2 + (\sigma_2 - \sigma_3)^2 + (\sigma_3 - \sigma_1)^2} \end{aligned} \tag{3.30}$$

容易看出，八面体上的切应力与材料力学中的第四强度准则的等效应力 σ_{eq4} 密切相关：

$$\tau_{\text{oct}} = \frac{\sqrt{2}}{3}\sigma_{\text{eq4}} \tag{3.31}$$

在强度理论中，人们根据对某一类材料的性能的认识，提出了相应的强度准则。在强度准则中，一般将主应力的某个标量函数确定为等效应力

$$\sigma_{\text{eq}} = f(\sigma_1, \sigma_2, \sigma_3) \tag{3.32}$$

这个等效应力便可以在某种意义下表达该点处的应力水平。

在现代许多工程软件中，尤其是有限元软件中，大多具有强大的后处理功能。例如在有限元软件中，计算部分完成后，便可以获得物体内部许多点（一般是网格结点）的各应

力分量以及这些点处的等效应力。据此，便可以建立物体内的等应力线（平面问题）或等应力面（空间问题）。进一步地，便可以将物体内应力水平相同的区域染上同一种颜色；而不同应力水平的区域则用不同颜色加以区分。这样，人们便可以从中形象地了解物体中应力水平的分布。

例 3.11 若应力张量分量矩阵为 $\underline{\boldsymbol{T}}=\begin{bmatrix}1&0&2\\0&3&0\\2&0&-2\end{bmatrix}$，求最大切应力及八面体应力。

解: 先求主应力，根据应力矩阵可知，3 一定是一个主应力，剩下的两个主应力由特征方程

$$\begin{vmatrix}1-\sigma&2\\2&-2-\sigma\end{vmatrix}=\sigma^2+\sigma-6=0$$

所确定。由上式可得两个主值分别为 2 和 -3，因此有

$$\sigma_1=3,\quad \sigma_2=2,\quad \sigma_3=-3$$

故最大切应力

$$\tau_{\max}=(\sigma_1-\sigma_3)/2=3$$

八面体正应力

$$\sigma_{\mathrm{oct}}=(\sigma_1+\sigma_2+\sigma_3)/3=2/3$$

八面体切应力

$$\tau_{\mathrm{oct}}=\frac{1}{3}\sqrt{(\sigma_1-\sigma_2)^2+(\sigma_2-\sigma_3)^2+(\sigma_3-\sigma_1)^2}=\frac{1}{3}\sqrt{62}$$

例 3.12 用应力的不变量 I、II、III 来表示应力偏量的第二不变量 II'，并由此导出 II' 与八面体切应力 τ_{oct} 之间的关系。

解: 易得应力偏量的第一不变量 $\mathrm{I}'=0$。

根据式 (1.94b)，应力偏量的第二不变量

$$\mathrm{II}'=\frac{1}{2}\left[\left(\mathrm{tr}\,\boldsymbol{T}'\right)^2-\mathrm{tr}\,\boldsymbol{T}'^2\right]=-\frac{1}{2}\,\mathrm{tr}\,\boldsymbol{T}'^2$$

式中

$$\boldsymbol{T}'^2=\left(\boldsymbol{T}-\frac{1}{3}\boldsymbol{I}\,\mathrm{tr}\,\boldsymbol{T}\right)^2=\boldsymbol{T}^2-\frac{2}{3}\boldsymbol{T}\,\mathrm{tr}\,\boldsymbol{T}+\frac{1}{9}\boldsymbol{I}(\mathrm{tr}\,\boldsymbol{T})^2$$

故

$$\mathrm{II}'=-\frac{1}{2}\left[\mathrm{tr}\,\boldsymbol{T}^2-\frac{2}{3}(\mathrm{tr}\,\boldsymbol{T})^2+\frac{1}{3}(\mathrm{tr}\,\boldsymbol{T})^2\right]=-\frac{1}{2}\left[\mathrm{tr}\,\boldsymbol{T}^2-\frac{1}{3}(\mathrm{tr}\,\boldsymbol{T})^2\right]$$

利用 $\mathrm{tr}\,\boldsymbol{T}^2=\mathrm{I}^2-2\mathrm{II}$，则有

$$\mathrm{II}'=\mathrm{II}-\frac{1}{3}\mathrm{I}^2$$

这就是用应力的不变量 I, II 来表示应力偏量的第二不变量 II′ 的式子。上式可用主应力表示为

$$\begin{aligned}\mathrm{II}' =&\sigma_1\sigma_2+\sigma_2\sigma_3+\sigma_3\sigma_1-\frac{1}{3}\left(\sigma_1+\sigma_2+\sigma_3\right)^2\\=&-\frac{3}{2}\left[\frac{1}{3}\left(\sigma_1^2+\sigma_2^2+\sigma_3^2\right)-\frac{1}{9}\left(\sigma_1+\sigma_2+\sigma_3\right)^{\mathrm{T}}\right]=-\frac{3}{2}\tau_{\mathrm{oct}}^2\end{aligned}$$

或

$$\tau_{\mathrm{oct}}=\sqrt{-\frac{2}{3}\mathrm{II}'}$$

3.2　其他形式的应力

Cauchy 应力张量 $\boldsymbol{T}$ 是定义在即时构形上的。下面将要建立其他形式的应力，虽然它们仍然描述发生在即时构形上的事实，却用到了参考构形上的一些元素。

设想即时构形某点处有面元 $\mathrm{d}a$，其方向为 $\boldsymbol{n}$，则该面元上的牵引力便为

$$\boldsymbol{t}^{(\boldsymbol{n})}\mathrm{d}a=\boldsymbol{T}\cdot\boldsymbol{n}\mathrm{d}a \tag{3.33}$$

该面元在参考构形上对应于面元 $\mathrm{d}A$，其方向为 $\boldsymbol{N}$。为了进行物质描述，可以把牵引力 $\boldsymbol{t}^{(\boldsymbol{n})}\mathrm{d}a$ “折合”到参考构形上去。

第一种“折合”方式是把牵引力“平移”到参考构形上（图 3.13），也就是令

$$\boldsymbol{t}^{(\boldsymbol{n})}\mathrm{d}a=\bar{\boldsymbol{t}}^{(\boldsymbol{N})}\mathrm{d}A \tag{3.34}$$

这样，在参考构形上，便可获得三个法线方向沿坐标轴的应力矢量，再将它们分别与基矢量作并积，得到一个应力张量：

$$\boldsymbol{P}=\sum_{M=1}^{3}\boldsymbol{e}_M\bar{\boldsymbol{t}}^{(\boldsymbol{e}_M)} \tag{3.35}$$

这样定义的 $\boldsymbol{P}$ 称为**第一类皮奥拉–基尔霍夫**（Piola-Kirchhoff）**应力**。与 Cauchy 应力类似，法线方向为 $\boldsymbol{N}$ 的微元面上的应力矢量为

$$\bar{\boldsymbol{t}}^{(\boldsymbol{N})}=\boldsymbol{P}\cdot\boldsymbol{N} \tag{3.36}$$

由式 (3.34) 可知

$$\boldsymbol{P}\cdot\boldsymbol{N}\mathrm{d}A=\boldsymbol{T}\cdot\boldsymbol{n}\mathrm{d}a \tag{3.37}$$

注意到式 (2.110)，即 $\boldsymbol{n}\cdot\boldsymbol{F}\mathrm{d}a=J\boldsymbol{N}\mathrm{d}A$，可得

$$\boldsymbol{P}=J\boldsymbol{T}\cdot\left(\boldsymbol{F}^{-1}\right)^{\mathrm{T}},\quad P_{iR}=JT_{ij}\frac{\partial X_R}{\partial x_j} \tag{3.38}$$

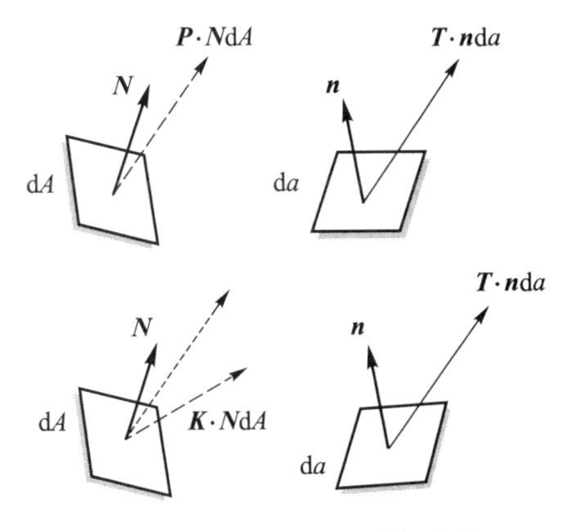

图 3.13 牵引力的平移与变换

另一种“折合”的方式则考虑到，作为一个矢量，牵引力在两种构形间的变换，应与两种坐标的变换 $\mathrm{d}\boldsymbol{x} = \boldsymbol{F} \cdot \mathrm{d}\boldsymbol{X}$ 类似（因为它们都是矢量，图 3.13），则有

$$\boldsymbol{t}^{(\boldsymbol{n})}\mathrm{d}a = \boldsymbol{F} \cdot \widetilde{\boldsymbol{t}}^{(\boldsymbol{N})}\mathrm{d}A \tag{3.39}$$

这样，在参考构形上，也可获得三个法线方向沿坐标轴的应力矢量，再将它们分别与基矢量作并积，得到一个应力张量：

$$\boldsymbol{K} = \sum_{M=1}^{3} \boldsymbol{e}_M \widetilde{\boldsymbol{t}}^{(\boldsymbol{e}_M)} \tag{3.40}$$

这样定义的 $\boldsymbol{K}$ 称为**第二类 Piola-Kirchhoff 应力**。

同样有

$$\widetilde{\boldsymbol{t}}^{(\boldsymbol{N})} = \boldsymbol{K} \cdot \boldsymbol{N} \tag{3.41}$$

由式 (3.39) 可知

$$\boldsymbol{T} \cdot \boldsymbol{n}\mathrm{d}a = \boldsymbol{F} \cdot \boldsymbol{K} \cdot \boldsymbol{N}\mathrm{d}A \tag{3.42}$$

同样利用 $\boldsymbol{n} \cdot \boldsymbol{F}\mathrm{d}a = J\boldsymbol{N}\mathrm{d}A$，可得

$$\boldsymbol{K} = J\boldsymbol{F}^{-1} \cdot \boldsymbol{T} \cdot \left(\boldsymbol{F}^{-1}\right)^{\mathrm{T}}, \quad K_{RS} = J\frac{\partial X_R}{\partial x_i}\frac{\partial X_S}{\partial x_j}T_{ij} \tag{3.43}$$

容易证明，第二类 Piola-Kirchhoff 应力 $\boldsymbol{K}$ 是对称张量。但第一类 Piola-Kirchhoff 应力 $\boldsymbol{P}$ 则是非对称的。

在很多情况下，人们都把未受力未变形的状态取为参考构形，而即时构形则是受了外力作用并发生变形的状态。Cauchy 应力是定义在即时构形上的张量，它反映了即时构形上真实发生的事实，因而是一种真实应力。两类 Piola-Kirchhoff 应力也反映即时构形上存在的事实，却使用了参考构形中的元素，因而它们是**名义应力**，也称伪应力。但这一点并不妨碍两类 Piola-Kirchhoff 应力的使用。在某些问题中，即时构形往往是未知的，而参考构形则是已知的，此时 Piola-Kirchhoff 应力使用起来就较为方便。

两类 Piola-Kirchhoff 应力的意义通常在变形较大的场合显露出来。例如在典型的低碳钢拉伸试验中，往往给出如图 3.14 所示的“应力 – 应变”曲线。图中的实线是根据荷载除以试件的初始横截面面积给出的。当试件部分区域进入塑性变形，产生明显的、肉眼可以观察到的“颈缩”现象时，发生颈缩现象部位的横截面面积明显小于初始横截面面积。图中的虚线就是根据荷载除以实际横截面面积所给出的。因此，很明显，虚线反映的正是 Cauchy 应力，而实线反映的则是 Piola-Kirchhoff 应力。（在这种情况下，两类 Piola-Kirchhoff 应力相等。）事实上，两类应力在全部变形过程中都是不同的，因而图中的实线和虚线一开始就应该不重合。只是由于变形较小时两者区别不大，难以用图中的比例表示出来而已。

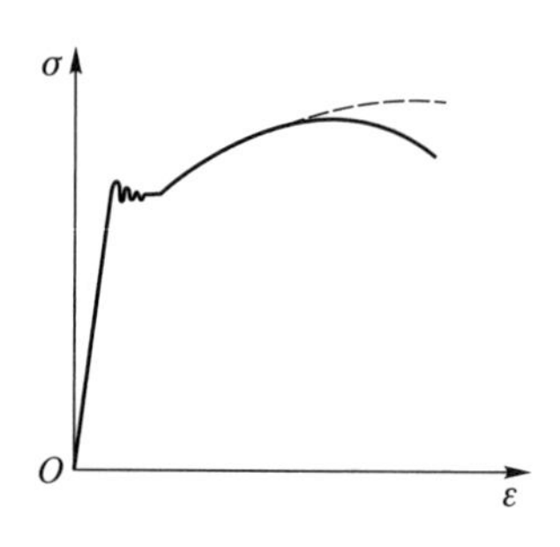

图 3.14 钢材拉伸试验曲线

下面，我们参考文献 [31]，通过生物力学中的一个例子来说明应力对生物体生长的影响。这里需要用到应变能和本构关系等后面章节的内容。生物体中，活组织的生长或萎缩对其生理功能至关重要，通常活组织细胞的分裂或凋亡会导致其体重的增加或减少，并且它还会受到各种病理障碍的影响。生长即生物器官和组织形态的形成过程，它包括了一系列特别精巧的步骤。除了遗传和化学效应，机械环境在组织形态形成中起着重要的调节作用。组织和器官在受限环境下的不均匀生长或萎缩会引起内部应力，通常称为残余应力，残余应力被认为在组织和器官的形态形成中起着重要作用。

组织生长有三种典型的形式，即尖端生长、表面生长和体积生长。例如，在根毛、真菌菌丝和花粉管中发生的顶端生长，细胞通常形成细长的结构，顶部有一个延长的“圆屋顶”，在那里发生扩张。表面生长常被一些生物采用（如贝壳），在那里质量倾向于聚集在一个现有的表面。相反，体积增长则对应大多数软组织的发育，如动脉、气道、心脏、肌肉和实体肿瘤。下面，我们关注体积生长引起的形态不稳定性。

简要描述一个基于形变梯度张量的乘法分解的有限变形模型，它与弹塑性形变梯度张量的分解有些类似。对于生物组织，形变梯度张量 $\boldsymbol{F}$ 可分解为

$$\boldsymbol{F} = \boldsymbol{F}_e \cdot \boldsymbol{F}_g \tag{3.44}$$

其中，$\boldsymbol{F}_g$ 为描述组织材料增加量的生长张量，$\boldsymbol{F}_e$ 为保证相容性和完整性的弹性变形张量。残余应力则来自为防止生长体中发生不连续而存在的弹性变形。

为了简便起见，通常假设生长组织的响应函数只取决于总变形的弹性部分。引入应变

能函数 $W(\boldsymbol{F}_e)$，名义应力 $\boldsymbol{S}$ 可写成

$$\boldsymbol{S} = J\boldsymbol{F}_g^{-1}\left(\frac{\partial W}{\partial \boldsymbol{F}_e} - p\boldsymbol{F}_e^{-1}\right) \tag{3.45}$$

其中，$J = \det \boldsymbol{F}$，p 是与组织不可压缩性相关的拉格朗日乘子（对于可压缩性软材料，$p = 0$）。此非线性变形系统的应力状态也可用 Cauchy 应力 $\boldsymbol{T} = J^{-1}\boldsymbol{F}\cdot\boldsymbol{S}$ 来表示。通过求解 $\mathrm{Div}\,\boldsymbol{S} = 0$ 或 $\mathrm{div}\,\boldsymbol{T} = 0$，加上适当的边界条件，可以得到组织生长或萎缩引起的力学平衡状态，这里“Div”和“div”分别代表参考构形和即时构形中的散度算子。

当组织生长引起的残余应力足够大时，可能会引起组织材料的形态不稳定。临界失稳条件和表面的起皱模式可以通过变形增量理论来预测。通过求解增量平衡方程 $\mathrm{div}\,\dot{\boldsymbol{S}}_0 = 0$，结合特定的边界条件，可确定稳定性条件，其中 $\dot{\boldsymbol{S}}_0$ 为名义应力张量增量。当增量平衡方程对系统中的小扰动呈现非平凡解时，表面发生起皱。

除了式 (3.44) 中形变梯度张量乘法分解方法外，还存在一种加法分解方法，将弹性应变表示为总几何应变与生长应变之差，类似于在热弹性分析中使用的方法。对于加法分解，我们这里不做详细介绍。

思考题

3.1　以下哪些叙述是正确的，哪些是不正确的，或者是不严密的？试说明理由。

(1) 等截面直杆两端承受的轴向拉力为 3 kN，横截面面积为 15 cm^2，因此杆件中离两端较远的各处的应力均为 2 MPa。

(2) 简支梁中点承受向下的横向集中荷载，因此梁的中性层上部的应力是压应力，下部的应力是拉应力。

(3) 圆轴两端承受转矩作用而产生扭转变形，因此轴内只有切应力而无正应力。

(4) 等截面直杆两端承受的轴向拉力为 3 kN，横截面面积为 15 cm^2，因此杆件中离两端较远的各处的第一主应力均为 2 MPa。

(5) 圆轴两端承受转矩作用而产生扭转变形，因此轴内离两端较远的各处的第一主应力和第三主应力绝对值相等。

(6) 圆轴两端承受转矩作用而产生扭转变形，因此轴内离两端较远的各处的第一主应力和第三主应力大小相等，方向相反。

(7) 圆轴承受弯曲和扭转的共同作用，如果横截面上 P 点由弯曲引起的正应力为 σ，由扭转引起的切应力为 τ，该点处的总应力便是 $\sqrt{\sigma^2+\tau^2}$。

3.2　比较本书中和一般材料力学中切应力的符号规定的不同点，并指出这一不同点在斜截面上的应力公式中带来的区别。

3.3　把应力张量分解为平均正应力和偏应力之和有什么意义？

3.4　决定一点处的应力张量至少要几个微元面上的应力矢量？对这些微元面的方位有什么要求？

3.5　主应力都是法向应力吗？主应力都是拉应力吗？

3.6　如果三个主应力互不相等，相应的主方向有什么特点？如果两个主应力相等，情况怎样？如果三个主应力相等呢？

3.7　证明：当且仅当应力张量 $\boldsymbol{T}=p\boldsymbol{I}$ 时，它的三个主应力相等。

3.8　在图示几种构件中，第一主应力和第三主应力迹线的走向是怎样的？在梁的中性层处，主应力迹线与轴线的夹角有什么规律？在梁的上（下）沿呢？

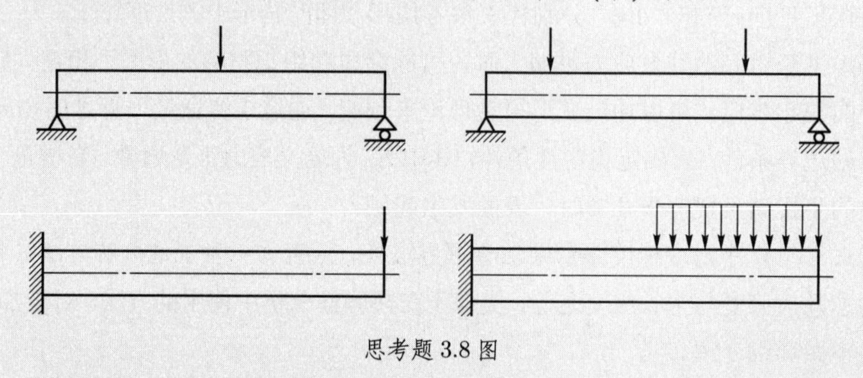

思考题 3.8 图

3.9　在图 3.9 中的主应力迹线有实线和虚线两组，有人说，实线代表拉应力，虚线代表压应力。这种看法对吗？为什么？

3.10　用三维的观点考察图 3.9 所示的梁，此时的主应力曲面是怎样的三组？

3.11　处于静止状态的液体中，主应力曲面是怎样的？

3.12　为什么人们只考虑了最大切应力问题？最小切应力是多少？最小切应力出现在哪个微元面上？

3.13　八面体应力有什么意义？

3.14　在材料力学中实质上采用的是什么应力？为什么可以采用这种应力？

3.15　两类 Piola-Kirchhoff 应力是参考构形中的应力吗？

习　题

3.1　图示悬臂梁结构中，$l=500$ mm，$c=250$ mm，$b=30$ mm，$h=60$ mm，$q=5$ kN/m，分别求出距离固支端 $a=150$ mm 处的横截面上图示三个点的应力张量。

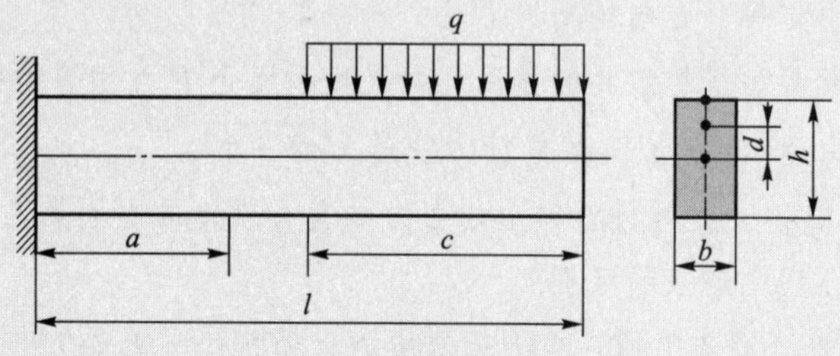

习题 3.1 图

3.2　直径为 40 mm 的圆柱承受轴向荷载 10 kN 的拉伸作用后长度增加了 21%，若圆柱材料是不可压缩的，求横截面上的 Cauchy 应力的法向分量。

3.3 某点应力张量分量矩阵为 $\begin{bmatrix} 5 & 2 & -1 \\ 2 & -3 & 0 \\ -1 & 0 & 2 \end{bmatrix}$，该点处三个法线方向沿坐标轴正向的微元面上的法向应力及总切应力各为多少？

3.4 习题 3.3 中的点上，法线方向为 $2\boldsymbol{e}_1+\boldsymbol{e}_2+2\boldsymbol{e}_3$ 的微元面上的法向应力和总切应力各为多少？

3.5 某物体的应力张量分量矩阵为 $\underline{\boldsymbol{T}}=\begin{bmatrix} 0 & 5x_3 & -5x_2 \\ 5x_3 & 0 & 0 \\ -5x_2 & 0 & 0 \end{bmatrix}$，求过点 $(1,2,-1)$ 且法线方向为 $2\boldsymbol{e}_1-\boldsymbol{e}_2+3\boldsymbol{e}_3$ 的微元面上的法向应力和这个微元面上沿 $\boldsymbol{e}_1+5\boldsymbol{e}_2+\boldsymbol{e}_3$ 方向上的切向应力各为多少？

3.6 图示两个相同的长方体的长、宽、高分别为 3、1、2，应力场均为

$$\underline{\boldsymbol{T}}=\begin{bmatrix} 2 & 1 & -1 \\ 1 & 3 & 0 \\ -1 & 0 & 5 \end{bmatrix}$$

分别求出图示两个平面上的应力矢量、法向应力分量和总切应力。

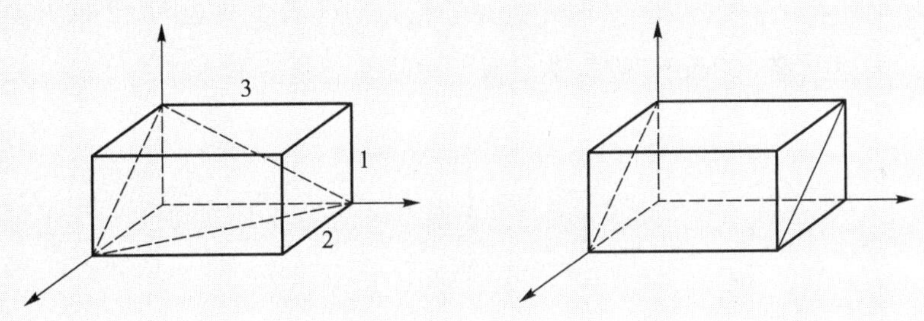

习题 3.6 图

3.7 边长为单位 1 的正方体的一个顶点在原点，各棱边平行于坐标轴，且正方体处于第一个象限中，要维持正方体中的应力分布与习题 3.6 相同，外界在各表面上作用的合力各为多少？

3.8 在 P 点处应力张量的分量矩阵为 $\underline{\boldsymbol{T}}=\begin{bmatrix} 4 & -2 & 0 \\ -2 & 3 & 1 \\ 0 & 1 & 0 \end{bmatrix}$，求过 P 点并平行于平面 ABC 的微元面上的应力矢量、法向应力分量和切向应力分量。其中 ABC 三点的坐标分别为 $A(4,0,0)$，$B(0,3,0)$，$C(0,0,1)$。

3.9 某点的应力状态为 $\underline{\boldsymbol{T}}=\begin{bmatrix} 2 & 4 & 3 \\ 4 & 0 & 0 \\ 3 & 0 & -1 \end{bmatrix}$，求过该点并平行于平面 $x+2y+2z-6=0$

的微元面上的应力矢量。

3.10　某点的应力状态为 $\underline{\boldsymbol{T}} = \begin{bmatrix} 0 & 1 & 2 \\ 1 & 2 & 0 \\ 2 & 0 & 1 \end{bmatrix}$，过该点的两个微元线段的方向分别为 $\underline{\boldsymbol{b}}^{(1)} = \begin{bmatrix} -1 & 0 & 1 \end{bmatrix}^{\mathrm{T}}$，$\underline{\boldsymbol{b}}^{(2)} = \begin{bmatrix} -1 & 1 & 1 \end{bmatrix}^{\mathrm{T}}$，求这两个线段所确定的微元面上的应力矢量、法向分量、切向分量、应力矢量与微元面法线方向间的夹角。

3.11　物体内过某点有两个方向单位矢量 $\boldsymbol{m}$ 和 $\boldsymbol{n}$，证明 $\boldsymbol{t}^{(\boldsymbol{n})} \cdot \boldsymbol{m} = \boldsymbol{t}^{(\boldsymbol{m})} \cdot \boldsymbol{n}$。

3.12　如果习题 3.11 中的 $\boldsymbol{m}$ 和 $\boldsymbol{n}$ 是相互垂直的，那么其结论说明了什么？

3.13　若物体中的应力场为 $\underline{\boldsymbol{T}} = \begin{bmatrix} 3x_1x_2 & 5x_2^2 & 0 \\ 5x_2^2 & 0 & 2x_3 \\ 0 & 2x_3 & 0 \end{bmatrix}$，求作用在 $P(2, 1, \sqrt{3})$ 处并与圆柱面 $x_2^2 + x_3^2 = 4$ 相切的平面上的应力矢量、其法向与切向分量。

3.14　若物体中应力场为 $\underline{\boldsymbol{T}} = \begin{bmatrix} ax_2 & b & 0 \\ b & 0 & 0 \\ 0 & 0 & 0 \end{bmatrix}$，在 $x_1 = 0$ 的平面上有四个顶点分别为 $A(0,1,1)$、$B(0,-1,1)$、$C(0,1,-1)$、$D(0,\ \ -1,\ \ -1)$ 的正方形，求该应力场在这个正方形上的合力和关于坐标原点的合力矩。

3.15　如图所示，厚度为 $t = 2$ mm 的薄壁锥形构件顶角为 60°，其锥顶有 $F = 20$ kN 的压力作用。求距顶端 200 mm 处的横截面上的平均正应力与切应力。

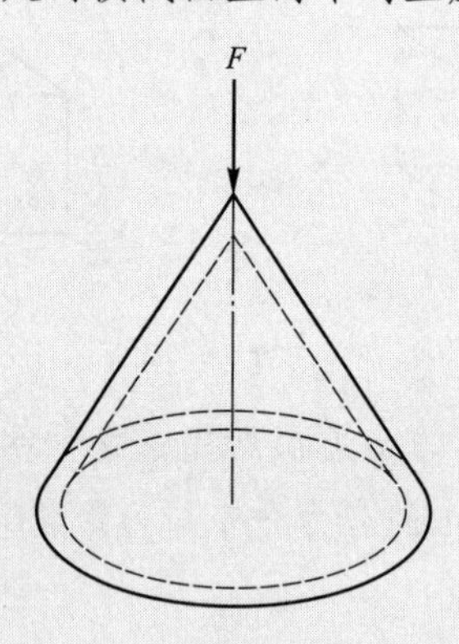

习题 3.15 图

3.16　某点的 Cauchy 应力张量为 $\boldsymbol{T}$，过该点的微元面 da 的法线方向单位矢量为 $\boldsymbol{n}$，用 $\boldsymbol{T}$ 和 $\boldsymbol{n}$ 表示 da 上的：

(1) 法向力大小；(2) 法向力；(3) 切向力；(4) 切向力大小。

3.17　若圆柱形区域 $\left(x_2^2 + x_3^2 = 4,\ 0 \leqslant x_1 \leqslant l\right)$ 上的应力分布为

$$\underline{\boldsymbol{T}} = \begin{bmatrix} 0 & -ax_3 & ax_2 \\ -ax_3 & 0 & 0 \\ ax_2 & 0 & 0 \end{bmatrix}$$

求端面 $x_1 = l$ 处的合力和合力矩。

3.18　由方程 $x_2^2+2x_3^2=1$ 所界定的椭圆柱中有应力分布 $\underline{\boldsymbol{T}} = \begin{bmatrix} 0 & -2x_3 & x_2 \\ -2x_3 & 0 & 0 \\ x_2 & 0 & 0 \end{bmatrix}$，

(1) 证明侧面上各点的应力矢量为零；

(2) 若 $x_1 = 0$ 是柱体的端面，柱体沿 x_1 轴正向延伸，求端面处外界作用的合力和合力矩。

3.19　一个坐标变换将 x_1 轴换为 x_2' 轴，x_2 轴换为 x_3' 轴，x_3 轴换为 x_1' 轴，原坐标系中的应力分量矩阵 $\begin{bmatrix} 0 & 2 & -1 \\ 2 & -3 & 0 \\ -1 & 0 & 4 \end{bmatrix}$ 在新坐标系中具有怎样的分量矩阵？

3.20　图示厚度为 20 mm 的矩形板在侧面承受均匀分布的拉力和压力，其中拉力的合力 $F_1 = 25$ kN，压力合力 $F_2 = 80$ kN，求对角线上的法向应力和切向应力。

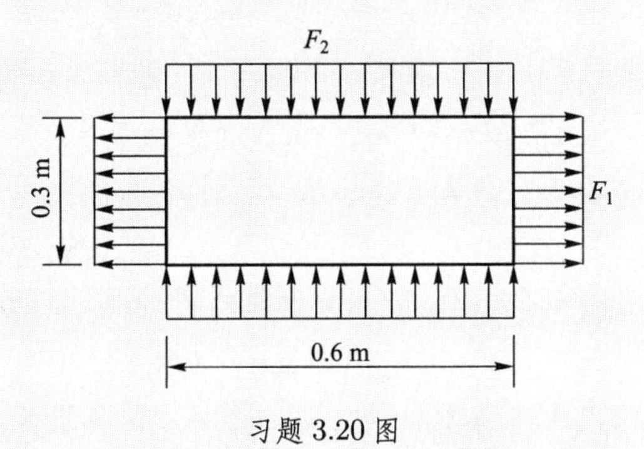

习题 3.20 图

3.21　如图所示，直径为 $d = 80$ mm 的等截面圆柱一端固定，另一端有 $F_1 = 0.5$ kN，$F_2 = 4.5$ kN 的共同作用，圆柱长 $L = 1\,000$ mm。两手柄的长度均为 $l = 200$ mm，求固定端 A 点处的主应力和主方向。

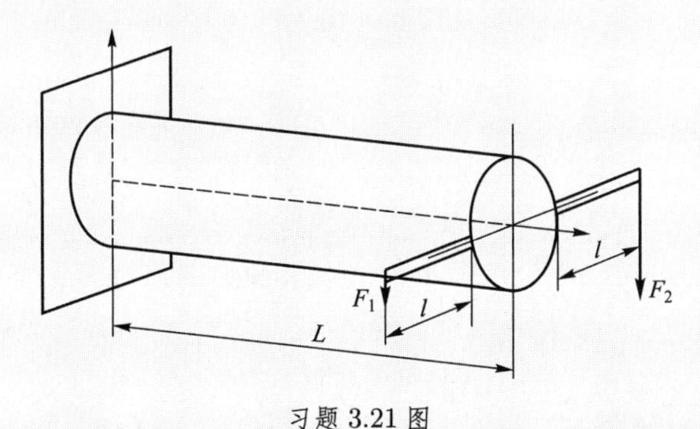

习题 3.21 图

3.22　薄壁圆筒外径为 0.6 m，壁厚为 12 mm，承受内压 $p = 3.5$ MPa。试求壁面上与轴线方向成 30° 角的斜线上的法向应力和切向应力。

3.23 若某点处的应力分量矩阵为 $\begin{bmatrix} 1 & 0 & -1 \\ 0 & -2 & 0 \\ -1 & 0 & 2 \end{bmatrix}$，过该点寻求一个平行于 x_3 轴的微元面，使得这个微元面上的法向应力为零。

3.24 若某点处的应力分量矩阵为 $\begin{bmatrix} 1 & 0 & -2 \\ 0 & -1 & 2 \\ -2 & 2 & 0 \end{bmatrix}$，过该点寻求一个法线方向为 $\boldsymbol{n}$ 的微元面，使得这个微元面上的应力矢量的第一、二个分量为零，并求第三个分量。

3.25 某点处有三个微元面上的应力矢量已知，它们分别是

$$\boldsymbol{n} = -\boldsymbol{e}_1, \quad \boldsymbol{t} = \boldsymbol{e}_1 + 2\boldsymbol{e}_2 + 3\boldsymbol{e}_3$$

$$\boldsymbol{n} = \frac{1}{3}(\boldsymbol{e}_1 + \boldsymbol{e}_2 + \boldsymbol{e}_3), \quad \boldsymbol{t} = 2\sqrt{3}(\boldsymbol{e}_1 + \boldsymbol{e}_2)$$

$$\boldsymbol{n} = \boldsymbol{e}_2, \quad \boldsymbol{t} = 2(\boldsymbol{e}_1 + \boldsymbol{e}_2 + \boldsymbol{e}_3)$$

求该点的应力张量。

3.26 过某点有两个微元面 $\mathrm{d}a_1$ 和 $\mathrm{d}a_2$，上面分别有应力矢量，若已知 $\mathrm{d}a_1$ 上的应力矢量位于 $\mathrm{d}a_2$ 上，求 $\mathrm{d}a_2$ 上的应力矢量位于 $\mathrm{d}a_1$ 上的充要条件。

3.27 在坐标系 $Oxyz$ 中某点的应力张量分量为 $\underline{\boldsymbol{T}} = \begin{bmatrix} 0 & 20 & 30 \\ 20 & 50 & 0 \\ 30 & 0 & 60 \end{bmatrix}$，将 y、z 两轴以 x 为转轴旋转 $30°$ 而得到新的坐标系 $Ox'y'z'$。求新坐标系中该点的应力分量。

3.28 求应力张量 $\boldsymbol{T} = k(\boldsymbol{e}_1\boldsymbol{e}_1 + \boldsymbol{e}_2\boldsymbol{e}_2 + \boldsymbol{e}_3\boldsymbol{e}_3)$ 在坐标变换

$$\underline{\boldsymbol{M}} = \begin{bmatrix} -\frac{1}{2}\sqrt{2} & \frac{1}{2} & -\frac{1}{2} \\ 0 & \frac{1}{2}\sqrt{2} & \frac{1}{2}\sqrt{2} \\ \frac{1}{2}\sqrt{2} & \frac{1}{2} & -\frac{1}{2} \end{bmatrix}$$

下的分量矩阵。

3.29 证明：$\varepsilon_{ijk}\varepsilon_{pqm}T_{ip}T_{jq}T_{km}$ 是坐标变换的不变量。

3.30 已知法线方向为 $\boldsymbol{n}^{(1)}$、$\boldsymbol{n}^{(2)}$、$\boldsymbol{n}^{(3)}$ 的微元面上的应力矢量分别为 $\boldsymbol{t}^{(1)}$、$\boldsymbol{t}^{(2)}$、$\boldsymbol{t}^{(3)}$，求该点的应力张量。要能由此完全确定该点的应力状态，应有什么限制？

3.31 某点的应力状态为 $\underline{\boldsymbol{T}} = \begin{bmatrix} 3 & 1 & 1 \\ 1 & 0 & 2 \\ 1 & 2 & 0 \end{bmatrix}$，求主应力和相应的主方向。

3.32 某点的应力状态为 $\underline{\boldsymbol{T}} = \begin{bmatrix} a & a & a \\ a & a & a \\ a & a & a \end{bmatrix}$，求主应力，并求两两正交的三个主方向。

3.33 某点的应力状态为 $\underline{\boldsymbol{T}} = \begin{bmatrix} 1 & 0 & 2 \\ 0 & 1 & 0 \\ 2 & 0 & -2 \end{bmatrix}$，求主应力，并证明对应于最大主应力和最小主应力的主方向分别与轴正交。

3.34 某点应力 $\boldsymbol{T} = \mu(\boldsymbol{e}_1\boldsymbol{e}_2 + \boldsymbol{e}_2\boldsymbol{e}_1)$，求该点的主应力和主方向。

3.35 某点应力 $\boldsymbol{T} = \mu(\boldsymbol{e}_1\boldsymbol{e}_2 + \boldsymbol{e}_2\boldsymbol{e}_1 + \boldsymbol{e}_2\boldsymbol{e}_3 + \boldsymbol{e}_3\boldsymbol{e}_2 + \boldsymbol{e}_1\boldsymbol{e}_3 + \boldsymbol{e}_3\boldsymbol{e}_1)$，求该点的主应力、应力不变量和八面体应力。

3.36 坐标系 $Ox_1x_2x_3$ 绕 x_3 轴旋转角 θ 形成新的坐标系 $Ox'_1x'_2x'_3$。

(1) 写出坐标变换式；

(2) 某点处的 Cauchy 应力张量在坐标系 $Ox_1x_2x_3$ 下具有分量矩阵

$$\underline{\boldsymbol{T}} = \begin{bmatrix} T_{11} & T_{12} & 0 \\ T_{12} & T_{22} & 0 \\ 0 & 0 & T_{33} \end{bmatrix}$$

写出它在坐标系 $Ox'_1x'_2x'_3$ 下的分量矩阵 $\underline{\boldsymbol{T}}'$；

(3) 证明，当 $\tan(2\theta) = \dfrac{2T_{12}}{T_{11} - T_{22}}$ 时，$\underline{\boldsymbol{T}}'$ 成为对角阵；

(4) 证明，这个对角阵的对角线元素为 $\dfrac{1}{2}\left[T_{11} + T_{22} \pm \sqrt{(T_{11} - T_{22})^2 + 4T_{12}^2}\right]$ 和 T_{33}。

3.37 某点的应力状态是图示两个应力状态的组合。单位为 MPa。求该点的主应力。

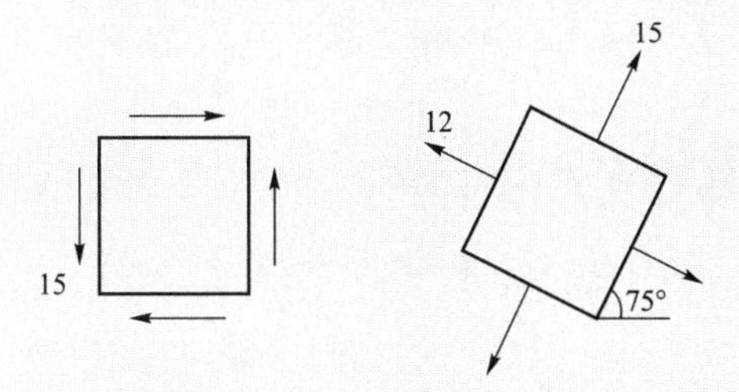

习题 3.37 图

3.38 图示均匀薄板厚度 $t = 3$ mm，上下端面与轴向有一较小的角度 θ，在宽度为 h 处横截面上的正应力 $\sigma_x = \dfrac{F}{th}$，求边沿处 K 点的最大正应力。

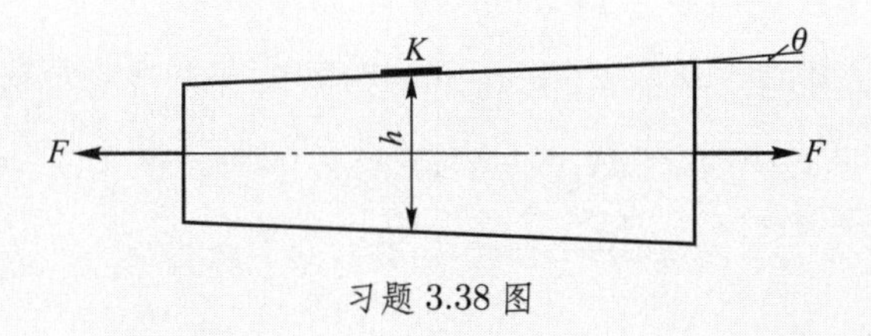

习题 3.38 图

3.39　若某点处有 $2\sigma_2=\sigma_1+\sigma_3$，该点处某微元面上有 $\sigma=\sigma_2$，$\tau=(\sigma_1-\sigma_3)/4$，求该微元面的法线方向。

3.40　某点应力 $\boldsymbol{T}=a\boldsymbol{e}_1\boldsymbol{e}_1+b\boldsymbol{e}_2\boldsymbol{e}_2+c\boldsymbol{e}_3\boldsymbol{e}_3$，求过该点的法线方向为 $\boldsymbol{n}$ 的微元面上的切向力的大小。

3.41　应力张量 $\boldsymbol{T}$ 的三个主值分别为 $\sigma_1=3$，$\sigma_2=1$，$\sigma_3=-1$，在某个坐标系下应力分量矩阵为 $\underline{\boldsymbol{T}}=\begin{bmatrix}T_{11}&0&0\\0&1&2\\0&2&T_{33}\end{bmatrix}$，求 T_{11} 和 T_{33} 的值。

3.42　下面的应力状态各自是同一个应力状态吗？

(1) $\begin{bmatrix}1&0&-1\\0&2&0\\-1&0&3\end{bmatrix}$ 和 $\begin{bmatrix}2&0&0\\0&6&-2\\0&-2&2\end{bmatrix}$；(2) $\begin{bmatrix}10&20&4\\20&0&-3\\4&-3&-5\end{bmatrix}$ 和 $\begin{bmatrix}4&10&6\\10&10&0\\6&0&2\end{bmatrix}$

3.43　过某点的平行于坐标平面的应力矢量分别是 $\boldsymbol{t}^{(1)}$、$\boldsymbol{t}^{(2)}$、$\boldsymbol{t}^{(3)}$，证明：$\boldsymbol{t}^{(1)}\cdot\boldsymbol{t}^{(1)}+\boldsymbol{t}^{(2)}\cdot\boldsymbol{t}^{(2)}+\boldsymbol{t}^{(3)}\cdot\boldsymbol{t}^{(3)}$ 是坐标变换的不变量。

3.44　证明：平行于坐标平面的微元面上应力矢量值的平方和是坐标变换的不变量。

3.45　$\boldsymbol{n}$ 是微元面 $\mathrm{d}a$ 的法线单位矢量，$\boldsymbol{t}^{(\boldsymbol{n})}$ 是 $\mathrm{d}a$ 上的 Cauchy 应力矢量，τ 是 $\boldsymbol{t}^{(\boldsymbol{n})}$ 的切向分量。证明：当 $\boldsymbol{n}$ 垂直于 $\boldsymbol{T}$ 的一个主方向，并位于其余两个主方向夹角的平分线时，τ 的值只依赖于应力的主值。

3.46　证明：应力张量分解为球应力和应力偏量之和，其分解结果是唯一的。

3.47　求应力 $\begin{bmatrix}5&2&-1\\2&-4&0\\-1&0&2\end{bmatrix}$ 的偏应力，并求偏应力的主应力及第二、第三不变量。

3.48　某点处的应力状态为 $\underline{\boldsymbol{T}}=\begin{bmatrix}1&0&2\\0&1&0\\2&0&-2\end{bmatrix}$，求该点处的八面体应力和最大切应力。

3.49　若应力分布为 $\underline{\boldsymbol{T}}=\begin{bmatrix}x_3&-2x_3&x_2\\-2x_3&x_1&0\\x_2&0&1\end{bmatrix}$，求点 $(1,-1,0)$ 处的最大切应力。

3.50　应力张量分量矩阵为 $\begin{bmatrix}1&a&b\\a&1&c\\b&c&1\end{bmatrix}$，式中 a、b、c 均为常数，求这些常数，使得该点处的八面体应力为零。

3.51 某点处的应力状态为 $\underline{\boldsymbol{T}}=\begin{bmatrix} k & ak & bk \\ ak & k & ck \\ bk & ck & k \end{bmatrix}$，式中 k 为某个定值，若要使该点处的八面体应力为零，a、b、c 应满足什么关系？

3.52 证明：在切向应力取极大值的微元面上的法向应力分量为 $\sigma=\dfrac{1}{2}(\sigma_1+\sigma_3)$。

3.53 在应力主轴坐标系中，记法线方向为 $\boldsymbol{n}$ 的微元面上的应力矢量为 $\boldsymbol{t}$，证明 $\boldsymbol{t}$ 满足如下方程：

$$\frac{t_1^2}{\sigma_1^2}+\frac{t_2^2}{\sigma_2^2}+\frac{t_3^2}{\sigma_3^2}=1 \quad \text{[这是一个椭球方程，称为拉梅 (Lamé) 应力椭球。]}$$

3.54 在某点处三个主应力分别为 2、a、1，求常数 a，使八面体切应力等于最大切应力。

3.55 证明：$\tau_{\text{oct}}^2=\dfrac{1}{9}\left(2\mathrm{I}_T^2-6\mathrm{II}_T\right)$。

3.56 过 P 点的法线方向分别为 $\boldsymbol{m}$ 和 $\boldsymbol{n}$ 的两个微元面上的应力矢量为 $\boldsymbol{t}^{(\boldsymbol{m})}$ 和 $\boldsymbol{t}^{(\boldsymbol{n})}$，若由 $\boldsymbol{t}^{(\boldsymbol{m})}$ 和 $\boldsymbol{t}^{(\boldsymbol{n})}$ 确定的微元面上的应力矢量为 $\boldsymbol{t}^{(\boldsymbol{k})}$，证明 $\boldsymbol{t}^{(\boldsymbol{k})}$ 必垂直于 $\boldsymbol{m}$ 和 $\boldsymbol{n}$。

3.57 用应力的三个不变量来表示：

(1) 球应力的三个不变量；(2) 应力偏量的三个不变量。

3.58 对于变形 $\boldsymbol{x}=-\dfrac{1}{2}X_1\boldsymbol{e}_1+\dfrac{1}{2}X_3\boldsymbol{e}_2-4X_2$，求 Cauchy 应力张量 $\boldsymbol{T}=5\boldsymbol{e}_1\boldsymbol{e}_1$ 对应的两类 Piola-Kirchhoff 应力张量。

3.59 对于变形 $\boldsymbol{x}=16X_1\boldsymbol{e}_1-\dfrac{1}{4}X_3\boldsymbol{e}_2-\dfrac{1}{4}X_2$，求 Cauchy 应力张量 $\boldsymbol{T}=100\boldsymbol{e}_3\boldsymbol{e}_3$ 对应的两类 Piola-Kirchhoff 应力张量。

3.60 证明两类 Piola-Kirchhoff 应力是张量。

3.61 证明小变形条件下，$\boldsymbol{K}=\boldsymbol{T}$。

习题答案 A3

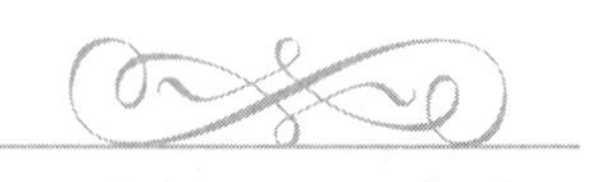

第4章 基本定律

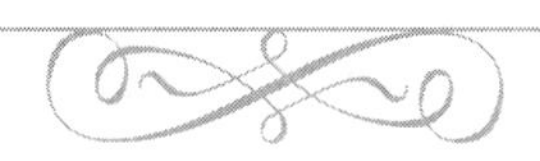

牛顿（Newton）的力学三大定律确立了经典力学的基本框架。在此基础之上，人们在大量实验和观察的基础上，经过整理、分析和演绎，并吸收了热力学研究的成果，建立了变形体力学的五个基本定律，它们是质量守恒，动量平衡，动量矩平衡，热力学第一定律和热力学第二定律。当然，这是在只考虑机械作用和热作用范围内的提法。如果所考虑的范围扩大，例如考虑电作用、化学作用，那么基本定律的内容则应相应地增加。

之所以这里特别地提到热作用，是因为热力学是与变形体力学密不可分的一门学科。虽然人们可以用屏蔽和绝缘的方法，把物质的某些电学行为与力学行为分离开来，可以用隔离的方法把某些化学行为和力学行为分离开来，但是，人们几乎不可能用什么方法能够把热力学行为与变形体的力学行为分离开来。而通常所谓纯力学行为，也只不过是热学中等温过程这种特殊情况下的行为。同时，近几十年来人们逐渐认识到，热力学尤其是热力学第二定律在研究材料的本构关系中起到了至关重要的作用。因此，研究变形体力学不可避免地要研究热力学。这样，在本章开始，先回顾一下热力学的基本概念。

在严密的理论体系中，上述那些基本定律是以公理的形式出现。它们是由大量实验和观察所得到的结论，因而无须在理论上加以证明。

基本定律可以用两种形式表述。一种是积分形式（或整体形式），这种形式着眼于物体中某些物理量的总量，以这些总量的时间变化率来表达基本定律。另一种是微分形式（或局部形式），这种形式着眼于物体中的每个点以及邻域，基本定律则是某些物理量在该点处的空间变化率和时间变化率所服从的规律。两种形式是等价的。在本章中，先介绍积分形式，再从积分形式推导出微分形式。应强调指出，本章所讨论的基本定律具有普适性。无论物体的材料具有什么样的性能，无论物体的变形和运动具有什么样的形态，这些基本定律都必须得到满足。

4.1　热力学的基本概念回顾

1. 热力学定律

对变形体力学而言，涉及最多的热力学内容是第一和第二定律，其中包含了一些基本的概念。

热力学讨论的内容不可避免要涉及状态和过程，在经典热力学中，许多概念是通过气体的 p–V 系统的平衡态和准静态过程引出的。在这种系统中，几何量用体积 V 来表示，力学量用压强 p 来表示。热力学量则用温度（通常是绝对温度 τ）和熵 S 来表示。p, V, τ 和 S 构成了 p–V 系统的状态参量。但是热力学定律的内容则是普适的，决不仅限于 p–V 系统，也决不仅限于平衡态和准静态过程。

热力学第一定律描述系统的状态变化过程中**内能**的变化。任何一个系统在平衡态都有一个态函数 U，称为内能；**某个系统从第一个状态经过一个绝热过程到达第二个状态，其内能的增量** $\mathrm{d}U$ **等于外界对这个系统所做的功** δW。在 p–V 系统中，外界所做的功就是 $-pV$。如果过程不是绝热的，其内能的增加 $\mathrm{d}U$ 等于外力对系统所做的功 δW 与外界流入系统的热量 δQ 之和。

热力学第一定律可以表达为这样的形式：把内能的增量 $\mathrm{d}U$ 形式地分为两个部分，一部分是系统与外界进行能量交换而引起的内能 d_eU，另一部分是系统在过程中自发地产生的内能 d_iU，则有

$$\left.\begin{aligned}&\mathrm{d}U=\mathrm{d}_iU+\mathrm{d}_eU\\&\mathrm{d}_iU=0\\&\mathrm{d}_eU=\delta W+\delta Q\end{aligned}\right\}\tag{4.1}$$

热力学第一定律的实质是能量守恒。只不过能量守恒定律包含了各种各样的能量形式，并不只限于上式中的三种。因此，在具体使用热力学第一定律时，应根据能量的具体形式有所增删。

热力学第二定律是揭示事物发展过程的方向的规律。一般地，事物所处的过程都是不可逆过程，可逆过程只是一种理想过程，或是某些情况下的近似；因此对一个过程而言，总存在着发展方向的问题。描述过程的发展方向的物理量是**熵** S。它是一个状态量。在平衡态附近的可逆过程中，熵的增量

$$\mathrm{d}S=\frac{1}{\tau}\delta Q\tag{4.2}$$

式中 τ 是绝对温度，因此熵是伴随着热量的传递（包括热量的转换）而产生的。如果可逆过程同时又是绝热过程的话，$\delta Q=0$，$\mathrm{d}S=0$，因此绝热的可逆过程是一个等熵过程。对于一般的绝热过程，热力学第二定律指出，其熵仍然可能增加。这意味着，对于不可逆过程，即使它是绝热的，其熵仍然可能增加。这说明系统伴随着不可逆过程将自发地产生熵。

因此，一般地讲，系统的熵的增量可以分为两部分，一部分是伴随着热量的传递和转换产生的熵 d_eS，这就是 $\frac{1}{\tau}\delta Q$；另一部分是系统伴随不可逆过程自发地产生的熵 d_iS，而自发地产生熵正是不可逆过程的标志。对于孤立系而言，与外界没有热量的交换，因此，孤立系的熵绝不会减少。

将上述内容总括起来，可以将热力学第二定律表达为这样一种形式：系统在平衡态存在着态函数熵 S 和绝对温度 τ，并有

$$\left.\begin{aligned}&\mathrm{d}S=\mathrm{d}_iS+\mathrm{d}_eS\\&\mathrm{d}_iS\geqslant 0\\&\mathrm{d}_eS=\delta Q/\tau\end{aligned}\right\}\tag{4.3}$$

熵的概念是热力学第二定律的核心，可以从不同的角度和层次去理解熵的含义。

熵的一个重要含义是提示我们注意能量的“质量”。一定数量的热量，如果集中在一滴水中，这一滴水滴到皮肤上，就能使人感到灼热，甚至被烫伤。同样数量的热量，如果散布在一杯水中，这杯水浇在皮肤上，则可能使人甚至感不到热。根据 $\delta Q/\tau$，前一种情况下熵值低，因而能量的“可用度”高；后一种情况下熵值高，因此，虽然能量总量仍然是同样大，却发挥不了什么作用。机械能和热能同样都是能量，但是，一般地讲，机械能是一种便于利用的能量，将它直接利用或转化为热能（或电能、化学能）是比较方便的，而热能转化为机械能则是有条件的，不那么方便的，因此，机械能的可利用性比热能高。或者说，机械能的“质量”比热能的“质量”高。开尔文（Kelvin）把这一类现象总结为热力学第二定律的一种表述形式：**不可能从单一热源取热使之完全变成有用功而不产生其他影响**。不可逆过程中虽然能量保持守恒，但总是发生着质量高的能量向质量低的能量的转变。这种现象也称为能量的**耗散**。

考虑一滴墨水滴入一盆清水后墨水的扩散过程。可以证明，墨水分子集聚在一起的可能性远远小于墨水与水均匀混合的可能性。另一方面，伴随着这一孤立系统的不可逆过程发生的是熵的增大。因此，可以将熵的概念与状态实现的可能性，或者说，与热力学概率相联系。孤立系统的某种状态实现的可能性越大，其熵就越大。反之，某种状态实现的可能性越小，其熵也就越小。熵增大的过程实际上就是从实现可能性小的状态向实现可能性大的状态的演化。

熵这一概念还可以与事物的发展相联系。所谓事物的发展，实质上是指事物不同状态的先后顺序不可互换，这也正是不可逆过程的特征。熵恰恰是为了描述宏观过程的不可逆性而引入的。同时，事物的不可逆进程，表明了时间的推进。因此熵的概念引入了真正能与发展相匹配的时间的概念。在引入熵概念之前，人们在数学上对一个系统的描述往往只是把时间处理为与空间坐标类似的一根轴。时间只是和“运动”相联系，而与“发展”无关。可以设想，如果一个系统只发生可逆过程（例如理想的无阻尼振动），那么时间对这个系统并无实质的含义，因为任何一个“先”发生的状态，都可以在“后”发生的状态之后

重现，事物状态的不可更改的序列性质消失了。只有在不可逆过程中，系统的状态的序列性质才成为不可更改的，此时“时间”才有了推进的含义。不可逆过程的描述恰恰要靠熵。从这个意义上来说，熵真正确定了时间的“箭头”。

2. 热力学势函数

在 p–V 系统中，内能的增量可表示为

$$\mathrm{d}U=-p\mathrm{d}V+\tau\mathrm{d}S \tag{4.4}$$

右端第一项为外力的功 δW，而第二项则为热量 δQ。在这一表达式中，$p=p(V,S)$，$\tau=\tau(V,S)$。这样，如果内能 U 作为 V 和 S 的函数已知，那么，p 和 τ 将通过微分关系得以确定：

$$p=-\left(\frac{\partial U}{\partial V}\right)_S,\quad \tau=\left(\frac{\partial U}{\partial S}\right)_V \tag{4.5}$$

在上面第一式中，S 不变可以在可逆的绝热过程中实现，因此，在绝热过程中，内能 U 对几何量（V）的导数等于力学量（p）。上两式意味着，如果内能 U 作为 V 和 S 的函数已知，那么系统的状态参量 V, S, p, τ 就随之确定，系统的所有热力学性质和热力学状态也都确定下来了。U 这类态函数特别地称为**热力学势函数**。

另一个常用的热力学势函数是**亥姆霍兹**（Helmholtz）**自由能** F（注意，除特别指明外，本书提到的自由能均指亥姆霍兹自由能），其定义是

$$F=U-\tau S \tag{4.6}$$

在 p–V 系统中，上式取微分，并将式 (4.4) 代入，可得

$$\mathrm{d}F=-p\mathrm{d}V-S\mathrm{d}\tau \tag{4.7}$$

由于在等温过程中，$\mathrm{d}\tau=0$，因此上式说明，**自由能的增量等于等温过程中外力所做的功**。

式 (4.7) 还说明，当自由能 F 作为 V 和 τ 的函数已知，那么有

$$p=-\left(\frac{\partial F}{\partial V}\right)_\tau,\quad S=-\left(\frac{\partial F}{\partial \tau}\right)_V \tag{4.8}$$

上面第一式说明，在等温过程中或固定温度时，自由能对几何量（V）的导数即可得到力学量（p）。这一性质被广泛地用以研究材料的力学性能，即本构关系。式 (4.7)、(4.8) 说明，热力学势函数可以作为研究材料本构关系的切入口。

经常使用的热力学势函数还有焓 H 和吉布斯（Gibbs）自由能 G（又称 Gibbs 函数），它们的定义是：

$$H=U+pV,\quad \mathrm{d}H=\tau\mathrm{d}S+V\mathrm{d}p \tag{4.9}$$

$$G=F+pV,\quad \mathrm{d}G=-S\mathrm{d}\tau+V\mathrm{d}p \tag{4.10}$$

热力学势函数都具有能量的意义和量纲。尽管式 (4.4)、(4.7)、(4.9) 和式 (4.10) 所定义

的热力学势函数都是针对 $p\text{–}V$ 系统而言的，但热力学势函数却对其他各类系统具有普遍的意义，只不过某些量需要加以更换。例如，在变形体力学系统中，几何量改为应变，力学量改为应力，等等。

应当注意，热力学势函数只有与一定的自变量相对应，才能通过微分获得其他状态变量。例如式 (4.4) 中，内能只有在几何量（体积）和熵作为自变量时才能通过微分导出力学量（压强）和温度。当热力学势函数这样地与一定的自变量相对应时，便称其构成**特性函数**。如果将内能表达为体积和温度的函数，则不再构成特性函数了。

3. 平衡态的稳定性

引用热力学第二定律和第一定律，可导出

$$\mathrm{d}_i S = \mathrm{d}S - \frac{1}{\tau}(\mathrm{d}U + p\mathrm{d}V) \geqslant 0$$

由于绝对温度恒大于零，故有

$$\tau \mathrm{d}S - (\mathrm{d}U + p\mathrm{d}V) \geqslant 0$$

这意味着，在内能和体积不变的条件下，有

$$(\delta S)_{U,V} \geqslant 0$$

即任意的自发行为都将使熵增大。当这个系统的熵增加到可能达到的最大值时，系统就不再发生任何宏观的变动了。显然，这时系统达到了平衡态。所以，**在平衡态时系统的熵达到最大值**，即

$$(S)_{U,V} = S_{\max} \tag{4.11a}$$

这时，任何使系统偏离平衡态的扰动都使系统的熵减小，即

$$(\delta S)_{U,V} < 0 \tag{4.11b}$$

如果扰动消失，系统的自发行为又将使熵增大，直至重新回归平衡态。因此可以说，系统在平衡态的平衡是稳定的。

同理可以导出：在熵和体积不变的条件下，平衡态的内能为最小，即

$$(U)_{S,V} = U_{\min} \tag{4.12a}$$

任何使系统偏离平衡态的扰动都使内能增加，即

$$(\delta U)_{S,V} > 0 \tag{4.12b}$$

在温度和体积不变的条件下，平衡态的自由能为最小，即

$$(F)_{\tau,V} = F_{\min} \tag{4.13a}$$

任何使系统偏离平衡态的扰动都使自由能增加，即

$$(\delta F)_{\tau,V} > 0 \tag{4.13b}$$

上述式 (4.11) ~ (4.13) 称为平衡态的判据。

应该说明，式 (4.1) ~ (4.13) 的符号只限在本节使用。变形体中的热力学量所采用的符号将另行确定。

4.2 基本定律的积分形式

在基本定律的积分形式中，积分都是即时构形上的物质积分，即对于一定物质所占有的空间所进行的积分。把这个空间区域记为 D，其边界记为 S。注意这里的 D 可以是整个物体，也可以是物体的任何一个部分。对于 D 上所有物质的集合，本节称为**系统**。

1. 质量守恒定律

质量不会自发地产生，也不会自行地消失。

为了表述这一定律，可利用密度 ρ 的概念，把即时构形区域 D 上的质量表示为 $\int_D \rho \mathrm{d}\sigma$，这里 $\mathrm{d}\sigma$ 是微元体积。在只考虑**闭系统**的情况下，区域 D 上既无质量的流进，又无质量的流出。这样，对于闭系统，由于质量守恒，质量将不随时间的变化而发生变化，故有

$$\frac{\mathrm{D}}{\mathrm{D}t}\int_D \rho \mathrm{d}\sigma = 0 \tag{4.14}$$

在今后的讨论中，将只考虑闭系统。

2. 动量平衡定律

系统动量的时间变化率等于作用在系统上的合力。

微元体 $\mathrm{d}\sigma$ 具有质量 $\rho\mathrm{d}\sigma$ 及速度 $\boldsymbol{v}$，其动量便为 $\rho\boldsymbol{v}\mathrm{d}\sigma$。区域 D 上的总动量对于时间的变化率就是 $\frac{\mathrm{D}}{\mathrm{D}t}\int_D \rho\boldsymbol{v}\mathrm{d}\sigma$。

作用在物体上的力可分为两类。一类是作用在物体表面 S 上的接触力。例如带传动中带对于轮盘的作用，作用在水坝侧面的水压力等。为了描述这种接触力，作用在物体表面上力的集度，即单位面积上的作用力称为**面力**，记为 $\boldsymbol{t}$。在国际单位制中，面力的单位是 $\mathrm{N/m^2}$。作用在 S 上的所有面力的合力为 $\oint_S \boldsymbol{t}\mathrm{d}a$，这里的 $\mathrm{d}a$ 是 S 上的微元面积。

另一类外界作用于物体的力是作用在物体的每一部分上的，因而是与体积有关的力，例如重力。这类力不是靠与其他物体直接接触而作用，而是具有所谓“长程效应”的力。单位质量上的这类力称为**体力**，记为 $\boldsymbol{b}$。体力的单位是 N/kg。通常，这样定义的体力与密度 ρ 相伴使用，而 $\rho\boldsymbol{b}$ 的单位则是 $\mathrm{N/m^3}$。作用在 D 上的全部体力就应该是 $\int_D \rho\boldsymbol{b}\mathrm{d}\sigma$。

这样，动量平衡定律可表示为

$$\frac{\mathrm{D}}{\mathrm{D}t}\int_D \rho\boldsymbol{v}\mathrm{d}\sigma = \oint_S \boldsymbol{t}\mathrm{d}a + \int_D \rho\boldsymbol{b}\mathrm{d}\sigma \tag{4.15}$$

注意在边界 S 上，如图 4.1 所示，根据微元体的平衡，面力 $\boldsymbol{t}$ 应与物体在该处的应力矢量 $\boldsymbol{t}^{(\boldsymbol{n})}$ 相等。根据式 (3.12b)，有

$$\boldsymbol{T}\cdot\boldsymbol{n}=\boldsymbol{t} \tag{4.16}$$

式中 $\boldsymbol{n}$ 为 S 的外法线单位矢量。这样，动量平衡定律可写为

$$\frac{\mathrm{D}}{\mathrm{D}t}\int_D \rho\boldsymbol{v}\mathrm{d}\sigma=\oint_S \boldsymbol{T}\cdot\boldsymbol{n}\mathrm{d}a+\int_D \rho\boldsymbol{b}\mathrm{d}\sigma \tag{4.17}$$

显然，在物体的平衡状态，有

$$\oint_S \boldsymbol{t}\mathrm{d}a+\int_D \rho\boldsymbol{b}\mathrm{d}\sigma=\boldsymbol{0} \tag{4.18}$$

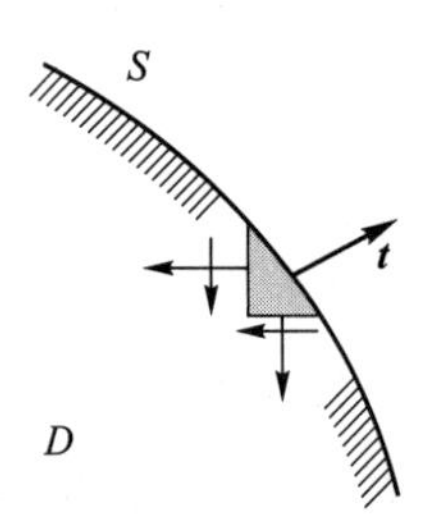

图 4.1　区域 D 边界 S 上的微元体平衡

3. 动量矩平衡定律

系统动量矩的时间变化率等于作用在系统上的一切力和力偶的合力矩。

具有速度 $\boldsymbol{v}$ 的微元体 $\mathrm{d}\sigma$ 具有动量矩 $\boldsymbol{r}\times\boldsymbol{v}\rho\mathrm{d}\sigma$。这里 $\boldsymbol{r}$ 是指取矩中心到微元体 $\mathrm{d}\sigma$ 的径矢。我们约定，这里讨论的取矩中心都指坐标原点，这样，$\boldsymbol{r}=\boldsymbol{x}$。区域 D 上的全部动量矩对于时间的变化率就为 $\dfrac{\mathrm{D}}{\mathrm{D}t}\displaystyle\int_D \boldsymbol{r}\times\boldsymbol{v}\rho\mathrm{d}\sigma$。作用在微元面 $\mathrm{d}a$ 上的面力的力矩为 $\boldsymbol{r}\times\boldsymbol{t}\mathrm{d}a$。就全部边界而言，面力的合力矩就为 $\displaystyle\oint_S \boldsymbol{r}\times\boldsymbol{t}\mathrm{d}a$。同样，$D$ 上全部体力的合力矩就为 $\displaystyle\int_D \boldsymbol{r}\times\boldsymbol{b}\rho\mathrm{d}\sigma$。在此我们假定，物体表面和物体内部不存在分布的力偶矩。满足这一假定的物体称为**非极性体**。大多数工程材料都是非极性体。工作在电磁场中的介质则有可能成为**极性体**。这样，对于非极性体，动量矩平衡定律可表示为

$$\frac{\mathrm{D}}{\mathrm{D}t}\int_D \boldsymbol{r}\times\boldsymbol{v}\rho\mathrm{d}\sigma=\oint_S \boldsymbol{r}\times\boldsymbol{t}\mathrm{d}a+\int_D \boldsymbol{r}\times\boldsymbol{b}\rho\mathrm{d}\sigma \tag{4.19}$$

利用式 (4.16)，上式右端第一项的被积函数成为 $\boldsymbol{r}\times(\boldsymbol{T}\cdot\boldsymbol{n})$，同时注意到

$$\boldsymbol{r}\times(\boldsymbol{T}\cdot\boldsymbol{n})=(\boldsymbol{r}\times\boldsymbol{T})\cdot\boldsymbol{n}$$

故有

$$\frac{\mathrm{D}}{\mathrm{D}t}\int_D \boldsymbol{r}\times\boldsymbol{v}\rho\mathrm{d}\sigma=\oint_S (\boldsymbol{r}\times\boldsymbol{T})\cdot\boldsymbol{n}\mathrm{d}a+\int_D \boldsymbol{r}\times\boldsymbol{b}\rho\mathrm{d}\sigma \tag{4.20}$$

4. 热力学第一定律

在变形体中，把单位质量的内能记为 u，那么，物质区域为 D 的系统的内能就是 $\int_D \rho u \mathrm{d}\sigma$。与此同时，各个微元体可能处于不同的运动状态，在能量的传递和转化过程中又增加了一个与运动有关的部分，因此有必要引入动能的概念。在某个具有速度 $\boldsymbol{v}$ 的点的邻域内，体积元 $\mathrm{d}\sigma$ 的动能为 $\dfrac{1}{2}\rho\boldsymbol{v}\cdot\boldsymbol{v}\mathrm{d}\sigma$。因此，系统的总动能为 $\int_D \dfrac{1}{2}\rho\boldsymbol{v}\cdot\boldsymbol{v}\mathrm{d}\sigma$。

变形体中，热力学第一定律可表述为：**系统的内能与动能之和的时间变化率等于一切外力和外力偶的功率，以及单位时间内渗入或逸出系统的热量的总和。**

如果外力的功率只考虑面力 $\boldsymbol{t}$ 和体力 $\boldsymbol{b}$ 的功率，那么整个系统外力的功率就应表示为 $\oint_S \boldsymbol{t}\cdot\boldsymbol{v}\mathrm{d}a+\int_D \boldsymbol{b}\cdot\boldsymbol{v}\rho\mathrm{d}\sigma$。在这里，仍然采用了非极性体假设，因此不包含外力偶的功率。单位时间内渗入或逸出系统的热量分为两个部分，一部分是通过表面 S 由外界流入或流出的热量。人们用热流密度 $\boldsymbol{q}$ 来表示热量流入或流出的速度。$\boldsymbol{q}$ 是一个矢量，它在 x_i 方向上的分量就是单位时间在法线方向沿 x_i 轴正向的单位面积上流过的热量。在国际单位制中，$\boldsymbol{q}$ 的单位是 $\mathrm{W/m^2}$。如果 S 上的微元面积 $\mathrm{d}a$ 的外法线方向为 $\boldsymbol{n}$，那么，单位时间内通过 $\mathrm{d}a$ 流入系统的热量即为 $-\boldsymbol{q}\cdot\boldsymbol{n}\mathrm{d}a$，而单位时间内流入整个系统的热量即为 $-\oint_S \boldsymbol{q}\cdot\boldsymbol{n}\mathrm{d}a$。这里的负号是这样产生的：$\boldsymbol{n}$ 是外法线方向，而我们考虑的是热量的流入。另一部分是系统内部由于某种物理或化学的作用由其他形式的能量所转化的热量，例如混凝土的水化热，电流流经导体而产生的电阻热等。定义单位时间内在单位质量上产生的热量为热源强度 ς，这是一个标量。在国际单位制中，ς 的单位是 W/kg。易知，整个系统在单位时间内所产生的热量为 $\int_D \varsigma\rho\mathrm{d}\,\sigma$。

如是，热力学第一定律就可表示为

$$\frac{\mathrm{D}}{\mathrm{D}t}\int_D \rho\left(u+\frac{1}{2}\boldsymbol{v}\cdot\boldsymbol{v}\right)\mathrm{d}\sigma=\oint_S(\boldsymbol{t}\cdot\boldsymbol{v}-\boldsymbol{q}\cdot\boldsymbol{n})\mathrm{d}a+\int_D \rho(\boldsymbol{b}\cdot\boldsymbol{v}+\varsigma)\mathrm{d}\sigma \tag{4.21}$$

利用式 (4.16)，上式右端第一项中，

$$\boldsymbol{t}\cdot\boldsymbol{v}=(\boldsymbol{T}\cdot\boldsymbol{n})\cdot\boldsymbol{v}=(\boldsymbol{v}\cdot\boldsymbol{T})\cdot\boldsymbol{n}$$

故有

$$\frac{\mathrm{D}}{\mathrm{D}t}\int_D \rho\left(u+\frac{1}{2}\boldsymbol{v}\cdot\boldsymbol{v}\right)\mathrm{d}\sigma=\oint_S(\boldsymbol{v}\cdot\boldsymbol{T}-\boldsymbol{q})\cdot\boldsymbol{n}\mathrm{d}a+\int_D \rho(\boldsymbol{b}\cdot\boldsymbol{v}+\varsigma)\mathrm{d}\sigma \tag{4.22}$$

5. 热力学第二定律

在变形体中，把单位质量的熵记为 s。仿照热流密度和热源强度，引入熵流密度和熵源强度的概念。熵流密度是一个矢量，它在 x_i 方向上的分量就是单位时间内在法线方向为沿 x_i 轴正向的单位面积上流过的熵。在只考虑机械和热这两方面的作用的前提下，熵流密度等于 $\dfrac{\boldsymbol{q}}{\tau}$，$\tau$ 为绝对温度。熵源强度是一个数量，它是单位质量上在单位时间内进入系统的热量所伴随产生的熵，若只考虑机械作用和热作用，熵源强度等于 $\dfrac{\varsigma}{\tau}$。注意，熵流密度和熵源强度这两个概念都表示了由于热量的传递和转换而伴随产生的熵（对应于 $\mathrm{d_e}S=\delta Q/\tau$），

而不是系统内由于不可逆过程而自发产生的熵。对于系统内部由于不可逆过程而自发产生的熵（对应于 $\mathrm{d}_i S$），则另用**熵产生函数**来表示，记单位时间内在单位质量上自发产生的熵为熵产生函数 χ，这样，系统的全部熵对于时间的变化率为

$$\frac{\mathrm{D}}{\mathrm{D}t}\int_D \rho s \mathrm{d}\sigma = \int_D \rho \frac{\varsigma}{\tau} \mathrm{d}\sigma - \oint_S \frac{\boldsymbol{q}}{\tau} \cdot \boldsymbol{n} \mathrm{d}a + \int_D \rho\chi \mathrm{d}\sigma \tag{4.23}$$

热力学第二定律指出，**系统的熵产生函数恒为非负**，即

$$\int_D \rho\chi \mathrm{d}\sigma = \frac{\mathrm{D}}{\mathrm{D}t}\int_D \rho s \mathrm{d}\sigma - \int_D \rho \frac{\varsigma}{\tau} \mathrm{d}\sigma + \oint_S \frac{\boldsymbol{q}}{\tau} \cdot \boldsymbol{n} \mathrm{d}a \geqslant 0 \tag{4.24}$$

这就是热力学第二定律在连续介质中的表达式。这个不等式又称为克劳休斯–杜安（Clausius-Duhem，CD）不等式。

读者可以觉察到上面的基本规律都具有类似的形式。这是因为，它们都是某种平衡律（只有热力学第二定律是不等式）。一般地，考虑在物质区域 D 上某个物理量的平衡律的表达形式。设该物理量在单位质量上的值为 γ（例如单位质量上的内能），那么在 D 上这种物理量的总和就应该是 $\int_D \rho\gamma \mathrm{d}\sigma$。其对于时间的变化率，或者说单位时间的变化量就应该是 $\frac{\mathrm{D}}{\mathrm{D}t}\int_D \rho\gamma \mathrm{d}\sigma$。该物理量的变化无非源于两个方面：一是外界的作用，二是自身的生成。外界的作用可以通过两种方式进行。第一种是直接通过区域 D 的边界 S 作用在物体上。记单位时间内在 S 的单位面积上外界的作用量为 φ，那么在单位时间内通过 S 而作用在物体上的这种物理量的总和就应该是 $\oint_S \varphi \mathrm{d}a$。第二种是在区域 D 的内部以某种方式产生的对这种物理量的补给。例如，在混凝土浇灌和固化过程中所产生的水化热，就是在区域内部所产生的对热量的补给。记单位时间内在单位质量上所产生的补给为 ς，那么在整个区域 D 上单位时间内对这种物理量的补给就应该是 $\int_D \rho\varsigma \mathrm{d}\sigma$。至于自身的生成，则可用 Π 来表示；Π 为单位时间内在单位质量上这种物理量的生成，这样，在 D 上其单位时间内的生成便应为 $\int_D \rho\Pi \mathrm{d}\sigma$。注意区别自身的生成与外界的补给这两个概念。自身的生成是指该物理量在物体中自发地产生的部分。因此，对于遵循守恒律的物理量，例如质量、能量等，自身的生成总是为零的。在五个基本定律中，自身的生成只是在描述热力学第二定律的熵时起作用。总括上述各项，某个物理量的平衡律形式便可一般地表述为

$$\frac{\mathrm{D}}{\mathrm{D}t}\int_D \rho\gamma \mathrm{d}\sigma = \oint_S \varphi \mathrm{d}a + \int_D \rho\varsigma \mathrm{d}\sigma + \int_D \rho\Pi \mathrm{d}\sigma \tag{4.25}$$

上式通常还可表示为

$$\frac{\mathrm{D}}{\mathrm{D}t}\int_D \rho\gamma \mathrm{d}\sigma = \oint_S \boldsymbol{s} \cdot \boldsymbol{n} \mathrm{d}a + \int_D \rho\varsigma \mathrm{d}\sigma + \int_D \rho\Pi \mathrm{d}\sigma \tag{4.26}$$

式中 $\boldsymbol{s}$ 是一个矢量。

五个基本定律对应于上述平衡律的一般形式如表 4.1 所示。

表 4.1

	γ	$\boldsymbol{s}$	ζ	Π
质量守恒	1	0	0	0
动量平衡	$\boldsymbol{v}$	$\boldsymbol{T}$	$\boldsymbol{b}$	0
动量矩平衡	$\boldsymbol{r}\times\boldsymbol{v}$	$\boldsymbol{r}\times\boldsymbol{T}$	$\boldsymbol{r}\times\boldsymbol{b}$	0
能量守恒	$u+\boldsymbol{v}\cdot\boldsymbol{v}/2$	$\boldsymbol{v}\cdot\boldsymbol{T}-\boldsymbol{q}$	$\boldsymbol{b}\cdot\boldsymbol{v}+\varsigma$	0
熵定理	s	$-\boldsymbol{q}/\tau$	ς/τ	χ

例 4.1 当物体作刚体转动，即 $\boldsymbol{v}=\boldsymbol{\omega}\times\boldsymbol{x}$ 时，证明：

$$\frac{\mathrm{D}}{\mathrm{D}t}(\boldsymbol{I}^*\cdot\boldsymbol{\omega})=\oint_S(\boldsymbol{x}\times\boldsymbol{t})\mathrm{d}a+\int_D\boldsymbol{x}\times\boldsymbol{b}\rho\mathrm{d}\sigma$$

式中，$\boldsymbol{I}^*=\int_D\rho(\boldsymbol{I}\boldsymbol{x}\cdot\boldsymbol{x}-\boldsymbol{x}\boldsymbol{x})\mathrm{d}\sigma$。

解： 由动量矩平衡定律可知

$$\frac{\mathrm{D}}{\mathrm{D}t}\int_D\rho\boldsymbol{x}\times\boldsymbol{v}\mathrm{d}\sigma=\oint_S(\boldsymbol{x}\times\boldsymbol{t})\mathrm{d}a+\int_D\boldsymbol{x}\times\boldsymbol{b}\rho\mathrm{d}\sigma$$

因此，要证明原式，只需证明 $\boldsymbol{\omega}\cdot(\boldsymbol{I}\boldsymbol{x}\cdot\boldsymbol{x}-\boldsymbol{x}\boldsymbol{x})=\boldsymbol{x}\times\boldsymbol{v}=\boldsymbol{x}\times\boldsymbol{\omega}\times\boldsymbol{x}$ 即可。下面用分量式加以证明。

由于 $\boldsymbol{x}\times\boldsymbol{\omega}\Rightarrow\varepsilon_{ijk}x_j\omega_k$，故有

$$\begin{aligned}\boldsymbol{x}\times\boldsymbol{\omega}\times\boldsymbol{x}&\Rightarrow\varepsilon_{piq}\left(\varepsilon_{ijk}x_j\omega_k\right)x_q=\varepsilon_{piq}\varepsilon_{ijk}x_jx_q\omega_k\\&=\left(\delta_{pk}\delta_{qj}-\delta_{pq}\delta_{kj}\right)x_jx_q\omega_k\\&=\left(\delta_{pk}x_jx_j-x_px_k\right)\omega_k\Rightarrow\boldsymbol{\omega}\cdot(\boldsymbol{I}\boldsymbol{x}\cdot\boldsymbol{x}-\boldsymbol{x}\boldsymbol{x})\end{aligned}$$

原式得证。

例 4.2 当物体作刚体转动时，证明物体总动能 $K=\dfrac{1}{2}\boldsymbol{\omega}\cdot\boldsymbol{I}^*\cdot\boldsymbol{\omega}$，式中 $\boldsymbol{I}^*$ 的意义同例 4.1。

解： 显然

$$K=\int_D\frac{1}{2}\rho\boldsymbol{v}\cdot\boldsymbol{v}\mathrm{d}\sigma=\int_D\frac{1}{2}\rho(\boldsymbol{\omega}\times\boldsymbol{x})\cdot(\boldsymbol{\omega}\times\boldsymbol{x})\mathrm{d}\sigma$$

式中

$$\begin{aligned}(\boldsymbol{\omega}\times\boldsymbol{x})\cdot(\boldsymbol{\omega}\times\boldsymbol{x})&\Rightarrow\delta_{ip}\left(\varepsilon_{ijk}\omega_jx_k\right)\left(\varepsilon_{pqr}\omega_qx_r\right)=\varepsilon_{ijk}\varepsilon_{iqr}\omega_j\omega_qx_kx_r\\&=\left(\delta_{jq}\delta_{kr}-\delta_{jr}\delta_{qk}\right)\omega_j\omega_qx_kx_r=\omega_j\left(\delta_{jk}x_kx_k-x_jx_k\right)\omega_k\\&\Rightarrow\boldsymbol{\omega}\cdot(\boldsymbol{I}\boldsymbol{x}\cdot\boldsymbol{x}-\boldsymbol{x}\boldsymbol{x})\cdot\boldsymbol{\omega}\end{aligned}$$

故有

$$K=\int_D\frac{1}{2}\rho\boldsymbol{\omega}\cdot(\boldsymbol{I}\boldsymbol{x}\cdot\boldsymbol{x}-\boldsymbol{x}\boldsymbol{x})\cdot\boldsymbol{\omega}\mathrm{d}\sigma=\frac{1}{2}\boldsymbol{\omega}\cdot\boldsymbol{I}^*\cdot\boldsymbol{\omega}$$

4.3　基本定律的微分形式

由于上节所叙述的基本定律不仅适合于整个物体，还适合于物体中的任一个局部，因此有可能将它们转化为局部形式，或微分形式。先考虑平衡律的一般形式 (4.26)，式中右端第一项可用奥–高公式得

$$\oint_S \boldsymbol{s}\cdot\boldsymbol{n}\mathrm{d}a=\int_D \boldsymbol{s}\cdot\nabla\mathrm{d}\sigma$$

左端第一项用输运定理 (2.130) 得

$$\frac{\mathrm{D}}{\mathrm{D}t}\int_D \rho\gamma\mathrm{d}\sigma=\int_D\left[\frac{\mathrm{D}}{\mathrm{D}t}(\rho\gamma)+\rho\gamma(\nabla\cdot\boldsymbol{v})\right]\mathrm{d}\sigma$$

式 (4.26) 成为

$$\int_D\left[\frac{\mathrm{D}}{\mathrm{D}t}(\rho\gamma)+\rho\gamma(\nabla\cdot\boldsymbol{v})-\boldsymbol{s}\cdot\nabla-\rho\varsigma-\rho\varPi\right]\mathrm{d}\sigma=0$$

一般地，总是假定上式中的被积函数是连续的，同时上式在物体中处处成立，故有

$$\frac{\mathrm{D}}{\mathrm{D}t}(\rho\gamma)+\rho\gamma(\nabla\cdot\boldsymbol{v})=\boldsymbol{s}\cdot\nabla+\rho\varsigma+\rho\varPi \tag{4.27}$$

利用上式，就可以把上节各个基本定律转化为局部形式。

1. 质量守恒定律

在式 (4.27) 中取 $\gamma=1$，其余各元素取零，可得

$$\frac{\mathrm{D}\rho}{\mathrm{D}t}+\rho(\nabla\cdot\boldsymbol{v})=0 \tag{4.28}$$

上式称为**连续性方程**。它揭示了密度的变化率与速度场之间的内在联系。显然连续性方程是一种空间描述。我们可以导出其另一种形式，由体积比公式，可得

$$\mathrm{d}\sigma=J\mathrm{d}\varSigma$$

但在参考构形和即时构形上分别有

$$\mathrm{d}m=\rho_0\mathrm{d}\varSigma,\quad \mathrm{d}m=\rho\mathrm{d}\sigma$$

式中，$\mathrm{d}m$ 是同一微元的质量，故有

$$\rho_0=J\rho\quad 或\quad \rho=j\rho_0 \tag{4.29}$$

这就是质量守恒定律的物质描述的局部形式。

如果物体在运动中保持密度 ρ 不变，则称该运动是**等容**的。由式 (4.28) 可看出，在等容运动中，有

$$\nabla\cdot\boldsymbol{v}=v_{i,i}=\mathrm{I}_D=0 \tag{4.30a}$$

$$j = J = 1 \tag{4.30b}$$

不可压缩介质的运动就是等容的，因此在不可压缩介质中的速度场的散度必为零。

利用连续性方程 (4.28)，可以简化关于与密度相伴的张量 $\boldsymbol{A}$ 的输运定理。易得

$$\frac{\mathrm{D}}{\mathrm{D}t}\int_D \rho \boldsymbol{A}\mathrm{d}\sigma = \int_D \left[\frac{\mathrm{D}}{\mathrm{D}t}(\rho\boldsymbol{A}) + \rho\boldsymbol{A}(\nabla\cdot\boldsymbol{v})\right]\mathrm{d}\sigma = \int_D \left\{\boldsymbol{A}\left[\frac{\mathrm{D}\rho}{\mathrm{D}t} + \rho(\nabla\cdot\boldsymbol{v})\right] + \rho\frac{\mathrm{D}\boldsymbol{A}}{\mathrm{D}t}\right\}\mathrm{d}\sigma$$

将式 (4.28) 代入可得

$$\frac{\mathrm{D}}{\mathrm{D}t}\int_D \rho \boldsymbol{A}\mathrm{d}\sigma = \int_D \rho\frac{\mathrm{D}\boldsymbol{A}}{\mathrm{D}t}\mathrm{d}\sigma \tag{4.31}$$

在这个公式中，微分符号 $\dfrac{\mathrm{D}}{\mathrm{D}t}$ 似乎形式上进入了积分号，但只作用在与密度相伴的张量 $\boldsymbol{A}$ 上。利用上述结论，平衡律的一般微分形式 (4.27) 可进一步简化为

$$\rho\frac{\mathrm{D}\gamma}{\mathrm{D}t} = \boldsymbol{s}\cdot\nabla + \rho\varsigma + \rho\Pi \tag{4.32}$$

例 4.3 物体经历运动：

$$x_1 = X_1 + atX_3, \quad x_2 = X_2 + atX_3, \quad x_3 = X_3 - at\left(X_1 + X_2\right)$$

若参考构形上其密度为 ρ_0，求运动过程中的密度。

解： 由运动表达式可得形变梯度张量的分量矩阵为

$$\underline{\boldsymbol{F}} = \begin{bmatrix} 1 & 0 & at \\ 0 & 1 & at \\ -at & -at & 1 \end{bmatrix}, \quad 故 \quad J = \det\boldsymbol{F} = 1 + 2a^2t^2$$

由 (4.29) 式可得

$$\rho = \rho_0\left(1 + 2a^2t^2\right)^{-1}$$

此题也可以用式 (4.28) 进行计算。利用运动表达式便可求得速度场，再求速度场的散度 $\nabla\cdot\boldsymbol{v}$。但应注意，此处微分是对空间坐标进行的，而由运动表达式对时间求导所得的速度场是物质描述的，因此应将自变量换为空间坐标再求微分。

例 4.4 二维不可压缩流为

$$v_1 = a\left(x_1^2 - x_2^2\right)r^{-4}, \quad v_2 = 2ax_1x_2r^{-4}, \quad \left(r^2 = x_1^2 + x_2^2\right)$$

证明它满足连续性方程。

解： 由于 $\dfrac{\partial r^4}{\partial x_i} = 2r^2\cdot 2x_i = 4r^2x_i$，故有

$$\frac{\partial v_1}{\partial x_1} = \frac{2ax_1r^4 - a\left(x_1^2 - x_2^2\right)4r^2x_1}{r^8} = \frac{2ax_1\left(-x_1^2 + 3x_2^2\right)}{r^6}$$

$$\frac{\partial v_2}{\partial x_2} = \frac{2ax_1r^4 - 2ax_1x_24r^2x_2}{r^8} = \frac{2ax_1\left(x_1^2 - 3x_2^2\right)}{r^6}$$

即 $\dfrac{\partial v_1}{\partial x_1}+\dfrac{\partial v_2}{\partial x_2}=0$，满足连续性方程。

例 4.5 若 $\boldsymbol{x}=\boldsymbol{x}(\boldsymbol{X},t)$，$\boldsymbol{X}=\boldsymbol{x}(\boldsymbol{X},0)$，且 $\boldsymbol{v}=\dfrac{\boldsymbol{x}}{1+t}$，证明 $\rho x_1x_2x_3=\rho_0X_1X_2X_3$。

解： 由 $\dfrac{\mathrm{d}x_i}{\mathrm{d}t}=\dfrac{x_i}{1+t}$，即 $\dfrac{\mathrm{d}x_i}{x_i}=\dfrac{\mathrm{d}t}{1+t}$，可得

$$x_i=c_i(1+t)$$

其中 c_i 是积分常数，且有 $X_i=c_i$，$X_1X_2X_3=c_1c_2c_3$。

又 $\nabla\cdot\boldsymbol{v}=\dfrac{3}{1+t}$，由连续性方程 $\dfrac{\mathrm{d}\rho}{\mathrm{d}t}+\rho\nabla\cdot\boldsymbol{v}=0$ 可得 $\dfrac{\mathrm{d}\rho}{\mathrm{d}t}=-\dfrac{3\rho}{1+t}$，即

$$\rho^{-1}=a(1+t)^3$$

其中 a 是积分常数，且有 $\rho_0=a^{-1}$，故 $\rho=\dfrac{\rho_0}{(1+t)^3}$。因此，

$$\rho x_1x_2x_3=\frac{\rho_0}{(1+t)^3}c_1c_2c_3(1+t)^3=\rho_0X_1X_2X_3$$

2. 动量平衡定律

利用式 (4.32) 并参照表 4.1，动量平衡定律可表示为

$$\boldsymbol{T}\cdot\nabla+\rho\boldsymbol{b}=\rho\dot{\boldsymbol{v}},\quad T_{ij,j}+\rho b_i=\rho\dot{v}_i \tag{4.33}$$

上式称为**运动方程**。注意其右端是物质导数，根据式 (2.51)，上式可写为

$$\boldsymbol{T}\cdot\nabla+\rho\boldsymbol{b}=\rho\left[\frac{\partial\boldsymbol{v}}{\partial t}+\boldsymbol{v}\cdot(\nabla\boldsymbol{v})\right],\quad T_{ij,j}+\rho b_i=\rho\left(\frac{\partial v_i}{\partial t}+v_jv_{i,j}\right) \tag{4.34}$$

在直角坐标系中，上面第二式通常写为

$$\left.\begin{aligned}
\frac{\partial\sigma_x}{\partial x}+\frac{\partial\tau_{xy}}{\partial y}+\frac{\partial\tau_{xz}}{\partial z}+\rho b_x=\rho\frac{\partial v_x}{\partial t}+\rho\left(v_x\frac{\partial v_x}{\partial x}+v_y\frac{\partial v_x}{\partial y}+v_z\frac{\partial v_x}{\partial z}\right)\\
\frac{\partial\tau_{yx}}{\partial x}+\frac{\partial\sigma_y}{\partial y}+\frac{\partial\tau_{yz}}{\partial z}+\rho b_y=\rho\frac{\partial v_y}{\partial t}+\rho\left(v_x\frac{\partial v_y}{\partial x}+v_y\frac{\partial v_y}{\partial y}+v_z\frac{\partial v_y}{\partial z}\right)\\
\frac{\partial\tau_{zx}}{\partial x}+\frac{\partial\tau_{zy}}{\partial y}+\frac{\partial\sigma_z}{\partial z}+\rho b_z=\rho\frac{\partial v_z}{\partial t}+\rho\left(v_x\frac{\partial v_z}{\partial x}+v_y\frac{\partial v_z}{\partial y}+v_z\frac{\partial v_z}{\partial z}\right)
\end{aligned}\right\} \tag{4.35}$$

易于看出，此方程关于 $\boldsymbol{v}$ 是非线性的。

对于静力问题，$\boldsymbol{v}\equiv\boldsymbol{0}$，便有

$$\boldsymbol{T}\cdot\nabla+\rho\boldsymbol{b}=0,\quad T_{ij,j}+\rho b_i=0 \tag{4.36}$$

上式称为**应力平衡方程**。在直角坐标系中，这个方程通常表示为

$$\frac{\partial\sigma_x}{\partial x}+\frac{\partial\tau_{xy}}{\partial y}+\frac{\partial\tau_{xz}}{\partial z}+\rho b_x=0 \tag{4.37a}$$

$$\frac{\partial\tau_{yx}}{\partial x}+\frac{\partial\sigma_y}{\partial y}+\frac{\partial\tau_{yz}}{\partial z}+\rho b_y=0 \tag{4.37b}$$

$$\frac{\partial\tau_{zx}}{\partial x}+\frac{\partial\tau_{zy}}{\partial y}+\frac{\partial\sigma_z}{\partial z}+\rho b_z=0 \tag{4.37c}$$

例 4.6 密度为 ρ 的物体在静止状态下的应力分量矩阵为

$$\underline{\boldsymbol{T}}=\begin{bmatrix} x_1^2 & -2x_1x_2 & 0 \\ -2x_1x_2 & x_2^2 & 0 \\ 0 & 0 & x_3\rho g \end{bmatrix}$$

这种应力分布状态是否可能存在？

解： 易于由应力的分量矩阵得出矢量 $\boldsymbol{T}\cdot\nabla$ 的三个分量为 $\begin{bmatrix}0 & 0 & \rho g\end{bmatrix}^{\mathrm{T}}$。若体力只有重力，而且坐标轴 x_3 的方向是竖直向上的，那么平衡方程将得到满足，该应力状态是可能存在的。其他情况下该应力状态是不可能存在的。

应力平衡方程仅是应力状态存在的必要条件，而不是充分条件。关于这一点将在下一章中说明。因此本例的应力状态只是“可能的”。

例 4.7 若应力场 $\underline{\boldsymbol{T}}=\begin{bmatrix} x_1^2x_2 & \left(1-x_2^2\right)x_1 & 0 \\ \left(1-x_2^2\right)x_1 & \left(x_2^3-3x_2\right)/3 & 0 \\ 0 & 0 & 2x_3^2 \end{bmatrix}$，体力场应怎样分布才满足应力平衡方程？

解： 易得

$$T_{11,1}=2x_1x_2,\quad T_{12,2}=-2x_1x_2,\quad T_{13,3}=0$$

$$T_{21,1}=1-x_2^2,\quad T_{22,2}=x_2^2-1,\quad T_{23,3}=0$$

$$T_{31,1}=0,\quad T_{32,2}=0,\quad T_{33,3}=4x_3$$

故应力的散度为 $\begin{bmatrix}0 & 0 & 4x_3\end{bmatrix}^{\mathrm{T}}$，即体力为 $\rho\underline{\boldsymbol{b}}=\begin{bmatrix}0 & 0 & -4x_3\end{bmatrix}^{\mathrm{T}}$。

例 4.8 具有矩形断面 $(-h\leqslant x_2\leqslant h,\ -b\leqslant x_3\leqslant b)$ 的悬臂梁在 $x_1=0$ 处为自由端，$x_1=l$ 处为固定端。在 $x_1=0$ 处有沿 x_2 方向的集中力 F 的作用（图 4.2）。梁中应力分量为

$$\underline{\boldsymbol{T}}=\begin{bmatrix} Cx_1x_2 & A+Bx_2^2 & 0 \\ A+Bx_2^2 & 0 & 0 \\ 0 & 0 & 0 \end{bmatrix}$$

(1) 证明：只要 $2B+C=0$，应力便满足无体力的平衡方程。

(2) 利用在边界 $x_2=\pm h$ 上无作用力的条件确定 A, B 间的关系。

(3) 用 A, B 和 C 表示出作用在自由端 $x_1=0$ 处的合外力，证明 $C=-\dfrac{3F}{4bh^3}$。

解： (1) 易得

$$T_{11,1}+T_{12,2}+T_{13,3}=Cx_2+2Bx_2=(C+2B)x_2$$

$$T_{21,1}+T_{22,2}+T_{23,3}=0,\quad T_{31,1}+T_{32,2}+T_{33,3}=0$$

因此，只要 $2B+C=0$，应力便满足无体力的平衡方程。

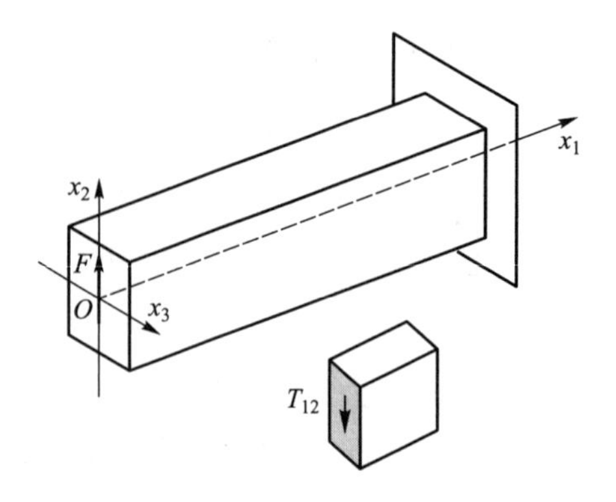

图 4.2　自由端承受集中力的悬臂梁

(2) 在边界 $x_2 = \pm h$ 上无作用力，则 $T_{22} = 0$，$T_{12} = A + Bh^2 = 0$，故有

$$A = -Bh^2$$

(3) 在自由端 $x_1 = 0$ 处，$T_{11} = 0$，故 x_1 方向上的合力为零。$T_{12} = A + Bx_2^2$，并有

$$F = -\iint_A T_{12}\mathrm{d}a = -\int_{-b}^{+b}\int_{-h}^{+h}\left(A + Bx_2^2\right)\mathrm{d}x_2\mathrm{d}x_3 = -4hb\left(A + \frac{1}{3}Bh^2\right) = \frac{8}{3}Bbh^3$$

上式中的负号是由于切应力 T_{12} 的正向与 F 的方向相反。因 $B = -\dfrac{1}{2}C$，代入上式即可得

$$C = -\frac{3F}{4bh^3}$$

3. 动量矩平衡定律

由式 (4.32) 并参照表 4.1，易于看出，动量矩平衡定律的微分形式应为

$$\rho\frac{\mathrm{D}}{\mathrm{D}t}(\boldsymbol{r}\times\boldsymbol{v}) = (\boldsymbol{r}\times\boldsymbol{T})\cdot\nabla + \rho\boldsymbol{r}\times\boldsymbol{b} \tag{4.38}$$

注意到 $\boldsymbol{r} = \boldsymbol{x}$，故

$$\frac{\mathrm{D}}{\mathrm{D}t}(\boldsymbol{r}\times\boldsymbol{v}) = \boldsymbol{v}\times\boldsymbol{v} + \boldsymbol{r}\times\frac{\mathrm{D}\boldsymbol{v}}{\mathrm{D}t} = \boldsymbol{r}\times\dot{\boldsymbol{v}}$$

$$(\boldsymbol{r}\times\boldsymbol{T})\cdot\nabla = \boldsymbol{r}\times(\boldsymbol{T}\cdot\nabla) - \boldsymbol{\varepsilon}:\boldsymbol{T}$$

上式引用了式 (1.122) 的结论，这样便有

$$\boldsymbol{r}\times(\rho\dot{\boldsymbol{v}} - \boldsymbol{T}\cdot\nabla - \rho\boldsymbol{b}) + \boldsymbol{\varepsilon}:\boldsymbol{T} = \boldsymbol{0}$$

引用运动方程，便有

$$\boldsymbol{\varepsilon}:\boldsymbol{T} = \boldsymbol{0}$$

上式的分量式为

$$T_{23} - T_{32} = 0,\quad T_{13} - T_{31} = 0,\quad T_{12} - T_{21} = 0$$

这意味着

$$\boldsymbol{T}=\boldsymbol{T}^{\mathrm{T}} \tag{4.39}$$

由此，由动量矩平衡定律，可导出 Cauchy 应力张量是对称张量的结论。在材料力学中，通常是由一种特殊情况，通过力矩平衡导出切应力互等定理的，显然，上述推导更为一般。

应当指出，上述结论有一个重要的前提：物体中不存在分布的力偶矩，即物体是非极性的。在极性体中，动量矩平衡定理仍然成立，但表达式中将增加关于分布力偶矩的项；而且 Cauchy 应力张量将不再是对称的（可参见习题）。

4. 热力学第一定律

由式 (4.32) 并参照表 4.1，可得热力学第一定律的局部形式

$$\rho\frac{\mathrm{D}}{\mathrm{D}t}\left(u+\frac{1}{2}\boldsymbol{v}\cdot\boldsymbol{v}\right)=(\boldsymbol{v}\cdot\boldsymbol{T}-\boldsymbol{q})\cdot\nabla+\rho(\boldsymbol{b}\cdot\boldsymbol{v}+\varsigma) \tag{4.40}$$

式中

$$\frac{\mathrm{D}}{\mathrm{D}t}\left(\frac{1}{2}\boldsymbol{v}\cdot\boldsymbol{v}\right)=\dot{\boldsymbol{v}}\cdot\boldsymbol{v}$$

$$(\boldsymbol{v}\cdot\boldsymbol{T})\cdot\nabla=(v_iT_{ij})_{,j}=v_{i,j}T_{ij}+v_iT_{ij,j}=(\boldsymbol{v}\nabla):\boldsymbol{T}+\boldsymbol{v}\cdot(\boldsymbol{T}\cdot\nabla)$$

由于 $\boldsymbol{T}=\boldsymbol{T}^{\mathrm{T}}$，故有

$$\begin{aligned}(\boldsymbol{v}\nabla):\boldsymbol{T}=v_{i,j}T_{ij}&=\frac{1}{2}T_{ij}\left(v_{i,j}+v_{i,j}\right)=\frac{1}{2}\left(T_{ij}v_{i,j}+T_{ji}v_{j,i}\right)\\&=\frac{1}{2}\left(T_{ij}v_{i,j}+T_{ij}v_{j,i}\right)=\frac{1}{2}T_{ij}\left(v_{i,j}+v_{j,i}\right)=\boldsymbol{T}:\boldsymbol{D}\end{aligned}$$

便有

$$\rho\dot{u}-\boldsymbol{T}:\boldsymbol{D}+\nabla\cdot\boldsymbol{q}-\rho\varsigma-(\boldsymbol{T}\cdot\nabla+\rho\boldsymbol{b}-\rho\dot{\boldsymbol{v}})\cdot\boldsymbol{v}=0$$

引用运动方程，可得

$$\rho\dot{u}=\boldsymbol{T}:\boldsymbol{D}-\nabla\cdot\boldsymbol{q}+\rho\varsigma,\quad \rho\dot{u}=T_{ij}D_{ij}-q_{i,i}+\rho\varsigma \tag{4.41}$$

上式称为**能量方程**。其中，$\boldsymbol{T}:\boldsymbol{D}$ 称为**应力功率**，即机械能的时间变化率。该式表明，连续介质内任一点处的内能变化率等于机械能变化率、外界热量渗入速率，以及其他形式的能（例如化学能）转化为热量的速率之和。

进一步考虑应力功率 $\boldsymbol{T}:\boldsymbol{D}$，由于物体的某些变形是不可逆的，因此导致了部分机械能不可逆地转化为热能，这称为机械能的耗散。假定应力可以分解为可逆应力 $\boldsymbol{T}^E$（对应于可逆变形）和不可逆应力 $\boldsymbol{T}^D$（对应于不可逆变形）之和，即

$$\boldsymbol{T}=\boldsymbol{T}^E+\boldsymbol{T}^D \tag{4.42}$$

而且可逆应力可以由一个势函数 φ 导出，即

$$\rho\dot{\varphi} = \boldsymbol{T}^E : \boldsymbol{D}, \quad \frac{\partial}{\partial \boldsymbol{D}}(\rho\dot{\varphi}) = \boldsymbol{T}^E \tag{4.43}$$

那么，φ 就称为物体的**应变能密度**（即单位质量的应变能）。而不可逆应力的功率 $\boldsymbol{T}^D : \boldsymbol{D}$ 则称为**耗散功率**，它是机械能转化为热能的速率。于是，式 (4.43) 说明，连续介质内任一点的内能变化率等于应变能的变化率、外界热量渗入速率，以及机械能和其他形式的能量转化为热量的速率之和。

在一定条件下，由热力学第一定律式 (4.21) 还可以导出人们熟知的**机械能守恒定律**。不考虑物体所受的面力（或者说所有面力均为零，称这种边界为自由边界），设物体所受的体力 $\boldsymbol{b}$ 可由一个势函数 $\varPhi$ 导出，即

$$\boldsymbol{b} = -\varPhi\nabla \tag{4.44}$$

则称体力 $\boldsymbol{b}$ 为**有势力**，或**保守力**。这样，$\boldsymbol{b}$ 在整个物体上的功率为

$$\int_D \rho\boldsymbol{b}\cdot\boldsymbol{v}\mathrm{d}\sigma = -\int_D \rho(\varPhi\nabla)\cdot\boldsymbol{v}\mathrm{d}\sigma = -\int_D \rho\frac{\mathrm{D}\varPhi}{\mathrm{D}t}\mathrm{d}\sigma = -\frac{\mathrm{D}}{\mathrm{D}t}\int_D \rho\varPhi\mathrm{d}\sigma$$

这样，式 (4.21) 成为

$$\frac{\mathrm{D}}{\mathrm{D}t}\int_D \rho\left(u + \frac{1}{2}\boldsymbol{v}\cdot\boldsymbol{v} + \varPhi\right)\mathrm{d}\sigma = -\oint_S \boldsymbol{q}\cdot\boldsymbol{n}\mathrm{d}a + \int_D \rho\varsigma\mathrm{d}\sigma$$

如果不考虑热作用，也不考虑内能这一能量形式，上式成为

$$\frac{\mathrm{D}}{\mathrm{D}t}\int_D \rho\left(\frac{1}{2}\boldsymbol{v}\cdot\boldsymbol{v} + \varPhi\right)\mathrm{d}\sigma = 0$$

即

$$\int_D \rho\left(\frac{1}{2}\boldsymbol{v}\cdot\boldsymbol{v} + \varPhi\right)\mathrm{d}\sigma = \mathrm{const} \tag{4.45}$$

这就是说，势力场中运动的物体的动能和势能之和保持不变，这就是机械能守恒定律。显然，这一定律成立的必要前提是：不考虑热作用和内能；外力作用为有势力。这也表明，机械能守恒定律是能量守恒的一种特殊情况。

例 4.9　若 $\boldsymbol{T} = -p\,\boldsymbol{I}(p > 0)$，证明应力功率 $\boldsymbol{T} : \boldsymbol{D} = \dfrac{p}{\rho}\dfrac{\mathrm{D}\rho}{\mathrm{D}t}$。

解：　由连续性方程，有

$$\frac{\mathrm{D}\rho}{\mathrm{D}t} = -\rho\nabla\cdot\boldsymbol{v} = -\rho\boldsymbol{I} : \boldsymbol{D} = \frac{\rho}{p}(-p\boldsymbol{I}) : \boldsymbol{D} = \frac{\rho}{p}\boldsymbol{T} : \boldsymbol{D}$$

故有

$$\boldsymbol{T} : \boldsymbol{D} = \frac{p}{\rho}\frac{\mathrm{D}\rho}{\mathrm{D}t}$$

例 4.10　若某种介质的应力 $\boldsymbol{T} = -p\boldsymbol{I}$，定义这种介质单位质量的焓为 $h = u + p/\rho$，证明能量方程可写为 $\rho\dot{h} = \dot{p} - \nabla\cdot\boldsymbol{q} + \rho\varsigma$。

解： 由焓的定义可得 $\rho\dot{u}=\rho\dot{h}-\dot{p}+p\dot{\rho}/\rho$。代入能量方程式 (4.41) 可得

$$\rho\dot{h}=\dot{p}-p\dot{\rho}/\rho+\boldsymbol{T}:\boldsymbol{D}-\nabla\cdot\boldsymbol{q}+\rho\varsigma$$

式中，$\boldsymbol{T}:\boldsymbol{D}=-p\boldsymbol{I}:\boldsymbol{D}=-p(\nabla\cdot\boldsymbol{v})$，同时，由连续性方程可得 $\dot{\rho}=-\rho\nabla\cdot\boldsymbol{v}$，故有

$$\rho\dot{h}=\dot{p}+p\nabla\cdot\boldsymbol{v}-p\nabla\cdot\boldsymbol{v}-\nabla\cdot\boldsymbol{q}+\rho\varsigma=\dot{p}-\nabla\cdot\boldsymbol{q}+\rho\varsigma$$

证毕。

例 4.11 证明物质区域 D 的动能变化率为

$$\frac{\mathrm{D}K}{\mathrm{D}t}=\int_D(\rho\boldsymbol{b}\cdot\boldsymbol{v}-\boldsymbol{T}:\boldsymbol{D})\mathrm{d}\sigma+\oint_S\boldsymbol{t}\cdot\boldsymbol{v}\mathrm{d}a$$

内能变化率为

$$\frac{\mathrm{D}}{\mathrm{D}t}\int_D\rho u\mathrm{d}\sigma=\int_D(\rho\varsigma+\boldsymbol{T}:\boldsymbol{D})\mathrm{d}\sigma-\oint_S\boldsymbol{q}\cdot\boldsymbol{n}\mathrm{d}a$$

解： 动能的变化率

$$\begin{aligned}\frac{\mathrm{D}K}{\mathrm{D}t}&=\frac{\mathrm{D}}{\mathrm{D}t}\int_D\frac{1}{2}\rho\boldsymbol{v}\cdot\boldsymbol{v}\mathrm{d}\sigma=\frac{1}{2}\int_D\rho\frac{\mathrm{D}}{\mathrm{D}t}(\boldsymbol{v}\cdot\boldsymbol{v})\mathrm{d}\sigma=\int_D\rho\frac{\mathrm{D}\boldsymbol{v}}{\mathrm{D}t}\cdot\boldsymbol{v}\mathrm{d}\sigma\\&=\int_D(\boldsymbol{T}\cdot\nabla+\rho\boldsymbol{b})\cdot\boldsymbol{v}\mathrm{d}\sigma\end{aligned}\tag{a}$$

沿用从式 (4.40) 到式 (4.41) 的推导，可以导出上式积分的第一项为

$$\int_D(\boldsymbol{T}\cdot\nabla)\cdot\boldsymbol{v}\mathrm{d}\sigma=\int_D(\boldsymbol{v}\cdot\boldsymbol{T})\cdot\nabla\mathrm{d}\sigma-\int_D\boldsymbol{T}:\boldsymbol{D}\mathrm{d}\sigma$$

上式右端第一项用奥–高公式，可得

$$\int_D(\boldsymbol{T}\cdot\nabla)\cdot\boldsymbol{v}\mathrm{d}\sigma=\oint_S\boldsymbol{v}\cdot\boldsymbol{T}\cdot\boldsymbol{n}\mathrm{d}a-\int_D\boldsymbol{T}:\boldsymbol{D}\mathrm{d}\sigma=\oint_S\boldsymbol{v}\cdot\boldsymbol{t}\mathrm{d}a-\int_D\boldsymbol{T}:\boldsymbol{D}\mathrm{d}\sigma$$

上式代回式 (a) 中便有

$$\frac{\mathrm{D}K}{\mathrm{D}t}=\int_D(\rho\boldsymbol{b}\cdot\boldsymbol{v}-\boldsymbol{T}:\boldsymbol{D})\mathrm{d}\sigma+\oint_S\boldsymbol{t}\cdot\boldsymbol{v}\mathrm{d}a$$

式 (4.21) 与上式相减，可得

$$\frac{\mathrm{D}}{\mathrm{D}t}\int_D\rho u\mathrm{d}\sigma=\int_D(\rho\varsigma+\boldsymbol{T}:\boldsymbol{D})\mathrm{d}\sigma-\oint_S\boldsymbol{q}\cdot\boldsymbol{n}\mathrm{d}a$$

5. 热力学第二定律

由式 (4.32) 可得热力学第二定律的局部形式为

$$\rho\dot{s}=-\nabla\cdot\left(\frac{\boldsymbol{q}}{\tau}\right)+\rho\frac{\varsigma}{\tau}+\rho\chi\tag{4.46}$$

$$\rho\chi=\rho\dot{s}+\nabla\cdot\left(\frac{\boldsymbol{q}}{\tau}\right)-\rho\frac{\varsigma}{\tau}\geqslant 0\tag{4.47}$$

上式可改写为另外的形式，因为

$$\nabla \cdot \left(\frac{\boldsymbol{q}}{\tau}\right) = \frac{1}{\tau}\nabla \cdot \boldsymbol{q} - \frac{1}{\tau^2}\boldsymbol{q} \cdot \nabla\tau$$

而绝对温度 τ 恒为正，故有

$$\rho\tau\chi = \rho\tau\dot{s} + \nabla \cdot \boldsymbol{q} - \frac{1}{\tau}\boldsymbol{q} \cdot \nabla\tau - \rho\varsigma \geqslant 0$$

由能量方程 (4.41) 可得 $\nabla \cdot \boldsymbol{q} - \rho\varsigma = \boldsymbol{T} : \boldsymbol{D} - \rho\dot{u}$，代入上式可得

$$\rho\tau\chi = \rho\tau\dot{s} + \boldsymbol{T} : \boldsymbol{D} - \rho\dot{u} - \frac{1}{\tau}\boldsymbol{q} \cdot \nabla\tau \geqslant 0 \tag{4.48}$$

引用自由能密度 ψ，并采用与经典热力学类似的定义：

$$\psi = u - \tau s \tag{4.49}$$

那么式 (4.48) 便可表示为

$$\rho\tau\chi = \boldsymbol{T} : \boldsymbol{D} - \rho\dot{\psi} - \frac{1}{\tau}\boldsymbol{q} \cdot \nabla\tau - \rho\dot{\tau}s \geqslant 0 \tag{4.50}$$

这是用自由能密度表达的熵不等式。式中 $\rho\tau\chi$ 称为**耗散函数**。它是一个非负的函数。在可逆过程中它等于零；在不可逆过程中，它恒大于零。

式 (4.50) 和式 (4.48) 在判断连续介质某些事件是否可能发生时，或在判断过程进行的方向时起着重要的作用。

例如，在刚体的热传导现象中，由于 $\boldsymbol{D} = \boldsymbol{0}$，式 (4.50) 成为

$$-\rho\tau\chi = \rho\dot{\psi} + \frac{1}{\tau}\boldsymbol{q} \cdot \nabla\tau + \rho\dot{\tau}s \leqslant 0 \tag{4.51}$$

式中 ψ 是自由能密度。上式中出现的状态变量有温度和温度梯度。不妨记矢量

$$\boldsymbol{f} = \nabla\tau = \nabla\theta \tag{4.52}$$

式中 θ 为温度差（或称温升），即温度 τ 与某个事先选定的参考温度 τ_0 之差，即

$$\theta = \tau - \tau_0 \tag{4.53}$$

这样 θ 便可以采用其他温标（例如摄氏温度）。显然有

$$\dot{\tau} = \dot{\theta}$$

可将自由能密度表达为温升和温度梯度的函数：

$$\psi = \psi(\theta, \boldsymbol{f}) \tag{4.54a}$$

并有

$$\mathrm{d}\psi = \frac{\partial \psi}{\partial \theta}\mathrm{d}\theta + \frac{\partial \psi}{\partial \boldsymbol{f}} \cdot \mathrm{d}\boldsymbol{f} \tag{4.54b}$$

和

$$\dot{\psi} = \frac{\partial \psi}{\partial \theta}\dot{\theta} + \frac{\partial \psi}{\partial \boldsymbol{f}} \cdot \dot{\boldsymbol{f}} \tag{4.54c}$$

将上式代入式 (4.51)，经整理可得

$$\rho\left(\frac{\partial \psi}{\partial \theta} + s\right)\dot{\theta} + \rho\frac{\partial \psi}{\partial \boldsymbol{f}} \cdot \dot{\boldsymbol{f}} + \frac{1}{\tau}\boldsymbol{q} \cdot \nabla\theta \leqslant 0 \tag{4.55}$$

由于上式对固体热传导的任意过程都适合，而上式中 $\dot{\theta}$ 和 $\dot{\boldsymbol{f}}$ 是任意的独立变量，故有

$$\frac{\partial \psi}{\partial \theta} + s = 0, \quad 即 \quad s = -\frac{\partial \psi}{\partial \theta} \tag{4.56a}$$

$$\frac{\partial \psi}{\partial \boldsymbol{f}} = \mathbf{0} \tag{4.56b}$$

$$\frac{1}{\tau}\boldsymbol{q} \cdot \nabla\theta \leqslant 0, \quad 即 \quad \boldsymbol{q} \cdot \nabla\theta \leqslant 0 \tag{4.56c}$$

式 (4.56a) 说明熵可由自由能密度对温度的微分导出，这正是自由能作为特性函数的体现。式 (4.56b) 说明自由能与温度梯度无关。式 (4.56c) 说明了热流方向与温度梯度方向的夹角不会小于直角。在各向同性体中，热流方向与温度梯度方向相反；在各向异性体中，热流方向与温度梯度方向可能存在一个不小于直角的夹角。这印证了人们的常识：热量不会自动地从温度低的地方传到温度高的地方，换言之，**不可能把热从低温物体传到高温物体而不引起其他变化**。这正是热力学第二定律的 Clausius 提法。

许多物体（包括流体）的热传导都服从 Fourier 定律：

$$\boldsymbol{q} = -\widetilde{\boldsymbol{K}} \cdot \nabla\theta \tag{4.57}$$

式中 $\widetilde{\boldsymbol{K}}$ 称为**热传导张量**，一般地，它是一个二阶张量。由式 (4.56c) 可知

$$\nabla\theta \cdot \widetilde{\boldsymbol{K}} \cdot \nabla\theta \geqslant 0 \tag{4.58}$$

上式当且仅当 $\nabla\theta = \mathbf{0}$ 时取等号，因此，$\widetilde{\boldsymbol{K}}$ 是一个正定张量。在各向同性体中，有

$$\widetilde{\boldsymbol{K}} = \kappa\boldsymbol{I} \tag{4.59}$$

显然，$\kappa > 0$。式 (4.57) 在各向同性体中的表达式为

$$\boldsymbol{q} = -\kappa\nabla\theta \tag{4.60}$$

式中 κ 称为**热导率**。它是表征物体传导热量的能力的物理量。例如，金属的热导率普遍地远高于非金属。在国际单位制中，κ 的单位是 $\mathrm{W/(m \cdot K)}$。

例 4.12　在可逆过程中，可确定 $\boldsymbol{q}\cdot\nabla\tau=0$，在某类介质中，可定义 $v=\dfrac{1}{\rho}$，且有 $\boldsymbol{T}=-p\boldsymbol{I}$，证明这类介质在可逆过程中有 $\mathrm{d}u=-p\mathrm{d}v+\tau\mathrm{d}s$。

解： 由热力学第二定律，有

$$\rho\tau\chi=\rho\tau\dot{s}+\boldsymbol{T}:\boldsymbol{D}-\rho\dot{u}-\frac{1}{\tau}\boldsymbol{q}\cdot\nabla\tau\geqslant 0$$

在可逆过程中

$$\rho\tau\chi=\rho\tau\dot{s}+\boldsymbol{T}:\boldsymbol{D}-\rho\dot{u}=0,\quad \text{即}\quad \rho\dot{u}=\rho\tau\dot{s}+\boldsymbol{T}:\boldsymbol{D}$$

在这类介质的可逆过程中

$$\rho\dot{u}=\rho\tau\dot{s}-p\boldsymbol{I}:\boldsymbol{D}=\rho\tau\dot{s}-p\nabla\cdot\boldsymbol{v}$$

由连续性方程可得 $\nabla\cdot\boldsymbol{v}=-\dfrac{1}{\rho}\dot{\rho}$，代入上式可得

$$\frac{\mathrm{d}u}{\mathrm{d}t}=\tau\frac{\mathrm{d}s}{\mathrm{d}t}+\frac{1}{\rho^2}\frac{\mathrm{d}\rho}{\mathrm{d}t},\quad \text{即}\quad \mathrm{d}u=\tau\mathrm{d}s-p\mathrm{d}\left(\frac{1}{\rho}\right)$$

此即

$$\mathrm{d}u=-p\mathrm{d}v+\tau\mathrm{d}s$$

易于看出，上式与 p–V 系统中的内能表达式 (4.4) 是一致的，只不过将内能等物理量改换为“单位质量的内能”的形式。

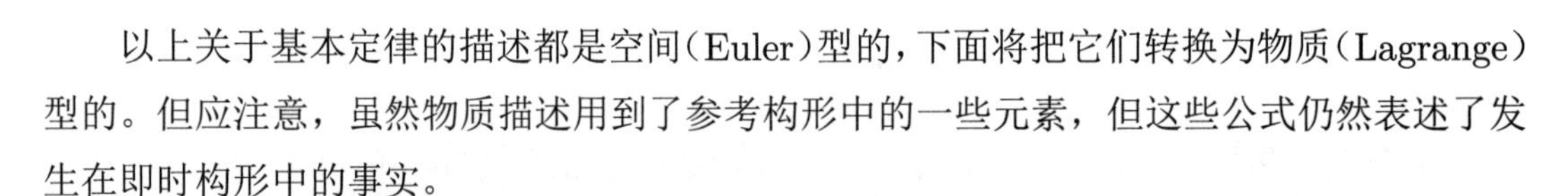

4.4　基本定律的物质描述 *

以上关于基本定律的描述都是空间（Euler）型的，下面将把它们转换为物质（Lagrange）型的。但应注意，虽然物质描述用到了参考构形中的一些元素，但这些公式仍然表述了发生在即时构形中的事实。

为了方便以下叙述，先证明如下的两个结论：

$$（1）\frac{\partial X_R}{\partial x_i}=\frac{1}{2J}\varepsilon_{PQR}\varepsilon_{ijk}\frac{\partial x_j}{\partial X_P}\frac{\partial x_k}{\partial X_Q},\quad（2）\frac{\partial}{\partial X_R}\left(J\frac{\partial X_R}{\partial x_i}\right)=0$$

证明：（1）由于有 $J=\det\boldsymbol{F}$，故有 $\varepsilon_{PQR}J=\varepsilon_{ijk}F_{iP}F_{jQ}F_{kR}$，两边同乘以 F^{-1}_{Rm}，可得

$$J\varepsilon_{PQR}F^{-1}_{Rm}=\varepsilon_{ijk}F_{iP}F_{jQ}F_{kR}F^{-1}_{Rm}=\varepsilon_{ijk}F_{iP}F_{jQ}\delta_{km}=\varepsilon_{ijm}F_{iP}F_{jQ}$$

两边同乘以 ε_{PQS}，注意到 $\varepsilon_{PQR}\varepsilon_{PQS}=2\delta_{RS}$，便有

$$2JF^{-1}_{Sm}=\varepsilon_{ijm}\varepsilon_{PQS}F_{iP}F_{jQ}$$

把上式两端的 S 换为 R，m 换为 i，i 换为 j，j 换为 k，注意 $\varepsilon_{jki}=\varepsilon_{ijk}$，可得

$$\frac{\partial X_R}{\partial x_i}=\frac{1}{2J}\varepsilon_{PQR}\varepsilon_{ijk}\frac{\partial x_j}{\partial X_P}\frac{\partial x_k}{\partial X_Q} \tag{4.61}$$

（2）引用上面的结论可得

$$\begin{aligned}\frac{\partial}{\partial X_R}\left(J\frac{\partial X_R}{\partial x_i}\right)&=\frac{\partial}{\partial X_R}\left(\frac{1}{2}\varepsilon_{PQR}\varepsilon_{ijk}\frac{\partial x_j}{\partial X_P}\frac{\partial x_k}{\partial X_Q}\right)\\&=\frac{1}{2}\varepsilon_{PQR}\varepsilon_{ijk}\left(\frac{\partial^2 x_j}{\partial X_P\partial X_R}\frac{\partial x_k}{\partial X_Q}+\frac{\partial x_j}{\partial X_P}\frac{\partial^2 x_k}{\partial X_Q\partial X_R}\right)\end{aligned}$$

将上式括号外的常数分别乘进括号内，同时将第二项中的重复脚标 j、k 对换，P、Q 对换，则有

$$\frac{\partial}{\partial X_R}\left(J\frac{\partial X_R}{\partial x_i}\right)=\frac{1}{2}\left(\varepsilon_{PQR}\varepsilon_{ijk}\frac{\partial^2 x_j}{\partial X_P\partial X_R}\frac{\partial x_k}{\partial X_Q}+\varepsilon_{QPR}\varepsilon_{ikj}\frac{\partial^2 x_j}{\partial X_P\partial X_R}\frac{\partial x_k}{\partial X_Q}\right)$$

上式的第二项里，$\varepsilon_{QPR}=-\varepsilon_{PQR}$，$\varepsilon_{ikj}=-\varepsilon_{ijk}$，故有

$$\frac{\partial}{\partial X_R}\left(J\frac{\partial X_R}{\partial x_i}\right)=\varepsilon_{PQR}\varepsilon_{ijk}\frac{\partial^2 x_j}{\partial X_P\partial X_R}\frac{\partial x_k}{\partial X_Q}$$

上式右端的重复脚标 P、Q 对换，同时注意微分次序可交换，便有

$$\frac{\partial}{\partial X_R}\left(J\frac{\partial X_R}{\partial x_i}\right)=\varepsilon_{RQP}\varepsilon_{ijk}\frac{\partial^2 x_j}{\partial X_R\partial X_P}\frac{\partial x_k}{\partial X_Q}=-\varepsilon_{PQR}\varepsilon_{ijk}\frac{\partial^2 x_j}{\partial X_P\partial X_R}\frac{\partial x_k}{\partial X_Q}$$

故有

$$\frac{\partial}{\partial X_R}\left(J\frac{\partial X_R}{\partial x_i}\right)=0 \tag{4.62}$$

同理可证明

$$\frac{\partial}{\partial x_i}\left(j\frac{\partial x_i}{\partial X_R}\right)=0 \tag{4.63}$$

下面考虑基本定律的物质描述：

1. 质量守恒定律

质量守恒定律的物质描述可写为

$$\rho=\frac{1}{J}\rho_0 \tag{4.64}$$

2. 动量平衡定律

利用 Cauchy 应力和第一类 Piola-Kirchhoff 应力间的关系

$$T_{ij}=\frac{1}{J}P_{iR}\frac{\partial x_j}{\partial X_R}$$

则有

$$T_{ij,j}=\frac{\partial}{\partial x_j}\left(\frac{1}{J}P_{iR}\frac{\partial x_j}{\partial X_R}\right)=\frac{\partial}{\partial x_j}\left(\frac{1}{J}\frac{\partial x_j}{\partial X_R}\right)P_{iR}+\frac{1}{J}\frac{\partial x_j}{\partial X_R}\frac{\partial P_{iR}}{\partial x_j}$$

根据式 (4.63)，上式最后一个等号后的第一项为零，再利用微分的链式法则，则有

$$T_{ij,j}=\frac{1}{J}\frac{\partial P_{iR}}{\partial X_R}\tag{4.65a}$$

这对应于

$$\boldsymbol{T}\cdot\nabla=\frac{1}{J}\boldsymbol{P}\cdot\overline{\nabla}\tag{4.65b}$$

同时注意到 $\rho_0=J\rho$，运动方程 $\boldsymbol{T}\cdot\nabla+\rho\boldsymbol{b}=\rho\dot{\boldsymbol{v}}$ 便成为

$$\boldsymbol{P}\cdot\overline{\nabla}+\rho_0\boldsymbol{b}=\rho_0\dot{\boldsymbol{v}},\quad P_{iR,R}+\rho_0 b_i=\rho_0\dot{v}_i\tag{4.66}$$

这便是用第一类 Piola-Kirchhoff 应力表示的运动方程。

还可以用第二类 Piola-Kirchhoff 应力来表示运动方程。由于有

$$T_{ij}=\frac{1}{J}\frac{\partial x_i}{\partial X_R}\frac{\partial x_j}{\partial X_S}K_{RS}$$

故有

$$\begin{aligned}T_{ij,j}=&\frac{\partial}{\partial x_j}\left(\frac{1}{J}\frac{\partial x_i}{\partial X_R}\frac{\partial x_j}{\partial X_S}K_{RS}\right)\\=&\frac{\partial}{\partial x_j}\left(\frac{1}{J}\frac{\partial x_j}{\partial X_S}\right)\frac{\partial x_i}{\partial X_R}K_{RS}+\frac{1}{J}\frac{\partial x_j}{\partial X_S}\frac{\partial}{\partial x_j}\left(\frac{\partial x_i}{\partial X_R}K_{RS}\right)\end{aligned}$$

上式第一项仍为零，因此

$$T_{ij,j}=\frac{1}{J}\frac{\partial}{\partial X_S}\left(\frac{\partial x_i}{\partial X_R}K_{RS}\right)\tag{4.67a}$$

这对应于

$$\boldsymbol{T}\cdot\nabla=\frac{1}{J}(\boldsymbol{F}\cdot\boldsymbol{K})\cdot\overline{\nabla}\tag{4.67b}$$

运动方程便成为

$$(\boldsymbol{F}\cdot\boldsymbol{K})\cdot\overline{\nabla}+\rho_0\boldsymbol{b}=\rho_0\dot{\boldsymbol{v}},\quad\left(\frac{\partial x_i}{\partial X_R}K_{RS}\right)_{,S}+\rho_0 b_i=\rho_0\dot{v}_i\tag{4.68}$$

3. 动量矩平衡定律

动量矩平衡定律所得到的直接结论是：对于非极性体，Cauchy 应力是对称的。由 Cauchy 应力与第一类 Piola-Kirchhoff 应力的关系式 (3.38) 可得

$$\boldsymbol{T}=j\boldsymbol{P}\cdot\boldsymbol{F}^{\mathrm{T}}$$

故有

$$\boldsymbol{T}^{\mathrm{T}}=j\boldsymbol{F}\cdot\boldsymbol{P}^{\mathrm{T}}$$

由 Cauchy 应力的对称性可得

$$\boldsymbol{P}=\boldsymbol{F}\cdot\boldsymbol{P}^{\mathrm{T}}\cdot\left(\boldsymbol{F}^{-1}\right)^{\mathrm{T}},\quad P_{iR}=\frac{\partial x_i}{\partial X_Q}\frac{\partial X_R}{\partial x_j}P_{jQ}\tag{4.69}$$

这说明，第一类 Piola-Kirchhoff 应力是非对称的。

同样，由 Cauchy 应力与第二类 Piola-Kirchhoff 应力的关系式 (3.43) 可得

$$\boldsymbol{T}=j\boldsymbol{F}\cdot\boldsymbol{K}\cdot\boldsymbol{F}^{\mathrm{T}}$$

故有

$$\boldsymbol{T}^{\mathrm{T}}=j\boldsymbol{F}\cdot\boldsymbol{K}^{\mathrm{T}}\cdot\boldsymbol{F}^{\mathrm{T}}$$

由此可得第二类 Piola-Kirchhoff 应力是对称的，即

$$\boldsymbol{K}=\boldsymbol{K}^{\mathrm{T}},\quad K_{RS}=K_{SR} \tag{4.70}$$

4. 热力学第一定律

在用物质描述表达能量方程时，把物质描述的热流密度记为 $\boldsymbol{Q}$。就热量本身而言，由于它是数量，因此与采用的描述方式无关，故有

$$\boldsymbol{n}\cdot\boldsymbol{q}\mathrm{d}a=\boldsymbol{N}\cdot\boldsymbol{Q}\mathrm{d}A$$

但 $\boldsymbol{n}\cdot\boldsymbol{F}\mathrm{d}a=J\boldsymbol{N}\mathrm{d}A$，故有

$$\boldsymbol{q}=\frac{1}{J}\boldsymbol{F}\cdot\boldsymbol{Q}$$

这样便有

$$\nabla\cdot\boldsymbol{q}=q_{i,i}=\frac{\partial}{\partial x_i}\left(\frac{1}{J}\frac{\partial x_i}{\partial X_R}Q_R\right)=\frac{\partial}{\partial x_i}\left(\frac{1}{J}\frac{\partial x_i}{\partial X_R}\right)Q_R+\frac{1}{J}\frac{\partial x_i}{\partial X_R}\frac{\partial Q_R}{\partial x_i}$$

利用式 (4.63)，上式最后一个等号后的第一项为零，因此有

$$\nabla\cdot\boldsymbol{q}=\frac{1}{J}Q_{R,R}=\frac{1}{J}\overline{\nabla}\cdot\boldsymbol{Q}$$

与此同时，

$$\begin{aligned}\boldsymbol{T}:\boldsymbol{D}&=\boldsymbol{T}:\boldsymbol{L}=\mathrm{tr}(\boldsymbol{T}\cdot\boldsymbol{L})^{\mathrm{T}}\\&=\mathrm{tr}\left(\frac{1}{J}\boldsymbol{P}\cdot\boldsymbol{F}^{\mathrm{T}}\cdot\boldsymbol{L}^{\mathrm{T}}\right)=\mathrm{tr}\left(\frac{1}{J}\boldsymbol{P}\cdot\dot{\boldsymbol{F}}^{\mathrm{T}}\right)=\frac{1}{J}\boldsymbol{P}:\dot{\boldsymbol{F}}\end{aligned}$$

即

$$\boldsymbol{T}:\boldsymbol{D}=\frac{1}{J}\boldsymbol{P}:\dot{\boldsymbol{F}} \tag{4.71}$$

故能量方程 $\rho\dot{u}=\boldsymbol{T}:\boldsymbol{D}-\nabla\cdot\boldsymbol{q}+\rho\varsigma$ 成为

$$\rho_0\dot{u}=\boldsymbol{P}:\dot{\boldsymbol{F}}-\overline{\nabla}\cdot\boldsymbol{Q}+\rho_0\varsigma,\quad \rho_0\dot{u}=P_{iR}\frac{\mathrm{D}}{\mathrm{D}t}\left(\frac{\partial x_i}{\partial X_R}\right)-Q_{R,R}+\rho_0\varsigma \tag{4.72}$$

在用第二类 Piola-Kirchhoff 应力表达能量方程时，注意到这样的事实：对于任意的二阶张量 $\boldsymbol{A}$ 和 $\boldsymbol{B}$，有 $\mathrm{tr}(\boldsymbol{A}\cdot\boldsymbol{B})=\mathrm{tr}(\boldsymbol{B}\cdot\boldsymbol{A})$，以及 $\dot{\boldsymbol{G}}=\boldsymbol{F}^{\mathrm{T}}\cdot\boldsymbol{D}\cdot\boldsymbol{F}$[式 (2.120)]，于是有

$$\boldsymbol{T}:\boldsymbol{D}=\mathrm{tr}\left(\boldsymbol{T}\cdot\boldsymbol{D}^{\mathrm{T}}\right)=\mathrm{tr}\left(\frac{1}{J}\boldsymbol{F}\cdot\boldsymbol{K}\cdot\boldsymbol{F}^{\mathrm{T}}\cdot\boldsymbol{D}\right)$$

$$=\frac{1}{J}\operatorname{tr}\left(\boldsymbol{K}\cdot\boldsymbol{F}^{\mathrm{T}}\cdot\boldsymbol{D}\cdot\boldsymbol{F}\right)=\frac{1}{J}\operatorname{tr}(\boldsymbol{K}\cdot\dot{\boldsymbol{G}})=\frac{1}{J}\boldsymbol{K}:\dot{\boldsymbol{G}}$$

即

$$\boldsymbol{T}:\boldsymbol{D}=\frac{1}{J}\boldsymbol{K}:\dot{\boldsymbol{G}} \tag{4.73}$$

故有

$$\rho_0\dot{u}=\boldsymbol{K}:\dot{\boldsymbol{G}}-\overline{\nabla}\cdot\boldsymbol{Q}+\rho_0\varsigma,\quad \rho_0\dot{u}=K_{RS}\dot{G}_{RS}-Q_{R,R}+\rho_0\varsigma \tag{4.74}$$

由式 (2.69)，在小变形情况下，有

$$\boldsymbol{D}=\dot{\boldsymbol{E}}$$

因此，由式 (4.71)、(4.73) 可看出

$$\boldsymbol{T}:\dot{\boldsymbol{E}},\quad \boldsymbol{P}:\dot{\boldsymbol{F}},\quad \boldsymbol{K}:\dot{\boldsymbol{G}} \tag{4.75}$$

都是单位质量上的应力功率。因此，称 Cauchy 应力 $\boldsymbol{T}$ 与小应变张量 $\boldsymbol{E}$ **功共轭**，第一类 Piola-Kirchhoff 应力 $\boldsymbol{P}$ 与形变梯度张量 $\boldsymbol{F}$ 功共轭，第二类 Piola-Kirchhoff 应力 $\boldsymbol{K}$ 与 Green 应变张量 $\boldsymbol{G}$ 功共轭。（可以证明，$\boldsymbol{F}$ 不完全只是变形的度量，它还包含了局部的刚体转动部分 $\boldsymbol{R}$，对局部的刚体转动 $\boldsymbol{R}$ 应力 $\boldsymbol{P}$ 不做功，因此它与 $\boldsymbol{P}$ 的共轭仅仅是形式上的。）若物体存在应变能密度 φ，那么，φ 对 $\boldsymbol{E}$ 的导数将是 $\boldsymbol{T}^E$（Cauchy 应力的可逆部分），φ 对 $\boldsymbol{F}$ 的导数将是 $\boldsymbol{P}^E$（第一类 Piola-Kirchhoff 应力 $\boldsymbol{P}$ 的可逆部分），φ 对 $\boldsymbol{G}$ 的导数将是 $\boldsymbol{K}^E$（第二类 Piola-Kirchhoff 应力 $\boldsymbol{K}$ 的可逆部分）。这在本构关系的研究以及计算力学中有着重要的意义。

5. 热力学第二定律

不难证明，热力学第二定律的物质描述形式为

$$\rho_0\chi=\rho_0\dot{s}+\overline{\nabla}\cdot\left(\frac{\boldsymbol{Q}}{\tau}\right)-\rho_0\frac{\varsigma}{\tau}\geqslant 0 \tag{4.76}$$

或

$$\rho_0\tau\chi=\boldsymbol{P}:\dot{\boldsymbol{F}}-\frac{1}{\tau}\boldsymbol{Q}\cdot\overline{\nabla}\tau-\rho_0\dot{\psi}-\rho_0\dot{\tau}s\geqslant 0 \tag{4.77}$$

$$\rho_0\tau\chi=\boldsymbol{K}:\dot{\boldsymbol{G}}-\frac{1}{\tau}\boldsymbol{Q}\cdot\overline{\nabla}\tau-\rho_0\dot{\psi}-\rho_0\dot{\tau}s\geqslant 0 \tag{4.78}$$

4.5 虚位移原理

物体在一定的外荷载的作用下会产生一定的位移。这种外荷载和相应的位移场是物理现实中真实的荷载和位移。设想某种扰动使它们在平衡状态附近有某种变动。如果位移的

变动是可能实现的，那么它必须满足物体本来存在的约束。例如梁的简支端的位移为零，要使微小的位移变动是可能的，必须使之在简支端继续为零，否则就会破坏原有的结构。这种在平衡状态附近产生的满足位移定常约束的位移微小变动称为**虚位移**。

虚功原理以虚位移的形式来表达称为**虚位移原理**，它与平衡条件是等价的。

4.5.1 虚位移原理的空间描述

虚功原理是用能量的形式表达的平衡方程。对于应力平衡方程

$$\boldsymbol{T}\cdot\nabla+\rho\boldsymbol{b}=\boldsymbol{0}$$

还应该附加上边界条件，才可能构成一个定解问题。一般情况下，边界条件可分为两类。一类是几何边界条件，在这种边界 S_1 上，位移为已知：

$$\boldsymbol{u}\big|_{S_1}=\overline{\boldsymbol{u}} \tag{4.79a}$$

第二类是力学边界条件，在这种边界 S_2 上，面力为已知：

$$\boldsymbol{T}\cdot\boldsymbol{n}\big|_{S_2}=\boldsymbol{t} \tag{4.79b}$$

设想在平衡状态，物体各质点都产生一个微小的虚位移 $\delta\boldsymbol{u}(\boldsymbol{x})$，但这种虚位移必须是满足位移约束条件的，应有 $(\boldsymbol{u}+\delta\boldsymbol{u})\big|_{S_1}=\overline{\boldsymbol{u}}$，即

$$\delta\boldsymbol{u}\big|_{S_1}=\boldsymbol{0} \tag{4.80}$$

在这里，引入了一个变分符号 δ，它表示了某个量的增量。在实际运算过程中，δ 的运算规则基本上与微分符号 d 的运算规则相同。例如：

$$\delta(\alpha u+\beta v)=\alpha\delta u+\beta\delta v \quad（\alpha \text{ 和 } \beta \text{ 是常量}） \tag{4.81a}$$

$$\delta(uv)=u\delta v+v\delta u \tag{4.81b}$$

$$\delta[\varphi(u)]=\frac{\mathrm{d}\varphi}{\mathrm{d}u}\delta u \tag{4.81c}$$

$$\delta[\varphi(u,v)]=\frac{\partial\varphi}{\partial u}\delta u+\frac{\partial\varphi}{\partial v}\delta v \tag{4.81d}$$

在虚位移上，体力的虚功应为 $\int_D\rho\boldsymbol{b}\cdot\delta\boldsymbol{u}\mathrm{d}\sigma$，面力的虚功为 $\int_{S_2}\boldsymbol{t}\cdot\delta\boldsymbol{u}\mathrm{da}$。考虑到式 (4.80)，面力的虚功可写为

$$\int_{S_2}\boldsymbol{t}\cdot\delta\boldsymbol{u}\mathrm{da}=\int_{S_1}\boldsymbol{t}\cdot\delta\boldsymbol{u}\mathrm{da}+\int_{S_2}\boldsymbol{t}\cdot\delta\boldsymbol{u}\mathrm{da}=\oint_S\boldsymbol{t}\cdot\delta\boldsymbol{u}\mathrm{da}$$

这样，外力的总虚功便为

$$\int_D\rho\boldsymbol{b}\cdot\delta\boldsymbol{u}\mathrm{d}\sigma+\int_{S_2}\boldsymbol{t}\cdot\delta\boldsymbol{u}\mathrm{da}=\int_D\rho\boldsymbol{b}\cdot\delta\boldsymbol{u}\mathrm{d}\sigma+\oint_S\boldsymbol{t}\cdot\delta\boldsymbol{u}\mathrm{da}$$

上式的第二项

$$\oint_S\boldsymbol{t}\cdot\delta\boldsymbol{u}\mathrm{da}=\oint_S t_i\delta u_i\mathrm{da}=\oint_S T_{ij}n_j\delta u_i\mathrm{da}=\int_D(T_{ij}\delta u_i)_{,j}\mathrm{d}\sigma$$

$$= \int_D (T_{ij,j}\delta u_i + T_{ij}\delta u_{i,j})\,\mathrm{d}\sigma = \int_D (T_{ij,j}\delta u_i + T_{ij}\delta E_{ij})\,\mathrm{d}\sigma$$
$$= \int_D (\boldsymbol{T}\cdot\nabla)\cdot\delta\boldsymbol{u}\mathrm{d}\sigma + \int_D \boldsymbol{T}:\delta\boldsymbol{E}\mathrm{d}\sigma$$

故有

$$\int_D \rho\boldsymbol{b}\cdot\delta\boldsymbol{u}\mathrm{d}\sigma + \oint_S \boldsymbol{t}\cdot\delta\boldsymbol{u}\mathrm{d}a = \int_D (\boldsymbol{T}\cdot\nabla + \rho\boldsymbol{b})\cdot\delta\boldsymbol{u}\mathrm{d}\sigma + \int_D \boldsymbol{T}:\delta\boldsymbol{E}\mathrm{d}\sigma$$

上式右端第一项由于应力满足平衡方程而为零，故有

$$\int_D \boldsymbol{T}:\delta\boldsymbol{E}\mathrm{d}\sigma = \int_D \rho\boldsymbol{b}\cdot\delta\boldsymbol{u}\mathrm{d}\sigma + \int_{S_2} \boldsymbol{t}\cdot\delta\boldsymbol{u}\mathrm{d}a \tag{4.82a}$$

$$\int_D T_{ij}\delta E_{ij}\mathrm{d}\sigma = \int_D \rho b_i\delta u_i\mathrm{d}\sigma + \int_{S_2} t_i\delta u_i\mathrm{d}a \tag{4.82b}$$

上式便是变形体虚位移原理的空间描述，它可以表述为：**外力在虚位移上的功等于内力在虚位移上的功**。这里的 $\delta\boldsymbol{u}$ 可以是与真实位移无关的、任意的（当然满足位移约束）虚位移，$\delta\boldsymbol{E}$ 则是与 $\delta\boldsymbol{u}$ 对应的虚应变，即

$$\delta\boldsymbol{E} = \frac{1}{2}[(\delta\boldsymbol{u})\nabla + \nabla(\delta\boldsymbol{u})]$$

应当注意，这里所描述的虚位移原理是对即时构形上的平衡状态的描述。虽然式 (4.82) 中虚位移对应的虚应变是小变形张量，但这决不意味着从参考构形到即时构形的变形一定也是小变形。同时还应注意，虚位移原理中没有涉及材料类型，因此这一原理对各种连续介质都是成立的。

如果把式 (4.82) 中的虚位移 $\delta\boldsymbol{u}$ 换为虚速度 $\delta\boldsymbol{v}$，这种虚速度同样满足约束条件

$$\boldsymbol{v}\big|_{S_1} = \overline{\boldsymbol{v}}, \quad \boldsymbol{T}\cdot\boldsymbol{n}\big|_{S_2} = \boldsymbol{t} \tag{4.83}$$

用同样的方法可以得到外力的虚功率

$$\int_D \rho\boldsymbol{b}\cdot\delta\boldsymbol{v}\mathrm{d}\sigma + \oint_S \boldsymbol{t}\cdot\delta\boldsymbol{v}\mathrm{d}a = \int_D (\boldsymbol{T}\cdot\nabla + \rho\boldsymbol{b})\cdot\delta\boldsymbol{v}\mathrm{d}\sigma + \int_D \boldsymbol{T}:\delta\boldsymbol{D}\mathrm{d}\sigma$$

式中 $\delta\boldsymbol{D}$ 是与虚速度对应的形变率张量，即

$$\delta\boldsymbol{D} = \frac{1}{2}[(\delta\boldsymbol{v})\nabla + \nabla(\delta\boldsymbol{v})] \tag{4.84}$$

考虑到运动方程，便有

$$\int_D \rho\boldsymbol{b}\cdot\delta\boldsymbol{v}\mathrm{d}\sigma + \oint_S \boldsymbol{t}\cdot\delta\boldsymbol{v}\mathrm{d}a - \int_D \rho\frac{\mathrm{D}\boldsymbol{v}}{\mathrm{D}t}\cdot\delta\boldsymbol{v}\mathrm{d}\sigma = \int_D \boldsymbol{T}:\delta\boldsymbol{D}\mathrm{d}\sigma \tag{4.85}$$

上式可表述为：**外力和惯性力的虚功率等于内力的虚功率**。这就是**虚功率原理**。如果变形速度不是很快，因而可以忽略惯性力，那么虚功率原理则成为

$$\int_D \boldsymbol{T}:\delta\boldsymbol{D}\mathrm{d}\sigma = \int_D \rho\boldsymbol{b}\cdot\delta\boldsymbol{v}\mathrm{d}\sigma + \int_{S_2} \boldsymbol{t}\cdot\delta\boldsymbol{v}\mathrm{d}a \tag{4.86}$$

4.5.2 应变能与虚位移原理

在物体中发生的一切过程都应满足热力学第二定律，即式 (4.50) 应始终得到满足。对于等温过程，该式的后两项为零，即

$$\rho\tau\chi = \boldsymbol{T} : \boldsymbol{D} - \rho\dot{\psi} \geqslant 0$$

如果过程同时还是可逆的（固体在弹性范围内的缓慢加载过程就是典型的例子），那么上式应取等号，而且应力应始终保持可逆，这样，由上式可得

$$\rho\dot{\psi} = \boldsymbol{T}^E : \boldsymbol{D}$$

上式与式 (4.43) 相比较得到

$$\rho\dot{\psi} = \rho\dot{\varphi} = \boldsymbol{T}^E : \boldsymbol{D} \tag{4.87}$$

这说明，**在可逆的等温过程中，自由能就是应变能**。由于自由能的意义就是可逆的等温过程中外力的功，因此上式还说明了，在可逆的等温过程中外力的功全部转化为应变能。这正是所谓纯力学过程中物体发生的可逆行为。

不妨认为物体的初始状态是一个未加载状态，物体内部无变形无应力，这种状态就可以认为是热力学中的平衡态。根据热力学知识可知，处于平衡态的物体具有最小的自由能。在加载过程中物体发生变形，外荷载一定做正功，物体的自由能即应变能总是趋于增加的。因此，相对于平衡态，已变形的物体一定具有正值的应变能，或者说，**物体的应变能是恒正的**。

考虑到式 (2.69)，在小变形情况下，由式 (4.87) 可得

$$\rho\mathrm{d}\varphi = \boldsymbol{T} : \mathrm{d}\boldsymbol{E} \tag{4.88}$$

因此，只要物体的全部应力都是可逆的，那么就存在着应变能密度 φ，使

$$\boldsymbol{T} = \frac{\partial(\rho\varphi)}{\partial \boldsymbol{E}} \tag{4.89}$$

同时有

$$\rho\varphi = \int_0^E \boldsymbol{T} : \mathrm{d}\boldsymbol{E} \tag{4.90}$$

上述积分是对应变状态进行的。如果取其中的一个分量 u，那么，**应变比能**（即 $\rho\varphi$，单位体积的应变能）可以表示为如图 4.3a 所示的阴影区域的面积。

对于线弹性固体，由于应力和应变呈线性关系（如图 4.3b），可以证明

$$\rho\varphi = \frac{1}{2}\boldsymbol{T} : \boldsymbol{E} \tag{4.91}$$

对于即时构形上平衡状态附近的任意微小变动，由式 (4.88) 可得

$$\rho\delta\varphi = \boldsymbol{T} : \delta\boldsymbol{E} \tag{4.92}$$

在这种情况下，如果虚位移是真实位移的增量，式 (4.82) 的左端项便可改写为

$$\int_D \frac{\partial(\rho\varphi)}{\partial \boldsymbol{E}} : \delta \boldsymbol{E} \mathrm{d}\sigma = \int_D \delta(\rho\varphi)\mathrm{d}\sigma = \delta \int_D \rho\varphi \mathrm{d}\sigma$$

这样，式 (4.82) 就成为

$$\delta \int_D \rho\varphi \mathrm{d}\sigma = \int_D \rho \boldsymbol{b} \cdot \delta \boldsymbol{u} \mathrm{d}\sigma + \oint_S \boldsymbol{t} \cdot \delta \boldsymbol{u} \mathrm{d}a \tag{4.93}$$

这说明，**如果虚位移是真实位移的增量，那么外力在虚位移上的功等于应变能的增量。**

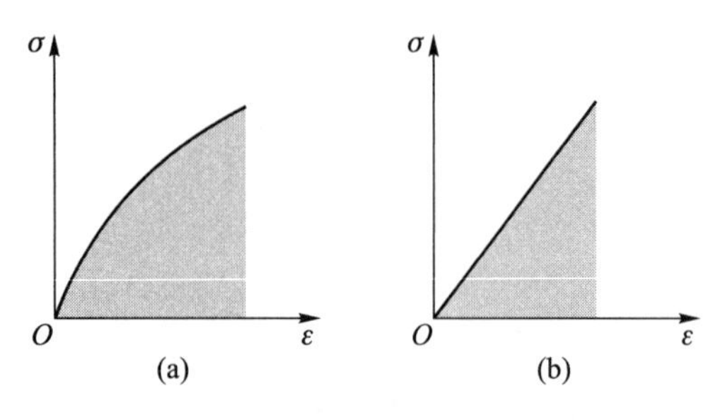

图 4.3　应变比能

例 4.13　讨论杆件拉伸情况下（图 4.4）的虚位移原理的表达式。

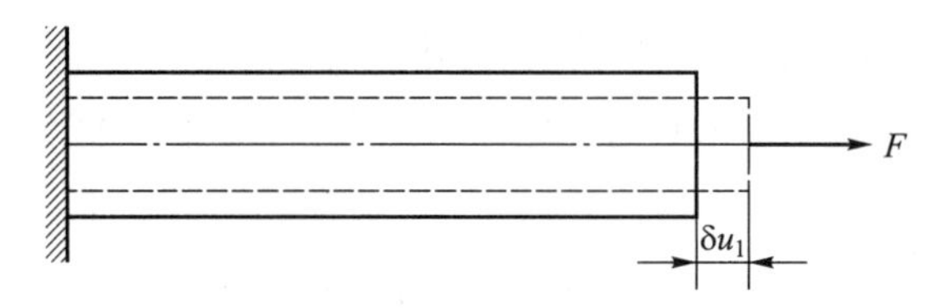

图 4.4　拉伸杆件

解： 杆件拉伸时只有正应力 σ 和正应变 ε，它的应变能密度可表示为

$$\rho\varphi = \frac{1}{2}\sigma\varepsilon = \frac{1}{2}E\left(\frac{\mathrm{d}u_1}{\mathrm{d}x_1}\right)^2$$

式中 E 是弹性模量。故应变能为

$$\varPhi = \int_0^l \int_A \frac{1}{2}Eu_{1,1}^2 \mathrm{d}A\mathrm{d}x_1$$

式中 A 为横截面面积，故有

$$\varPhi = \int_0^l \frac{1}{2}EAu_{1,1}^2 \mathrm{d}x_1$$

若杆件端部的虚位移为 δu_1，虚位移原理则可表示为

$$\delta\varPhi = \delta \int_0^l \frac{1}{2}EAu_{1,1}^2 \mathrm{d}x_1 = F\delta u_1$$

例 4.14　求梁在承受分布荷载时（图 4.5）弯曲的虚位移原理的表达式（不考虑梁的剪切效应），并讨论它与梁的平衡方程 $EIv'''' - q = 0$ 的等价性。

解： 梁的弯矩

$$M = EIv'' = EIu_{2,11}$$

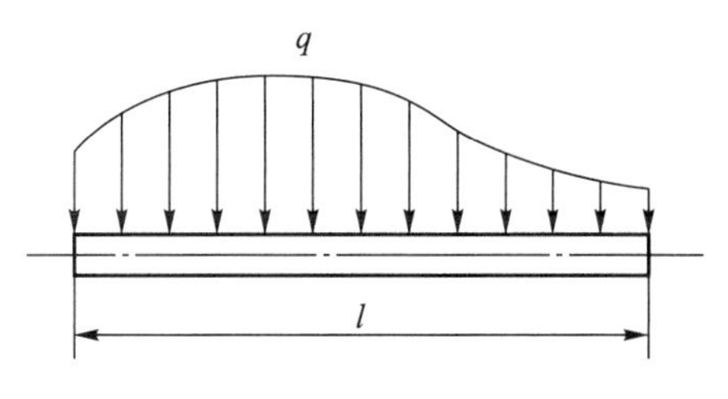

图 4.5　弯曲梁

不考虑梁的剪切效应，梁的弯曲时只有正应力

$$T_{11}=\frac{Mx_2}{I}=Eu_{2,11}x_2$$

和正应变

$$E_{11}=u_{2,11}x_2$$

它的应变能密度可表示为

$$\rho\varphi=\frac{1}{2}Eu_{2,11}^2x_2^2$$

故应变能为

$$\varPhi=\int_0^l\int_A\frac{1}{2}Eu_{2,11}^2x_2^2\mathrm{d}A\mathrm{d}x_1=\int_0^l\frac{1}{2}Eu_{2,11}^2\left(\int_A x_2^2\mathrm{d}A\right)\mathrm{d}x_1=\int_0^l\frac{1}{2}EIu_{2,11}^2\mathrm{d}x_1$$

外荷载 q 在虚位移上的功为 $\int_0^l q\delta u_2\mathrm{d}x_1$。故虚位移原理表示为

$$\delta\varPhi=\delta\int_0^l\frac{1}{2}EIu_{2,11}^2\mathrm{d}x_1=\int_0^l q\delta u_2\mathrm{d}x_1$$

在考虑与平衡方程的等价性时，让变分符号进入积分号内，有

$$\begin{aligned}\delta\varPhi&=\int_0^l EIu_{2,11}\delta u_{2,11}\mathrm{d}x_1=\int_0^l EIu_{2,11}\mathrm{d}\left(\delta u_{2,1}\right)\\&=EIu_{2,11}\delta u_{2,1}\Big|_0^l-\int_0^l EIu_{2,111}\delta u_{2,1}\mathrm{d}x_1\end{aligned}$$

注意到在梁的两端处，若为固支端，则有 $\delta u_{2,1}=\delta\theta=0$（转角）；若为简支端，则有 $EIu_{2,11}=M=0$（弯矩）；若为自由端，也有 $EIu_{2,11}=M=0$（弯矩）；因此，只要两端是这几种情况的组合，上式第一项便为零。故有

$$\delta\varPhi=-\int_0^l EIu_{2,111}\mathrm{d}\left(\delta u_2\right)=-EIu_{2,111}\delta u_2\Big|_0^l+\int_0^l EIu_{2,1111}\delta u_2\mathrm{d}x_1$$

同样，上式中，若为固支端或简支端，都有 $\delta u_2=0$；若为自由端，则有 $EIu_{2,111}=Q=0$（剪力）；因此，只要两端是这几种情况的组合，上式第一项也为零。故有

$$\int_0^l\left(EIu_{2,1111}-q\right)\delta u_2\mathrm{d}x_1=0$$

由于虚位移的任意性，便有

$$EIu_{2,1111}-q=0,\quad 即\quad EIv''''-q=0$$

这就从虚位移原理导出了平衡方程。

在平衡方程两端同时乘以虚位移并积分，将上述步骤逆推，便可导出虚位移原理的表达式。由此可知，两者是等价的。

4.5.3　虚位移原理的物质描述 *

可以把上节的虚位移原理转化为物质描述。下面，把物质区域 D 在参考构形上所对应的区域记为 D_0，让边界 S_2 对应于 S_{20}。从式 (4.75) 可看出，在空间描述中，单位质量上的应力功率为 $\boldsymbol{T}:\dot{\boldsymbol{E}}$，在物质描述中则为 $\boldsymbol{P}:\dot{\boldsymbol{F}}$ 和 $\boldsymbol{K}:\dot{\boldsymbol{G}}$。因此，如果用 δw 和 δW 分别表示空间描述和物质描述的元功，则有

$$\delta w=\boldsymbol{T}:\delta\boldsymbol{E},\quad \delta W=\boldsymbol{P}:\delta\boldsymbol{F},\quad \delta W=\boldsymbol{K}:\delta\boldsymbol{G}$$

这样，内力的虚功则可表示为

$$\int_D \boldsymbol{T}:\delta\boldsymbol{E}\mathrm{d}\sigma,\quad \int_{D_0}\boldsymbol{P}:\delta\boldsymbol{F}\mathrm{d}\varSigma,\quad \int_{D_0}\boldsymbol{K}:\delta\boldsymbol{G}\mathrm{d}\varSigma$$

对于外荷载，仅考虑所谓“死荷载”的情况，即体力和面力在变形过程中不发生改变，这样便有

$$\rho\boldsymbol{b}\mathrm{d}\sigma=\rho_0\boldsymbol{b}_0\mathrm{d}\varSigma,\quad \boldsymbol{t}\mathrm{d}a=\boldsymbol{t}_0\mathrm{d}A$$

这样，式 (4.82) 就可以写为如下形式：

$$\int_{D_0}\boldsymbol{P}:\delta\boldsymbol{F}\mathrm{d}\varSigma=\int_{D_0}\rho_0\boldsymbol{b}_0\cdot\delta\boldsymbol{u}\mathrm{d}\varSigma+\int_{S_{20}}\boldsymbol{t}_0\cdot\delta\boldsymbol{u}\mathrm{d}A \tag{4.94a}$$

$$\int_{D_0}P_{iR}\delta\left(\frac{\partial x_i}{\partial X_R}\right)\mathrm{d}\varSigma=\int_{D_0}\rho_0 b_{0i}\delta u_i\mathrm{d}\varSigma+\int_{S_{20}}t_{0i}\delta u_i\mathrm{d}A \tag{4.94b}$$

$$\int_{D_0}\boldsymbol{K}:\delta\boldsymbol{G}\mathrm{d}\varSigma=\int_{D_0}\rho_0\boldsymbol{b}_0\cdot\delta\boldsymbol{u}\mathrm{d}\varSigma+\int_{S_{20}}\boldsymbol{t}_0\cdot\delta\boldsymbol{u}\mathrm{d}A \tag{4.95a}$$

$$\int_{D_0}K_{SR}\delta G_{SR}\mathrm{d}\varSigma=\int_{D_0}\rho_0 b_{0i}\delta u_i\mathrm{d}\varSigma+\int_{S_{20}}t_{0i}\delta u_i\mathrm{d}A \tag{4.95b}$$

同样地，还可以建立物质描述的虚功率原理：

$$\int_{D_0}\boldsymbol{P}:\delta\dot{\boldsymbol{F}}\mathrm{d}\varSigma=\int_{D_0}\rho_0\boldsymbol{b}_0\cdot\delta\boldsymbol{v}\mathrm{d}\varSigma+\int_{S_{20}}\boldsymbol{t}_0\cdot\delta\boldsymbol{v}\mathrm{d}A \tag{4.96}$$

$$\int_{D_0}\boldsymbol{K}:\delta\dot{\boldsymbol{G}}\mathrm{d}\varSigma=\int_{D_0}\rho_0\boldsymbol{b}_0\cdot\delta\boldsymbol{v}\mathrm{d}\varSigma+\int_{S_{20}}\boldsymbol{t}_0\cdot\delta\boldsymbol{v}\mathrm{d}A \tag{4.97}$$

在大变形情况下，由式 (4.73) 可知

$$\rho\dot{\varphi}=\boldsymbol{T}^E:\boldsymbol{D}=j\boldsymbol{K}^E:\dot{\boldsymbol{G}}$$

因此，只要应力可逆，便有

$$\rho_0\dot{\varphi}=\boldsymbol{K}:\dot{\boldsymbol{G}}$$

故有

$$\rho_0 \mathrm{d}\varphi = \boldsymbol{K} : \mathrm{d}\boldsymbol{G} \tag{4.98}$$

由此可知，应变能对 Green 应变的导数即为第二类 Piola-Kirchhoff 应力：

$$\boldsymbol{K} = \frac{\partial\left(\rho_0\varphi\right)}{\partial \boldsymbol{G}} \tag{4.99}$$

以及

$$\rho_0\varphi = \int_0^G \boldsymbol{K} : \mathrm{d}\boldsymbol{G} \tag{4.100}$$

相应地，“如果虚位移是真实位移的增量，那么外力在虚位移上的功等于应变能的增量”这一定理的物质形式即为

$$\delta\int_{D_0} \rho_0\varphi \mathrm{d}\Sigma = \int_{D_0} \rho_0 \boldsymbol{b}_0 \cdot \delta\boldsymbol{u} \mathrm{d}\Sigma + \int_{S_{20}} \boldsymbol{t}_0 \cdot \delta\boldsymbol{u} \mathrm{d}A \tag{4.101}$$

思考题

4.1　为什么可以从基本定律的积分形式推导出它们的微分形式？

4.2　基本定律的积分形式和微分形式之间是什么关系？有人说，积分形式指的是整个物体应该遵从的规律，微分形式指的是物体的每一个局部应该遵从的规律，这种说法对吗？

4.3　基本定律与材料性能有关吗？

4.4　如果系统是开系统，即有物质的流入和流出，那么质量守恒定律该如何表述？在这种情况下，系统内有源函数 ς 和生成函数 Π 吗？

4.5　图示平面微元体，其宽度是 $\mathrm{d}x$，高度是 $\mathrm{d}y$，当左边的横向箭头表示正应力时，右边的横向箭头应该表示什么？这两者是相等的吗？图中的微元体与表示应力的单元体是一样的吗？

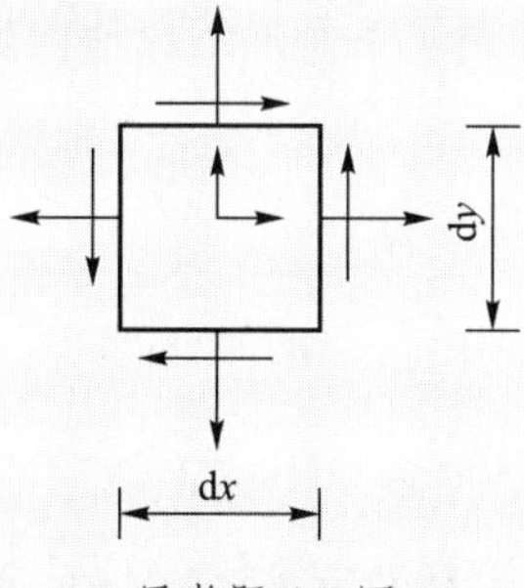

思考题 4.5 图

4.6　能从动量矩平衡导出 Cauchy 应力对称结论的前提是什么？

4.7　不考虑物体的温度时（例如等温过程），物体就没有内能吗？

4.8　试举出运动中应力只包含可逆应力而不包含不可逆应力的例子。

4.9 试举出若干有势力（保守力）的例子，举出若干非保守力的例子。

4.10 什么叫特性函数？为什么特性函数一定要和它的自变量相联系？作为特性函数，内能的自变量是什么？自由能的自变量又是什么？

4.11 什么叫可逆过程？什么叫不可逆过程？试各举出一些实例。

4.12 不可逆过程的熵是不可能减少的吗？

4.13 热力学第二定律没有说明不可逆过程中某个状态的熵如何计算。如果需要计算，有什么办法吗？这种办法的依据是什么？

4.14 可逆过程的熵产生函数 χ 等于多少？

4.15 耗散函数具有什么量纲？它的意义是什么？

4.16 变形体中的虚位移应满足什么条件？应力边界条件是虚位移必须满足的条件吗？

4.17 什么叫应变能？在什么条件下自由能等于应变能？在什么条件下内能等于应变能？

4.18 梁同时产生轴向拉伸和横向弯曲时应变能如何考虑？

4.19 梁拉伸时，荷载为 F，梁端位移为 a，则外力的功是 $\frac{1}{2}Fa$；在平衡状态下，若梁端虚位移为 δa，则外力的虚功是 $F\delta a$。为什么前者包含了一个二分之一的系数而后者没有？

4.20 虚功原理的空间描述形式关于虚位移的应变是小应变，这是否说明虚功原理只能用于小变形？

4.21 虚功原理是能量守恒的另一种表现形式吗？

4.22 同样是虚功原理，为什么物质描述中会出现 Green 应变（大应变），而空间描述中出现的是小应变？

习 题

4.1 证明速度场 $v_i = ax_i r^{-3}$ 满足不可压缩流动的连续性方程，式中 a 为常数，$r^2 = x_i x_i$。

4.2 已知密度不变的液体速度场为

$$v_1 = -ax_2 r^{-2}, \quad v_2 = ax_1 r^{-2}, \quad v_3 = 0$$

其中 a 为常数，$r^2 = x_1^2 + x_2^2 \neq 0$，证明这个速度场满足连续性方程。

4.3 给定不可压缩流的速度场为 $\boldsymbol{v} = k(x_2 - 2)^2 x_3 \boldsymbol{e}_1 - x_1 x_2 \boldsymbol{e}_2 + k x_1 x_3 \boldsymbol{e}_3$，试确定 k，使 $\boldsymbol{v}$ 满足连续性方程。

4.4 二维不可压缩流的速度场 $\boldsymbol{v} = a\left(x_1^2 - x_2^2\right) r^{-4} \boldsymbol{e}_1 + 2a x_1 x_2 r^{-4} \boldsymbol{e}_2$，试证明：

(1) 它满足连续性方程；(2) 速度场无旋。

4.5 给定速度场 $\boldsymbol{v}=(x_1\boldsymbol{e}_1+x_2\boldsymbol{e}_2)\,t$，试确定函数 $\rho=\rho(t)$。

4.6 若运动速度为 $\boldsymbol{v}=x_1\mathbf{e}_1$，密度为 $\rho=\rho_0\mathrm{e}^{-t}$，运动满足质量守恒定律吗？

4.7 证明涡旋矢量 $\boldsymbol{\omega}$ 满足 $\dfrac{\mathrm{D}}{\mathrm{D}t}\left(\dfrac{\boldsymbol{\omega}}{\rho}\right)=\dfrac{\boldsymbol{\omega}\cdot\nabla\boldsymbol{v}}{\rho}$。

4.8 若运动为

$$x_1=(1+a)X_1+bX_2,\quad x_2=bX_1+(1+a)X_2,\quad x_3=X_3$$

式中 a 和 b 是常数且满足 $a>b-1$，证明 $\rho=\rho_0\left[(1+a)^2-b^2\right]^{-1}$。

4.9 证明不可压缩流的速度场 $\boldsymbol{v}=-2x_1x_2x_3r^{-4}\boldsymbol{e}_1+\left(x_1^2-x_2^2\right)x_3r^{-4}\boldsymbol{e}_2+x_2r^{-2}\boldsymbol{e}_3$ 满足连续性方程；确定这一运动是否为无旋流动。

4.10 用连续性方程证明 $\dfrac{\mathrm{D}J}{\mathrm{D}t}=\mathrm{I}_DJ$。

4.11 若运动是无旋的，即 $\boldsymbol{v}=\nabla\varphi$，证明连续性方程可表示为 $\dfrac{\mathrm{D}\rho}{\mathrm{D}t}+\rho\nabla^2\varphi=0$。证明：当材料不可压缩时，$\varphi$ 是调和函数。

4.12 对任意的数性函数 φ，证明：$\rho\dfrac{\mathrm{D}\varphi}{\mathrm{D}t}=\dfrac{\partial}{\partial t}(\rho\varphi)+\nabla\cdot(\rho\varphi\boldsymbol{v})$。

4.13 证明：$\rho\dfrac{\mathrm{D}\boldsymbol{v}}{\mathrm{D}t}=\dfrac{\partial}{\partial t}(\rho\boldsymbol{v})+\nabla\cdot(\rho\boldsymbol{v}\boldsymbol{v})$。

4.14 对任意的数性函数 φ，证明：$\dfrac{\mathrm{D}}{\mathrm{D}t}\left(\dfrac{\boldsymbol{\omega}}{\rho}\cdot\nabla\varphi\right)=\dfrac{\boldsymbol{\omega}}{\rho}\cdot\nabla\dot{\varphi}+\dfrac{1}{\rho}(\nabla\times\dot{\boldsymbol{v}})\cdot\nabla\varphi$。

4.15 如果 $\nabla\nabla\cdot\boldsymbol{v}=\boldsymbol{0}$，证明：$\rho=\rho_0\exp\left(-\int_0^t\nabla\cdot\boldsymbol{v}\mathrm{d}t\right)$。

4.16 物体边界上表面力为零的点处，垂直于边界 S 的微元面上的应力方向与边界相切，试证明之。

4.17 试利用思考题 4.5 图中的平面微元体的平衡推导出

$$\frac{\partial\sigma_x}{\partial x}+\frac{\partial\tau_{xy}}{\partial y}+\rho b_x=0,\quad \frac{\partial\tau_{yx}}{\partial x}+\frac{\partial\sigma_y}{\partial y}+\rho b_y=0$$

4.18 试利用思考题 4.5 图中平面微元体的平衡推导出 $\tau_{xy}=\tau_{yx}$。

4.19 若物体中的应力场为

$$\underline{\boldsymbol{T}}=\begin{bmatrix}3x_1x_2 & 5x_2^2 & 0\\ 5x_2^2 & 0 & 2x_3\\ 0 & 2x_3 & 0\end{bmatrix}$$

若要满足平衡方程，体力应如何分布？

4.20 已知应力场为

$$\underline{\boldsymbol{T}}=\begin{bmatrix}x_1^2x_2 & \left(1-x_2^2\right)x_1 & 0\\ \left(1-x_2^2\right)x_1 & \left(x_2^3-3x_2\right)/3 & 0\\ 0 & 0 & 2x_3^2\end{bmatrix}$$

(1) 若平衡方程成立，求体力分布；

(2) 求 $P(a,0,2\sqrt{a})$ 处的主应力，最大切应力；

(3) 求 $P(a,0,2\sqrt{a})$ 处的应力偏量。

4.21　给定应力分布

$$\underline{\boldsymbol{T}}=\begin{bmatrix} x_1+x_2 & \tau & 0 \\ \tau & x_1-2x_2 & 0 \\ 0 & 0 & x_2 \end{bmatrix}$$

式中，$\tau=\tau(x_1,x_2)$，确定 τ，使应力满足无体力的平衡方程，同时使 $x_1=1$ 的面上的应力矢量为 $\boldsymbol{t}^{(\boldsymbol{n})}=(1+x_2)\boldsymbol{e}_1+(5-x_2)\boldsymbol{e}_2$。

4.22　假定体力 $\rho\boldsymbol{b}=-\rho g\boldsymbol{e}_3$，其中 g 是常数。考虑以下应力场：

$$\underline{\boldsymbol{T}}=a\begin{bmatrix} x_2 & -x_3 & 0 \\ -x_3 & 0 & -x_2 \\ 0 & -x_2 & T_{33} \end{bmatrix}$$

求出 T_{33} 的表达式，使 $\boldsymbol{T}$ 满足平衡方程。

4.23　以下的应力满足无体力的平衡方程吗？

(1) $\underline{\boldsymbol{T}}=a\begin{bmatrix} x_2^2+\nu\left(x_1^2-x_2^2\right) & -2\nu x_1x_2 & 0 \\ -2\nu x_1x_2 & x_1^2+\nu\left(x_2^2-x_1^2\right) & 0 \\ 0 & 0 & \nu\left(x_1^2+x_2^2\right) \end{bmatrix}$

(2) $\underline{\boldsymbol{T}}=\begin{bmatrix} x_1+x_2 & 2x_1-x_2 & 0 \\ 2x_1-x_2 & x_1-3x_2 & 0 \\ 0 & 0 & x_1 \end{bmatrix}$

4.24　若某物体的平面应力分布为 (应力单位为 MPa，长度单位为 m)：$\sigma_x=6x^2+3xy+20$，$\sigma_y=2xy+10$，$\tau_{xy}=xy+2y^2+5$。求 $x=1,y=2$ 处的体力。

4.25　若应力张量 $\boldsymbol{T}=-p\boldsymbol{I}$，导出应力平衡方程。

4.26　应力张量场 $\underline{\boldsymbol{T}}=\begin{bmatrix} x_1+x_2 & T_{12} & 0 \\ T_{12} & x_1-2x_2 & 0 \\ 0 & 0 & x_2 \end{bmatrix}$，若 $T_{12}=T_{12}(x_1,x_2)$，求 T_{12}，使张量 $\boldsymbol{T}$ 满足无体力的平衡方程，且在 $x_1=1$ 处应力矢量为 $\boldsymbol{t}=(1+x_2)\boldsymbol{e}_1+(5-x_2)\boldsymbol{e}_2$。

4.27　给定体力 $\boldsymbol{b}=g\boldsymbol{e}_3$，对于应力场 $\underline{\boldsymbol{T}}=\begin{bmatrix} x_2 & -x_3 & 0 \\ -x_3 & 0 & -x_2 \\ 0 & -x_2 & T_{33} \end{bmatrix}$，求 T_{33} 使应力满足平衡方程。

4.28 不考虑体力，对于应力场 $\underline{\boldsymbol{T}}=\begin{bmatrix} ax_2 & x_1 & 0 \\ x_1 & bx_1+cx_2 & 0 \\ 0 & 0 & (T_{11}+T_{22})/2 \end{bmatrix}$，求常数 c；边界平面 $x_1-x_2=0$ 为自由表面，由此确定常数 a 和 b。

4.29 证明：应力 $T_{13}=\mu\alpha\left(\dfrac{\partial\varphi}{\partial x_1}-x_2\right)$，$T_{23}=\mu\alpha\left(\dfrac{\partial\varphi}{\partial x_2}-x_1\right)$，$T_{\underline{m}\underline{m}}=T_{12}=0,(m=1,2,3)$ 满足无体力的平衡方程，式中 φ 是调和函数，μ 和 α 是常数。

4.30 若应力 $\boldsymbol{T}$ 满足无体力的平衡方程，且 $T_{13}=0$，证明：$T_{11,11}+T_{22,22}+2T_{12,12}=0$。

4.31 利用 4.3 节的结论证明运动方程可表示为 $\dfrac{\partial}{\partial t}(\rho\boldsymbol{v})=\nabla\cdot(\boldsymbol{T}-\rho\boldsymbol{v}\boldsymbol{v})+\rho\boldsymbol{b}$。

4.32 如果引入函数 $\psi(x_1,x_2)$ 使

$$T_{11}=\frac{\partial^2\psi}{\partial x_2^2},\quad T_{22}=\frac{\partial^2\psi}{\partial x_1^2},\quad T_{12}=-\frac{\partial^2\psi}{\partial x_1\partial x_2}$$

这一应力满足无体力的平衡方程吗？

4.33 如图所示，在极坐标系中取一扇形微元体。

(1) 根据图中的提示，给出微元体各个应力分量的意义；

(2) 根据这一微元体的平衡证明极坐标中的应力平衡方程为（不计体力）

$$\frac{\partial\sigma_r}{\partial r}+\frac{1}{r}\frac{\partial\tau_{r\theta}}{\partial\theta}+\frac{1}{r}(\sigma_r-\sigma_\theta)=0,\quad \frac{\partial\tau_{r\theta}}{\partial r}+\frac{1}{r}\frac{\partial\sigma_\theta}{\partial\theta}+\frac{2}{r}\tau_{r\theta}=0$$

(3) 如果再考虑存在着 r 方向的体力分量 b_r，和 θ 方向的体力分量 b_θ，上述平衡方程该如何修改？

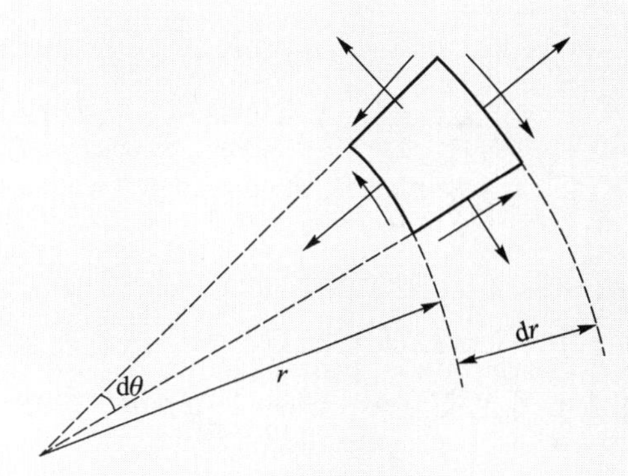

习题 4.33 图

4.34 在 $(-L\leqslant x_1\leqslant L,\ -h\leqslant x_2\leqslant h)$ 区域内的薄板的应力分量为

$$T_{11}=Wm^2\cos\frac{\pi x_1}{2L}\operatorname{sh}mx_2,\quad T_{22}=-\frac{1}{4L^2}W\pi^2\cos\frac{\pi x_1}{2L}\operatorname{sh}mx_2$$

$$T_{12}=\frac{1}{2L}W\pi m\sin\frac{\pi x_1}{2L}\operatorname{ch}mx_2,\quad T_{13}=T_{23}=T_{33}=0$$

式中，W 和 m 为常数。

(1) 证明上述应力满足无体力的平衡方程；

(2) 求作用在边缘 $x_2=h$ 和 $x_1=-L$ 上的合外力；

(3) 在点 $A(0,h,0)$ 处和 $B(L,0,0)$ 处求应力主值和主方向。

4.35　圆柱半径为 r，轴向沿 x_3 方向，端面处 $x_3=0$ 和 $x_3=L$。圆柱承受轴向拉伸、弯曲和扭转的共同作用，其应力分量为

$$\underline{\boldsymbol{T}}=\begin{bmatrix}0 & 0 & -ax_2\\ 0 & 0 & ax_1\\ -ax_2 & ax_1 & b+cx_1+dx_2\end{bmatrix}$$

式中，a、b、c、d 为常数。

(1) 证明应力满足无体力的平衡方程；

(2) 证明在这种应力状态下圆柱侧面无外力作用；

(3) 求 $x_3=0$ 处的表面力，从而证明轴向合外力为 $\pi r^2 b$，而作用在该表面上的合力矩的三个分量为 $\left[\dfrac{1}{4}\pi r^4 d \quad -\dfrac{1}{4}\pi r^4 c \quad \dfrac{1}{2}\pi r^4 a\right]$。

(4) 若不考虑弯曲，即 $c=0$，$d=0$，求主应力。证明：在轴线上有两个主应力相等，而在其他地方，若 $a\neq 0$，则是不相等的。

4.36　轴线与 x_3 方向平行，其横截面区域为 $(-a\leqslant x_1\leqslant a,\ -a\leqslant x_2\leqslant a)$ 的柱体在 $x_3=0$ 和 $x_3=L$ 处作用有力偶矩。应力分量为

$$T_{13}=\frac{\partial\psi}{\partial x_2},\quad T_{23}=\frac{\partial\psi}{\partial x_1},\quad T_{11}=T_{22}=T_{33}=T_{12}=0$$

式中，$\psi=\psi(x_1,x_2)$。

(1) 应力分量满足无体力的平衡方程；

(2) 最大主应力与最小主应力的差为 $2\sqrt{\left(\dfrac{\partial\psi}{\partial x_1}\right)^2+\left(\dfrac{\partial\psi}{\partial x_2}\right)^2}$，并求对应于零值主应力的主方向；

(3) 对于特殊情况，取 $\psi=\left(x_1^2-a^2\right)\left(x_2^2-a^2\right)$，证明柱体侧面是自由表面，而作用在两端的力偶矩为 $\dfrac{32}{9}a^6$。

4.37　已知应力 $\boldsymbol{T}=(-p+\lambda\operatorname{tr}\boldsymbol{D})\boldsymbol{I}+2\mu\boldsymbol{D}$，求用速度表示的运动方程。

4.38　物质区域 D 的质心可定义为 $\boldsymbol{x}_C=\dfrac{1}{m}\int_D \boldsymbol{x}\rho\mathrm{d}\sigma$，其中 $m=\int_D\rho\mathrm{d}\sigma$。证明：动量平衡定律可表示为

$$m\boldsymbol{a}_C=\int_D\rho\boldsymbol{b}\mathrm{d}\sigma+\oint_S\boldsymbol{t}\mathrm{d}a$$

式中 $\boldsymbol{a}_C=\dfrac{\mathrm{D}^2\boldsymbol{x}_C}{\mathrm{D}t^2}$ 是质心的加速度。

4.39　证明：对于任意张量 $\boldsymbol{H}$，有

$$\int_S\boldsymbol{HT}\cdot\boldsymbol{n}\mathrm{d}a=\int_D[(\boldsymbol{H}\nabla)\cdot\boldsymbol{T}+\rho\boldsymbol{H}(\dot{\boldsymbol{v}}-\boldsymbol{b})]\mathrm{d}\sigma$$

4.40　流体有速度场 $\boldsymbol{v}=x_1\boldsymbol{e}_1$ 和密度场 $\rho=\rho_0\mathrm{e}^{-t}$，在任意时刻考察以 $x_1=0$ 和 $x_1=3$ 为端面的圆柱体中的物质。

(1) 确定在该区域内的动量和动量变化率；

(2) 确定动量在该区域的通量；

(3) 确定作用在该区域内物质上的合力。

4.41 考察流场 $\boldsymbol{v}=x_1\boldsymbol{e}_1-x_2\boldsymbol{e}_2$，若密度保持为常数，对于一个由 $0\leqslant x_i\leqslant 2\ (i=1,2,3)$ 所限定的区域，确定作用在该区域物质上的合力和合力矩。

4.42 某点处的应力 $\boldsymbol{T}$ 和速度梯度 $\boldsymbol{L}$ 的分量分别为

$$\underline{\boldsymbol{T}}=\begin{bmatrix}1&4&-3\\4&0&2\\-3&2&0\end{bmatrix}(\text{单位为 MPa}),\quad \underline{\boldsymbol{L}}=\begin{bmatrix}4&0&-1\\2&0&0\\3&2&1\end{bmatrix}(\text{单位为 s}^{-1})$$

求该点处的应力功率。

4.43 记 $\overline{u}=u+\dfrac{1}{2}\boldsymbol{v}\cdot\boldsymbol{v}$，证明：能量方程可以表示为

$$\nabla\cdot(\boldsymbol{T}\cdot\boldsymbol{v}-\boldsymbol{q})+\rho\boldsymbol{v}\cdot\boldsymbol{b}+\rho\varsigma=\rho\frac{\partial\overline{u}}{\partial \boldsymbol{t}}+\rho\nabla\overline{u}\cdot\boldsymbol{v}+\nabla\cdot(\rho\overline{u})$$

4.44 已知应力 $\boldsymbol{T}=(-p+\lambda\,\mathrm{tr}\,\boldsymbol{D})\boldsymbol{I}+2\mu\boldsymbol{D}$，热传导服从 Fourier 定律 $\boldsymbol{q}=-\kappa\nabla\theta$，求能量方程的表达式。

4.45 若 $\boldsymbol{T}=-p\boldsymbol{I}$，试确定在可逆的热力学过程中熵密度变化率的方程。

4.46 若已知不可逆应力 $\boldsymbol{T}^D=\beta\boldsymbol{D}\cdot\boldsymbol{D}$，用形变率张量的不变量表示耗散功率。

4.47 若已知某种介质的不可逆应力 $\boldsymbol{T}^D=(-p+\lambda\,\mathrm{tr}\,\boldsymbol{D})\boldsymbol{I}+2\mu\boldsymbol{D}$，该介质经历的运动可由一个势函数 $\boldsymbol{v}=\nabla\varphi$ 确定，求耗散功率。

4.48 若不可逆应力 $\boldsymbol{T}^D=\lambda\boldsymbol{I}\,\mathrm{tr}\,\boldsymbol{D}+2\mu\boldsymbol{D}$，不可压缩流体作无旋流动，即速度可以通过速度势表示为 $\boldsymbol{v}=\nabla\varphi$，求耗散函数。

4.49 证明：$\displaystyle\int_D\boldsymbol{T}:\boldsymbol{D}\mathrm{d}\sigma=\int_{D_0}\boldsymbol{P}:\dot{\boldsymbol{F}}\mathrm{d}\varSigma=\int_{D_0}\boldsymbol{K}:\dot{\boldsymbol{G}}\mathrm{d}\varSigma$。

4.50 **极性体**是这样的物体，外部的某种作用，会体现为其内部和表面的分布的力偶作用。例如电磁场中的电介质就是这样的物体。作用于内部的力偶，与体力一样是作用在物体的每一部分上的，因此称为**体力偶**，可以用单位质量上的力偶矢量 $\boldsymbol{l}$ 来表示它。作用于表面的力偶称为**面力偶**，可以用单位面积上的力偶矢量 $\boldsymbol{m}$ 来表示它。这样，外界作用在极性体上的所有分布外力偶的总和应如何表示？

4.51 如果把习题 4.50 的因素考虑进去，如何表达动量矩平衡定律的积分形式？

4.52 想象用一个截面把极性体剖分为两部分，根据动量矩平衡定律，可以合理地认为，两部分之间也存在相互的分布的力偶作用。与 Cauchy 应力原理类似，可以假定，剖面上各点处存在着偶应力矢量 $\boldsymbol{m}^{(\boldsymbol{n})}$，而且一般地，$\boldsymbol{m}^{(\boldsymbol{n})}$ 连续地依赖于所在点的位置 $\boldsymbol{x}$，依赖于过该点的微元面的法线方向 $\boldsymbol{n}$，当然也依赖于时间 t，即

$$\boldsymbol{m}^{(\boldsymbol{n})}=\boldsymbol{m}^{(\boldsymbol{n})}(\boldsymbol{x},\boldsymbol{n},t)$$

试根据以上说明，仿照 Cauchy 应力张量的构成，定义出偶应力张量 $\boldsymbol{M}$。

4.53　证明：习题 4.52 所定义的偶应力张量 $\boldsymbol{M}$ 满足 $\boldsymbol{m}^{(\boldsymbol{n})}=\boldsymbol{M}\cdot\boldsymbol{n}$。

4.54　利用习题 4.51～4.53 的结论，证明极性体中有

$$\boldsymbol{M}\cdot\nabla+\rho\boldsymbol{l}=\boldsymbol{\varepsilon}:\boldsymbol{T}$$

4.55　试说明习题 4.54 结论的含义。

4.56　对应于空间描述的平衡律的一般积分形式

$$\frac{\mathrm{D}}{\mathrm{D}t}\int_D\rho\gamma\mathrm{d}\sigma=\oint_S\boldsymbol{s}\cdot\boldsymbol{n}\mathrm{d}a+\int_D\rho\varsigma\mathrm{d}\sigma+\int_D\rho\Pi\mathrm{d}\sigma$$

若用物质描述形式写为

$$\frac{\mathrm{D}}{\mathrm{D}t}\int_{D_0}\rho_0\Gamma\mathrm{d}\Sigma=\oint_{S_0}\boldsymbol{S}\cdot\boldsymbol{N}\mathrm{d}A+\int_{D_0}\rho_0Z\mathrm{d}\Sigma+\int_{D_0}\rho_0\Pi\mathrm{d}\Sigma$$

试导出 γ 和 Γ，$\boldsymbol{s}$ 和 $\boldsymbol{S}$，ς 和 Z，以及 π 和 Π 之间的关系。

习题答案 A4

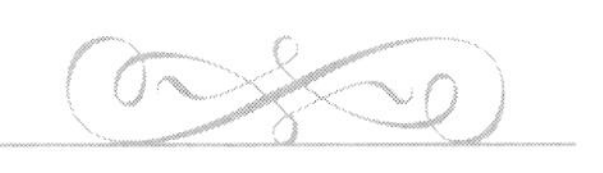

第 5 章 本构关系

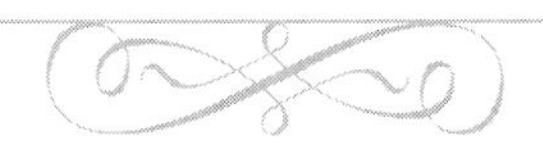

在上一章所讨论的基本定律，对于任何连续介质都是适合的。但是，对于不同的物质所构成的系统，即使它们有相同的几何形状，相同的边界条件和相同的初始条件，对于相同的力学或热学的激励，其响应也是不同的。这种不同来源于系统自身特性的不同，来源于不同的**本构关系**。

从求解问题的方程的完备性来考虑，对于一个系统，要完全确定其力学和热力学状态，至少应该知道决定状态的几何和物理量，包括 x_i、v_i、ρ、s、u、θ、$\theta_{,i}$、q_i、T_{ij}、E_{ij} 等。这里 θ 为温度变化量，或称温度差。这些量不是完全独立的，只要 x_i、θ 作为时间、空间的函数一旦确定，那么 v_i、E_{ij}、$\theta_{,i}$ 也就随之而定了。因此，在考虑本构关系之前，独立的状态变量应该包含 x_i、ρ、s、u、θ、q_i、T_{ij}，从张量分量角度考虑，一共包含 19 个未知量。由于系统必须遵循物理定律，因此，连续性方程、运动方程、应力对称方程和能量方程在确定系统力学–热学状态时必须加以利用。它们可以提供 8 个方程。（热力学第二定律是不等式，因此它在决定状态时只能起单向限制作用。）这样，还需要 11 个条件（或方程）必须加以确定：

$$\left.\begin{aligned} &\boldsymbol{T}=\boldsymbol{T}(\cdots)\\ &u=u(\cdots)\\ &\boldsymbol{q}=\boldsymbol{q}(\cdots)\\ &s=s(\cdots) \end{aligned}\right\} \tag{5.1}$$

式中 $(\cdots)$ 包含 x_i、θ 以及它们关于时间和空间的各阶导数及其组合。在一般情况下，上述表达式应该是泛函形式的。上述 11 个方程便称为材料的**本构方程**。在力学研究的许多场合下，人们所谓“本构关系”往往特指应力–应变关系，它只是上面式中的第一个式子。另一方面，如果研究的范围不仅限于力学和热学（例如电磁效应），那么本构关系的范围还将进一步扩大。

在本构理论的实际应用中，人们更关心的往往是如何确立某种特定物质的本构关系。

本构关系当然是材料特性的反映，但是更准确地说，本构关系是一种数学模型，是人们对所研究材料的一种认识。随着人们认识的发展，对材料性质的认识是逐渐深入和全面的。例如钢材，人们最初的认识是服从 Hooke 定律的弹性体。但随着钢材的广泛使用，人们开始认识到，超过一定的荷载，钢会产生塑性，于是便有了反映钢材塑性本构关系的研究。同时，人们又看到，即使在低应力水平下，钢也会产生应力松弛的效应，于是又有了 Kelvin 模型等黏弹性体的本构关系。因此，对某种材料的认识是逐渐深化的，也必然是分阶段的。

另一方面，人们研究和应用本构关系的目的，在相当大的程度上是为了预言材料的力学或热学的行为。这相应地在数学上需要借助本构关系建立微分方程的初边值问题。一种近乎精确的，但是相当复杂的本构关系，不仅使这样的初边值问题在理论研究上（解的存在、唯一及稳定等）变得异常困难，而且在数值求解中将出现巨大的计算障碍。同时，这种复杂的本构关系所包含的材料常数的测定，也会产生实验技术上的困难。因此，建立一种既可以反映材料主要特性，又能为计算和实验两方面所接受的模型，是建立特定材料本构关系的目标。

在本章中，将只讨论有关本构关系的一般性问题。至于具体材料的本构关系，则将在以后的章节中分别加以讨论。

5.1　材料本构关系的基本概念

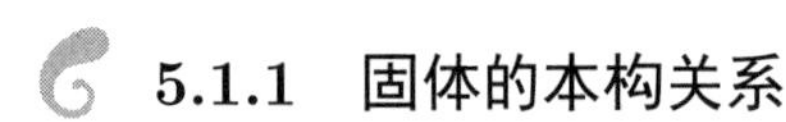

5.1.1　固体的本构关系

由于研究和应用的角度和侧重点不同，固体材料的本构关系有一些不同的考虑。

1. 各向同性和各向异性

如果材料的本构关系与方向无关，这种材料就称为**各向同性**的，否则就称为**各向异性**的。钢材是一种典型的各向同性材料。仔细观察钢件未经打磨的断面就会发现，钢是由大量晶体随机排列而构成的。这种细观层次上的随机性造成了整体性能的各向同性。木材则是典型的各向异性材料，木材的力学性能与它的纹理的走向有关。

在一些各向异性材料中，由于分子（或晶体、或细胞、或其他细观微元体）排列的规律性，造成了材料性能在空间方向上的某种规律性。**正交各向异性**就是其中的一种情况。如果材料性能在三个相互正交的方向上始终保持不变，这种材料就称为正交各向异性材料。对于纤维增强型复合材料而言，如果增强纤维的排列是相互正交的，那么这种复合材料就是一类正交各向异性材料。

在本构方程中，各向同性与各向异性的区别在于反映材料的力学性能的常数的个数不同。

2. 塑性和脆性

根据破坏时的形变情况，材料可区分为**塑性**和**脆性**。

将低碳钢材料加工为标准拉伸试样(为了使试验结果具有可比性，力学性能试验的试样尺寸和形状必须遵循一定的标准，低碳钢拉伸试验的现行国家标准有 GB/T 228.1—2021、GB/T 228.2—2015、GB/T 228.3—2019、GB/T 228.4—2019 等)，在试验机上加载直至断裂，将试样的应变（横轴）和应力（纵轴）的曲线绘制出来，即可得到如图 5.1a 所示的图形。

根据这一图形，可将变形分为以下几个区段：

AB——弹性区。在这一区间中，应力和应变的关系可以相当精确地用线性关系（即 Hooke 定律）来表达，在 AB 中的某一点卸载，那么卸载时的应力–应变曲线将沿加载曲线返回至 A 点。

CD——塑性区。在这一区间，即使应力水平不再增加，其应变也会继续增长，这一现象称为材料的屈服，也称为塑性流动。应该指出，CD 区段对应的应变增加量，要比 AB 区段对应的应变增加量大许多。在 CD 段中的某一点 K 处卸载，则卸载的应力–应变曲线将沿几乎平行于加载曲线的直线 KA' 返回。荷载完全消失，便留下不可恢复的残余变形 AA'。卸载完毕再次加载，其加载曲线则基本上沿着 $A'K$ 变化直到 K 点。

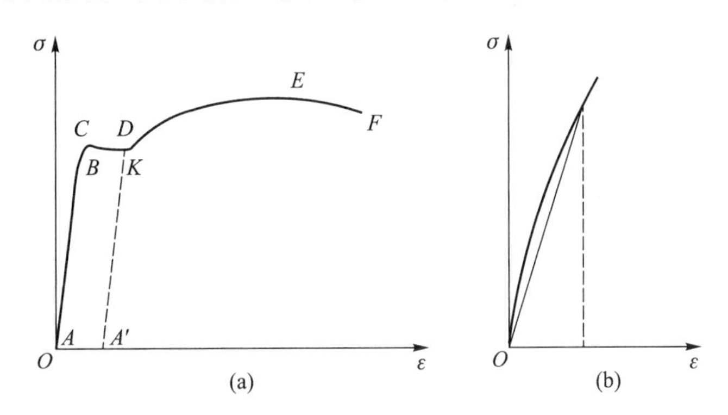

图 5.1　单向拉伸的应力应变示意图

DF——硬化区。在这一区间中，要增加变形，必须继续增加荷载。这一区间的卸载特性与 CD 段相似。到 E 点，其应力水平达到最大值。越过 E 点，试样的某个部位将发生横截面面积显著减小的现象，称为颈缩。如果仍然把试样的初始面积用于计算应力，那么颈缩现象发生部位的这种名义应力在越过 E 点时将下降，达到 F 点，试样在颈缩部位断裂。

根据以上特征，B、C、E 点处的应力分别称为**比例极限** σ_{p}、**屈服极限** σ_{s} 和**强度极限** σ_{b}。

像低碳钢这种具有明显延伸特性的材料称为塑性材料。许多金属，如铜、铝等，虽然其拉伸曲线与低碳钢的拉伸曲线不尽相同，但是到断裂前，也都会产生相当大的应变。因此这些金属属于塑性材料。

如果将铸铁试样进行相同的拉伸试验，将获得如图 5.1b 的曲线。在这个曲线中，没有明显的塑性区和硬化区。直至断裂前，几乎都保持着弹性的特征，而且断裂时的残余变形明显小于低碳钢。像铸铁这样没有明显延伸特性的材料称为脆性材料。脆性材料断裂时的应力 σ_{b} 称为强度极限。

脆性材料的应力–应变关系一般不具有线性性质。然而为了使用的方便，人们还是选定了一个应变值（例如 0.1%），在应力–应变曲线中找到相应的点，把这个点与坐标原点连线的斜率作为这种材料的弹性模量 E，并把 Hooke 定律作为脆性材料的本构方程。

应该指出，低碳钢等塑性材料在压缩时的力学性能在弹性范围内与拉伸时相同。但铸铁等脆性材料在压缩时的力学性能则与拉伸时很不相同。许多脆性材料的抗压强度比抗拉强度要高出许多，混凝土就是典型的例子。混凝土的抗压强度是抗拉强度的 10～20 倍，因此常在混凝土构件的受拉部位配上钢筋以增加其抗拉强度，这就是钢筋混凝土构件。

3. 弹塑性和黏弹性

根据变形的时间效应，材料区分为**弹塑性**和**黏弹性**（或黏弹塑性）。

弹性材料具有这样的特性：它在某一时刻的力学行为只与该时刻相对于初始时刻的变形有关，而与如何达到这一时刻的变形状态的过程无关。因此，在描述弹性材料的应力和应变时，没有时间因素的作用。如果应力与应变的关系是线性的，则称为**线弹性**，否则称为非线性弹性。在小变形范围内，相当多的工程材料的本构关系都被简化为线弹性。在大变形范围内，许多材料，例如高聚合物，应力和应变呈现出非线性性质。这些非线性关系一般比较复杂。其中相当一部分是通过应变能来体现应力应变关系的。这类材料称为**超弹性**。

塑性材料在某一时刻的力学行为不仅与当时的应力状态（或应变状态）有关，而且与它如何达到这一状态的经历有关，这一点有别于弹性材料。但是，如果某一时刻的应力状态不变地持续一段时间，那么相应的应变状态也会不变地持续一段时间。这就是说，塑性材料的本构关系中不包含时间，在这一性质上，弹性与塑性是相同的。

如果应力和应变之间的关系与时间有关，则称材料呈现出**黏弹性**的性质。黏弹性材料最典型的现象当属**蠕变**和**松弛**。在一定的温度条件下，保持应力不变，黏弹性体的应变会随着时间的推进而逐渐变大（图 5.2a），这种现象称为蠕变。另一方面，如果保持应变不变，黏弹性体的应力会逐渐衰减（图 5.2b），这种现象称为松弛。蠕变和松弛是黏弹性体普遍的特征。许多高聚合物、复合材料，以及生物组织都呈现出黏弹性材料的特征。

在黏弹性材料中，某一时刻 t 的应力（应变）的增量 $\delta\sigma(t)$ 或 $\delta\varepsilon(t)$ 会对今后的某一时刻 t' $(t'>t)$ 的应变（应力）产生影响 $\delta\varepsilon(t')$ 或 $\delta\sigma(t')$。如果这种影响是线性的，例如，增量 $2\delta\sigma(t)$ 产生的影响为 $2\delta\varepsilon(t')$，那么这类材料就属于线性黏弹性，否则属于非线性黏弹性。

材料的黏弹性性质强烈地依赖于温度。普通金属在常温下，黏弹性性质很不明显，其时间效应的时间尺度甚至以年计；然而在高温下，金属的黏弹性性质就比较明显了。高聚合物的力学性能对温度的变化比较敏感，这一方面的知识可参见文献 [29]。

以上对固体材料的本构关系作了一个概括性的介绍，虽然这些考虑可以覆盖一般工程

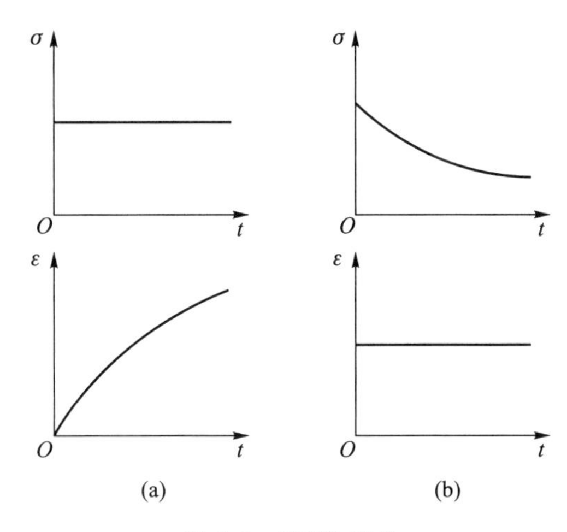

图 5.2 蠕变与松弛

材料在普通工况下所表现出的主要力学性质，但是许多细节仍需参阅专门的书籍。

应该指出，固体材料的本构关系的研究是一个相当宽广的领域。除了上述一般性的考虑之外，某些情况下还必须考虑下列因素：

（1）**温度效应** 温度效应的存在是十分普遍的现象。上文中未考虑温度的叙述原则上只适合于等温的情况。如果有温度的变化或构件中温度分布不均匀，就必须考虑温度对应力应变的影响。另一方面，如果对构件的加载十分迅速，原则上也存在着温度效应问题。此外还应注意，高聚合物类材料的力学性能对温度十分敏感。

（2）**加载速率的影响** 静力状态或缓慢加载时材料的力学性能与迅速加载时的力学性能区别很大，其中典型的例子就是冲击状态下材料的性能显著区别于常态。一般地讲，如果材料在迅速加载过程中一直处于线弹性阶段，那么荷载的作用将通过应力波的形式传播到构件各处，而荷载的变化速度一般赶不上应力波速，因此这种情况下加载速率对应力应变关系影响不大。但是，如果材料中产生屈服，那么塑性区内应力的传播速度大大低于弹性区，加载速率将容易超过这一速率，这种情况下应力应变关系将受到较大的影响。

（3）**工作环境的影响** 构件的工作环境有可能强烈地影响材料的力学性能。例如高聚合物在高温、高压、辐射等条件下的性能就比较特殊。尤其是生物组织，处于在体条件或非在体条件，其性能的区别是很显著的。

（4）**构件的尺度效应** 人们在研究中发现，即使是同一种材料，构件的空间尺度悬殊也可能引起性能的重大区别。例如，利用实验室中测得的冰块性能去计算北冰洋中悬浮的冰山的力学行为，其结果与实测数据相差很大。

总而言之，材料的力学性能研究十分活跃。随着研究在深度和广度两方面的推进，固体材料力学性能的新规律正在被揭示出来。

5.1.2　流体的本构关系

流体的本构关系可大致区分为牛顿流体和非牛顿流体两类。

1. Newton 流体

Newton 在 1687 年所做的实验，揭示了某些流体的切应力与剪切变形速率呈线性关系这一规律，即

$$\tau=\mu\frac{\mathrm{d}v_1}{\mathrm{d}x_2} \tag{5.2}$$

式中，μ 称为黏性系数。满足这一规律的流体称为 **Newton 流体**。在这一实验事实的基础之上，经过后人的整理和深化，表达成更为完整更为一般的本构关系式，这将在今后系统地加以讨论。

人们常见的许多流体，例如水、空气、酒精、汽油等，都属于 Newton 流体。

Newton 流体属于黏性流体。在某些情况下，流体的黏性很小，以至于对运动没有什么影响，这样，便可以忽略黏性，而将流体简化为无黏性的**理想流体**。在第 7 章中将说明，理想流体的本构关系可以由 Newton 流体本构关系简化而来。因此，理想流体是 Newton 流体的特殊情况。

2. 非 Newton 流体

某些流体呈现出与一般的 Newton 流体显著不同的特性。下面是几种典型的实验现象：

（1）魏森贝格（Weissenberg）效应

在一个柱形圆筒中放入一半体积的流体，再在中心处插入一个可转动的圆杆。转动圆杆，观察其中液面的形状的变化。对于一般 Newton 流体，液面将向周围的筒壁爬升，而形成一个内凹的曲面（图 5.3b）。可是对某些流体，例如处于融化状态的沥青，液面却沿中心处的圆杆爬升（图 5.3a）。这种现象称为 Weissenberg 效应。

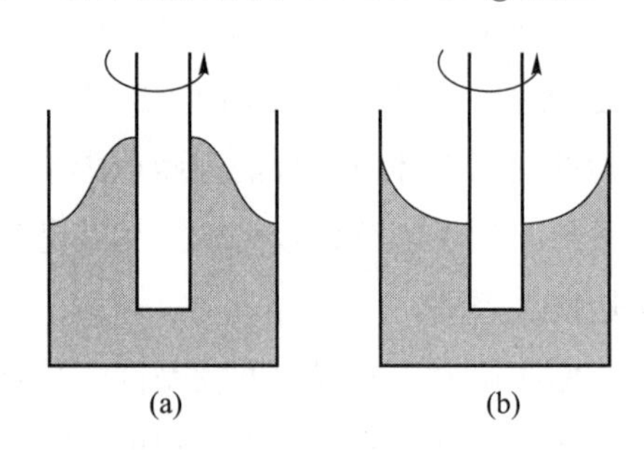

图 5.3　Weissenberg 效应

（2）挤出膨胀效应

某些流体从圆管中自由流出时，其直径将增加（图 5.4）。例如温度在 175～200 °C 的聚苯乙烯液体从圆管中快速挤出时，其直径膨胀达 2.8 倍。相反，Newton 流体在从圆管中挤出时，其直径会减小。

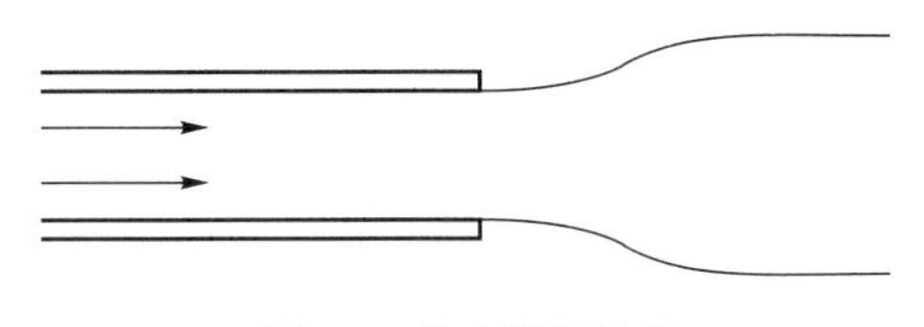

图 5.4 挤出膨胀效应

(3)塑性流动

一般的 Newton 流体在圆管中流动时，由于黏性的存在，壁面处流速为零。在第 7 章中可以证明，横截面上的流速呈抛物面分布，如图 5.5a 所示。然而对于另一类流体，在剪应力低于某一个数值时，流体是静止的，并具有一定的刚度，呈现出固体的特征；然而当剪应力超过这个数值时，流动便产生了。流体剪切率与剪应力的关系曲线如图 5.5c 所示。横截面上的流速分布如图 5.5b 所示。这类流体的特性多少有些像塑性体，人们称之为塑性流体，宾厄姆（Bingham）流体。引发流动的临界应力称为屈服应力。油漆、面粉团、水泥砂浆都可以看成是塑性流体。牙膏不挤压是不会从牙膏管中流出来的，因此它也是一种塑性流体。

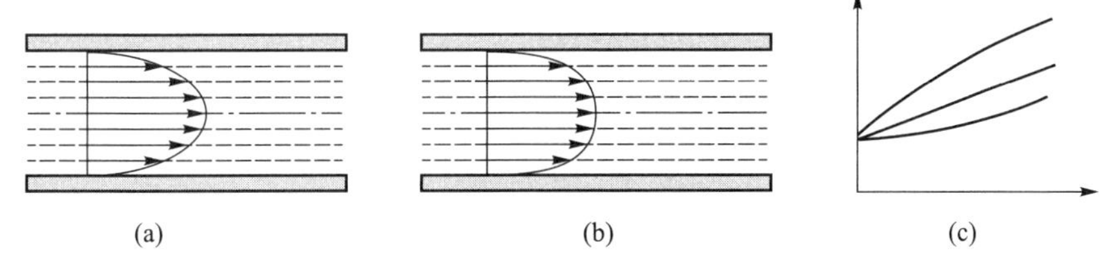

图 5.5 液体在圆管中的流动

上述这些现象，是无法通过 Newton 流体的本构关系得到解释的，因而必须考虑有别于 Newton 流体的本构关系。本构关系不服从类似于式 (5.2) 所表示的规律的流体统称为非 Newton 流体。

应该指出，流体都是各向同性的。

5.2 本构关系的一般原理

虽然材料的性能是多种多样的，但是人们用精确的数学语言来描述本构关系时，却应该遵循一些普遍的公认的原则，否则研究工作将不能客观地反映物理规律。这些公认的原则在本构理论的体系中被视为公理。

5.2.1　本构理论的初步知识

关于本构关系的一般原理有多种提法，下面择其主要内容给予简单的介绍。

确定性原理：物体在时刻 t 的状态和行为由物体在该时刻以前的全部运动历史和温度历史所确定。

确定性原理说明，确定当前时刻的状态，与将来的状态无关。

按照确定性原理，要确定不可逆过程中某时刻 t 的状态，一方面应记录在这之前的全部历史，这种历史一般表达为时间的函数。另一方面，则应确定当前状态是怎样地依赖于这种历史的。因此，描述当前状态的那些物理量则应为“历史”这个函数的函数。这样的一类关系称为泛函数，简称**泛函**。因此，描述当前状态的那些物理量则应为“历史”的泛函。

由此看来，利用确定性原理来表述本构关系虽然具有数学的严密与完整，但在实际问题的处理中却往往存在着实验的以及计算的障碍。

局部作用原理：物体中某一点在时刻 t 的行为只由该点任意小邻域的运动历史所确定。

这个原理说明，决定某点的力学行为的是该点附近的微小区域。但这决不意味着，远离该点的区域的运动对该点的力学行为没有影响。局部作用原理只是表明，某处的运动将由逐点传播的形式最终影响到远离该处的地方。人们观察到的连续介质中的应力波便是这一原理的例证。

局部作用原理为本构关系的研究提供了简化的依据。人们在研究材料的力学行为时，常用的研究方法是：将反映这一力学行为的函数（或泛函）在任意指定的 P 点附近作 Taylor 级数展开。原则上，该级数应包含函数关于坐标的一阶导数、二阶导数、…… 乃至任意阶的导数；而这些导数后面则应有微元线段的一次方、二次方、…… 乃至任意阶的幂次项。由于局部作用原理指出该行为只由该点任意小邻域的运动历史所确定，因此，级数中取有限项便可以足够精确地反映这一力学行为，而不必顾及级数的无穷项。这样，便可以大大简化本构关系的研究。

事实上，目前绝大多数的研究工作都只取上述级数中的一阶导数项。用这种方法处理的材料类型称为**简单物质**。应当指出，“简单物质”并不简单。一般常用的各类本构关系都属于简单物质。

减退记忆原理：决定材料当前力学行为的各种变量的历史中，距今越远的历史对当前的力学行为影响越小。

减退记忆原理可认为是局部作用原理在时域中的反映。根据这一观点，如果本构方程中包含有时间导数的话，有限阶的时间导数便可获得相当高的精确程度。事实上，就目前的研究水平而言，大多数只保留了关于时间的一阶导数。

客观性原理：物体的力学和热学的性质不随观察者的变化而变化。

如果两个不同的观察者采用了两个相对固定的坐标架，那么他们各自所获得的数据就存在着坐标变换的问题。为了使他们的观察结论符合客观实际，他们就必须采用张量的形式来表达他们的观察数据。换言之，只要采用了张量，这个问题就可以得到解决。

张量的使用是客观性原理的要求，是指张量作为一个整体出现在本构方程之中。换言之，应是张量的全部分量同时出现在本构方程中的同一位置上。由于张量的不变量在坐标变换中不发生变化，因此，张量的不变量也可以单独地出现在本构方程中。例如

$$\boldsymbol{T}=\mu\left(E_{11}+E_{22}\right)\boldsymbol{I}+\alpha\boldsymbol{E},\quad \boldsymbol{T}=-p\boldsymbol{I}+\beta D_{12}^{2}\boldsymbol{D}+\alpha\boldsymbol{D}^{2}$$

就不可能是正确的本构关系，但

$$\boldsymbol{T}=\mu\left(E_{11}+E_{22}+E_{33}\right)\boldsymbol{I}+\alpha\boldsymbol{E},\quad \boldsymbol{T}=-p\boldsymbol{I}+\beta\boldsymbol{D}+\alpha\boldsymbol{D}^{2}$$

却可以是某类材料的本构关系。又例如，用这一观点考察狭义的 Hooke 定律 $\sigma=E\varepsilon$，就不能认为它是等温情况下线弹性体本构关系的全面反映，而只能代之以广义的 Hooke 定律。在常见的广义 Hooke 定律的表现形式中，有

$$\begin{aligned}
E_{11}&=\frac{1}{E}\left[T_{11}-\nu\left(T_{22}+T_{33}\right)\right],\quad & E_{12}&=\frac{1+\nu}{E}T_{12}\\
E_{22}&=\frac{1}{E}\left[T_{22}-\nu\left(T_{11}+T_{33}\right)\right],\quad & E_{23}&=\frac{1+\nu}{E}T_{23}\\
E_{33}&=\frac{1}{E}\left[T_{33}-\nu\left(T_{22}+T_{11}\right)\right],\quad & E_{13}&=\frac{1+\nu}{E}T_{13}
\end{aligned}$$

表面上也出现了分量单独表达的现象。但在第 6 章中将说明，上述各式实际上是

$$\boldsymbol{E}=\frac{1+\nu}{E}\left(\boldsymbol{T}-\frac{\nu}{1+\nu}\boldsymbol{I}\operatorname{tr}\boldsymbol{T}\right)$$

的分量式，因而是合理的本构关系。由于测试物性的数据往往只涉及张量（如应力、应变等）的个别分量，因此将实验数据拟合为本构方程时应有适当的分析、筛选和组合。

客观性原理的内涵不仅如此，事实上，两个观察者所使用的坐标架也许还存在着相对运动。这意味着，不同的观察者所采用的**时空系**不同。客观性原理认为，本构关系与观察者所采用的时空系无关。换言之，对于一定的时空系变换，本构方程应该是相同的。

如果将一个观察者所使用的时空系作为参考的基准，那么另一个时空系对于参考时空系的运动就相当于一个刚体运动。两个时空系的变换，在一定意义上可以理解为同一观察者观察彼此相差刚体运动的两个运动过程之间的变换。从这个意义上来讲，客观性原理说明了，当物体在变形过程中叠加了一个刚体运动时，本构关系是不会改变的。其实，这正符合人们的常识：对于进行刚体运动的物体，各质点运动的确定不需要本构关系；只有物体产生变形，各质点运动的确定才需要本构关系。因此本构关系本质上是与刚体运动无关的。

把这一论点更加透彻地应用到材料本构关系的研究中，就会得出一些非常有意义的结论。其中最典型的例子就是：对于材料中任意点的邻域内，在变形过程中将产生速度 $\boldsymbol{v}$ 和速度梯度 $\boldsymbol{v}\nabla$。如果人们在实验中发现应力与速度梯度有关，那么是否就可以根据实验数据拟合出应力 $\boldsymbol{T}$ 与速度梯度 $\boldsymbol{v}\nabla$ 的函数关系呢？根据 2.4 节中的叙述，速度梯度可以分解

为形变率张量 $\boldsymbol{D}$ 和涡旋张量 $\boldsymbol{W}$ 之和，而涡旋张量 $\boldsymbol{W}$ 的几何意义是局部的刚体转动。根据上面的讨论，本构关系应与 $\boldsymbol{W}$ 无关。或者说，$\boldsymbol{W}$ 不应该出现在本构关系之中。本构方程应是应力 $\boldsymbol{T}$ 和形变率张量 $\boldsymbol{D}$ 之间的函数关系。由此看来，并非所有表示运动的量都应该进入本构关系。利用客观性原理，就可以淘汰一些本构关系所不需要的物理量，从而使本构方程更本质，也更简洁。

客观性原理是本构理论中最重要的原理。

5.2.2　本构理论的应用意义

从上面的讨论中可看出，关于本构关系的理论在确定本构关系的过程中可以发挥切实的作用。

一般地讲，在确定具体材料的本构关系的实践过程中，本构理论可以提供哪些帮助呢? 概括起来，至少有以下几个方面：

（1）**进入本构关系的张量及其形式**　这方面主要是客观性原理研究的贡献。客观性原理的应用，可以滤掉一些本质上不影响本构关系的因素，从而在一定程度上简化本构关系。除了上面的典型例子外，客观性原理还指出了张量的时间变化率应该以怎样的形式进入本构关系。这在大变形以至流变学的研究中是至关重要的。这些理论的研究，帮助人们正确地选择本构变量，用热力学的语言来说，就是正确地选择状态变量。

（2）**独立的材料常数的个数**　这方面主要是材料对称性原理的研究成果。其中最典型的便是线性弹性体材料常数的研究，这将在下一节中给予较为详细的说明。近代发展起来的复合材料，绝大多数是各向异性的。人们完全可以根据对所研究对象的材料对称性特点（各向同性、正交各向异性、横向各向同性等）来确定材料常数的个数，设计相应的材料常数实验。

（3）**材料常数的定性认识**　这方面主要是连续介质热力学的研究成果。例如，线弹性体的 Lamé 常数是大于零的，这一结论为人们所熟知。但这一结论有着更深刻的热力学根源。热力学中已经证明，系统在平衡态的自由能为最小。弹性体中也是这样。弹性体无应力无变形的均匀状态可视为平衡态。可把这种状态下的自由能取为零。在外力作用下，弹性体在等温过程中偏离平衡态，因而有了应变。偏离平衡态必然导致自由能的增加。以自由能的这一正定性质为出发点，便可导出应变能的正定性，导出 Lamé 常数大于零的结果。这一方法应用于各向异性弹性体，便可导出对各向异性体材料常数的限制。在下一章非 Newton 流体一节中，特别地讨论了怎样利用热力学定律定性地研究材料常数的性质。可以看出，在本构关系的实验研究中，上述方法和结论对实验方案的确定，实验结果正确性的鉴别，以及实验结果的曲线拟合等多方面起到重要的指导作用。

（4）**材料常数的测定方法**　对于一些特定的材料，连续介质力学的研究还提供了材料常数的试验方案。下一章中非 Newton 流体的讨论，就提供了一些试验方案。在文献 [16]

中，详细地讨论了超弹性体的常数测定方案。这些研究成果帮助人们认识到，为了完全地确定本构关系，应该进行哪些实验。同时，这些研究成果还可避免多余实验的进行。应该指出，连续介质力学的这类研究基本上是理论性的，真正进入实验还得进行具体的方法、设备和仪器的研究，以及其他技术上的准备。

作为现代理性力学的研究成果，常见的物质类型已经列为谱系。许多工程材料经过一定程度的简化，都可以在这种谱系中找到其位置，因此可以利用关于该类物质的许多结论。但是，应该说，理性力学所提供的结论在许多情况下还过于笼统。要得到具体的应用形式，还要通过对具体物质的观察与实验。这就需要对所研究材料的力学行为的基本认识。在这里，需要强调的是有关材料的专门知识与连续介质力学一般原理的有机结合。尤其是，应当提倡对材料的细观的和微观的机理的认识，例如高聚合物中分子的交联与支化，金属材料中晶体的位错与缺陷，等等。如果说，连续介质力学宏观的模型具有逻辑严密的优势，那么物理和化学的细观及微观的模型则具有物理图像真实的优势。这两类方法结合起来，往往构成新的模型研究的出发点。

连续介质力学与材料科学及工程应用是息息相通的，建立起联系抽象理论与具体实践的桥梁，是力学工作者和其他科技工作者的共同任务。

5.3 材料的对称性

根据 5.1.1 的介绍，材料是各向同性还是各向异性，是各向异性的哪种类型，将影响到表达本构关系的力学常数的个数。因此，关于这一方面的研究无疑是本构关系研究的重要组成部分。

如何来进行这一研究呢？先考虑这样的例子：某些复合材料，就是在树脂类的基底上沿某一特定的方向铺设增强纤维，如图 5.6a 所示。人们可以预料，沿着纤维铺设方向力学性能始终保持一致。为了用数学模型表示这一特性，可以设想一个垂直于纤维方向的平面，如图 5.6b 所示的实线平面。关于这一平面，材料性能是对称的。然而对于其他平面，如图 5.6b 所示的虚线平面，材料性能则不是对称的。根据这一思路可知，材料性质的空间方向性问题，可以表述为材料性质关于指定的面或轴的对称性问题。

下面以线弹性为例来讨论这一问题。等温情况下处于小变形的线弹性体的本构关系可以一般地写为

$$\boldsymbol{T}=\boldsymbol{C}:\boldsymbol{E},\quad T_{ij}=C_{ijkl}E_{kl} \tag{5.3}$$

在等温情况下，线弹性体的自由能就是其应变能，并可表示为

$$\rho\psi=\frac{1}{2}\boldsymbol{T}:\boldsymbol{E}=\frac{1}{2}\boldsymbol{E}:\boldsymbol{C}:\boldsymbol{E}=\frac{1}{2}T_{ij}E_{ij}=\frac{1}{2}C_{ijkl}E_{ij}E_{kl} \tag{5.4}$$

上两式中的 $\boldsymbol{C}$ 称为**等温弹性模量**，它是一个四阶张量，原则上它应有 $3^4=81$ 个独立的分

量。然而，由于应变张量 $\boldsymbol{E}$ 的对称性，使得

$$C_{ijkl}E_{kl} = C_{ijkl}E_{lk} = C_{ijlk}E_{kl}$$

因此 $C_{ijkl} = C_{ijlk}$。

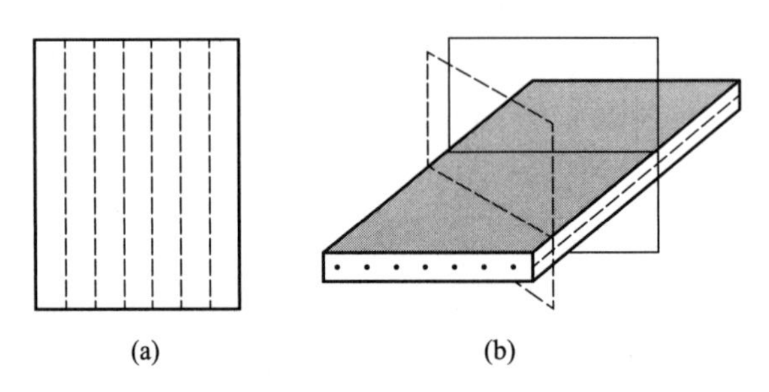

图 5.6　沿固定方向铺设纤维的复合材料

同时，由于应力张量 $\boldsymbol{T}$ 的对称性，使得

$$T_{ij} = C_{ijkl}E_{kl} = T_{ji} = C_{jikl}E_{kl}$$

因此 $C_{ijkl} = C_{jikl}$。

这样，$\boldsymbol{C}$ 的前后两组脚标的独立个数分别由 3×3 变为 6，$\boldsymbol{C}$ 的独立分量只有 36 个了。

又，在式 (5.4) 中，有

$$\rho\psi = \frac{1}{2}C_{ijkl}E_{ij}E_{kl} = \frac{1}{2}\left(\frac{1}{2}C_{ijkl}E_{ij}E_{kl} + \frac{1}{2}C_{klij}E_{kl}E_{ij}\right) = \frac{1}{2}\cdot\frac{1}{2}\left(C_{ijkl} + C_{klij}\right)E_{ij}E_{kl}$$

故有

$$C_{ijkl} = \frac{1}{2}\left(C_{ijkl} + C_{klij}\right)$$

这说明，$\boldsymbol{C}$ 只是前后两组脚标的对称部分，或者说，$\boldsymbol{C}$ 的前后两组脚标对称，即

$$C_{ijkl} = C_{klij}$$

这样，$\boldsymbol{C}$ 的独立分量只有 21 个了。可以把应力应变的关系表示为如下矩阵形式：

$$\begin{bmatrix} T_{11} \\ T_{22} \\ T_{33} \\ T_{12} \\ T_{23} \\ T_{31} \end{bmatrix} = \begin{bmatrix} C_{1111} & C_{1122} & C_{1133} & C_{1112} & C_{1123} & C_{1131} \\ C_{1122} & C_{2222} & C_{2233} & C_{2212} & C_{2223} & C_{2231} \\ C_{1133} & C_{2233} & C_{3333} & C_{3312} & C_{3323} & C_{3331} \\ C_{1112} & C_{3333} & C_{3312} & C_{1212} & C_{1223} & C_{1231} \\ C_{1123} & C_{2223} & C_{3323} & C_{1223} & C_{2323} & C_{2331} \\ C_{1131} & C_{2231} & C_{3331} & C_{1231} & C_{2331} & C_{3131} \end{bmatrix} \begin{bmatrix} E_{11} \\ E_{22} \\ E_{33} \\ E_{12} \\ E_{23} \\ E_{31} \end{bmatrix} \tag{5.5}$$

上式右端方阵为对称矩阵。上式包含了张量 $\boldsymbol{C}$ 的最复杂的形式，属于极端各向异性的情况。弹性模量用这种形式表达的材料属于所谓**三斜晶系**。图 5.7 就表示了材料性质无对称性的情况。**三斜晶系材料的独立的力学常数有 21 个**。

常用材料属于三斜晶系的为数不多。绝大多数材料的物性或多或少地具有某种对称性。当材料物性具有对称性时，$\boldsymbol{C}$ 的独立常数的个数还会减少。

当材料的性质对于一个平面具有对称性时，称这种材料属于**单斜晶系**。图 5.8 就表示了物性关于 x_2x_3 平面对称的情况。如果物性关于 x_2x_3 平面对称，那么，当坐标系 $Ox_1x_2x_3$ 对 x_2x_3 平面作反射而形成新的坐标系 $Ox_1'x_2'x_3'$ 时（图 5.9），表示物性的张量 $\boldsymbol{C}$ 的分量应该保持不变，即应有

$$C_{ijkl} = C'_{ijkl} \tag{5.6}$$

在这种情况下，坐标转换矩阵为

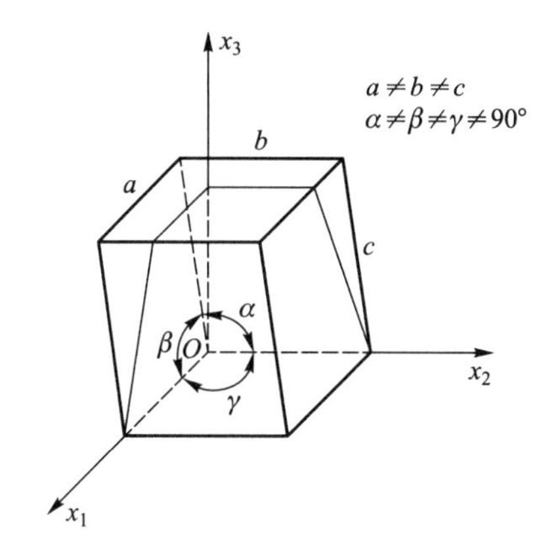

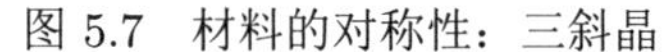
图 5.7 材料的对称性：三斜晶

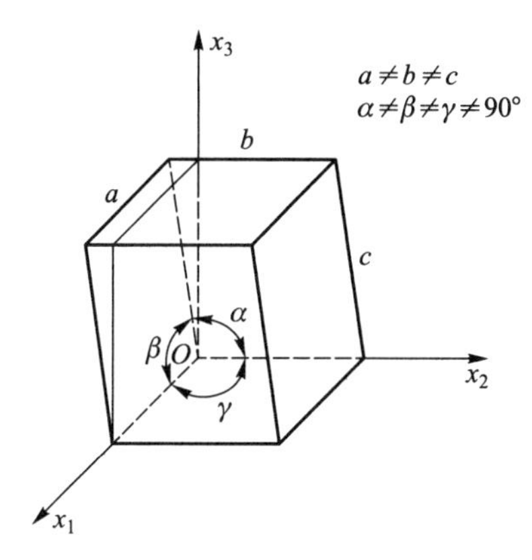

图 5.8 材料的对称性：单斜晶

$$\underline{\boldsymbol{M}} = \begin{bmatrix} -1 & 0 & 0 \\ 0 & 1 & 0 \\ 0 & 0 & 1 \end{bmatrix}$$

根据张量分量的坐标变换式

$$\underline{\boldsymbol{E}}' = \underline{\boldsymbol{M}}\,\underline{\boldsymbol{E}}\,\underline{\boldsymbol{M}}^{\mathrm{T}}, \quad \underline{\boldsymbol{T}}' = \underline{\boldsymbol{M}}\,\underline{\boldsymbol{T}}\,\underline{\boldsymbol{M}}^{\mathrm{T}}$$

便有

$$\begin{gathered} E'_{22} = E_{22}, \quad E'_{33} = E_{33}, \quad E'_{23} = E_{23} \\ E'_{12} = -E_{12}, \quad E'_{13} = -E_{13}, \quad E'_{11} = E_{11} \\ T'_{22} = T_{22}, \quad T'_{33} = T_{33}, \quad T'_{23} = T_{23} \\ T'_{12} = -T_{12}, \quad T'_{13} = -T_{13}, \quad T'_{11} = T_{11} \end{gathered}$$

那么，由式 (5.5) 和上列各式可得

$$\begin{aligned} T'_{11} =& C_{1111}E'_{11} + C_{1122}E'_{22} + C_{1133}E'_{33} + C_{1112}E'_{12} + C_{1123}E'_{23} + C_{1131}E'_{31} \\ =& C_{1111}E_{11} + C_{1122}E_{22} + C_{1133}E_{33} - C_{1112}E_{12} + C_{1123}E_{23} - C_{1131}E_{31} = T_{11} \end{aligned}$$

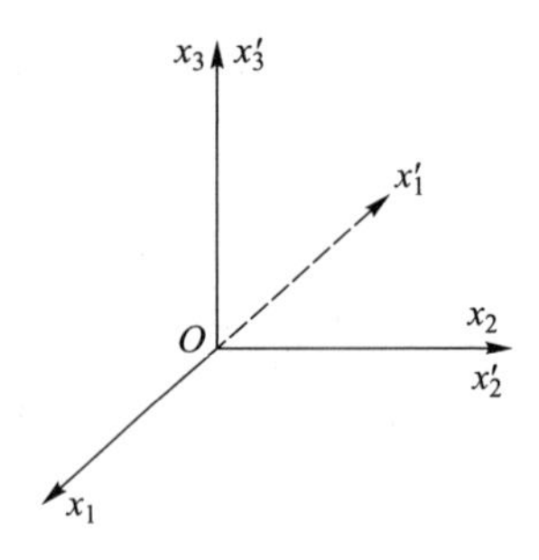

图 5.9 坐标系的反射

但是，同时有

$$T_{11} = C_{1111}E_{11} + C_{1122}E_{22} + C_{1133}E_{33} + C_{1112}E_{12} + C_{1123}E_{23} + C_{1131}E_{31}$$

比较上两个式子可知

$$C_{1112} = C_{1131} = 0$$

同理可导出

$$C_{2212} = C_{3312} = C_{2231} = C_{3331} = C_{1223} = C_{2331} = 0$$

上两式的共同规律是：脚标中含有奇数个 1 的分量为零。这种情况下，$\boldsymbol{C}$ 的矩阵形式成为

$$\begin{bmatrix} C_{1111} & C_{1122} & C_{1133} & 0 & C_{1123} & 0 \\ C_{1122} & C_{2222} & C_{2233} & 0 & C_{2223} & 0 \\ C_{1133} & C_{2233} & C_{3333} & 0 & C_{3323} & 0 \\ 0 & 0 & 0 & C_{1212} & 0 & C_{1231} \\ C_{1123} & C_{2223} & C_{3323} & 0 & C_{2323} & 0 \\ 0 & 0 & 0 & C_{1231} & 0 & C_{3131} \end{bmatrix} \tag{5.7}$$

因此，**单斜晶系材料的独立的力学常数有 13 个**。

如果材料的力学性能还关于 x_1x_3 平面对称，那么，用同样的方法可证明，在 $\boldsymbol{C}$ 的分量中，脚标包含了奇数个 2 的那些分量应为零。这种情况下，$\boldsymbol{C}$ 的矩阵形式成为

$$\begin{bmatrix} C_{1111} & C_{1122} & C_{1133} & 0 & 0 & 0 \\ C_{1122} & C_{2222} & C_{2233} & 0 & 0 & 0 \\ C_{1133} & C_{2233} & C_{3333} & 0 & 0 & 0 \\ 0 & 0 & 0 & C_{1212} & 0 & 0 \\ 0 & 0 & 0 & 0 & C_{2323} & 0 \\ 0 & 0 & 0 & 0 & 0 & C_{3131} \end{bmatrix} \tag{5.8}$$

注意到上式中，脚标包含奇数个 3 的那些分量也都为零了。这印证了这样的事实：物性关于两个相互正交的平面对称，则必关于三个相互正交的平面对称。这种关于三个相互正交

的平面对称的物性称为**正交各向异性**，如图 5.10 所示。式 (5.8) 说明，**正交各向异性材料的独立的力学常数有 9 个**。

如果材料的性能关于某个轴对称，则称为**横向各向同性材料**，也称轴对称材料（图 5.11）。显然轴对称材料比正交各向异性材料具有更强的对称性，因此横向各向同性材料的 $\boldsymbol{C}$ 矩阵可以在式 (5.8) 的基础上加以改造。不妨令对称轴为 x_3 轴，那么，若将 x_1 轴和 x_2 轴互换，材料性质不会改变。这意味着应有

$$C_{1111}=C_{2222},\quad C_{1133}=C_{2233},\quad C_{3131}=C_{3232}=C_{2323}$$

同时，当坐标系绕 x_3 旋转 45° 而形成新的坐标系时，应保持不变。根据上面同样的方法可导出

$$C_{1212}=C_{1111}-C_{1122}$$

这样，**横向各向同性材料的独立的力学常数有 5 个**。它们可表示为

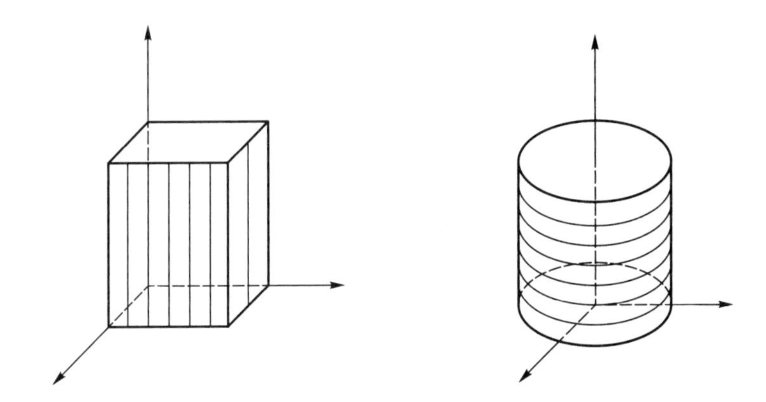

图 5.10 材料的对称性：正交各向异性　图 5.11 材料的对称性：横向各向同性

$$\begin{bmatrix} C_{1111} & C_{1122} & C_{1133} & 0 & 0 & 0 \\ C_{1122} & C_{1111} & C_{1133} & 0 & 0 & 0 \\ C_{1133} & C_{1133} & C_{3333} & 0 & 0 & 0 \\ 0 & 0 & 0 & C_{1111}-C_{1122} & 0 & 0 \\ 0 & 0 & 0 & 0 & C_{2323} & 0 \\ 0 & 0 & 0 & 0 & 0 & C_{2323} \end{bmatrix} \tag{5.9}$$

如果材料的性能关于两个坐标轴对称，可以证明，必关于三个坐标轴对称，这就是各向同性材料了。在这种情况下，式 (5.9) 中的常数应满足

$$C_{1133}=C_{1122},\quad C_{1111}=C_{3333},\quad C_{2323}=C_{1212}=C_{1111}-C_{1122}$$

这样，**各向同性材料独立的力学常数只有 2 个**。这一结果可表示为

$$\begin{bmatrix} C_{1111} & C_{1122} & C_{1122} & 0 & 0 & 0 \\ C_{1122} & C_{1111} & C_{1122} & 0 & 0 & 0 \\ C_{1122} & C_{1122} & C_{1111} & 0 & 0 & 0 \\ 0 & 0 & 0 & C_{1111}-C_{1122} & 0 & 0 \\ 0 & 0 & 0 & 0 & C_{1111}-C_{1122} & 0 \\ 0 & 0 & 0 & 0 & 0 & C_{1111}-C_{1122} \end{bmatrix} \tag{5.10}$$

上式中的常数就可以根据实验确定。例如，在单向拉伸实验中，应力列向量为

$$\begin{bmatrix} \sigma & 0 & 0 & 0 & 0 & 0 \end{bmatrix}^{\mathrm{T}}$$

式中 σ 可由荷载和试样尺寸所确定。应变列向量为

$$\begin{bmatrix} E_{11} & E_{22} & E_{33} & 0 & 0 & 0 \end{bmatrix}^{\mathrm{T}}$$

如果定义单向拉伸中的轴向应力应变之比为**弹性模量** E，则

$$E = \frac{\sigma}{E_{11}}$$

如果定义单向拉伸中的侧向应变与轴向应变之比为**泊松比**，则

$$E_{22} = E_{33} = -\frac{\sigma}{E}\nu$$

那么，单向拉伸情况下的应力和应变的关系即为

$$\begin{bmatrix} \sigma \\ 0 \\ 0 \\ 0 \\ 0 \\ 0 \end{bmatrix} = \begin{bmatrix} C_{1111} & C_{1122} & C_{1122} & 0 & 0 & 0 \\ C_{1122} & C_{1111} & C_{1122} & 0 & 0 & 0 \\ C_{1122} & C_{1122} & C_{1111} & 0 & 0 & 0 \\ 0 & 0 & 0 & C_{1212} & 0 & 0 \\ 0 & 0 & 0 & 0 & C_{1212} & 0 \\ 0 & 0 & 0 & 0 & 0 & C_{1212} \end{bmatrix} \begin{bmatrix} \sigma/E \\ -\sigma\nu/E \\ -\sigma\nu/E \\ 0 \\ 0 \\ 0 \end{bmatrix}$$

式中的 $C_{1212} = C_{1111} - C_{1122}$。上式的前两个应力分量可表示为

$$\sigma = \frac{\sigma}{E}C_{1111} - \frac{\sigma\nu}{E}C_{1122} - \frac{\sigma\nu}{E}C_{1122}$$
$$0 = \frac{\sigma}{E}C_{1122} - \frac{\sigma\nu}{E}C_{1111} - \frac{\sigma\nu}{E}C_{1122}$$

两式联立可得

$$C_{1111} = \frac{E(1-\nu)}{(1+\nu)(1-2\nu)}, \quad C_{1122} = \frac{E\nu}{(1+\nu)(1-2\nu)} \tag{5.11}$$

同时可得

$$C_{1212} = C_{1111} - C_{1122} = \frac{E}{1+\nu} \tag{5.12}$$

在许多场合下，剪切 Hooke 定律表示为

$$\tau = G\gamma$$

式中 G 为**剪切弹性模量**。上式对应于

$$T_{12} = 2GE_{12} = C_{1212}E_{12}, \quad T_{23} = 2GE_{23} = C_{1212}E_{23}, \quad T_{31} = 2GE_{31} = C_{1212}E_{31}$$

故有

$$G = \frac{E}{2(1+\nu)} \tag{5.13}$$

这样，等温条件下各向同性弹性体的广义 Hooke 定律可表示为

$$\begin{bmatrix} T_{11} \\ T_{22} \\ T_{33} \\ T_{12} \\ T_{23} \\ T_{31} \end{bmatrix} = \frac{E(1-\nu)}{(1+\nu)(1-2\nu)} \begin{bmatrix} 1 & \frac{\nu}{1-\nu} & \frac{\nu}{1-\nu} & 0 & 0 & 0 \\ \frac{\nu}{1-\nu} & 1 & \frac{\nu}{1-\nu} & 0 & 0 & 0 \\ \frac{\nu}{1-\nu} & \frac{\nu}{1-\nu} & 1 & 0 & 0 & 0 \\ 0 & 0 & 0 & \frac{1-2\nu}{1-\nu} & 0 & 0 \\ 0 & 0 & 0 & 0 & \frac{1-2\nu}{1-\nu} & 0 \\ 0 & 0 & 0 & 0 & 0 & \frac{1-2\nu}{1-\nu} \end{bmatrix} \begin{bmatrix} E_{11} \\ E_{22} \\ E_{33} \\ E_{12} \\ E_{23} \\ E_{31} \end{bmatrix} \tag{5.14a}$$

人们习惯上采用工程应变列向量来表示这同一个规律：

$$\begin{bmatrix} T_{11} \\ T_{22} \\ T_{33} \\ T_{12} \\ T_{23} \\ T_{31} \end{bmatrix} = \frac{E(1-\nu)}{(1+\nu)(1-2\nu)} \begin{bmatrix} 1 & \frac{\nu}{1-\nu} & \frac{\nu}{1-\nu} & 0 & 0 & 0 \\ \frac{\nu}{1-\nu} & 1 & \frac{\nu}{1-\nu} & 0 & 0 & 0 \\ \frac{\nu}{1-\nu} & \frac{\nu}{1-\nu} & 1 & 0 & 0 & 0 \\ 0 & 0 & 0 & \frac{1-2\nu}{2(1-\nu)} & 0 & 0 \\ 0 & 0 & 0 & 0 & \frac{1-2\nu}{2(1-\nu)} & 0 \\ 0 & 0 & 0 & 0 & 0 & \frac{1-2\nu}{2(1-\nu)} \end{bmatrix} \begin{bmatrix} E_{11} \\ E_{22} \\ E_{33} \\ 2E_{12} \\ 2E_{23} \\ 2E_{31} \end{bmatrix} \tag{5.14b}$$

为了体现式 (5.14a) 与式 (5.14b) 的区别，特将式 (5.14b) 简记为

$$\underline{\boldsymbol{\sigma}} = \underline{\boldsymbol{D}}\,\underline{\boldsymbol{\varepsilon}} \tag{5.14c}$$

式中矩阵 $\underline{\boldsymbol{D}}$ 与式 (5.14a) 中矩阵 $\underline{\boldsymbol{C}}$ 略有不同。同时，式中 $\underline{\boldsymbol{\varepsilon}}$ 表示工程应变列向量，与 $\underline{\underline{\boldsymbol{\varepsilon}}}$ 表示的置换张量不同，请读者注意联系上下文加以区别。

式 (5.14b) 的逆向式为

$$\begin{bmatrix} E_{11} \\ E_{22} \\ E_{33} \\ 2E_{12} \\ 2E_{23} \\ 2E_{31} \end{bmatrix} = \frac{1}{E} \begin{bmatrix} 1 & -\nu & -\nu & 0 & 0 & 0 \\ -\nu & 1 & -\nu & 0 & 0 & 0 \\ -\nu & -\nu & 1 & 0 & 0 & 0 \\ 0 & 0 & 0 & 2(1+\nu) & 0 & 0 \\ 0 & 0 & 0 & 0 & 2(1+\nu) & 0 \\ 0 & 0 & 0 & 0 & 0 & 2(1+\nu) \end{bmatrix} \begin{bmatrix} T_{11} \\ T_{22} \\ T_{33} \\ T_{12} \\ T_{23} \\ T_{31} \end{bmatrix} \tag{5.15}$$

虽然上述关于材料常数个数的讨论是针对线弹性体的，但它的方法和材料常数个数的结论对各类材料都是适合的。只不过材料类型不同，这些常数的含义可能不同，测量方法也不相同。

许多压电和电磁材料都属于横向各向异性材料，因此在这里简单介绍一下热 – 电 – 磁 – 弹性耦合下横向各向异性材料的本构关系（矩阵形式）：

$$\underline{\boldsymbol{\sigma}} = \underline{\boldsymbol{C}}\,\underline{\boldsymbol{E}} - \underline{\boldsymbol{e}}^{\mathrm{T}}\underline{\boldsymbol{\varXi}} - \underline{\boldsymbol{d}}^{\mathrm{T}}\underline{\boldsymbol{H}} + \underline{\boldsymbol{\beta}}\theta$$

$$\underline{\boldsymbol{D}} = \underline{\boldsymbol{e}}\,\underline{\boldsymbol{E}} + \underline{\boldsymbol{\xi}}\underline{\boldsymbol{\varXi}} + \underline{\boldsymbol{g}}\underline{\boldsymbol{H}} + \underline{\boldsymbol{\iota}}\theta$$

$$\underline{\boldsymbol{B}} = \underline{\boldsymbol{d}}\,\underline{\boldsymbol{E}} + \underline{\boldsymbol{g}}\underline{\boldsymbol{\varXi}} + \underline{\boldsymbol{\mu}}\underline{\boldsymbol{H}} + \underline{\boldsymbol{\lambda}}\theta$$

式中所采用的符号与前文略有区别，在这里采用了沃伊特（Voigt）符号记法，应力列阵 $\underline{\boldsymbol{\sigma}}$ 与前文一致，$\underline{\boldsymbol{\sigma}} = \begin{bmatrix} T_{11} & T_{22} & T_{33} & T_{12} & T_{23} & T_{31} \end{bmatrix}^{\mathrm{T}}$；$\underline{\boldsymbol{D}} = \begin{bmatrix} D_1 & D_2 & D_3 \end{bmatrix}^{\mathrm{T}}$ 是电位移列阵，它的元素反映三个方向上的电位移分量；$\underline{\boldsymbol{B}} = \begin{bmatrix} B_1 & B_2 & B_3 \end{bmatrix}^{\mathrm{T}}$ 是磁感应列阵；$\underline{\boldsymbol{E}}$ 是应变列阵，其定义与前文一致；$\underline{\boldsymbol{\varXi}} = \begin{bmatrix} \varXi_1 & \varXi_2 & \varXi_3 \end{bmatrix}^{\mathrm{T}}$ 和 $\underline{\boldsymbol{H}} = \begin{bmatrix} H_1 & H_2 & H_3 \end{bmatrix}^{\mathrm{T}}$ 是电场和磁场列阵；θ 是温度的变化量；$\underline{\boldsymbol{C}}$ 是弹性模量张量的分量矩阵，对于横向各向异性材料，它的表达为式 (5.9)；$\underline{\boldsymbol{e}}$、$\underline{\boldsymbol{d}}$、$\underline{\boldsymbol{\xi}}$、$\underline{\boldsymbol{g}}$、$\underline{\boldsymbol{\mu}}$、$\underline{\boldsymbol{\beta}}$、$\underline{\boldsymbol{\iota}}$ 和 $\underline{\boldsymbol{\lambda}}$ 分别是压电系数、压磁系数、介电系数、电磁系数、磁性系数、热模量、热电系数和热磁系数，可分别展开写成这样的形式：

$$\underline{\boldsymbol{e}} = \begin{bmatrix} 0 & 0 & 0 & 0 & e_{15} & 0 \\ 0 & 0 & 0 & e_{15} & 0 & 0 \\ e_{31} & e_{31} & e_{33} & 0 & 0 & 0 \end{bmatrix}, \quad \underline{\boldsymbol{d}} = \begin{bmatrix} 0 & 0 & 0 & 0 & d_{15} & 0 \\ 0 & 0 & 0 & d_{15} & 0 & 0 \\ d_{31} & d_{31} & d_{33} & 0 & 0 & 0 \end{bmatrix}$$

$$\underline{\boldsymbol{\xi}} = \begin{bmatrix} \xi_{11} & 0 & 0 \\ 0 & \xi_{11} & 0 \\ 0 & 0 & \xi_{33} \end{bmatrix}, \quad \underline{\boldsymbol{\mu}} = \begin{bmatrix} \mu_{11} & 0 & 0 \\ 0 & \mu_{11} & 0 \\ 0 & 0 & \mu_{33} \end{bmatrix}, \quad \underline{\boldsymbol{g}} = \begin{bmatrix} g_{11} & 0 & 0 \\ 0 & g_{11} & 0 \\ 0 & 0 & g_{33} \end{bmatrix}$$

$$\underline{\boldsymbol{\beta}} = \begin{bmatrix} \beta_1 & \beta_1 & \beta_3 & 0 & 0 & 0 \end{bmatrix}^{\mathrm{T}}, \quad \underline{\boldsymbol{\iota}} = \begin{bmatrix} 0 & 0 & l_3 \end{bmatrix}^{\mathrm{T}}, \quad \underline{\boldsymbol{\lambda}} = \begin{bmatrix} 0 & 0 & \lambda_3 \end{bmatrix}^{\mathrm{T}}$$

5.4 内部约束

材料的某些特性，使其运动和变形呈现出一些显著特征。例如某些材料抵抗变形的能力特别强，在运动过程中几乎不发生变形，可以把它简化为刚体。某些复合材料在某个方向上铺设了高强度纤维，从而使该方向上的变形特别困难，可以认为沿纤维铺设方向不发生伸长或缩短。又例如某些材料在变形过程中，其体积的变化量比起应变分量来说要小得多，可以将体积变化忽略不计，这时便把它们简化为不可压缩材料。

如果对某种物质进行了诸如此类的简化，那么事实上就是认定物质内存在着某种制约作用，限制了运动中可能产生的某种趋势，例如上面提到的变形的趋势，某个方向上变形的趋势，以及改变体积的趋势等。这样的作用称为**内部约束**。

“物质中某点处的应力，由该点邻域内的运动或应变，以及温度所确定”的观点，在存在内部约束的物质中受到了冲击。以不可压缩材料为例，由于某些形变本身不改变体积，在内部约束没有发挥作用时它也可能在不可压缩材料中出现；而另一方面，在某些外力和内部约束的共同作用下，也可能迫使材料发生同样的形变。两种情况下内部的应力应该是不同的。这就是说，相同的应变对应于不同的应力，或者说，应变（或运动史和温度史）不能唯一地确定应力。最简单的实例就是，不可压缩材料制成的小球在自由状态和置入高压舱，两种情况下都未发生任何形变，却存在着不同的应力状态。既然内部约束的存在影响到了本构关系，关于内部约束的研究也就成为本构理论的一个组成部分。

内部约束限制了某些运动趋势，它就必然以约束应力的形式存在。可以将约束应力记为 $\boldsymbol{S}$，那么，存在内部约束的物质中的应力 $\boldsymbol{T}$ 就可表示为

$$\boldsymbol{T} = \boldsymbol{S} + \boldsymbol{T} \tag{5.16}$$

前一项 $\boldsymbol{S}$ 不由运动史和温度史所确定，因此可称为不确定应力。后一项 $\boldsymbol{T}$ 为确定性应力，是由运动史和温度史所确定的。一般地，约束应力乃至整个应力，要靠运动方程以及边界、初始条件，连同确定性应力一起才能得以确定。

尽管如此，我们仍然可以获得关于约束应力 $\boldsymbol{S}$ 的一些性质。下面，仅就材料不可压缩这种内部约束导出相应的约束应力的形式。首先，注意到 $\boldsymbol{S}$ 与材料本征的某种约束有关，该约束限制了某些运动的产生。因此，对于与内部约束相容的运动，$\boldsymbol{S}$ 是不做功的，或者说，其功率为零，即

$$\operatorname{tr}(\boldsymbol{S} \cdot \boldsymbol{D}) = \boldsymbol{S} : \boldsymbol{D} = 0 \tag{5.17}$$

材料不可压缩的特性可表示为

$$\operatorname{tr} \boldsymbol{D} = 0 \tag{5.18}$$

在约束应力的主轴坐标系下考虑式 (5.17)，该式可表示为

$$S_1 D_{11} + S_2 D_{22} + S_3 D_{33} = 0$$

引用式 (5.18) 便可得

$$(S_1 - S_3)\, D_{11} + (S_2 - S_3)\, D_{22} = 0$$

在满足内部约束条件下，上式中的 D_{11} 和 D_{22} 是独立的，即对于任意的 D_{11} 和 D_{22} 上式均应成立，因此有

$$S_1 = S_2 = S_3$$

由此可知，不可压缩材料的内部约束应力具有球应力的形式，即

$$\boldsymbol{S} = -p\boldsymbol{I} \tag{5.19}$$

这种形式的内部约束力通常称为**静水压力**。

注意到在上述推导中，没有涉及具体的物质形式，因此式 (5.19) 对任何不可压缩材料都是适合的。

5.5　本构关系研究中的热力学方法 *

在热力学的研究中，常常确立一个热力学势函数（如内能、自由能、焓等），以它作为确定整个系统的特性函数。但热力学势函数只有采取一定的自变量，才能成为特性函数。一般说来，几何量（应变等）与温度是比较容易测量的，而把几何量和温度作为自变量的热力学势函数则是自由能。因此自由能是常用的特性函数。

在本构关系的研究中，也可借鉴这一方法，下面，便通过自由能来研究弹性体和 Newton 流体的本构关系。

5.5.1　弹性体本构关系

所谓弹性体，是指外荷载全部消失后，物体能够完全地直接恢复到未加载时的状态。由于这种性质对于加载历程中的每一个状态都应具有，因此，弹性体在某个状态的力学行为（应力、应变等），都只跟这个状态与参考状态的相对变形有关，而与如何达到这一状态的过程无关。这样，便可将弹性体的自由能密度一般地表达为形变张量 $\boldsymbol{C}$、温升 θ 和温度梯度 $\nabla\theta$ 的函数，即

$$\psi = \psi(\boldsymbol{C}, \nabla\theta, \theta) \tag{5.20}$$

为便于表述，记

$$\boldsymbol{f} = \nabla\theta \tag{5.21}$$

由于 ψ 是态函数，故有

$$\mathrm{d}\psi = \frac{\partial\psi}{\partial\boldsymbol{C}} : \mathrm{d}\boldsymbol{C} + \frac{\partial\psi}{\partial\boldsymbol{f}} \cdot \mathrm{d}\boldsymbol{f} + \frac{\partial\psi}{\partial\theta}\mathrm{d}\theta \tag{5.22}$$

因而有

$$\dot{\psi} = \frac{\partial\psi}{\partial\boldsymbol{C}} : \dot{\boldsymbol{C}} + \frac{\partial\psi}{\partial\boldsymbol{f}} \cdot \dot{\boldsymbol{f}} + \frac{\partial\psi}{\partial\theta}\dot{\theta} \tag{5.23}$$

由热力学第二定律，即式 (4.50)，有

$$\boldsymbol{T} : \boldsymbol{D} - \frac{1}{\tau}\boldsymbol{q} \cdot \boldsymbol{f} - \rho\dot{\psi} - \rho\dot{\theta}s \geqslant 0$$

根据式 (4.73)，上式中左端第一项为

$$\boldsymbol{T} : \boldsymbol{D} = \frac{1}{J}\boldsymbol{K} : \dot{\boldsymbol{G}} = \frac{1}{2J}\boldsymbol{K} : \dot{\boldsymbol{C}} \tag{5.24}$$

将式 (5.23) 和式 (5.24) 代入式 (4.50) 中，可得

$$\left(\rho\frac{\partial\psi}{\partial\boldsymbol{C}} - \frac{1}{2J}\boldsymbol{K}\right) : \dot{\boldsymbol{C}} + \rho\left(s + \frac{\partial\psi}{\partial\theta}\right)\dot{\theta} + \rho\frac{\partial\psi}{\partial\boldsymbol{f}} \cdot \dot{\boldsymbol{f}} + \frac{1}{\tau}\boldsymbol{f} \cdot \boldsymbol{q} \leqslant 0$$

上式应对任意的 $\dot{\boldsymbol{C}}$, $\dot{\theta}$ 和 $\dot{\boldsymbol{f}}$ 都成立，因此有

$$\boldsymbol{K} = 2J\rho\frac{\partial\psi}{\partial\boldsymbol{C}} = 2\rho_0\frac{\partial\psi}{\partial\boldsymbol{C}} \tag{5.25}$$

$$s = -\frac{\partial\psi}{\partial\theta} \tag{5.26}$$

$$\frac{\partial\psi}{\partial\boldsymbol{f}} = \boldsymbol{0} \tag{5.27}$$

$$\boldsymbol{f} \cdot \boldsymbol{q} = \boldsymbol{q} \cdot \nabla\theta \leqslant 0 \tag{5.28}$$

式 (5.25) 说明，应力 $\boldsymbol{K}$ 可以由自由能对应变的微分导出，利用 Green 应变张量 $\boldsymbol{G}$，式 (5.25) 还可表示为

$$\boldsymbol{K} = \rho_0\frac{\partial\psi}{\partial\boldsymbol{G}} \tag{5.29}$$

式 (5.26) 说明，熵密度可以由自由能对温度的微分导出。而式 (5.27) 表明，自由能与温度梯度无关。式 (5.28) 说明，热流方向与温度梯度方向的夹角为钝角；由此可以证明，在各向同性体中，热流方向与温度梯度方向相反。这说明，热量从温度高的地方流向温度低的地方是物体的自发行为。这正是热力学第二定律的 Clausius 提法在弹性体中的体现。

此外，对于一般固体，包括弹性体，热流都满足热传导的 Fourier 定律，即式 (4.57)

$$\boldsymbol{q} = -\widetilde{\boldsymbol{K}} \cdot \nabla\theta$$

在各向同性弹性体中，Fourier 定律成为式 (4.60)

$$\boldsymbol{q} = -\kappa\nabla\theta$$

这样，弹性体的本构关系便可完整地表示为

$$\psi = \psi(\boldsymbol{C}, \nabla\theta, \theta) \tag{5.30a}$$

$$\boldsymbol{K} = 2\rho_0 \frac{\partial \psi}{\partial \boldsymbol{C}} \tag{5.30b}$$

$$s = -\frac{\partial \psi}{\partial \theta} \tag{5.30c}$$

$$\boldsymbol{q} = -\widetilde{\boldsymbol{K}} \cdot \nabla\theta \tag{5.30d}$$

只要自由能作为 $\boldsymbol{C}$ 和 θ 的函数一旦确定，应力、熵都得以确定。

利用上述结论，还可导出弹性体中热流密度 $\boldsymbol{q}$ 应该满足的方程。由于

$$\dot{\psi} = \frac{\partial \psi}{\partial \boldsymbol{C}} : \dot{\boldsymbol{C}} + \frac{\partial \psi}{\partial \theta}\dot{\theta} = \frac{1}{2J\rho}\boldsymbol{K} : \dot{\boldsymbol{C}} - s\dot{\theta} = \frac{1}{\rho}\boldsymbol{T} : \boldsymbol{D} - s\dot{\theta}$$

根据自由能密度定义 $\psi = u - \tau s$[式 (4.49)]，可得

$$\dot{u} = \dot{\psi} + \dot{\tau}s + \tau\dot{s} = \frac{1}{\rho}\boldsymbol{T} : \boldsymbol{D} - s\dot{\theta} + \dot{\tau}s + \tau\dot{s} = \frac{1}{\rho}\boldsymbol{T} : \boldsymbol{D} + \tau\dot{s}$$

代入能量方程 $\rho\dot{u} = \boldsymbol{T} : \boldsymbol{D} - \nabla \cdot \boldsymbol{q} + \rho\varsigma$，可得

$$\nabla \cdot \boldsymbol{q} - \rho\varsigma + \rho\tau\dot{s} = 0 \tag{5.31}$$

考虑式中的 $\dot{s}$，仍然把 s 一般地表示为形变张量 $\boldsymbol{C}$、温度 θ 和温度梯度 $\nabla\theta$ 的函数，可得

$$\dot{s} = \frac{\partial s}{\partial \boldsymbol{C}} : \dot{\boldsymbol{C}} + \frac{\partial s}{\partial \boldsymbol{f}} \cdot \dot{\boldsymbol{f}} + \frac{\partial s}{\partial \theta}\dot{\theta} = -\frac{\partial^2 \psi}{\partial \boldsymbol{C}\partial \theta} : \dot{\boldsymbol{C}} - \frac{\partial^2 \psi}{\partial \theta^2}\dot{\theta}$$

故有

$$\nabla \cdot \boldsymbol{q} - \rho\varsigma - \rho\tau\left(\frac{\partial^2 \psi}{\partial \boldsymbol{C}\partial \theta} : \dot{\boldsymbol{C}} + \frac{\partial^2 \psi}{\partial \theta^2}\dot{\theta}\right) = 0 \tag{5.32}$$

可以看出，上式是能量方程在弹性体中的推论。

5.5.2　Newton 流体本构关系

最早对流体的本构关系进行研究的是 Newton。他于 1687 年做了著名的流体剪切运动的实验。他的实验表明，切向应力与剪切变形速度的梯度成正比，即

$$\tau = \mu \frac{\mathrm{d}v}{\mathrm{d}x} \tag{5.33}$$

式中 μ 称为**动力学黏性系数**，是一个显著地依赖于温度的物理量。在这个结论的基础上，下面将用热力学方法进行一般性的讨论，当应力 $\boldsymbol{T}$ 是速度梯度张量 $\boldsymbol{L}$ 的线性函数时流体的本构关系。

首先，根据客观性原理，在本构关系中起作用的不是 $\boldsymbol{L}$ 的全部，而只是其对称部分形变率张量 $\boldsymbol{D}$。由于 $\boldsymbol{L}$ 的反对称部分 $\boldsymbol{W}$ 的含义是局部的刚体转动速率，而本构关系本质上与刚体运动无关，因此本构关系中不应包含 $\boldsymbol{W}$ 这一部分。这样，在考虑温度影响时，流体

的本构关系可从下面一组方程出发进行研究：

$$\left.\begin{aligned} \psi &= \psi(\rho,\, \boldsymbol{D},\, \theta,\, \boldsymbol{f}) \\ \boldsymbol{T} &= \boldsymbol{T}(\rho,\, \boldsymbol{D},\, \theta,\, \boldsymbol{f}) \\ \boldsymbol{q} &= \boldsymbol{q}(\rho,\, \boldsymbol{D},\, \theta,\, \boldsymbol{f}) \\ s &= s(\rho,\, \boldsymbol{D},\, \theta,\, \boldsymbol{f}) \end{aligned}\right\} \tag{5.34}$$

式中，$\boldsymbol{f} = \nabla\theta$ 为温度梯度。在上式中的第一式取物质导数，可得

$$\dot{\psi} = \frac{\partial \psi}{\partial \rho}\dot{\rho} + \frac{\partial \psi}{\partial \boldsymbol{D}} : \dot{\boldsymbol{D}} + \frac{\partial \psi}{\partial \theta}\dot{\theta} + \frac{\partial \psi}{\partial \boldsymbol{f}} \cdot \dot{\boldsymbol{f}} \tag{5.35}$$

将上式代入熵不等式 $\boldsymbol{T} : \boldsymbol{D} - \dfrac{1}{\tau}\boldsymbol{q} \cdot \boldsymbol{f} - \rho\dot{\psi} - \rho\dot{\theta}s \geqslant 0$，同时利用连续性方程，将上式中的 $\dot{\rho}$ 表示为

$$\dot{\rho} = -\rho\nabla \cdot \boldsymbol{v} = -\rho \boldsymbol{I} : \boldsymbol{D}$$

便有

$$\left(\rho^2 \frac{\partial \psi}{\partial \rho}\boldsymbol{I} + \boldsymbol{T}\right) : \boldsymbol{D} - \rho\left(\frac{\partial \psi}{\partial \theta} + s\right)\dot{\theta} - \rho\frac{\partial \psi}{\partial \boldsymbol{D}} : \dot{\boldsymbol{D}} - \rho\frac{\partial \psi}{\partial \boldsymbol{f}} \cdot \dot{\boldsymbol{f}} - \frac{1}{\tau}\boldsymbol{q} \cdot \boldsymbol{f} \geqslant 0 \tag{5.36}$$

由于上式中的 $\dot{\boldsymbol{D}}, \dot{\theta}, \dot{\boldsymbol{f}}$ 均为独立变量，因此有

$$\frac{\partial \psi}{\partial \boldsymbol{D}} = \boldsymbol{0} \tag{5.37a}$$

$$\frac{\partial \psi}{\partial \boldsymbol{f}} = \boldsymbol{0} \tag{5.37b}$$

$$s = -\frac{\partial \psi}{\partial \theta} \tag{5.37c}$$

$$\left(\rho^2 \frac{\partial \psi}{\partial \rho}\boldsymbol{I} + \boldsymbol{T}\right) : \boldsymbol{D} - \frac{1}{\tau}\boldsymbol{q} \cdot \boldsymbol{f} \geqslant 0 \tag{5.37d}$$

由式 (5.37a) 和式 (5.37b) 可知，自由能与形变率张量 $\boldsymbol{D}$ 和温度梯度 $\boldsymbol{f}$ 无关。因此自由能 ψ 仅是密度 ρ 和温度 θ 的函数，即

$$\psi = \psi(\rho, \theta) \tag{5.38}$$

由式 (5.37d) 可知，如果流体处于等温状态的可逆过程，此时式 (5.37d) 应取等号，而且流体内无热流，故有

$$\boldsymbol{T} = \boldsymbol{T}^E = -\rho^2 \frac{\partial \psi}{\partial \rho}\boldsymbol{I} \tag{5.39}$$

此时应力是可逆的。这种应力是一种球应力，它在形式上与静水压力相同。根据式 (5.39) 可以引入称为**热力学压力**的量 $\varPi$，其定义是

$$\varPi = \varPi(\rho, \theta) = \rho^2 \frac{\partial \psi}{\partial \rho} \tag{5.40}$$

流体中将数值 Π 称为**压强**。式 (5.40) 表明，压强取决于温度和密度，而密度显然与体积有关。流体中表达压强、体积、温度之间的关系称为**状态方程**。式 (5.40) 实际上就是这样一种状态方程。

将流体中的应力一般地表示为可逆应力 $\boldsymbol{T}^E$ 与不可逆应力 $\boldsymbol{T}^D$ 之和，其中可逆应力就是式 (5.39) 表示的热力学压力项，于是便有

$$\boldsymbol{T} = \boldsymbol{T}^E + \boldsymbol{T}^D = -\Pi \boldsymbol{I} + \boldsymbol{T}^D \tag{5.41}$$

将式 (5.40) 和式 (5.41) 代入式 (5.37d) 中可得

$$\rho\tau\chi = \boldsymbol{T}^D : \boldsymbol{D} - \frac{1}{\tau}\boldsymbol{q} \cdot \nabla\theta \geqslant 0 \tag{5.42}$$

在式 (5.36) 中，若过程是可逆的，则应取等号，那么相应地，式 (5.42) 也取等号。因此式 (5.42) 代表了流体中的耗散机理。$\rho\tau\chi$ 就是**耗散函数**。

式 (5.42) 涉及不可逆热力学。可以在线性不可逆热力学的框架内理解式 (5.42) 所反映的物理事实。线性不可逆热力学处理这类问题的要点是：

（1）在耗散机制中出现的一对量，可以把其中之一视为一种热力学的“广义力”，它是耗散机制中的“因”；而把另一个量视为对应的热力学“广义流”，它是耗散机制中的“果”。广义力和广义流的乘积一定构成耗散函数。

（2）可以将广义力表示为广义流的线性函数。

（3）如果同时出现两组广义力流，那么在各向同性体中，这两组力流之间的耦合作用只会发生在相差偶数阶的张量之间。[居里（Curie）定律]

（4）如果两对力流之间产生耦合作用，那么这种耦合作用是对称的，即甲组广义力对乙组广义流的作用与乙组广义力对甲组广义流的作用相等。[昂萨格（Onsage）原理]

用上述观点考虑式 (5.42)，就会发现，式中第二项代表了由于热传导作用而引起的能量耗散率。在这一项中，$\nabla\theta/\tau$ 可以视为广义力，而 $\boldsymbol{q}$ 则可以视为对应的广义流。它们间的线性关系即

$$\boldsymbol{q} = -\kappa\nabla\theta$$

这就是 Fourier 热传导定律。

式 (5.42) 中的第一项代表了由于流体内部黏性作用的存在，而导致的机械能转化为热能的速率。因此 $\boldsymbol{T}^D$ 代表了流体中的黏性阻滞应力。若将 $\boldsymbol{D}$ 视为又一种“广义流”，那么 $\boldsymbol{T}^D$ 就是相应的“广义力”。同样，可将广义力 $\boldsymbol{T}^D$ 表达为广义流 $\boldsymbol{D}$ 的线性函数。

由于流体总是各向同性的，而 $\boldsymbol{q}$ 和 $\boldsymbol{D}$ 相差一阶，因此，根据 Curie 定理，这两组力流之间不会耦合。这样，便有

$$\boldsymbol{T}^D = \lambda(\rho,\theta)\boldsymbol{I}\,\mathrm{tr}\,\boldsymbol{D} + 2\mu(\rho,\theta)\boldsymbol{D} \tag{5.43}$$

上式也可改写为

$$\boldsymbol{T}^D = 2\mu\left(\boldsymbol{D} - \frac{1}{3}\boldsymbol{I}\,\mathrm{tr}\,\boldsymbol{D}\right) + \left(\lambda + \frac{2}{3}\mu\right)\boldsymbol{I}\,\mathrm{tr}\,\boldsymbol{D} \tag{5.44}$$

记

$$\mu' = \lambda + \frac{2}{3}\mu \tag{5.45}$$

并将它代入式 (5.43) 和式 (5.41) 可得 Newton 流体中应力的一般表达式

$$\boldsymbol{T} = -\varPi\boldsymbol{I} + 2\mu\left(\boldsymbol{D} - \frac{1}{3}\boldsymbol{I}\,\mathrm{tr}\,\boldsymbol{D}\right) + \mu'\boldsymbol{I}\,\mathrm{tr}\,\boldsymbol{D} \tag{5.46}$$

这样，Newton 流体的一组本构关系便为

$$\psi = \psi(\rho, \theta) \tag{5.47a}$$

$$\boldsymbol{T} = -\varPi\boldsymbol{I} + 2\mu\left(\boldsymbol{D} - \frac{1}{3}\boldsymbol{I}\,\mathrm{tr}\,\boldsymbol{D}\right) + \mu'\boldsymbol{I}\,\mathrm{tr}\,\boldsymbol{D} \tag{5.47b}$$

$$s = -\frac{\partial\psi}{\partial\theta} \tag{5.47c}$$

$$\boldsymbol{q} = -\kappa\nabla\theta \tag{5.47d}$$

只要自由能关于密度 ρ 和温度 θ 的函数关系一旦确定，$\varPi$、$\boldsymbol{T}$、s 就可以随之确定。

下面考虑 Newton 流体中热流 $\boldsymbol{q}$ 应满足的方程。在能量方程中，由本构方程 (5.47a) 可知，自由能 ψ 仅是密度 ρ 和温度 θ 的函数，因此，内能 u 也仅是密度 ρ 和温度 θ 的函数，故有

$$\dot{u} = \frac{\partial u}{\partial\rho}\dot{\rho} + \frac{\partial u}{\partial\theta}\dot{\theta} \tag{5.48}$$

在流体中，定义定容比热

$$c_V = \left(\frac{\partial u}{\partial\theta}\right)_V = \left(\frac{\partial u}{\partial\theta}\right)_\rho \tag{5.49}$$

则有

$$\dot{u} = \left(\frac{\partial u}{\partial\rho}\right)_\theta\dot{\rho} + c_V\dot{\theta}$$

将内能与自由能的关系式 $u = \psi + \tau s$ 和连续性方程 $\dot{\rho} = -\rho\,\mathrm{tr}\,\boldsymbol{D}$ 代入上式可得

$$\begin{aligned}\rho\dot{u} &= -\rho^2\frac{\partial\psi}{\partial\rho}\,\mathrm{tr}\,\boldsymbol{D} + \tau\rho^2\frac{\partial^2\psi}{\partial\theta\partial\rho}\,\mathrm{tr}\,\boldsymbol{D} + \rho c_V\dot{\theta}\\&= -\varPi\,\mathrm{tr}\,\boldsymbol{D} + \tau\frac{\partial\varPi}{\partial\theta}\,\mathrm{tr}\,\boldsymbol{D} + \rho c_V\dot{\theta}\end{aligned}$$

将上式代入能量方程 $\rho\dot{u} = \boldsymbol{T} : \boldsymbol{D} - \nabla\cdot\boldsymbol{q} + \rho\varsigma$，同时将式 (5.43) 代入，有

$$\nabla\cdot\boldsymbol{q} - \rho\varsigma - \left(\boldsymbol{T}^D - \tau\frac{\partial\varPi}{\partial\theta}\boldsymbol{I}\right) : \boldsymbol{D} + \rho c_V\dot{\theta} = 0 \tag{5.50}$$

上式中含有圆括号的一项与热源项具有相同的量纲，它体现了机械能转化为热能的机理。

思考题

5.1　在决定物体的运动时，什么情况下可以不讨论本构关系？什么情况下必须讨论本构关系？

5.2　什么是本构方程？为什么说本构方程本质上是数学模型？

5.3　研究本构关系的目的是什么？

5.4　你能否举出下列材料的例子？

(1) 各向异性的脆性材料；(2) 各向同性的黏弹性材料；

(3) 各向异性的塑性材料；(4) 各向异性的黏弹性材料。

5.5　固体材料类型的划分是绝对的吗？考虑材料性质的划分应注意哪些因素？

5.6　橡胶和钢的本构关系最主要的区别是什么？

5.7　在下列固体材料中，哪些可以归为一类？这种归类的依据是什么？

玻璃　低碳钢　铜　混凝土　沥青　玻璃钢　陶瓷　砖　铝　聚氯乙烯
岩石　土壤　环氧树脂　云母　铸铁

5.8　松弛和蠕变对构件的正常工作各有些什么影响？

5.9　根据你的了解，把下列流体按黏性从小到大的顺序排列出来：

食用调和油　酒精　油漆　水　汽油　装饰墙面的涂料　空气　熬化了的沥青

5.10　根据你的了解，定性地说明温度对流体黏性的影响。

5.11　什么叫非 Newton 流体？你能举出几种非 Newton 流体的例子来吗？

5.12　Newton 黏性定律 $\tau = \mu\partial v_1/\partial x_2$ 是对 Newton 流体本构关系的完整描述吗？为什么？

5.13　什么是客观性原理？研究客观性原理有什么意义？

5.14　为什么说材料性质的空间方向性的研究可以转化为对称性的研究？

5.15　在线弹性材料中某点处，同一坐标系下切向应力只产生切应变而不产生线应变的材料有哪些类型？

5.16　横向各向同性黏弹性材料有多少个物性常数？各向同性黏弹性材料有多少个物性常数？

5.17　什么叫内部约束？为什么要讨论内部约束？

5.18　物体材料不可压缩这一简化假定，若利用形变梯度张量 $\boldsymbol{F}$，则可表示为什么形式？若利用速度 $\boldsymbol{v}$，则可表示为什么形式？若利用密度 ρ，则可表示为什么形式？若利用形变率张量 $\boldsymbol{D}$，则可表示为什么形式？

5.19　压电材料、电磁材料通常是各向异性材料，材料中的电场、磁场与弹性场之间为线性耦合关系，从 5.3 节关于热 – 电 – 磁 – 弹性材料本构关系的介绍，尝试分别给出恒温情况下压电材料和电磁材料的本构关系。

习 题

5.1 证明本构关系 $\boldsymbol{T}=\lambda\boldsymbol{I}\operatorname{tr}\boldsymbol{D}+2\mu\boldsymbol{D}$ 可以分解为等价的两个方程：$\operatorname{tr}\overline{\boldsymbol{T}}=(3\lambda+2\mu)\operatorname{tr}\overline{\boldsymbol{D}}$ 和 $\boldsymbol{T}'=2\mu\boldsymbol{D}'$。

5.2 某种流体的本构关系为 $\boldsymbol{T}=\lambda\boldsymbol{I}\operatorname{tr}\boldsymbol{D}+2\mu\boldsymbol{D}$，式中 λ 和 μ 为常数，求由运动 $\boldsymbol{v}=kx_2\boldsymbol{e}_1$ 引起的应力。

5.3 某种流体的本构关系为 $\boldsymbol{T}=\lambda\boldsymbol{I}\operatorname{tr}\boldsymbol{D}+2\mu\boldsymbol{D}$，式中 λ 和 μ 为常数，求由运动 $\boldsymbol{v}=f(x_1,x_2,x_3)\,\boldsymbol{e}_1$ 引起的应力。

5.4 某种赖纳–里夫林 (Reiner-Rivlin) 流体的本构关系为 $\boldsymbol{T}=-p\boldsymbol{I}+\mu(1+\alpha\operatorname{tr}\boldsymbol{D}^2)\cdot\boldsymbol{D}+\beta\boldsymbol{D}^2$,式中右端除 $\boldsymbol{D}$ 之外均为常数,确定流体中由速度场 $\boldsymbol{v}=-x_2\omega(x_3)\boldsymbol{e}_1+x_1\omega(x_3)\boldsymbol{e}_2$ 引起的应力。

5.5 某种固体的本构关系为 $\boldsymbol{K}=\alpha\boldsymbol{I}+\beta\boldsymbol{C}+\gamma\boldsymbol{C}^{-1}$，式中 α、β 和 γ 为常数，求由变形 $\boldsymbol{x}=\lambda_1X_1\boldsymbol{e}_1+\lambda_2X_2\boldsymbol{e}_2+\lambda_3X_3\boldsymbol{e}_3$ 引起的应力，并求 α、β 和 γ 应满足的条件。

5.6 某种固体的本构关系为 $\boldsymbol{K}=\alpha\boldsymbol{I}+\beta(1+\gamma\operatorname{tr}\boldsymbol{C})\boldsymbol{C}$，式中 α、β 和 γ 为常数，求由变形 $\boldsymbol{x}=\lambda_1X_1\boldsymbol{e}_1+\lambda_2X_2\boldsymbol{e}_2+\lambda_3X_3\boldsymbol{e}_3$ 引起的应力，并求 α、β 和 γ 应满足的条件。

5.7 下列本构方程是客观性原理所允许的吗？

(1) $\boldsymbol{T}=(\alpha E_{11}+\beta E_{22}+\gamma E_{33})\boldsymbol{E}$；(2) $\boldsymbol{K}=(\alpha G_{12}+\beta G_{23})\boldsymbol{G}$；

(3) $\boldsymbol{T}=\alpha\left(E_{11}^2+E_{22}^2+E_{33}^2\right)\boldsymbol{I}+\beta\boldsymbol{E}$；(4) $\boldsymbol{K}=\alpha\operatorname{tr}\boldsymbol{G}^2\boldsymbol{I}+\beta\boldsymbol{G}$。

5.8 下列本构方程是客观性原理所允许的吗？

(1) $\boldsymbol{T}=\alpha\boldsymbol{L}$；(2) $\boldsymbol{K}=\alpha\boldsymbol{F}^2$；

(3) $\boldsymbol{T}=-p(t)\boldsymbol{I}$；(4) $\boldsymbol{T}=\alpha\boldsymbol{D}+\beta\boldsymbol{W}$；

(5) $\boldsymbol{T}=\alpha\boldsymbol{E}+\beta\boldsymbol{\Omega}$；(6) $\boldsymbol{K}=\alpha\boldsymbol{F}^{\mathrm{T}}\boldsymbol{F}+\beta\boldsymbol{I}$。

5.9 若正交各向异性材料的三个相互垂直的对称平面是坐标平面，记 E_1,E_2,E_3 分别为三个坐标轴方向上的弹性模量，ν_{12} 是 X_1 方向上的伸缩在 X_2 方向上的泊松比，同样可定义 ν_{13} 和 ν_{23}。记 G_{12} 是确定 X_1 和 X_2 方向间夹角变化的剪切弹性模量。

(1) 将式 (5.8) 中 $\underline{\boldsymbol{C}}$ 矩阵的各元素用上述元素表达出来；

(2) 利用应变能的正定性 (对于任意的非零应变 $\boldsymbol{E}$，都有 $2\rho\varphi=\boldsymbol{E}:\boldsymbol{C}:\boldsymbol{E}=\underline{\boldsymbol{\varepsilon}}^{\mathrm{T}}\underline{\boldsymbol{D}}\,\underline{\boldsymbol{\varepsilon}}>0$)，确定式 (5.8) 中 $\underline{\boldsymbol{C}}$ 矩阵各元素的取值限制。

5.10 对横向各向同性材料，

(1) 仿照习题 5.9，确定常用的工程物性系数 (弹性模量、泊松比和剪切弹性模量)；

(2) 将式 (5.9) 中 $\underline{\boldsymbol{C}}$ 矩阵的各元素用上述元素表达出来；

(3) 利用应变能的正定性，确定式 (5.9)$\underline{\boldsymbol{C}}$ 矩阵各元素的取值限制。

5.11 对单斜晶材料，

(1) 仿照习题 5.10，确定常用的工程物性系数 (弹性模量、泊松比和剪切弹性模量)；

(2) 将式 (5.7) 中 $\underline{\boldsymbol{C}}$ 矩阵的各元素用上述元素表达出来；

(3) 利用应变能的正定性，确定式 (5.7)$\underline{\boldsymbol{C}}$ 矩阵各元素的取值限制。

5.12　证明：不可压缩条件可表示为 $\dot{\boldsymbol{G}}:\boldsymbol{C}^{-1}=0$。

5.13　如果不可压缩材料的本构方程为 $\boldsymbol{T}=-p\boldsymbol{I}+\beta\boldsymbol{D}+\alpha\boldsymbol{D}\cdot\boldsymbol{D}$，证明：$\mathrm{tr}\boldsymbol{T}=3\left(-p-\dfrac{2}{3}\alpha\mathrm{II}_D\right)$。

5.14　以自由能 ψ 为特性函数，以温度 θ、小应变张量 $\boldsymbol{E}$ 为状态变量，利用热力学第二定律导出线弹性体的本构关系。

5.15　利用习题 5.14 结论，进一步将自由能 ψ 表达为温度 θ 和小应变张量 $\boldsymbol{E}$ 的二次齐次式，导出各向同性线弹性体应力和应变及温度间的本构关系。

5.16　以内能 u 为特性函数，以熵 s、小应变张量 $\boldsymbol{E}$ 为状态变量，利用热力学第二定律导出各向同性线弹性体的本构关系。

5.17　利用习题 5.16 结论，进一步将内能 u 表达为熵 s 和小应变张量 $\boldsymbol{E}$ 的二次齐次式，导出各向同性线弹性体的应力和应变及熵间的本构关系。

5.18　由自由能为特性函数导出的弹性模量称为**等温弹性模量**，由内能为特性函数导出的弹性模量称为**绝热弹性模量**，利用上面几题的结论，导出两类弹性模量间的关系。

习题答案 A5

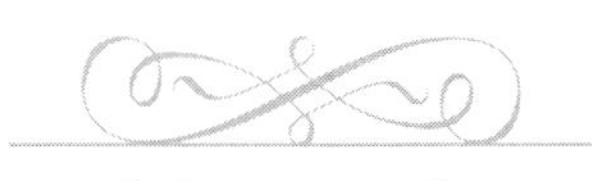

第 6 章 弹性固体

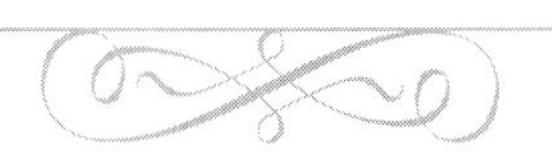

许多工程材料在应变水平很小的情况下，都呈现出弹性特征。这就是说，当荷载消失，材料将能完全恢复到未加载的初始状态。在等温条件下，这个过程就是一种可逆过程。如果对试样在弹性范围内进行简单的拉伸实验，那么，加载曲线和卸载曲线是重合的，如图 6.1 所示。

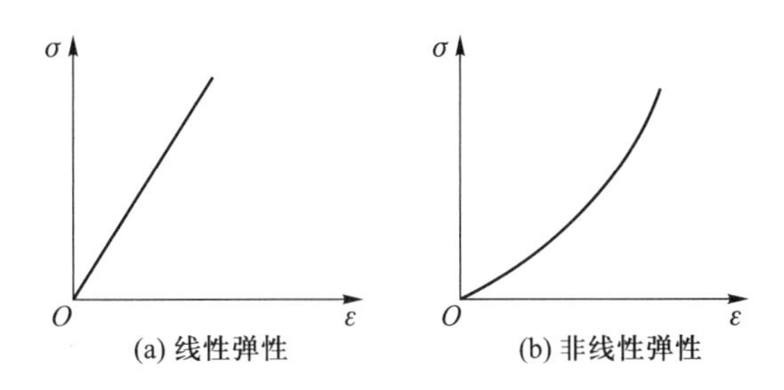

图 6.1 弹性材料的加载和卸载曲线

如果变形–荷载曲线是一条直线（图 6.1a），说明材料是线性弹性（简称线弹性）的，或者说，材料处于线弹性阶段。常见的工程材料，如钢材、有色金属、混凝土，大多工作在线性弹性范围之内。如果变形–荷载曲线是一条曲线（图 6.1b），则说明材料是非线性弹性的。橡胶等高聚合物一般都呈现出非线性弹性特征。

本章首先将用较大篇幅比较详细地讨论线弹性体，然后，本章将对各向同性超弹性体做简单介绍。

6.1　线弹性体的本构关系

线弹性体是一般弹性体中本构关系最简单的情况。在一般弹性体的基础上，线弹性体增加了两个线性化假定：

（1）**几何线性假定**，即小变形假定 $|\partial u_i/\partial X_R| \ll 1$。根据这一假定，由 2.3 节的结论，在讨论线弹性问题中，不必区分对物质坐标和对空间坐标的微分，即取 $\nabla = \overline{\nabla}$。事实上，线性弹性力学范围内一直使用的是物质坐标。在本节中，坐标都是物质坐标，却采用了小写字母来表示，这一点有别于前面的章节。相应地，微元面积用 $\mathrm{d}a$ 表示，微元体积用 $\mathrm{d}\sigma$ 表示，但它们实际上都是参考构形中的微元，希望读者注意。应变度量则使用小应变张量 $\boldsymbol{E}$，它可以认为是 Green 应变张量 $\boldsymbol{G}$ 或 Almansi 应变张量 $\boldsymbol{A}$ 略去二阶微量的结果。同时，Cauchy 应力张量 $\boldsymbol{T}$ 与两类 Piola-Kirchhoff 应力 $\boldsymbol{P}$ 和 $\boldsymbol{K}$ 间的差别也在二阶微量上，因此本节中对应力使用记号 $\boldsymbol{T}$。

（2）**物理线性假定**，即应力 $\boldsymbol{T}$ 与应变 $\boldsymbol{E}$（可能还包括温度）间的关系是线性的。

由上述线性假定所确立的本构关系是一种理想模型。但是，应该指出，在一般工况下，相当多的固体工程材料采用这种本构模型都有令人满意的精确程度。

考虑纯力学情况，也就是等温情况，线弹性体的本构关系可以一般地表述为

$$\boldsymbol{T} = \boldsymbol{C} : \boldsymbol{E}, \quad T_{ij} = C_{ijkl}E_{kl} \tag{6.1}$$

式中，$\boldsymbol{C}$ 是等温弹性模量。它是一个常数的四阶张量，这在 5.2 节中已经详细地讨论过。对于各向同性体，$\boldsymbol{C}$ 只有 2 个独立的分量。这种关系可以表示为

$$\boldsymbol{T} = \lambda \boldsymbol{I}\,\mathrm{tr}\,\boldsymbol{E} + 2\mu \boldsymbol{E}, \quad T_{ij} = \lambda \delta_{ij}E_{kk} + 2\mu E_{ij} \tag{6.2}$$

式中，λ 和 μ 这一对常数称为 **Lamé 常数**。上式也可以认为是四阶张量 $\boldsymbol{C}$ 的分量取如下形式而得到的：

$$C_{ijkl} = \alpha\delta_{ij}\delta_{kl} + \beta\delta_{ik}\delta_{jl} + \gamma\delta_{il}\delta_{jk} \tag{6.3}$$

将式 (6.1) 代入上式即有

$$\begin{aligned} T_{ij} &= (\alpha\delta_{ij}\delta_{kl} + \beta\delta_{ik}\delta_{jl} + \gamma\delta_{il}\delta_{jk})\,E_{kl} \\ &= \alpha\delta_{ij}E_{kk} + \beta E_{ij} + \gamma E_{ji} = \alpha\delta_{ij}E_{kk} + (\beta+\gamma)E_{ij} \end{aligned}$$

取 $\alpha = \lambda$，$\beta + \gamma = 2\mu$，即可得到式 (6.2)。

分量具有式 (6.3) 的四阶张量称为四阶各向同性张量。一般地，如果一个张量的每个分量都是坐标变换的不变量，则称该张量为**各向同性张量**。可以证明，零阶张量（标量）总是各向同性的；任何非零的一阶张量（矢量）都不可能是各向同性的；二阶各向同性张量具有

$$\alpha \boldsymbol{I} = \alpha\delta_{ij}\boldsymbol{e}_i\boldsymbol{e}_j \tag{6.4}$$

的形式；三阶各向同性张量具有

$$\alpha\boldsymbol{\varepsilon} = \alpha\varepsilon_{ijk}\boldsymbol{e}_i\boldsymbol{e}_j\boldsymbol{e}_k \tag{6.5}$$

的形式，需要注意，置换张量 $\boldsymbol{\varepsilon}$ 在正常正交变换下是各向同性的，在非正常（镜面反射）变换下并不是各向同性的；而四阶各向同性张量则具有式 (6.3) 的形式。

在各向同性线弹性体中，应力和应变的关系是各向同性的，因此，反映这种关系的张量 $\boldsymbol{C}$ 就应该是各向同性张量。

等温情况下的应力应变关系通常可用矩阵形式表达为

$$\begin{bmatrix} T_{11} \\ T_{22} \\ T_{33} \\ T_{12} \\ T_{23} \\ T_{31} \end{bmatrix} = \begin{bmatrix} D_{11} & D_{12} & D_{13} & D_{14} & D_{15} & D_{16} \\ D_{12} & D_{22} & D_{23} & D_{24} & D_{25} & D_{26} \\ D_{13} & D_{23} & D_{33} & D_{34} & D_{35} & D_{36} \\ D_{14} & D_{24} & D_{34} & D_{44} & D_{45} & D_{46} \\ D_{15} & D_{25} & D_{35} & D_{45} & D_{55} & D_{56} \\ D_{16} & D_{26} & D_{36} & D_{46} & D_{56} & D_{66} \end{bmatrix} \begin{bmatrix} E_{11} \\ E_{22} \\ E_{33} \\ 2E_{12} \\ 2E_{23} \\ 2E_{31} \end{bmatrix} \tag{6.6a}$$

上式也可简记为

$$\underline{\boldsymbol{\sigma}} = \underline{\boldsymbol{D}}\,\underline{\boldsymbol{\varepsilon}} \tag{6.6b}$$

式中，$\underline{\boldsymbol{\sigma}}$ 为应力列向量：

$$\underline{\boldsymbol{\sigma}} = \begin{bmatrix} T_{11} & T_{22} & T_{33} & T_{12} & T_{23} & T_{31} \end{bmatrix}^{\mathrm{T}} \tag{6.7a}$$

而 $\underline{\boldsymbol{\varepsilon}}$ 为工程应变列向量：

$$\underline{\boldsymbol{\varepsilon}} = \begin{bmatrix} E_{11} & E_{22} & E_{33} & 2E_{12} & 2E_{23} & 2E_{31} \end{bmatrix}^{\mathrm{T}} \tag{6.7b}$$

6×6 的方阵 $\underline{\boldsymbol{D}}$ 一般称为**弹性矩阵**，可由 5.3 节确定。例如，在各向同性体中，根据式 (6.2)，有

$$\underline{\boldsymbol{D}} = \begin{bmatrix} \lambda+2\mu & \lambda & \lambda & 0 & 0 & 0 \\ \lambda & \lambda+2\mu & \lambda & 0 & 0 & 0 \\ \lambda & \lambda & \lambda+2\mu & 0 & 0 & 0 \\ 0 & 0 & 0 & \mu & 0 & 0 \\ 0 & 0 & 0 & 0 & \mu & 0 \\ 0 & 0 & 0 & 0 & 0 & \mu \end{bmatrix} \tag{6.8}$$

根据式 (4.91)，线弹性体的应变比能可以一般地表示为

$$\rho_0\varphi = \frac{1}{2}\boldsymbol{E}:\boldsymbol{C}:\boldsymbol{E} = \frac{1}{2}C_{ijkl}E_{ij}E_{kl} \tag{6.9a}$$

上式可以表示为矩阵形式

$$\rho_0\varphi = \frac{1}{2}\underline{\boldsymbol{\varepsilon}}^{\mathrm{T}}\underline{\boldsymbol{D}}\,\underline{\boldsymbol{\varepsilon}} \tag{6.9b}$$

易于看出，上式是关于应变分量的二次型。由应变能的正定性质可知，矩阵 $\underline{\boldsymbol{D}}$ 必定是正定矩阵。由此可以导出对 $\underline{\boldsymbol{D}}$ 所包含的物性常数的取值的限制。

例如，对于各向同性线弹性体的矩阵 $\underline{\boldsymbol{D}}$，由于正定矩阵的各级主子式都必须大于零，由此可导出一系列不等式：

$$\mu > 0, \quad \lambda + 2\mu > 0, \quad \lambda + \mu > 0, \quad 3\lambda + 2\mu > 0, \quad \cdots\cdots$$

使上述各不等式满足的充分必要条件是

$$\mu > 0, \quad \lambda > -\frac{2}{3}\mu \tag{6.10}$$

各向同性线弹性体常用的物性常数除了 Lamé 常数外，还有弹性模量 E 和泊松比 ν。这两个物性常数已在 5.3 节中定义。把 5.3 节中的式 (5.14) 与式 (6.2) 相比较可导出

$$\lambda = \frac{E\nu}{(1+\nu)(1-2\nu)}, \quad \mu = \frac{E}{2(1+\nu)} \tag{6.11}$$

因此，Lamé 常数中的 μ 与一般所定义的剪切弹性模量 G 相等。同时，由式 (6.11) 可导出

$$E = \frac{\mu(3\lambda + 2\mu)}{\lambda + \mu}, \quad \nu = \frac{\lambda}{2(\lambda + \mu)} \tag{6.12}$$

由式 (6.10) 可知

$$E > 0, \quad -1 < \nu < \frac{1}{2} \tag{6.13}$$

如果在式 (6.2) 两端取迹，可得

$$\frac{1}{3}\operatorname{tr}\boldsymbol{T} = \frac{3\lambda + 2\mu}{3}\operatorname{tr}\boldsymbol{E} \tag{6.14}$$

上式左端的 $\operatorname{tr}\boldsymbol{T}/3$ 是平均正应力，右端的 $\operatorname{tr}\boldsymbol{E}$ 是微元体积的相对变化量。由此可定义另一个物性常数

$$K = \frac{3\lambda + 2\mu}{3} \tag{6.15}$$

称为**体积弹性模量**，它的含义是增加体积的单位变化量所需要的平均正应力，并有

$$\frac{1}{3}\operatorname{tr}\boldsymbol{T} = K\operatorname{tr}\boldsymbol{E} \tag{6.16}$$

根据式 (6.14) 可得

$$\operatorname{tr}\boldsymbol{E} = \frac{1}{3\lambda + 2\mu}\operatorname{tr}\boldsymbol{T}$$

将式 (6.11) 代入上式可得

$$\operatorname{tr}\boldsymbol{E} = \frac{1-2\nu}{E}\operatorname{tr}\boldsymbol{T} \tag{6.17}$$

上式表明，若 $\nu \to \frac{1}{2}$，那么，无论施加多大的平均正应力，体积都没有什么变化。这意味着材料近乎于不可压缩。

Lamé 常数 λ、μ（即剪切弹性模量 G）、弹性模量 E、泊松比 ν，以及体积弹性模量 K，都是线弹性体常用到的物性常数。它们之间的关系见表 6.1。

表 6.1 物 性 常 数

	λ,μ	E,ν	μ,ν	E,μ	K,ν
λ	λ	$\dfrac{E\nu}{(1+\nu)(1-2\nu)}$	$\dfrac{2\mu\nu}{1-2\nu}$	$\dfrac{\mu(E-2\mu)}{3\mu-E}$	$\dfrac{3K\nu}{1+\nu}$
μ	μ	$\dfrac{E}{2(1+\nu)}$	μ	μ	$\dfrac{3K(1-2\nu)}{2(1+\nu)}$
K	$\dfrac{1}{3}(3\lambda+2\mu)$	$\dfrac{E}{3(1-2\nu)}$	$\dfrac{2\mu(1+\nu)}{3(1-2\nu)}$	$\dfrac{\mu E}{3(3\mu-E)}$	K
E	$\dfrac{\mu(3\lambda+2\mu)}{\lambda+\mu}$	E	$2\mu(1+\nu)$	E	$3K(1-2\nu)$
ν	$\dfrac{\lambda}{2(\lambda+\mu)}$	ν	ν	$\dfrac{E}{2\mu}-1$	ν

例 6.1 证明：各向同性线弹性体中，应力主方向与应变主方向重合。

解： 记 $\boldsymbol{n}^{(i)}$ 是应变 $\boldsymbol{E}$ 的对应于主应变 E_i 的主方向 $(i=1,2,3)$，于是有

$$\boldsymbol{E}\cdot\boldsymbol{n}^{(i)}=E_i\boldsymbol{n}^{(i)}$$

根据广义 Hooke 定律 (6.2) 有

$$\boldsymbol{T}\cdot\boldsymbol{n}^{(i)}=(\lambda\boldsymbol{I}\operatorname{tr}\boldsymbol{E}+2\mu\boldsymbol{E})\cdot\boldsymbol{n}^{(i)}=(\lambda\operatorname{tr}\boldsymbol{E}+2\mu E_i)\,\boldsymbol{n}^{(i)}$$

上式中最后一个等式右端的圆括号内是一个数，这就说明了 $\boldsymbol{n}^{(i)}$ 也是应力 $\boldsymbol{T}$ 的一个主方向。故应力主方向与应变主方向重合。

例 6.2 根据式 (3.21)，任何一个应力张量总可以分解为平均应力张量和偏应力张量的和，试说明：

(1) 平均应力张量只会引起体积的变化而不会引起形状的变化；

(2) 偏应力张量不会引起体积的变化。

解： (1) 易于看出，平均应力张量可写为

$$\boldsymbol{T}=\overline{\sigma}\boldsymbol{I},\quad 式中\quad \overline{\sigma}=\frac{1}{3}\operatorname{tr}\boldsymbol{T}$$

对于这种状态，应用广义 Hooke 定律 (5.15)，可得小应变张量为

$$\boldsymbol{E}=\frac{(1-2\nu)\overline{\sigma}}{E}\boldsymbol{I}$$

因此任意方向上的线应变为

$$\varepsilon=\boldsymbol{n}\cdot\boldsymbol{E}\cdot\boldsymbol{n}=\frac{(1-2\nu)\overline{\sigma}}{E}\boldsymbol{n}\cdot\boldsymbol{I}\cdot\boldsymbol{n}=\frac{(1-2\nu)\overline{\sigma}}{E}$$

这意味着各个方向上的变形程度是一致的。而对于任意两个正交的方向 $\boldsymbol{t}$ 和 $\boldsymbol{n}$，由于 $\boldsymbol{t}$ 与

$\boldsymbol{n}$ 正交，即 $\boldsymbol{t}\cdot\boldsymbol{n}=0$，这个直角的变化量

$$\gamma=\boldsymbol{n}\cdot\boldsymbol{E}\cdot\boldsymbol{t}=\frac{(1-2\nu)\overline{\sigma}}{E}\boldsymbol{n}\cdot\boldsymbol{I}\cdot\boldsymbol{t}=0$$

这意味着任何两个微元线段的相对方位都不会改变。所以，平均应力状态不会引起形状的变化而只有体积的变化。

(2) 在应力偏量状态的三个主方向上相应的应变为

$$\varepsilon_1'=\frac{1}{E}\left[\sigma_1'-\nu\left(\sigma_2'+\sigma_3'\right)\right]$$
$$\varepsilon_2'=\frac{1}{E}\left[\sigma_2'-\nu\left(\sigma_3'+\sigma_1'\right)\right]$$
$$\varepsilon_3'=\frac{1}{E}\left[\sigma_3'-\nu\left(\sigma_1'+\sigma_2'\right)\right]$$

将上面三式相加，可得这种应力状态下的体积变化比为

$$\operatorname{tr}\boldsymbol{E}'=\varepsilon_1'+\varepsilon_2'+\varepsilon_3'=\frac{1}{E}(1-2\nu)\left(\sigma_1'+\sigma_2'+\sigma_3'\right)=\frac{1}{E}(1-2\nu)\operatorname{tr}\boldsymbol{T}'$$

因 $\operatorname{tr}\boldsymbol{T}'=0$，故

$$\operatorname{tr}\boldsymbol{E}'=0$$

这说明偏应力状态引起的变形效应仅仅是形状发生变化而体积是不会改变的。

如果考虑的不仅是力学效应，还有热效应的话，线弹性体的本构关系就可一般地表示为

$$\boldsymbol{T}=\boldsymbol{C}:\boldsymbol{E}+\boldsymbol{\Lambda}\theta,\quad T_{ij}=C_{ijkl}E_{kl}+\Lambda_{ij}\theta \tag{6.18}$$

式中，θ 是温度差或温升；$\boldsymbol{\Lambda}$ 称为**热模量**，它是一个二阶张量。由于 $\boldsymbol{T}$ 为对称张量，因此 $\boldsymbol{\Lambda}$ 也为对称张量。在极端的各向异性情况下，$\boldsymbol{\Lambda}$ 有 6 个独立的分量。可以证明（留作习题），对于正交各向异性材料，$\boldsymbol{\Lambda}$ 有 3 个独立的分量；对于横向各向同性材料，$\boldsymbol{\Lambda}$ 有 2 个独立的分量；对于各向同性材料，$\boldsymbol{\Lambda}$ 只有 1 个独立的分量。

在各向同性情况下，式 (6.18) 可写为

$$\boldsymbol{T}=\lambda\boldsymbol{I}\operatorname{tr}\boldsymbol{E}+2\mu\boldsymbol{E}+\beta\boldsymbol{I}\theta \tag{6.19}$$

为了考察上式中 β 的物理意义，可在上式两端取迹，得

$$\operatorname{tr}\boldsymbol{T}=(3\lambda+2\mu)\operatorname{tr}\boldsymbol{E}+3\beta\theta$$

考虑一个自由热膨胀的状态，即 $\boldsymbol{T}=\boldsymbol{0}$ 的状态，此时便有

$$\beta=-\frac{1}{3\theta}(3\lambda+2\mu)\operatorname{tr}\boldsymbol{E} \tag{6.20}$$

由于 $\operatorname{tr}\boldsymbol{E}$ 表示的是体积的相对增长比，因此 $\operatorname{tr}\boldsymbol{E}/\theta$ 表示自由热膨胀状态下温度每升高一个单位时体积的相对增长量。于是可以定义**体积热膨胀系数**

$$\alpha=\left.\frac{\operatorname{tr}\boldsymbol{E}}{\theta}\right|_{\boldsymbol{T}=\boldsymbol{0}} \tag{6.21}$$

可得

$$\beta = -\frac{1}{3}(3\lambda + 2\mu)\alpha \tag{6.22}$$

易于理解，由于一般固体材料的热膨胀系数都很小，因此各向同性体的线热膨胀系数是体积热膨胀系数的三分之一。

根据上述结论，线弹性体的本构关系可写为

$$\boldsymbol{T} = \lambda \boldsymbol{I}\,\mathrm{tr}\,\boldsymbol{E} + 2\mu \boldsymbol{E} - \frac{1}{3}(3\lambda + 2\mu)\alpha \boldsymbol{I}\theta \tag{6.23}$$

显然，上式的矩阵形式为

$$\begin{bmatrix} T_{11} \\ T_{22} \\ T_{33} \\ T_{12} \\ T_{23} \\ T_{31} \end{bmatrix} = \begin{bmatrix} \lambda+2\mu & \lambda & \lambda & 0 & 0 & 0 \\ \lambda & \lambda+2\mu & \lambda & 0 & 0 & 0 \\ \lambda & \lambda & \lambda+2\mu & 0 & 0 & 0 \\ 0 & 0 & 0 & \mu & 0 & 0 \\ 0 & 0 & 0 & 0 & \mu & 0 \\ 0 & 0 & 0 & 0 & 0 & \mu \end{bmatrix} \begin{bmatrix} E_{11} \\ E_{22} \\ E_{33} \\ 2E_{12} \\ 2E_{23} \\ 2E_{31} \end{bmatrix} + \beta\theta \begin{bmatrix} 1 \\ 1 \\ 1 \\ 0 \\ 0 \\ 0 \end{bmatrix} \tag{6.24a}$$

简记为

$$\underline{\boldsymbol{\sigma}} = \underline{\boldsymbol{D}}\,\underline{\boldsymbol{\varepsilon}} + \beta\theta\underline{\boldsymbol{1}} \tag{6.24b}$$

式中 $\underline{\boldsymbol{1}} = \begin{bmatrix} 1 & 1 & 1 & 0 & 0 & 0 \end{bmatrix}^{\mathrm{T}}$。

6.2 线弹性静力学问题

研究变形体的目的，在很大程度上是为了预言物体的力学行为，即考察它在一定的荷载或其他激励下的响应，包括应力、变形等。在近现代的理论和数值计算的研究中，要定量地描述物体的力学行为，则必须要建立反映物体运动规律的控制微分方程。同时，这些控制方程往往也在实验研究中起着重要的指导作用。为了使这种控制方程可解，它们应该是封闭的。因此，建立能够解决所研究问题的封闭方程，是研究工作的重要环节。

6.2.1 一般静力问题

在线弹性力学问题中，由于

$$\rho_0 = J\rho \approx (1 + \mathrm{tr}\,\boldsymbol{E})\rho$$

而 $\mathrm{tr}\,\boldsymbol{E}$ 与 1 相比总是很小，因此一般忽略了变形对密度的影响，即取

$$\rho_0 \approx \rho \tag{6.25}$$

与此相应，质量守恒定律不再出现在线弹性力学问题的场方程之中。

在等温的弹性静力学问题中，力学过程是可逆过程。根据式 (4.87)，能量方程实际上指出，物体的能量全部为应变能，因此能量方程也不再出现在线弹性力学问题的场方程之中。

这样，等温的弹性静力学问题的控制方程就是下面的三组：

（1）平衡方程

$$\boldsymbol{T}\cdot\nabla+\rho_0\boldsymbol{b}=\boldsymbol{0},\quad T_{ij,j}+\rho_0 b_i=0 \tag{6.26a}$$

（2）几何方程

$$\boldsymbol{E}=\frac{1}{2}(\boldsymbol{u}\nabla+\nabla\boldsymbol{u}),\quad E_{ij}=\frac{1}{2}\left(u_{i,j}+u_{j,i}\right) \tag{6.26b}$$

（3）本构方程

$$\boldsymbol{T}=\lambda\boldsymbol{I}\,\mathrm{tr}\,\boldsymbol{E}+2\mu\boldsymbol{E},\quad T_{ij}=\lambda\delta_{ij}E_{kk}+2\mu E_{ij} \tag{6.26c}$$

上面的本构方程是针对各向同性体而言的。对各向异性体，本构方程式 (6.26c) 应改为式 (6.1)。

上述三组方程就构成了等温的弹性静力学问题的控制方程组。就分量而言，这个方程组包含了位移、应变和应力共 15 个未知量，而方程组本身恰好也包含了 15 个方程，因此，这是一个封闭的方程组。

上述方程组存在着若干种类型的通解。但是，人们在工程问题中对一定边界条件下的特解更感兴趣。一般情况下，边界条件可分为两类。一类是几何边界条件，在这种边界 S_1 上，位移为已知：

$$\boldsymbol{u}\big|_{S_1}=\overline{\boldsymbol{u}} \tag{6.27a}$$

第二类是力边界条件，在这种边界 S_2 上，面力已知：

$$\boldsymbol{T}\cdot\boldsymbol{n}\big|_{S_2}=\overline{\boldsymbol{t}} \tag{6.27b}$$

为了使问题的解存在、唯一和稳定，要求

$$S_1\cup S_2=S,\quad S_1\cap S_2=O \tag{6.28}$$

式中，O 表示空集。方程 (6.26) 和边界条件 (6.27) 一起构成弹性静力学的边值问题。

如果将位移确定为基本未知量，那么可将几何方程代入本构方程之中，得到应力和位移的方程

$$\boldsymbol{T}=\lambda\boldsymbol{I}(\nabla\cdot\boldsymbol{u})+\mu(\boldsymbol{u}\nabla+\nabla\boldsymbol{u})$$

再将此方程代入平衡方程 $\boldsymbol{T}\cdot\nabla+\rho_0\boldsymbol{b}=\boldsymbol{0}$ 之中，注意到

$$(\boldsymbol{I}\nabla\cdot\boldsymbol{u})\cdot\nabla=\nabla\nabla\cdot\boldsymbol{u},\quad (\boldsymbol{u}\nabla)\cdot\nabla=\nabla^2\boldsymbol{u},\quad (\nabla\boldsymbol{u})\cdot\nabla=\nabla\nabla\cdot\boldsymbol{u}$$

就得到用位移表达的控制方程，称为纳维（Navier）方程：

$$(\lambda+\mu)\nabla\nabla\cdot\boldsymbol{u}+\mu\nabla^2\boldsymbol{u}+\rho_0\boldsymbol{b}=\boldsymbol{0} \tag{6.29a}$$

$$(\lambda+\mu)u_{j,ij}+\mu u_{i,jj}+\rho_0 b_i=0 \tag{6.29b}$$

在直角坐标系中，上式包含如下三个方程：

$$(\lambda+\mu)\frac{\partial}{\partial x}\left(\frac{\partial u}{\partial x}+\frac{\partial v}{\partial y}+\frac{\partial w}{\partial z}\right)+\mu\left(\frac{\partial^2 u}{\partial x^2}+\frac{\partial^2 u}{\partial y^2}+\frac{\partial^2 u}{\partial z^2}\right)+\rho_0 b_x=0 \tag{6.30a}$$

$$(\lambda+\mu)\frac{\partial}{\partial y}\left(\frac{\partial u}{\partial x}+\frac{\partial v}{\partial y}+\frac{\partial w}{\partial z}\right)+\mu\left(\frac{\partial^2 v}{\partial x^2}+\frac{\partial^2 v}{\partial y^2}+\frac{\partial^2 v}{\partial z^2}\right)+\rho_0 b_y=0 \tag{6.30b}$$

$$(\lambda+\mu)\frac{\partial}{\partial z}\left(\frac{\partial u}{\partial x}+\frac{\partial v}{\partial y}+\frac{\partial w}{\partial z}\right)+\mu\left(\frac{\partial^2 w}{\partial x^2}+\frac{\partial^2 w}{\partial y^2}+\frac{\partial^2 w}{\partial z^2}\right)+\rho_0 b_z=0 \tag{6.30c}$$

在某些情况下，也可以将应变或应力作为基本未知量。在这种情况下，应变必须满足协调方程，即式 (2.38)

$$\overline{\nabla}\times\boldsymbol{E}\times\overline{\nabla}=\boldsymbol{0}$$

其分量式由式 (2.37) 给出。

例 6.3 线弹性柱体的横截面为长半轴是 a、短半轴是 b 的椭圆，柱侧面为自由表面。圆柱的轴线沿 x_3 轴，椭圆柱两端承受集中力偶矩 M 的扭转作用。验证

$$u_1=-kx_2x_3,\quad u_2=kx_1x_3,\quad u_3=-\frac{a^2-b^2}{a^2+b^2}kx_1x_2$$

是该问题的解答，并确定式中常数 k 的值。

解： 由几何方程可得应变分量矩阵

$$\underline{\boldsymbol{E}}=\frac{2k}{a^2+b^2}\begin{bmatrix}0 & 0 & -a^2x_2\\ 0 & 0 & b^2x_1\\ -a^2x_2 & b^2x_1 & 0\end{bmatrix}$$

易得 $\operatorname{tr}\boldsymbol{E}=0$。由本构方程可得相应的应力为

$$\underline{\boldsymbol{T}}=\frac{4\mu k}{a^2+b^2}\begin{bmatrix}0 & 0 & -a^2x_2\\ 0 & 0 & b^2x_1\\ -a^2x_2 & b^2x_1 & 0\end{bmatrix}$$

容易看出，上述应力满足无体力的平衡方程。

考虑柱体侧面上切向应力 T_{13} 和 T_{23} 的合力 τ (图 6.2)，可得侧面上任意一点 $M\,(x',y')$ 的 τ 所在方向的斜率

$$\tan\alpha=\frac{T_{23}}{T_{13}}=-\frac{b^2x_1'}{a^2x_2'}$$

另一方面，在横截面上，方程为 $\dfrac{x^2}{a^2}+\dfrac{y^2}{b^2}=1$ 的椭圆周边上任一点 $M(x',y')$ 的切线方程为 $\dfrac{xx'}{a^2}+\dfrac{yy'}{b^2}=1$，其斜率为 $-\dfrac{b^2x'}{a^2y'}$。这说明 τ 的方向沿椭圆切线方向，同时也说明了柱侧面上的法向应力分量为零。因此，按这个解答，圆柱侧面无外力作用，因而是自由表面。

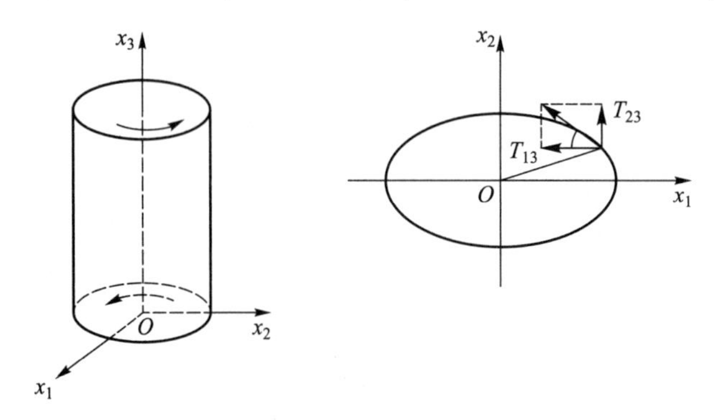

图 6.2　椭圆柱的扭转

在圆柱的横截面上，所有应力对轴的矩即为该截面上的扭矩，应与柱端力偶矩 M 平衡。故在横截面 A 上，有

$$\begin{aligned}M=&\iint_A(T_{23}x_1-T_{13}x_2)\,\mathrm{d}x_1\mathrm{d}x_2\\=&\frac{4\mu k}{a^2+b^2}\left(b^2\iint_A x_1^2\mathrm{d}x_1\mathrm{d}x_2+a^2\iint_A x_2^2\mathrm{d}x_1\mathrm{d}x_2\right)=\frac{2\mu\pi k a^3b^3}{a^2+b^2}\end{aligned}$$

故有

$$k=\frac{M\left(a^2+b^2\right)}{2\mu\pi a^3b^3}$$

所给出的解答满足平衡方程和边界条件，因此是原问题的解答。由于这个解答是以位移形式给出的，因此协调条件自然得到满足。

由于线弹性静力学问题所包含的微分方程，对于未知量位移、应变、应力而言都是线性的，因此线弹性静力学问题满足**叠加原理**。这就是说，如果 $\boldsymbol{u}^{(1)}$ 是对应于第一组体力 $\boldsymbol{b}^{(1)}$ 和面力 $\boldsymbol{t}^{(1)}$ 的解答，$\boldsymbol{u}^{(2)}$ 是对应于第二组体力 $\boldsymbol{b}^{(2)}$ 和面力 $\boldsymbol{t}^{(2)}$ 的解答，那么，$\boldsymbol{u}^{(1)}+\boldsymbol{u}^{(2)}$ 便是对应于体力 $\boldsymbol{b}^{(1)}+\boldsymbol{b}^{(2)}$ 和面力 $\boldsymbol{t}^{(1)}+\boldsymbol{t}^{(2)}$ 的解答。这一定理的证明留作练习。

线弹性静力学问题的解是唯一的。为了证明这一点，先考虑弹性体在等温过程中的能量守恒。在平衡方程两端同时点乘本问题的真实位移，再在区域 D 上积分，可得

$$\int_D(\boldsymbol{T}\cdot\nabla+\rho_0\boldsymbol{b})\cdot\boldsymbol{u}\mathrm{d}\sigma=0$$

上式中

$$\begin{aligned}\int_D(\boldsymbol{T}\cdot\nabla)\cdot\boldsymbol{u}\mathrm{d}\sigma=&\int_D(T_{ij,j})u_i\mathrm{d}\sigma=\int_D\left[(T_{ij}u_i)_{,j}-T_{ij}u_{i,j}\right]\mathrm{d}\sigma\\=&\oint_S T_{ij}u_in_j\mathrm{d}a-\int_D T_{ij}E_{ij}\mathrm{d}\sigma=\oint_S\bar{\boldsymbol{t}}\cdot\boldsymbol{u}\mathrm{d}a-\int_D\boldsymbol{T}:\boldsymbol{E}\mathrm{d}\sigma\end{aligned}$$

于是便有

$$\int_D \boldsymbol{T} : \boldsymbol{E}\mathrm{d}\sigma = \oint_S \bar{\boldsymbol{t}} \cdot \boldsymbol{u}\mathrm{d}a + \int_D \rho_0 \boldsymbol{b}\mathrm{d}\sigma$$

或

$$\varPhi(\boldsymbol{u}) = \frac{1}{2}\int_D \boldsymbol{T} : \boldsymbol{E}\mathrm{d}\sigma = \frac{1}{2}\oint_S \bar{\boldsymbol{t}} \cdot \boldsymbol{u}\mathrm{d}a + \frac{1}{2}\int_D \rho_0 \boldsymbol{b}\mathrm{d}\sigma \tag{6.31}$$

上式说明，**体力和面力分别由零缓慢加至 $\boldsymbol{b}$ 和 $\bar{\boldsymbol{t}}$ 所做的功等于弹性体的应变能**。显然，这也说明了机械能的守恒。

现在考虑线弹性静力学问题解的唯一性。若 $\boldsymbol{u}^{(1)}$ 和 $\boldsymbol{u}^{(2)}$ 同是线弹性静力学问题的解，设

$$\widetilde{\boldsymbol{u}} = \boldsymbol{u}^{(1)} - \boldsymbol{u}^{(2)}$$

那么，根据叠加原理，$\widetilde{\boldsymbol{u}}$ 一定是平衡方程

$$\boldsymbol{T} \cdot \nabla = \boldsymbol{0}$$

在边界条件

$$\boldsymbol{u}\big|_{S_1} = \boldsymbol{0}, \quad \boldsymbol{T} \cdot \boldsymbol{n}\big|_{S_2} = \boldsymbol{0}$$

下的解。根据式 (6.31)，便有

$$\varPhi(\widetilde{\boldsymbol{u}}) = \boldsymbol{0}$$

根据应变能的正定性，使上式为零的充分必要条件是

$$\boldsymbol{E}(\widetilde{\boldsymbol{u}}) = \boldsymbol{0}$$

即在区域 D 上恒有 $\widetilde{\boldsymbol{u}} = \mathrm{const}$ 。但既然在边界 S_1 上，位移 $\widetilde{\boldsymbol{u}} = \boldsymbol{0}$，那么便在整个区域 D 上都有

$$\widetilde{\boldsymbol{u}} = \boldsymbol{u}^{(1)} - \boldsymbol{u}^{(2)} = \boldsymbol{0}$$

故有 $\boldsymbol{u}^{(1)} = \boldsymbol{u}^{(2)}$，这就证明了解的唯一性。

线弹性静力学问题的精确解必须满足所有的控制方程，即平衡方程、几何方程和本构方程。同时，解还应满足全部边界条件。可是，有时要严格地满足全部边界条件将使问题的难度大大增加，这时则可以在某些次要的边界放松要求，用静力等效的力系去代替原有的力系。如图 6.3 所示的悬臂梁，原始结构中自由端处有一均布荷载作用，可用等效的集中力（即两者主矢相等，主矩相等）去代替。这样代替之后，将改变变形体内部的应力和应变的分布。但是，这种改变，将发生在代换力系作用的局部区域之中，例如梁中虚线以内的区域。而离代换力系较远处，应力和应变的分布将不会受到影响，这就是著名的**圣维南**（Saint-Venant）**原理**。

圣维南原理说明，如果作用在物体某些边界上的小面积上的力系用静力等效的力系代

换，那么这一代换在物体内部相应产生的应力变化将随着与这块小面积的距离的增加而迅速地衰减。

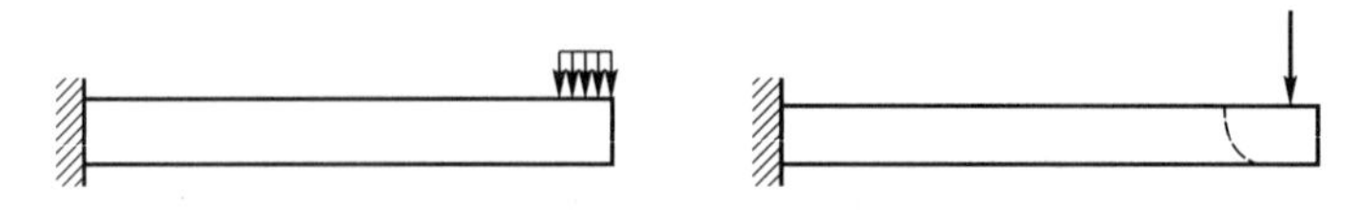

图 6.3 Saint-Venant 原理的说明

圣维南原理的应用通常可以使问题得到简化。这一原理在工程实际问题中有广泛的应用。

在线弹性问题中，式 (6.27) 给出了两类边界条件，即已知位移的边界条件和已知外力的边界条件。这两类边界条件在构成弹性力学的初边值问题时是很典型的。但是，在实践中，边界条件还有多种类型。主要的类型有：

（1）**弹性支承边界条件** 例如，若梁的支座是安放在弹性地基上的，那么就应该根据地基的弹性特性来考虑地基作用在梁上的支承约束力。在很多情况下，都把弹性支承的约束力假设为与该处的位移成正比。这事实上就是把弹性支承简化为刚度为常数的弹簧。这在小位移情况下一般是合理的。

（2）**摩擦边界条件** 两物体的接触面具有一定的粗糙度，在沿接触面有切向力的情况下使滑移受到了阻碍，或者使滑移位移减小，这就存在着摩擦作用。处理这类边界条件常用的方法是采用库仑（Coulomb）定律，即假设摩擦力与正压力成正比。其比例系数与表面性质、材料和温度有关。摩擦边界条件的一个特殊情况，就是摩擦系数很小的极限情况，物体沿接触面法向的位移是受限制的，而切向的位移则是不受限制的。在这种情况下，应放松在切面上对位移的约束。

（3）**接触边界条件** 若两物体仅靠压力接触在一起，在压力消失时，两个物体间便没有作用了。或者，由于荷载的复杂作用，使两物体在局部产生脱离。这类接触边界属于单向约束边界条件。如果边界是否接触事先无法确定，那么这类边界条件就构成了边界未确定问题，本质上属于几何非线性问题。通常采用的处理方式是用逐级加载的方法渐近地确定边界的接触区域。

（4）**无穷远处的边界条件** 在相当大的区域中研究一个小的局部问题时，例如考虑隧道周围的地应力时，就可能出现这类边界条件。处理这类问题时通常会假定发生在这个小的局部的事件不会对遥远的地方产生影响，例如，常假定无穷远处位移为零。

正确地确定边界条件是十分重要的，因为它直接影响到解的正确性与合理性。对所求解问题的充分了解是确定边界条件的必要前提。

6.2.2 平面静力问题

在许多情况下，空间（三维）弹性静力学问题可以转化为平面（二维）问题。

如果物体中应力状态满足

$$\underline{\boldsymbol{T}} = \begin{bmatrix} T_{11}(x_1, x_2) & T_{12}(x_1, x_2) & 0 \\ T_{21}(x_1, x_2) & T_{22}(x_1, x_2) & 0 \\ 0 & 0 & 0 \end{bmatrix} \tag{6.32}$$

则称这种应力状态为**平面应力**。易于看出，要实现这种状态，物体在 x_3 方向上不受任何外力作用。如果薄板所受外力都在薄板中面上，垂直于板面方向上是自由的，那么这个薄板中的应力状态就可以简化为平面应力状态（图 6.4）。

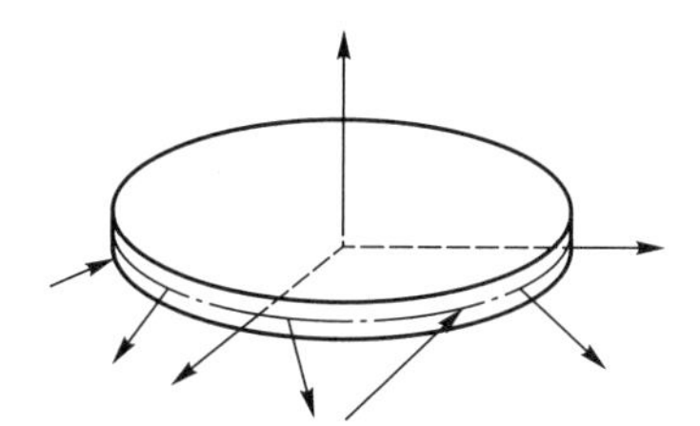

图 6.4 平面应力的例子

根据广义 Hooke 定律 (5.15)，处于平面应力状态的物体中各点均有

$$E_{33} = -\frac{\nu}{E}(T_{11} + T_{22}), \quad E_{13} = E_{23} = 0$$

且有

$$\left.\begin{aligned} E_{11} &= \frac{1}{E}(T_{11} - \nu T_{22}) \\ E_{22} &= \frac{1}{E}(T_{22} - \nu T_{11}) \\ 2E_{12} = \gamma_{12} &= \frac{2(1+\nu)}{E} T_{12} \end{aligned}\right\} \tag{6.33a}$$

上式也可表示为矩阵形式：

$$\begin{bmatrix} E_{11} \\ E_{22} \\ \gamma_{12} \end{bmatrix} = \frac{1}{E} \begin{bmatrix} 1 & -\nu & 0 \\ -\nu & 1 & 0 \\ 0 & 0 & 2(1+\nu) \end{bmatrix} \begin{bmatrix} T_{11} \\ T_{22} \\ T_{12} \end{bmatrix} \tag{6.33b}$$

其逆向式为

$$\left.\begin{aligned} T_{11} &= \frac{E}{1-\nu^2}(E_{11} + \nu E_{22}) \\ T_{22} &= \frac{E}{1-\nu^2}(E_{22} + \nu E_{11}) \\ T_{12} &= \frac{E}{2(1+\nu)} \gamma_{12} \end{aligned}\right\} \tag{6.34a}$$

或表示为

$$\begin{bmatrix} T_{11} \\ T_{22} \\ T_{12} \end{bmatrix} = \frac{E}{1-\nu^2} \begin{bmatrix} 1 & \nu & 0 \\ \nu & 1 & 0 \\ 0 & 0 & (1-\nu)/2 \end{bmatrix} \begin{bmatrix} E_{11} \\ E_{22} \\ \gamma_{12} \end{bmatrix} \tag{6.34b}$$

与平面应力相对应，如果在物体的小变形情况下，应变状态满足

$$\underline{\boldsymbol{E}} = \begin{bmatrix} E_{11}(x_1, x_2) & E_{12}(x_1, x_2) & 0 \\ E_{21}(x_1, x_2) & E_{22}(x_1, x_2) & 0 \\ 0 & 0 & 0 \end{bmatrix} \tag{6.35}$$

则称这种应变状态为**平面应变**。如果一个长柱体，其外力作用沿柱体轴线方向没有变化，而且总是垂直于轴线的，那么这个柱体中部的应变状态就可以简化为平面应变状态（图 6.5）。

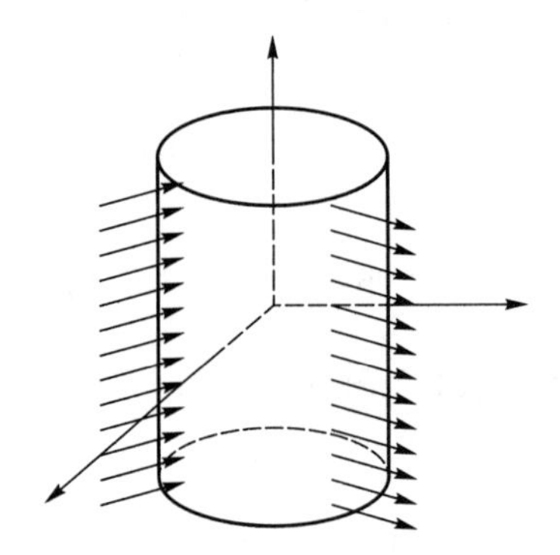

图 6.5　平面应变的例子

根据广义 Hooke 定律 (5.14)，处于平面应变状态物体中的各点恒有

$$T_{33} = \frac{E\nu}{(1+\nu)(1-2\nu)}(E_{11} + E_{22}), \quad T_{13} = T_{23} = 0 \tag{6.36}$$

且有

$$\left.\begin{aligned} T_{11} &= \frac{E'}{1-\nu'^2}(E_{11} + \nu' E_{22}) \\ T_{22} &= \frac{E'}{1-\nu'^2}(E_{22} + \nu' E_{11}) \\ T_{12} &= \frac{E'}{2(1+\nu')}\gamma_{12} \end{aligned}\right\} \tag{6.37}$$

上式的逆向式为

$$\left.\begin{aligned} E_{11} &= \frac{1}{E'}(T_{11} - \nu' T_{22}) \\ E_{22} &= \frac{1}{E'}(T_{22} - \nu' T_{11}) \\ \gamma_{12} &= 2E_{12} = \frac{2(1+\nu')}{E'}T_{12} \end{aligned}\right\} \tag{6.38}$$

在式 (6.37)、(6.38) 中

$$E' = \frac{E}{1-\nu^2}, \quad \nu' = \frac{\nu}{1-\nu} \tag{6.39}$$

注意到式 (6.37) 与式 (6.33) 具有相同的形式，因此不妨将两类平面问题的本构关系统一地表示为式 (6.33) 的形式，对于平面应变问题，只需将 E 换为 E'，将 ν 换为 ν' 即可。

这样，线弹性体的平面问题便可表述为下述三组方程 [下面的式 (6.40)、(6.41)，以及例 6.4 和例 6.5 以许多弹性力学教材中常见的形式表述]：

（1）平衡方程

$$\left.\begin{aligned}\frac{\partial \sigma_x}{\partial x} + \frac{\partial \tau_{xy}}{\partial y} + \rho_0 b_x = 0 \\ \frac{\partial \tau_{yx}}{\partial x} + \frac{\partial \sigma_y}{\partial y} + \rho_0 b_y = 0\end{aligned}\right\} \tag{6.40a}$$

（2）几何方程

$$\varepsilon_x = \frac{\partial u}{\partial x}, \quad \varepsilon_y = \frac{\partial v}{\partial y}, \quad \gamma_{xy} = \frac{\partial u}{\partial y} + \frac{\partial v}{\partial x} \tag{6.40b}$$

（3）本构方程

$$\left.\begin{aligned}\varepsilon_x &= \frac{1}{E}(\sigma_x - \nu\sigma_y) \\ \varepsilon_y &= \frac{1}{E}(\sigma_y - \nu\sigma_x) \\ \gamma_{xy} &= \frac{2(1+\nu)}{E}\tau_{xy}\end{aligned}\right\} \tag{6.40c}$$

其边界条件为

$$u\big|_{S_1} = \overline{u}, \quad v\big|_{S_1} = \overline{v} \tag{6.41a}$$

$$\left.\begin{aligned}\sigma_x \cos\alpha + \tau_{xy}\sin\alpha\big|_{S_2} = t_x \\ \tau_{xy}\cos\alpha + \sigma_y \sin\alpha\big|_{S_2} = t_y\end{aligned}\right\} \tag{6.41b}$$

式中 α 是边界外法线方向与 x 轴正向间的夹角（图 6.6）。

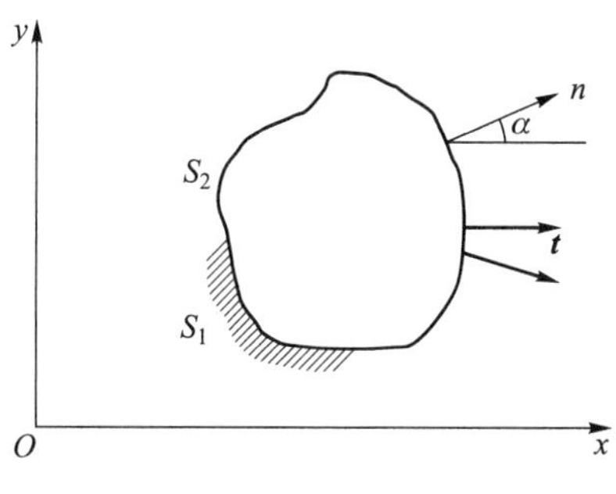

图 6.6 边界条件

上面的一系列式子中，b_x、b_y、t_x、t_y、$\overline{u}$、$\overline{v}$ 及物理常数 E、ν 为已知量，两个位移分量、

三个应变分量和三个应力分量为未知量。

求解上述问题的方法一般可分为两类。

第一类：位移法。将式 (6.40c) 的逆向式写出来，将式 (6.40b) 代入，便构成由位移表达的应力，再代入式 (6.40a) 中，便构成由位移表达的平衡方程。同时，边界条件 (6.41b) 也作相应的变化。这样，整个问题的基本未知量就是位移了。求出位移后，由微分得出应变，再由 Hooke 定律得出应力，整个问题得到解决。

第二类：应力法。先求出满足平衡方程的应力，再由 Hooke 定律得出应变，再积分得出位移。在这种情况下，应变协调方程

$$\frac{\partial^2 \varepsilon_x}{\partial y^2} + \frac{\partial^2 \varepsilon_y}{\partial x^2} = \frac{\partial^2 \gamma_{xy}}{\partial x \partial y} \tag{6.42}$$

必须得到满足。利用 Hooke 定律，上式可转化为应力形式的协调方程或相容方程：

$$\left(\frac{\partial^2}{\partial x^2} + \frac{\partial^2}{\partial y^2}\right)(\sigma_x + \sigma_y) = -\rho_0(1+\nu)\left(\frac{\partial b_x}{\partial x} + \frac{\partial b_y}{\partial y}\right) \tag{6.43}$$

因此，用应力法求解问题时，应求出满足平衡方程 (6.40a) 和相容方程 (6.43) 的应力。

无论是用位移法还是应力法，都经常采用半逆解法来寻求问题的解析解。即根据对问题的了解，先行给出其解答，再代入相应的方程中，若不满足方程，则作相应的修改，直至满足全部方程和边界条件为止。有时也可以放松某些次要的边界条件，例如，对于长宽比相对较大的矩形区域，其宽边上的边界条件可根据圣维南原理予以放松，即宽边上的边界条件可以适当地置换为静力等效的其他形式的边界条件。

例 6.4　若矩形区域（$0 \leqslant x \leqslant l, -h \leqslant y \leqslant h, l \gg h$）中有位移

$$u = \frac{F}{6EI}\left[3x^2 - (2+\nu)y^2 - 3l^2 + 6(1+\nu)h^2\right] y$$
$$v = \frac{F}{6EI}\left(3l^2 x - 3\nu x y^2 - x^3 - 2l^3\right)$$

式中，$I = \frac{1}{12}(2h)^3$。考察它是否是图 6.7 所示问题的解答（不考虑体积力）。

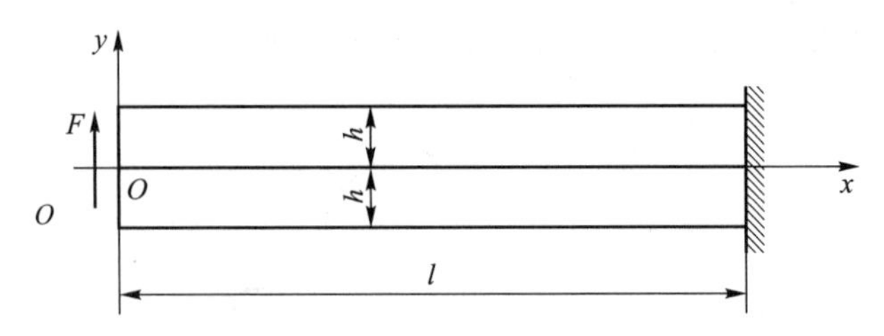

图 6.7　承受集中力的悬臂梁

解:　由几何方程可得

$$\varepsilon_x = \frac{\partial u}{\partial x} = \frac{F}{EI}xy, \quad \varepsilon_y = \frac{\partial v}{\partial y} = -\frac{F}{EI}\nu xy, \quad \gamma_{xy} = \frac{\partial u}{\partial y} + \frac{\partial v}{\partial x} = \frac{F(1+\nu)}{EI}\left(h^2 - y^2\right)$$

由广义 Hooke 定律 (6.34b) 可得

$$\sigma_x = \frac{E}{1-\nu^2}(\varepsilon_x + \nu\varepsilon_y) = \frac{F}{I}xy, \quad \sigma_y = \frac{E}{1-\nu^2}(\varepsilon_y + \nu\varepsilon_x) = 0$$

$$\tau_{xy} = \frac{E}{2(1+\nu)}\gamma_{xy} = \frac{F}{2I}\left(h^2 - y^2\right)$$

易得

$$\frac{\partial \sigma_x}{\partial x} + \frac{\partial \tau_{xy}}{\partial y} = 0, \quad \frac{\partial \tau_{xy}}{\partial x} + \frac{\partial \sigma_y}{\partial y} = 0$$

因此该解答满足无体力的平衡方程。

在 $y = \pm h$ 处，即矩形的上下边沿上，有

$$\sigma_y = 0, \quad \tau_{xy} = 0$$

因此该解答满足上下沿为自由边界的条件。

在 $x = 0$ 处，即矩形的左沿，

$$\sigma_x = 0, \quad \sigma_y = 0, \quad \tau_{xy} = \frac{F}{2I}\left(h^2 - y^2\right)$$

在 $x = l$ 处，即矩形的右沿，

$$u = \frac{F}{6EI}\left[6(1+\nu)h^2 - (2+\nu)y^2\right]y, \quad v = -\frac{F\nu l}{2EI}y^2$$

由此看来，该解答并不满足图示矩形中窄边的边界条件。但是，注意到在 $x = 0$ 的左沿上

$$Q = \int_{-h}^{h} \tau_{xy}\mathrm{d}y = \int_{-h}^{h} \frac{F}{2I}\left(h^2 - y^2\right)\mathrm{d}y = F$$

因此，按照上列算式计算出的左沿与图示情况的左沿是静力等效的。同时，在右沿 $y = 0$ 处，仍有 $u = 0$，$v = 0$，且在右沿处：

$$Q = \int_{-h}^{h} \tau_{xy}\big|_{x=l}\mathrm{d}y = F, \quad M = \int_{-h}^{h} y\sigma_x\big|_{x=l}\mathrm{d}y = Fl$$

因此，由于 $l \gg h$，利用圣维南原理，可认为上述解答在离两端较远处是原问题足够精确的解答。

例 6.5 如图 6.8 所示的简支梁承受均布荷载 q，不计体力，考察解答

$$\sigma_x = -\frac{q}{2I}\left[\left(\frac{l^2}{4} - x^2\right)y + \left(\frac{2}{3}y^2 - \frac{h^2}{10}\right)y\right], \quad \sigma_y = \frac{q}{2I}\left(\frac{1}{3}y^3 - \frac{h^2}{4}y - \frac{h^3}{12}\right)$$

$$\tau_{xy} = \frac{qx}{2I}\left(\frac{h^2}{4} - y^2\right)$$

是否是精确的解答。这里 $I = h^2/12$。

解： 易得

$$\frac{\partial \sigma_x}{\partial x} + \frac{\partial \tau_{xy}}{\partial y} = \frac{q}{2I}\cdot 2xy - \frac{q}{2I}\cdot 2xy = 0$$

$$\frac{\partial \tau_{xy}}{\partial x} + \frac{\partial \sigma_y}{\partial y} = \frac{q}{2I}\left(\frac{h^2}{4} - y^2\right) + \frac{q}{2I}\left(y^2 - \frac{h^2}{4}\right) = 0$$

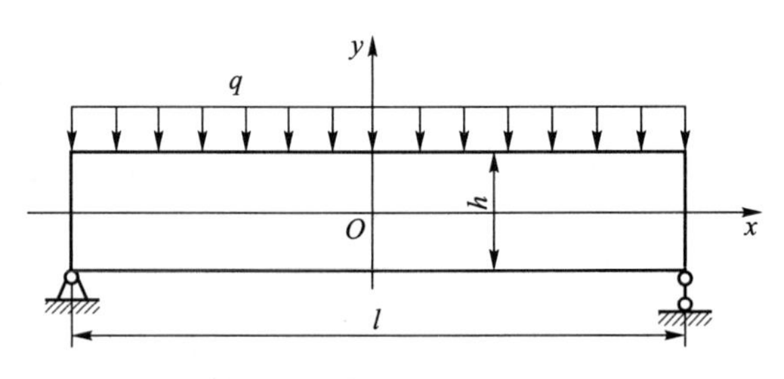

图 6.8　承受均布荷载的简支梁

故解答满足平衡方程。又由

$$\sigma_x+\sigma_y=-\frac{q}{2I}\left[\left(\frac{l^2}{4}-x^2\right)y+\frac{1}{3}y^3+\frac{3}{20}h^2y+\frac{h^3}{12}\right]$$

$$\left(\frac{\partial^2}{\partial x^2}+\frac{\partial^2}{\partial y^2}\right)(\sigma_x+\sigma_y)=\frac{q}{2I}\cdot 2y-\frac{q}{2I}\cdot 2y=0$$

故解答满足无体力的协调方程。

在 $y=+\dfrac{h}{2}$ 的上边沿，

$$\sigma_y=\frac{q}{2I}\left(\frac{1}{24}h^3-\frac{1}{8}h^3-\frac{1}{12}h^3\right)=\frac{q}{2I}\cdot\left(-\frac{1}{6}h^3\right)=-q,\quad \tau_{xy}=0$$

在 $y=-\dfrac{h}{2}$ 的下边沿，

$$\sigma_y=\frac{q}{2I}\left(-\frac{1}{24}h^3+\frac{1}{8}h^3-\frac{1}{12}h^3\right)=0,\quad \tau_{xy}=0$$

因此解答满足上下边沿的边界条件。

容易看出，在 $x=\pm\dfrac{l}{2}$ 的左右边沿上，图示边界条件不能得到完全的满足。但是，

$$\int_{-\frac{h}{2}}^{\frac{h}{2}}(\tau_{xy})_{x=\pm\frac{l}{2}}\,\mathrm{d}y=-\frac{1}{2}ql,\quad \int_{-\frac{h}{2}}^{\frac{h}{2}}(\sigma_x)_{x=\pm\frac{l}{2}}\,\mathrm{d}y=0,\quad \int_{-\frac{h}{2}}^{\frac{h}{2}}(\sigma_x)_{x=\pm\frac{l}{2}}\,y\mathrm{d}y=0$$

因此，在 $x=\pm\dfrac{l}{2}$ 的左右边沿上，上述解答与原问题是静力等效的。这样，除两端局部区域外，题设给出的解答是原问题的精确解答。

在材料力学中，用平截面假设和层间无挤压的假设可得到本问题的解答为

$$\sigma_x=-\frac{My}{I}=-\frac{q}{2I}\left(\frac{l^2}{4}-x^2\right)y,\quad \sigma_y=0$$

可以看出，这个解答并不满足应力平衡条件和协调条件，因此这个解答不是精确的。本例中将这一解答给予了修正，使之更接近原问题的精确解。但是，对于 σ_x 而言，本例所给出的修正项在 $l\gg h$ 的情况下比上式给出的值要小许多。可以计算出，当 $l=5h$ 时，跨中截面最大正应力的修正项仅为第一项的 1.1%。因此，在一般工程问题中，未经修正的解答也还是可用的。

6.2.3 最小位能原理

最小位能原理（或最小势能原理）与虚功原理一同构成线弹性体数值计算的理论基础。

在 4.1.2 节中已经导出，如果虚位移是真实位移的增量，那么外力在虚位移上的功等于应变能的增量，在线弹性情况下，这一定理写为式 (4.93)，即

$$\delta\int_D \rho_0\varphi \mathrm{d}\sigma = \int_D \rho_0 \boldsymbol{b}\cdot\delta\boldsymbol{u}\mathrm{d}\sigma + \oint_S \boldsymbol{t}\cdot\delta\boldsymbol{u}\mathrm{d}a$$

注意到在上式中，体力 $\boldsymbol{b}$ 和面力 $\boldsymbol{t}$ 在物体的虚位移上是不会发生变化的，因而变分符号可以提出积分号外，于是有

$$\delta\left(\int_D \rho_0\varphi \mathrm{d}\sigma - \int_D \rho_0 \boldsymbol{b}\cdot\boldsymbol{u}\mathrm{d}\sigma - \int_{S_2} \boldsymbol{t}\cdot\boldsymbol{u}\mathrm{d}a\right) = 0 \tag{6.44}$$

可以定义**外力的位能**

$$V = -\int_D \rho_0 \boldsymbol{b}\cdot\boldsymbol{u}\mathrm{d}\sigma - \int_{S_2} \boldsymbol{t}\cdot\boldsymbol{u}\mathrm{d}a \tag{6.45}$$

设想外力构成一个力场，那么外力的位能就是物体从已变形的构形恢复到未变形的构形时外力场的功。由于在这一恢复过程中，外力场在很多情况下都是做负功，因此外力的位能几乎（不是全部）都带有负号。同时，应注意这一外力场始终存在并保持着恒定的强度，因此外力的位能这一概念有别于准静态的加载过程中外力所做的功。在准静态过程中，外力是缓慢地逐渐加上去的，相应的变形也是逐渐增加的。因此，在线性系统中，外力的功总包含着一个 1/2 的系数，而外力的位能则不包含这个系数。

同时，定义**物体的总位能** $\mathit{\Pi}$ **等于物体的应变能** $\mathit{\Phi}$ **与外力的位能** V **之和**：

$$\mathit{\Pi} = \mathit{\Phi} + V = \int_D \rho_0\varphi \mathrm{d}\sigma - \int_D \rho_0 \boldsymbol{b}\cdot\boldsymbol{u}\mathrm{d}\sigma - \int_{S_2} \boldsymbol{t}\cdot\boldsymbol{u}\mathrm{d}a \tag{6.46}$$

那么，式 (6.44) 表明，物体处于平衡状态等价于物体的总位能取驻值，即

$$\delta\mathit{\Pi} = \delta(\mathit{\Phi} + V) = 0 \tag{6.47}$$

实际上，平衡状态中弹性体的总位能不仅是驻值，而且是极小值。设 $\widetilde{\boldsymbol{u}}$ 是式 (6.26) 在边界条件 (6.27) 下的解。如果平衡状态的总位能的确为极小，那么，对于 $\widetilde{\boldsymbol{u}}$ 的任意增量 $\delta\boldsymbol{u}$ 都应有

$$\mathit{\Pi}(\widetilde{\boldsymbol{u}} + \delta\boldsymbol{u}) \geqslant \mathit{\Pi}(\widetilde{\boldsymbol{u}})$$

成立。下面就将证明这一点。应变比能可表示为

$$\rho_0\varphi = \frac{1}{2}\boldsymbol{E}:\boldsymbol{C}:\boldsymbol{E}$$

由于应变 $\boldsymbol{E}$ 可由位移 $\boldsymbol{u}$ 的微分导出，故应变比能 $\rho_0\varphi$ 实际上是 $\boldsymbol{u}$ 的函数，即

$$\rho_0\varphi = \rho_0\varphi(\boldsymbol{u})$$

记 $\widetilde{\boldsymbol{E}}$ 为对应于 $\widetilde{\boldsymbol{u}}$ 的应变，$\delta\boldsymbol{E}$ 为对应于 $\delta\boldsymbol{u}$ 的应变，则有

$$\begin{aligned}\rho_0\varphi(\widetilde{\boldsymbol{u}}+\delta\boldsymbol{u}) &=\frac{1}{2}(\widetilde{\boldsymbol{E}}+\delta\boldsymbol{E}):\boldsymbol{C}:(\widetilde{\boldsymbol{E}}+\delta\boldsymbol{E})\\ &=\frac{1}{2}(\widetilde{\boldsymbol{E}}:\boldsymbol{C}:\widetilde{\boldsymbol{E}}+\widetilde{\boldsymbol{E}}:\boldsymbol{C}:\delta\boldsymbol{E}+\delta\boldsymbol{E}:\boldsymbol{C}:\widetilde{\boldsymbol{E}}+\delta\boldsymbol{E}:\boldsymbol{C}:\delta\boldsymbol{E})\\ &=\frac{1}{2}\widetilde{\boldsymbol{E}}:\boldsymbol{C}:\widetilde{\boldsymbol{E}}+\widetilde{\boldsymbol{E}}:\boldsymbol{C}:\delta\boldsymbol{E}+\frac{1}{2}\delta\boldsymbol{E}:\boldsymbol{C}:\delta\boldsymbol{E}\end{aligned}$$

同时注意到

$$\delta\left[\rho_0\varphi(\boldsymbol{u})\right]=\delta\left(\frac{1}{2}\boldsymbol{E}:\boldsymbol{C}:\boldsymbol{E}\right)=\frac{1}{2}\delta\boldsymbol{E}:\boldsymbol{C}:\boldsymbol{E}+\frac{1}{2}\boldsymbol{E}:\boldsymbol{C}:\delta\boldsymbol{E}=\boldsymbol{E}:\boldsymbol{C}:\delta\boldsymbol{E}$$

故有

$$\begin{aligned}\Pi(\widetilde{\boldsymbol{u}}+\delta\boldsymbol{u}) &=\frac{1}{2}\int_D\widetilde{\boldsymbol{E}}:\boldsymbol{C}:\widetilde{\boldsymbol{E}}\mathrm{d}\sigma-\int_D\rho_0\boldsymbol{b}\cdot\widetilde{\boldsymbol{u}}\mathrm{d}\sigma-\int_{S_2}\boldsymbol{t}\cdot\widetilde{\boldsymbol{u}}\mathrm{d}a+\\ &\quad\int_D\widetilde{\boldsymbol{E}}:\boldsymbol{C}:\delta\boldsymbol{E}\mathrm{d}\sigma-\int_D\rho_0\boldsymbol{b}\cdot\delta\boldsymbol{u}\mathrm{d}\sigma-\int_{S_2}\boldsymbol{t}\cdot\delta\boldsymbol{u}\mathrm{d}a+\frac{1}{2}\int_D\delta\boldsymbol{E}:\boldsymbol{C}:\delta\boldsymbol{E}\mathrm{d}\sigma\\ &=\Pi(\widetilde{\boldsymbol{u}})+\delta\Pi(\widetilde{\boldsymbol{u}})+\frac{1}{2}\int_D\delta\boldsymbol{E}:\boldsymbol{C}:\delta\boldsymbol{E}\mathrm{d}\sigma\end{aligned}$$

但上面已经证明，在平衡状态，总位能取驻值，即 $\delta\Pi(\widetilde{\boldsymbol{u}})=0$，故有

$$\Pi(\widetilde{\boldsymbol{u}}+\delta\boldsymbol{u})=\Pi(\widetilde{\boldsymbol{u}})+\frac{1}{2}\int_D\delta\boldsymbol{E}:\boldsymbol{C}:\delta\boldsymbol{E}\mathrm{d}\sigma$$

显然，$\dfrac{1}{2}\displaystyle\int_D\delta\boldsymbol{E}:\boldsymbol{C}:\delta\boldsymbol{E}\mathrm{d}\sigma=\Phi(\delta\boldsymbol{u})$，由于应变能的正定性，恒有 $\Phi(\delta\boldsymbol{u})\geqslant 0$，在排除刚体位移的前提下，有

$$\Phi(\delta\boldsymbol{u})=0\ \Leftrightarrow\ \delta\boldsymbol{u}=\boldsymbol{0}$$

故有

$$\Pi(\widetilde{\boldsymbol{u}}+\delta\boldsymbol{u})\geqslant\Pi(\widetilde{\boldsymbol{u}})\tag{6.48}$$

这就证明了平衡状态下总位能为极小值。

另一方面，若 $\boldsymbol{u}$ 是使泛函 Π 取极小的位移，则有

$$\begin{aligned}\delta\Pi &=\delta\left(\int_D\rho_0\varphi\mathrm{d}\sigma-\int_D\rho\boldsymbol{b}\cdot\boldsymbol{u}\mathrm{d}\sigma-\int_{S_2}\boldsymbol{t}\cdot\boldsymbol{u}\mathrm{d}a\right)\\ &=\int_D\rho_0\frac{\partial\varphi}{\partial\boldsymbol{E}}:\delta\boldsymbol{E}\mathrm{d}\sigma-\int_D\rho\boldsymbol{b}\cdot\delta\boldsymbol{u}\mathrm{d}\sigma-\int_{S_2}\boldsymbol{t}\cdot\delta\boldsymbol{u}\mathrm{d}a=0\end{aligned}$$

由于有 $\rho_0\dfrac{\partial\varphi}{\partial\boldsymbol{E}}=\boldsymbol{T}$，故有

$$\begin{aligned}\int_D\rho_0\frac{\partial\varphi}{\partial\boldsymbol{E}}:\delta\boldsymbol{E}\mathrm{d}\sigma &=\int_D\boldsymbol{T}:\delta\boldsymbol{E}\mathrm{d}\sigma=\int_D T_{ij}\delta E_{ij}\mathrm{d}\sigma=\int_D T_{ij}\delta u_{i,j}\mathrm{d}\sigma\\ &=\int_D\left[(T_{ij}\delta u_i)_{,j}-T_{ij,j}\delta u_i\right]\mathrm{d}\sigma=\oint_S T_{ij}\delta u_i n_j\mathrm{d}a-\int_D T_{ij,j}\delta u_i\mathrm{d}\sigma\end{aligned}$$

注意到在 S_1 上，$\delta\boldsymbol{u}=\boldsymbol{0}$，故由上式可得

$$\int_D\rho_0\frac{\partial\varphi}{\partial\boldsymbol{E}}:\delta\boldsymbol{E}\mathrm{d}\sigma=\int_{S_2}(\boldsymbol{T}\cdot\boldsymbol{n})\cdot\delta\boldsymbol{u}\mathrm{d}a-\int_D(\boldsymbol{T}\cdot\nabla)\cdot\delta\boldsymbol{u}\mathrm{d}\sigma$$

故有

$$\delta\Pi = -\int_D (\boldsymbol{T}\cdot\nabla + \rho_0\boldsymbol{b})\cdot\delta\boldsymbol{u}\mathrm{d}\sigma + \int_{S_2}(\boldsymbol{T}\cdot\boldsymbol{n}-\boldsymbol{t})\cdot\delta\boldsymbol{u}\mathrm{d}a = 0$$

由于 $\delta\boldsymbol{u}$ 的任意性，即可由上式导出

$$\boldsymbol{T}\cdot\nabla + \rho_0\boldsymbol{b} = \boldsymbol{0},\quad \boldsymbol{T}\cdot\boldsymbol{n}\big|_{S_2} = \boldsymbol{t}$$

这就是**最小位能原理**：满足位移约束 $\boldsymbol{u}|_{S_1} = \overline{\boldsymbol{u}}$ 和几何关系 $\boldsymbol{E} = \dfrac{1}{2}(\boldsymbol{u}\nabla + \nabla\boldsymbol{u})$ 的所有可能的位移中，使位能

$$\begin{aligned}\Pi &= \int_D \rho_0\varphi\mathrm{d}\sigma - \int_D \rho_0\boldsymbol{b}\cdot\boldsymbol{u}\mathrm{d}\sigma - \int_{S_2}\boldsymbol{t}\cdot\boldsymbol{u}\mathrm{d}a\\ &= \frac{1}{2}\int_D \boldsymbol{E}:\boldsymbol{C}:\boldsymbol{E}\mathrm{d}\sigma - \int_D \rho_0\boldsymbol{b}\cdot\boldsymbol{u}\mathrm{d}\sigma - \int_{S_2}\boldsymbol{t}\cdot\boldsymbol{u}\mathrm{d}a\end{aligned}\tag{6.49a}$$

取极小值的位移必定满足平衡方程 $\boldsymbol{T}\cdot\nabla + \rho_0\boldsymbol{b} = \boldsymbol{0}$ 和应力边界条件 $\boldsymbol{T}\cdot\boldsymbol{n}|_{S_2} = \boldsymbol{t}$。同时，方程 (6.26) 在边界条件 (6.27) 下的解，必定使上述位能取极小值。

总位能表达式 (6.49a) 也可以表达为如下矩阵形式：

$$\Pi = \frac{1}{2}\int_D \underline{\boldsymbol{\varepsilon}}^{\mathrm{T}}\underline{\boldsymbol{D}}\,\underline{\boldsymbol{\varepsilon}}\mathrm{d}\sigma - \int_D \underline{\boldsymbol{u}}^{\mathrm{T}}\underline{\boldsymbol{b}}\mathrm{d}\sigma - \int_{S_2}\underline{\boldsymbol{u}}^{\mathrm{T}}\underline{\boldsymbol{t}}\mathrm{d}a \tag{6.49b}$$

式中，$\underline{\boldsymbol{\varepsilon}}$ 和 $\underline{\boldsymbol{D}}$ 由式 (6.7b) 和式 (6.8) 给出，而

$$\underline{\boldsymbol{b}} = \rho_0\begin{bmatrix}b_1 & b_2 & b_3\end{bmatrix}^{\mathrm{T}}$$

则是单位体积的体力列向量。

例 6.6 *以位移为自变函数，写出长为 l 的等截面悬臂梁承受分布横向荷载时的总位能。*

解： 选择如图 6.9 所示的坐标系，不考虑剪切应变能，则梁的应变能为

$$\varPhi = \frac{1}{2}\int_0^l EI\left(\frac{\partial^2 u_2}{\partial x_1^2}\right)^2\mathrm{d}x_1$$

而分布荷载的位能为

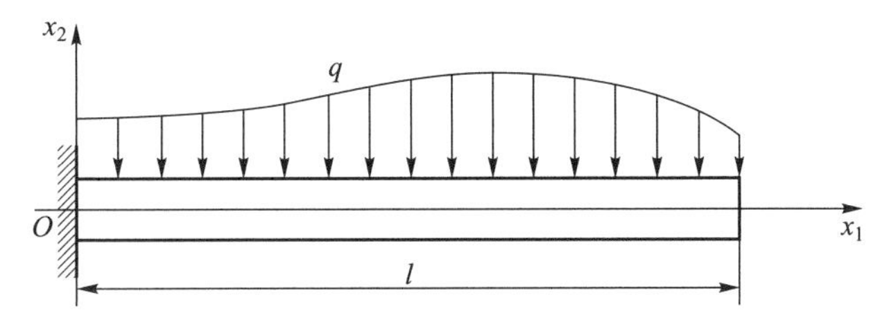

图 6.9 承受分布荷载的悬臂梁

$$V = -\int_0^l q(x)u_2\mathrm{d}x_1$$

故梁的总位能为

$$\Pi = \frac{1}{2}\int_0^l EI\left(\frac{\partial^2 u_2}{\partial x_1^2}\right)^2\mathrm{d}x_1 - \int_0^l q(x)u_2\mathrm{d}x_1$$

例 6.7　以位移为自变函数，写出长为 l 的简支的等截面直梁承受集中力 F 时的总位能。

解： 梁的应变能同上题，设集中力 F 作用点处的挠度为 $u_2(a)$（图 6.10），则外力的位能为

$$V = -Fu_2(a)$$

故梁的总位能为

$$\Pi = \frac{1}{2}\int_0^l EI\left(\frac{\partial^2 u_2}{\partial x_1^2}\right)^2 \mathrm{d}x_1 - Fu_2(a)$$

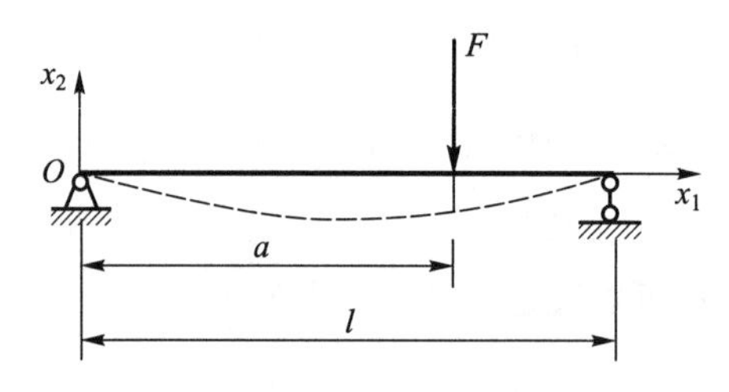

图 6.10　承受集中力的简支梁

作为一个重要的应用，下面考察具有均匀厚度 t 的薄板的总位能。该薄板承受着垂直于板面的分布荷载。选择薄板中面为 x_1x_2 坐标面，这样，薄板所占据的空间在 x_3 方向上则介于 $\pm t/2$ 之间（图 2.13）。

由 2.3.4 节的讨论可知，薄板的应变只有独立的三项。由广义 Hooke 定律可导出相应的应力也只有三项。这样，可以把应变和应力分别记为列向量：

$$\underline{\boldsymbol{\varepsilon}} = \begin{bmatrix} E_{11} & E_{22} & \gamma_{12} \end{bmatrix}^{\mathrm{T}}, \quad \underline{\boldsymbol{\sigma}} = \begin{bmatrix} T_{11} & T_{22} & T_{12} \end{bmatrix}^{\mathrm{T}} \tag{6.50}$$

根据式 (2.41)，薄板的应变可表示为

$$\underline{\boldsymbol{\varepsilon}} = -x_3\underline{\boldsymbol{\Theta}}^{\mathrm{T}} \tag{6.51}$$

式中

$$\underline{\boldsymbol{\Theta}} = \begin{bmatrix} \dfrac{\partial^2 u_3}{\partial x_1^2} & \dfrac{\partial^2 u_3}{\partial x_2^2} & \dfrac{2\partial^2 u_3}{\partial x_1 \partial x_2} \end{bmatrix}^{\mathrm{T}} \tag{6.52}$$

应力应变关系可表示为

$$\underline{\boldsymbol{\sigma}} = \underline{\boldsymbol{D}}\,\underline{\boldsymbol{\varepsilon}} = -x_3\underline{\boldsymbol{D}}\,\underline{\boldsymbol{\Theta}} \tag{6.53}$$

式中

$$\underline{\boldsymbol{D}} = \frac{E}{1-\nu^2}\begin{bmatrix} 1 & \nu & 0 \\ \nu & 1 & 0 \\ 0 & 0 & (1-\nu)/2 \end{bmatrix}$$

故应变比能为

$$\rho_0\varphi = \frac{1}{2}\underline{\boldsymbol{\sigma}}^{\mathrm{T}}\underline{\boldsymbol{\varepsilon}} = \frac{1}{2}\underline{\boldsymbol{\varepsilon}}^{\mathrm{T}}\underline{\boldsymbol{D}}\,\underline{\boldsymbol{\varepsilon}} = \frac{1}{2}x_3^2\underline{\boldsymbol{\Theta}}^{\mathrm{T}}\underline{\boldsymbol{D}}\,\underline{\boldsymbol{\Theta}} \tag{6.54}$$

而应变能为

$$\varPhi = \iiint_D \rho_0\varphi\mathrm{d}\sigma = \frac{1}{2}\iint_A\left(\int_{-t/2}^{+t/2} x_3^2\underline{\boldsymbol{\Theta}}^{\mathrm{T}}\underline{\boldsymbol{D}}\,\underline{\boldsymbol{\Theta}}\mathrm{d}x_3\right)\mathrm{d}x_1\mathrm{d}x_2$$

式中，A 为薄板板面面积。易于看出，上式圆括号内的 $\underline{\boldsymbol{\Theta}}^{\mathrm{T}}\underline{\boldsymbol{D}}\,\underline{\boldsymbol{\Theta}}$ 与 x_3 无关，故有

$$\varPhi = \frac{1}{2}\iint_A \underline{\boldsymbol{\Theta}}^{\mathrm{T}}\overline{\underline{\boldsymbol{D}}}\,\underline{\boldsymbol{\Theta}}\mathrm{d}x_1\mathrm{d}x_2 \tag{6.55}$$

式中

$$\overline{\underline{\boldsymbol{D}}} = \frac{Et^3}{12\,(1-\nu^2)}\begin{bmatrix} 1 & \nu & 0 \\ \nu & 1 & 0 \\ 0 & 0 & (1-\nu)/2 \end{bmatrix} \tag{6.56}$$

$\varPhi$ 的表达式 (6.55) 展开即为

$$\varPhi = \frac{1}{2}\iint_A \frac{Et^3}{12\,(1-\nu^2)}\left[\left(\frac{\partial^2 u_3}{\partial x_1^2}\right)^2 + \left(\frac{\partial^2 u_3}{\partial x_2^2}\right)^2 + 2\nu\frac{\partial^2 u_3}{\partial x_1^2}\frac{\partial^2 u_3}{\partial x_2^2} + 2(1-\nu)\left(\frac{\partial^2 u_3}{\partial x_1\partial x_2}\right)^2\right]\mathrm{d}x_1\mathrm{d}x_2 \tag{6.57}$$

外荷载仅为分布荷载 $q\,(x_1,x_2)$，故外力的位能 $V = -\iint_A qu_3\mathrm{d}x_1\mathrm{d}x_2$。这样，薄板的总位能为

$$\varPi = \frac{1}{2}\iint_A \underline{\boldsymbol{\Theta}}^{\mathrm{T}}\overline{\underline{\boldsymbol{D}}}\,\underline{\boldsymbol{\Theta}}\mathrm{d}x_1\mathrm{d}x_2 - \iint_A qu_3\mathrm{d}x_1\mathrm{d}x_2 \tag{6.58}$$

6.3 弹性动力学问题

6.3.1 基本方程

在考虑弹性动力学问题时，运动方程中的加速度项不再为零。考虑到小变形假定，这个加速度项中的位移的自变量是物质坐标，因此求物质导数时可以直接求关于时间的偏微分，这样，运动方程就可以写为

$$\boldsymbol{T}\cdot\nabla + \rho_0\boldsymbol{b} = \rho_0\frac{\partial^2\boldsymbol{u}}{\partial t^2} \tag{6.59}$$

在求解动力学问题时，由于基本方程包含时间的二阶导数，因此必须相应地给出初始条件。常用的初始条件是初始位移和初始速度已知，即

$$\boldsymbol{u}\big|_{t=0} = \boldsymbol{u}_0 \tag{6.60a}$$

$$\boldsymbol{v}\big|_{t=0} = \left.\frac{\partial \boldsymbol{u}}{\partial t}\right|_{t=0} = \boldsymbol{v}_0 \tag{6.60b}$$

这样，弹性动力学问题就是求解方程组

$$\boldsymbol{T}\cdot\nabla + \rho_0\boldsymbol{b} = \rho_0\frac{\partial^2\boldsymbol{u}}{\partial t^2} \tag{6.61a}$$

$$\boldsymbol{E} = \frac{1}{2}(\boldsymbol{u}\nabla + \nabla\boldsymbol{u}) \tag{6.61b}$$

$$\boldsymbol{T} = \lambda\boldsymbol{I}\,\mathrm{tr}\,\boldsymbol{E} + 2\mu\boldsymbol{E} \tag{6.61c}$$

在边界条件

$$\boldsymbol{u}\big|_{S_1} = \overline{\boldsymbol{u}}, \quad \boldsymbol{T}\cdot\boldsymbol{n}\big|_{S_2} = \boldsymbol{t}$$

以及初始条件

$$\boldsymbol{u}\big|_{t=0} = \boldsymbol{u}_0, \quad \boldsymbol{v}\big|_{t=0} = \left.\frac{\partial \boldsymbol{u}}{\partial t}\right|_{t=0} = \boldsymbol{v}_0$$

下的解。

6.3.2　弹性波

与静力学问题类似，如果将位移确定为基本未知量，那么可将几何方程代入本构方程，得到应力和位移的方程，再将此方程代入运动方程，就得到用位移表达的控制方程：

$$(\lambda+\mu)\nabla\nabla\cdot\boldsymbol{u} + \mu\nabla\cdot\nabla\boldsymbol{u} + \rho_0\boldsymbol{b} = \rho_0\ddot{\boldsymbol{u}} \tag{6.62a}$$

$$(\lambda+\mu)u_{j,ij} + \mu u_{i,jj} + \rho_0 b_i = \rho_0\ddot{u}_i \tag{6.62b}$$

上面的式子本质上包含了对弹性波的描述。为了说明这一点，在上式中不考虑体力，即有

$$(\lambda+\mu)\nabla\nabla\cdot\boldsymbol{u} + \mu\nabla\cdot\nabla\boldsymbol{u} = \rho_0\ddot{\boldsymbol{u}} \tag{6.63}$$

先在一维的情况下来考察式 (6.63)。若

$$\boldsymbol{u} = u_1(x_1, t)\boldsymbol{e}_1$$

代入式 (6.63) 可得

$$\frac{\partial^2 u_1}{\partial x_1^2} = \frac{1}{a^2}\frac{\partial^2 u_1}{\partial t^2} \tag{6.64}$$

式中

$$a = \sqrt{\frac{\lambda+2\mu}{\rho_0}} \tag{6.65}$$

式 (6.64) 是一个典型的一维波动方程。它所描述的是振动方向与波传播方向相同的波（图 6.11），其波速为 a。弹性体中这种以波速 $a=\sqrt{(\lambda+2\mu)/\rho_0}$ 传播的波称为**纵波**。

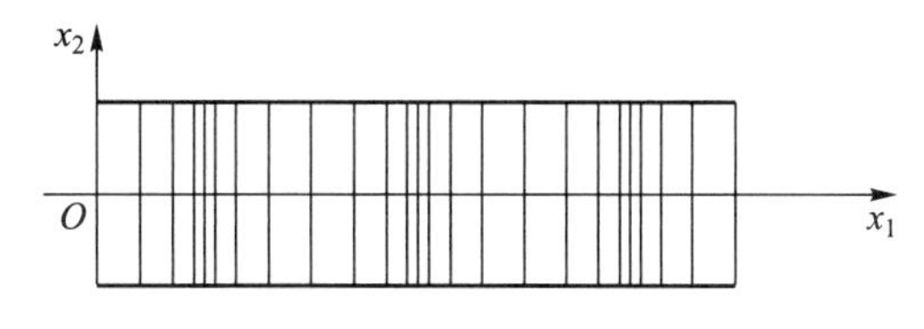

图 6.11　纵波的传播

另一方面，若

$$\boldsymbol{u} = u_2(x_1, t)\boldsymbol{e}_2$$

则方程 (6.63) 成为

$$\frac{\partial^2 u_2}{\partial x_1^2} = \frac{1}{b^2}\frac{\partial^2 u_2}{\partial t^2} \tag{6.66}$$

式中

$$b = \sqrt{\frac{\mu}{\rho_0}} \tag{6.67}$$

这也是一个一维的波动方程。它所描述的是振动方向与波传播方向垂直的波（图 6.12），其波速为 b。弹性体中这种以波速 $b = \sqrt{\mu/\rho_0}$ 传播的波称为**横波**。

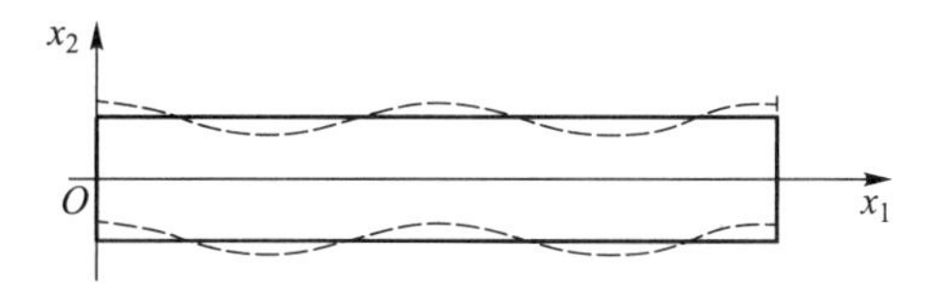

图 6.12　横波的传播

在一般的三维情况下考察式 (6.63)，由于 $\nabla \cdot \boldsymbol{u} = \mathrm{I}_E$，故该式可记为

$$(\lambda + \mu)\nabla \mathrm{I}_E + \mu \nabla^2 \boldsymbol{u} = \rho_0 \ddot{\boldsymbol{u}} \tag{6.68}$$

在上式两端取散度，注意到

$$\nabla \cdot \nabla \mathrm{I}_E = \nabla^2 \mathrm{I}_E$$

$$\nabla \cdot \nabla^2 \boldsymbol{u} \Rightarrow (u_{i,jj})_{,i} = u_{i,jji} = (u_{i,i})_{,jj} \Rightarrow \nabla^2(\nabla \cdot \boldsymbol{u}) = \nabla^2 \mathrm{I}_E$$

可得

$$(\lambda + 2\mu)\nabla^2 \mathrm{I}_E = \rho_0 \ddot{\mathrm{I}}_E$$

可记为

$$\nabla^2 \mathrm{I}_E = \frac{1}{a^2}\frac{\partial^2 \mathrm{I}_E}{\partial t^2} \tag{6.69}$$

式 (6.69) 也是一个波动方程。由于方程中 $\mathrm{I_E}$ 的意义是微元体积的相对增长比，因此式 (6.69) 描述的是弹性体内体积的脉动，并将这种脉动以波的形式传播。这种波称为**膨胀波**。由于

波速为 a，故膨胀波是纵波。

在式 (6.63) 两端取旋度，得

$$(\lambda+\mu)\nabla\times(\nabla \mathrm{I}_E)+\mu\nabla\times\left(\nabla^2\boldsymbol{u}\right)=\nabla\times(\rho_0\ddot{\boldsymbol{u}}) \tag{6.70}$$

注意到对任意标量的梯度取旋度都是为零的 [参见例 1.14，即式 (1.41)]，故上式的第一项为零。上式中的第二项，

$$\nabla\times\left(\nabla^2\boldsymbol{u}\right)\Rightarrow \varepsilon_{ijk}(u_{j,mm})_{,i}=\varepsilon_{ijk}u_{j,imm}=(\varepsilon_{ijk}u_{j,i})_{,mm}\Rightarrow\nabla^2(\nabla\times\boldsymbol{u})$$

这样式 (6.70) 就成为

$$\nabla^2(\nabla\times\boldsymbol{u})=\frac{\rho}{\mu}\frac{\partial^2}{\partial t^2}(\nabla\times\boldsymbol{u})$$

引用小旋转张量 $\boldsymbol{\Omega}$ 的对偶矢量 $\boldsymbol{\omega}$，注意到式 (2.22b)，即 $\boldsymbol{\omega}=\dfrac{1}{2}\nabla\times\boldsymbol{u}$，便有

$$\nabla^2\boldsymbol{\omega}=\frac{1}{b^2}\frac{\partial^2\boldsymbol{\omega}}{\partial t^2} \tag{6.71}$$

式 (6.71) 同样是一个波动方程。由于 $\boldsymbol{\omega}$ 表示的是局部的刚体转动，因此式 (6.71) 描述的是弹性体内旋转的脉动，并将这种脉动以波的形式传播。这种波称为**畸变波**，由于这种波的波速为 b，故畸变波也是横波。

弹性体内的波便是以纵波和横波两种形式传播的。

6.3.3　弹性动力学问题的虚功方程

如果利用达朗贝尔（D'Alembert）原理，将运动方程中的加速度项视为惯性荷载项，那么动力学问题就可以转化为静力学问题处理。这样，便可以将 4.4 节中的虚功原理推广到动力学中来。

在 4.4 节中已经推导出，外力在虚位移上的功可以表示为

$$\int_D\rho_0\boldsymbol{b}\cdot\delta\boldsymbol{u}\mathrm{d}\sigma+\int_{S_2}\boldsymbol{t}\cdot\delta\boldsymbol{u}\mathrm{d}a=\int_D\rho_0\boldsymbol{b}\cdot\delta\boldsymbol{u}\mathrm{d}\sigma+\oint_S\boldsymbol{t}\cdot\delta\boldsymbol{u}\mathrm{d}a$$

上式右端的最后一项可利用边界上 $\boldsymbol{t}=\boldsymbol{T}\cdot\boldsymbol{n}$ 而将应力引入，再利用奥–高公式可得

$$\int_D\rho_0\boldsymbol{b}\cdot\delta\boldsymbol{u}\mathrm{d}\sigma+\int_{S_2}\boldsymbol{t}\cdot\delta\boldsymbol{u}\mathrm{d}a=\int_D(\boldsymbol{T}\cdot\nabla+\rho_0\boldsymbol{b})\cdot\delta\boldsymbol{u}\mathrm{d}\sigma+\int_D\boldsymbol{T}:\delta\boldsymbol{E}\mathrm{d}\sigma$$

在静力学问题中，上式右端第一端由于应满足平衡方程而等于零。在动力学问题中，该项则应等于加速度项，从而有

$$\int_D\rho_0\boldsymbol{b}\cdot\delta\boldsymbol{u}\mathrm{d}\sigma+\int_{S_2}\boldsymbol{t}\cdot\delta\boldsymbol{u}\mathrm{d}a-\int_D\rho_0\ddot{\boldsymbol{u}}\cdot\delta\boldsymbol{u}\mathrm{d}\sigma=\int_D\boldsymbol{T}:\delta\boldsymbol{E}\mathrm{d}\sigma \tag{6.72}$$

上式可表述为：**外力与惯性力在虚位移上的功，等于内力在虚位移上的功。**

上述虚功原理对本构关系没有限制。如果引用线弹性体的本构关系，上式则可表述为

$$\int_D\rho_0\boldsymbol{b}\cdot\delta\boldsymbol{u}\mathrm{d}\sigma+\int_{S_2}\boldsymbol{t}\cdot\delta\boldsymbol{u}\mathrm{d}a-\int_D\rho_0\ddot{\boldsymbol{u}}\cdot\delta\boldsymbol{u}\mathrm{d}\sigma=\int_D\boldsymbol{E}:\boldsymbol{C}:\delta\boldsymbol{E}\mathrm{d}\sigma \tag{6.73a}$$

上式也经常表述为矩阵形式

$$\int_D \rho_0 \delta \underline{\boldsymbol{u}}^{\mathrm{T}} \ddot{\underline{\boldsymbol{u}}} \mathrm{d}\sigma + \int_D \delta \underline{\boldsymbol{\varepsilon}}^{\mathrm{T}} \underline{\boldsymbol{D}}\, \underline{\boldsymbol{\varepsilon}} \mathrm{d}\sigma = \int_D \delta \underline{\boldsymbol{u}}^{\mathrm{T}} \underline{\boldsymbol{b}} \mathrm{d}\sigma + \int_{S_2} \delta \underline{\boldsymbol{u}}^{\mathrm{T}} \underline{\boldsymbol{t}} \mathrm{d}a \tag{6.73b}$$

上式构成弹性动力学问题的近代数值方法的基础。

6.4 热弹性问题 *

如果弹性体的温度有变化，则有可能在内部引起应力。这种应力称为**热应力**。热应力产生的原因一般有两种：一种是某些不均匀的温度分布会导致热应力，另一种是存在着某种制约因素妨碍了物体的自由热膨胀。

弹性体的应力和应变要受温度的影响，这类实例是很常见的。另一方面，温度也会受到应力和应变的影响，例如物体受到冲击荷载时，其温度要升高。因此，原则上力学效应和热学效应是相互耦合的。这类弹性问题称为耦合热弹性。如果应变的变化不是很剧烈，则可以忽略应变的变化对温度的影响，而只考虑温度对应力应变的影响，这就是一般的非耦合的热弹性问题。

6.4.1 一般热弹性问题

研究非耦合的热弹性问题必须先弄清弹性体中的温度分布。由于不考虑应变变化对温度的影响，能量方程 (4.41) 就可以表述为

$$\rho_0 \dot{u} = -\nabla \cdot \boldsymbol{q} + \rho_0 \varsigma \tag{6.74}$$

式中的左端项是内能的时间变化率。在不考虑力学效应（即忽略变形对温度的影响）的前提下，内能的变化将全部用于使温度产生变化。定义定容比热

$$c_E = \left(\frac{\partial Q}{\partial \tau}\right)_E \tag{6.75}$$

式中右端的脚标 E 表示不考虑变形的影响，而 Q 则是热量。由于未考虑变形，热量的变化就是内能的变化，故有

$$c_E = \left(\frac{\partial u}{\partial \theta}\right)_E \tag{6.76}$$

这样，便有

$$\rho_0 \dot{u} = \rho_0 \frac{\partial u}{\partial t} = \rho_0 \left(\frac{\partial u}{\partial \theta}\right)_E \frac{\partial \theta}{\partial t} = \rho_0 c_E \dot{\theta} \tag{6.77}$$

热传导的 Fourier 定律在各向同性体中可表示为

$$\boldsymbol{q} = -\kappa \nabla \theta$$

将式 (6.77) 和上式代入能量方程 (6.74) 可得

$$\rho_0 c_E \frac{\partial \theta}{\partial t} = \nabla \cdot (\kappa \nabla \theta) + \rho_0 \varsigma \tag{6.78}$$

如果温度变化的幅度不是很大，热导率就可以视为常数。这样，上式可改写为

$$\rho_0 c_E \frac{\partial \theta}{\partial t} = \kappa \nabla^2 \theta + \rho \varsigma \tag{6.79}$$

这就是各向同性固体中的**热传导方程**。

求解热传导方程的边界条件一般可分为三类：

（1）表面温度已知，又称第一类边界条件，即

$$\theta\big|_{S_{\mathrm{I}}} = \overline{\theta} \tag{6.80}$$

（2）表面热流已知，又称第二类边界条件，即

$$q\big|_{S_{\mathrm{II}}} = \boldsymbol{q} \cdot \boldsymbol{n}\big|_{S_{\mathrm{II}}} = -\kappa \nabla \theta \cdot \boldsymbol{n} = -\kappa \frac{\partial \theta}{\partial n} \tag{6.81a}$$

显然，如果边界是绝热的，便有

$$\left.\frac{\partial \theta}{\partial n}\right|_{S_{\mathrm{II}}} = 0 \tag{6.81b}$$

（3）表面热交换服从 Newton 热交换定律，又称第三类边界条件，即

$$q\big|_{S_{\mathrm{III}}} = h\left(\theta - \theta_\infty\right) \tag{6.82a}$$

式中，θ_∞ 为物体外介质的温度，h 称为 Newton 表面传热系数，在国际单位制中，h 的单位是 $\mathrm{W}/\left(\mathrm{m}^2 \cdot \mathrm{K}\right)$。利用 Fourier 定律，上式可写为

$$-\kappa \left.\frac{\partial \theta}{\partial n}\right|_{S_{\mathrm{III}}} = h\left(\theta - \theta_\infty\right) \tag{6.82b}$$

Newton 表面传热系数也是一个恒正的数，它体现了边界吸纳或释放热量的能力。其值越小，说明散热条件越差。如果它小到趋近于零，则边界条件 (6.82b) 化为式 (6.81b)，说明边界绝热。反之，如果它的值非常大，说明边界能充分地进行热交换，以致于式 (6.82b) 转化为 $\theta = \theta_\infty$，边界处物体内的介质温度与外部介质温度一致了。

求解热传导问题一般还需要初始条件

$$\theta\big|_{t=0} = \theta_0 \tag{6.83}$$

求解温度分布的问题，就是求解上述热传导方程在一定的边值和初值条件下的解答。

在某些情况下，边界条件恒定地不随时间变化，那么经过一段时间之后，物体内将达到一种热动平衡状态，各点的温度虽然仍然不均匀，但各自都不再随时间而变化。这时称物体内形成一种定常温度场。容易理解，在各向同性体中，定常温度场受方程

$$\kappa \nabla^2 \theta + \rho_0 \varsigma = 0 \tag{6.84a}$$

支配。求解上述方程只需边界条件而无须采用初始条件。

方程 (6.84a) 是一个泊松方程。如果物体内部无热源，这个方程进一步简化为一个拉普拉斯方程

$$\nabla^2\theta = 0 \tag{6.84b}$$

一般称满足上式的场函数为调和场。

确定了温度场之后，便可以利用本构关系式 (6.23)

$$\boldsymbol{T} = \lambda \boldsymbol{I} \operatorname{tr} \boldsymbol{E} + 2\mu \boldsymbol{E} - \frac{1}{3}(3\lambda + 2\mu)\alpha \boldsymbol{I}\theta$$

得到用位移表达的运动方程：

$$(\lambda + \mu)\nabla\nabla \cdot \boldsymbol{u} + \mu\nabla \cdot \nabla \boldsymbol{u} + \rho_0 \boldsymbol{b} - \frac{1}{3}(3\lambda + 2\mu)\alpha\nabla\theta = \rho_0 \ddot{\boldsymbol{u}} \tag{6.85a}$$

$$(\lambda + \mu)u_{j,ij} + \mu u_{i,jj} + \rho_0 b_i - \frac{1}{3}(3\lambda + 2\mu)\alpha\theta_{,i} = \rho_0 \ddot{u}_i \tag{6.85b}$$

从上式可看出，温度梯度起到了一种类似于体力的作用。

许多热应力问题是在静态情况下产生的，对于这种情况，只需在式 (6.85) 中去掉加速度项即可。

例 6.8 证明：弹性体内不产生热应力的必要条件是温度分布构成一个调和场。

解： 如果弹性体内不产生热应力，必定各处微元均处于自由热膨胀状态。在本构关系式 (6.23) 中取应力为零，即

$$\lambda \boldsymbol{I} \operatorname{tr} \boldsymbol{E} + 2\mu \boldsymbol{E} - \frac{1}{3}(3\lambda + 2\mu)\alpha \boldsymbol{I}\boldsymbol{\theta} = \boldsymbol{0}$$

取迹得

$$(3\lambda + 2\mu) \operatorname{tr} \boldsymbol{E} = (3\lambda + 2\mu)\alpha\theta$$

可得

$$\boldsymbol{E} = \frac{1}{3}\alpha\theta\boldsymbol{I} \quad \text{或} \quad E_{ij} = \frac{1}{3}\alpha\theta\delta_{ij}$$

将上式代入协调方程式 (2.37b、c、d) 中，可得

$$\theta_{,11} + \theta_{,22} = 0, \quad \theta_{,11} + \theta_{,33} = 0, \quad \theta_{,33} + \theta_{,22} = 0$$

上三式相加可得

$$\theta_{,ii} = 0 \quad \text{或} \quad \nabla^2\theta = 0$$

上例说明温度分布构成调和场是无热应力产生的必要条件。

但是上述条件并不构成无热应力的充分条件。可以证明，所有边界都是自由边界的单连区域（即内部无空腔），上述条件才是充分的。

对热弹性问题，同样可以构造相应的虚功原理。在式 (6.72) 即

$$\int_D \rho_0 \boldsymbol{b}\cdot\delta\boldsymbol{u}\mathrm{d}\sigma + \int_{S_2}\boldsymbol{t}\cdot\delta\boldsymbol{u}\mathrm{d}a = \int_D \rho_0\ddot{\boldsymbol{u}}\cdot\delta\boldsymbol{u}\mathrm{d}\sigma + \int_D \boldsymbol{T}:\delta\boldsymbol{E}\mathrm{d}\sigma$$

中引入本构关系 (6.18)，即

$$\boldsymbol{T} = \boldsymbol{C}:\boldsymbol{E} + \boldsymbol{\Lambda}\theta$$

可得

$$\int_D \rho_0\ddot{\boldsymbol{u}}\cdot\delta\boldsymbol{u}\mathrm{d}\sigma + \int_D \boldsymbol{E}:\boldsymbol{C}:\delta\boldsymbol{E}\mathrm{d}\sigma = \int_D \rho_0\boldsymbol{b}\cdot\delta\boldsymbol{u}\mathrm{d}\sigma + \int_{S_2}\boldsymbol{t}\cdot\delta\boldsymbol{u}\mathrm{d}a - \int_D \theta\boldsymbol{\Lambda}:\delta\boldsymbol{E}\mathrm{d}\sigma \tag{6.86a}$$

式 (6.86a) 也常用矩阵形式表示为

$$\int_D \rho_0\delta\underline{\boldsymbol{u}}^{\mathrm{T}}\underline{\ddot{\boldsymbol{u}}}\mathrm{d}\sigma + \int_D \delta\underline{\boldsymbol{\varepsilon}}^{\mathrm{T}}\underline{\boldsymbol{D}}\,\underline{\boldsymbol{\varepsilon}}\mathrm{d}\sigma = \int_D \delta\underline{\boldsymbol{u}}^{\mathrm{T}}\underline{\boldsymbol{b}}\mathrm{d}\sigma + \int_{S_2}\delta\underline{\boldsymbol{u}}^{\mathrm{T}}\underline{\boldsymbol{t}}\mathrm{d}a - \int_D \delta\underline{\boldsymbol{\varepsilon}}^{\mathrm{T}}\underline{\boldsymbol{\Lambda}}\theta\mathrm{d}\sigma \tag{6.86b}$$

式中，$\underline{\boldsymbol{\Lambda}}$ 是热模量 $\boldsymbol{\Lambda}$ 的列向量形式：

$$\underline{\boldsymbol{\Lambda}} = \begin{bmatrix}\Lambda_{11} & \Lambda_{22} & \Lambda_{33} & \Lambda_{12} & \Lambda_{23} & \Lambda_{31}\end{bmatrix}^{\mathrm{T}}$$

在各向同性体中，式 (6.86a) 的最后一项为

$$\int_D \frac{1}{3}(3\lambda+2\mu)\alpha\theta\,\mathrm{tr}(\delta\boldsymbol{E})\mathrm{d}\sigma \tag{6.87}$$

由于

$$\mathrm{tr}\,\boldsymbol{E} = \begin{bmatrix}E_{11} & E_{22} & E_{33} & \gamma_{12} & \gamma_{23} & \gamma_{31}\end{bmatrix}\begin{bmatrix}1 & 1 & 1 & 0 & 0 & 0\end{bmatrix}^{\mathrm{T}}$$

因此，相应地，式 (6.86b) 的最后一项中，

$$\underline{\boldsymbol{\Lambda}} = -\frac{1}{3}(3\lambda+2\mu)\alpha\begin{bmatrix}1 & 1 & 1 & 0 & 0 & 0\end{bmatrix}^{\mathrm{T}}$$

6.4.2　耦合热弹性问题

线弹性体中的自由能实际上是应变和温度的二次齐次式。在各向同性体中，

$$\rho_0\psi = \frac{1}{2}\left[\lambda(\mathrm{tr}\,\boldsymbol{E})^2 + 2\mu\boldsymbol{E}:\boldsymbol{E}\right] + \beta\,\mathrm{tr}\,\boldsymbol{E}\theta + \frac{1}{2}p\theta^2 \tag{6.88}$$

根据式 (5.29) 有 $\boldsymbol{K} = \rho_0\dfrac{\partial\psi}{\partial\boldsymbol{G}}$，小变形情况下，该式转化为

$$\boldsymbol{T} = \rho_0\frac{\partial\psi}{\partial\boldsymbol{E}} = \lambda\boldsymbol{I}\,\mathrm{tr}\,\boldsymbol{E} + 2\mu\boldsymbol{E} + \beta\boldsymbol{I}\theta \tag{6.89}$$

根据式 (5.30c) 可得

$$s = -\frac{\partial\psi}{\partial\theta} = -\frac{p}{\rho_0}\theta \tag{6.90}$$

自由能 ψ、内能 u 和熵 s 均表示为应变 $\boldsymbol{E}$ 和温度的函数，便有

$$\mathrm{d}\psi = \left(\frac{\partial\psi}{\partial\boldsymbol{E}}\right)_\theta:\mathrm{d}\boldsymbol{E} + \left(\frac{\partial\psi}{\partial\theta}\right)\mathrm{d}\theta \tag{6.91a}$$

$$\mathrm{d}u = \left(\frac{\partial u}{\partial \boldsymbol{E}}\right)_\theta : \mathrm{d}\boldsymbol{E} + \left(\frac{\partial u}{\partial \theta}\right) \mathrm{d}\theta \tag{6.91b}$$

$$\mathrm{d}s = \left(\frac{\partial s}{\partial \boldsymbol{E}}\right)_\theta : \mathrm{d}\boldsymbol{E} + \left(\frac{\partial s}{\partial \theta}\right) \mathrm{d}\theta \tag{6.91c}$$

另一方面，根据自由能密度定义 (4.49) $\psi = u - \tau s$，可得

$$\mathrm{d}\psi = \mathrm{d}u - \tau \mathrm{d}s - s\mathrm{d}\tau = \mathrm{d}u - \tau \mathrm{d}s - s\mathrm{d}\theta \tag{6.92}$$

故有

$$\left[\left(\frac{\partial \psi}{\partial \boldsymbol{E}}\right)_\theta - \left(\frac{\partial u}{\partial \boldsymbol{E}}\right)_\theta + \tau\left(\frac{\partial s}{\partial \boldsymbol{E}}\right)_\theta\right] : \mathrm{d}\boldsymbol{E} + \left[\left(\frac{\partial \psi}{\partial \theta}\right)_E - \left(\frac{\partial u}{\partial \theta}\right)_E + \tau\left(\frac{\partial s}{\partial \theta}\right)_E + s\right] \mathrm{d}\theta = 0 \tag{6.93}$$

这样便有

$$\left(\frac{\partial u}{\partial \theta}\right)_E = \left(\frac{\partial \psi}{\partial \theta}\right)_E + \tau\left(\frac{\partial s}{\partial \theta}\right)_E + s = \tau\left(\frac{\partial s}{\partial \theta}\right)_E = -\frac{p}{\rho_0}\tau \tag{6.94}$$

上式左端项

$$\left(\frac{\partial u}{\partial \theta}\right)_E = c_E$$

故有

$$p = -\frac{\rho_0}{\tau} c_E$$

由于 p 是一个常数，可在参考状态取这个常数，其值等于

$$p = -\frac{\rho_0}{\tau_0} c_E \tag{6.95}$$

这样便有

$$\rho_0 \psi = \frac{1}{2}\left[\lambda(\operatorname{tr}\boldsymbol{E})^2 + 2\mu \boldsymbol{E} : \boldsymbol{E}\right] + \beta \operatorname{tr}\boldsymbol{E}\theta - \frac{\rho_0 c_E}{2\tau_0}\theta^2 \tag{6.96}$$

弹性体的热流方程 (5.32) 为

$$\nabla \cdot \boldsymbol{q} - \rho\varsigma - \rho\tau\left(\frac{\partial^2 \psi}{\partial \boldsymbol{C}\partial \theta} : \dot{\boldsymbol{C}} + \frac{\partial^2 \psi}{\partial \theta^2}\dot{\theta}\right) = 0$$

在线弹性体中转化为

$$\nabla \cdot \boldsymbol{q} - \rho_0\varsigma - \rho_0\tau\left(\frac{\partial^2 \psi}{\partial \boldsymbol{E}\partial \theta} : \dot{\boldsymbol{E}} + \frac{\partial^2 \psi}{\partial \theta^2}\dot{\theta}\right) = 0 \tag{6.97}$$

引用式 (6.96) 可得

$$\frac{\partial^2 \psi}{\partial \boldsymbol{E}\partial \theta} : \dot{\boldsymbol{E}} = \frac{\beta}{\rho_0}\boldsymbol{I} : \dot{\boldsymbol{E}} = \frac{\beta}{\rho_0}\operatorname{tr}\dot{\boldsymbol{E}}$$

$$\frac{\partial^2 \psi}{\partial \theta^2} = -\frac{c_E}{\tau_0}$$

考虑到 τ 和 τ_0 都取绝对温度，两者一般相差不大。为了使式 (6.97) 线性化，可将该式中圆括号外的 τ 换为 τ_0，这样便有

$$\rho_0 c_E \dot{\theta} = -\nabla \cdot \boldsymbol{q} + \rho\tau - \beta\tau_0 \operatorname{tr} \dot{\boldsymbol{E}}$$

引用式 (6.20) 和热传导的 Fourier 定律，便有

$$\rho_0 c_E \frac{\partial \theta}{\partial t} = \kappa \nabla^2 \theta + \rho\varsigma - \frac{1}{3}(3\lambda + 2\mu)\alpha\tau_0 \operatorname{tr} \dot{\boldsymbol{E}} \tag{6.98}$$

上式与式 (6.79) 相比，多出了包含 $\operatorname{tr} \dot{\boldsymbol{E}}$ 的一项。因此，要求解温度，应先知道位移和应变；但要求出位移，根据式 (6.85)，应先知道温度。这样，位移和温度是两个相互耦合的场，原则上应联立求解。这就构成了耦合热弹性问题。

式 (6.98) 可作如下变形：

$$\rho_0 c_E \frac{\partial \theta}{\partial t} \left(1 + \frac{1}{3\rho_0 c_E}(3\lambda + 2\mu)\alpha\tau_0 \frac{\operatorname{tr} \dot{\boldsymbol{E}}}{\partial\theta/\partial t} \right) = \kappa \nabla^2 \theta + \rho\varsigma \tag{6.99}$$

在一般情况下，上式左端括号内的第二项比起 1 来要小许多。因此，一般可以不考虑应变变化对温度的影响。但是，当应变变化很剧烈时，这一影响则不可忽略。

6.5　超弹性体 *

超弹性体是指存在自由能密度函数 ψ，而应力可以通过自由能密度对应变的微分导出的非线性弹性体。超弹性体模型一般用以描述橡胶等高聚合物在有限变形中的力学行为。由于涉及大变形，因此可以有两种描述方式。当采用物质描述时，应力可采用第二类 Piola-Kirchhoff 应力张量 $\boldsymbol{K}$，相应的变形描述可采用右 Cauchy-Green 形变张量 $\boldsymbol{C}$（或 Green 应变张量 $\boldsymbol{G}$），这种情况下，有

$$\boldsymbol{K} = 2\rho_0 \frac{\partial \psi}{\partial \boldsymbol{C}} \tag{6.100}$$

当采用空间描述时，应力采用 Cauchy 应力张量 $\boldsymbol{T}$，变形则采用左 Cauchy-Green 形变张量的逆 $\boldsymbol{B}^{-1}$（或 Almansi 应变张量 $\boldsymbol{A}$）。

6.5.1　本构关系

在 5.4 节中已经导出，对弹性体而言，自由能 ψ 只是应变和温度的函数。本节中，将只讨论等温状态下的各向同性超弹性体。这样，自由能就是应变能，且只是应变的函数，即

$$\psi = \psi(\boldsymbol{C}) \tag{6.101}$$

自由能 ψ 作为标量，在坐标变换中是不会改变的。而右 Cauchy-Green 形变张量 $\boldsymbol{C}$ 作为二阶张量，只有其不变量才不会在坐标变换中发生改变。因此，$\boldsymbol{C}$ 应通过其不变量来作为 ψ 的自变量，即

$$\psi = \psi\left(\mathrm{I}_C, \mathrm{II}_C, \mathrm{III}_C\right) \tag{6.102}$$

式中

$$\mathrm{I}_C = \mathrm{tr}\,\boldsymbol{C} = C_{MM}$$

$$\mathrm{II}_C = \frac{1}{2}\left[(\mathrm{tr}\,\boldsymbol{C})^2 - \mathrm{tr}\,\boldsymbol{C}^2\right] = \frac{1}{2}\left(C_{RR}C_{SS} - C_{RS}C_{RS}\right)$$

$$\mathrm{III}_C = \det\boldsymbol{C}$$

由式 (6.100) 可知，要求出应力，应该求出 ψ 对 $\boldsymbol{C}$ 的微分。但由式 (6.102) 可知

$$\frac{\partial\psi}{\partial\boldsymbol{C}} = \frac{\partial\psi}{\partial\mathrm{I}_C}\frac{\partial\mathrm{I}_C}{\partial\boldsymbol{C}} + \frac{\partial\psi}{\partial\mathrm{II}_C}\frac{\partial\mathrm{II}_C}{\partial\boldsymbol{C}} + \frac{\partial\psi}{\partial\mathrm{III}_C}\frac{\partial\mathrm{III}_C}{\partial\boldsymbol{C}} \tag{6.103}$$

易知，上式中的 $\dfrac{\partial\psi}{\partial\mathrm{I}_C}, \dfrac{\partial\psi}{\partial\mathrm{II}_C}, \dfrac{\partial\psi}{\partial\mathrm{III}_C}$ 均为数性函数，它可以通过式 (6.102) 予以确定。而式 (6.102) 则需要通过实验事实或附加上某些假定来确定。

式 (6.103) 中的 $\dfrac{\partial\mathrm{I}_C}{\partial\boldsymbol{C}}, \dfrac{\partial\mathrm{II}_C}{\partial\boldsymbol{C}}, \dfrac{\partial\mathrm{III}_C}{\partial\boldsymbol{C}}$ 均为二阶张量，它们可以通过 $\boldsymbol{C}$ 及其不变量来确定。下面分别将它们计算出来。

由于

$$\frac{\partial\mathrm{I}_C}{\partial C_{MN}} = \frac{\partial C_{PP}}{\partial C_{MN}} = \delta_{PM}\delta_{PN} = \delta_{MN}$$

故有

$$\frac{\partial\mathrm{I}_C}{\partial\boldsymbol{C}} = \boldsymbol{I} \tag{6.104}$$

由于

$$\frac{\partial\mathrm{II}_C}{\partial C_{MN}} = \frac{1}{2}\frac{\partial}{\partial C_{MN}}\left(C_{RR}C_{SS} - C_{RS}C_{RS}\right)$$

$$\frac{1}{2}\left(2\delta_{MN}C_{SS} - 2\delta_{RM}\delta_{SN}C_{RS}\right) = \delta_{MN}C_{SS} - C_{MN}$$

故有

$$\frac{\partial\mathrm{II}_C}{\partial\boldsymbol{C}} = \mathrm{I}_C\boldsymbol{I} - \boldsymbol{C} \tag{6.105}$$

为了计算 $\dfrac{\partial\mathrm{III}_C}{\partial\boldsymbol{C}}$，可先考虑 $\boldsymbol{C}$ 的主值。由于 $\boldsymbol{C}$ 的对称性，一定存在三个实数主值 C_1, C_2, C_3，它们分别满足

$$C_i^3 - \mathrm{I}_C C_i^2 + \mathrm{II}_C C_i - \mathrm{III}_C = 0 \quad (i = 1, 2, 3)$$

由上式可得

$$\begin{bmatrix} C_1 & 0 & 0 \\ 0 & C_2 & 0 \\ 0 & 0 & C_3 \end{bmatrix}^3 - \mathrm{I}_C \begin{bmatrix} C_1 & 0 & 0 \\ 0 & C_2 & 0 \\ 0 & 0 & C_3 \end{bmatrix}^2 + \mathrm{II}_C \begin{bmatrix} C_1 & 0 & 0 \\ 0 & C_2 & 0 \\ 0 & 0 & C_3 \end{bmatrix} - \mathrm{III}_C \begin{bmatrix} 1 & 0 & 0 \\ 0 & 1 & 0 \\ 0 & 0 & 1 \end{bmatrix} = \boldsymbol{0}$$

显然上式中的矩阵即为张量在主轴坐标系下的分量形式。将其变换为普通坐标系，便有[①]

$$\boldsymbol{C}^3 - \mathrm{I}_C\boldsymbol{C}^2 + \mathrm{II}_C\boldsymbol{C} - \mathrm{III}_C\boldsymbol{I} = \boldsymbol{0} \tag{6.106}$$

将上式写为如下形式：

$$\mathrm{III}_C\boldsymbol{I} = \boldsymbol{C}^3 - \mathrm{I}_C\boldsymbol{C}^2 + \mathrm{II}_C\boldsymbol{C}$$

两端对 $\boldsymbol{C}$ 求导，并将式 (6.104) 和式 (6.105) 代入，可得

$$\begin{aligned}\frac{\partial \mathrm{III}_C}{\partial \boldsymbol{C}} =& 3\boldsymbol{C}^2 - \left(2\mathrm{I}_C\boldsymbol{C} + \frac{\partial \mathrm{I}_C}{\partial \boldsymbol{C}}\cdot\boldsymbol{C}^2\right) + \left(\mathrm{II}_C\boldsymbol{I} + \frac{\partial \mathrm{II}_C}{\partial \boldsymbol{C}}\cdot\boldsymbol{C}\right)\\ =& 3\boldsymbol{C}^2 - 2\mathrm{I}_C\boldsymbol{C} - \boldsymbol{C}^2 + \mathrm{II}_C\boldsymbol{I} + \mathrm{I}_C\boldsymbol{C} - \boldsymbol{C}^2\end{aligned}$$

故有

$$\frac{\partial \mathrm{III}_C}{\partial \boldsymbol{C}} = \boldsymbol{C}^2 - \mathrm{I}_C\boldsymbol{C} + \mathrm{II}_C\boldsymbol{I} = \mathrm{III}_C\boldsymbol{C}^{-1} \tag{6.107}$$

将式 (6.104)、(6.105) 和式 (6.107) 代入式 (6.103)，有

$$\frac{\partial \psi}{\partial \boldsymbol{C}} = \frac{\partial \psi}{\partial \mathrm{I}_C}\boldsymbol{I} + \frac{\partial \psi}{\partial \mathrm{II}_C}(\mathrm{I}_C\boldsymbol{I} - \boldsymbol{C}) + \frac{\partial \psi}{\partial \mathrm{III}_C}\mathrm{III}_C\boldsymbol{C}^{-1} = \left(\frac{\partial \psi}{\partial \mathrm{I}_C} + \mathrm{I}_C\frac{\partial \psi}{\partial \mathrm{II}_C}\right)\boldsymbol{I} - \frac{\partial \psi}{\partial \mathrm{II}_C}\boldsymbol{C} + \frac{\partial \psi}{\partial \mathrm{III}_C}\mathrm{III}_C\boldsymbol{C}^{-1}$$

这样，由式 (6.100) 可得应力

$$\boldsymbol{K} = 2\rho_0\left[\left(\frac{\partial \psi}{\partial \mathrm{I}_C} + \mathrm{I}_C\frac{\partial \psi}{\partial \mathrm{II}_C}\right)\boldsymbol{I} - \frac{\partial \psi}{\partial \mathrm{II}_C}\boldsymbol{C} + \frac{\partial \psi}{\partial \mathrm{III}_C}\mathrm{III}_C\boldsymbol{C}^{-1}\right]$$

记

$$\rho_0\frac{\partial \psi}{\partial \mathrm{I}_C} = \xi_1,\quad \rho_0\frac{\partial \psi}{\partial \mathrm{II}_C} = \xi_2,\quad \rho_0\frac{\partial \psi}{\partial \mathrm{III}_C} = \xi_3 \tag{6.108}$$

便有

$$\boldsymbol{K} = 2\left[(\xi_1 + \mathrm{I}_C\xi_2)\boldsymbol{I} - \xi_2\boldsymbol{C} + \mathrm{III}_C\xi_3\boldsymbol{C}\right] \tag{6.109}$$

这便是用第二类 Piola-Kirchhoff 应力张量 $\boldsymbol{K}$ 和右 Cauchy-Green 形变张量 $\boldsymbol{C}$ 表述的本构关系。在上式中，ξ_1、ξ_2 和 ξ_3 可能不是常数，而可能是不变量的函数，这应该由实验或有关的假定来确定。但应该注意，它们作为函数并不是完全独立的。在参考构形上，$\boldsymbol{C} = \boldsymbol{I}$，$\boldsymbol{K} = \boldsymbol{0}$，$\mathrm{I}_C = \mathrm{II}_C = 3$，$\mathrm{III}_C = 1$，代入式 (6.109) 可得

$$(\xi_1 + 2\xi_2 + \xi_3)_0 = \left(\frac{\partial \psi}{\partial \mathrm{I}_C} + 2\frac{\partial \psi}{\partial \mathrm{II}_C} + \frac{\partial \psi}{\partial \mathrm{III}_C}\right)_0 = 0 \tag{6.110}$$

这就是加在本构方程中的限制。

下面考虑用空间描述表达超弹性体的本构关系，首先注意到，由

$$\boldsymbol{C} = \boldsymbol{F}^{\mathrm{T}}\cdot\boldsymbol{F},\quad \boldsymbol{B} = \boldsymbol{F}\cdot\boldsymbol{F}^{\mathrm{T}}$$

可知，$\boldsymbol{C}$ 和 $\boldsymbol{B}$ 具有相同的主值（参见 2.5 节），因此具有相同的不变量，从而 ξ_1、ξ_2 和 ξ_3

① 式（6.106）称为凯莱–哈密顿（Cayley-Hamilton）定理。可以证明，此式对所有二阶张量都成立。

是相等的。同时有 $J=\sqrt{\mathrm{III}_B}$。再引用第二类 Piola-Kirchhoff 应力张量 $\boldsymbol{K}$ 和 Cauchy 应力张量 $\boldsymbol{T}$ 间的关系

$$\boldsymbol{K}=J\boldsymbol{F}^{-1}\cdot\boldsymbol{T}\cdot\left(\boldsymbol{F}^{-1}\right)^{\mathrm{T}}$$

可得

$$\boldsymbol{T}=\frac{2}{\sqrt{\mathrm{III}_B}}\left[\mathrm{III}_B\xi_3\boldsymbol{I}+\left(\xi_1+\mathrm{I}_B\xi_2\right)\boldsymbol{B}-\xi_2\boldsymbol{B}^2\right] \tag{6.111}$$

为了消除上式中的 $\boldsymbol{B}^2$ 并引入 $\boldsymbol{B}^{-1}$，可对 $\boldsymbol{B}$ 应用 Cayley-Hamilton 定理，即

$$\boldsymbol{B}^3=\mathrm{I}_B\boldsymbol{B}^2-\mathrm{II}_B\boldsymbol{B}+\mathrm{III}_B\boldsymbol{I}$$

两边同乘以 $\boldsymbol{B}^{-1}$ 可得

$$\boldsymbol{B}^2=\mathrm{I}_B\boldsymbol{B}-\mathrm{II}_B\boldsymbol{I}+\mathrm{III}_B\boldsymbol{B}^{-1}$$

代入式 (6.111) 可得

$$\boldsymbol{T}=\frac{2}{\sqrt{\mathrm{III}_B}}\left[-\xi_2\mathrm{III}_B\boldsymbol{B}^{-1}+\left(\xi_2\mathrm{II}_B+\xi_3\mathrm{III}_B\right)\boldsymbol{I}+\xi_1\boldsymbol{B}\right] \tag{6.112}$$

由此便得到由 Cauchy 应力张量 $\boldsymbol{T}$ 和左 Cauchy-Green 形变张量的逆 $\boldsymbol{B}^{-1}$ 表示的本构关系。

橡胶一类的材料在变形过程中，其体积变化量比起主应变来说要小很多，因此可以将其简化为不可压缩材料。不可压缩弹性体的应力可以分为两部分，其中不确定应力项 $-p\boldsymbol{I}$ 由边界条件以及运动方程来确定，而应变所确定的那部分应力则由式 (6.112) 给出，注意到 $\mathrm{III}_B\equiv 1$，自由能密度 ψ 中不再包含 III_B，因而 ξ_3 取零，这样便有

$$\boldsymbol{T}=-p\boldsymbol{I}+2\xi_2\mathrm{II}_B\boldsymbol{I}+2\xi_1\boldsymbol{B}-2\xi_2\boldsymbol{B}^{-1}$$

由于 $-p\boldsymbol{I}$ 本身是未确定的，因此可将上式右端第二项归并到 $-p\boldsymbol{I}$ 中去，从而可得

$$\boldsymbol{T}=-p\boldsymbol{I}+2\xi_1\boldsymbol{B}-2\xi_2\boldsymbol{B}^{-1} \tag{6.113}$$

这就是不可压缩超弹性体的本构关系。

不可压缩超弹性体的应力–应变关系最终还取决于自由能 ψ 的形式，一些学者根据实验提出了不少应变能形式，常用的有以下几种：

穆尼（Mooney）模型 $$\psi=C_1(\mathrm{I}-3)+C_2(\mathrm{II}-3) \tag{6.114a}$$

新胡克（neo-Hooke）模型 $$\psi=C_1(\mathrm{I}-3) \tag{6.114b}$$

金特（Gent）模型 $$\psi=C_1(\mathrm{I}-3)+C_2\ln(\mathrm{II}/3) \tag{6.114c}$$

上面各式中，C_1、C_2 均为常数。各种应变能形式都有各自不尽如人意之处，目前这一方面仍有不少工作可做。

从上述讨论可以看出，超弹性体是通过应变能来建立应力–应变关系的。有了这种关系，等温情况下超弹性体的边值问题便可以建立起来了。其边值条件的提法与线弹性问题

相同。但是应该指出，由于问题的非线性性质，超弹性体边值问题解答的唯一性与稳定性的研究仍在进行。在很多情况下，解答不是唯一的。其中一个典型的例证就是，用橡胶材料制成的横截面为矩形的圆环，其原始状态以及内外表面翻转的状态都可以在表面力为零的边界条件下实现。但是，很明显，在两种状态下物体内部的应力和应变状态是不同的。

 6.5.2　简单的例子

下面考察各向同性超弹性体在简单变形中的应力。

1. 均匀拉伸

均匀拉伸的变形为

$$x_1 = \lambda_1 X_1,\quad x_2 = \lambda_2 X_2,\quad x_3 = \lambda_3 X_3$$

因此有

$$\underline{\boldsymbol{B}} = \mathrm{diag}\left(\lambda_1^2, \lambda_2^2, \lambda_3^2\right),\quad \underline{\boldsymbol{B}}^{-1} = \mathrm{diag}\left(\lambda_1^{-2}, \lambda_2^{-2}, \lambda_3^{-2}\right)$$

$$\mathrm{I}_B = \lambda_1^2 + \lambda_2^2 + \lambda_3^2,\quad \mathrm{II}_B = \lambda_1^2\lambda_2^2 + \lambda_2^2\lambda_3^2 + \lambda_3^2\lambda_1^2,\quad \mathrm{III}_B = \lambda_1^2\lambda_2^2\lambda_3^2$$

将上面各式代入式 (6.112) 可得

$$T_{11} = 2\lambda_1\left\{\frac{1}{\lambda_2\lambda_3}\left[\xi_1 + \left(\lambda_2^2+\lambda_3^2\right)\xi_2\right] + \lambda_2\lambda_3\xi_3\right\}$$

$$T_{22} = 2\lambda_2\left\{\frac{1}{\lambda_1\lambda_3}\left[\xi_1 + \left(\lambda_1^2+\lambda_3^2\right)\xi_2\right] + \lambda_1\lambda_3\xi_3\right\}$$

$$T_{33} = 2\lambda_3\left\{\frac{1}{\lambda_1\lambda_2}\left[\xi_1 + \left(\lambda_1^2+\lambda_2^2\right)\xi_2\right] + \lambda_1\lambda_2\xi_3\right\}$$

$$T_{12} = T_{23} = T_{31} = 0$$

因此，在均匀变形中，在主轴坐标系上考察，只有正应力（法向应力）产生，没有切应力。易于看出，对于一定的 λ_i 值，ξ_1、ξ_2、ξ_3 是常数，则应力分量均为常数，无体力平衡方程自然满足。因此，这样的状态是可能存在的。

2. 简单剪切

简单剪切的变形为

$$x_1 = X_1 + kX_2,\quad x_2 = X_2,\quad x_3 = X_3$$

式中，k 为剪切角 γ 的正切（图 6.12）。由上列式可得

$$\underline{\boldsymbol{F}} = \begin{bmatrix} 1 & k & 0 \\ 0 & 1 & 0 \\ 0 & 0 & 1 \end{bmatrix},\quad \underline{\boldsymbol{B}} = \begin{bmatrix} 1+k^2 & k & 0 \\ k & 1 & 0 \\ 0 & 0 & 1 \end{bmatrix},\quad \underline{\boldsymbol{B}}^{-1} = \begin{bmatrix} 1 & -k & 0 \\ -k & 1+k^2 & 0 \\ 0 & 0 & 1 \end{bmatrix}$$

$$\mathrm{I}_B = 3 + k^2,\quad \mathrm{II}_B = 3 + k^2,\quad \mathrm{III}_B = 1$$

因此有

$$T_{11}=2\left[\left(2+k^2\right)\xi_2+\xi_3+\left(1+k^2\right)\xi_1\right]$$

$$T_{22}=2\left(2\xi_2+\xi_3+\xi_1\right)$$

$$T_{33}=2\left[\left(2+k^2\right)\xi_2+\xi_3+\xi_1\right]$$

$$T_{12}=2k\left(\xi_1+\xi_2\right),\quad T_{23}=T_{31}=0$$

对于一定的 γ，ξ_1、ξ_2、ξ_3 均为常数，故 $\boldsymbol{T}$ 的全部分量都是常数，从而无体力的平衡方程得以满足。这种状态是可能存在的。

下面考察单位正方体在变形后各个侧面上的正应力和切应力。设正方体各个侧面在变形前与坐标面重合。记变形前 $X_1=\text{const}$ 的面在变形后的法向单位向量为 $\boldsymbol{n}^{(1)}$，沿 X_2 方向上的切向单位方向为 $\boldsymbol{t}^{(1)}$（图 6.13），易得

$$n_1^{(1)}=\cos\gamma=\left(1+k^2\right)^{-1/2},\quad n_2^{(1)}=-\sin\gamma=-k\left(1+k^2\right)^{-1/2},\quad n_3^{(1)}=0$$

$$t_1^{(1)}=\sin\gamma=k\left(1+k^2\right)^{-1/2},\quad t_2^{(1)}=\cos\gamma=\left(1+k^2\right)^{-1/2},\quad t_3^{(1)}=0$$

因此，在 $\boldsymbol{n}^{(1)}$ 方向上的法向力集度为

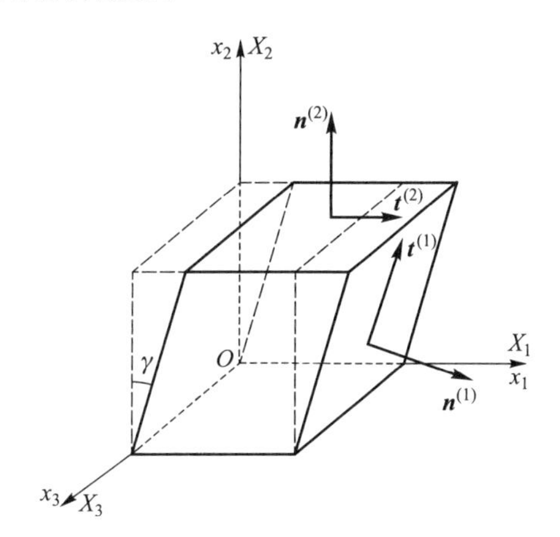

图 6.13 简单剪切

$$\boldsymbol{n}^{(1)}\cdot\boldsymbol{T}\cdot\boldsymbol{n}^{(1)}=2\left[\xi_1+\left(2+k^2\right)\xi_2+\left(1+k^2\right)\xi_3\right]\left(1+k^2\right)^{-1}$$

在 $\boldsymbol{t}^{(1)}$ 方向上的切向力集度为

$$\boldsymbol{t}^{(1)}\cdot\boldsymbol{T}\cdot\boldsymbol{n}^{(1)}=2k\left(\xi_1+\xi_2\right)\left(1+k^2\right)^{-1}$$

在 $X_2=\text{const}$ 的侧面上变形前后的方向没有变化，记该侧面上法向单位向量和 X_1 方向上的切向单位向量分别为 $\boldsymbol{n}^{(2)}$ 和 $\boldsymbol{t}^{(2)}$，则

$$\underline{\boldsymbol{n}}^{(2)}=\begin{bmatrix}0&1&0\end{bmatrix}^{\mathrm{T}},\quad \underline{\boldsymbol{t}}^{(2)}=\begin{bmatrix}1&0&0\end{bmatrix}^{\mathrm{T}}$$

该面上的法向力集度和切向力集度分别为

$$\boldsymbol{n}^{(2)}\cdot\boldsymbol{T}\cdot\boldsymbol{n}^{(2)}=2\left(\xi_1+2\xi_2+\xi_3\right)$$

$$\boldsymbol{t}^{(2)}\cdot\boldsymbol{T}\cdot\boldsymbol{n}^{(2)}=2k\left(\xi_1+\xi_2\right)$$

在 $X_3=\text{const}$ 的侧面上变形前后的方向也没有变化，同理其法向单位向量和法向力集度为

$$\underline{\boldsymbol{n}}^{(3)}=\begin{bmatrix}0&0&1\end{bmatrix}^{\mathrm{T}},\quad \boldsymbol{n}^{(3)}\cdot\boldsymbol{T}\cdot\boldsymbol{n}^{(3)}=2\left[\xi_1+\left(2+k^2\right)\xi_2+\xi_3\right]$$

而切向力集度为零。

由上可知，为了实现这种简单剪切变形，在各个侧面都必须有正应力存在，这是与线弹性体不同的。在线弹性体中，为了实现这种形变，只须在 $X_2=\text{const}$ 的两个侧面上施加剪力即可。考虑 $X_3=\text{const}$ 侧面上的法向力的作用，可以看出，如果这个法向力不存在，那么在 X_1X_2 平面上进行简单剪切变形的同时将会在 X_3 方向上产生伸长或缩短，因而破坏了简单剪切时体积不变的特征。所以，这个法向力的作用就在于保证体积不变。非线性弹性体的这种在剪切过程中改变体积的趋势，称为 Kelvin 效应。

另一方面，在 $X_1=\text{const}$ 和 $X_2=\text{const}$ 的侧面也有正应力产生，而且这种正应力的大小一般与 $X_3=\text{const}$ 上的正应力的大小不等。容易理解，维持体积不变的正应力在各个方向上都是相同的，因此这两个侧面的正应力除了用于维持体积不变之外，还剩余了一部分，这一部分是维持简单剪切状态所必需的。这种为实现剪切过程必须附加正应力的现象，称为坡印亭（Poynting）效应。

不可压缩超弹性体可由上面类似的方法求得。例如，在均匀拉伸中，只要形变满足 $\lambda_1\lambda_2\lambda_3=1$ 的条件，运动在不可压缩超弹性体中就是可以实现的。其左 Cauchy-Green 形变张量 $\boldsymbol{B}$ 与可压缩超弹性体的相同，由式 (6.113) 可得应力分量：

$$\begin{gathered}
T_{11}=-p+2\left(\xi_1\lambda_1^2-\xi_2\lambda_1^{-2}\right)\\
T_{22}=-p+2\left(\xi_1\lambda_2^2-\xi_2\lambda_2^{-2}\right)\\
T_{33}=-p+2\left(\xi_1\lambda_3^2-\xi_2\lambda_3^{-2}\right)\\
T_{12}=T_{23}=T_{31}=0
\end{gathered}$$

其静水压力 p 由边界条件确定。例如，考虑一个未变形时侧面与坐标平面平行的单位正方体，$X_2,X_3=\text{const}$ 的四个侧面为自由表面，并假定此时是一个单向拉伸状态，那么就有

$$\lambda_1=\lambda,\quad \lambda_2=\lambda_3=\lambda^{-1/2}$$

且有

$$T_{22}=T_{33}=0$$

于是可得

$$p=2\left(\xi_1\lambda^{-1}-\xi_2\lambda\right)$$

$$T_{11}=2\xi_1\left(\lambda^2-\lambda^{-1}\right)+2\xi_2\left(\lambda-\lambda^{-2}\right)=2\left(\lambda^2-\lambda^{-1}\right)\left(\xi_1+\xi_2\lambda^{-1}\right)$$

若 λ、ξ_1、ξ_2 是常数，则应力满足无体力的平衡方程，这样的应力状态是可能存在的。

思考题

6.1 弹性体中应力和应变总是相伴产生的吗？你能否举出有应力而没有应变，或者有应变而没有应力的例子来？

6.2 线弹性体的本构关系可一般地表示为 $T_{ij}=C_{ijkl}E_{kl}$，应力和应变的线性关系为什么不是 $T_{ij}=cE_{ij}$ 或者 $T_{ij}=C_{ik}E_{kj}$？

6.3 梁的正应力公式 $\sigma=\dfrac{My}{I_z}$ 在什么情况下是精确的？在什么情况下是在工程中足够精确的？这些情况下误差的根源是什么？在什么情况下是很不精确的？

6.4 材料力学中讨论的杆件的拉压、扭转、弯曲几类变形中，哪些属于平面应力状态？哪些属于平面应变状态？

6.5 材料力学中的双向应力状态就是平面应力状态吗？

6.6 什么叫圣维南原理？

6.7 在长条矩形域中，有时可用圣维南原理放松窄边上的边界条件（即窄边上用等效力系代换原有力系)。在宽边上可以这样做吗？

6.8 在各向同性体中，切应力不会引起正应变。在各向异性体中情况是怎样的？

6.9 在各向同性体中，温度与切向应变和切向应力没有直接关系，在各向异性体中也是这样的吗？

6.10 各向同性弹性体中，应力偏量不会引起体积的变化而平均正应力不会引起形状的变化。在各向异性弹性体中也是这样的吗？

6.11 虚功原理与材料性能有关吗？最小位能原理与材料有关吗？

6.12 简支梁承受均布荷载时的位能表达式是什么？悬臂梁承受均布荷载时的位能表达式是什么？两者形式上是一样的吗？如果一样，如何体现两者的区别？

6.13 在最小位能表达式中，外力的位能与外力在平衡位置上所做的功有什么区别？

6.14 外力的位能总是负的吗？有没有什么情况使外力的位能是正的？

6.15 为什么线弹性体的运动方程的加速度项关于速度是线性的？

6.16 弹性波传播的形式是什么？

6.17 如何区别弹性波的传播形式？

6.18 温度不均匀就一定会产生热应力吗？温度均匀就不会产生热应力吗？

6.19 如何理解热和力学作用的耦合？不考虑热和力的耦合就是不考虑热学作用对力学作用的影响吗？

6.20 什么情况下可以不考虑热和力的耦合？

6.21　在本章所讨论的弹性体的等温过程中有不可逆行为产生吗？在非等温过程中呢？

6.22　什么叫超弹性体？与线弹性体相比，它有哪些特殊的力学性能，这些力学性能在工程领域中如何应用，在本构关系中如何体现？

6.23　哪一类物质属于软物质？与线弹性体相比，它又有哪些特殊的力学性能，这些力学性能在工程领域中如何应用，在本构关系中如何体现？

6.24　在相场断裂模型中，利用连续介质力学的思想，通过引入相场序参量来描述材料的损伤与断裂 (如完整材料处表示为 0，开裂处表示为 1)。然而，仅基于以上描述条件，当材料受到压应力时，裂纹会发生闭合。为了避免这样的悖论出现，我们需要对刚度矩阵进行拉压分解，请尝试给出合理的分解方案。

6.25　在极端环境下，物质常常表现出不同于常规环境的物理或力学性能，请列举几个例子并思考：在极端环境下物质异常表现的原因是什么？能否或如何用连续介质力学的观点进行分析？

习　题

6.1　给定运动为

$$\boldsymbol{x}=\left[X_1+k\left(X_1+X_2\right)\right]\boldsymbol{e}_1+\left[X_2+k\left(X_1-X_2\right)\right]\boldsymbol{e}_2$$

式中，$k=10^{-4}$，对于函数 $f(a,b)=a^2+b^2$，证明：

$$f\left(X_1,X_2\right)=f\left(x_1,x_2\right),\quad \frac{\partial f\left(X_1,X_2\right)}{\partial X_i}=\frac{\partial f\left(x_1,x_2\right)}{\partial x_i}\quad (i=1,2)$$

6.2　在各向同性弹性体的单向拉伸试验中，$T_{11}=EE_{11}$，其余应力分量为零，同时有 $E_{22}=E_{33}=-\nu E_{11}$，由此证明：

$$E=\frac{\mu(3\lambda+2\mu)}{\lambda+\mu},\quad \nu=\frac{\lambda}{2(\lambda+\mu)}$$

6.3　证明：(1) $\dfrac{1}{1+\nu}=\dfrac{2(\lambda+\mu)}{3\lambda+2\mu}$；(2) $\dfrac{\nu}{1-\nu}=\dfrac{\lambda}{\lambda+2\mu}$

6.4　证明：各向同性线弹性体的应变比能可以表示为 $\rho_0\varphi=\dfrac{1}{2E}[(1+\nu)\boldsymbol{T}:\boldsymbol{T}-\nu\cdot(\operatorname{tr}\boldsymbol{T})^2]$。

6.5　将应变比能表示为应变不变量的函数。

6.6　证明：在线弹性体中，$\boldsymbol{E}=\rho_0\dfrac{\partial\varphi}{\partial\boldsymbol{T}}$。

6.7　定义膨胀比能为对应于平均正应变状态的应变比能，

(1) 写出膨胀比能表达式；

(2) 应变比能可以表示为膨胀比能与形状改变比能之和，由此导出形状改变比能表达式。

6.8　用体积弹性模量分别表示膨胀比能和形状改变比能。

6.9　用剪切弹性模量分别表示膨胀比能和形状改变比能。

6.10　用主应力表示形状改变比能。

6.11　证明：任意非零的一阶张量（矢量）都不是各向同性的。

6.12　证明：二阶各向同性张量具有 $\lambda\boldsymbol{I}$ 的形式。

6.13　若应变张量为

$$(1)\ \underline{\boldsymbol{E}}=\begin{bmatrix}18 & 12 & 0\\ 12 & 20 & 6\\ 0 & 6 & 25\end{bmatrix}\times10^{-4},\ (2)\ \underline{\boldsymbol{E}}=\begin{bmatrix}100 & 50 & 20\\ 50 & -20 & 0\\ 20 & 0 & 25\end{bmatrix}\times10^{-5}$$

而 $\lambda=120$ GPa，$\mu=80$ GPa，分别求两种情况下的应力张量。

6.14　若应力张量为

$$(1)\ \underline{\boldsymbol{T}}=\begin{bmatrix}50 & 40 & 12\\ 40 & -10 & 0\\ 12 & 0 & -15\end{bmatrix}\text{MPa},\ (2)\ \underline{\boldsymbol{T}}=\begin{bmatrix}-72 & 30 & 15\\ 30 & 0 & 0\\ 15 & 0 & 0\end{bmatrix}\text{MPa}$$

物性常数与习题 6.13 相同，分别求两种情况下的应变张量。

6.15　位移场为 $\boldsymbol{u}=k\left(x_2x_3\boldsymbol{e}_1+x_1x_3\boldsymbol{e}_2+x_1x_2\boldsymbol{e}_3\right)$，求相应的应力场。

6.16　位移场为 $\boldsymbol{u}=k\left[x_2x_3\boldsymbol{e}_1+x_1x_3\boldsymbol{e}_2+\left(x_1^2-x_2^2\right)\boldsymbol{e}_3\right]$，求相应的应力场。

6.17　位移场为 $\boldsymbol{u}=k\left[-\dfrac{1}{2}\left(x_3^2+\nu x_1^2-\nu x_2^2\right)\boldsymbol{e}_1+\nu x_1x_3\boldsymbol{e}_2+x_1x_3\boldsymbol{e}_3\right]$，求相应的应力场。

6.18　试写出广义 Hooke 定律在柱坐标系和球坐标系下的表达式。

6.19　证明：如果线弹性材料是不可压缩的，那么便有

(1) $\mu=\dfrac{1}{3}E$，$\lambda=\infty$，$K=\infty$；

(2) 广义 Hooke 定律成为 $\boldsymbol{T}=-p\boldsymbol{I}+2\mu\boldsymbol{E}$。

6.20　已知应力场为 $\boldsymbol{T}=-p\boldsymbol{I}$，证明相应的位移场为 $u_i=-\dfrac{1}{3K}px_i$。

6.21　轴向沿着 x_1 方向的杆横截面上的应力为 T_{11}，若没有侧向收缩效应，证明：

$$T_{11}=\frac{E(1-\nu)}{(1+\nu)(1-2\nu)}E_{11}$$

6.22　证明：单斜晶系的热模量张量 $\boldsymbol{\Lambda}$ 有 4 个独立的常数。

6.23　证明：正交各向异性材料的热模量张量 $\boldsymbol{\Lambda}$ 有 3 个独立的常数。

6.24　证明：横向各向同性材料的热模量张量 $\boldsymbol{\Lambda}$ 有 2 个独立的常数。

6.25　证明：各向同性材料的热模量张量 $\boldsymbol{\Lambda}$ 有 1 个独立的常数。

6.26　以 $\boldsymbol{T}$ 和 θ 为自变量，表达各向同性线弹性体的应力–应变–温度关系。

6.27　导出等温条件下各向同性线弹性体中应变 $\boldsymbol{E}$ 的不变量 I_E、II_E 与应力 $\boldsymbol{T}$ 的不变量 I_T、II_T 间的关系。

6.28　若半径为 5 cm 的球中的应力场为

$$\underline{\boldsymbol{T}}=\begin{bmatrix}50 & 40 & 0\\ 40 & -10 & 0\\ 0 & 0 & 0\end{bmatrix}\text{MPa}$$

$\lambda=120$ GPa，$\mu=80$ GPa，求球的体积改变量。

6.29　某种材料 $E=12$ GPa，$\nu=0.3$，用这种材料制成直径为 100 mm 的球放入 200 m 的深海中，该球的体积缩小了多少 mm^3？海水的体积重量 γ 取 10 kN/m^3。

6.30　弹性模量为 E、泊松比为 ν 的柔性材料正方体放入尺寸恰好相同的四边封闭的刚性孔中，柔性体上方加上同样大小的刚性体并施加均匀的压力 p（如图），忽略柔性正方体与刚性槽间的摩擦，求柔性体的体应变和柔性体中的最大切应力，并求刚性槽内壁所受的压力。

6.31　如果习题 6.30 中的柔性体放入的是一个刚性槽（即正方体有一对表面为自由表面），再求解同一问题。

6.32　半无限体表面承受均布压力 q，同时其密度为 ρ，建立图示坐标系，若 x_1x_2 平面处位移为零，求其体内的应力和位移。

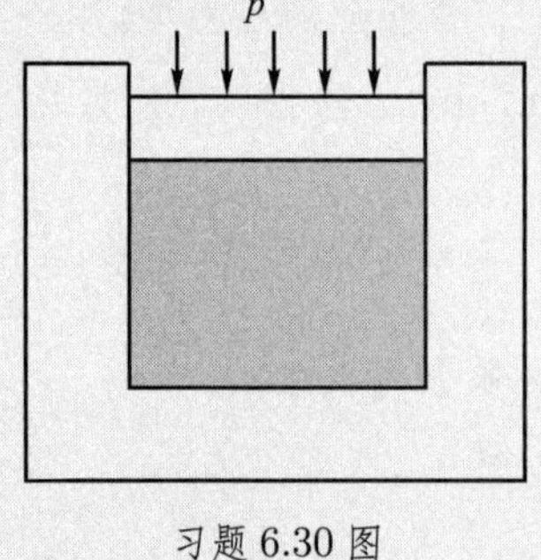

习题 6.30 图

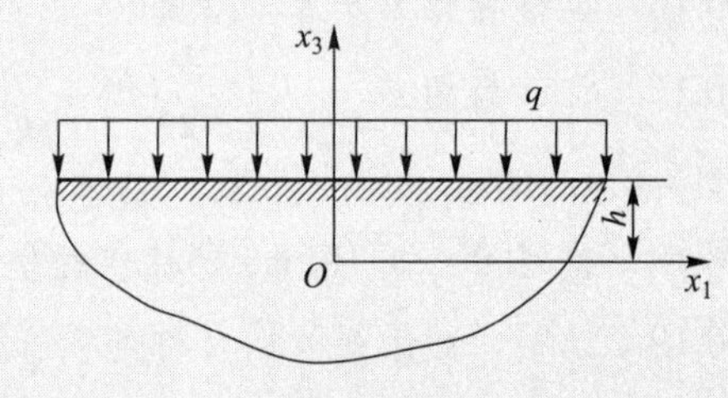

习题 6.32 图

6.33　一段 4 m 长的杆件初始时有均匀的温度 30 °C，后经加热，杆的一端达到 50 °C，另一端达到 80 °C，而且温度在杆长方向上是均匀增加的。若材料的线膨胀系数为 $\alpha_l=15\times10^{-6}\ ^\circ\text{C}^{-1}$，求自由热膨胀时整个杆的总伸长量。

6.34　一段 4 m 长的杆的初始温度为均匀的 30 °C，加热后升为均匀的 75 °C，但杆两端限定在相距 4.002 m 的两个刚性壁之间，求杆中的应力。杆的弹性模量 $E=200$ GPa。

6.35　利用广义 Hooke 定律，导出平面应力状态中的应变

$$\underline{\boldsymbol{E}}=\begin{bmatrix}E_{11}(x_1,x_2) & E_{12}(x_1,x_2) & 0\\ E_{21}(x_1,x_2) & E_{22}(x_1,x_2) & 0\\ 0 & 0 & -\nu(E_{11}+E_{22})/(1-\nu)\end{bmatrix}$$

6.36 利用广义 Hooke 定律，导出平面应变状态中的应力

$$\underline{\boldsymbol{T}}=\begin{bmatrix} T_{11}(x_1,x_2) & T_{12}(x_1,x_2) & 0 \\ T_{21}(x_1,x_2) & T_{22}(x_1,x_2) & 0 \\ 0 & 0 & \nu(T_{11}+T_{22}) \end{bmatrix}$$

6.37 线弹性体某点处沿 x_1 方向上的微元线段的相对伸长比为 2×10^{-4}，沿 x_2 方向上的微元线段相对伸长比为 -3×10^{-4}，这两个微元线段的夹角的变化量为 10^{-4}，若材料 $E=200$ GPa，$\nu=0.3$，求该点处的最大正应力和最大切应力。

6.38 已测得图示直角应变花中 a 片应变为 5×10^{-5}，b 片应变为 5×10^{-6}，c 片应变为 -2×10^{-5}，若材料 $E=200$ GPa，$\nu=0.3$，求该点处的最大正应力和最大切应力。

6.39 与习题 6.38 相同的数据，但是从图示等角应变花测得的，求该点处的最大正应力和最大切应力。

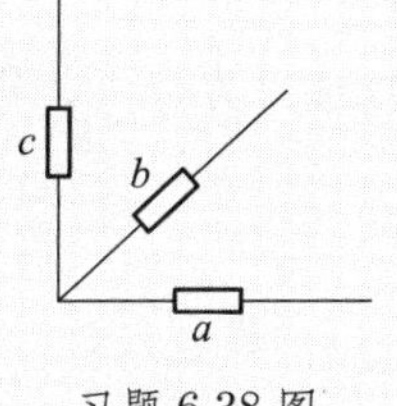

习题 6.38 图

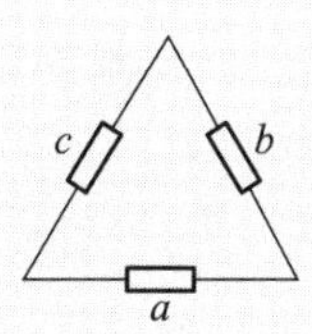

习题 6.39 图

6.40 图示均匀薄板厚度 $t=3$ mm，上下端面与轴向有一较小的角度 $\theta=10^\circ$，在宽度为 $h=40$ mm 的部位沿上端面有一应变片，现测得该处应变为 $\varepsilon=1.2\times10^{-4}$。若薄板材料 $E=200$ GPa，而且横截面上的应力 $\sigma_x=\dfrac{F}{th}$，求两端的拉力 F。

6.41 图示矩形板两对侧面承受均布的拉力和压力，求板内的应力和位移。

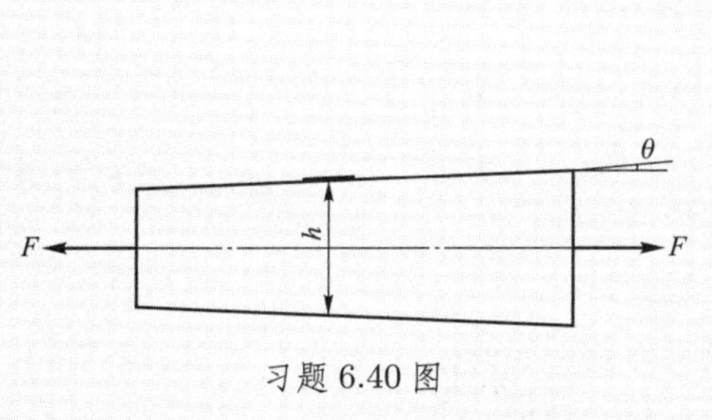

习题 6.40 图

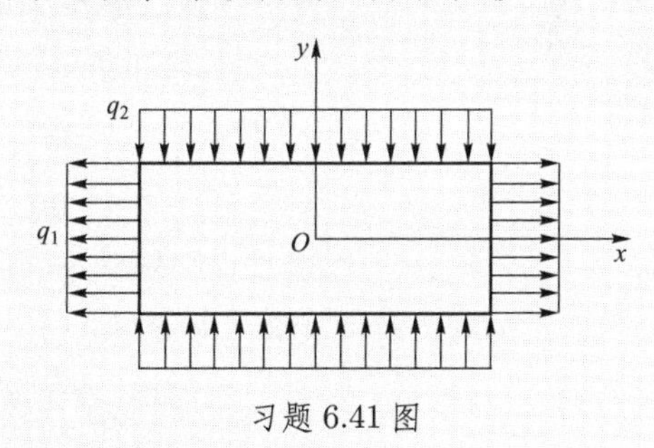

习题 6.41 图

6.42 证明：对于平面应力状态，恒有 $\boldsymbol{b}=b_1(x_1,x_2)\boldsymbol{e}_1+b_2(x_1,x_2)\boldsymbol{e}_2$。

6.43 证明：若体力为有势力，即 $\rho_0\boldsymbol{b}=\nabla\psi$，则平面应力问题的协调方程为 $\nabla^2(T_{11}+T_{22})=(1+\nu)\nabla^2\psi$，平面应变问题的协调方程为 $\nabla^2(T_{11}+T_{22})=\dfrac{1}{1-\nu}\nabla^2\psi$。

6.44 引用一个函数 ψ，并记

$$\sigma_x=\frac{\partial^2\psi}{\partial y^2},\quad \sigma_y=\frac{\partial^2\psi}{\partial x^2},\quad \tau_{xy}=-\frac{\partial^2\psi}{\partial x\partial y}$$

如果由 ψ 导出的应力 σ_x,σ_y 和 τ_{xy} 要满足无体力的协调条件，那么 ψ 必须满足什么条件？

(注：上面式子中的 ψ 通常称为**艾里**(Airy)**应力函数**。)

6.45　如果 Airy 应力函数取 $\varphi=Ax_1^2x_2^3+Bx_2^5$，求常数 A 和 B 间应满足的关系。

6.46　不考虑体力，考察应力场

$$\underline{\boldsymbol{T}}=\begin{bmatrix} x_2^2+\nu\left(x_1^2-x_2^2\right) & -2\nu x_1x_2 & 0 \\ -2\nu x_1x_2 & x_1^2+\nu\left(x_2^2-x_1^2\right) & 0 \\ 0 & 0 & \nu\left(x_1^2+x_2^2\right) \end{bmatrix}$$

是否可能存在。

6.47　图示矩形区域上，具有均匀的厚度 0.01，若应力分布为 (应力单位为 MPa，长度单位为 m)

$$\sigma_x=2x^2+xy,\sigma_y=x^2+2y^2,\tau_{xy}=-4xy-\frac{1}{2}y^2$$

不计体力，计算：

(1) 上下边沿的边界条件；(2) 左右边沿的应力的合力及应力合力的矩。

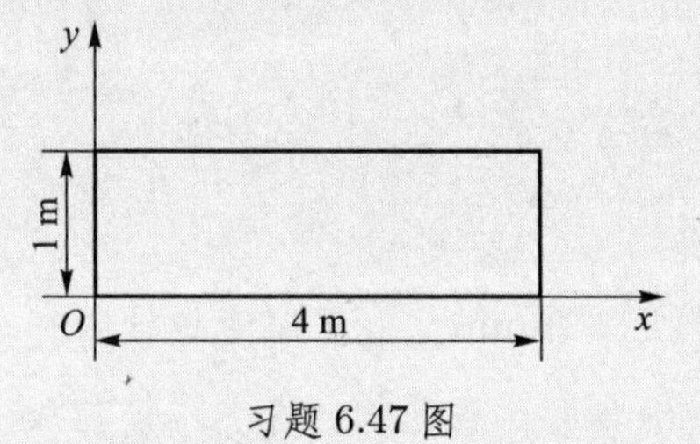

习题 6.47 图

6.48　矩形薄板厚度为 t，两对侧边分别承受均布的弯矩 m_1 和 m_2 (按单位长度计) 的作用，考察下述应力是否是本问题的解答：

$$\underline{\boldsymbol{T}}=\begin{bmatrix} 12m_1x_3/t^3 & 0 & 0 \\ 0 & 12m_2x_3/t^3 & 0 \\ 0 & 0 & 0 \end{bmatrix}$$

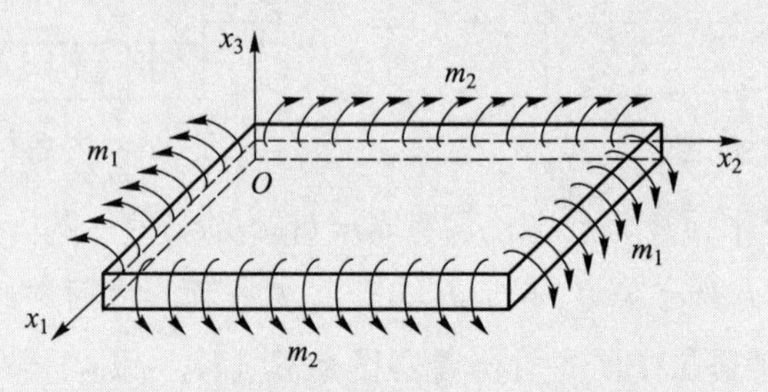

习题 6.48 图

6.49　对于图示承受均布荷载的简支梁，有如下位移：

$$u=-\frac{q}{2EI}\left[\left(\frac{l^2}{4}x-\frac{x^3}{3}\right)y+x\left(\frac{2}{3}y^3-\frac{1}{10}h^2y\right)+\nu x\left(\frac{1}{3}y^3-\frac{1}{4}h^2y-\frac{1}{12}h^3\right)\right]$$

$$v=\frac{q}{2EI}\left\{\frac{y^4}{12}-\frac{1}{8}h^2y^2-\frac{1}{12}h^3y+\nu\left[\left(l^2-x^2\right)\frac{y^2}{2}+\frac{1}{6}y^4-\frac{1}{20}h^2y^2\right]+\right.$$
$$\left.\left[\frac{1}{2}l^2x^2-\frac{1}{12}x^4-\frac{h^2}{20}x^2+\frac{1}{8}h^2(2+\nu)x^2\right]\right\}+\delta$$

式中，$I=\dfrac{1}{12}h^3, \delta$ 是常数。

(1) 求上述位移相应的应变；

(2) 求相应的应力，并验证该应力满足平衡方程和上下沿的边界条件；

(3) 若限定 $x=\pm l/2$ 和 $y=0$ 时 $v=0$，求 δ。

并将结果与材料力学中的简支梁中点挠度对比。讨论两者之间的区别。评价两者间差别的量级（例如 $l/h=10$）。

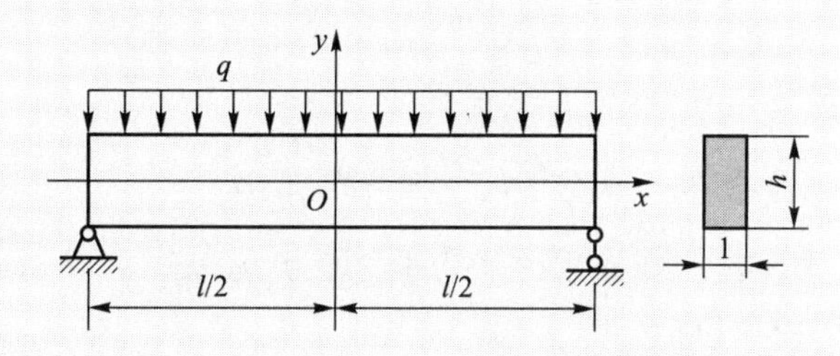

习题 6.49 图

6.50 对于图示悬臂梁，有如下应力：

$$\sigma_x=\frac{M}{I}y,\quad \sigma_y=0,\quad \tau_{xy}=0$$

式中 $I=\dfrac{1}{12}h^3$。

(1) 验证应力的解答满足平衡方程、协调方程和上下沿的边界条件；

(2) 计算相应的应变 $\varepsilon_x,\varepsilon_y$ 和 γ_{xy}；

(3) 应变 ε_x, ε_y 分别对 x,y 积分，导出 u, v 的表达式，积分产生的常函数 $f(y)$ 和 $g(x)$ 由 γ_{xy} 的值以及梁右端 $x=l$, $y=0$ 处 $u=0$, $v=0$, $\dfrac{\partial v}{\partial x}=0$ 的条件所确定，从而完全确定 u 和 v 的表达式。

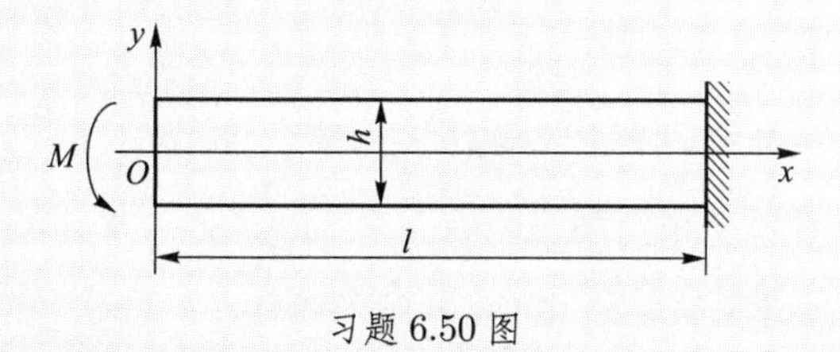

习题 6.50 图

6.51 证明：如果 $\boldsymbol{u}^{(1)}$ 是对应于第一组体力 $\boldsymbol{b}^{(1)}$ 和面力 $\boldsymbol{t}^{(1)}$ 的解答，$\boldsymbol{u}^{(2)}$ 是对应于第二组体力 $\boldsymbol{b}^{(2)}$ 和面力 $\boldsymbol{t}^{(2)}$ 的解答，那么，$\boldsymbol{u}^{(1)}+\boldsymbol{u}^{(2)}$ 便是对应于体力 $\boldsymbol{b}^{(1)}+\boldsymbol{b}^{(2)}$ 和面力 $\boldsymbol{t}^{(1)}+\boldsymbol{t}^{(2)}$ 的解答。

6.52 写出图示中点承受集中力偶矩作用的简支梁的总位能。

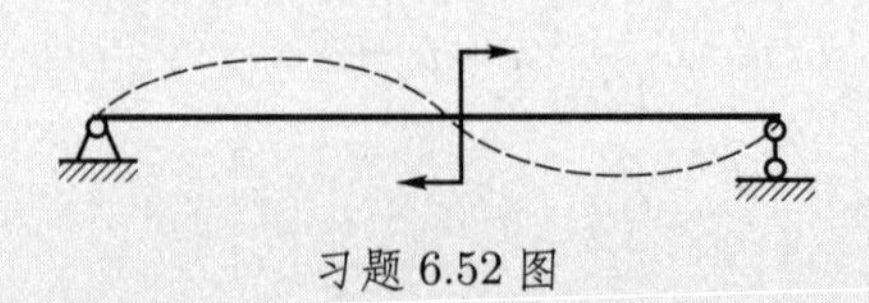

习题 6.52 图

6.53　如图所示，承受均布荷载的梁放置在弹性地基上，其支承力与挠度成正比，同时两端简支，写出此梁的总位能。

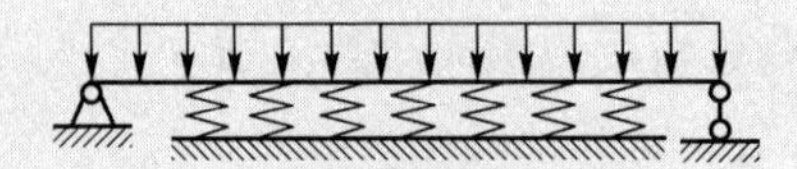

习题 6.53 图

6.54　如果位移场仅仅是 x_2 和时间 t 的函数，不考虑体力，确定该位移场应满足的运动方程。

6.55　对于位移场 $\boldsymbol{u}=\boldsymbol{u}(x_1,t)$，试证明：

(1) 如果要运动是等容的，则必有 $\mu\nabla^2\boldsymbol{u}=\rho_0\dfrac{\partial^2\boldsymbol{u}}{\partial t^2}$；

(2) 如果位移是无旋的，则必有 $(\lambda+2\mu)\nabla^2\mathrm{I}_E=\rho_0\dfrac{\partial^2\mathrm{I}_E}{\partial t^2}$。

6.56　若 $\boldsymbol{u}=A\sin\dfrac{2\pi(x_1\pm ct)}{l}\boldsymbol{e}_1$ 是无体力的运动方程的解，求式中 c 的值。

6.57　证明：若 φ 满足 $\nabla^2\varphi=\dfrac{\rho_0}{\lambda+2\mu}\ddot{\varphi}$，$\boldsymbol{f}$ 满足 $\nabla^2\boldsymbol{f}=\dfrac{\rho_0}{\mu}\ddot{\boldsymbol{f}}$，则 $\boldsymbol{u}=\nabla\varphi+\nabla\times\boldsymbol{f}$ 满足无体力的运动方程。

6.58　证明：$\varphi=\dfrac{1}{r}p(r+ct)+\dfrac{1}{r}q(r-ct)$ 满足方程 $\nabla^2\varphi=\dfrac{\rho_0}{\lambda+2\mu}\ddot{\varphi}$，式中 p 和 q 是自变量的任意函数，而 $r^2=x_ix_i$。

6.59　图示具有均匀厚度 t 的曲梁呈扇形，其内径外径分别为 a 和 b，两端承受弯矩 M，证明如下应力：

$$\sigma_r=-\frac{4M}{kt}\left(\frac{a^2b^2}{r^2}\ln\frac{b}{a}+b^2\ln\frac{r}{b}+a^2\ln\frac{a}{r}\right)$$

$$\sigma_\theta=-\frac{4M}{kt}\left(-\frac{a^2b^2}{r^2}\ln\frac{b}{a}+b^2\ln\frac{r}{b}+a^2\ln\frac{a}{r}+b^2-a^2\right)$$

$$\tau_{r\theta}=0$$

满足极坐标系的应力平衡方程。式中 $k=\left(b^2-a^2\right)^2-4a^2b^2\left(\ln\dfrac{b}{a}\right)^2$。验证上述应力满足曲梁内外两侧的边界条件。验证上述应力在两端面形成的对中性层的矩等于 M。

6.60　无限长的厚壁圆筒承受内压 q，圆筒中的应力分布与 θ 无关且 $\tau_{r\theta}=0$，这类情况称为轴对称，如图所示。

(1) 将极坐标系的应力平衡方程在轴对称情况下加以简化，并证明：

$$\sigma_r=\frac{A}{r^2}+2C,\quad \sigma_\theta=-\frac{A}{r^2}+2C$$

满足轴对称的平衡方程。式中 A、C 为待定常数。

(2) 根据内外壁的边界条件确定常数 A 和 C。

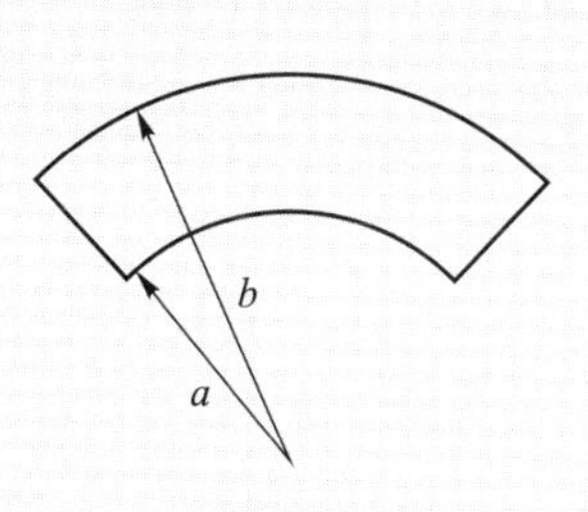

习题 6.59 图

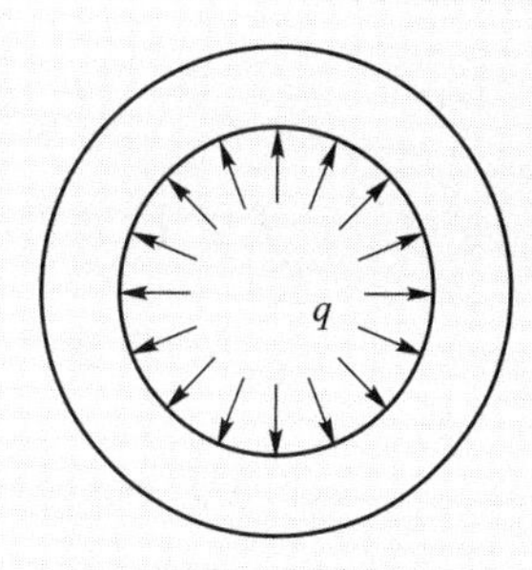

习题 6.60 图

6.61 证明：线热膨胀系数是体热膨胀系数的三分之一。

6.62 证明：在平面应变热弹性问题中，$T_{33}=\nu\left(T_{11}+T_{22}\right)-\alpha E\theta$。

6.63 证明：在平面应力热弹性问题中，$E_{33}=-\dfrac{\nu}{E}\left(T_{11}+T_{22}\right)+\alpha\theta$。

6.64 证明：在各向同性线弹性体静力学问题中，若不计体力和温度，则体积的相对改变量 $\operatorname{tr}\boldsymbol{E}$ 是调和函数，即 $\nabla^2(\operatorname{tr}\boldsymbol{E})=0$。

6.65 证明：各向同性弹性体中，法线方向为 $\boldsymbol{n}$ 的微元面上的应力矢量为

$$\boldsymbol{t}=\lambda(\nabla\cdot\boldsymbol{u})\boldsymbol{n}+2\mu\boldsymbol{n}\cdot(\nabla\boldsymbol{u})+\mu\boldsymbol{n}\times(\nabla\times\boldsymbol{u})$$

6.66 证明：各向同性弹性体中，法线方向为 $\boldsymbol{n}$ 的微元面上的应力矢量为

$$\boldsymbol{t}=\frac{E}{1+\nu}\left[(\boldsymbol{u}\nabla)\cdot\boldsymbol{n}-\boldsymbol{\omega}\times\boldsymbol{n}+\frac{\nu}{1-2\nu}(\nabla\cdot\boldsymbol{u})\boldsymbol{n}\right]$$

6.67 证明：不可压缩各向同性弹性体中，法线方向为 $\boldsymbol{n}$ 的微元面上的应力矢量为

$$\boldsymbol{t}=-p\boldsymbol{n}+2\mu(\boldsymbol{u}\nabla)\cdot\boldsymbol{n}+\mu\boldsymbol{n}\times(\nabla\times\boldsymbol{u})$$

6.68 证明：各向同性线弹性体中，$\displaystyle\int_D\boldsymbol{T}\mathrm{d}\sigma=\oint_S[\mu(\boldsymbol{un}+\boldsymbol{nu})+\lambda(\boldsymbol{u}\cdot\boldsymbol{n})\boldsymbol{I}]\mathrm{d}S$。

6.69 证明：各向同性线弹性体中，$\displaystyle\oint_S\boldsymbol{t}\mathrm{d}S=\oint_S[(\lambda+2\mu)(\nabla\cdot\boldsymbol{u})\boldsymbol{n}+\mu(\nabla\times\boldsymbol{u})\times\boldsymbol{n}]\mathrm{d}S$。

6.70 $(\lambda+\mu)\nabla(\nabla\cdot\boldsymbol{u})+\mu\nabla^2\boldsymbol{u}-\dfrac{1}{3}\alpha(3\lambda+2\mu)\nabla\theta+\rho\boldsymbol{b}=\boldsymbol{0}$ 称为 Navier 方程，证明：

$$\boldsymbol{u}=\nabla^2\boldsymbol{f}-\frac{1}{2(1-\nu)}\nabla(\nabla\cdot\boldsymbol{f})$$ ［布西内斯克–伽辽金（Boussinesq-Галёркин）解］

是 Navier 方程的解，式中 $\boldsymbol{f}$ 满足方程 $\nabla^4\boldsymbol{f}=-\dfrac{\rho}{\mu}\boldsymbol{b}+\dfrac{2(1+\nu)}{3(1-2\nu)}\alpha\nabla\theta$。

6.71 证明：

$$\boldsymbol{u}=\frac{1}{2\mu}[\nabla(\varphi+\boldsymbol{x}\cdot\boldsymbol{f})-4(1-\nu)\boldsymbol{f}]$$ ［帕普科维奇–纽伯（Папкович-Neuber）解］

是 Navier 方程的解。式中

$$\nabla^2\varphi=-\frac{\rho_0}{2(1-\nu)}\boldsymbol{x}\cdot\boldsymbol{b}+\frac{E\alpha}{1-\nu}\theta,\quad\nabla^2\boldsymbol{f}=\frac{\rho_0}{2(1-\nu)}\boldsymbol{b}$$

6.72　证明:

$$\boldsymbol{u}=\frac{1-\nu}{\mu}\nabla\cdot\nabla\boldsymbol{F}-\frac{1}{2\mu}\nabla\nabla\cdot\boldsymbol{F}\quad [\text{ 伽辽金 (Галёркин) 解 }]$$

是 Navier 方程的解。式中 $\boldsymbol{F}$ 满足

$$\nabla^2\nabla^2\boldsymbol{F}=-\frac{\rho_0\boldsymbol{b}}{1-\nu}+\frac{E\alpha}{(1-\nu)(1-2\nu)}\nabla\theta$$

6.73　证明: 在不考虑温度和体力时,

$$\boldsymbol{u}=\boldsymbol{f}+\boldsymbol{x}\varphi\quad [\text{ 贝蒂 (Betti) 解 }]$$

是 Navier 方程的解。式中 $\boldsymbol{f}$ 为矢性调和函数, φ 为数性调和函数, 且 $\boldsymbol{f}$ 和 φ 满足

$$(5-4\nu)\varphi+\boldsymbol{x}\cdot\nabla\varphi+\nabla\cdot\boldsymbol{f}=\text{const}$$

6.74　弹性材料经历均匀的剪切变形

$$x_1=X_1+kX_2,\quad x_2=X_2,\quad x_3=X_3$$

式中 k 为常数。证明:

(1) $T_{13}=T_{23}=0$; (2) T_{11},T_{22},T_{33} 为 k 的偶函数;

(3) T_{12} 为 k 的奇函数; (4) $T_{11}-T_{22}=kT_{12}$。

6.75　经历形变

$$x_1=X_1+aX_2,\quad x_2=X_2+bX_1,\quad x_3=X_3$$

的各向同性弹性体在变形前是一个长方体: $0\leqslant X_i\leqslant A_i\ (i=1,2,3)$, A_i 是常数。该形变是由均匀地作用在六个表面的力所造成的。证明:

(1) 应力场是均匀的; (2) $T_{11}-T_{22}=(a-b)T_{12}$;

(3) 作用在 $X_3=\text{const}$ 的两个表面上的力仅有法向力;

(4) 在其余表面上的力作用不可能只有法向力。(提示: 用反证法, 并利用 (2) 的结论和条件 $\det\boldsymbol{F}\neq 0$。)

6.76　已知各向同性超弹性材料的主应力 T_1、T_2、T_3 对应的主应变分别为 B_1、B_2、B_3, 若有 $T_1\geqslant T_2\geqslant T_3$, 试证 $B_1\geqslant B_2\geqslant B_3$。

6.77　不可压缩各向同性超弹性体经历形变 $x_m=\lambda_{\underline{m}}X_{\underline{m}}\ (m=1,2,3)$, λ_m 为常数。若有 $\lambda_3=(\lambda_1\lambda_2)^{-1}$, 且材料中处处有 $T_{33}=0$, 证明:

$$T_{11}=\beta\left[\lambda_1^2-(\lambda_1\lambda_2)^{-2}\right]+\gamma\left[\lambda_1^4-(\lambda_1\lambda_2)^{-4}\right]$$

$$T_{22}=\beta\left[\lambda_2^2-(\lambda_1\lambda_2)^{-2}\right]+\gamma\left[\lambda_2^4-(\lambda_1\lambda_2)^{-4}\right]$$

式中 β 和 γ 为 I_B、II_B 的函数。

6.78　不可压缩各向同性超弹性材料制成的正方体 $0 \leqslant X_i \leqslant 1\ (i=1,2,3)$ 经历形变

$$x_1 = bX_1 + aX_2, \quad x_2 = b^{-1}X_1, \quad x_3 = X_3$$

式中 b、a 均为常数。已知原 $X_3 = \text{const}$ 的两个表面为自由表面。

(1) 画出变形后形状的草图，求其棱边在变形后的长度；

(2) 确定静水压力 p 的值；

(3) 要维持这种形变，在原 $X_2 = 1$ 的表面施加的合力应为多大？

(4) 确定原 $X_1 = 1$ 的表面在变形后的法线方向，求该表面上的 Cauchy 应力矢量。

6.79　不可压缩各向同性超弹性材料制成的正方体 $0 \leqslant X_i \leqslant 1\ (i=1,2,3)$ 经历形变

$$x_1 = \lambda X_1, \quad x_2 = \lambda^{-1}X_2, \quad x_3 = X_3$$

式中 λ 为常数。自由能函数 $\psi = C_1(\mathrm{I}_B - 3) + C_2(\mathrm{II}_B - 3)$，$C_1, C_2$ 均为常数。

(1) 确定其应力状态，并由此确定作用在正方体表面的法向力合力 F_1、F_2、F_3；

(2) 证明，若 $C_1 > 3C_2 > 0$，则 λ 存在三个值，使 $F_1 = F_2 = F_3$，并求这三个值。

6.80　不可压缩各向同性超弹性材料制成的圆管，内径在未变形时为 a_0，在均匀内压 p_0 作用下内径变为 a，在轴向（Z 方向）上无变形产生。记物质坐标为 (R, Z)，空间坐标为 (r, z)。

(1) 证明 $r = \sqrt{R^2 + a^2 - a_0^2}$, $z = Z$；

(2) 证明在径向（R 方向）、周向（Θ 方向）和轴向（Z 方向）上的伸长比（这也是主伸长）为

$$\lambda_r = \frac{R}{r}, \quad \lambda_\theta = \frac{r}{R}, \quad \lambda_z = 1$$

(3) 若本构关系为 $\boldsymbol{T} = -p\boldsymbol{I} + a\boldsymbol{B}$，$a$ 为常数，证明上述三个方向上的应力（这也是主应力）为

$$T_{rr} = -p + a\frac{R^2}{r^2}, \quad T_{\theta\theta} = -p + a\frac{r^2}{R^2}, \quad T_{zz} = -p + a$$

(4) 不计体力，利用边界条件确定应力。

6.81　推导不可压缩各向同性超弹性材料的热传导方程。

习题答案 A6

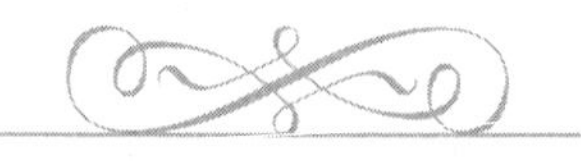

第 7 章 Newton 流体

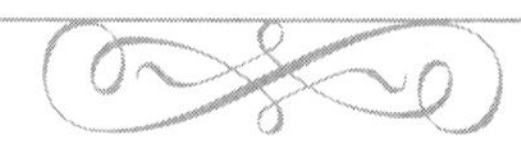

在本章中，将讨论 Newton 流体最基本的要素：本构关系、控制场方程和边界条件。在本章的叙述中，全部采用空间坐标和空间描述。这一点与上一章迥然不同，希望读者注意。

7.1 Newton 流体的本构关系

根据 Newton 对黏性流体的实验结果，人们总结出应力与形变率张量呈线性的本构关系为

$$\boldsymbol{T} = -\varPi \boldsymbol{I} + \lambda(\rho, \theta)\boldsymbol{I}\,\mathrm{tr}\,\boldsymbol{D} + 2\mu(\rho, \theta)\boldsymbol{D} \tag{7.1}$$

由于 $\mathrm{tr}\,\boldsymbol{D}$ 反映了微元的体积变化率，因此上式右端第二项只与体积变化率有关。而第三项中的 $\boldsymbol{D}$ 既包含了反映体积变化率的部分（这部分由 $\dfrac{1}{3}\boldsymbol{I}\,\mathrm{tr}\,\boldsymbol{D}$ 表示），又包含了形状变化率的部分（这部分由 $\boldsymbol{D} - \dfrac{1}{3}\boldsymbol{I}\,\mathrm{tr}\,\boldsymbol{D}$ 表示）。可以把这两类情况归并，而把上式改写为

$$\boldsymbol{T} = -\varPi \boldsymbol{I} + 2\mu\left(\boldsymbol{D} - \frac{1}{3}\boldsymbol{I}\,\mathrm{tr}\,\boldsymbol{D}\right) + \left(\lambda + \frac{2}{3}\mu\right)\boldsymbol{I}\,\mathrm{tr}\,\boldsymbol{D} \tag{7.2}$$

记

$$\mu' = \lambda + \frac{2}{3}\mu \tag{7.3}$$

则有

$$\boldsymbol{T} = -\varPi \boldsymbol{I} + 2\mu\left(\boldsymbol{D} - \frac{1}{3}\boldsymbol{I}\,\mathrm{tr}\,\boldsymbol{D}\right) + \mu'\boldsymbol{I}\,\mathrm{tr}\,\boldsymbol{D} \tag{7.4}$$

本构关系满足上式的流体称为 **Newton 流体**。

式 (7.1) 的右端可以分为可逆应力 $\boldsymbol{T}^E$ 和不可逆应力 $\boldsymbol{T}^D$ 之和：

$$\boldsymbol{T} = \boldsymbol{T}^E + \boldsymbol{T}^D \tag{7.5}$$

若在式 (7.1) 中取流体的静止状态，即 $\boldsymbol{D} = \boldsymbol{0}$，如果温度还是均匀的话，那么此时流体处于平衡状态。这种状态下的应力是可逆的，并有

$$\boldsymbol{T} = \boldsymbol{T}^E = -\Pi \boldsymbol{I} \tag{7.6}$$

式中，Π 称为**热力学压力**，它是由密度 ρ 和温度 θ 决定的量：

$$\Pi = \Pi(\rho, \theta) \tag{7.7}$$

这就是流体的**状态方程**。关于状态方程更详细的讨论将在 7.3 节中进行。

式 (7.1) 中右端的后两项与流动有关。由于流体具有黏性，因而流动必须克服这种黏滞性而使能量耗散。这样，这后两项便构成了不可逆应力：

$$\boldsymbol{T}^D = \lambda \boldsymbol{I} \operatorname{tr} \boldsymbol{D} + 2\mu \boldsymbol{D} = 2\mu \left(\boldsymbol{D} - \frac{1}{3} \boldsymbol{I} \operatorname{tr} \boldsymbol{D} \right) + \mu' \boldsymbol{I} \operatorname{tr} \boldsymbol{D} \tag{7.8}$$

可以这样考察式 (7.4) 中 μ 和 μ' 的意义。首先考虑一种特殊的流动：

$$\boldsymbol{v} = v_1(x_2) \boldsymbol{e}_1$$

显然，这是一种剪切流动。其

$$\underline{\boldsymbol{D}} = \begin{bmatrix} 0 & \mathrm{d}v_1/(2\mathrm{d}x_2) & 0 \\ \mathrm{d}v_1/(2\mathrm{d}x_2) & 0 & 0 \\ 0 & 0 & 0 \end{bmatrix}, \quad \operatorname{tr} \boldsymbol{D} = 0$$

由式 (7.4) 可知，这种情况下

$$\underline{\boldsymbol{T}} = \begin{bmatrix} 0 & \mu \mathrm{d}v_1/\mathrm{d}x_2 & 0 \\ \mu \mathrm{d}v_1/\mathrm{d}x_2 & 0 & 0 \\ 0 & 0 & 0 \end{bmatrix}$$

表达了剪切率与切应力之间的线性比例关系。这恰与 Newton 总结的实验公式 (5.33) 相吻合，因此 μ 就是动力学黏性系数。

为考虑 μ' 的意义，可在式 (7.8) 两端取迹，便可导出

$$\mu' = \left(\frac{1}{3} \operatorname{tr} \boldsymbol{T}^D \right) \Big/ \operatorname{tr} \boldsymbol{D} \tag{7.9}$$

上式中的分子是黏性力的平均正应力，分母是微元体积的时间变化率，因此上式表明的是增长单位体积变化率所需要克服的黏性力，因此称为**膨胀黏性系数**，也称第二黏性系数。

可以证明 [参见式 (5.42)]，在等温过程中，流体中的耗散函数

$$\rho \tau \chi = \boldsymbol{T}^D : \boldsymbol{D} \geqslant 0 \tag{7.10}$$

利用式 (7.8)，上式可表示为

$$\boldsymbol{T}^D : \boldsymbol{D} = \lambda(\operatorname{tr}\boldsymbol{D})^2 + 2\mu\boldsymbol{D} : \boldsymbol{D} \tag{7.11}$$

将 $\boldsymbol{D}$ 表示为 $\boldsymbol{D} = \frac{1}{3}\boldsymbol{I}\operatorname{tr}\boldsymbol{D} + \boldsymbol{D}'$，注意到 $\boldsymbol{I} : \boldsymbol{D}' = \operatorname{tr}\boldsymbol{D}' = 0$，便有

$$\boldsymbol{D} : \boldsymbol{D} = \left(\frac{1}{3}\boldsymbol{I}\operatorname{tr}\boldsymbol{D} + \boldsymbol{D}'\right) : \left(\frac{1}{3}\boldsymbol{I}\operatorname{tr}\boldsymbol{D} + \boldsymbol{D}'\right) = \frac{1}{3}(\operatorname{tr}\boldsymbol{D})^2 + \boldsymbol{D}' : \boldsymbol{D}'$$

故有

$$\boldsymbol{T}^D : \boldsymbol{D} = \frac{1}{3}(3\lambda + 2\mu)(\operatorname{tr}\boldsymbol{D})^2 + 2\mu\boldsymbol{D}' : \boldsymbol{D}' \geqslant 0$$

可得

$$\mu > 0, \quad \mu' = \lambda + \frac{2}{3}\mu > 0 \tag{7.12}$$

应当指出，动力学黏性系数和膨胀黏性系数都是温度和密度的函数，即

$$\mu = \mu(\rho, \theta), \quad \mu' = \mu'(\rho, \theta) \tag{7.13}$$

在许多情况下，μ' 比起 $\mathit{\Pi}$ 和 μ 来说是很小的，因此可以令

$$\mu' = 0 \tag{7.14}$$

这相当于假设黏性力平均法向应力与体积变化率无关。满足这一假设的流体称为 **Stokes 流体**。对于 Stokes 流体，本构关系简化为

$$\boldsymbol{T} = -\mathit{\Pi}\boldsymbol{I} + 2\mu\left(\boldsymbol{D} - \frac{1}{3}\boldsymbol{I}\operatorname{tr}\boldsymbol{D}\right) \tag{7.15}$$

对于无黏性流体，$\mu = 0$，则上式进一步简化为

$$\boldsymbol{T} = -\mathit{\Pi}\boldsymbol{I} \tag{7.16}$$

应力满足上式的流体称为**理想流体**。

很多流体，尤其是液体，其体积的变化是很微小的，因而可以简化为不可压缩流体。对于**不可压缩流**，$\operatorname{tr}\boldsymbol{D} = 0$，则式 (7.4) 简化为

$$\boldsymbol{T} = -p\boldsymbol{I} + 2\mu\boldsymbol{D} \tag{7.17}$$

这样，反映流体的物性常数只剩下一个了。同时，应注意这里的静水压力 p 与热力学压力 $\mathit{\Pi}$ 之间的差别。尽管二者都具有球应力的形式，但是，静水压力 p 是由内部约束产生的，属于不确定应力。它的确定要全面地依靠边界条件、初始条件，以及运动方程。而热力学压力 $\mathit{\Pi}$ 则是由状态方程所确定的。它的确定则依靠当地的温度和密度。

7.2 Newton 流体的场方程

将式 (7.4) 代入运动方程，可得

$$\left[-\Pi \boldsymbol{I}+2\mu\left(\boldsymbol{D}-\frac{1}{3}\boldsymbol{I}\operatorname{tr}\boldsymbol{D}\right)+\mu'\boldsymbol{I}\operatorname{tr}\boldsymbol{D}\right]\cdot\nabla+\rho\boldsymbol{b}=\rho\dot{\boldsymbol{v}}$$

上式即

$$\left[-\Pi\boldsymbol{I}+\mu(\boldsymbol{v}\nabla+\nabla\boldsymbol{v})-\frac{2}{3}\mu\boldsymbol{I}\nabla\cdot\boldsymbol{v}+\mu'\boldsymbol{I}\nabla\cdot\boldsymbol{v}\right]\cdot\nabla+\rho\boldsymbol{b}=\rho\dot{\boldsymbol{v}}$$

注意到

$$(-\Pi\boldsymbol{I})\cdot\nabla=-\Pi\nabla=-\nabla\Pi$$

$$(\boldsymbol{v}\nabla)\cdot\nabla=\nabla^2\boldsymbol{v},\quad(\nabla\boldsymbol{v})\cdot\nabla=\nabla\nabla\cdot\boldsymbol{v}$$

$$(\boldsymbol{I}\nabla\cdot\boldsymbol{v})\cdot\nabla=\nabla\nabla\cdot\boldsymbol{v}$$

并将 μ 和 μ' 处理为常数，可得

$$-\nabla\Pi+\mu\left(\nabla^2\boldsymbol{v}+\frac{1}{3}\nabla\nabla\cdot\boldsymbol{v}\right)+\mu'\nabla\nabla\cdot\boldsymbol{v}+\rho\boldsymbol{b}=\rho\dot{\boldsymbol{v}}\tag{7.18a}$$

$$-\Pi_{,i}+\mu\left(v_{i,jj}+\frac{1}{3}v_{j,ji}\right)+\mu'v_{j,ji}+\rho b_i=\rho\dot{v}_i\tag{7.18b}$$

注意到上式右端为加速度项，由于采用了空间坐标，故上式可完整地表示为

$$-\nabla\Pi+\mu\left(\nabla^2\boldsymbol{v}+\frac{1}{3}\nabla\nabla\cdot\boldsymbol{v}\right)+\mu'\nabla\nabla\cdot\boldsymbol{v}+\rho\boldsymbol{b}=\rho\left(\frac{\partial\boldsymbol{v}}{\partial t}+\boldsymbol{v}\cdot\nabla\boldsymbol{v}\right)\tag{7.19a}$$

$$-\Pi_{,i}+\mu\left(v_{i,jj}+\frac{1}{3}v_{j,ji}\right)+\mu'v_{j,ji}+\rho b_i=\rho\left(\frac{\partial v_i}{\partial t}+v_jv_{i,j}\right)\tag{7.19b}$$

可以证明，Newton 流体的能量方程为（可参见 5.5.2 节）

$$\nabla\cdot\boldsymbol{q}-\rho\varsigma-\left(\boldsymbol{T}^D-\tau\frac{\partial\Pi}{\partial\theta}\boldsymbol{I}\right):\boldsymbol{D}+\rho c_V\dot{\theta}=0$$

将式 (7.8) 代入，可得

$$\nabla\cdot\boldsymbol{q}-\rho\varsigma-\left[2\mu\boldsymbol{D}:\boldsymbol{D}+\left(\mu'-\frac{2}{3}\mu\right)(\operatorname{tr}\boldsymbol{D})^2-\tau\frac{\partial\Pi}{\partial\theta}\operatorname{tr}\boldsymbol{D}\right]+\rho c_V\dot{\theta}=0$$

将 Fourier 定律代入上式可得

$$\kappa\nabla^2\theta+\rho\varsigma+\left[2\mu\boldsymbol{D}:\boldsymbol{D}+\left(\mu'-\frac{2}{3}\mu\right)(\operatorname{tr}\boldsymbol{D})^2-\tau\frac{\partial\Pi}{\partial\theta}\operatorname{tr}\boldsymbol{D}\right]=\rho c_V\dot{\theta}\tag{7.20a}$$

这就是 Newton 流体的热传导方程。同样也应注意，上式右端项为物质导数，因此上式可完整地表示为

$$\kappa\nabla^2\theta+\rho\varsigma+\left[2\mu\boldsymbol{D}:\boldsymbol{D}+\left(\mu'-\frac{2}{3}\mu\right)(\operatorname{tr}\boldsymbol{D})^2-\tau\frac{\partial\Pi}{\partial\theta}\operatorname{tr}\boldsymbol{D}\right]=\rho c_V\left(\frac{\partial\theta}{\partial t}+\boldsymbol{v}\cdot\nabla\theta\right)\tag{7.20b}$$

此外，状态方程和连续性方程也是流体控制方程。这样，控制方程便由以下四式组成：

（1）运动方程

$$-\nabla \Pi + \mu \left(\nabla^2 \boldsymbol{v} + \frac{1}{3} \nabla \nabla \cdot \boldsymbol{v} \right) + \mu' \nabla \nabla \cdot \boldsymbol{v} + \rho \boldsymbol{b} = \rho \dot{\boldsymbol{v}} \tag{7.21a}$$

（2）能量方程

$$\kappa \nabla^2 \theta + \rho \varsigma + \left[2\mu \boldsymbol{D} : \boldsymbol{D} + \left(\mu' - \frac{2}{3}\mu \right) (\mathrm{tr}\, \boldsymbol{D})^2 - \tau \frac{\partial \Pi}{\partial \theta} \mathrm{tr}\, \boldsymbol{D} \right] = \rho c_V \dot{\theta} \tag{7.21b}$$

（3）连续性方程

$$\dot{\rho} + \rho \nabla \cdot \boldsymbol{v} = 0 \tag{7.21c}$$

（4）状态方程

$$\Pi = \Pi(\rho, \theta) \tag{7.21d}$$

上面的方程中，一共包含了 Π、$\boldsymbol{v}$、ρ 和 θ 等六个未知量（按分量计），而这些式子也包含了六个方程，因此它们构成描述 Newton 流体的封闭的场方程组。

容易看出，上面这一组方程反映了流体的所有热学和力学特性。

对于 Stokes 流体，由于忽略了膨胀黏性系数，封闭的方程组成为

$$-\nabla \Pi + \mu \left(\nabla^2 \boldsymbol{v} + \frac{1}{3} \nabla \nabla \cdot \boldsymbol{v} \right) + \rho \boldsymbol{b} = \rho \dot{\boldsymbol{v}} \tag{7.22a}$$

$$\kappa \nabla^2 \theta + \rho \varsigma + \left[2\mu \left(\boldsymbol{D} : \boldsymbol{D} - \frac{1}{3} (\mathrm{tr}\, \boldsymbol{D})^2 \right) - \tau \frac{\partial \Pi}{\partial \theta} \mathrm{tr}\, \boldsymbol{D} \right] = \rho c_V \dot{\theta} \tag{7.22b}$$

$$\dot{\rho} + \rho \nabla \cdot \boldsymbol{v} = 0 \tag{7.22c}$$

$$\Pi = \Pi(\rho, \theta) \tag{7.22d}$$

对于理想流体，封闭的方程组成为

$$-\nabla \Pi + \rho \boldsymbol{b} = \rho \dot{\boldsymbol{v}} \tag{7.23a}$$

$$\kappa \nabla^2 \theta + \rho \varsigma - \tau \frac{\partial \Pi}{\partial \theta} \mathrm{tr}\, \boldsymbol{D} = \rho c_V \dot{\theta} \tag{7.23b}$$

$$\dot{\rho} + \rho \nabla \cdot \boldsymbol{v} = 0 \tag{7.23c}$$

$$\Pi = \Pi(\rho, \theta) \tag{7.23d}$$

上面的式 (7.23a) 一般也称为 **Euler 方程**。

在不可压缩流中，由于内部约束的存在，ρ 为常数，热力学压力 Π 失去了确定性的意义，状态方程不再参与封闭方程组。在这种情况下，场方程组成为

$$-\nabla p + \mu \nabla^2 \boldsymbol{v} + \rho \boldsymbol{b} = \rho \dot{\boldsymbol{v}} \tag{7.24a}$$

$$\kappa \nabla^2 \theta + \rho \varsigma + 2\mu \boldsymbol{D} : \boldsymbol{D} = \rho c_V \dot{\theta} \tag{7.24b}$$

$$\nabla \cdot \boldsymbol{v} = 0 \tag{7.24c}$$

上面的式 (7.24a) 一般也称为 **Navier-Stokes**（N–S）**方程**。求解上述封闭方程组必然需要边界条件和初始条件。一般地，边界条件可分为以下几种类型：

（1）**无穷远处的边界条件** 在某些问题中，所处理的空间区域相当大，例如飞机在空中的飞行。此时，可把无穷远处处理为问题的边界，因此有

$$\boldsymbol{v}\big|_{\infty} = \boldsymbol{v}_{\infty}, \quad \Pi\big|_{\infty} = \Pi_{\infty}, \quad \rho\big|_{\infty} = \rho_{\infty}, \quad \theta\big|_{\infty} = \theta_{\infty} \tag{7.25}$$

（2）**两种介质界面处的边界条件** 如果某系统的边界由另一类连续介质构成，那么，两类介质的界面处若要保持连续（即不产生空隙和渗入的情况），则必有相同的法向速度。故有

$$v_n^{(1)} = v_n^{(2)} \tag{7.26}$$

式中的上标 (1)、(2) 分别指介面两侧的两种介质。如果流体是黏性的，那么它们还有相同的切向速度，即

$$v_t^{(1)} = v_t^{(2)} \tag{7.27}$$

这表明，黏性流体与其他介质的界面处有着相同的速度。这称为黏性流的**无滑移条件**。特别地，当系统的边界是静止的固体，即所谓固壁时，黏性流在固壁处的速度为零。但是，理想流体不存在式 (7.23) 那样的边界条件，理想流体与其他介质的界面允许有相互的滑移。

在两种介质的界面处还应考虑力学平衡条件，即

$$\boldsymbol{T}^{(1)} \cdot \boldsymbol{n} = \boldsymbol{T}^{(2)} \cdot \boldsymbol{n} \tag{7.28}$$

当系统的某边界 S 上外力作用是已知的，那么便有

$$\boldsymbol{T} \cdot \boldsymbol{n}\big|_S = \bar{\boldsymbol{t}} \tag{7.29}$$

特别地，当 Stokes 流体表面 S 是与大气相接触的，即所谓“自由表面”，那么 S 上便只有大气压 $\widehat{p}$ 的作用。考虑到大气压的作用总是法向的，并注意到 $\boldsymbol{n} \cdot \boldsymbol{n} = 1$，便有

$$-\Pi + 2\mu \left(\boldsymbol{n} \cdot \boldsymbol{D} \cdot \boldsymbol{n} - \frac{1}{3} \operatorname{tr} \boldsymbol{D} \right) = \widehat{p} \tag{7.30}$$

在两种介质的界面处的热力学平衡条件可分为两种情况。对于黏性流体，可以认为两种介质在界面处具有相同的温度，即

$$\theta^{(1)} = \theta^{(2)} \tag{7.31}$$

而对于理想流体，可以认为界面两侧有不同的温度，但穿过介面的热流则应是平衡的。此时可采用 Newton 表面传热条件

$$\kappa^{(1)} \frac{\partial \theta^{(1)}}{\partial n} + h^{(1)} \theta^{(1)} = \kappa^{(2)} \frac{\partial \theta^{(2)}}{\partial n} + h^{(2)} \theta^{(2)} \tag{7.32}$$

当通过边界 S 进入系统的热流密度为已知的 $\overline{q}$ 时，上式可改写为

$$\kappa \frac{\partial \theta}{\partial n}\bigg|_S = \overline{q} \tag{7.33}$$

上两式中，κ 为热导率，h 为 Newton 表面传热系数。

对于初始条件，应有

$$\boldsymbol{v}\big|_{t=0} = \boldsymbol{v}_0,\quad \varPi\big|_{t=0} = \varPi_0,\quad \rho\big|_{t=0} = \rho_0,\quad \theta\big|_{t=0} = \theta_0 \tag{7.34}$$

虽然 Newton 流体的封闭方程组包含了运动方程、连续性方程、能量方程、状态方程，但在具体问题中，却有可能减少某些方程。例如，在等温情况下，常常忽略了能量方程。此外，对于定常流，速度场与时间无关，则加速度项中的局部导数部分可以忽略。这样，问题可以获得很大的简化。

应该指出，上面的场方程关于速度 $\boldsymbol{v}$ 是非线性的，因此求解具有相当的难度。目前只能给出某些特殊情况下的解答，例如层流。所谓层流，是指黏性流体的层状流动。在这种流动中，流体各质点的轨迹没有太大的不规则脉动。轴承润滑膜中的流动，微小固体颗粒在黏性流体中平移所引起的流动，流体在固体表面附近的薄层内的流动，流体在管道内的定常流动等，都是层流的例子。下面举例说明。

例 7.1　考虑两个平行平面间不可压缩黏性流体的定常流动。

解:　由于流体流动的稳恒性质，可以假定流速的分布在流动方向上是不变的，流速的区别只体现在横截面方向上，如图 7.1 所示。于是有

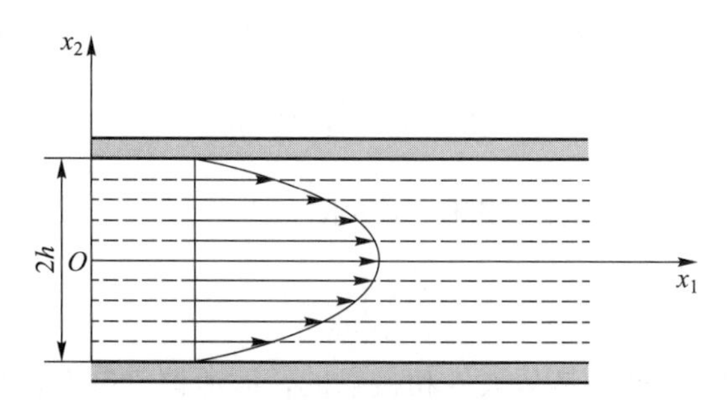

图 7.1　两平板间的黏性流

$$\boldsymbol{v} = v_1(x_2)\boldsymbol{e}_1$$

显然，这一速度场满足连续性方程 (7.24c)。此时，方程 (7.24a) 在不考虑体力时成为

$$-\frac{\partial p}{\partial x_1} + \mu\frac{\mathrm{d}^2 v_1}{\mathrm{d}x_2^2} = 0,\quad -\frac{\partial p}{\partial x_2} = 0,\quad -\frac{\partial p}{\partial x_3} = 0$$

由上面后两式可知，p 与 x_2 和 x_3 无关，即 p 只是 x_1 的函数。上面第一式即

$$\frac{\partial p(x_1)}{\partial x_1} = \mu\frac{\mathrm{d}^2 v_1(x_2)}{\mathrm{d}x_2^2}$$

这样，上式两端只能等于常数。由此有

$$v_1=\frac{a}{2\mu}x_2^2+Ax_2+B$$

由无滑移条件，在上下壁面处，$v_1=0$，故有

$$\begin{cases}\dfrac{a}{2\mu}h^2+Ah+B=0\\ \dfrac{a}{2\mu}h^2-Ah+B=0\end{cases},\quad \text{可得}\quad A=0,\quad B=-\frac{a}{2\mu}h^2$$

故有

$$v_1=\frac{a}{2\mu}\left(x_2^2-h^2\right)$$

即横截面上，速度呈抛物柱面分布。

例 7.2 不计体力，考察黏性不可压缩流在圆形管道中的轴对称定常流动（图 7.2）。

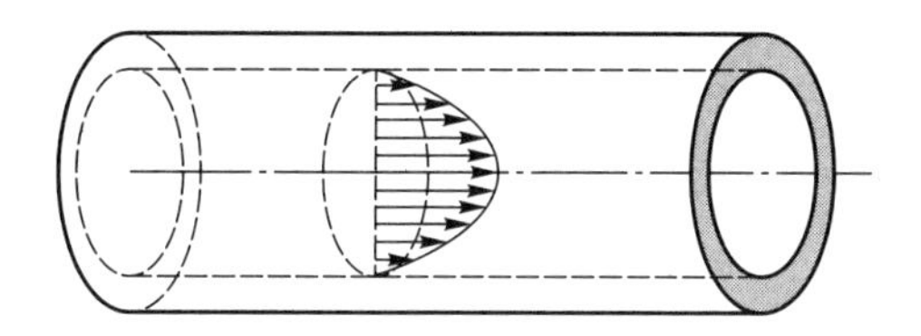

图 7.2 圆管内的轴对称流动

解： 定常流动中，流速与时间无关，故 $\dfrac{\partial \boldsymbol{v}}{\partial t}=\boldsymbol{0}$。记 x_3 轴为管道轴线，可根据流动特点将速度场假定为

$$v_1=0,\quad v_2=0,\quad v_3=v(x_1,x_2)$$

在这种情况下，由式 (7.24a) 可得

$$-\nabla p+\mu\nabla^2\boldsymbol{v}=\rho\boldsymbol{v}\cdot\nabla\boldsymbol{v}=\boldsymbol{0}$$

即

$$-\frac{\partial p}{\partial x_1}=0,\quad -\frac{\partial p}{\partial x_2}=0,\quad \frac{\partial p}{\partial x_3}=\mu\left(\frac{\partial^2 v}{\partial x_1^2}+\frac{\partial^2 v}{\partial x_2^2}\right)$$

由上面前两式可知，p 与 x_1 和 x_2 无关，即 p 只是 x_3 的函数。但 v 只是 x_1 和 x_2 的函数，故上面第三式两端应为常数，即

$$\frac{\partial^2 v}{\partial x_1^2}+\frac{\partial^2 v}{\partial x_2^2}=\text{const}$$

将上式换用极坐标，考虑到流动的轴对称特性，便有

$$\frac{1}{r}\frac{\mathrm{d}}{\mathrm{d}r}\left(r\frac{\mathrm{d}v}{\mathrm{d}r}\right)=\text{const}$$

其解为

$$v=\frac{1}{4}C_1r^2+C_2\ln r+C_3$$

由于在 $r=0$ 处 v 为有限值，故 $C_2=0$。

记半径为 R，在管壁处，利用无滑移条件

$$v\big|_{r=R}=0,\quad 故\quad C_3=-\frac{1}{4}C_1R^2$$

有

$$v=-\frac{1}{4}C_1\left(R^2-r^2\right)$$

再考虑静水压力，因为有

$$\frac{\partial p}{\partial x_3}=\mu\frac{1}{r}\frac{\mathrm{d}}{\mathrm{d}r}\left(r\frac{\mathrm{d}v}{\mathrm{d}r}\right)=\mu C_1$$

故常数 C_1 取决于 x_3 轴方向上的压力梯度。由上式可得单位时间内流过圆管的体积流量

$$Q=\int_0^{2\pi}\int_0^R vr\mathrm{d}r\mathrm{d}\varphi=-\frac{1}{8}\pi C_1R^4=-\frac{1}{8\mu}\pi R^4\frac{\mathrm{d}p}{\mathrm{d}x_3}$$

利用上式，可以导出测量黏性系数 μ 的公式。令管长为 L，进口压为 p_0，出口压为 p_1，则有

$$\mu=\frac{p_0-p_1}{QL}\cdot\frac{\pi R^4}{8}$$

例 7.3　如图 7.3 所示，两个同轴的无限长圆筒之间的流体，在内外圆筒分别以 ω_1、ω_2 的角速度匀速转动的情况下产生定常流动，称为库埃特 (Couette) 流动。不考虑体力，求不可压缩黏性流体的 Couette 流动的速度场。求当内圆筒固定时，外圆筒上应该施加的转矩。

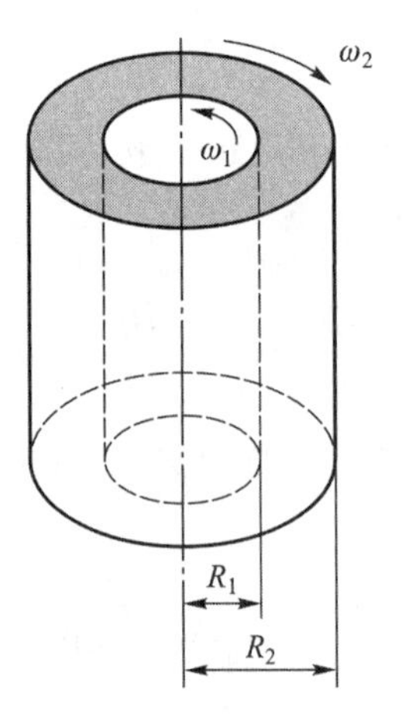

图 7.3　Couette 流动

解:　采用柱坐标系，根据 Couette 流动的特点，可以合理地将速度场假设为

$$v_r=0,\quad v_\varphi=v(r),\quad v_z=0\tag{a}$$

该流动是轴对称的。由于流动的定常性质，同时不计体力，N–S 方程成为

$$-\nabla p+\mu\nabla^2\boldsymbol{v}=\rho\boldsymbol{v}\cdot\nabla\boldsymbol{v}=\boldsymbol{0} \tag{b}$$

利用式 (a)、(b)，易于导出，p 只可能是 r 的函数，这样，在式 (b) 中取关于 φ 的分量式可得

$$\frac{\mathrm{d}^2v}{\mathrm{d}r^2}+\frac{1}{r}\frac{\mathrm{d}v}{\mathrm{d}r}-\frac{v}{r^2}=0$$

这个方程的通解为

$$v=Ar+\frac{B}{r}$$

式中，A、B 为常数。若记内外圆筒半径分别为 R_1 和 R_2，根据黏性流的无滑移条件可得

$$R_1\omega_1=AR_1+\frac{B}{R_1},\quad R_2\omega_2=AR_2+\frac{B}{R_2}$$

由此可解得 A、B，并可得

$$v_\varphi=v(r)=\frac{1}{R_2^2-R_1^2}\left[r\left(\omega_2R_2^2-\omega_1R_1^2\right)-\frac{1}{r}R_1^2R_2^2\left(\omega_2-\omega_1\right)\right]$$

根据式 (a)，可导出速度梯度张度 $\boldsymbol{L}$ 和形变率张量 $\boldsymbol{D}$。形变率张量的分量中，

$$D_{r\varphi}=\frac{1}{2}\left(\frac{\mathrm{d}v_\varphi}{\mathrm{d}r}-\frac{v_\varphi}{r}\right)=\frac{1}{2}r\frac{\mathrm{d}}{\mathrm{d}r}\left(\frac{v_\varphi}{r}\right)=\frac{R_1^2R_2^2\left(\omega_2-\omega_1\right)}{\left(R_1^2-R_2^2\right)r^2}$$

其余分量均为零。因此，根据本构关系 (7.4)，应力分量中，只有剪应力分量

$$T_{r\varphi}=2\mu D_{r\varphi}=\frac{2\mu R_1^2R_2^2\left(\omega_2-\omega_1\right)}{\left(R_1^2-R_2^2\right)r^2}$$

其余分量均为零。

当内圆筒固定，外圆筒以 ω 匀速转动时，在外圆筒面上，

$$T_{r\varphi}=\frac{2\mu R_1^2\omega}{\left(R_1^2-R_2^2\right)}$$

为保持流动，在外圆筒的单位长度上必须附加的转矩 M 为

$$M=2\pi R_2\left(T_{r\varphi}R_2\right)=\frac{4\pi\mu R_1^2R_2^2\omega}{\left(R_1^2-R_2^2\right)}$$

7.3 状态方程

一般地讲，在 Newton 流体中，气体的可压缩性质比液体显著。因此，相当多的情况下，液体都被简化为不可压缩流体。而这样的简化对于气体在许多情况下将会引起较大的误差。状态方程则是可压缩流体本构关系中的一个重要组成部分。

状态方程体现了流体中每一个局部的压力、密度和温度之间的关系，即

$$\varPi=\varPi(\rho,\theta) \tag{7.35}$$

理想气体的状态方程是最简单的一类状态方程。理想气体需要满足两个条件：（1）服从玻意耳–马里奥特（Boyle-Mariotte）定律和阿伏伽德罗（Avogadro）定律；（2）内能与所占据的体积无关。Boyle-Mariotte 定律说明，在同一温度下，气体的压强与体积的乘积保持不变。Avogadro 定律则说明，1 mol 的任何气体在温度和压强相等的条件下占有相同的体积。根据这两个定律，便可导出理想气体的状态方程为

$$\Pi = \rho R\tau = \rho R(\theta + \tau_0) \tag{7.36}$$

式中，R 是常数。

$$R = \frac{8.314\ \mathrm{J/(mol \cdot K)}}{m} \quad （m\ 为克分子量）$$

对于空气 $R = 287.1\ \mathrm{J/(kg \cdot K)}$；对于氮 $R = 296.8\ \mathrm{J/(kg \cdot K)}$；对于氧 $R = 259.8\ \mathrm{J/(kg \cdot K)}$。

理想气体的内能可表示为

$$\mathrm{d}u = \left(\frac{\partial u}{\partial \theta}\right)_\rho \mathrm{d}\theta \tag{7.37}$$

可定义

$$c_V = \left(\frac{\partial Q}{\partial \theta}\right)_V \tag{7.38}$$

为单位质量的定容比热，在定容（密度不变）条件下，外力的功为零，因此，由热力学第一定律，热量即为内能的增量，故有

$$c_V = \left(\frac{\partial u}{\partial \theta}\right)_V \tag{7.39}$$

一般可把理想气体的定容比热视为常数，这样便有

$$u = c_V \theta \tag{7.40}$$

另一个常用的热力学量是单位质量的定压比热，它的定义是

$$c_p = \left(\frac{\partial Q}{\partial \tau}\right)_p \tag{7.41}$$

可以通过热力学的方法证明

$$c_p - c_V = R \tag{7.42}$$

在等温过程中，式 (7.36) 成为

$$\frac{\Pi}{\rho} = \mathrm{const} \tag{7.43}$$

而对于绝热过程，可以证明

$$\frac{\Pi}{\rho^\gamma} = \mathrm{const} \tag{7.44}$$

式中

$$\gamma = c_p/c_V \tag{7.45}$$

并称 γ 为绝热指数。对于空气、氮、氧等气体，$\gamma = 1.4$。在式 (7.43) 和式 (7.44) 中，都可以把热力学压力表示为

$$\varPi = \varPi(\rho) \tag{7.46}$$

的形式。满足上式的流体称为**正压流体**。在正压流体中，压力仅为密度的函数，同时，密度也仅为压力的函数。无黏性的正压流体称为**弹性流体**，也称 Euler 流体。

理想气体状态方程对于常态下的各类气体有着良好的近似度。如果压力较高，则可采用范德瓦耳斯（van der Waals）气体状态方程

$$(\varPi + a\rho^2)\left(\frac{1}{\rho} - b\right) = R\tau$$

式中，a、b 为实验确定的常数。

关于气体状态方程的详细阐述，可参见文献 [12]。

7.4 理想流体 Euler 方程的积分

理想流体的控制方程由式 (7.23) 给出。其中 Euler 方程 (7.23a) 起着关键性的作用。在流动是定常或无旋这两类情况下，这一方程可以获得一次积分的结果。

如果存在势函数 U，使体力

$$\boldsymbol{b} = -\nabla U \tag{7.47}$$

则称体力有势，U 则称为单位质量的势能。显然，重力作为体力就是有势的。若选 x_3 轴方向为铅垂向上，则有 $\boldsymbol{b} = -g\boldsymbol{e}_3$，重力势为 $U = gx_3$。

对于正压流体，由于密度 ρ 仅为压力 $\varPi$ 的函数，故有

$$\nabla\left(\int \frac{1}{\rho}\mathrm{d}\varPi\right) = \frac{\mathrm{d}}{\mathrm{d}\varPi}\left(\int \frac{1}{\rho}\mathrm{d}\varPi\right)\nabla\varPi = \frac{1}{\rho}\nabla\varPi$$

由此，可一般地定义

$$P = \int \frac{1}{\rho}\mathrm{d}\varPi \tag{7.48}$$

为**压力函数**。这样便有

$$\frac{1}{\rho}\nabla\varPi = \nabla P$$

在不可压缩流体中，压力函数相应地成为

$$P = \int \frac{1}{\rho}\mathrm{d}p = \frac{p}{\rho} \tag{7.49}$$

理想流体在体力有势和正压的情况下，Euler 方程 (7.23a) 成为

$$\frac{\mathrm{D}\boldsymbol{v}}{\mathrm{D}t}=\boldsymbol{b}-\frac{1}{\rho}\nabla\varPi=-\nabla(U+P) \tag{7.50}$$

在上式两端同时点乘 $\boldsymbol{v}$，在左端

$$\boldsymbol{v}\cdot\frac{\mathrm{D}\boldsymbol{v}}{\mathrm{D}t}=\frac{\mathrm{D}}{\mathrm{D}t}\left(\frac{1}{2}\boldsymbol{v}\cdot\boldsymbol{v}\right)$$

在定常流动中，$\dfrac{\partial(\cdot)}{\partial t}=0$，故有

$$\frac{\mathrm{D}}{\mathrm{D}t}(U+P)=\frac{\partial}{\partial t}(U+P)+\boldsymbol{v}\cdot\nabla(U+P)$$

这样，式 (7.50) 的右端点乘 $\boldsymbol{v}$ 在定常流中成为

$$-\boldsymbol{v}\cdot\nabla(U+P)=-\frac{\mathrm{D}}{\mathrm{D}t}(U+P)$$

故有

$$\frac{\mathrm{D}}{\mathrm{D}t}\left(\frac{1}{2}\boldsymbol{v}\cdot\boldsymbol{v}+U+P\right)=0 \tag{7.51}$$

即

$$\frac{1}{2}\boldsymbol{v}\cdot\boldsymbol{v}+U+P=\mathrm{const} \tag{7.52}$$

上式称为**伯努利**（Bernoulli）**积分**。显然，上式各项都具有单位质量的能量的含义。其中第一项是动能，第二项是势能，第三项是压力能。Bernoulli 积分实质上描述了流体的机械能守恒。由于式 (7.51) 是物质导数为零，这就是说，紧密地注视着某一质点，这一质点在流动过程中保持 Bernoulli 积分为常数。由于一个质点不同的时刻在空间所画过的位置构成了这一质点的迹线，而在定常流动中，迹线与流线重合，因此准确地说，Bernoulli 积分在流线上保持常数。而在不同的流线上，其常数原则上是不同的。

对于不可压缩流体，若重力是唯一的体力，且选 x_3 轴正向为铅垂向上，则 Bernoulli 积分成为

$$\frac{1}{2}\boldsymbol{v}\cdot\boldsymbol{v}+gx_3+\frac{p}{\rho}=\mathrm{const} \tag{7.53}$$

在另一种情况下，如果速度场是有势场，即速度可以通过一个势函数表示：

$$\boldsymbol{v}=\nabla\varPhi \tag{7.54}$$

那么，由式 (1.41) 可知

$$\nabla\times\boldsymbol{v}=2\boldsymbol{\omega}=\boldsymbol{0}$$

因此称流动是无旋的。在这种情况下，$\boldsymbol{v}\nabla=\nabla\boldsymbol{v}$，故有

$$\nabla\left(\frac{1}{2}\boldsymbol{v}\cdot\boldsymbol{v}\right)=\frac{1}{2}[(\nabla\boldsymbol{v})\cdot\boldsymbol{v}+\boldsymbol{v}\cdot(\nabla\boldsymbol{v})]=\boldsymbol{v}\cdot(\nabla\boldsymbol{v})$$

因此

$$\frac{\mathrm{D}\boldsymbol{v}}{\mathrm{D}t}=\frac{\partial \boldsymbol{v}}{\partial t}+\boldsymbol{v}\cdot\nabla\boldsymbol{v}=\nabla\left(\frac{\partial \Phi}{\partial t}+\frac{1}{2}\boldsymbol{v}\cdot\boldsymbol{v}\right)$$

再一次考虑体力有势和正压条件，可知 Euler 方程 (7.23a) 成为

$$\nabla\left(\frac{\partial \Phi}{\partial t}+\frac{1}{2}\boldsymbol{v}\cdot\boldsymbol{v}+U+P\right)=0 \tag{7.55}$$

上式说明，括号内的部分与空间坐标无关，因此它只与时间有关，即

$$\frac{\partial \Phi}{\partial t}+\frac{1}{2}\boldsymbol{v}\cdot\boldsymbol{v}+U+P=f(t) \tag{7.56}$$

上式称为 **Lagrange 积分**。注意到式 (7.55) 是关于空间导数为零，因此上式中的 $f(t)$ 在空间各点是相同的。但原则上，对于不同的时刻，这一常数是不同的。

同样地，对于不可压缩流体，若重力是唯一的体力，且选 x_3 轴正向为铅垂向上，则 Lagrange 积分成为

$$\frac{\partial \Phi}{\partial t}+\frac{1}{2}\boldsymbol{v}\cdot\boldsymbol{v}+gx_3+\frac{p}{\rho}=f(t) \tag{7.57}$$

如果流动是有势且定常的，那么 Bernoulli 积分和 Lagrange 积分归并为同一个式子：

$$\frac{1}{2}\boldsymbol{v}\cdot\boldsymbol{v}+U+P=C \tag{7.58}$$

注意上式和式 (7.52) 之间的区别：在式 (7.52) 中，不同的流线上的常数原则上是不同的。而在上式中，区域内各点的常数是相同的。

作为式 (7.58) 的一个特例，考虑**静止流体**的情况，此时 $\boldsymbol{v}=\boldsymbol{0}$，故有

$$U+P=\text{const}$$

若重力是唯一的体力，且选 x_3 轴正向为铅垂向上，则可得

$$p=-\rho g x_3+p_0 \tag{7.59}$$

这就是著名的液体静力学规律。

例 7.4 如图 7.4 所示，相当大的容器中盛着液体，液面高度为 h，侧面底部有一小孔。求液体从小孔喷出的速度。

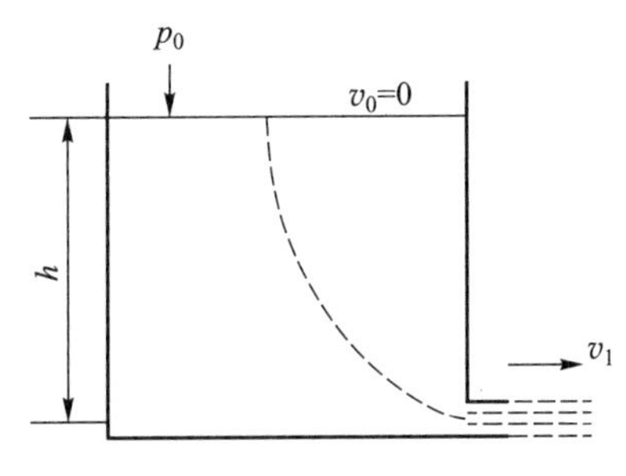

图 7.4 小孔出流问题

解： 利用式 (7.53) 可得

$$\frac{p}{\rho}+\frac{1}{2}v^2+gz=C$$

在液体上表面，由于容器相当大，可假定液面下降的速度为零，设大气压为 $\widehat{p}$，则有

$$\frac{\widehat{p}}{\rho}+gz_0=C$$

在下端面小孔处，该处出流压力仍为大气压，故有

$$\frac{\widehat{p}}{\rho}+\frac{1}{2}v_1^2+gz_1=C$$

由于每根流线均从上液面贯通至小孔，因此上两式常数应该相等。由此可导出

$$v_1=\sqrt{2g\left(z_0-z_1\right)}=\sqrt{2gh}$$

例 7.5　对于不可压缩流体的无旋定常流，若不计体力，证明流场中速度为零的点压力为极大值。

解： 对于题设的情况，式 (7.58) 成为

$$\frac{1}{2}\boldsymbol{v}\cdot\boldsymbol{v}+\frac{p}{\rho}=\text{const}$$

记速度的数值为 v，则上式可写为

$$\frac{1}{2}v^2+\frac{p}{\rho}=\text{const}$$

由此可得

$$\frac{\mathrm{d}p}{\mathrm{d}v}=-\rho v,\quad \frac{\mathrm{d}^2p}{\mathrm{d}v^2}=-\rho$$

上面第一式说明，压力的极值点出现在 $v=0$ 处；由于密度不可能是负值，因此第二式说明，这一极值是极大值。

例 7.6　如图 7.5 所示，在圆柱形容器中的理想流体以稳定的转速绕圆柱轴心旋转，若重力是唯一的外力，求流体上表面的几何形状。

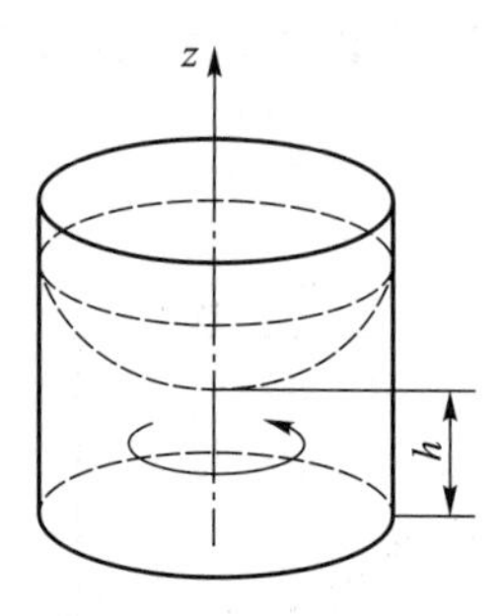

图 7.5　旋转的理想流体

解： 记旋转的角速为 ω，则加速度

$$\frac{\mathrm{D}\boldsymbol{v}}{\mathrm{D}t}=\omega\boldsymbol{e}_3\times(\omega\boldsymbol{e}_3\times\boldsymbol{x})=-\omega^2\left(x_1\boldsymbol{e}_1+x_1\boldsymbol{e}_1\right)=-\omega^2\boldsymbol{r}$$

由于重力是唯一的体力，故式 (7.23a) 成为

$$\nabla p=\rho\left(\omega^2\boldsymbol{r}-g\boldsymbol{e}_3\right) \tag{a}$$

上式两端取 r 方向上的分量和 z 方向的分量，可得

$$\frac{\partial p}{\partial r}=\rho\omega^2 r,\quad \frac{\partial p}{\partial z}=-\rho g$$

由于问题的轴对称特性，有

$$\mathrm{d}p=\frac{\partial p}{\partial r}\mathrm{d}r+\frac{\partial p}{\partial z}\mathrm{d}z=\rho\omega^2 r\mathrm{d}r-\rho g\mathrm{d}z$$

积分得

$$p=\frac{1}{2}\rho\omega^2 r^2-\rho gz+C$$

式中，C 为积分常数。在 z 轴与上表面交界处，压力等于大气压，设该处液面高度为 h，则有

$$\widehat{p}=-\rho gh+C,\quad C=\widehat{p}+\rho gh$$

故

$$p=\widehat{p}+\frac{1}{2}\rho\omega^2 r^2-\rho g(z-h)$$

在整个上表面，压力都等于大气压，因此在上表面上，

$$z=h-\frac{\omega^2}{2g}r^2$$

这是一个抛物面。

7.5 黏性流体 N–S 方程的简化

N–S 方程关于速度是非线性的。这使得一般地求解 N–S 方程变得异常困难。因此人们总是寻求一些简化的手段。在流体力学发展的前期，人们常常把空气、水这样的流体处理为无黏性的理想流体。理想流体简单的本构关系为在数学上精确求解某些流体力学问题提供了可能。18 世纪中叶，D'Alembert 计算了在无界不可压缩无黏性流中匀速运动的物体所受的阻力。计算结果表明，物体所受阻力为零。他的计算在数学上逻辑上是无懈可击的，但显然与事实不符。这就是著名的 D'Alembert 佯谬。产生这种佯谬的主要原因是忽略了液体的黏性作用。

现在经常用到的简化 N–S 方程的方法是针对流体的具体情况，舍去方程中的某些项

次。例如，当对流项 $\boldsymbol{v}\cdot\nabla\boldsymbol{v}$ 比起黏性项 $\mu\nabla^2\boldsymbol{v}/\rho$ 小许多时，则可以忽略对流项；或者相反地，如果黏性项小许多，则忽略黏性项。如果按这种思路考虑，那么，上面两类项次的比值就成为一种相当重要的考虑参数。

如果在某种流动中，特征速度（例如绕流问题中的来流速度等）的数值为 V，特征尺寸（例如绕流问题中圆柱固体的半径、管道流动中的管内径等）为 L，那么对流项 $\boldsymbol{v}\cdot\nabla\boldsymbol{v}$ 的量级为 $V(V/L)=V^2/L$，而黏性项的量级为 $\mu V/\left(\rho L^2\right)$。这样，两者之比为

$$\left[\frac{\boldsymbol{v}\cdot\nabla\boldsymbol{v}}{\mu\left(\nabla^2\boldsymbol{v}\right)/\rho}\right]=O\left(\frac{\rho VL}{\mu}\right)$$

据此，定义

$$Re=\frac{\rho VL}{\mu} \tag{7.60}$$

为**雷诺**（Reynolds）**数**。不难证明，Re 是一个量纲为一的量。由于对流项 $\boldsymbol{v}\cdot\nabla\boldsymbol{v}$ 体现的是惯性效应，而黏性项 $\mu\nabla^2\boldsymbol{v}/\rho$ 体现的是剪切阻尼效应，因此，Re 大表示惯性效应占优势，而 Re 小则表示剪切阻尼占优势。

当 Re 相当小时，不可压缩黏性流的 N－S 方程可简化为

$$\frac{\mu}{\rho}\nabla^2\boldsymbol{v}-\frac{1}{\rho}\nabla p+\boldsymbol{b}=\frac{\partial\boldsymbol{v}}{\partial t} \tag{7.61}$$

如果进一步考虑忽略体力的定常流，则上式简化为

$$\mu\nabla^2\boldsymbol{v}=\nabla p \tag{7.62}$$

在上式两端取散度，注意到

$$\nabla\cdot\nabla^2\boldsymbol{v}=(v_{i,jj})_{,i}=(v_{i,i})_{,jj}=\nabla^2\nabla\cdot\boldsymbol{v}$$

再利用连续性方程，可知上式为零。这样，便有

$$\nabla^2 p=0 \tag{7.63}$$

这表明，经这样简化后，压力 p 成为调和函数。

如果对于平面问题，引入**流函数** $\varPsi$，有

$$v_1=\varPsi_{,2},\quad v_2=-\varPsi_{,1} \tag{7.64}$$

由式 (7.62)，得

$$p_{,1}=\mu\nabla^2\left(\varPsi_{,2}\right),\quad p_{,2}=-\mu\nabla^2\left(\varPsi_{,1}\right)$$

故有

$$p_{,12}=\mu\nabla^2\left(\varPsi_{,22}\right),\quad p_{,21}=-\mu\nabla^2\left(\varPsi_{,11}\right)$$

上两式相减，可知

$$\nabla^2\nabla^2\Psi = 0 \tag{7.65}$$

因此，对于不计体力的不可压缩小 Re 黏性流的平面定常流动，压力 p 是调和函数，流函数 Ψ 是双调和函数。这对该问题是一个极大的简化。

许多实验事实指出，流体的黏性往往只是在与固体的接触面附近表现得比较明显。远离这种接触面的区域，黏性性质并不显著。基于这类事实，20 世纪初普朗特（Prandtl）提出了边界层理论，比较系统地解决了 N–S 方程的简化问题。边界层理论认为，黏性很小的液体在靠近物面很薄的区域内，流速由物面处的零值迅速地增加到自由流速。这个薄层称为边界层（图 7.6）。在边界层内，流体应按黏性流计算，在边界层外仍可按理想流体计算，从而极大地简化了 N–S 方程。边界层理论把流体力学的理论与实验结合了起来，开辟了近代流体力学发展的新道路。

关于边界层的理论，可参见文献 [30]。

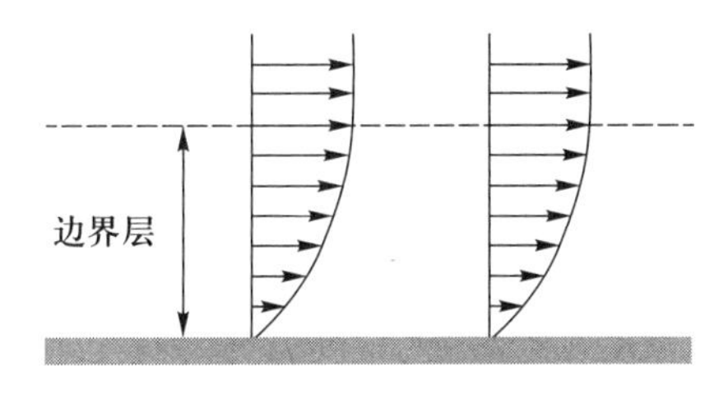

图 7.6　边界层

思考题

7.1　在线弹性力学中，几何关系、本构关系均为线性的，控制方程也是线性的。在 Newton 流体中，几何关系、本构关系也是线性的，控制方程却是非线性的。这种区别是怎样产生的？

7.2　从热力学的观点来看，线弹性体的本构关系与 Newton 流体最显著的区别是什么？

7.3　Newton 流体中的耗散函数包含了什么样的耗散机理？这种耗散机理与线弹性体有什么不同？

7.4　有人认为，既然定常流动中各处的速度都不随时间变化，因此应有 $\dot{\boldsymbol{v}} = \boldsymbol{0}$。这种看法对吗？为什么？

7.5　在图示几种水桶中，若水深都是相同的，底面积也相同，哪种底面所受的向下压力大？哪种小？有人认为，A 最小，C 最大，因为 A 的盛水量最少而 C 最多。这种看法对吗？为什么？

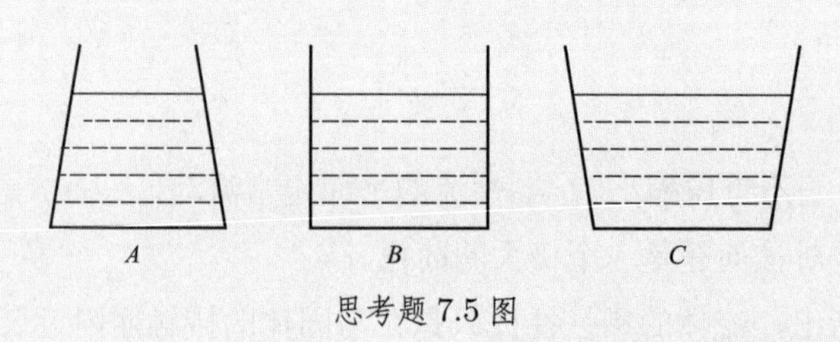

思考题 7.5 图

7.6　温度的影响是如何体现在 Newton 流体的本构关系之中的？这与线弹性体有什么不同？

7.7　为什么说 Bernoulli 积分实质上描述了流体的机械能守恒？除机械能以外的其他形式的能量在导出该积分的哪些环节中被忽略掉？

7.8　Bernoulli 积分和 Lagrange 积分中的常数有什么区别？在什么情况下两种常数是相等的？

7.9　流函数与速度势有什么区别？

7.10　相同内径的管道中，有不同流速的同类流体，何种流动的 Re 大？这种管道中具有相同流速的水和油，谁的 Re 大？

习　题

7.1　假定空气是理想气体，其状态方程满足 $p=\rho R\theta$，若其温度随高度呈线性变化，即 $\theta=\theta_0-\alpha x_3$，式中 θ_0 是地面温度，x_3 是从地面计的高度。求大气中压力随高度变化的规律。

7.2　某流体状态方程为 $p=\lambda\rho^a$，式中 λ 和 a 为常数。若 x_3 方向为重力方向，求该流体在重力场中处于静止状态时的压力。

7.3　水的压力与密度间的关系可近似地表示为 $\rho=1+\alpha p$，式中 α 为常数。假定压力仅随水深度而变化，且重力是唯一的体力，证明距水面深度为 h 处的水密度为 $\rho=\rho_a\exp(\alpha gh)$，式中 ρ_a 是水面处的密度。

7.4　定义流体单位质量的焓为 $h=u+\dfrac{p}{\rho}$，证明：对于理想气体，$\dfrac{\mathrm{D}h}{\mathrm{D}t}=c_p$ 即定压比热。

7.5　假定空气是理想气体，其状态方程满足 $p=\rho R\theta$，若其温度随高度呈线性变化，即 $\theta=\theta_0-\alpha x_3$，式中 θ_0 是地面温度，x_3 是从地面计的高度。求大气中压力随高度变化的规律。

7.6　某流体状态方程为 $p=\lambda\rho^a$，式中 λ 和 a 为常数。若 x_3 方向为重力方向，求该流体在重力场中处于静止状态时的压力。

7.7　一个具有均匀密度的流体柱沿竖直方向以加速度 $\boldsymbol{a}$ 上升，求距液柱上表面为 h 处的压力。

7.8　图示 AB 是一个宽度为 600 mm 的闸门，A 处为铰。忽略闸门自重，求 B 处闸门所受的约束力。水的体积重量取 9 800 N/m^3。

7.9 图示宽度为 3 m 的静止的闸门，闸门下沿为铰。当水的高度 h 升为何值时，闸门开始转动？

7.10 不可压缩 Stokes 流体由均匀的压力梯度 $\dfrac{\mathrm{d}p}{\mathrm{d}x_3}=-m$ 驱动，沿 x_3 方向在环形管道 $a\leqslant\sqrt{x_1^2+x_2^2}\leqslant b$ 中流动，假定流场为 $v_1=v_2=0$，$v_3=v_3(r)$，式中 $r=\sqrt{x_1^2+x_2^2}$，不计体力和加速度。

(1) 证明：v_3 满足方程 $\dfrac{\mathrm{d}^2v_3}{\mathrm{d}r^2}+\dfrac{1}{r}\dfrac{\mathrm{d}v_3}{\mathrm{d}r}=-\dfrac{m}{\mu}$；

(2) 证明：上述方程的解为 $v_3=A+B\ln r-\dfrac{1}{4}\dfrac{m}{\mu}r^2$；

(3) 在满足非滑移条件（即 $v_3\big|_{r=a}=0$，$v_3\big|_{r=b}=0$）情况下，求出 v_3 的表达式；

(4) 证明：通过任何一个横截面 $x_3=\text{const}$ 的流量

$$Q=\frac{mb^4\pi}{8\mu}\left[1-q^4+\left(1-q^2\right)^2\frac{1}{\ln q}\right]\quad（式中\ q=\frac{a}{b}）$$

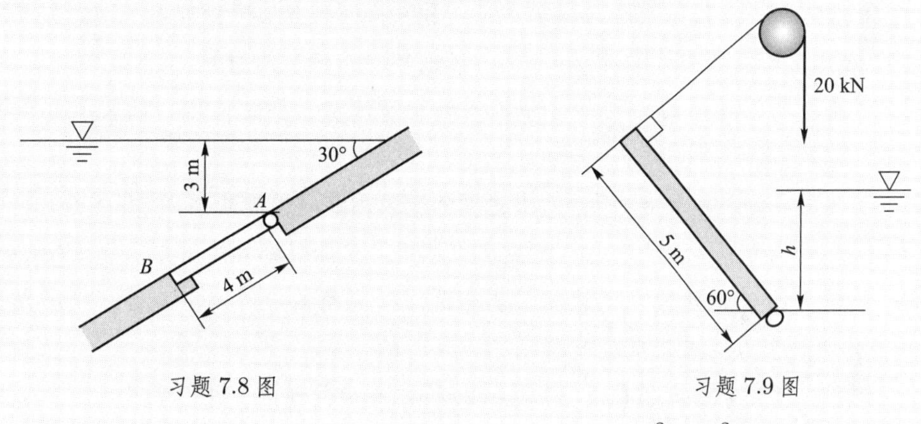

习题 7.8 图　　　　习题 7.9 图

7.11 不可压缩 Stokes 流体沿 x_3 方向在椭圆形管道 $\dfrac{x_1^2}{a^2}+\dfrac{x_2^2}{b^2}=1$ 中流动，压力梯度均匀且 $\dfrac{\mathrm{d}p}{\mathrm{d}x_3}=-m$，不计体力和加速度。证明：

(1) 下述速度场满足 N–S 方程：$v_1=v_2=0, v_3=v_3\left(x_1,x_2\right)$ 且满足

$$\frac{\partial^2v_3}{\partial x_1^2}+\frac{\partial^2v_3}{\partial x_2^2}=-\frac{m}{\mu}$$

(2) 在无滑移情况下，N–S 方程的解为

$$v_3=\frac{ma^2b^2}{2\mu\left(a^2+b^2\right)}\left[1-\left(\frac{x_1}{a}\right)^2-\left(\frac{x_2}{b}\right)^2\right]$$

(3) 通过任何一个横截面 $x_3=\text{const}$ 的流量 $Q=\dfrac{ma^3b^3\pi}{4\mu\left(a^2+b^2\right)}$。

7.12 不可压缩 Stokes 流体保持在无限长环形区域 $a\leqslant r\leqslant b$ 中，中央 $0\leqslant r\leqslant a$ 的部分由固体材料制成，并沿 x_3 方向以恒定的速度 v_0 移动，$r=b$ 的界面则是刚性表面且静止不动。不计体力和压力梯度。

(1) 证明下述流场满足 N–S 方程：

$$v_1 = v_2 = 0,\ v_3 = v_3(r)\ \text{且满足}\ \frac{\mathrm{d}^2 v_3}{\mathrm{d}r^2} + \frac{1}{r}\frac{\mathrm{d}v_3}{\mathrm{d}r} = 0$$

(2) 取边界条件为 $v_3\big|_{r=a} = v_0$，$v_3\big|_{r=b} = 0$，确定方程的解；

(3) 证明：为了维持内圆柱在 x_3 方向上的移动，在内圆柱 x_3 方向的单位长度上应有大小为 $2\mu\pi v_0\left(\ln\dfrac{b}{a}\right)^{-1}$ 的力的作用；

(4) 证明：该力的功率为 $2\mu\pi v_0^2\left(\ln\dfrac{b}{a}\right)^{-1}$，同时这也是 x_3 方向上流体的耗散功率。

7.13　证明：Couette 流动问题中的压力 $p = -\rho_0\Big(\dfrac{1}{2}A^2r^2 - \dfrac{1}{2}B^2r^{-2} + 2AB\ln r + C\Big)$，式中 C 是积分常数，而 A 和 B 是解 $v = Ar + Br^{-1}$ 中的常数。

7.14　确定 Newton 流体平均正应力等于热力学压力 Π 的条件。

7.15　某 Newton 流体的体积为 V，表面积为 S，当体积黏性系数为零时，求表面总牵引力。

7.16　某一大型容器内盛有不可压缩流体，若容器在重力场中作加速运动，加速度为常数 $\boldsymbol{a} = a_2\boldsymbol{e}_2 + a_3\boldsymbol{e}_3$，重力平行于 x_3 方向，求液体自由表面的斜率。

7.17　若不可压缩流体的运动是非常缓慢的定常流动，不计体力，证明压力是调和函数。

7.18　若速度有势，即 $\boldsymbol{v} = -\nabla\varphi$，用速度势来表示连续性方程和 N–S 方程。

7.19　状态方程为 $p = \lambda\rho^a$，式中 λ 和 a 为常数。求正压流动的压力函数 $P(p)$。

7.20　习题 7.19 中的流体从一大型容器中通过一光滑的导管流出。若箱内压力是大气压的 n 倍，不计重力，求管口流速。

7.21　证明：速度势 $\varphi = A\left(-x_1^2 - x_2^2 + 2x_3^2\right)$ 求相应的速度，并证明其满足不可压缩流体的连续性方程。

7.22　如图所示，无黏性不可压缩流体沿一流管流动，推导其一维的连续性方程。

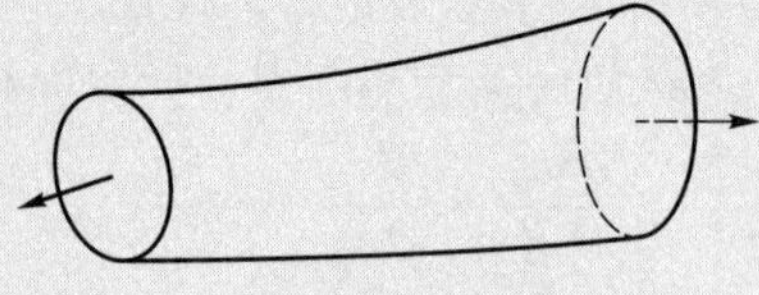

习题 7.22 图

7.23　定义 $\varphi = \dfrac{1}{2}\mu'\boldsymbol{D}:\boldsymbol{D} + \mu\boldsymbol{D}':\boldsymbol{D}'$ 为耗散势，$\boldsymbol{D}' = \boldsymbol{D} - \dfrac{1}{3}\boldsymbol{I}\,\mathrm{tr}\,\boldsymbol{D}$，证明 $\dfrac{\partial\varphi}{\partial\boldsymbol{D}} = \boldsymbol{T}'$。

7.24　不可压缩流体在一封闭静止的容器中运动，不计体力，证明：流体动能对时间的变化率为 $\dfrac{\mathrm{D}K}{\mathrm{D}t} = -\mu\displaystyle\int_D(\nabla\times\boldsymbol{v})\cdot(\nabla\times\boldsymbol{v})\mathrm{d}\sigma$

7.25　证明：对于 Newton 流体，$p = -\dfrac{1}{3}\mathrm{tr}\,\boldsymbol{T}$ 的条件是 $\dfrac{1}{\rho}\dfrac{\mathrm{D}\rho}{\mathrm{D}t} = 0$。

7.26　证明：Newton 流体在膨胀黏性系数为零时，其本构关系可用两个方程 $\boldsymbol{T}' = 2\mu\boldsymbol{D}$ 和 $\mathrm{tr}\,\boldsymbol{T} = -3p$ 来表示。

7.27　证明：N–S 方程可表示为 $\dot{\boldsymbol{v}} = \boldsymbol{b} - \dfrac{1}{\rho}\nabla p - \dfrac{\mu}{\rho}\nabla\times\nabla\times\boldsymbol{v}$。

7.28　证明：理想气体在等温条件下（θ 为常数），$\dfrac{p}{p_0} = \dfrac{\rho}{\rho_0} = \exp\left(-\dfrac{g}{R\theta}x_3\right)$，这里 p_0 和 ρ_0 是 $x_3 = 0$ 处的压力和密度。

7.29　证明：对于无黏性不可压缩流体，若体力有势，则 $\dfrac{\mathrm{D}}{\mathrm{D}t}(\nabla\times\boldsymbol{v}) = (\nabla\times\boldsymbol{v})\cdot(\boldsymbol{v}\nabla)$。

7.30　证明：对于理想气体的定常流动，Bernoulli 方程的形式为

（1）等温流动　$U + p\ln\left(\dfrac{p}{\rho}\right) + \dfrac{1}{2}v^2 = \mathrm{const}$

（2）等熵流动　$U + \dfrac{\gamma}{\gamma-1}\left(\dfrac{p}{\rho}\right) + \dfrac{1}{2}v^2 = \mathrm{const}$

7.31　证明速度场 $\boldsymbol{v} = r^{-4}\left(-2x_1x_2x_3\boldsymbol{e}_1 + \left(x_1^2 - x_2^2\right)x_3\boldsymbol{e}_2 + x_2r^2\boldsymbol{e}_3\right)$ 是不可压缩流体的可能的流动，并证明流动无旋。式中，$r^2 = x_ix_i$。

7.32　证明：对于不可压缩无黏性流体，外力的功率等于动能的变化率，内能的变化率等于进入流体的热量的速率。

7.33　证明：可压缩无黏性流的能量方程可表示为

（1）$\rho\dfrac{\mathrm{D}u}{\mathrm{D}t} = -p\nabla\cdot\boldsymbol{v} - \nabla\cdot\boldsymbol{q} + \rho\varsigma$

（2）$\dfrac{\mathrm{D}u}{\mathrm{D}t} + p\dfrac{\mathrm{D}}{\mathrm{D}t}\left(\dfrac{1}{\rho}\right) + \dfrac{1}{\rho}\nabla\cdot\boldsymbol{q} - \varsigma = 0$

7.34　证明：速度场 $\boldsymbol{v} = \alpha R^{-4}\left[\left(x_1^2 - x_2^2\right)\boldsymbol{e}_1 + 2x_1x_2\boldsymbol{e}_2\right]$ 满足不可压缩流的 Euler 方程，式中 α 为非零常数，$R^2 = x_1^2 + x_2^2 \neq 0$。

7.35　不可压缩无黏性流的速度场为

$$v_1 = v_0\cos\frac{\pi x_1}{2a}\cos\frac{\pi x_3}{2a},\quad v_2 = v_0\sin\frac{\pi x_1}{2a}\sin\frac{\pi x_3}{2a},\quad v_3 = 0$$

式中，v_0 和 a 为非零常数，证明：压力为

$$p = \frac{1}{4}v_0^2\left(\cos\frac{\pi x_3}{a} - \cos\frac{\pi x_1}{a}\right) + \mathrm{const}$$

7.36　对于不可压缩无黏性流的无旋定常流动，若重力为唯一的体力，证明 $p = p_0 - \rho gx_3 - \dfrac{1}{2}\rho v^2$，式中 p_0 为常数。

7.37　对于不可压缩无黏性流的无旋定常流动，若无体力，证明 $\mathrm{d}p = -\rho v\mathrm{d}v$。

7.38　对于不可压缩无黏性流在无体力情况下的二维流动，证明其速度为常数。

7.39　对于不可压缩无黏性流的二维无旋流动，证明：当且仅当其方向不变时，其速度数值为常数。

7.40　不可压缩无黏性流在无体力情况下的二维流动的速度由

$$v_1 = \psi_{,2},\quad v_2 = -\psi_{,1},\quad v_3 = 0$$

给定，式中 $\psi=\psi(x_1,x_2,t)$，利用 Euler 方程证明：ψ 满足

$$\frac{\partial}{\partial t}\left(\nabla^2\psi\right)=\begin{vmatrix}\psi_{,1} & \psi,2\\ \nabla^2\psi_{,1} & \nabla^2\psi_{,2}\end{vmatrix}$$

7.41　对于承受有势体力的弹性流体，证明：

$$\frac{\mathrm{D}}{\mathrm{D}t}\int_D \boldsymbol{w}\mathrm{d}\sigma=\oint_S(\boldsymbol{w}\cdot\boldsymbol{n})\boldsymbol{v}\mathrm{d}a$$

7.42　证明：方程 $\dot{\boldsymbol{v}}=-\nabla(P+U)$ 可改写为 $\dfrac{\partial\boldsymbol{v}}{\partial t}+\boldsymbol{\omega}\times\boldsymbol{v}=-\nabla\left(P+U+\dfrac{1}{2}v^2\right)$。

7.43　对于沿 x_1 方向运动的理想气体，证明 $\dfrac{\partial^2\rho}{\partial t^2}=\dfrac{\partial^2}{\partial x_1^2}\left[\rho\left(v^2+R\theta\right)\right]$。

7.44　根据以下速度场确定黏性流的应力张量：(不考虑静水压力)

(1) $\boldsymbol{v}=x_2\boldsymbol{e}_3$；(2) $\boldsymbol{v}=\left(x_2^2-x_3^2\right)\boldsymbol{e}_2-2x_2x_3\boldsymbol{e}_3$；

(3) $\boldsymbol{v}=v_1(x_1,x_2)\boldsymbol{e}_1+v_2(x_1,x_2)\boldsymbol{e}_2$。

7.45　某流体的膨胀黏性系数为零，某点处的应力张量分量为

$$\begin{bmatrix}0 & 2 & 0\\ 2 & -4 & 1\\ 0 & 1 & -2\end{bmatrix}$$

求该点处的不可逆应力 $\boldsymbol{T}^D$。

7.46　证明：可压缩 Stokes 流体的表面牵引力的总和为

$$\oint_S \boldsymbol{t}\mathrm{d}a=\int_D\left(\nabla\cdot\boldsymbol{T}^D-\nabla p\right)\mathrm{d}\sigma=\int_D\left(2\mu\nabla\cdot\boldsymbol{D}'-\nabla p\right)\mathrm{d}\sigma=\int_D\left(\mu\nabla^2\boldsymbol{v}-\nabla p\right)\mathrm{d}\sigma$$

7.47　证明：流体的能量方程可表示为

$$\rho\dot{u}=\frac{p}{\rho}\frac{\mathrm{D}\rho}{\mathrm{D}t}+\kappa\nabla^2\theta+\rho\varsigma+\rho\tau\chi$$

式中，$\rho\tau\chi$ 是反映等温过程的耗散函数，$\rho\tau\chi=\mu'(\mathrm{tr}\,\boldsymbol{D})^2+2\mu\boldsymbol{D}':\boldsymbol{D}'$。

7.48　黏性流的边界与平直的刚性面相连。在无旋流动条件下，确定黏性流边界处的切向速度分量与法向速度分量间的关系。

7.49　证明：可压缩黏性流在固定边界处的法向应力数值为 $-\dfrac{1}{3}\,\mathrm{tr}\,\boldsymbol{T}+\dfrac{4}{3}v\dfrac{\mathrm{D}\rho}{\mathrm{D}t}$。

7.50　对于在刚性壁内运动的不可压缩黏性流体的无旋流动，证明其速度由刚性壁处的法向分量唯一地确定。

7.51　证明：对于不可压缩流体的无旋流动，可由 N–S 方程导出 Euler 方程。

7.52　若体力有势，证明：不可压缩黏性流的速度场满足 $\dfrac{\partial\boldsymbol{\omega}}{\partial t}=\nabla\times(\boldsymbol{v}\times\boldsymbol{\omega})+\dfrac{\mu}{\rho}\nabla^2\boldsymbol{\omega}$。

7.53　假定 μ/ρ 是常数，可压缩 Stokes 流体的体力有势，证明其 N–S 方程具有如下积分形式：

$$\int \frac{\mathrm{d}p}{\rho} + \frac{1}{2}\boldsymbol{v} \cdot \boldsymbol{v} + U - \frac{\partial \varphi}{\partial t} + \frac{4}{3}\frac{\mu}{\rho}\nabla^2 \varPhi = f(t)$$

式中，$\varPhi$ 是速度势函数。

7.54　记 $R = \sqrt{x_1^2 + x_2^2}$，α 是正的常数，若体力为零的不可压缩流的速度场为

$$\boldsymbol{v} = -\left(\frac{1}{2}\alpha x_1 - f(R)x_2\right)\boldsymbol{e}_1 + \left(-\frac{1}{2}\alpha x_2 + f(R)x_2\right)\boldsymbol{e}_2 + \alpha \boldsymbol{e}_3$$

证明：其压力分布满足

$$p = p_0 - \frac{1}{8}\rho\alpha^2\left(R^2 + 4x_3^2\right) + \rho\int R[f(R)]^2 \mathrm{d}R$$

式中，p_0 是常数。

7.55　介于两个相互平行且倾斜放置的刚性平行平面间的不可压缩黏性流在重力作用下流动，若上侧平板在流动方向上具有速度 $v_0(t)$，下侧平板保持不动，求流体速度分布。

7.56　不可压缩黏性流在重力作用下沿倾斜放置的刚性平面稳定地流动，若流体层具有均匀的厚度，流体上表面为承受大气压的自由表面，求速度分布。

7.57　不可压缩黏性流在横截面为三角形的直管中稳恒流动。直管横截面由 $x = a$，$y = \pm\frac{1}{3}\sqrt{3}x$ 所界定。若压力梯度为常数，不计体力，证明速度分布为 $v = \frac{G}{4\mu a}(x - a)\left(3y^2 - x^2\right)$。

7.58　不可压缩黏性流在水平放置的横截面为椭圆形的直管中稳恒流动。直管延伸方向为 x 轴方向，椭圆管横截面由方程 $y^2 + 4z^2 = 4$ 界定，在管长 L 的区段内保持压差为 P，证明：单位时间流过该区段的流量为 $Q = \frac{2\pi P}{5\mu L}$。

习题答案 A7

参 考 文 献

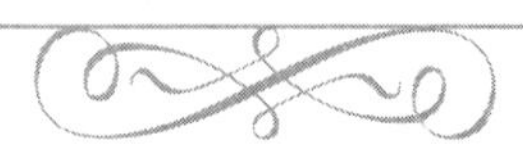

[1] 杜珣. 连续介质力学引论 [M]. 北京：清华大学出版社，1985

[2] 冯元桢. 连续介质力学初级教程 [M]. 3 版. 北京：清华大学出版社，2009

[3] 赵亚溥. 近代连续介质力学 [M]. 北京：科学出版社，2016

[4] 黄筑平. 连续介质力学基础 [M]. 2 版. 北京：高等教育出版社，2012

[5] 李永池. 张量初步和近代连续介质力学概论 [M]. 合肥：中国科学技术大学出版社，2012

[6] GURTIN M E. An introduction to continuum mechanics[M]. [S.l.]: Academic Press, 1981

[7] GURTIN M E, et al. The mechanics and thermodynamics of continua[M]. Cambridge: Cambridge University Press, 2010

[8] 教育部高等学校教学指导委员会. 普通高等学校本科专业类教学质量国家标准：力学类专业本科教学质量国家标准 [M]. 北京：高等教育出版社，2018

[9] 中国大百科全书总编委会. 中国大百科全书 [M]. 北京：中国大百科全书出版社，2009

[10] MASE G T, MASE G E. Continuum Mechanics for Engineers[M]. 2nd ed. New York: CRC Press, 1999

[11] 谢国瑞. 线性代数及应用 [M]. 北京：高等教育出版社，1999

[12] 王竹溪. 热力学 [M]. 2 版. 北京：高等教育出版社，1960

[13] 黄克智. 非线性连续介质力学 [M]. 北京：清华大学出版社，北京大学出版社，1989

[14] 郭仲衡. 张量：理论和应用 [M]. 北京：科学出版社，1988

[15] 郭仲衡. 非线性弹性理论 [M]. 北京：科学出版社，1980

[16] 德冈辰雄. 理性连续介质力学入门 [M]. 赵镇，等，译. 北京：科学出版社，1982

[17] 韩式方. 非牛顿流体连续介质力学 [M]. 成都：四川科技出版社，1988

[18] ATKINS R J, FOX N. An Introduction to the Theory of Elasticity[M]. [S.l.]: Longman, 1980

[19] ERINGEN A C. Nonlinear Theory of Continuous Media[M]. [S.l.]: Mc Graw-Hill,

1962

[20] FUNG Y C. Foundations of Solid Mechanics[M]. [S.l.]: Prentice-Hall, 1965

[21] HONIG J M. Thermodynamics[M]. [S.l.]: Elsevier Scientific Pub. Co., 1982

[22] KUPRADZE V D. Three-dimensional Problems of the Mathematical Theory of Elasticity and Thermoelasticity[M]. [S.l.]: North Holland Pub. Co., 1976

[23] NOWINSKI J L. Theory of Thermoelasticity with Applications[M]. [S.l.]: Sijthoff & Noordhoff Int. Pub., 1978

[24] SPENCER A J M. Continuum Mechanics[M]. [S.l.]: Longman, 1980

[25] TRUESDELL C. A First Course in Rational Continuum Mechanics: Vol.1[M]. [S.l.]: Academic Press, 1977

[26] ZIEGLER H. An Introduction to Thermomechanics[M]. 2nd ed. [S.l.]: North Holland Pub. Co., 1980

[27] LAI W M. Introduction to Continuum Mechanics[M]. 3rd ed. [S.l.]: Pergamon Press, 1993

[28] CHANDRASEKHARAIAH D S, DEBNATH L. Continuum Mechanics[M]. [S.l.]: Academic Press, 1994

[29] 沃德 L M. 固体高聚物的力学性能 [M]. 北京：科学出版社，1988

[30] 普朗特 L，等. 流体力学概论 [M]. 北京：科学出版社，1981

[31] LI B, CAO Y P, FENG X Q, et al. Mechanics of Morphological Instabilities and Surface Wrinkling in Soft Materials: a Review[J]. Soft Matter, 2012,8(21): 5728-5745

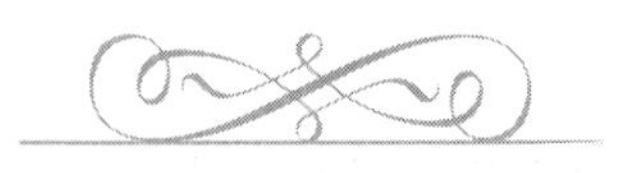

索　引

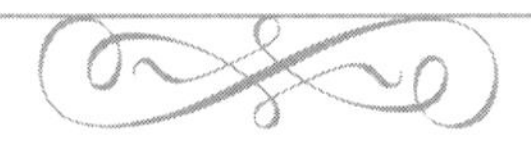

（按汉语拼音顺序）

读者意见反馈

为收集对教材的意见建议，进一步完善教材编写并做好服务工作，读者可将对本教材的意见建议通过如下渠道反馈至我社。

咨询电话 400-810-0598

反馈邮箱 gjdzfwb@pub.hep.cn

通信地址 北京市朝阳区惠新东街 4 号富盛大厦 1 座 高等教育出版社总编辑办公室

邮政编码 100029

防伪查询说明

用户购书后刮开封底防伪涂层，使用手机微信等软件扫描二维码，会跳转至防伪查询网页，获得所购图书详细信息。

防伪客服电话 （010）58582300